Berndt Feuerbacher
Ernst Messerschmid

# Vom ALL in den ALLTAG

Der Weltraum –
Labor und Marktplatz

Berndt Feuerbacher
Ernst Messerschmid

# Vom ALL in den ALLTAG

Der Weltraum –
Labor und Marktplatz

Motor
buch
Verlag

Einbandgestaltung: Luis Dos Santos
Das Titelbild zeigt die ISS im Ausbauzustand August 2007 (Bild NASA) und eine experimentelle Roboterhand des Instituts für Robotik und Mechatronik des DLR (Bild DLR).



ISBN 978-3-613-02785-5

1. Auflage 2007

Ein Unternehmen der Paul Pietsch-Verlage GmbH & Co.

Sie finden uns im Internet unter
www.motorbuch-verlag.de



Lektorat /sprachliche Bearbeitung: Alexander Burden /Christa Feuerbacher
Druckvorstufe: Patrick Ciurak /Jennifer Schwarz, TEBITRON GmbH, 70839 Gerlingen
Druck und Bindung: Kessler Druck und Medien, 86399 Bobingen
Printed in Germany

# Inhaltsverzeichnis

# Vorwort

Am 4. Oktober 1957 verkündeten die Pieptöne des ersten künstlichen Erdsatelliten Sputnik das neue Zeitalter der Raumfahrt. Obwohl Wissenschaftler die Möglichkeit von Raumflügen bereits lange vorhergesagt hatten, führte das Auftauchen dieses Satelliten weltweit zu einer geradezu hektischen Betriebsamkeit.
Damals befand sich die Welt noch im Zustand des Kalten Krieges und die Strategen in Ost und West interpretierten das Ereignis entweder als technologischen Triumph oder aber als ernst zu nehmende Bedrohung.
Sehr bald gelang es findigen Funkamateuren und Astronomen, das Signal des Satelliten abzuhören, seine Bahn zu bestimmen und sogar die eigene Position auf unserem Globus daraus abzuleiten. So entstanden zugleich mit dem ersten vom Menschen geschaffenen Erdtrabanten die Satellitenkommunikation und die Satellitennavigation.
Was wir heute, 50 Jahre nach ihrer Geburtstunde von der Raumfahrt erwarten, lässt sich so formulieren: Eine friedliche Zusammenarbeit ihrer Betreiber, die Erhaltung unserer Umwelt und die Verbesserung der Lebensqualität für alle. Das kann nur durch einen Zuwachs an Wissen und technischem Fortschritt, den die Raumfahrt mit sich bringt, gewährleistet werden. Vom All in den Alltag, für jeden von uns!
Auch den Autoren, die selbst seit über 30 Jahren in der Raumfahrt und ihren unterschiedlichsten Fachgebieten geforscht haben, wurde die Komplexität von Raumfahrtmissionen und der daraus resultierenden Erkenntnisse bei den Recherchen zu diesem Buch noch einmal richtig bewusst.
Wir danken den Kollegen anderer Fachbereiche für ihre sachkundige Unterstützung, die es uns erst möglich gemacht hat, dem ganzen Spektrum der Raumfahrtnutzung gerecht zu werden. Insbesondere die Kollegen Stefan Dech, Stefanos Fasoulas, Hartmut Grassl, Ralf Jaumann, Alfred Kleusberg, Alberto Moreira, Thomas Reiter und Andreas Sievers haben mit ihrem profunden Fachwissen zu diesem Buch beigetragen. Wertvolle Hinweise und Bildmaterial erhielten wir von Hans Bolender, Irmgard Dieringer, Britta Ganzer, Michael Gräßlin, Felix Huber, Osman Kalden, Frank Nicolini, Florian Renk, Jürgen Schlutz und Jörg Wagner.
Ein besonderer Dank gilt an dieser Stelle auch unseren Ehefrauen, die uns geholfen haben, technische Sachverhalte verständlich auszudrücken.

Köln und Stuttgart, im September 2007

Berndt Feuerbacher
Ernst Messerschmid

# Die Autoren

**Prof. Dr. Berndt Feuerbacher** ist seit über 30 Jahren in der Raumfahrt aktiv und hat zahlreiche Experimente in Weltraumlabors (Spacelab), Satelliten und Plattformen durchgeführt. Unter seiner Leitung als Direktor des Instituts für Raumsimulation des Deutschen Zentrums für Luft- und Raumfahrt (DLR) entstand unter anderem der Kometenlander »Philae«, der zur Zeit mit der ESA-Mission Rosetta zu einem Kometen unterwegs ist. Seine Hauptarbeitsgebiete sind die Forschung unter Schwerelosigkeit, Untersuchung von Kometen und der Marsoberfläche. Seit 2007 baut er in Bremen das neue Institut für Raumfahrtsysteme im DLR auf. Neben mehr als 180 Fachveröffentlichungen hat er zahlreiche Bücher verfasst, darunter das im Jahr 2006 bei Springer erschienene Buch »Utilization of Space – Today and Tomorrow«, aber auch mehrere Bücher zur wissenschaftlichen Präsentationstechnik (»Professionell präsentieren«, Sauer-Verlag).

**Prof. Dr. Ernst Messerschmid** war im Jahr 1985 als Wissenschaftsastronaut mit der D1-Mission im All. Er führte dort Forschungsarbeiten im Weltraumlabor »Spacelab« durch. Er hat viele eigene Weltraumexperimente konzipiert und an Bord von Spacelab und anderen Raumfahrtplattformen zum Einsatz gebracht. Bis zum Jahr 2000 war er Direktor des Instituts für Raumfahrtsystem der Universität Stuttgart, wo er auch die Funktionen eines Dekans sowie Prorektors innehatte. Von 2000 bis 2005 leitete er das Astronautenzentrum der europäischen Raumfahrtagentur ESA in Köln-Porz und kehrte danach als Professor an die Universität Stuttgart zurück. Seine Forschungsschwerpunkte liegen bei der Architektur von Raumstationen, rückkehrfähigen Raumtransportsystemen und planetaren Transferfahrzeugen. Er ist Autor der Bücher »Space Stations – Systems and Utilization« und »Raumfahrtsysteme«, erschienen im Springer-Verlag, und Mitautor des Buches »D1-Unser Weg ins All«.

# Neue Horizonte

## Die Raumfahrt hat unser Leben verändert
## Vom Feuerpfeil zum Raumschiff
## Das Weltall: Werkbank und Labor

Die Erde, gesehen aus der ISS.

# Die Raumfahrt hat unser Leben verändert

Sputnik-1, der erste künstliche Erdsatellit, bestand aus einer Instrumentenkugel von 58 cm Durchmesser und vier Antennenarmen.

Am Freitag, den 4. Oktober 1957 war Walter Sullivan, Wissenschaftsjournalist der New York Times, in der sowjetischen Botschaft in Washington D.C. bei einem Empfang anlässlich der Konferenz über Raketen- und Satellitenprojekte zum Internationalen Geophysikalischen Jahr. Kurz vor 18 Uhr wurde er ans Telefon gerufen. Seine Redaktion teilte ihm mit, dass die Sowjets gerade den ersten künstlichen Satelliten gestartet hatten. Die Nachricht war eine Sensation. Zwei Tage später, auf dem 8. Internationalen Astronautischen Kongress in Barcelona, sickerten langsam erste Details über Sputnik durch. Heute, in der vernetzten Welt, wäre eine solche Information innerhalb von Minuten global verfügbar.

Mit Sputniks Piepton aus dem All begann das Zeitalter der Raumfahrt. Das Ereignis löste in der westlichen Welt einen Schock aus und wurde im damals kommunistischen Ostblock gefeiert. Es setzte die gesamte Welt in Erstaunen. Für viele Menschen war es unvorstellbar, dass eine Blechkugel, mit einer Rakete nach oben geschossen, nicht wieder herunterfällt, sondern in einer Umlaufbahn bleibt und von dort Signale zur Erde sendet. Sputnik löste ein Technologiewettrennen zwischen den Supermächten des Kalten Kriegs aus. Das führte zu historischen Ereignissen wie der ersten Landung eines Menschen auf dem Mond, zu spektakulären Entdeckungen im Weltall und zu umwälzenden technischen Entwicklungen auf der Erde. Heute ist die Raumfahrt aus unserem täglichen Leben nicht mehr wegzudenken.

Fernsehempfang aus dem Weltraum über Satellitenschüsseln ist heute weit verbreitet, selbst da, wo über Rundfunk und Kabel eine gute terrestrische Infrastruktur vorhanden ist.

## Ein Tag ohne Raumfahrt

Wirkt sich die Raumfahrt auch auf unseren Alltag aus? Würden wir es spüren, wenn alle Satelliten und Raumsonden plötzlich abgeschaltet werden?

Oberflächlich gesehen würde sich wenig ändern. Wir könnten nach wie vor auf dem Fernseher das laufende Programm verfolgen – vorausgesetzt, wir empfangen nicht über eine Satellitenschüssel. Schon bei der Nachrichtensendung würden wir merken, dass die Mitteilungen nicht mehr ganz so aktuell sind. Wir sind gewohnt, Informationen aus den fernsten Winkeln der Welt innerhalb weniger Minuten »live« als Filmbeiträge auf dem Bildschirm zu sehen. Das geht nur, wenn schnelle Kommunikationskanäle auch dort zur Verfügung stehen, wo das Land nicht mit Glasfaserkabeln vernetzt ist. Aber selbst hier bei uns ist es für die TV-Stationen am einfachsten, einen Übertragungswagen einzusetzen und über Satelliten zu kommunizieren.
Der Wetterbericht fiele deutlich knapper aus, mit einer gezeichneten Wetterkarte, wo sonst das Satellitenbild erscheint. Statt einer Vorhersage von drei bis fünf Tagen, die besonders in der Landwirtschaft, Seefahrt oder Luftfahrt mit hoher Zuverlässigkeit benötigt wird, gäbe es nur vage Aussagen mit geringer Trefferquote.
Bei der Fahrt im Auto stünde die bequeme Satellitennavigation nicht zur Verfügung, und die Staus wären deutlich länger, weil die Mauterfassung nicht funktionierte und deswegen mehr Lastwagen unterwegs wären. Telefonierten wir dann im Büro mit einem Kollegen jenseits des Atlantiks, so könnte wie früher starkes Rauschen oder ein störendes Echo das Gespräch erschweren.

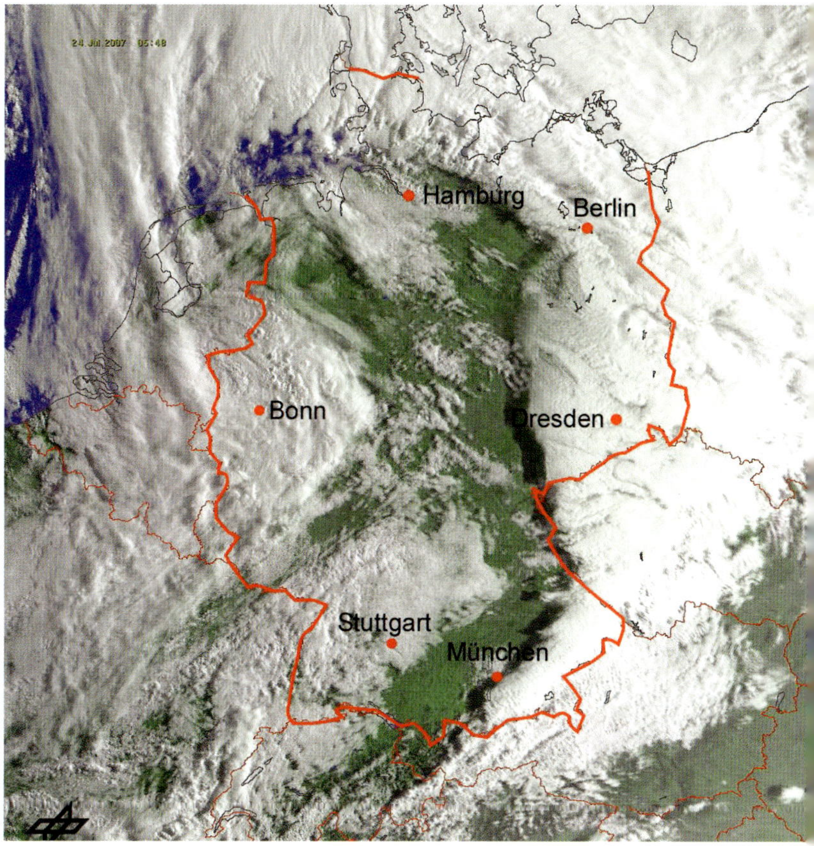


Aktuell und mit großer Detailgenauigkeit erhalten wir Wetterinformation aus dem Weltraum, die Voraussagen mit hoher Zuverlässigkeit erlauben.

### Wenn das Licht ausgeht

All dies ist eher lästig, aber doch nicht so schwerwiegend, dass die Raumfahrt unverzichtbar erscheint. Bis plötzlich das Licht ausgeht: Unsere Stromnetzwerke arbeiten weiträumig international zusammen, was eine hohe Präzision in der Synchronisation zwischen den weit verstreuten Energieerzeugern erfordert. Heute werden Navigationssatelliten, die immer Atomuhren höchster Präzision an Bord haben, als weltweit verfügbare Quelle für exakte Zeitsynchronisation in den Stromnetzwerken eingesetzt.

Großräumig gekoppelte Stromnetze sorgen für Effizienz und Sicherheit in der Energieversorgung. Sie vertrauen auf präzise Zeitsynchronisation durch Navigationssatelliten.

Hier sieht man, dass die Raumfahrt ihre wirkliche Stärke nicht auf den Gebieten entfaltet, die eher lokal und zeitnah sind, sondern dort, wo große zeitliche und vor allem räumliche Maßstäbe eine Rolle spielen. Da die Menschheit zu einem globalen Dorf zusammenwächst, nehmen auch die Probleme globale Dimensionen an. Es wird also ein erdumspannendes Werkzeug benötigt, um die Symptome festzustellen und eine Diagnose zu ermöglichen. Die Raumfahrttechnik mit ihrer einzigartigen Beobachtungsposition im Weltraum ist dazu in der Lage. Die Menschheit muss handeln, obwohl kurzfristig, selbst innerhalb von Jahren, kaum Veränderungen bemerkbar sind. Auf lange Sicht ist jedoch die Lebensqualität und Bewohnbarkeit unseres Planeten gefährdet.

Ein Beispiel ist die Klimaforschung. Heute beobachten Satelliten die Erde aus dem Weltraum mit unterschiedlichen Zielsetzungen und hoch spezialisierten Instrumenten. Die gewonnenen Daten werden, zusammen mit Messungen von der Erdoberfläche, in Computer eingegeben, welche die Erde und ihre Atmosphäre als Ganzes modellieren und damit Voraussagen über die langfristige Klimaentwicklung erlauben. Die Ergebnisse lassen die erschreckende Vision einer dramatischen globalen Erwärmung entstehen, geben aber auch eindeutige Hinweise darauf, wie wir solche Entwicklungen verhindern können.

## Wie die Raumfahrt unser Weltbild wandelt

Viele Jahrhunderte fühlte sich der Mensch als Krone der Schöpfung und als Mittelpunkt seines Universums. Es war Nikolaus Kopernikus, der 1509 die Erde aus dem Zentrum rückte. Er ordnete sie als einen von sechs (damals bekannten) Planeten ein, die sich auf Bahnen um die Sonne bewegen. Immanuel Kant erkannte 250 Jahre später, dass es noch andere Sonnensysteme ähnlich dem unseren gibt. Er vermutete sie in Nebelwolken, die wir heute als Galaxien kennen. Erst im 20. Jahrhundert wurde verstanden, dass in der Milchstraße viele Sonnen und Planeten existieren und unsere Galaxis nur eine unter unzähligen ist. So musste die Menschheit ihr Weltbild immer wieder neuen Erkenntnissen anpassen, was stets mit einem Verlust der eigenen Wichtigkeit einher zu gehen schien.

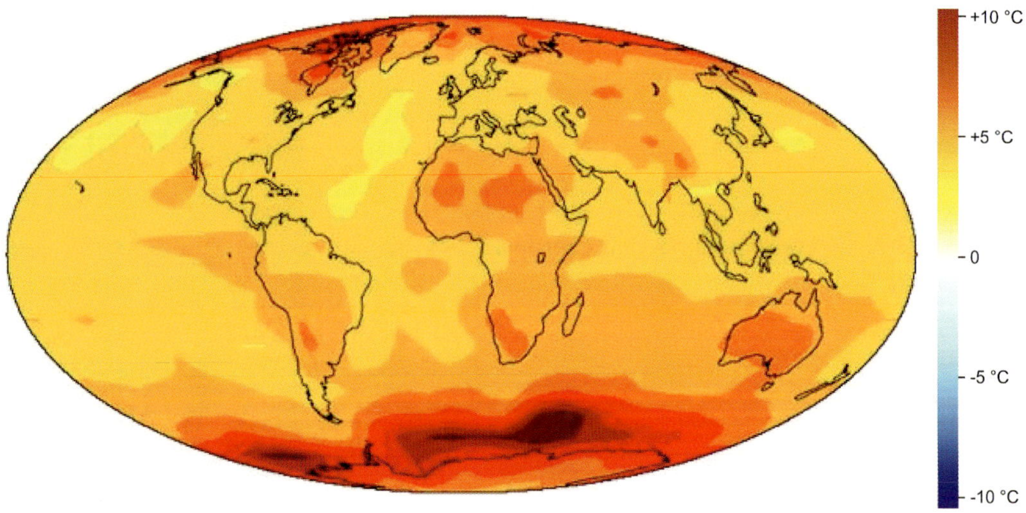


Der Treibhauseffekt kann die Temperaturen auf der Erde drastisch erhöhen. Das Bild zeigt eine Berechnung nach dem Modell des »Educational Global Climate Model« der NASA für den Zeitraum 1960 bis 2060. Obwohl die Treibhausgase hauptsächlich in den Industriestaaten erzeugt werden, ist die Wirkung global. Besonders an den Polen wird eine beträchtliche Erhöhung der jährlichen Durchschnittstemperatur vorhergesagt.

So sieht ein Astronaut die Erde. Aus der Umlaufbahn des Space Shuttle in 300 km Höhe erkennt man unseren Heimatplaneten noch nicht als Kugel. Deutlich wird aber die Krümmung des Horizonts. Die Atmosphäre wirkt dünn und verletzlich. Darüber, schwarz und ziemlich leer, das lebensfeindliche Weltall.

### Blick von Außen

Seit Beginn der Raumfahrt entwickeln sich die Erkenntnisse mit atemberaubender Geschwindigkeit. Fast haben wir uns daran gewöhnt, unsere Bedeutung im Universum immer weiter zu relativieren. Gleichzeitig hat sich unser Horizont erweitert, da wir heute in der Lage sind, Sonden und in bescheidenem Umfang auch Menschen in den Weltraum zu senden.
Die neue Beobachtungsposition im All ermöglicht den Blick auf die Erde aus einer neuen, ungewöhnlichen Perspektive. Ländergrenzen werden unwesentlich, man sieht nur noch Kontinente, Gebirge und Flüsse, die Ozeane erscheinen unendlich groß. Ständig verdecken Wolken einen Teil der Erde, wodurch die Farben weiß und blau den Anblick dominieren. Der gekrümmte Horizont wirkt verwaschen durch die diffuse Obergrenze der Atmosphäre. Die Sterne strahlen unglaublich klar und funkeln nicht mehr. Sehr schnell bewegt sich das Raumschiff über die Erde, Länder sind in Minuten überflogen.
Aus dieser Sicht wird die ganze Verletzlichkeit unseres Heimatplaneten deutlich. Die Atmosphäre wirkt extrem dünn und empfindlich, dennoch schützt sie uns vor der unwirtlichen Umgebung des Weltalls. Viel besser als ein Raumschiff ist die Erde mit einem perfekten Lebenserhaltungssystem ausgestattet. Die Entdeckung des Ozonlochs hat uns die Augen geöffnet für das heikle Gleichgewicht unseres Ökosystems, das durch unseren eigenen Unrat gefährdet wird. Schon immer hat der Mensch sein Umfeld verschmutzt, und wahrscheinlich hatten die Steinzeitmenschen schon Probleme, die Höhle sauber zu halten. Aber zum ersten Mal müssen wir erkennen, dass wir

Das Ozonloch (blau) über dem Südpol überdeckt im September 2005 fast den gesamten antarktischen Kontinent.

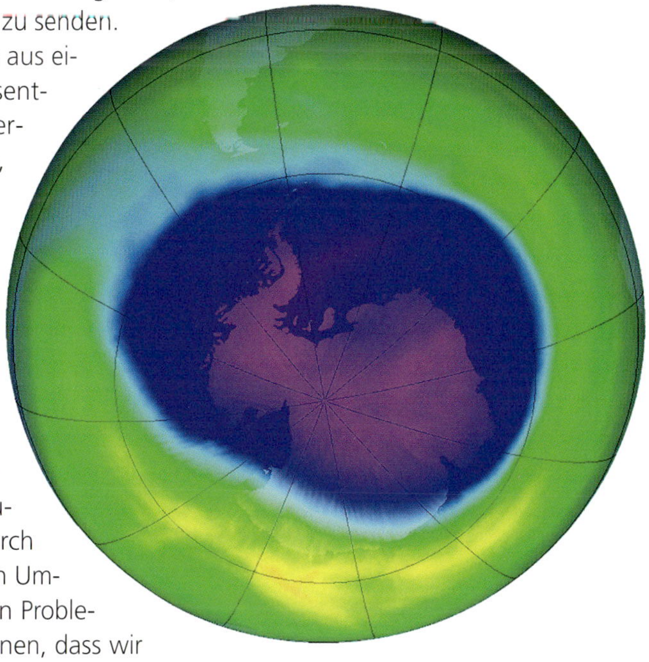

### Und sie bewegt sich doch

Wir sehen täglich die Sonne auf- und untergehen, es scheint offensichtlich, dass sie sich um die Erde bewegt. Dennoch sind wir uns sicher, dass umgekehrt die Erde auf einer Bahn um die Sonne läuft. Erstaunlicherweise wurde dies schon sehr früh von griechischen Philosophen erkannt. Aristarch von Samos beschrieb schon 300 v. Chr. die Sonne als zentralen Himmelskörper, um den sich die Erde als Kugel auf einem Kreis bewegt. Diese Ansicht konnte sich aber nicht gegen das geozentrische Weltbild des Astronomen Claudius Ptolemäus (100–160 v. Chr.) halten, der die Erde in den Mittelpunkt der Welt stellte. Seine »Synthaxis Mathematike«, überliefert als »Almagest«, blieb bis ins 16. Jahrhundert das Standardwerk der Astronomie.

Im Mittelalter wurde die heilige Schrift immer enger ausgelegt, so dass die altgriechischen Vorstellungen von der Kugelgestalt der Erde in Vergessenheit gerieten. Die Erde wurde als flache Scheibe am Boden des Universums gesehen. Der Himmel mit den scheinbar unverrückbaren Fixsternen war mit seiner entfernten, unberührbaren Schönheit der nobelste Ausdruck von Recht und Gesetz.
Dies stellte erst Nikolaus Kopernikus in Frage, Arzt und Domherr zu Frauenburg, der sich bis zu seinem Tod 1543 intensiv mit Astronomie beschäftigte. Er gab den Anstoß zu einem neuen, heliozentrischen Weltbild. Diese verwegene Theorie sah die Erde als rotierende Kugel und nahm an, dass sie sich wie die anderen Planeten in kreisförmiger Bahn um die Sonne bewegt. Sein Modell wurde von der Kirche nicht ernst genug genommen, um ihn der Ketzerei zu bezichtigen.

Genauer wurden die Voraussagen durch Johannes Kepler, der im Jahr 1601 in Prag die Nachfolge von Tycho Brahe als kaiserlicher Astronom Rudolfs II antrat. Er stützte sich auf eigene, mit bloßem Auge gemachte Beobachtungen und die hochgenauen Messungen seines Vorgängers. Dies führte ihn zur Annahme elliptischer Planetenbahnen, was zwar die Vorstellung der perfekten kopernikanischen Kreisbahnen aufgab, aber zu hervorragender Übereinstimmung mit Beobachtungen führte.
Johannes Kepler formuliert die drei nach ihm benannten Gesetze:

1. Die Planeten bewegen sich auf Ellipsen, in deren einem Brennpunkt die Sonne steht.
2. Der »Radiusvektor« (der Strahl Sonne-Planet) überstreicht in gleichen Zeiten gleiche Flächen.

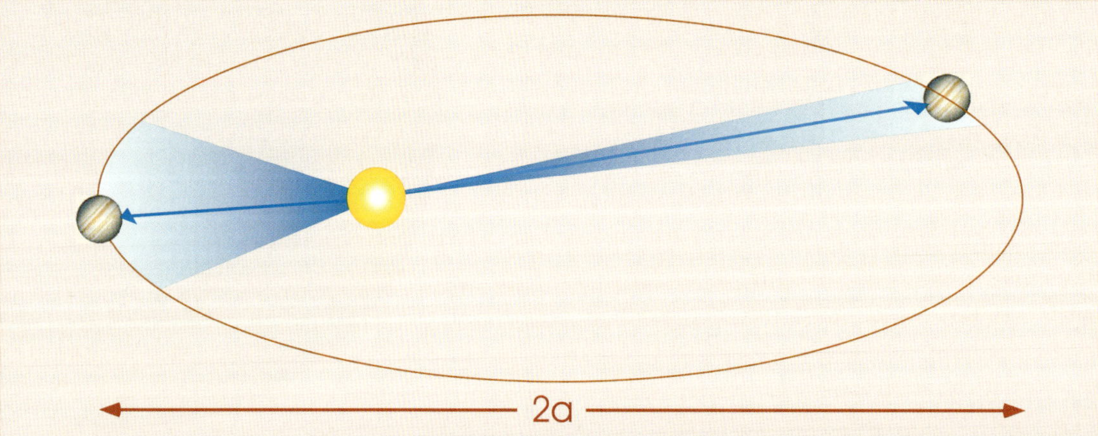

3. Die Quadrate der Umlaufzeiten zweier Planeten $T_1$ und $T_2$ verhalten sich wie die Kuben ihrer großen Bahnachsen $a_1$ und $a_2$: $\frac{T_1^2}{T_2^2} = \frac{a_1^3}{a_2^3} = \text{konstant}$

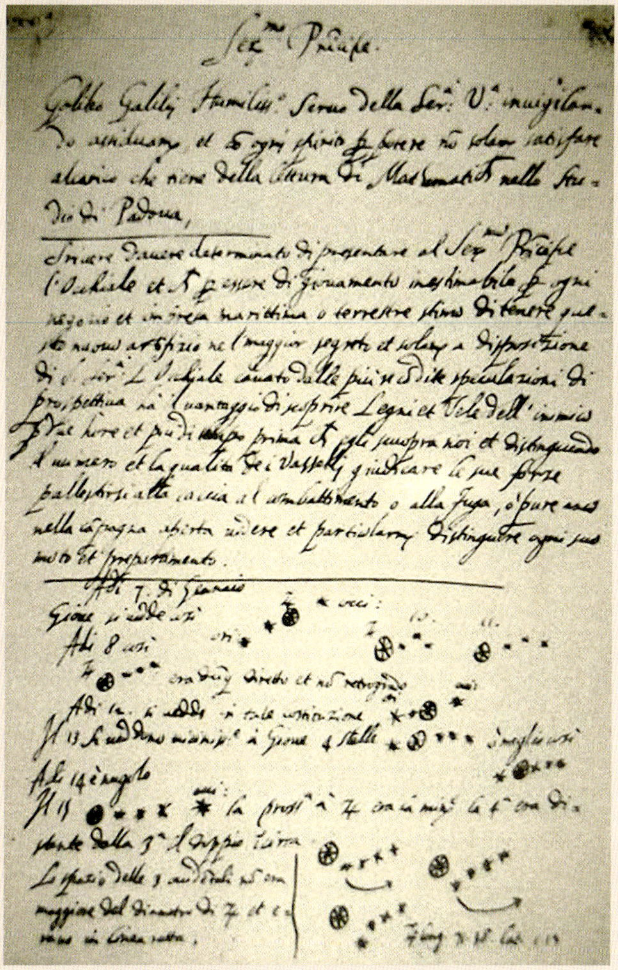

Etwa zur selben Zeit, als Kepler seine drei Gesetze veröffentlichte, richtete in Italien der Mathematiker und Astronom Galileo Galilei (1564–1642) sein Teleskop in den Himmel. Er hatte zuvor aus Holland erfahren, dass es dort dem Optiker Jan Lippershey gelungen war, mittels zweier Brillengläser ferne Dinge nah zu sehen. Galileo Galilei entdeckte mit selbst konstruierten Fernrohren von bis zu 33-facher Vergrößerung die Mondkrater, die Phasen der Venus, Sonnenflecken und eine »Dreiegestalt« des Saturn, zwei henkelartige Ausstülpungen, welche sich später als die Saturnringe herausstellten. Besonderes Interesse weckte die Entdeckung von vier Monden, die offensichtlich den Jupiter umkreisten. In einem Brief an den Prinzen von Venedig aus dem Jahr 1610 skizzierte er seine Beobachtungen (und bot gleichzeitig sein Fernrohr für die Zwecke der Marine an). Dies stellte das geozentrische Weltbild so offensichtlich in Frage, dass die Erkenntnisse von der Kirche nicht mehr toleriert werden konnten.

Es ist nicht klar, ob die oft zitierten Fallversuche am schiefen Turm von Pisa von Galilei wirklich durchgeführt wurden. Auch die so schöne Geschichte von Isaac Newton und dem fallenden Apfel ist nicht zweifelsfrei belegt. Sicher ist aber, dass Newton 1687 in seinem Buch »Philosophia Naturalis Principia Mathematica« den Grundstein für die klassische Mechanik legte. Darin entwickelte er die folgenden drei Prinzipien:

1. Trägheitsprinzip. Ein kräftefreier Körper bewegt sich geradlinig und gleichförmig.

2. Aktionsprinzip. Wenn die Kraft F auf einen Körper mit der Masse m im Abstand r wirkt, beschleunigt sie ihn mit $b = \frac{d^2r}{dt^2} = \frac{F}{m}$

   (das Trägheitsprinzip ist der Spezialfall F = 0 des Aktionsprinzips)

3. Reaktionsprinzip. Wenn die Kraft F, die auf einen Körper wirkt, ihren Ursprung in einem anderen Körper hat, so wirkt auf diesen die entgegengesetzt gleich große Kraft -F.

Mit dem Gravitationsgesetz beschrieb er die Anziehungskraft F zwischen zwei Körpern mit der Masse M (z.B. der Erde) und m (z.B. des Mondes):

$$F = G \frac{Mm}{r^2}$$

wobei r der Abstand zwischen beiden Körpern ist, vom Mittelpunkt aus gemessen, und $G = 6{,}67 \cdot 10^{-11}$ Nm²/kg die Gravitationskonstante. Das ist heute die Grundlage für alle astronomischen Berechnungen und die Bahnanalyse von Satelliten und Raumfahrzeugen.

unserer eigenen Umwelt in globalem Ausmaß ernste Schäden zufügen, die möglicherweise unumkehrbar sind. Immerhin beginnt die Menschheit, daraus zu lernen: Wir haben angefangen, sorgfältiger mit unserer Umwelt umzugehen, die schädlichen Fluorchlorkohlenwasserstoff-Treibgase in Sprühdosen sind heute geächtet, und es gibt internationale Klimaschutzkonventionen wie das Kyoto-Abkommen, zu dem sich viele Staaten, wenn auch noch nicht alle, bekennen.

## Unsichtbarer Schutzschild

Mit dem ersten Satelliten der USA, Explorer-1 im Jahr 1958, gelang dem Wissenschaftler James A. van Allen die Entdeckung der nach ihm benannten Strahlungsgürtel. Dies war der Beginn einer intensiven und sorgfältigen Vermessung der irdischen Magnetosphäre. Angeregt durch Beobachtungen des Polarlichts und theoretische Überlegungen über dessen Ursprung konnte ein völlig neues Verständnis der Rolle des Erdmagnetfelds im Weltraum und seiner Wechselwirkung mit dem Sonnenwind erlangt werden. Heute wissen wir, dass die Magnetosphäre ein wirksamer Schutzschild gegen die Teilchenströme von der Sonne und die Korpuskularstrahlung aus dem Weltraum ist. Ohne diesen Schutz wäre das Leben auf der Erde nicht möglich. Der Mars hat kein Magnetfeld und daher auch keinen solchen Schutz, was eine Erklärung dafür sein kann, dass dort bisher keine Lebensspuren gefunden wurden. Ständige

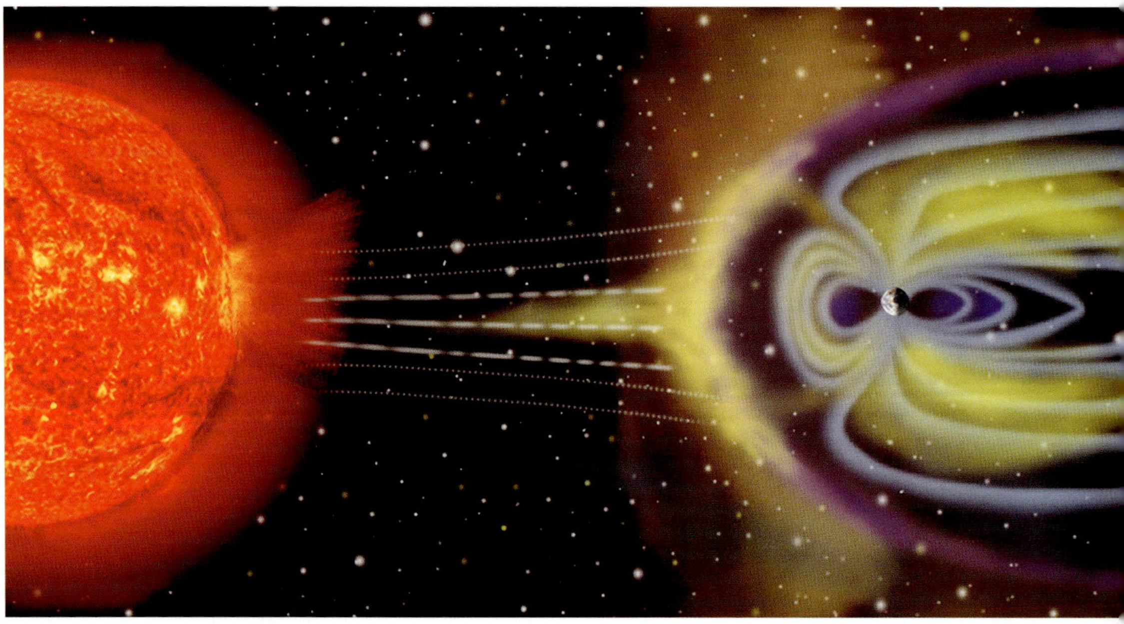

Die Magnetosphäre bildet einen wirksamen Schutzschild für die Erde. Der Sonnenwind verformt das Erdmagnetfeld auf der Tagseite und bildet eine Stoßfront in Richtung Sonne im Abstand von etwa 10 Erdradien. Diese lenkt die Teilchenströme an der Erde vorbei. Das System verändert ständig seine Größe und Form, je nach Aktivität der Sonne.

Beobachtungen der Magnetosphäre und des Sonnenwinds werden heute routinemäßig durchgeführt. Dieser »Weltraum-Wetterbericht« dient dazu, den Einfluss der solaren Teilchenströme und der Magnetfelder auf der Erde vorauszusagen, die etwa den Funkverkehr oder Überlandleitungen stören können.

## Die neue Sicht des Universums

Arno Penzias und Robert Wilson, zwei Ingenieure der Bell-Telefongesellschaft, suchten im Jahr 1964 nach der Quelle eines mysteriösen Rauschens in ihrer neuen Mikrowellen-Hornantenne. Dieses Rauschen schien gleichmäßig aus allen Richtungen zu kommen. Es entpuppte sich als

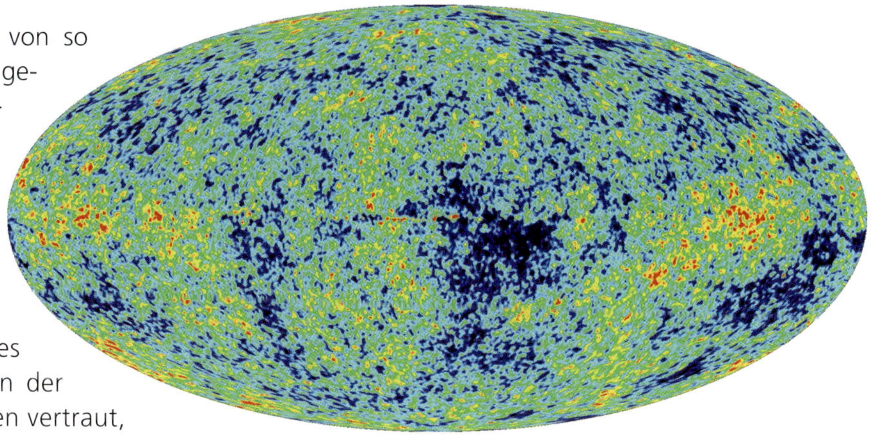

die kosmische Hintergrundstrahlung, eine Entdeckung von so enormer Reichweite, dass sie 1978 mit dem Nobelpreis geehrt wurde. Mehrere Satelliten untersuchten die kosmische Hintergrundstrahlung inzwischen mit höchster Präzision. Damit konnte die Urknall-Theorie (»Big Bang«) für die Entstehung unseres Universums erstmals bestätigt werden.

Die Weltraumastronomie hat auch an anderen Stellen spürbare Veränderung in unserem Weltbild hinterlassen. Wir alle kennen die faszinierenden Bilder des Hubble-Weltraumteleskops von den exotischen Welten der Sterne und Galaxien. Wenige sind mit den Erkenntnissen vertraut, die damit gewonnen wurden. Mit dem Hubble-Teleskop wurde das genaue Alter unseres Universums auf 13,5 Milliarden Jahre bestimmt. Geburt und Tod von Sternen oder die Verschmelzung von Galaxien konnte beobachtet werden. Die Entdeckung einer beschleunigten Ausdehnung des Universums hat zu Umwälzungen in der Kosmologie geführt. Wir erkennen aber auch sehr deutlich die Grenzen unseres Wissens: Wir mussten lernen, dass das Universum zum größten Teil aus einer unbekannten Substanz besteht, der »Dunklen Energie« und der »Dunklen Materie«, und nur zu 5 % aus der uns bekannten und sichtbaren Materie.

Die kosmische Hintergrundstrahlung ist das Nachleuchten des ersten Lichts nach der Geburt unseres Universums im »Big Bang«. Die schwachen Fluktuationen, im Bild hervorgehoben, sind die ersten Strukturen im Universum, aus denen sich später Galaxien und Sterne bildeten.

### Der Mensch im All

Der Anfang der bemannten Raumfahrt war ein erstaunliches Abenteuer. Kein Mensch wusste im Jahr 1961, vor dem ersten Flug von Juri Gagarin, welche Auswirkungen die Beschleunigung der Rakete, die Strahlung außerhalb der Atmosphäre oder die lang andauernde Schwerelosigkeit auf den menschlichen Organismus haben wird. Es war schon sehr mutig von den ersten Weltraumpionieren, sich in diese winzigen Kapseln zu zwängen, die auf die Spitze einer Röhre, gefüllt mit Tonnen explosiven Treibstoffes, montiert waren. Immerhin war das Ganze erst an einer Mischlingshündin namens Laika (russisch: Kläffer) ausprobiert worden, die fatalerweise den Flug nicht überlebte.

Der Katzenaugennebel (NGC 6543) ist ein sterbender Stern, der in Intervallen von 1500 Jahren Teile seiner Materie in das All hinausschleudert, wodurch Staubschalen entstehen, die als filigrane Ringe sichtbar werden.

Blick in das russische Raumfahrtmuseum auf dem Gelände des Weltraum-Startplatzes Baikonur. An der Decke hängt eine Kopie des weltweit ersten Satelliten, Sputnik-1. Im Hintergrund vor dem Fenster ist die Konsole zur Steuerung eines Sputnik-Fluges erkennbar. In der Bildmitte rechts steht die Kapsel, mit der die Hündin Laika in den Weltraum geschossen wurde.

Da waren die Apollo-Flüge zum Mond schon besser vorbereitet, und die Astronauten wussten recht genau, was auf sie zukommt. Der erste Schritt auf dem Mond war, nach den Worten Neil Armstrongs »ein kleiner Schritt für einen Menschen, aber ein großer Sprung für die Menschheit«. War es das wirklich? Sicher, das Apollo-Programm war eine technische Meisterleistung, die bis heute ihresgleichen sucht. Andererseits stand sie voll in der Gedankenwelt des Kalten Krieges, basierend auf der Idee einer Überlegenheit des kapitalistischen Systems durch militärisch fundierte Weltraumtechnologie, durchtränkt von nationalistischem Imponiergehabe. Sicher, das Apollo-Programm hat wichtige wissenschaftliche Fortschritte gebracht. Während der Flüge wurden die Forschungsaufgaben in der Öffentlichkeit propagiert und diskutiert. Man muss aber klar sehen, dass die Prioritäten in der Entwicklung und während des Betriebs eindeutig auf der technologischen Seite waren und die Wissenschaft als eine Art Feigenblatt diente. Dennoch haben die Untersuchungen der Mondproben fundamentale

Astronaut John Young salutiert im Sprung vor der amerikanischen Flagge auf dem Mond. Vor dem Apollo-Mondlandemodul auf der linken Seite ist das Mondauto »Lunar Rover« geparkt.

Erkenntnisse gebracht. Beispielsweise wissen wir erst seit den Apollo-Missionen, dass der Mond in der frühen Zeit der Planetenformation entstanden ist, durch den Zusammenstoß der jungen Erde mit einem Brocken von der Größe des Mars.

## Wie viel Raumfahrt brauchen wir?

Welchen Gewinn bringt uns die Raumfahrt nun tatsächlich? Die viel zitierten Teflonpfannen können es nicht sein. Nebenprodukte sind erfreulich, Ergebnisse müssen aber aus den direkten Zielen einer Investition hervorgehen. Und Weltraumfahrt ist teuer: allein der Transport eines Kilogramms Nutzlast in die Erdumlaufbahn kostet etwa 10.000 €. Raumfahrtagenturen auf der ganzen Welt haben Milliardenbeträge aufgewendet, um diese Kosten deutlich zu senken – bisher erfolglos. Da müssen schon erhebliche Werte herauskommen, seien es materielle oder immaterielle, damit sich die Sache lohnt.

### Geld verdienen im All

In einigen Bereichen der Raumfahrt brauchen wir uns keine Gedanken über die Finanzierung zu machen. Wenn am Markt ordentlich Geld verdient wird, bezahlt die Industrie gerne die Rakete und den Satelliten. Etwa 90 % aller Raketenstarts im zivilen Bereich sind kommerzielle Kommunikationssatelliten, die dann beispielsweise Fernsehempfang zu Hause über Satellitenschüsseln erlauben. Auch in der Erdbeobachtung sind Firmen am Markt aktiv, die hoch auflösende Kameras in die Umlaufbahn bringen und Bilder anbieten, die Details bis zur Größe von einem halben Meter zeigen.

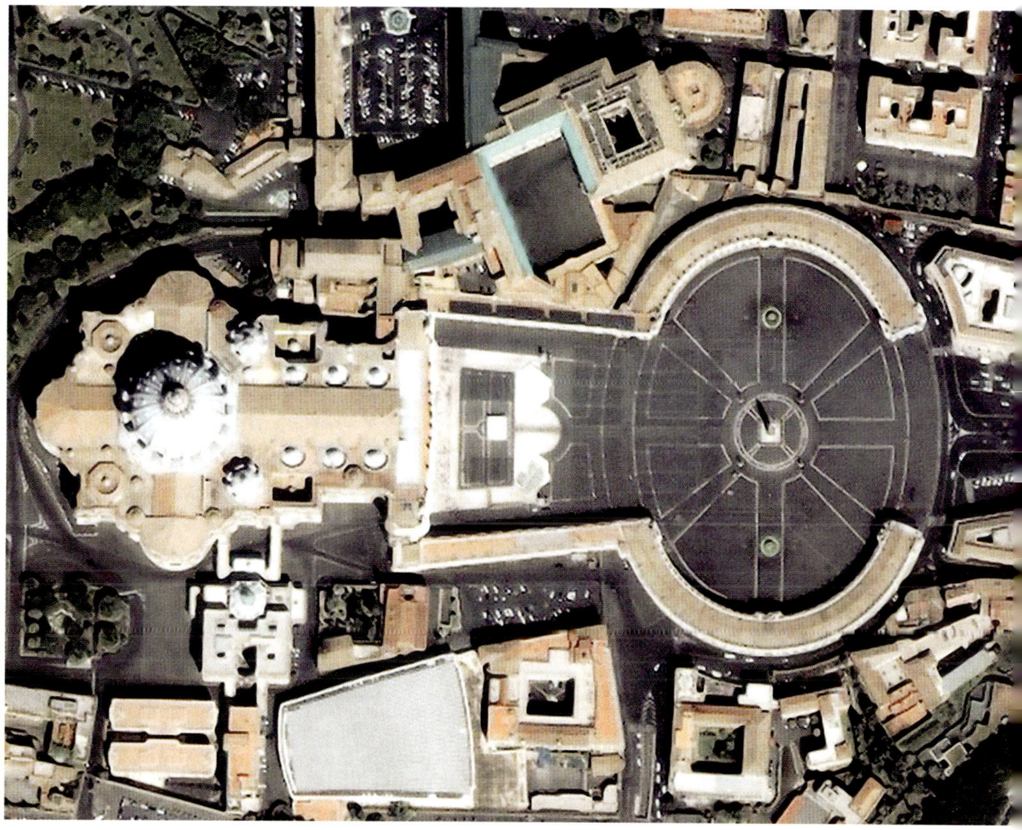

Hoch aufgelöste Bilder aus dem Weltraum werden heute auf dem kommerziellen Markt angeboten. Dieses Bild der Firma Satellite Imaging Corporation zeigt den Petersdom in Rom, auf dem man Autos und sogar einzelne Menschen auf der Straße erkennen kann.

So ein Geschäft kann aber auch schief gehen. In den 90er-Jahren glaubten viele, mit mobiler Telefonie aus dem Weltraum hohe Gewinne machen zu können. Zwei Firmen fanden ausreichend Finanzinvestoren und brachten Konstellationsnetze von bis zu 68 Satelliten in den Weltraum. Damit wollten sie Verbindungen mit relativ kleinen Telefonen weltweit anbieten. Beide mussten Konkurs anmelden, da die nötige Menge zahlender Kunden nicht schnell genug gefunden werden konnte. Dies führte zu einer gesunden Ernüchterung und zu heute sehr viel realistischeren Ansätzen, die in Nischenmärkten, beispielsweise im maritimen Sektor, effizient die Vorteile des Weltraums nutzen und damit wieder Geld verdienen. Die beiden Firmen haben sich wieder erholt und bieten heute eine neue Generation weltweiter Telefonverbindungen an.

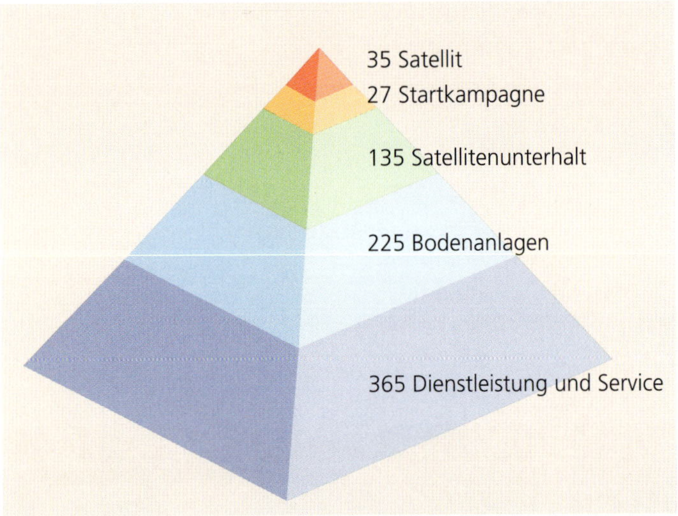


Mehrwert-Pyramide im Bereich der Satellitennavigation und -kommunikation (geschätzt in Milliarden Euro) für den Zeitraum von 1998–2007. Der Umsatz im Weltraum selbst ist klein, verglichen mit dem auf der Erde.

### Die Branche: klein aber fein

Die Luft- und Raumfahrt ist als Industriebranche relativ klein. Sie erbringt in den Industriestaaten weniger als 4 % der Wertschöpfung im Produktionsbereich und weniger als 0,6 % in der Gesamtwirtschaft. Das ist zunächst erstaunlich, denn die Sichtbarkeit und der Einfluss der Ergebnisse auf unser tägliches Leben ist daran gemessen enorm.

Der weltweite Umsatz der Raumfahrtindustrie wird auf ca. 150 Milliarden Euro geschätzt. Das ist eine große Summe, aber klein im Vergleich zu anderen Technologiebranchen. Allein der Markt der terrestrischen Telekommunikation setzt international fast zehnmal so viel um.

Telekommunikation, Navigation und Erdbeobachtung sind auch für die Raumfahrtindustrie die wichtigsten Geschäftsfelder. Hier werden zusammen etwa 110 Milliarden Euro umgesetzt, wobei die Kommunikation mit 100 Milliarden den Löwenanteil erbringt, gefolgt in weitem Abstand von der Navigation (7,3) und der Erdbeobachtung (3,2). Dabei wird nur ein Anteil im Prozentbereich für den eigentlichen Satelliten, das Raumsegment, aufgewendet. Das meiste Geld bleibt am Boden, wobei abgeleitete Dienstleistungen wie zum Beispiel die Telefongespräche oder die überwiegend durch Werbung finanzierte Fernsehausstrahlung die mit Abstand größten Umsätze erbringen.

## Galileo

Im Jahr 2002 wurde entschieden, in Europa ein eigenes Satelliten-Navigationssystem aufzubauen. Galileo besteht aus 30 Satelliten (27 aktive und 3 Ersatzgeräte), die in einer Höhe von 23.222 km in drei aufeinander abgestimmten Umlaufbahnen die Erde umkreisen. Im Gegensatz zu den ursprünglich für militärische Zwecke gebauten Systemen GPS (USA) und GLONASS (Russland) wurde Galileo für zivile Nutzung entworfen. Dadurch kann es die hohen Zuverlässigkeitsanforderungen der Luftfahrt oder anderer kritischer Nutzungsgebiete erfüllen. Die vollständige Inbetriebnahme ist für das Jahr 2011 vorgesehen. Vereinbarungen mit den USA gewährleisten, dass die Satelliten sich mit GPS ergänzen, so dass für den Benutzer mehr Satelliten und bessere Verfügbarkeit eine höhere Genauigkeit der Ortsbestimmung erlauben.

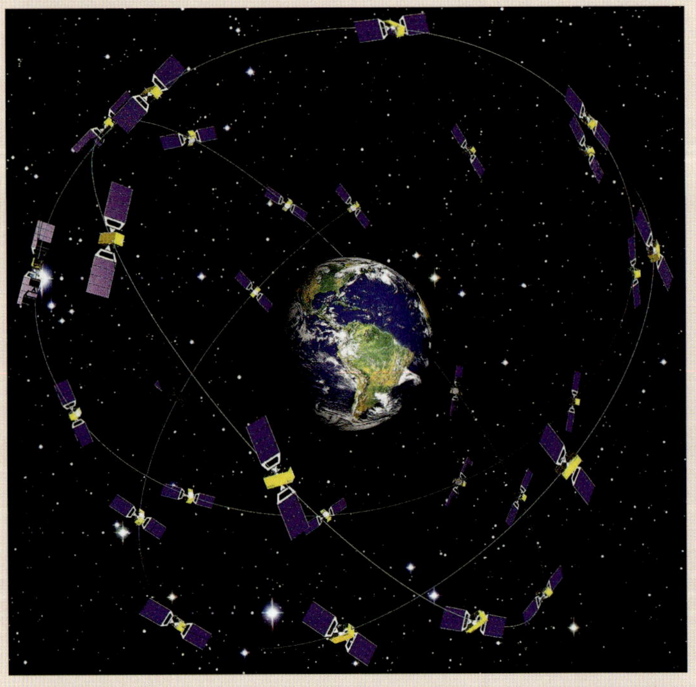

Ein Charakteristikum der Raumfahrtbranche ist ihre ausgeprägte Innovationskraft. Die technischen Anforderungen für Flug und Betrieb im All sind enorm. Dazu kommen die hohen Ansprüche an die Betriebssicherheit, da ein kaputtes Gerät nicht einfach zur Reparatur zurück geschickt werden kann. Daraus resultiert ein typischer Forschungsaufwand von 30 % der Produktionskosten, etwa 5 Mal höher als in anderen Branchen. Ein Beispiel für diese Innovationskraft ist das Apollo-Programm, dem in den 60er-Jahren praktisch unbegrenzt Mittel zur Verfügung standen. Bis 1967 verdreifachten die USA den Forschungsanteil am Bruttosozialprodukt im Vergleich zu 1945 auf 3 %. Diese Anstrengung hat nicht unwesentlich dazu beigetragen, dass Amerika sich im letzten Drittel des 20. Jahrhunderts zur führenden Technologienation entwickelte. Allerdings funktioniert das nur in einer freien, dynamischen Marktwirtschaft, wie man am Beispiel der ehemaligen Sowjetunion sehen kann.

## Arbeitsplätze auf der Erde

Oft muss für Infrastrukturen im Weltraum vorab sehr viel Geld aufgewendet werden, damit schließlich viele Arbeitsplätze und wirtschaftliche Vorteile für ganze Volkswirtschaften entstehen können. In diesem Fall ist die Zusammenarbeit von Staat und Industrie sinnvoll. In einer gemeinsamen Investition erhält der Staat seinen Gewinn durch zusätzliche Arbeitsplätze (und damit erhöhte Steuereinnahmen), die Industrie übernimmt den Betrieb mit allen Erlösen, aber auch den Kosten. Solche Modelle werden auch im Straßenbau angewandt.
Das Satellitensystem »Galileo« ist ein Beispiel: Hier werden gemeinsam von der Europäischen Union und der Europäischen Raumfahrtagentur ESA 3,4 Milliarden Euro investiert. Nach bestehenden Analysen werden damit 150.000 Arbeitsplätze in Europa neu geschaffen. Es wird erwartet, dass bis zum Jahr 2020 eine Anzahl von 3,6 Milliarden Personen oder deren Fahrzeuge das System benutzen. Über den Markt der Endgeräte oder über erweiterte Dienste soll Galileo einen Umsatz erzeugen, der die Investitionskosten um den Faktor fünf übersteigt.

Weltweit sind etwa 250.000 Menschen in der Raumfahrtindustrie beschäftigt, die Hälfte in den USA und ungefähr 30.000 in Europa, davon 5000 in Deutschland. Die Hälfte aller Beschäftigten arbeitet in der Produktion von Satelliten, ca. 90.000 Menschen produzieren Raumtransportsysteme und Bodenausrüstungen.

## Öffentliche Aufgabe Vorsorge

Der tägliche Wetterbericht ist eine Information, die wir kostenlos erwarten. Die Organisation Eumetsat, die hierfür Satelliten in den Weltraum bringt, wird daher europäisch von der öffentlichen Hand finanziert. Wetter kann auch zu Unwetter werden, und die dann erforderliche Hilfe ist eine Aufgabe des Staates. Durch Satellitenbilder erhalten wir einen schnellen Überblick über die Schäden, die Hurrikane oder Überflutungen angerichtet haben. Auch bei anderen großräumigen Naturkatastrophen wie Erdbeben, Tsunamis oder Vulkanausbrüchen kann Information aus dem Weltraum die Hilfe für die Betroffenen beschleunigen. Für die Rettungskräfte vor Ort geben aktuelle Satellitenbilder einen Überblick über die Einsatzorte und vor allem über die nach der Katastrophe noch verfügbaren Zugangswege, um Helfer und Material schnell dahin zu bringen, wo sie benötigt

Der Taifun Aere nähert sich im August 2004 der Insel Taiwan (links). Der NASA-Satellit »Tropical Rainfall Measuring Mission« beobachtet die Wolkenbildung und kann die örtliche Regenmenge quantitativ bestimmen.

werden. In einigen Fällen, wie zum Beispiel bei Hurrikanen, kann aus dem Weltraum schon frühzeitig eine Prognose zum möglichen Schadensverlauf gemacht werden. Damit sind präventive Maßnahmen zur Vermeidung von Opfern möglich. Es besteht Hoffnung, dass zukünftig auch Katastrophenereignisse wie Erdbeben, Tsunamis oder Vulkanausbrüche mit Hilfe von Erdbeobachtungsdaten mit einiger Wahrscheinlichkeit vorhergesagt werden können.

Elementare Ressourcen der Menschheit wie Trinkwasser, Nahrung und Energie werden mit zunehmender Weltbevölkerung knapper. Weltraumtechnik kann nicht nur diese Ressourcen global erfassen und damit zu einer gerechten und effizienten Verteilung beitragen, sie hilft auch, durch Optimierung von Bodennutzung und Düngereinsatz (Präzisions-Ackerbau) die Ausbeuten zu verbessern.

### Zukunft sichern

Es ist eine hohe Verantwortung, den Lebensraum unserer Erde auch für nachfolgende Generationen zu erhalten. Zunehmende Industrialisierung, einhergehend mit wachsender Bevölkerungszahl, führt zu Umweltverschmutzung mit langfristigen Auswirkungen, die dramatische Folgen für das Erdklima haben können. Eine ständige Beobachtung ist notwendig, zusätzlich aber auch ein Instrumentarium, das es erlaubt, erkannte Fehlentwicklungen wirksam zu bekämpfen. Hierzu sind weit reichende zwischenstaatliche Vereinbarungen und Verpflichtungen notwendig, die heute in ersten Anfängen entstehen.

Mit Hilfe der Bilder und Berichte aus der Raumfahrt nehmen immer mehr Menschen die Erde wie die Astronauten wahr, als eine kostbare Insel im lebensfeindlichen All, beschränkt in ihrer Aufnahmefähigkeit für Menschen, die in Konflikt mit der Natur leben.

Die Sonne, unser Stern, ist ein äußerst dynamischer Körper. Diese Aufnahme des Satelliten TRACE zeigt ein dramatisches Feuerwerk, das sich bis zu 70.000 km über die Sonnenoberfläche erhebt. Das etwa eine Million Grad heiße Plasma, aufgenommen im ultravioletten Spektralbereich, bewegt sich in Bögen entlang der magnetischen Feldlinien.

### Neue Horizonte des Wissens

Wissen ist die einzige Ressource, die wirklich unerschöpflich ist und sogar wachsen kann. Im heutigen globalen Wettbewerb der Nationen werden sich langfristig nur diejenigen Länder behaupten können, die Wissen und Ausbildung hoch auf ihrer Prioritätenliste führen. Die

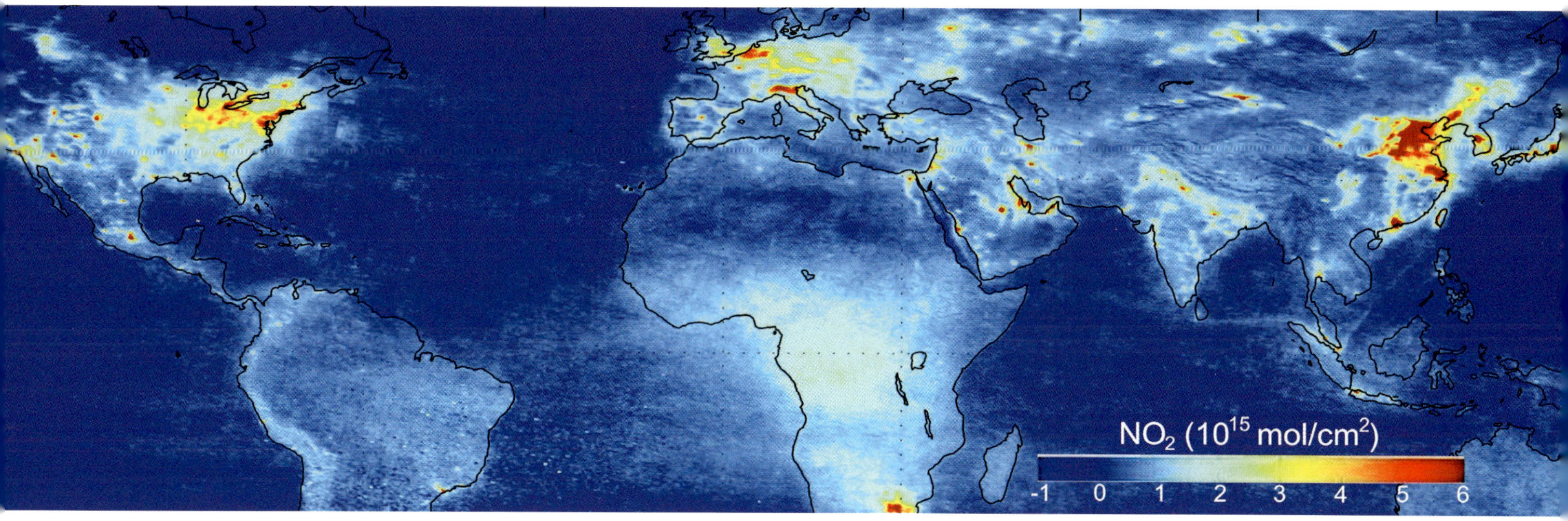


Umweltverschmutzung wird aus dem All sichtbar. Der Satellit »Envisat« beobachtet die Verteilung von Spurengasen in der Troposphäre auf globaler Skala. Das Stickstoffdioxid ist Teil der NOx-Verunreinigung. Es erzeugt sauren Regen und trägt zum Treibhauseffekt bei. Die hohen Konzentrationen (rot) können industriellen Ballungsgebieten zugeordnet werden.

Raumfahrt trägt dazu durch wissenschaftliche Forschungsmissionen bei und sie erschließt neue Möglichkeiten der Ausbildung durch moderne Kommunikationssysteme und attraktive Zielsetzungen.

Mit wissenschaftlichen Sonden wurde unser Planetensystem erforscht, alle Planeten wurden von Raumsonden besucht und vermessen (den Zwergplaneten Pluto wird die Mission »New Horizons« der NASA wohl im Jahr 2015 erreichen). Mit hoch entwickelten Instrumenten konnten wir die Grenzen des Universums ausloten. Menschen sind auf der Erdumlaufbahn präsent, besuchten mehrfach den Mond, werden dies bald wieder versuchen und in nicht all zu ferner Zukunft wohl auch den Mars betreten. Diese Forschungsarbeiten haben das Verständnis unserer Welt im vergangenen halben Jahrhundert auf phantastische Weise erweitert. Jeder Vorstoß ins Unbekannte, sei es durch höhere Empfindlichkeit der Instrumente, Erweiterung des Spektralbereiches oder durch Untersuchung neuer Objekte, hat zu Entdeckungen geführt, die nicht vorhersagbar waren. Vor diesem Hintergrund wird deutlich, dass auch zukünftig wissenschaftliche Weltraummissionen notwendig sein werden. Sie werden erhebliche technologische und finanzielle Anstrengungen erfordern, aber für unser Selbstverständnis als eine Spezies mit Entdeckerdrang und für unsere Weiterentwicklung werden sie unverzichtbar sein.

Solche Bilder werden bis jetzt nur durch Zeichner erstellt. Vielleicht können unsere Enkel auf ihrem Bildschirm zu Hause die ersten Schritte des Menschen auf dem Mars in Echtzeit miterleben.

# Vom Feuerpfeil zum Raumschiff

Schon immer war es ein Traum der Menschheit, die Erde zu verlassen und in den Weltraum zu fliegen. Märchen und Sagen sprechen von Besuchen aus fremden Welten und Reisen dorthin. Philosophen und Schriftsteller stellten sich die Frage, wie wir zum Mond und zu den Sternen gelangen können. Skurrile Transportmittel tauchten in solchen Geschichten auf, wie von Vögeln gezogene Schiffe, fliegende Wagen, Geister oder Engel. Erst zum Ende des 19. Jahrhunderts erkannten Wissenschaftler, dass die einzige Antriebsmöglichkeit außerhalb unserer Atmosphäre auf dem Rückstoßprinzip beruht. Dies ist die Domäne der Raketen, die es aber schon viel früher gab. Es ist nicht überraschend, dass Krieg und Waffentechnik die Urväter dieser Technologie sind.

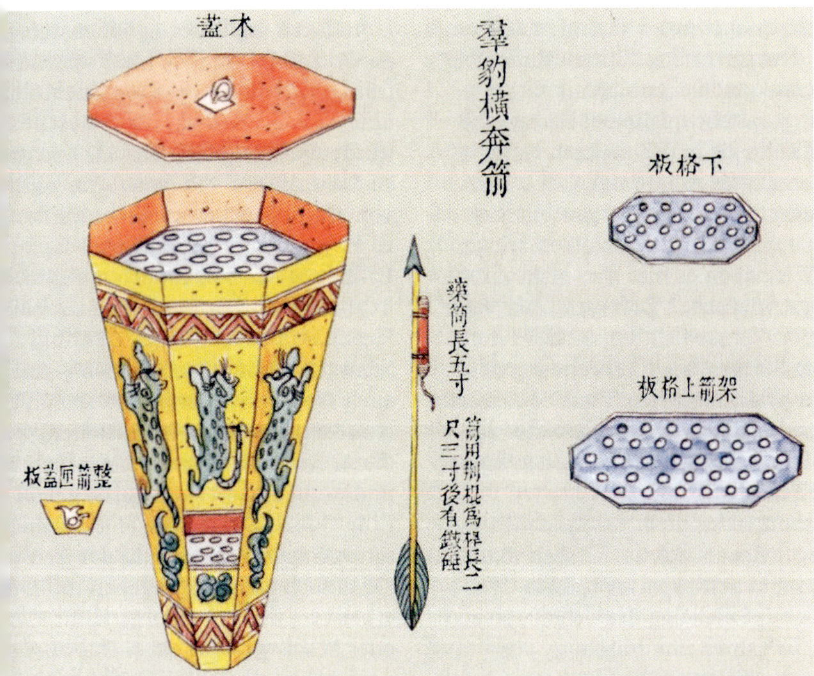


Chinesische Feuerpfeile erreichten Weiten von 400 Schritt, viel weiter als mit einem Bogen geschossen werden konnte.

## Aus Feuerwerkskörpern werden Kriegswaffen

Der Ursprung der Raketentechnik lässt sich laut einer chinesischen Überlieferung in das 3. Jahrtausend vor Christus zurückführen. Damals sollen kleine Pulverraketen mit langen, hölzernen Stabilisierungsstäben als Feuerwerkskörper verwendet worden sein. Spätestens seit dem 12. Jahrhundert dienen Raketen kriegerischen Zwecken. Sie wurden als fliegender Brandsatz oder als Transportmittel von Waffen eingesetzt. Raketenregimenter wurden fast gleichzeitig in ganz Asien, Arabien und Europa aufgestellt. Um 1130 wird erstmals von »Lanzen des stürmischen Feuers«, einer Art von Raketenpfeilen, im Orient berichtet; 100 Jahre später werden solche Pfeile in der Schlacht der Chinesen bei Kai-fung-fu am Eleben-Fluss gegen die Mongolen eingesetzt. Kurz danach wurden Raketen mit Brandkugeln bei der Belagerung von Damiette in Arabien abgeschossen. In Italien ging man mit solchen Mitteln gegen Seeräuber vor. Der Ursprung der Bezeichnung »Rakete« fällt auch in diese Zeit: »Rocchetta« (italienisch für Spule oder Spindel) bezeichnet den Stabilisierungsstab, der damals typisch war und auch heute noch an Sylvesterraketen zu finden ist.

### Das Schießpulver als brisanter Antrieb

Im engen Zeitraum 1232 bis 1250 wurde in China, Arabien und Europa fast gleichzeitig das Schießpulver entwickelt. Der Engländer Roger Bacon beschrieb es als eine Mischung von 41 % Salpeter, 29 % Schwefel und 30 % Holzkohle. Eine ähnliche Mischung, das Schwarzpulver, schlug der Mönch Berthold Schwarz im Jahr 1249 vor. Bei all diesen Rezepturen handelt es sich um Pulverbrandsätze mit hoher Abbrandgeschwindigkeit. Sie waren die Basis konkurrierender militärischer Entwicklungen, den Raketen und den Feuerwaffen.

Beschreibungen von Stabraketen finden sich 1405 in einem Rüstbuch der Stadt Frankfurt von Konrad Kayser aus Eichstett. Einer im Jahr 1529 datierten Handschrift von Conrad Haas aus Transsylvanien, heute Siebenbürgen, ist zu entnehmen, dass das Stufenprinzip schon im ausgehenden Mittelalter bekannt war. Hier wurden Mehrfachtriebwerke beschrieben, die zwei oder drei Raketen verschiedenen Durchmessers zusammenfügten und entweder nacheinander zündeten (heute nennt man das Tandemstufung), oder nebeneinander gebündelte Treibkörper gleichzeitig zündeten (Parallelstufung). So wurden größere Reichweiten als mit nur einer Stufe erreichbar.
Der indische Fürst Tibboc Sahib stellt 1782 ein Raketenkorps von 5000 »Raketeuren« auf, die mit Stabraketen von 6 kg Gewicht bei einer Reichweite von 800 m ausgerustet waren. Sie wurden 10 Jahre später bei der Belagerung von Seringapatam gegen die Engländer eingesetzt. Sir William Congreve, beeindruckt von diesen Waffen, beschloss deren Weiterentwicklung. Mit Kalibern bis zu 12 cm Durchmesser und einer Reichweite von 4 km konnten sie bis zu 10 kg an Sprengladungen oder Brandsätzen tragen.

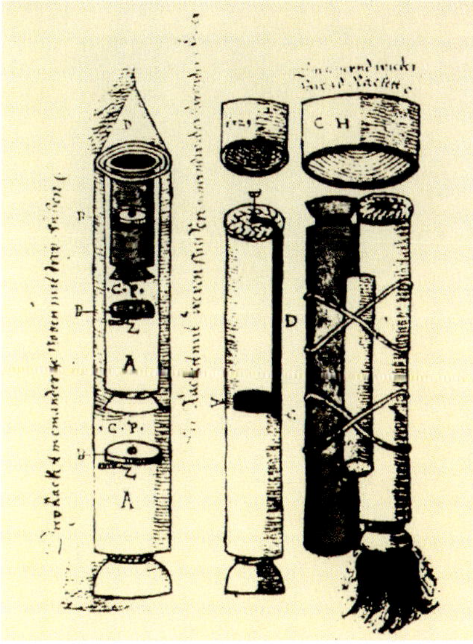

Raketendarstellungen aus der Handschrift von 1529 des Conrad Haas zeigen schon früh mehrstufige und gebündelte Raketen.

## Kanonen sind zielgenauer als Raketen

Ab 1806 wurden die Congreve-Raketen zu Wasser und zu Land bei Belagerungen vieler europäischer Städte und auch in Nordamerika eingesetzt. Raketeure gab es auch in den österreichischen, preußischen und französischen Heeren. Als ballistische Waffe hatte die Raketentechnik bald das Nachsehen gegenüber den Rohr-Feuerwaffen mit ihrer höheren Treffsicherheit und Zuverlässigkeit. Der Vorteil der Rakete war, dass sie ohne schweres Startgerät aus jeder Position abgeschossen werden konnte. Das wog jedoch nicht die unbefriedigende Zielgenauigkeit auf. Bis in das 20. Jahrhundert hinein blieb die Rakete ein primitives Gerät, das aus einer Papier- oder Papphülse bestand, mit Schwarzpulver gefüllt war und mit Faden oder Lederriemen an einen Stabilisierungsstab gebunden wurde.

In der Schlacht von Waterloo setzten die Engländer 1815 Congreve-Raketen gegen Napoleons Truppen ein. Raketentruppen wurden 1866 nach dem Krieg zwischen Deutschland und Frankreich aufgelöst, da die Leistung und Treffsicherheit der Kanonen überlegen waren.

## Phantastische Geschichten

Der Traum, zu anderen Himmelskörpern zu fliegen, hat zu allen Zeiten Menschen zu utopischen Geschichten inspiriert. Die Science-Fiction-Literatur führte die Leser in exotische Welten und konfrontierte sie mit extremen Situationen. Oft waren die Autoren als Spinner verschrien. Es gab aber auch wissenschaftlich und technisch gebildete Schriftsteller, die durch ihre Bücher entscheidende Beiträge zur Raumfahrt leisteten.

### Der Visionär Jules Verne

Im Jahr 1865 veröffentlicht Jules Verne sein Buch »Von der Erde zum Mond«. In diesem Roman sollte zunächst mit einem 270 m langen Kanonenrohr von Stone Hill in Florida eine Kugel auf den Mond geschossen werden. Zwei Monate vor dem Start wurde jedoch beschlossen, stattdessen ein zylindrisches Projektil mit Menschen und Tieren an Bord auf den Mond zu katapultieren. Die Besatzung kam dort wohlbehalten an und kehrte zur Erde zurück, mit Landung im pazifischen Ozean. Das Buch gilt heute als einer der Klassiker der Raumfahrtromane. 1869 erschien die Fortsetzung »Reise um den Mond«.
Jules Verne legte in seinem Roman den Startplatz nach Florida (im Wettbewerb mit Texas entschieden!) und die Wasserlandung westlich von Kalifornien in den Pazifik. Ziemlich genau 100 Jahre später und nur wenige 100 km von den durch Jules Verne beschriebenen Schauplätzen entfernt starteten und landeten die Apollokapseln. Man kann von geradezu hellseherischen Fähigkeiten dieses Autors sprechen.

Wie sich die Bilder gleichen: Ziemlich genau 100 Jahre nach Veröffentlichung der Mondflug-Geschichte von Jules Verne landeten die Apollo-Astronauten nach ihrer Rückkehr im Meer. Start in Florida und Landung im Pazifik lagen in Vernes Vision und im realen Apollo 11 nur wenige 100 km auseinander!

### Aus Enthusiasten werden Pioniere

In der russischen Stadt Borowsk entwickelte der Mathematiklehrer Konstantin Eduardowitsch Ziolkowski 1895 eine grundlegende Theorie der Rakete. Er hatte als erster die Idee einer Flüssigkeitsrakete, angetrieben mit Kohlenwasserstoff als Brennstoff, welcher mit flüssigem Sauerstoff verbrannt wird. Er gilt als einer der großen Wegbereiter der Raumfahrt mit seinen visionären Büchern »Eine Rakete in den kosmischen Raum« (1903) und »Erforschung der Welträume mittels Raketenraumschiffen« (1911).

Robert Goddard begann mit theoretischen und praktischen Arbeiten über das Raketenantriebs- und Flugsystem und publizierte 1919 »A Method of Reaching Extreme Altitudes«. Als Antriebsmethode werden noch Festtreibstoffraketen beschrieben, wie schon 1891 bei Ganswindt. Im Jahr 1926 gelang Goddard der erste Flug einer Flüssigkeitsrakete in Auburn, USA. Das Problem der Raketenlenkung löste er 1935 durch die Entwicklung der Kreiselsteuerung. Im Jahr 1935 durchbricht erstmals eine seiner Raketen die Schallmauer und erreicht eine Höhe von 2,3 km.

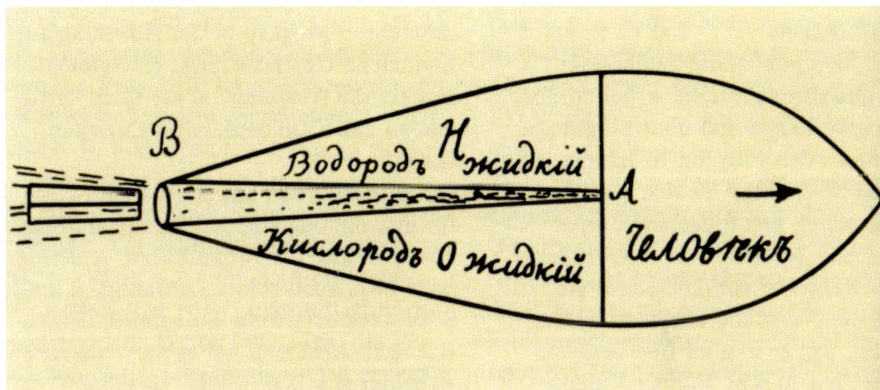


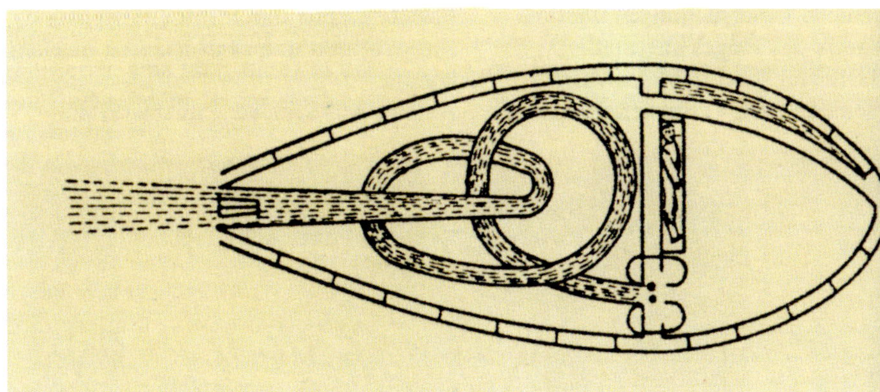

Konstantin Ziolkowski schlug als erster der drei großen Raumfahrtpioniere die Verbrennung von flüssigem Wasserstoff mit flüssigem Sauerstoff vor. Sein Ziel war, Menschen in Kapseln (rechts oben, datiert 1903) in den Weltraum zu befördern. Die Lage des Raumfahrzeugs sollte durch die Drehbeschleunigung der Verbrennungsgase stabilisiert und der Mensch gegen den hohen Andruck durch eine wassergefüllte Wanne (unten rechts, datiert 1914) geschützt werden.

Robert Hutchings Goddard (1882–1945) gelang am 16.03.1926 in Auburn bei Worchester der erste Flug einer Flüssigkeitsrakete mit einer Flughöhe von 12,5 m und Fluggeschwindigkeit von 100 km/h. Die Flugzeit betrug 2,5 Sekunden (rechts).

Hermann Oberth, geboren 1894 in Hermannstadt, Siebenbürgen, dem heutigen Sibiu, gilt heute neben den zuvor genannten Ziolkowski und Goddard als einer der Väter der Raumfahrt. Während seines Studiums beschäftigte er sich intensiv mit Raketenantrieben und legte dazu 1922 eine Promotionsschrift vor. Die Universität Heidelberg lehnte sie als zu phantastisch ab. Er veröffentlichte die Arbeit 1928 als Buch unter dem Titel »Die Rakete zu den Planetenräumen« und legte damit unabhängig von Goddard die theoretische Basis zum Bau von Flüssigkeitsraketen. In seinem 1929 veröffentlichten Buch »Wege zur Raumschifffahrt« behandelte er ausführlich die theoretischen und konstruktiven Grundlagen der bemannten Raumfahrt. Dazu gehört die Beschreibung zweier hoch entwickelter Flüssigkeitsraketen, einschließlich deren Flugbahn und Steuerung. Er schlug auch ein elektrostatisches Antriebssystem mit Kontakt-Ionenquelle vor und expe-

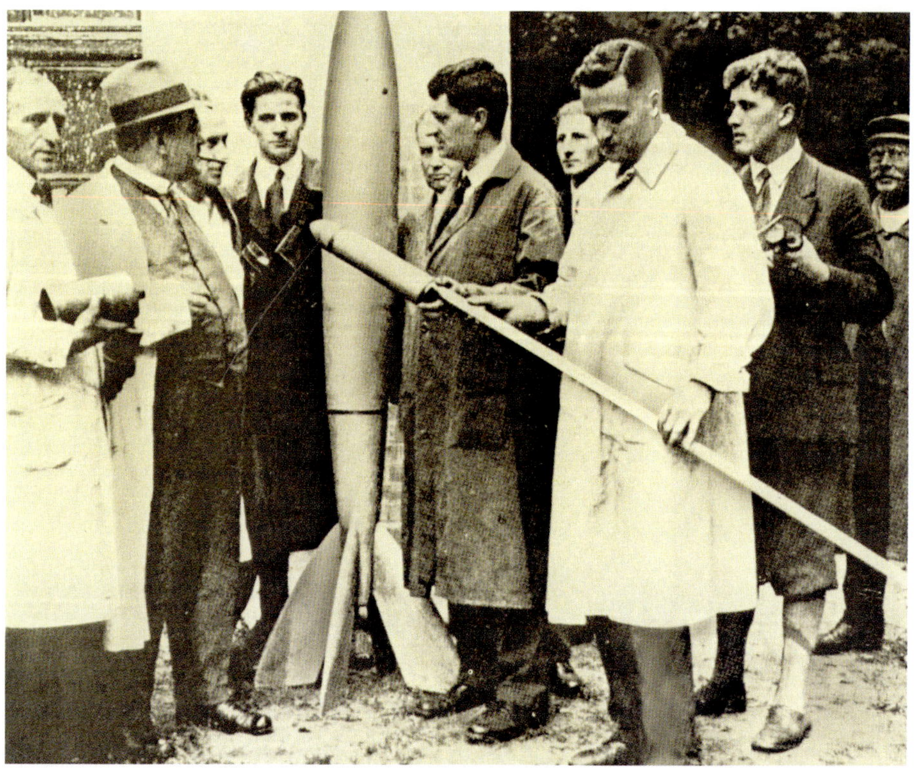

Den Büchern und dem Wirken des Hermann Oberth (im rechten Bild von 1930 rechts neben der Rakete) ist es zuzuschreiben, dass in Deutschland der Raumfahrtgedanke sehr populär wurde und viele Menschen in seinen Bann gezogen wurden, darunter eben auch die späteren Raumfahrt-Pioniere Wernher von Braun (zweiter von rechts im Alter von 18 Jahren), Eugen Sänger und viele andere.

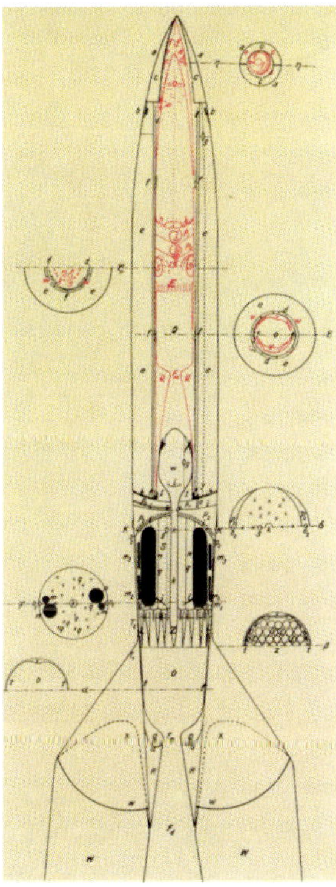

rimentierte mit flüssigem Wasserstoff und flüssigem Sauerstoff als Treibstoff. In Peenemünde arbeitete er zeitweise an Flugabwehrraketen und an der Patentauswertung.
Bei der wissenschaftlich-technischen Erforschung der Grundlagen des Raketenantriebs und seiner Steuerungs- und Flugmechanik durch Ziolkowski, Oberth und Goddard stand die bemannte Raumfahrt immer im Vordergrund. Oberth und Goddard versuchten während des ersten Weltkrieges, die Generalstäbe für die Entwicklung von Raketen anstelle von Geschützen für große Reichweiten zu interessieren, allerdings ohne Erfolg. Durch die Arbeit dieser drei Raketen- und Raumfahrtpioniere waren jedoch die Voraussetzungen für einen neuen Aufschwung der Raketentechnik um 1930 gegeben.

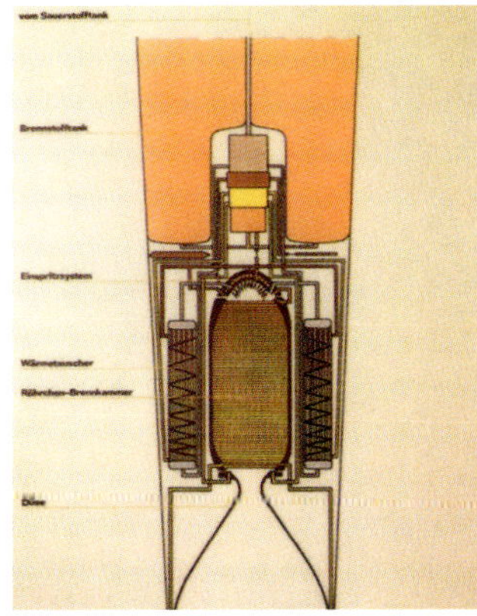

Eugen Sänger (*22.09.1905 in Preßnitz in Böhmen, †10.02.1964 in Berlin) leistet wichtige Beiträge zur Raketenantriebs- und Flugtechnik.

## Das Interesse an Raumfahrt wächst

Der UFA-Film »Frau im Mond« von Fritz Lang, bei dem Hermann Oberth als technischer Berater einbezogen war, fiel nicht von ungefähr in eine Zeit, in der das Interesse der Öffentlichkeit an der Raumfahrt hoch war. Gegen 1927 formierten sich erstmals Gruppen von enthusiastischen Ingenieuren im »Verein für Raumschiffahrt VFR«. Gründungsmitglieder waren Oberth, Winkler, Engel, Riedel und Wernher von Braun, der damals noch Schüler war. Um 1930 entstanden die Gesellschaften »American Interplanetary Society«, »British Interplanetary Society« und die Moskauer und Leningrader »Gruppe zum Studium der Rückstoßbewegung, Gruppa Isutschenija Reaktiwnowo Dwischenija GIRD« um Friedrich Zander und den jungen Sergej Koroljow.

Mutige Männer in fliegenden oder rollenden Kisten erprobten um 1928 die Raketentechnik, allerdings noch mit Pulverraketen-Antrieb: Fritz Stamer »flog« mit einem pulverraketengetriebenen Segelflugzeug (»Raketen-Ente«) der Röhn-Rossit-Gesellschaft und Max Valier, Friedrich Wilhelm Sander und Fritz von Opel bauten Raketenautos mit Pulverraketenantrieb, die Geschwindigkeiten bis zu 230 km/h erreichten. Ein für Fritz von Opel in Auftrag gegebenes Raketenflugzeug wurde erstmals vom Konstrukteur J. Hatry erprobt. Dieser »Raketenrummel« machte die Raumfahrt in Deutschland sehr populär.
Eugen Sänger entwickelte ab 1929 in Wien gasdynamische und kinetische Rechenverfahren für Raketenflugtechnik und Raketenantrieb. Er arbeitete an flüssigen Raketentreibstoffen, Düsenströmungen und Ver-

brennungsphysik. Im Jahr 1933 schrieb er das Buch »Raketenflugtechnik«, führte 1935 Experimente an der Technischen Hochschule Wien durch und leitete von 1936 bis 1945 das Raketenflugtechnische Institut in Trauen in der Lüneburger Heide. Ihm verdanken wir wichtige theoretische und experimentelle Ergebnisse über den Flüssigkeitsraketenmotor. 1944 veröffentlichte er das Buch »Über einen Raketenantrieb für Fernbomber«, was vor allem in Frankreich auf großes Interesse stieß, weswegen er nach Kriegsende dorthin verpflichtet wurde. Er gründete 1954 das »Forschungsinstitut für Physik der Strahlantriebe« in Stuttgart.

## Raketentechnik beginnt das Militär zu interessieren

Wernher von Braun (*23.03.1912 in Wirsitz bei Posen, †16.06.1977 in Washington)

»Dass wir Raketen für militärische Zwecke entwickeln mussten, haben wir immer als Umweg betrachtet. Wir wussten, dass die Frühpioniere in der ganzen Welt den gleichen Umweg beschreiben mussten«, hat Wernher von Braun einmal gesagt. Ende 1929 wurde mit Zustimmung des Reichswehrministers beschlossen, dass sich das Heereswaffenamt in Berlin, das nach dem Versailler Vertrag keine Flugzeuge bauen durfte, mit der Rakete als Waffe beschäftigen sollte. Das Amt hatte sich zunächst mit Pulverraketen befasst, erkannte aber bald, dass Flüssigkeitsraketen leistungsfähiger waren. Die VFR-Gruppe vom Berliner Raketenplatz um Nebel, Riedel und dem Studenten Wernher von Braun erhielt 1932 vom Heeresamt einen ersten Auftrag über 1000 Reichsmark zur Demonstration der Flüssigkeits-Raketentechnik. Wernher von Braun wurde 1934 dort als erster ziviler Mitarbeiter fest angestellt und half mit, in Kummersdorf nahe Berlin ein militärisches Raketen-Versuchsgelände aufzubauen. Nach anfänglichen, eher kläglichen Versuchen mit den Aggregaten A1 (flog nie, da zu kopflastig), A2 und A3 wurden die Reichweiten immer größer und so musste ein »freier Raum« gefunden werden. Dem wurde Peenemünde mit der angrenzenden Ostsee gerecht.

### Peenemünde und die Folgen

Der Aufbau der »Heeresversuchsanstalt Peenemünde« begann 1935 mit dem ersten Windkanal für Überschallgeschwindigkeiten (bis Mach 4). Bei Kriegsende waren dort bis zu 10.000 Menschen unter Leitung von General Walter Dornberger und Wernher von Braun beschäftigt. Der erste erfolgreiche Start der einstufigen Flüssigkeits-Großrakete A4 (später umbenannt in Vergeltungswaffe V2) in Peenemünde erfolgte am 3. Oktober 1942. Die Projektleitung hatte von Braun, für die Triebwerksentwicklung war Walter Thiel verantwortlich. Angesichts der vielen technischen Probleme und Rückschläge, die es unter Druck des Militärs auf dem Weg zur ersten Großrakete zu überwinden galt, kann die Leistung der Raketentechniker um Wernher von Braun nicht hoch genug gewürdigt werden. Doch diesem grandiosen Erfolg stehen die unsäglichen Auswirkungen der Peenemünder Kriegsaktivitäten entgegen. Die erste V2 Rakete schlug am 7. September 1944 in London ein, weitere 900 sollten bis Kriegsende folgen. 1800 V2 gingen auf Antwerpen nieder. Insgesamt war die Anzahl der dabei ums Leben gekommenen Menschen genau so groß wie die der gestarteten Raketen. Angesichts dieser Zahlen war der psychologische Effekt der V2 bedeutsamer als der strategische Vorteil als Kriegswaffe. Die unmenschlichen Zustände, unter denen Zwangsarbeiter und KZ-Häftlinge die Raketen in Peenemünde und später in den Bergwerksstollen von Nordhausen herstellen mussten, forderten bis zu 150 Menschenleben am Tag. Viele Jahre nach Kriegsende bekannte Wernher von Braun: »Ich wusste nicht genau was vor sich ging, ich vermutete es. In meiner Position hätte ich es herausfinden müssen, aber ich tat es nicht. Dafür verachte ich mich.«

## Stand der Raketentechnik um 1945

Die letzte A4-Rakete wurde Mitte Februar 1945 von Peenemünde aus abgeschossen, als dort bereits das Feuer der sowjetischen Armee zu hören war. Die etwa 700 Raketenfachleute und das gesamte Material wurden in zwei Eisenbahnzügen nach Nordhausen im Harz verlegt. Dort war schon im September 1943 nach Flugzeugangriffen der Engländer die Produktionsstätte der V2-Waffe in einem Bergwerksstollen untergebracht worden. Am 12. Mai, drei Tage nach Kriegsende, ergaben sich Wernher von Braun und viele seiner Ingenieure in der Nähe von Reutte in Tirol den Amerikanern.

Trotz der frühen Versuche eines Robert Goddard, deren Potenzial vom Militär nie richtig erkannt worden war, brachten es die amerikanischen Raketenentwickler bis 1945 nicht weiter als zu Fluggeräten von 225 kg Startgewicht, mit Reichweiten von weniger als 20 km. Bedeutsamer für die weitere Raketenentwicklung in den USA waren die theoretischen Vorarbeiten des Ungarn Theodore von Kármán, der an der Technischen Hochschule Aachen bis 1930 eine Professur hatte und danach Direktor des Guggenheim-Laboratoriums in Kalifornien wurde. Kármán, der in Göttingen als Assistent des berühmten Aerodynamikers Ludwig Prandtl geforscht hatte, löste viele der bis dahin offen gebliebenen aerodynamischen Probleme bei der Steuerung von Flugkörpern und der Verbrennung in Feststoffraketen mit seinen neuen Ansätzen zur Turbulenz- und Grenzschichttheorie.

Für das amerikanische Militär hatte in den 40er-Jahren die Entwicklung von Atombomben und später von Wasserstoffbomben erste Priorität. Schätzungen zufolge wurden für das Manhattan-Projekt mindestens ebenso viele Mittel ausgegeben, wie das Hitler-Regime in die Raketenentwicklung steckte.

Die erste Großrakete mit Flüssigkeitsantrieb, die A4, hatte ein Gewicht von 12 t bei einer Länge von 14 m. Mit einem Schub von 25 t konnte sie 1 t Nutzlast über 300 km transportieren. Die Lenkung erfolgte mittels Kreiselplattform, Luftruder und Graphit-Strahlruder, die Treibstoffe waren 75-prozentiger Alkohol und flüssiger Sauerstoff.

In der Sowjetunion wurde die Raketenentwicklung ab Mitte der 30er-Jahre ähnlich wie in Deutschland intensiv vom Militär gefördert, allerdings mit geringeren finanziellen Mitteln. Das Gründungsmitglied der Gruppe zum Studium der Rückstoßbewegung GIRD, Sergej Koroljow, brachte 1934 das Buch »Raketenflug in die Stratosphäre« heraus. Bei den theoretischen Grundlagen waren die Russen auf gleicher Höhe wie die Wissenschaftler in Peenemünde, lagen jedoch in den praktischen Technologien weit zurück.
Im Jahre 1945 war Deutschland allen anderen Ländern in der Raketentechnik 10 Jahre voraus, es hatte mit der V2 eine zuverlässige ballistische Rakete mit 25 t Schub und einer Reichweite von 320 km.

## Das Technologiewettrennen beginnt

Schon vor Kriegsende bereiteten sich die Geheimdienste Englands, der USA und Russlands darauf vor, der deutschen Raketentechnik und ihrer geistigen Väter habhaft zu werden. Nach dem Auffinden der Raketen und der wichtigsten Dokumente in dem Bergstollen bei Nordhausen transportierten die Amerikaner im Rahmen der Aktion »Paperclip« (Büroklammer) mehr als 100 V2-Raketen nach Amerika. Sie »überredeten« Wernher von Braun und 126 weitere Raketenexperten, ihre Entwicklung in den USA fortzuführen. Mit ihrer konsequenten Aktion des Transfers von Raketen, Menschen und Know-how ins eigene Land kamen die Amerikaner den Sowjets zuvor. Auch die Franzosen und Engländer erbeuteten einige V2-Raketen; letztere feuerten noch im Oktober 1945 in der »Operation Backfire« drei Raketen südlich von Cuxhaven ab, nur um sich von der Funktionstüchtigkeit zu überzeugen.

Wernher von Braun (mit Gipsarm) und Generalmajor Walter Dornberger (mit Hut) nach ihrer Festnahme durch amerikanische Truppen in Tirol im Mai 1945.

Urahn sämtlicher Großraketen ist die A4-Rakete (sie hieß im Kriegseinsatz V2 und hatte dann eine entsprechende Tarnbemalung), hier eine Nachbildung auf dem Gelände des »Historisch-Technisches Informationszentrum Peenemünde«.

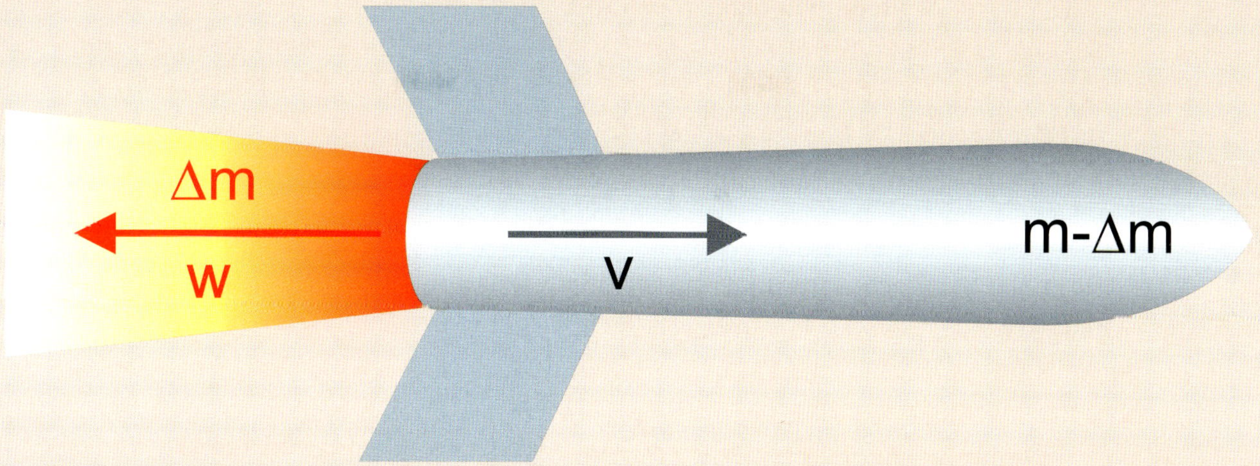


**Warum fliegt eine Rakete?**

Im Vakuum des Weltraums gibt es keine Möglichkeit für ein Fahrzeug, sich irgendwo zur Beschleunigung abzustoßen. Kein Rad findet Reibung, kein Ruder findet Wasserwiderstand, kein Propeller findet Luft. Die einzige Möglichkeit zur Beschleunigung ist der Rückstoß.

Rückstoß beruht auf den Newtonschen Prinzipien der Mechanik, insbesondere dem dritten Axiom »Actio ist gleich Reactio«, was dem Impulserhaltungssatz äqivalent ist. Die Rakete wird mit der gleichen Kraft nach vorne getrieben, mit der das Antriebsmedium nach hinten ausgestoßen wird.

Der Impuls, auch »Bewegungsgröße« genannt, wird mathematisch durch das Produkt Masse m mal Geschwindigkeit v ausgedrückt. Vor dem Start, wenn die Rakete in Ruhe ist, ist ihr Impuls gleich null. Stößt sie nun einen Teil ihrer Masse Δm mit der Geschwindigkeit w nach hinten aus, dann muss sie sich selbst nach vorne bewegen, damit der Gesamtimpuls erhalten bleibt:

| | | |
|---|---|---|
| vorher | $m \cdot v = 0$ | Rakete ist in Ruhe |
| nachher | $-\Delta m \cdot w = (m - \Delta m) \cdot v$ | Rakete fliegt mit Geschwindigkeit v |

Das negative Vorzeichen links steht für den Ausstoß nach hinten. Die Masse der Rakete hat sich um den Teil Δm vermindert. Die Rakete fliegt umso schneller, je höher die Geschwindigkeit und die Masse des ausgestoßenen Materials ist. Deshalb steigt eine Spielzeugrakete, die mit Wasser betrieben wird, höher als wenn sie nur Luft mit derselben Geschwindigkeit ausstößt.

Die Kraft welche die Rakete antreibt, ist das Produkt aus Masse m mal Beschleunigung b, sie wird auch Schub genannt. Sie ergibt sich aus dem Massenverlust pro Sekunde – dm/dt und der Ausströmgeschwindigkeit w:

$$-w\frac{dm}{dt} = m\frac{dv}{dt} = mb$$

Das Minuszeichen bezieht sich auf die Massenänderung der Rakete, die negativ ist, da durch den Treibstoffverbrauch die Rakete immer leichter wird. Die Anfangsmasse $m_0$ reduziert sich auf die Masse m um die Geschwindigkeit v zu erreichen. Integriert man die Beschleunigung über die Zeit, so erhält man

$$v = -\ln\frac{m}{m_0} \cdot w$$

Mit der Endgeschwindigkeit v, die mit dieser logarithmischen Formel errechnet wird, fliegt die Rakete nach Brennschluss ohne Antrieb weiter.

Wasserstoff-Sauerstoff-Triebwerke erreichen Ausströmgeschwindigkeiten von 3 km/s. Aus technischen Gründen kann das Massenverhältnis von ausgebrannter zu voll betankter Rakete, $m/m_0$, nicht kleiner als etwa 5 % werden. Daher kann die Endgeschwindigkeit höchstens v = 3w = 9 km/s betragen. Für die einstufige Rakete ist dies wegen der verschiedenen anderen Verluste in Folge der Abbremsung durch Erdanziehung und Luftwiderstand nicht ausreichend, um die Erdumlaufbahn zu erreichen. Dafür werden ca. 10 km/s benötigt. Moderne Dreistufen-Raketen transportieren 3–5 % der Anfangsmasse $m_0$ als Nutzlast, etwa einen Satelliten, in den erdnahen Weltraum.

Die Redstone-Rakete auf ihrem Teststand am Marshall Space Flight Center in Huntsville, Alabama. Sie war die erste Weiterentwicklung der V2-Rakete in den USA.

### Weiterentwicklung in den USA

Während das amerikanische Militär sich 1946 beim Abschießen der Beute-Raketen noch den Kopf darüber zerbrach, wie Raketen strategisch einzuordnen seien, packten Wissenschaftler bereits Barometer, Geiger-Zähler, Kameras und Funkgeräte an Bord, um Messungen in der oberen Atmosphäre durchzuführen. Eine A4 mit der WAC-Corporal-Oberstufe, einer amerikanischen Eigenentwicklung, erreichte 1949 eine Höhe von 405 km. Aus dieser Kombination wurde dann die 21 m lange Redstone-Rakete, welche durch das Team um Wernher von Braun, inzwischen nach Huntsville in Alabama versetzt, für die US-Armee zur ballistischen Waffe umgebaut wurde. Durch Gewichtseinsparung und gleichzeitiger Erhöhung des Schubes um 50% gegenüber der A4 konnte die Nutzlast verdreifacht werden. Daraus entstand die strategische Mittelstreckenrakete »Jupiter« der US-Armee, die später auch für den Start von Satelliten und Raumsonden eingesetzt wurde.

Parallel dazu gab es im Zeitraum 1955 bis 1960 zwei weitere Entwicklungen: Einmal die Thor-Rakete der US-Luftwaffe, welche heute noch als Oberstufe der Delta-Rakete verwendet wird, zum andern die anderthalbstufige Interkontinentalrakete Atlas, die später als erfolgreiche Unterstufe für Raumsonden, Synchronsatelliten und die bemannten Mercury-Missionen eingesetzt wurde. Sie wird heute noch in Verbindung mit der Oberstufe Centaur genutzt.

### Weiterentwicklung in der Sowjetunion

Nachdem die Sowjets Peenemünde eingenommen hatten, stellten sie fest, dass dort alles zerstört war. In Nordhausen fanden sie neben den von den Amerikanern übrig gelassenen A4-Raketen und Produktionsgeräten noch zahlreiche Arbeitskräfte und Fachleute vor, die freiwillig zurückgeblieben waren. Unter ihnen war Helmut Göttrup, ein Fachmann für Steuerung und Lenkung. Er wurde beauftragt, das »Institut für Raketenbetrieb Bleicherode« aufzubauen, sorgfältig beobachtet von russischen Experten, unter ihnen die Triebwerksfachleute Koroljow und Glutschkow.

Stalin hatte bereits 1946 der Entwicklung von Interkontinentalraketen höchste Priorität eingeräumt. Im Oktober desselben Jahres wurden Göttrup und rund zweihundert seiner Mitarbeiter plötzlich in die Nähe von Moskau verfrachtet, wo sie nach anfänglichen Fehlschlägen unter der Leitung von Koroljow die A4 in Technik, Größe und Schubleistung verbesserten. Diese Gruppe legte die Basis für den Vorsprung gegenüber den Amerikanern, der sich bald durch größere Reichweiten und Nutzlasten zeigen sollte.

1954 erfolgte dann der Erststart der militärischen Rakete R7, Urahn aller sowjetischen Raumfahrterfolge. Sie war die erste Interkontinentalrakete der Welt und Symbol einer unheilvollen Allianz der beiden bedeutendsten Innovationen, welche der 2. Weltkrieg hervorbrachte: Raketen und Atombomben. Aber ein Jahr nach Stalins Tod konnte Koroljow jetzt offener an der Verwirklichung seines Versprechens an Ziolkowski arbeiten, eines Tages mit seinen Raketen Menschen in den Weltraum zu bringen. Vorversuche mit Kaninchen und Hunden, die er seit 1952 an den Rand der Atmosphäre sandte und an Fallschirmen zurückbrachte, belegen dies. Dem Westen blieb all dies durch erfolgreiche Geheimhaltungsmaßnahmen lange Zeit verborgen.

Der erste US-Satellit, Explorer 1, wurde am 1. Februar 1958 durch eine Juno-1 Rakete in die Umlaufbahn gebracht. Die Juno ist eine Modifikation der ballistischen Mittelstreckenrakete Jupiter-C, die aus der V2 entwickelt wurde.

### Der 4. Oktober 1957 – Geburtstag der Raumfahrt

Im Verlauf des Internationalen Geophysikalischen Jahres startet die UdSSR in Baikonur mit der von Koroljow entwickelten Semjorka-Rakete den ersten künstlichen Erdsatelliten Sputnik 1. Um diesen auf seine Umlaufbahn mit 96 Minuten Dauer zu bringen, war die R7-Rakete am unteren Ende durch vier Antriebshilfen (Booster) mit je vier kleinen Triebwerken verstärkt worden. Der 84 kg schwere Sputnik 1 eröffnete mit seinem charakteristischen »Piep-Piep« weltweit hörbar und eindringlich das Weltraumzeitalter.

Der Schock, vor allem in den USA, war groß. Die Fähigkeit der UdSSR, einen Satelliten auf die Umlaufbahn zu bringen bedeutete zugleich, jeden Punkt der Erde mit einer Atombombe erreichen zu können. Während die Welt noch darüber rätselte, wie die scheinbar technisch weit zurückliegende Sowjetunion das erreicht hatte, folgte nur vier Wochen später die nächste Sensation, Sputnik 2 mit der Hündin Laika an Bord: Ein Lebewesen trotzt der Strahlung und der Schwerelosigkeit. Der geheimnisvolle sowjetische Chefkonstrukteur hinter dem »Eisernen Vorhang«, im Westen namentlich nicht bekannt, hatte erneut zugeschlagen.

Die Regierung von Eisenhower agierte hektisch, um den Prestigeverlust wettzumachen. Sie entschied sich, beim ersten Schritt ins All im Rahmen des internationalen geophysikalischen Jahres auf die bis dahin noch nicht erprobte Vanguard-Rakete zu setzen. Doch damit hatte sie das falsche Team gewählt. Der Einsatz einer Neuentwicklung sollte vermeiden, dass die Redstone-Rakete, ein im militärischen Umfeld entstandenes Projektil mit einem deutschstämmigen Chefingenieur, zum Symbol würde für den erwarteten US-Erfolg in einem zivilen Forschungsprogramm. Dabei hatte Wernher von Brauns Entwicklung schon mehrere Male erfolgreich große Höhen erreicht. Die Vanguard-Rakete wurde trotz vier misslungener Bodentests am Cape Canaveral am 6. Dezember 1957 gezündet. Sie hob wie eine schöne kinetische Skulptur mit ihren vier schlanken Stufen einen guten Meter vom Boden ab. Augenblicke später verwandelte ein mächtiger Feuerstrahl sie in ein Flammeninferno. Am Strand wurde wenig später der nahezu unbeschädigte Satellit gefunden, aus dessen Innern sogar noch ein Piepen zu hören war.

Wernher von Braun hatte zufällig am Tag des Starts von Sputnik 1 dem designierten neuen Verteidigungsminister einen alternativen Plan mit seiner Redstone vorgeschlagen. Präsident Eisenhower entschied sich schon zwei Tage nach dem Vanguard-Desaster für die Redstone-Rakete. Diese, nun Jupiter-C genannt, wurde alsbald aus dem Hangar gerollt, der vorbereitete Satellit namens Explorer 1 auf die Spitze montiert und am 31. Januar 1958 erfolgreich gestartet.

Sergej Koroljow (rechts), der Chefkonstrukteur der russischen Trägerraketen, war lange Zeit für den Westen eine gesichts- und namenlose Persönlichkeit. Hier mit dem ersten Menschen im Weltraum. Juri Gagarin, kurz nach dessen Flug.

Der Projektwissenschaftler James Van Allen (in der Mitte) entdeckte mit dem Satelliten Explorer 1 den nach ihm benannten Strahlungsgürtel. Er besteht aus eingefangenen Protonen und Elektronen des Sonnenwinds, welche zwischen den geomagnetischen Polen und entlang der magnetischen Feldlinien hin- und herfliegen. In Polnähe führen Zusammenstöße mit Luftmolekülen zum Polarlicht.

Den bisherigen amerikanischen Misserfolgen sollte mit der Gründung der amerikanischen Raumfahrtbehörde NASA (National Aeronautics and Space Administration) im Juli 1958 Einhalt geboten werden. Trotz der Übernahme sämtlicher zivilen Raumfahrtaktivitäten durch die NASA und einer Reihe erfolgreicher amerikanischer Raketenstart, behielten die Sowjets zunächst die Nase vorn: Wann immer die Amerikaner den nächsten Schritt planten, etwa einen Satelliten auf der Bahn um die Sonne oder um den Mond, Koroljows Erfolge gingen den amerikanischen Versuchen unmittelbar voraus.

### Der erste Mensch im All – Juri Gagarin

In den folgenden Jahren startete die NASA die Pioneer-Sonden zur Untersuchung des Sonnensystems, den ersten Wettersatelliten TIROS 1 und den ersten Nachrichtensatelliten Echo. Diese Erfolge erzielten jedoch nicht die von der NASA gewünschte Aufmerksamkeit in der Öffentlichkeit. Wieder war Moskau schneller. Kurz nachdem der scheidende Präsident Eisenhower zögernd das Mercury-Programm zum Flug eines Astronauten in die Umlaufbahn genehmigt hatte, triumphierte der Konstrukteur aus Moskau erneut: Ein 27-jähriger, jungenhaft aussehender Testpilot namens Juri Gagarin umrundete die Erde und kletterte am 12. April 1961 nach weicher Landung unversehrt aus Koroljows Raumkapsel.

Die darauf folgende Panik war schlimmer als vier Jahre zuvor bei Sputnik 1. Dennoch hielt der neue Präsident John F. Kennedy eine Pressekonferenz am Tag nach Gagarins Start, in der er einem Wettrennen im All abschwor. Doch innerhalb weniger Wochen, unter dem Eindruck des Desasters in der kubanischen Schweinebucht und innenpolitischer Probleme, wagte er mit seiner Rede am 25. Mai 1961 die Ankündigung des Apollo-Programms. Er verkündete Amerikas Absicht, noch im laufenden Jahrzehnt einen Menschen zum Mond und wieder sicher zurück zur Erde zu bringen. Das Apollo-Projekt wird für immer mit seinem Namen und seinem Mut verbunden sein.

Die ersten US-Astronauten, genannt »the Mercury Seven«. Von links: Scott Carpenter, Gordon Cooper, John Glenn, Gus Grissom, Wally Schirra, Alan Shepard und Deke Slayton.

### Kopf an Kopf

Schon wenige Monate nach Gründung der NASA 1958 wurden die ersten sieben amerikanischen Astronauten der Öffentlichkeit vorgestellt. Dem Flug von Juri Gagarin und der Ankündigung des Apollo-Mondprogramms folgten zehn Wochen später die suborbitalen Flüge von Alan Shepard und Virgil Grissom. Am 6. August 1961 startete der Kosmonaut Hermann Titow mit Wostok 2 und verblieb einen vollen Tag auf der Umlaufbahn. Ein halbes Jahr verging, bis John Glenn als erster Amerikaner die Erde in 5 Stunden 3 Mal umrundete. Aber das Mercury-Programm war nicht mehr nur eine Reaktion auf die sowjetischen Erfolge. Durch Kennedys Ankündigung war das Ziel höher, es war die Landung eines Menschen auf dem 60 Erdradien entfernten Mond.

Die Jahre 1961 bis 1963 waren geprägt von je sechs Flügen der Kapseln Wostok, 4,7 t schwer und Mercury, die weniger als ein Drittel wog. Mit der 26-jährigen Kosmonautin Valentina Tereschkowa flog im Juni 1963 die erste Frau in den Weltraum. Während ihrer Mission fand auch das erste Rendezvous-Manöver mit der zuvor gestarteten Wostok 5 statt, welche mit Valeri Bykowski einen neuen Rekord, immerhin 5 Tage in der Umlaufbahn, aufstellte.

Die Wostok-Kapsel wurde dann durch die Woschod-Kapsel abgelöst. Sie flog nur zwei Mal, einmal im Oktober 1964, erstmals mit einer Crew von drei Kosmonauten, und am 18. März 1964 mit Alexej Leonow, der als erster Mensch sein Raumfahrzeug verließ und frei im Weltraum schwebte.

Diese Serie von Ersttaten Koroljows hatte aber ihren Preis. Gezwungen durch Nikita Chruschtschow musste er seine ganzen ihm zur Verfügung stehenden Mittel für Prestigeprojekte aufwenden. Deswegen konnte er die Forschung und Entwicklung einer großen Mondrakete und eines Mond-Landefahrzeugs nicht mehr ausreichend vorantreiben. Er war erst 3 bis 4 Jahre später als die NASA startbereit – zu spät und dann zu überhastet. Vier der 100 Meter großen N1-Mondraketen mit ihren 30 Flüssigkeits-Triebwerken, jedes mit 150 t Schub ausgestattet, explodierten auf der Startrampe. Der Streit zwischen Koroljow und Glutschkow über die Wahl des Treibstoffes hatte ebenso dazu beigetragen wie der Misserfolg unbemannter Missionen von Satelliten zum Mond, Mars und zur Venus. Die Schwächen lagen hierbei in der Instrumentierung sowie bei der Flugführung und Navigation. Von 17 interplanetaren Missionen waren nur drei erfolgreich: Die Landung der Venera-Sonde auf der Venus, und zwei Lunik-Sonden auf dem Mond.

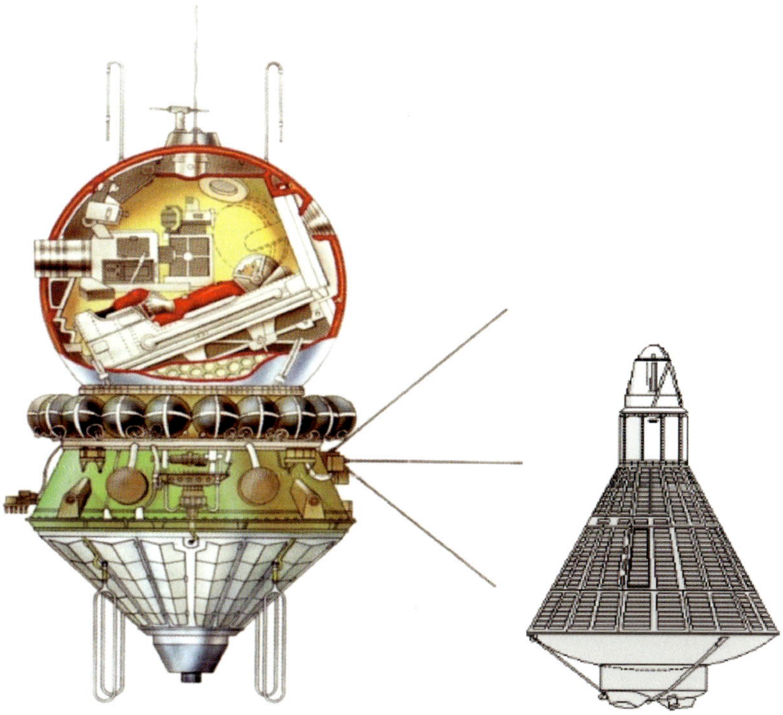

Die Wostok-Kapsel (links) wog 4,7 t und war wie die Mercury-Kapsel mit ihren 1,3 t für eine Person ausgelegt.

Ed White bei seinem Ausstieg aus der Gemini-Kapsel am 3. Juni 1965.

## Satellitenbahnen – Der Weg ist das Ziel

Sterne, Planeten, Monde und Raumflugkörper sind stets in Bewegung – nichts steht still, kein Körper im Universum ruht. Der Grund für diese Bewegung ist die Gravitationskraft, die jede Masse auf ihre Umgebung ausübt und die jede Masse selbst verspürt. Es ist dieselbe Kraft, die uns am Boden der Erde festhält, uns daran hindert, in den Weltraum zu fliegen.
Man kann sich die Gravitationsumgebungen der Erde und der Sonne wie einen Trichter vorstellen. Dieser stellt die potentielle Energie im Gravitationsfeld dar. Die Bewegungsenergie, auch kinetische Energie genannt, hält die Planeten oder Satelliten auf einer bestimmten Höhe in dem jeweiligen Trichter. Man benötigt eine Mindestgeschwindigkeit, um diese Höhe zu erreichen. Der Aufwand, um von der Erde auf die Raumstation zu kommen ist etwa halb so groß, wie wenn der Mond das Ziel ist. Der zusätzliche Energieaufwand für eine Reise vom Mond zum Mars ist vergleichsweise gering.

Jedes von der Erdoberfläche gestartete Raumfahrzeug muss auf eine Mindestgeschwindigkeit beschleunigt werden, damit es überhaupt die Erde umfliegen kann. Diese Geschwindigkeit – sie gilt für die theoretische Bahnhöhe null – wird als erste kosmische Geschwindigkeit bezeichnet. Sie beträgt 28.475 km/h oder 7,91 km/s, langsamer kann kein Satellit fliegen. Die zweite kosmische Geschwindigkeit, mit der ein Raumfahrzeug den Gravitationstrichter der Erde verlassen kann um zur Sonne oder zu anderen Planeten zu fliegen, beträgt 40.320 km/h oder 11,2 km/s. Um das Gravitationsfeld der Sonne zu verlassen, wird eine Fluchtgeschwindigkeit von 42 km/s benötigt. Das gelang bis jetzt nur den in den 70er-Jahren gestarteten amerikanischen Raumflugsonden Pioneer und Voyager, die sich heute weit außerhalb der Bahn des Zwergplaneten Pluto befinden und sich ständig weiter entfernen.

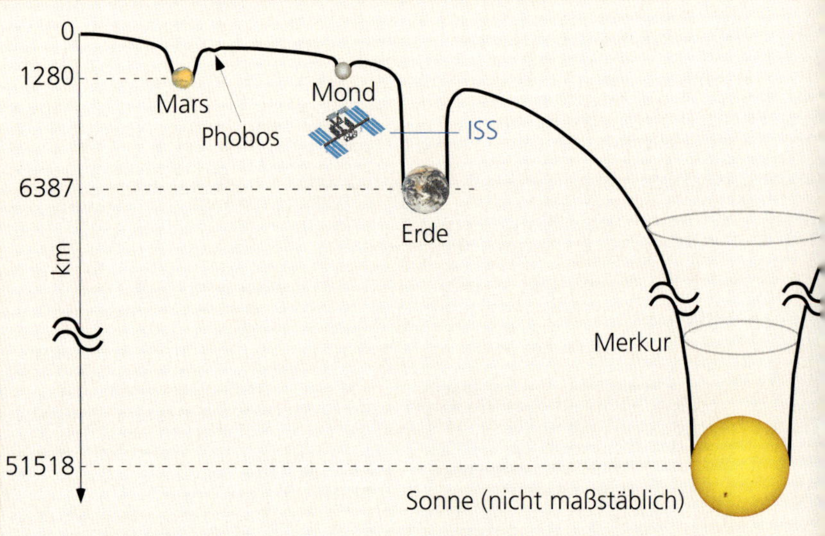


Die Umlaufzeit eines Satelliten um die Erde in der Höhe h kann mit Hilfe des Gravitationsgesetzes berechnet werden, indem die Gravitationskraft der Zentrifugalkraft $F = mv^2/r$ gleichgesetzt wird. In 200, 500 und 1000 km Höhe erhält man Umlaufszeiten von 88, 94 und 105 Minuten. Die Umlaufgeschwindigkeiten ergeben sich, indem man den Umfang der Kreisbahn durch die Umlaufzeit dividiert. Die meisten Nachrichten- und direkt verteilenden Fernsehrundfunk-Satelliten befinden sich in 35.785 km Höhe über dem Äquator. Dann ist ihre Umlaufszeit exakt gleich der Erdrotation, also ein Tag. Von der Erde aus betrachtet scheinen solche »geostationäre« Satelliten unbeweglich an einem Punkt über dem Äquator zu stehen.

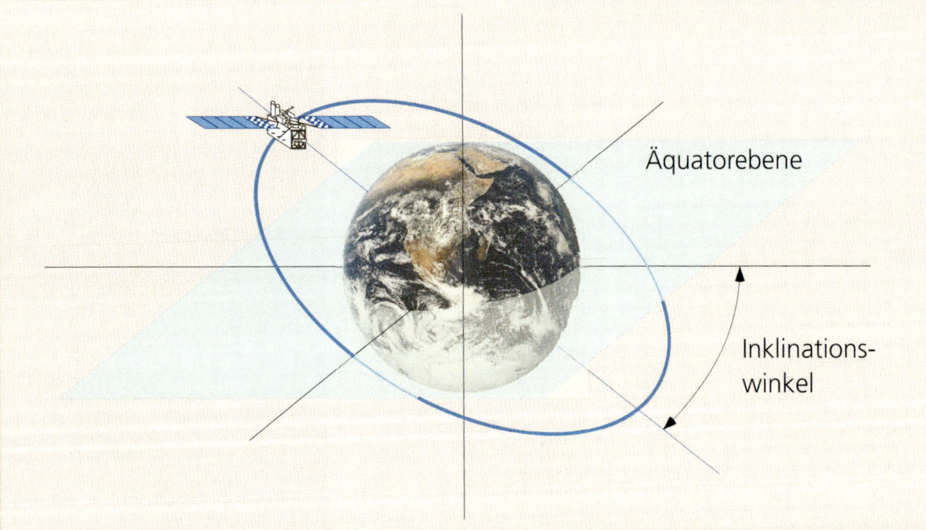


Viele Satelliten fliegen auf Bahnen, deren Ebene einen Winkel, die »Inklination«, zur Äquatorebene bilden. Das liegt meist am Startplatz: Die kleinste Inklination, die beim Einschuss erreichbar ist, entspricht der geographischen Breite des Startorts. Eine Änderung der Bahnebene ist sehr energieaufwändig. Das Space Shuttle kann, wenn es seinen gesamten verfügbaren Treibstoff aufwendet, seine Inklination nur um wenige Grad ändern. Äquatornahe Weltraumbahnhöfe wie Kourou sind daher vorteilhaft für geostationäre Bahnen. Der Einschuss auf eine höhere Inklination ist dagegen immer möglich.

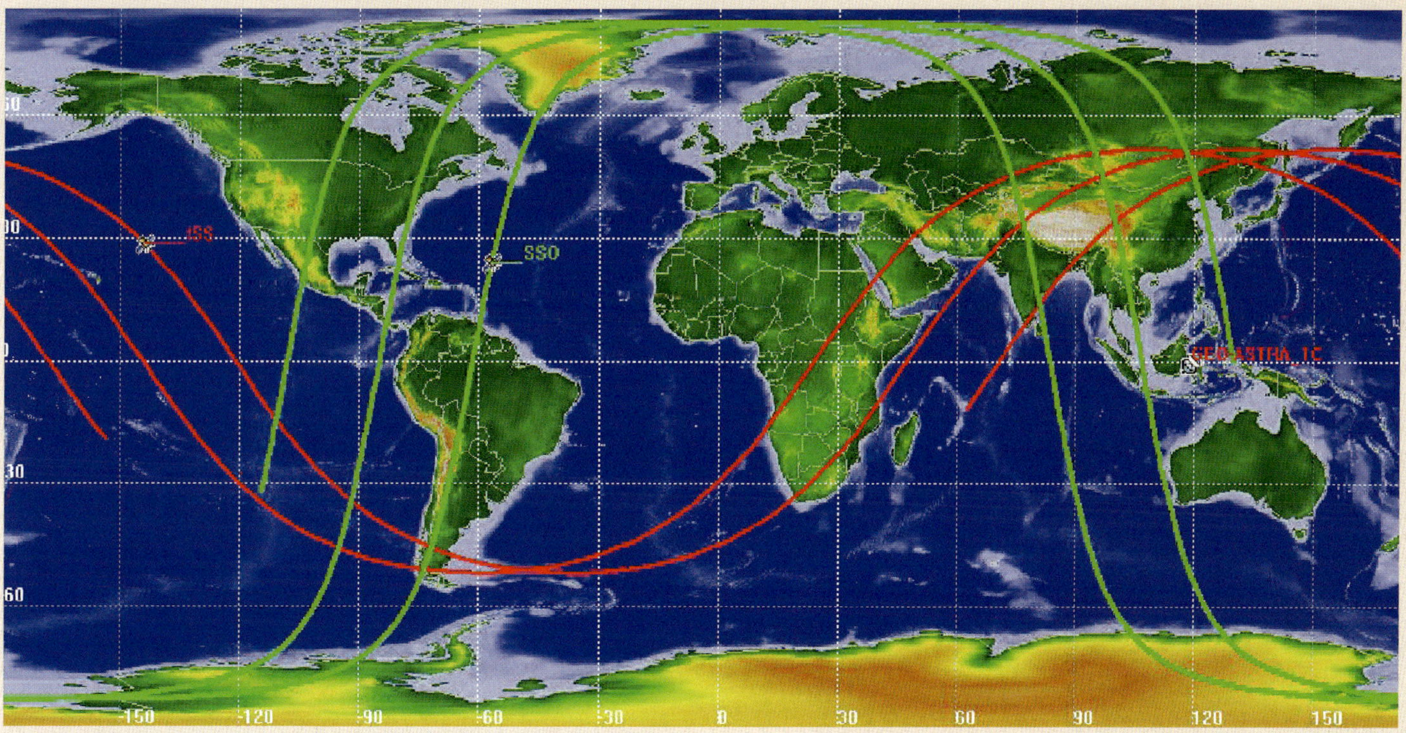


So fliegt z.B. die Internationale Raumstation in 300–450 km Höhe bei einer Inklination von 51,6°, obwohl sie von Florida auf 28° nördlicher Breite gestartet wurde. Der Fußpunkt ihrer Bahn pendelt zwischen den maximalen Breitengraden von 51,6° Nord und 51,5° Süd. Dargestellt auf einer Erdkarte in Mercatorprojektion ergeben sich sinusartige Bahnkurven. Da die ISS eine Umlaufzeit von etwa 1,5 Stunden hat, dreht sich die Erde in dieser Zeit um 22,5 Längengrade (= 360°·1,5 Stunden/24 Stunden) weiter. Nebeneinander liegende Bodenspuren sind um diesen Winkel nach Westen versetzt (im Bild rot).

Für die Erd- und Wetterbeobachtung sind polare Bahnen interessant, weil nur sie die ganze Erde abdecken. Sonnensynchrone Bahnen erhält man durch eine zusätzliche Bahnneigung von 8° gegenüber der polaren Bahn. Dadurch dreht sich die Bahnebene auf dem Weg um die Sonne langsam so, dass der Satellit immer die Sonne sieht. Außerdem kann man durch bestimmte Bahnhöhen erreichen, dass der Satellit jeden Tag zur selben Ortszeit denselben Breitengrad überquert (grün).

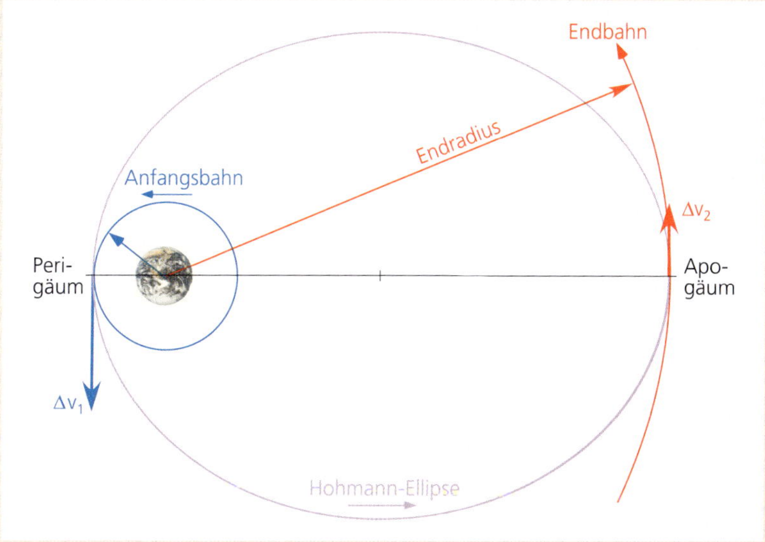


Der Einschuss vom Startplatz erfolgt in eine elliptische Bahn um die Erde. Durch zusätzliche Antriebsimpulse wird sie in eine Kreisbahn überführt. Will man von der erdnahen Kreisbahn in eine andere, höher gelegene gelangen, so verwendet man die Methode der Hohmann-Übergangsbahn. Schon 1925 hatte Walter Hohmann bewiesen, dass die energetisch günstigste Weise eines Übergangs zwischen zwei Kreisbahnen eine Ellipse ist, die beide zu verbindenden Kreisbahnen tangential berührt. Dazu sind zwei Triebswerkzündungen mit Geschwindigkeits-Impulsen $\Delta v_1$ und $\Delta v_2$ nötig. Um von einer erdnahen Bahn in 200 km Höhe auf die geostationäre Bahn zu gelangen, sind diese $\Delta v_1$=2,45 km/s am erdnächsten Punkt (wird als Perigäum bezeichnet), gefolgt von $\Delta v_2$=1,48 km/s am Apogäum.

Die Saturn-V-Rakete ist 110 m hoch, wog beim Start 2800 t und hatte einen Schub von 3420 t. Sie brachte das Service-Modul mit Apollo-Kapsel und Mondfähre von zusammen 110 t Masse auf eine Transferbahn zum Mond.

Die Amerikaner holten mit der 3,8 t schweren Zweimann-Kapsel Gemini nicht nur den Vorsprung der Sowjets auf, sondern überholten sie in der Entwicklung von Technologien, die für eine erfolgreiche Mondlandung erforderlich waren: Kompakte und zuverlässige Elektronik, Navigationsverfahren und Regelungstechnik sowie neue Werkstoffe. Wernher von Braun hatte für das Apollo-Programm die volle Unterstützung des amerikanischen Volkes. Zeitweise erreichte der verfügbare Etat 3 % des Bruttosozialprodukts.

## Der Flug zum Mond

Das Apollo-Programm wurde mit einer bis dahin unvorstellbaren Intensität und Konsequenz durchgezogen. Klotzen ging vor Kleckern. NASA-Entwicklungschef Wernher von Braun beschäftigte in Huntsville bis zu 7500 Mitarbeiter und verfügte über einen Jahresetat von 1,8 Milliarden Dollar. Mit der Saturn-V wurde eine Rakete entwickelt, deren Dimensionen alles Vorhandene weit übertraf. Sie hatte, einschließlich des Apollo-Raumschiffes, eine Höhe von 110 m, so hoch wie ein 33-stöckiger Wolkenkratzer. Der Durchmesser betrug über 10 m. Jedes der fünf Triebwerke der ersten Stufe verbrannte pro Sekunde 13 t Kerosin und flüssigen Sauerstoff und erzeugte einen Schub von 680 t. Die zweite Stufe bestand aus vier Triebwerken für die Verbrennung von flüssigem Wasserstoff mit flüssigem Sauerstoff. Ein fünftes solches Triebwerk wurde für die dritte Stufe eingesetzt.

Das Missionsprofil für die Mondlandung wurde nach den Gesichtspunkten der Effizienz und der Sicherheit für die Mannschaft ausgewählt. Nach dem Start wurde zunächst in eine Parkbahn um die Erde eingeschwenkt. Von dort wurde die dritte Stufe zum Einschuss in die Mondtransferbahn gezündet. Kurz vor Erreichen des Mondes wurde zum Einschwenken auf eine Mondumlaufbahn abgebremst. Hier stiegen zwei Astronauten in die Mondlandefähre um und trennten sie vom Kommando-Modul, in welchem der dritte Astronaut verblieb. Mit Hilfe dosierter Abbremsmanöver konnte die Fähre mit ihren Triebwerken weich auf der Mondoberfläche landen – die Anziehung des Mondes beträgt nur 1/6 der Erdanziehung.

Nach nur zwei Testflügen der Saturn-V-Rakete hoben am 21. Dezember 1968 die Apollo 8-Astronauten zu einer Umfliegung des Mondes ab. Zehn Mal umrundeten sie den Mond und führten dabei Tests der Module und Subsysteme aus. Dann zündeten die Triebwerke und brachten die Crew nach 6 Tagen zur Landung im Pazifik zurück. Zwei weitere Generalproben folgten. Apollo 9 übte die Trennung der Mondfähre vom Kommando-Modul in der Erdumlaufbahn. Apollo 10 machte diese Manöver auf der Mondumlaufbahn in einer Höhe von nur 14,5 km über der Mondoberfläche.

Trägerraketen der bemannten US-Raumfahrt: Saturn-V, Titan und Redstone (von links) im Größenvergleich. Rechts die Mannschaftskapseln Apollo (angedockt an Servicemodul und Mondlandefähre), Gemini und Mercury (von oben).

### Der Mann im Mond

Apollo 11 startete am Morgen des 16. Juli 1969 mit den Astronauten Neil Armstrong, Edwin Aldrin und Michel Collins an Bord. Vier Tage später stiegen Armstrong und Aldrin in die Mondfähre »Adler«, trennten sie vom Kommando-Modul mit dem dort zurück bleibenden Collins und setzten erfolgreich am 20. Juli um 21:17 Uhr mitteleuropäischer Zeit auf dem Mond auf. Im Missionskontrollzentrum von Houston hörte man die Stimme Armstrongs klar und deutlich: »Hier Tranquility Basis, der Adler ist gelandet«. Über 500 Millionen Menschen in aller Welt verfolgten dieses Ereignis in Rundfunk und Fernsehen. Nach der Landung überprüften die beiden Männer die Geräte und legten eine Essens- und Ruhepause ein. Armstrong verließ am folgenden Tag die Fähre und betrat als erster Mensch den Mond, unmittelbar gefolgt von Aldrin. Beide verbrachten zweieinviertel Stunden auf dem Trabanten. Sie richteten die mitgebrachte amerikanische Flagge auf, erprobten das Gehen unter Mondschwerkraft, machten Fotos und sammelten 21 kg Mondgestein ein. Zum vorgesehenen Zeitpunkt bestiegen sie wieder die Mondfähre, starteten die Aufstiegstriebwerke und koppelten kurze Zeit später am Kommando-Modul an. Auf der Rückseite des Mondes zündete Collins die Triebwerke und steuerte damit das Gefährt in Richtung Erde, wo es im Pazifik am Fallschirm landete.

Apollo 15-Landefähre und Lunar Rover. Das Mondauto hatte bei einer Höchstgeschwindigkeit von 17 km/h eine Reichweite von 92 km.

Nur aus der Mond-Umlaufbahn, hier vom Kommando-Modul der Apollo 8-Mission aus gesehen, scheint die Erde auf- und unterzugehen. Über der Mondoberfläche steht sie stets an derselben Stelle, da der Mond der Erde immer dieselbe Seite zukehrt.

Die Sojus-Rakete wird wie ihre sowjetischen Vorläufer-Raketen horizontal vollständig zusammengebaut und mit der Eisenbahn nach Baikonur transportiert. Dort wird sie aufgerichtet, betankt und ist innerhalb von 2 Tagen startklar. Bei einer Höhe von 53 m wiegt sie 300 t und hat einen Schub von 400 t, mit dem eine bemannte Sojus-Kapsel oder ein unbemannter Progress-Transporter mit bis zu 7 t in die Umlaufbahn gebracht wird.

Bei den folgenden Apolloflügen wurde der Missionsschwerpunkt zunehmend von technischer Erprobung zu wissenschaftlichen Zielen verschoben. Es wurden Gesteinsproben von verschiedenen Zielgebieten eingesammelt, Experimente aufgestellt, die nähere und weitere Umgebung erkundet. Letzteres wurde ab Apollo 15 durch ein Rover-Fahrzeug erleichtert. Insgesamt betraten 12 Amerikaner den Mond, sammelten dort 385 kg Mondgestein ein und brachten neue Erkenntnisse über die Entstehung der Erde und ihres Trabanten zurück. Viel wichtiger als der technische, wissenschaftliche, wirtschaftliche und politische Erfolg über die Russen ist für die meisten von uns ein Bild, das Apollo 8 fotografierte. Es zeigt die »aufgehende Erde«, unseren ebenso schönen wie aus dieser Perspektive fremdartigen Heimatplaneten, vor dem schwarzen Hintergrund des leeren, öden Weltraums.

Die Astronauten der Apollo 13-Mission gerieten auf dem Weg zum Mond wegen der Explosion eines Sauerstoff-Tanks in eine ernste Notfallsituation. Es bedurfte der Flexibilität des Apollo-Systems und der umfassenden Unterstützung der Bodenteams, um die Crew gesund zur Erde zurück zu bringen. Sie hatten mehr Glück als ihre Kollegen White, Grissom und Chaffee, die 1967 während einer Trainingsübung am Boden bei einem Brand, ausgelöst durch einen Kurzschluss, in der Apollo 1-Kapsel ums Leben kamen.

## Neue Transportsysteme

Nachdem die sowjetische Führung erkannt hatte, dass sie das Wettrennen zum Mond nicht mehr gewinnen konnte, verlagerte sie ab 1968 ihr weiteres Engagement auf den Aufbau und Betrieb ihrer Raumstationen Saljut und Mir. Schon im Jahr zuvor war eine neue Rakete erprobt worden: Die Sojus, ein modular aufgebautes System, das seit seinem Erstflug bis heute einige 100-Mal – mit oder ohne Astronauten – geflogen ist. Die Sojus fliegt heute noch sehr zuverlässig. Sie kann im Notfall mit einer an der Spitze montierten Rettungsrakete in allen Phasen des Aufstiegs die Kapsel mit den Astronauten in Sicherheit bringen.

Das Space Shuttle besteht aus dem Orbiter (maximal 110 t, inklusive 29 t Nutzlast), einem externen Tank (Masse 735 t, leer 31 t), drei mit flüssigem Wasserstoff und Sauerstoff gespeisten Haupttriebwerken mit je 176 t Schub und zwei Feststoffraketen mit je 573 t Masse und 1183 t Schub. Bei einer Gesamtmasse von etwa 2000 t erbringt das Raumfahrzeug einen Gesamtschub von 2900 t.

Die Sojus-Kapsel war ursprünglich vorgesehen, um drei Kosmonauten auf eine erdnahe Bahn zu bringen, z. B. zu einer Raumstation. Mit einem dickeren Hitzeschutzschild versehen konnte sie, unter Einsatz der größeren N1-Rakete, zwei Kosmonauten zum Mond und zurück bringen. Beim Erstflug im April 1967 gab es eine Reihe technischer Schwierigkeiten, so dass Kosmonaut Wladimir Komarow beim 18. Orbit zurückbeordert wurde. Kurz vor der Landung wickelte sich in 6 km Höhe der Fallschirm um die Kapsel, welche nahezu ungebremst in den Boden raste; Komarow kam dabei ums Leben.

### Das Ende des Apollo-Programms

Als der amerikanische Astronaut John Young während seines Apollo 16-Fluges im April 1972 vom Mond mit dem amerikanischen Präsidenten Nixon telefonierte, erfuhren er und die Weltöffentlichkeit, dass der Bau und die Nutzung der Saturn-Raketen mit dem nächsten Flug, Apollo 17, eingestellt werden sollte. Sie wurden durch ein neues Transportsystem, das Space Shuttle, ersetzt.

Die Dimensionen des Space Shuttle waren begrenzt durch die größte auf amerikanischen Interstate-Autobahnen transportierbare Last (4,6 m Durchmesser, 18,3 m Länge und 29 t Gewicht). Bis zu 8 Astronauten konnten mit dem neuen System in den erdnahen Orbit und zurück gebracht werden. Der Orbiter landet wie ein Flugzeug, allerdings bei siebenfachem Gleitwinkel von 20° und doppelter Geschwindigkeit von ca. 400 km/h.

Das Spacelab besteht aus dem Labormodul von 7 m Länge, 4 m Durchmesser und einer Masse von 11 t. Die Nutzlast an wissenschaftlichen Geräten wog je nach Missionsprofil zwischen 4,5 und 9,3 t.

Der Erststart des Space Shuttle erfolgte am 4. April 1981 mit den Astronauten John Young und Bob Crippen. 118 Missionen wurden bisher erfolgreich abgeschlossen werden, zwei endeten tragisch. Die größte und am häufigsten geflogene Nutzlast war das durch die ESA entwickelte und in Europa gebaute Raumlabor Spacelab. Es wurde im Zeitraum 1983 bis 1998 16 Mal eingesetzt. Die 1. Spacelab-Mission, gemeinsam von NASA und ESA vorbereitet, flog 1983 mit dem ESA-Astronauten Ulf Merbold. Die erste deutsche Spacelab-Mission D-1 mit den Astronauten Ernst Messerschmid und Reinhard Furrer folgte im Jahr 1985, die zweite deutsche Spacelab-Mission D-2 mit den Astronauten Hans Schlegel und Ulrich Walter im Jahr 1993.

### Die ersten Raumstationen

Die erste sowjetische Raumstation Saljut 1 wurde 1971, noch während des laufenden Mondprogramms der NASA, in den Orbit gebracht. Sie hatte, wie die folgenden Stationen, eine relativ kurze Lebensdauer. Die weiter entwickelte Station Saljut 6 wurde mit 16 Sojus- und 12 Progressflügen zwischen 1977–82 aufgebaut. Sie war wie die spätere Saljut 7 mit einem zweiten Andockstutzen ausgerüstet, so dass zwei Besatzungen von je drei Kosmonauten die Station besuchen konnten. Die Stammbesatzung hielt sich oft mehrere Monate an Bord auf. Besucher, die mit einer eigenen Sojus-Kapsel zur Station kamen, blieben dort meist eine Woche und kehrten mit der Kapsel der Stammbesatzung zurück. Damit war es möglich, dass trotz der auf 6 Monate begrenzten Betriebsdauer der Sojus-Kapsel die Stammbesatzungen ständig neue Langzeitrekorde aufstellen konnten. Im Rahmen des Interkosmos-Programms besuchten häufig Kosmonauten aus den sowjetischen Satellitenstaaten die Station, darunter als dritter Interkosmos-Kosmonaut 1978 Sigmund Jähn aus der DDR, der erste Deutsche im All.

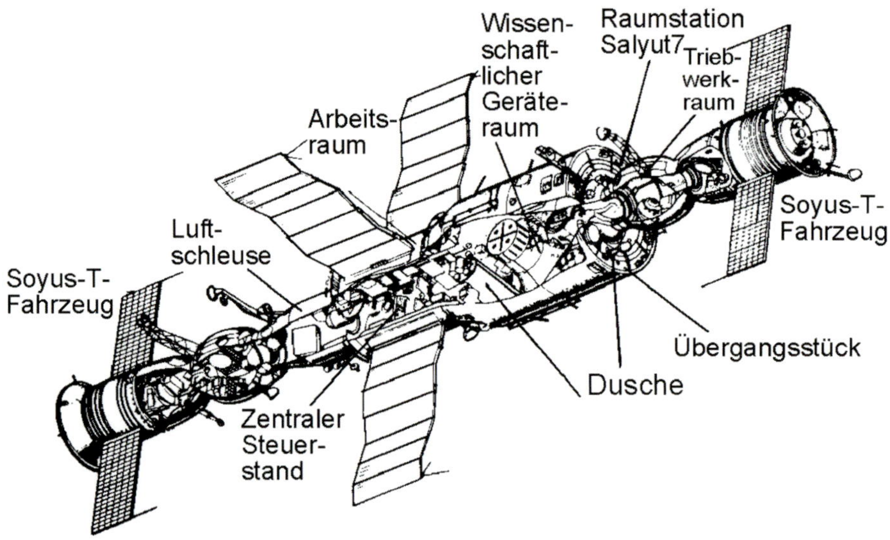


Die erste russische Raumstation Saljut 1 wurde mit dem Transportflug Sojus 11 erfolgreich in Betrieb genommen. Die Crew verunglückte aber bei der Rükkkehr wegen eines undichten Ventils. Die Stationen Saljut 2, 3 und 5 mit dem Namen »Almaz« wurden militärisch genutzt. Seit Saljut 4 verfügten die Stationen über drei Solarzellenflügel, welche bis zu 6 kW elektrische Energie lieferten; Saljut 7, baugleich zur Saljut 6, war die letzte Station in der Saljut-Reihe.

Amerika war deutlich langsamer bei der Entwicklung von Raumstationen. Dabei gelang Wernher von Braun 1973 ein echter Coup: Aus den Überbleibseln des abgebrochenen Mondprogramms entstand die erste amerikanische Raumstation Skylab. Das Hauptmodul, der Orbital Workshop, bestand aus einer leeren dritten Stufe der Saturn-V-Rakete. Nur ein Dockingmodul, eine Luftschleuse sowie die Solargeneratoren mussten neu gebaut werden. Die Dimensionen waren, wie alles an der Saturn-V-Rakete, enorm. Die Astronauten konnten Wettrennen entlang der inneren Peripherie der Station veranstalten. Dennoch war Skylab ein einmaliges Ereignis, das wegen des eingestellten Saturn-Programms nicht weitergeführt werden konnte.

Skylab, die erste US-Raumstation, wurde im Mai 1973 mit dem letzten Flug der Saturn V auf 430 km Höhe gebracht. Das Raumfahrzeug wirkte etwas verkrüppelt, da während des Starts einer der Solarflügel verloren ging. Es funktionierte aber dennoch gut. In der Zeit bis Februar 1974 war Skylab von drei Mannschaften mit je drei Astronauten besetzt. Sie blieben bis zu 84 Tage an Bord, was den damaligen Langzeitrekord darstellte. Technisch wie wissenschaftlich war es ein sehr erfolgreiches Programm. Die Beobachtung von Sonne, Erde und Atmosphäre, Forschung in der Schwerelosigkeit an Materialien, biologischen Substanzen und in der Medizin standen dabei im Mittelpunkt.

Im Juli 1975, in einer Periode der politischen Entspannung zwischen Ost und West, gab es die erste gemeinsame Mission zwischen der NASA und der sowjetischen Raumfahrtbehörde. Es war das Apollo-Sojus-Test-Projekt ASTP. Drei amerikanische Astronauten dockten mit dem Apollo-Service- und Kommando-Modul an der Sojus-Kapsel an, wo sie von zwei Kosmonauten erwartet wurden. Dafür musste eigens eine Vorrichtung entwickelt werden, an der beide Kapseln andocken konnten. Diese sollte für die spätere Internationale Raumstation noch wichtig werden.

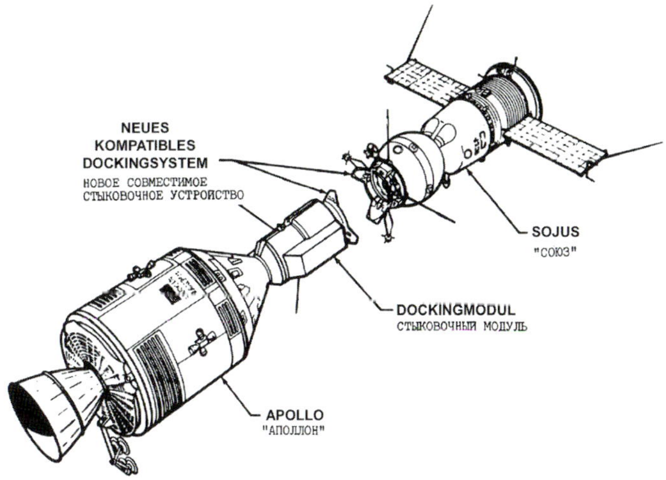


### Von der russischen Raumstation Mir zur Internationalen Raumstation ISS

Am 20. Februar 1986 begann Russland mit dem Start des Basismoduls den Aufbau der Raumstation Mir (Frieden). Erstmals wurde ein sechsfacher Kopplungsadapter eingesetzt, an dem eine Sojus-Kapsel und vier weitere Module dockten. Im Zeitraum März 1997 bis Mai 1990 brachte die russische Schwerlastrakete Proton die Forschungsmodule Kvant1, Kvant2 und Kristall zur Station. Kurz vor dem Auseinanderbrechen der Sowjetunion wurden Umbauten vorgenommen, um Platz zu machen für zwei weitere große Module mit Namen Priroda und Spektr, welche mit optischen Teleskopen und Geräten für die Erdbeobachtung ausgestattet waren.

Die Mir-Station war ein sehr erfolgreiches Projekt, trotz zahlreicher Pannen und Probleme. Unter anderem hatten die Besatzungen mit Feuer, Kollision und Druckverlust zu kämpfen. Die dezentrale Bauweise, in der jedes Teilmodul eine kleine Raumstation für sich darstellte, erwies sich als äußerst robust. Mir wurde von den späteren Raumstationspartnern NASA und ESA als Übungsobjekt für die ISS genutzt. Gleichzeitig konnten Aufgaben der Erdbeobachtung und

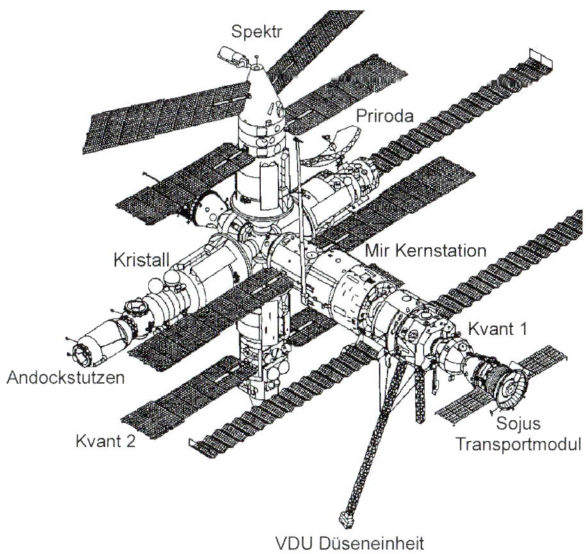

Die Raumstation Mir bekam die großen Module Spektr und Priroda erst im 1995 und 1996 geliefert, als klar war, dass Russland im Projekt der Internationalen Raumstation eingebunden werden sollte. Im Zuge dessen wurde Mir mit dem US-Space Shuttle versorgt und als Lernobjekt für die internationale Staatengemeinschaft der ISS-Partner genutzt.

Bis zum Jahr 2003 wurde die Internationale Raumstation ISS zügig aufgebaut: Etwa 40 % der Gesamtmasse von 415 t, 25 % der elektrischen Gesamtleistung von 110 kW, Lebens- und Laborraum für Crews mit drei Astronauten wurden installiert. Die Columbia-Katastrophe führte zu einer langjährigen Verzögerung der Fertigstellung.

der Forschung in Physik, Biologie, Medizin, Astronomie und Ingenieurwissenschaften durchgeführt werden. Am 23. März 2001 wurde dann die Station so abgebremst, dass sie im südlichen Pazifikgebiet zielgenau verglühte und versank. Mit über 15 Jahren wurde sie doppelt so lang betrieben wie ursprünglich geplant. Fast 100 Menschen bewohnten sie, mit Aufenthaltsdauern zwischen einer Woche und 14 Monaten. Darunter waren auch die Deutschen Astronauten Klaus Flade 1991, Ulf Merbold 1994 (31 Tage), Thomas Reiter 1995 (179 Tage) und Reinhold Ewald 1997.

Der Kosmonaut Sergej Krikaljow erlebte eine ungewöhnliche Situation auf der Mir-Station. Während er im Sommer 1991 die Erde umkreiste, brach unter ihm die Sowjetunion auseinander. Wegen des herrschenden Chaos war es ungewiss, ob die Bodenstation ihn weiterhin ausreichend unterstützen konnte. Es spricht für die Robustheit des Mir-Systems, dass er nach einer ungeplanten und unfreiwilligen Verlängerung seines Weltraumaufenthalts um sechs Monate wohlbehalten zur Erde zurückkehren konnte – an denselben Ort, aber in einen völlig anderen Staat.

Nach Abschluss der Entwicklung des Space Shuttle konzentrierten sich die Amerikaner ebenfalls auf den Bau einer Raumstation. Präsident Ronald Reagan forderte im Jahr 1984 die NASA auf, ein internationales Projekt mit japanischer, kanadischer und europäischer Beteiligung auszuarbeiten. So entstand zunächst das Konzept der Raumstation »Freedom«. Die Kostenschätzungen waren jedoch so hoch, dass der amerikanische Senat vor einer Zusage zurückschreckte. Präsident Bill Clinton beauftragte 1994 die NASA, gemeinsam mit Russland und anderen Ländern die jetzige Internationale Raumstation ISS zu entwickeln. Durch die Beiträge der internationalen Partner glaubte man, die Kosten deutlich senken zu können. Dies traf zwar nicht im erwarteten Maß zu, so aber wurden zum ersten Mal in der Geschichte der Raumfahrt die USA und Russland Partner in einem gemeinsamen Großprojekt und nicht Rivalen.

### Die Ära des Space Shuttle geht zu Ende

Auch 25 Jahre nach dem Erstflug bleibt das Space Shuttle das einzige wieder verwendbare Raumtransportsystem der Welt. Es ist in der Lage, bis zu 8 Astronauten zusammen mit schweren Lasten in den Orbit zu bringen, Satelliten dort auszusetzen, einzufangen, zu reparieren und sie – wie auch Ergebnisse wissenschaftlicher Experimente – auf die Erde zurückzubringen. »Eine phantastische Hochleistungs-Maschine« bestätigen die Astronauten, aber angesichts des Verlustes von zwei Mannschaften und zwei von fünf Fluggeräten sagen sie auch »sie zu fliegen ist ein ebenso schwieriges wie gefährliches Unterfangen.«

Explosion des Space Shuttles Challenger 72 Sekunden nach dem Start am 28. Januar 1986 infolge eines undichten Feststoff-Boosters und Fehler im Management und Betrieb.

Die Grundlage des Space-Shuttle-Systems beruht auf dem Technologiestand um das Jahr 1970. Ursprünglich war es als zweistufiges, voll wiederverwendbares Raketenflugzeug geplant. Deutlich flexibler und kostengünstiger im Einsatz als Wegwerfraketen, sollte es große Satelliten, Bauteile von Raumstationen und Menschen in den erdnahen Weltraum transportieren. Pro Jahr waren bis zu 50 Flüge bei Kosten von je 7,7 Millionen $ vorgesehen. Jedes Shuttle war für 100 Einsätze ausgelegt. Aber die Anforderungen waren zu hoch gesteckt. Nach dem Wunsch des amerikanischen Verteidigungsministeriums sollten auch sehr große Aufklärungssatelliten auf polare Umlaufbahnen gebracht werden. Das hätte große Flügel für beide Stufen erfordert. Die Flugzeugindustrie sollte stärker am Raumfahrtbudget partizipieren und benötigte dafür eben »Flügel«. Um im Rahmen der vorgegebenen Entwicklungskosten von 5,15 Milliarden Dollar zu bleiben, wurden die Flügel für die erste Stufe gestrichen. Diese ist daher nicht wieder verwendbar. Nicht nur dadurch wurden die Einsätze teurer. Allein im Zeitraum 1981–1999 stiegen die Kosten (inflationsbereinigt) auf das 7-fache. Wegen des Kostendrucks war nur ein Minimum an System-Qualifikation möglich: Das Shuttle wurde nie wirklich für den operationellen Einsatz qualifiziert – es blieb dauerhaft im Experimentierstadium und fliegt dadurch mit hohem Risiko.

Wegen dieses Risikos und sich verstärkender Alterserscheinungen steht das Space-Shuttle-System im Jahr 2010 zu einer kompletten Überprüfung und Zertifizierung an. Das ist ein sehr kostenintensiver Prozess. Daher beschloss die NASA, den Shuttle-Betrieb im Jahr 2010 einzustellen. Ein neues Transportfahrzeug, das Crew Exploration Vehicle CEV, soll nach 2014 Astronauten und kleinere Nutzlasten zur ISS auf den Mond und wieder zurück bringen. Zusätzlich ist eine Schwerlastrakete für den Transport großer Lasten vorgesehen. Beide Raumfahrzeuge

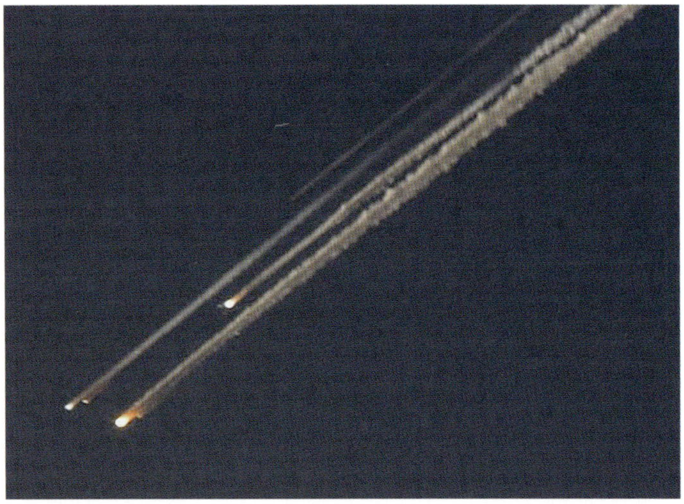

Absturz des Space-Shuttles Columbia am 1. Februar 2003 über Kalifornien. 15 Tage zuvor hatte 82 Sekunden nach dem Start ein Stück abgelösten Isolationsschaums den Hitzeschutz der Flügelvorderkante beschädigt. Das entstandene Loch blieb bis zur Unfalluntersuchung unbemerkt.

Die Ariane-5G in Kourou kurz vor dem 169. Start seit dem Beginn des Ariane-Programms 1979.

nutzen die Feststoffraketen und Steuerungskomponenten aus dem Shuttle-System. Als Oberstufentriebwerk wird das J2-Triebwerk aus dem Apollo-Programm in Betracht gezogen. Auch für die Rückkehr der Astronauten wird auf Kapselentwicklungen aus dem Apollo-Programm zurückgegriffen.

## Astronauten kennen ihr Risiko

Bis heute haben zwischen Start und Landung 18 Astronauten das Leben verloren. Auf der russischen Seite starben die Kosmonauten Komarow (Sojus1), Dobrowolski, Wolkow und Patsajew (Sojus11). Amerika verlor mit den abgestürzten Space Shuttles Challenger und Columbia 14 Astronauten. Die Zahl der im Training verunglückten Astronauten, darunter auch Juri Gagarin und die drei Apollo-1-Astronauten, ist mindestens ebenso groß. Aber auch die Gesundheit der überlebenden Raumfahrer ist bedroht. Erhöhte Strahlung, durch Schwerelosigkeit beschleunigter Schwund von Knochen- und Muskelmasse bei Langzeitmissionen und weitere medizinische Beeinträchtigungen vergrößerten das Risiko der bis dato 459 Menschen, die Erfahrung im Weltraum gesammelt hatten. Gleichwohl ist die Eroberung der Berge nicht weniger gefährlich. Betrachtet man die Besteigung aller 14 Gipfel dieser Erde über 8000 m Höhe, einschließlich des Mount Everest, so überlebten 665 von 7823 Bergsteigern dieses Abenteuer nicht.

Raumflüge können mit der Entdeckung und Besiedlung der Neuen Welt von Amerika verglichen werden. Daher wird der Begriff »Pioneering the Space Frontier« oft verwendet und Risiken und Verluste werden als unvermeidbares Opfer gesehen. Im Amerikanischen werden »Frontiers« aber weniger als begrenzendes, denn zu überwindendes Hindernis gesehen, was auch erklärt, dass Amerika sich als das Land der wahren Pioniere versteht und etwa gleichviel Mittel für die Raumfahrt aufwendet, wie der gesamte (erkundungsmüde) Rest der Welt.

# Das hart umkämpfte Geschäft mit Raketen

Die führenden Nationen beim Bau von Raketen sind die USA und Russland. Beide beherrschen die Technik großer kryogener, d.h. mit flüssigem Wasserstoff und flüssigem Sauerstoff betriebener Raketentriebwerke. Die Technologie des Wiedereintritts in die Erdatmosphäre gehört dort ebenso zum Stand des Wissens. China verfügt seit dem Start ihres ersten Astronauten Yang Li Wei auf Shenzhou-5 ebenfalls über eigene Möglichkeiten zur bemannten Raumfahrt, aufgebaut auf russischem Fachwissen. Europa und Japan setzen auf die Technik nicht wieder verwendbarer Raketenfamilien. Brasilien, Indien und Israel haben kleinere Trägerraketen entwickelt. Sie verwenden Festtreibstoffe in allen Stufen.

## Stand der Entwicklung heute

Nach mehreren Fehlschlägen mit der Europa-Rakete begann das europäische Ariane-Programm 1973 als eine Erfolgsgeschichte. Die Ariane 1 konnte seit ihrem Erststart am 24. Dezember 1979 Nutzlasten von bis zu 1835 kg in den geostationären Transferorbit (Perigäum erdnah, Apogäum bei der geostationären Höhe von 36.000 km) bringen. Die Rakete wurde stufenweise verbessert. So konnte die Ariane 3 schon Satelliten mit einer Masse von bis zu 2650 kg transportieren. Die nächste Generation, Ariane 4, beruhte auf einem sehr flexiblen Konzept mit sechs verschiedenen Versionen und konnte bis zu 4200 kg Nutzlast in den Transferorbit befördern. Ariane-Raketen wurden von Anfang an für den am stärksten nachgefragten Marktbereich optimiert, den Transport von Satelliten in die geostationäre Umlaufbahn. Hierzu trug die äquatornahe Startposition des europäischen Weltraumbahnhofs Kourou, Französisch-Guyana, in nur 5° nördlicher Breite, bei. Im Vergleich zu einem Start in Cape Canaveral (28,5° nördliche Breite) oder in Tanegashima (Japan, 30° nördliche Breite) erhöht sich die Nutzlastmasse um mehr als 10 %.

Ungewöhnlich – aber es funktioniert: Um einen günstigen Startplatz in der Nähe des Äquators zu nutzen, bauten die russisch-ukrainischen Hersteller der Zenit-Rakete mit amerikanischer und norwegischer Hilfe einen schwimmenden Startplatz auf einer umgebauten Ölplattform.

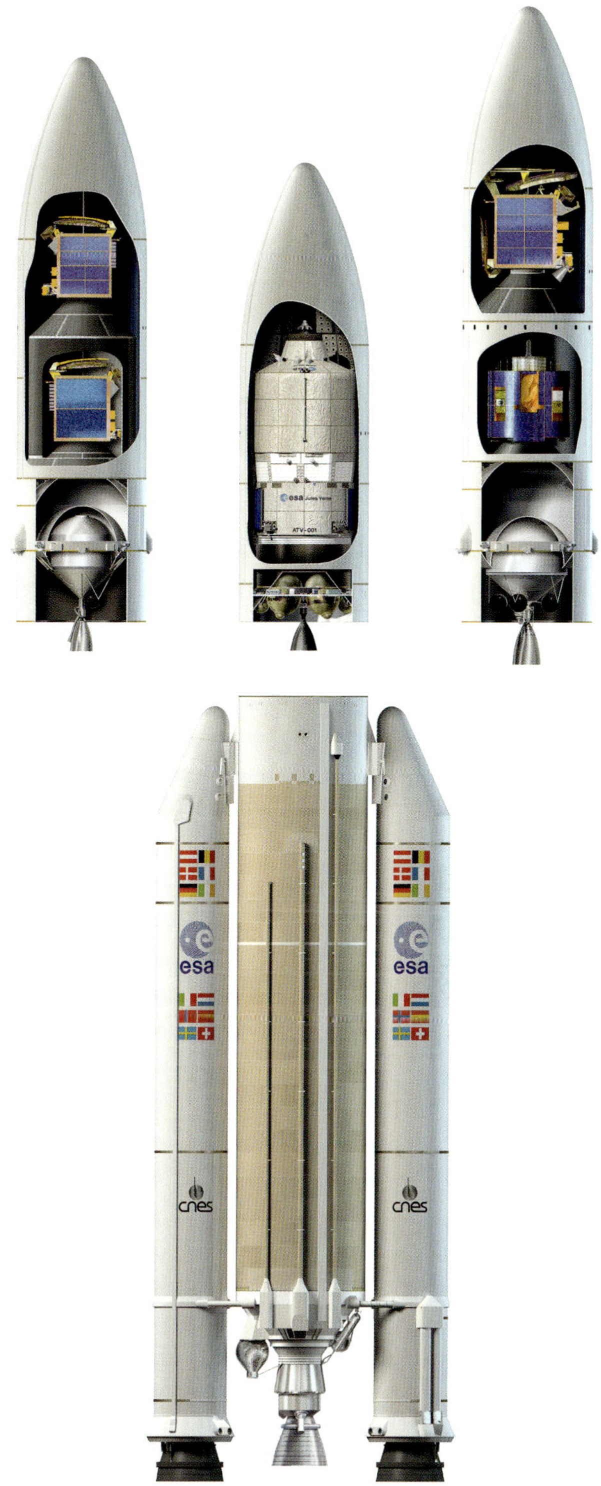

Die Ariane 5 mit drei verschiedenen Oberstufen: ECA (links) schafft 10 t in den geostationären Transferorbit. ES (Mitte, mit ATV als Nutzlast) und ECB (rechts, die zukünftige Version mit einer Kapazität von 12 t).

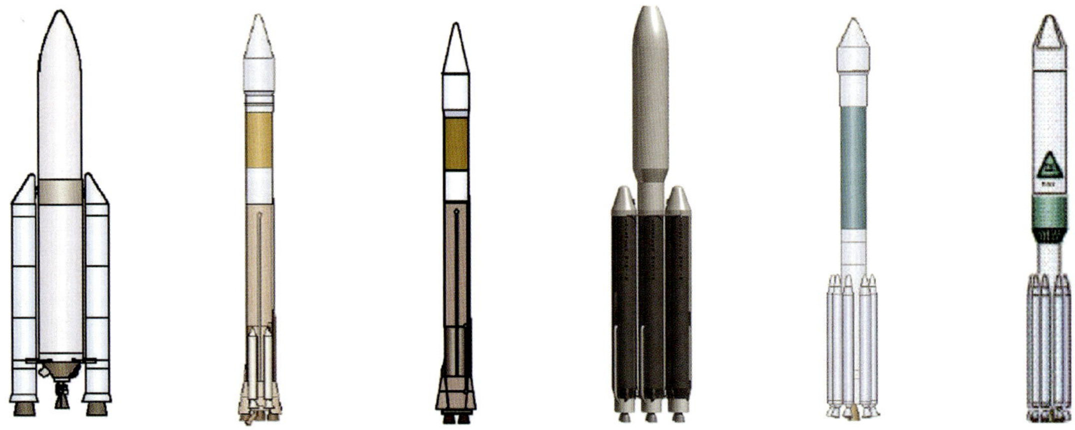

| Träger | Ariane 5 | Atlas 2AS[1] | Atlas 3 | Atlas 5 | Delta 2 | Delta 3 |
|---|---|---|---|---|---|---|
| **Land** | Europa | USA | USA | USA | USA | USA |
| **GTO[2]** | 6,8 | 3,7 | 4,6 | 9,0 | 2,1 | 3,8 |
| **LEO[3]** | 18 | 8,6 | 10,7 | 20,1 | 6,0 | 8,3 |
| **ER %[4]** | 82 | 100 | 100 | 100 | 99 | 33 |
| **SK[5]** | 150–180 | 90–105 | 90–105 | 75–170 | 50–60 | 75–90 |

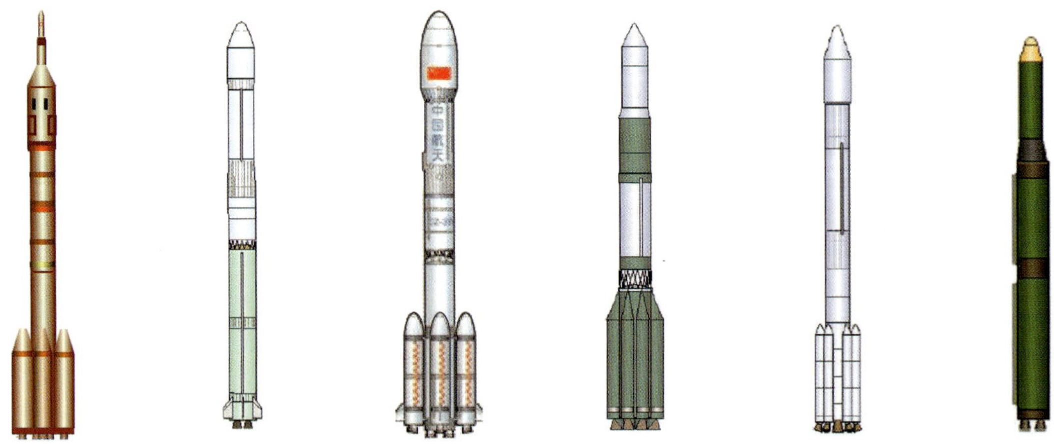

| Träger | LM 2F | LM 3A | LM 3B | Proton | PSLV | Rockot |
|---|---|---|---|---|---|---|
| **Land** | China | China | China | Russland | Indien | Russland |
| **GTO[2]** | 3,5 | 2,5 | 5,2 | 6,5–7,8 | 0,8 | – |
| **LEO[3]** | 9,5 | 7,2 | 11,2 | 19,8–21 | 3,7 | 1,8 |
| **ER %[4]** | 100 | 100 | 80 | 93 | 100 | 100 |
| **SK[5]** | | | 50–70 | 90–112 | 20–25 | 12 |

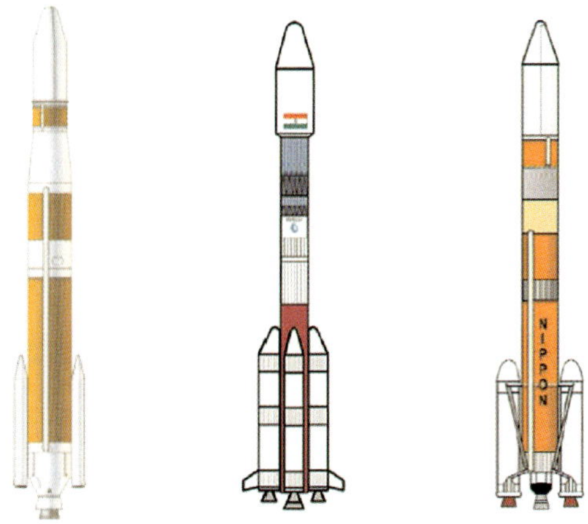

| Delta 4 | GSLV | H2A |
|---|---|---|
| USA | Indien | Japan |
| 4,2–13,4 | 2,5 | 4,1–7,5 |
| 8,1–23 | 5 | 10–17 |
| 100 | 100 | 83 |
| 75–170 | 35–45 | 75–95 |

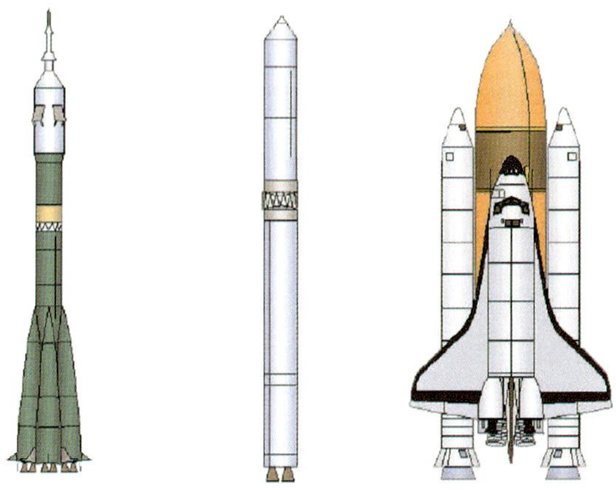

| Sojus | Zenit 3SL | Space Shuttle |
|---|---|---|
| Russland | Ukraine | USA |
| 1,5 | 5,3 | 5,8 |
| 4,1–5,5 | 13,7 | 24,4 |
| 97 | 91 | 98 |
| 30–50 | 75–95 | 600 |

### Europa zeitweise vorn

Die Ariane 4 konnte bis zu ihrer Außerdienststellung im Februar 2003 einen Marktanteil von durchschnittlich der Hälfte des kommerziellen Satellitenmarktes erringen. Im Jahr 2000 erzielte sie ihren bisherigen Höchstumsatz von 1,6 Milliarden €, fast 60 % des gesamten Weltmarkts. Damit war das in Zusammenarbeit von ESA und der Firma Arianespace entwickelte Ariane-Trägersystem lange Zeit das kommerziell erfolgreichste. Mit der leistungsstärkeren Ariane 5, die im Jahr 2000 den operationellen Betrieb aufnahm, sollte an diesen Erfolg angeknüpft werden. Sie hatte die Fähigkeit, gleichzeitig zwei oder drei Satelliten transportieren zu können. Damit nahm zwar die Zahl ihrer Starts deutlich ab, der Umsatz konnte jedoch trotz zunehmender Konkurrenz neuer Trägersysteme bis 2002 bei ca. 1 Milliarde € gehalten werden. Die neue Version Ariane-5-ECA mit auf 10 t gesteigerter Nutzlast versagte beim Erststart am 12.Dezember 2002. Obwohl sie gut zwei Jahre später erfolgreich den kommerziellen Betrieb aufnehmen konnte, reduzierte sich der Umsatz weiter. Durch die zwischenzeitliche Verwendung der Vorgängerversion Ariane 5G und der neuen, nunmehr zuverlässigen ECA-Version konnte sie sich am Markt wieder gut etablieren. Als Weltmarktführer hat allerdings Russland die Europäer überflügelt.

### Russland: der wiedererstarkte Riese

Der Zuwachs der russischen Marktanteile ist auf die erfolgreiche Kooperation mit internationalen Firmen zurückzuführen. Die europäisch-russische Firma Starsem baut für Satelliten, die für die eine Ariane zu groß ist, in Kourou eine Startrampe für unbemannte Sojus-Raketen. Mit dem Erststart ist 2008 zu rechnen. Weitere internationale Firmen

Tabelle der zur Zeit auf dem Weltmarkt verfügbaren Trägerraketen. Die Nutzlasten sind angegeben für den niederen Erdorbit (Low Earth Orbit [LEO] in 200–400 km Höhe) und für die Übergangsbahn zum Einschuss in den geostationären Orbit (Geostationary Transfer Orbit [GTO] mit einer Bahnhöhe von 40.000 km über dem Äquator). Die jeweiligen Nutzlastkapazitäten sind in Tonnen und die geschätzten Startkosten (SK) in Millionen US Dollar angegeben.

[1]Zum letzten Mal gestartet 31.08.2004;
[2]Nutzlast zur geostationären Umlaufbahn in Tonnen;
[3]Nutzlast zur erdnahen Umlaufbahn in Tonnen;
[4]Erfolgsrate, letzte 10 Jahre;
[5]Geschätzte Startkosten in Millionen US Dollar

bieten Raketen an. Die Schwerlastrakete Proton wird seit 1995 durch die russisch-amerikanische Firma International Launch Services vermarktet. Die deutsch-russische Firma Eurockot bietet die kleinere Rockot seit 1995 an. Ein Konsortium von norwegischen, russischen, ukrainischen und amerikanischen Firmen mit Namen Sea Launch startet die Zenit-Rakete auf einer umgebauten Ölplattform auf hoher See in Äquatornähe.

### Marktführer USA

In Amerika wird die Raketenentwicklung stark von militärischen Anwendungen gefördert. Die Schwerlastraketen sind fast ausschließlich den großen Aufklärungssatelliten vorbehalten. Durch Verbesserungen bei existierenden Trägern wird versucht, größere kommerzielle Marktanteile zu gewinnen. Das US-Verteidigungsministerium fördert seit dem Jahr 2000 die neuen Trägerfamilien Delta 4 und Atlas 5, die nach dem Baukastenprinzip aufgebaut sind und gegenüber den gegenwärtig verwendeten Raketen zu einer weiteren Kostenreduktion führen sollen. Amerikanische Herstellerfirmen haben durch garantierte Mindestauslastungen über regelmäßige militärische Satellitenstarts einen massiven ökonomischen Vorteil gegenüber der europäischen Industrie. Das einzige wiederverwendbare System, das Space Shuttle, wird 2010 außer Dienst genommen. Bis dahin soll es den weiteren Aufbau der Internationalen Raumstation unterstützen und vielleicht noch in einem letzten Flug zur Reparatur des Hubble-Teleskops eingesetzt werden.

### Aufsteiger Japan

Mit ihrer Trägerrakete H-2 verfolgten japanische Ingenieure ehrgeizige Ziele. Sie entwickelten ein sehr fortschrittliches, dem Space Shuttle ähnliches zentrales Hauptstromtriebwerk. Technische Probleme und die unerwartet hohen Startkosten verhinderten den kommerziellen Erfolg. Der Betrieb wurde 1999 eingestellt. Die Nachfolgerakete H-2A basiert auf weniger anspruchsvoller Technologie und wurde im Hinblick auf geringere Startkosten und höhere Zuverlässigkeit entwickelt. Sie steht aber bisher nicht für den internationalen Markt zur Verfügung. 15 Monate nach einem anfänglichen Fehlstart in 2004 absolvierte sie ihren erfolgreichen Erstflug am 26.Februar 2005.

### Die Neulinge China und Indien

Bei ihrem internationalen Debüt erwiesen sich die chinesischen Raketen mit dem schönen Namen »Langer Marsch« als unzuverlässig und konnten trotz günstiger Preise keine Marktanteile gewinnen. Inzwischen wurden jedoch Zuverlässigkeit und Nutzlastkapazität gesteigert. Die Großrakete LM-3B trägt nun eine Nutzlast von 5,2 t in die Transferbahn. Die Zuverlässigkeit der Trägerrakete LM-2F wurde als ausreichend eingeschätzt, sie für den Start des ersten chinesischen Astronauten Yang Li Wei am 15.Oktober 2003 einzusetzen. Das auf über 2 Milliarden € angestiegene Raumfahrtbudget Chinas lässt zukünftig eine starke Konkurrenz auf dem Weltmarkt erwarten.

Die indischen Trägersysteme Geostationary bzw. Polar Satellite Launch Vehicle wurden nach erfolgreichen Testflügen und einer Reihe von Einsätzen für staatliche Aufträge auf dem internationalen Markt angeboten.

Insgesamt ist also von einer deutlichen Verschärfung der Konkurrenzsituation auszugehen. Die erwarteten Umsätze auf dem Trägermarkt werden dabei trotz ansteigenden Transportvolumens kaum ansteigen.

# Das Weltall: Werkbank und Labor

Wo beginnt eigentlich das All? Eine eindeutige Grenze gibt es nicht. Die Fédération Aéronautique Internationale, eine Art FIFA der Luft- und Raumfahrt, definiert die Grenze zum Weltraum bei einer Höhe von 100 km. Dies war die Grundlage für die Ausschreibung des Ansari X-Preises. Der mit 10 Millionen Dollar dotierte Preis stand demjenigen zu, der als erster das Ziel erreichte, in einem Zeitraum von zwei Wochen zweimal Passagiere mit einem privaten Raumschiff in den Weltraum, also über 100 km Höhe, und wieder zurück zu bringen. Man muss sich allerdings klar machen, dass der Schritt von dieser Höhe in die Umlaufbahn das Hundertfache an Energie erfordert. In der Raumfahrt kommt es auf Geschwindigkeit an, nicht auf Höhe.

Praktisch beginnt die Raumfahrt über 250 km Höhe wo, ungestört durch die Restatmosphäre, stabile Umlaufbahnen möglich sind. Hier herrscht ein extremes Vakuum. Die Atmosphäre ist zehn Milliarden mal dünner als an der Erdoberfläche. Erstaunlicherweise sind dort pro Kubikzentimeter immer noch eine Milliarde Gasteilchen vorhanden. Erst im interstellaren Raum, außerhalb unseres Planetensystems, geht die durchschnittliche Teilchendichte auf etwa 1 Atom pro Kubikzentimeter zurück.

SpaceShipOne bei der Rückkehr nach erfolgreichem Weltraumflug zum Landeplatz in der Mojave Wüste. Mit dem Doppel-Passagierflug auf 100 km Höhe gewann der Konstrukteur Burt Rutan am 4. Oktober 2004 den mit 10 Millionen Dollar dotierten Ansari X-Preis.

### Die neue Umgebung

Im Weltraum ist vieles anders, als wir es von der Erde gewohnt sind. Einschneidend ist die Erfahrung der Schwerelosigkeit. Sobald die Triebwerke abgeschaltet sind, bewegt sich das Raumfahrzeug kräftefrei im Gravitationsfeld, alles was darin ist, wirkt schwerelos. Natürlich ist die Schwerkraft noch da. Sie kann weder abgeschaltet noch abgeschirmt werden. Das Schwerefeld der Erde beträgt in 250 km Höhe immer noch 93 % des Wertes an der Erdoberfläche. Aber das Raumfahrzeug ohne Antrieb befindet sich im freien Fall. Es stellt seine Bahn so ein, dass die Schwerkraft durch Trägheitskräfte stets exakt kompensiert wird. Auf einer Umlaufbahn ist es beispielsweise die Zentrifugalkraft, welche der Erdanziehung entgegenwirkt und die Schwere aufhebt.

Der Astronaut Ernst Messerschmid frei schwebend in der Schwerelosigkeit bei der Arbeit im Weltraumlabor Spacelab während der Mission D-1.

Auch wenn wir nach der Temperatur fragen, müssen wir umdenken. Auf der Erde entscheidet die Lufttemperatur, ob wir uns kalt oder warm fühlen. Im Weltraum ist die Atmosphäre so dünn, dass sie auf die Temperatur der dort befindlichen Körper keinen Einfluss mehr ausübt. Das wäre in der Tat fatal. Die Gastemperatur, hergeleitet aus der Geschwindigkeitsverteilung der dort vorhandenen Moleküle, beträgt in 250 km Höhe über 1200° C. Ein Raumfahrzeug stellt seine Temperatur nicht, wie wir das von der Erde gewohnt sind, durch Wärmeleitung an ein umgebendes Gas ein, sondern durch das Gleichgewicht zwischen ein- und abgestrahlter Energie in der Strahlungsumgebung. Die Sonne erwärmt die ihr zugewandte Seite, je nach Material und Oberflächenbeschaffenheit, auf 100° C oder mehr. Die sonnenabgewandte Seite ist der Kälte des Weltraums ausgesetzt, im Wesentlichen bestimmt durch die Hintergrundstrahlung, etwa 3° über dem absoluten Nullpunkt. Das kann zu Oberflächentemperaturen von kälter als –100° C führen. Je nach Orientierung erhält man also extrem gegensätzliche Temperaturen. Bereits bei der Konstruktion eines Satelliten oder etwa eines Astronautenanzugs spielt diese Tatsache eine kritische Rolle.
Es gibt noch andere Umweltparameter, die sich im Weltraum von denen auf der Erde unterscheiden. Ohne den Schutz durch die Atmosphäre sind wir der Strahlungsumgebung des Weltraums ausgesetzt. Die Partikelströme von der Sonne werden vom Magnetfeld der Erde nur teilweise abgelenkt. Ein Teil wird eingefangen und formt die gefährlichen Strahlungsgürtel. Aus den Tiefen des Weltraums dringt Teilchenstrahlung mit sehr hohen Energien, die bei elektronischen Bauteilen zu Ausfällen führen kann und die Gesundheit von Menschen gefährdet. Schließlich empfangen wir im Weltall alle elektromagnetischen Wellen, einschließlich des Lichts, unabgeschirmt durch die Atmosphäre.

## Licht, der wichtigste Informationsträger

Fast alles, was wir über unser Weltall wissen, erfahren wir durch das Licht. Aus den Tiefen des Raumes dringt die Strahlung durch die Atmosphäre zu uns vor. Schon früh begannen Astronomen, Position und Bewegungen der sichtbaren Himmelskörper zu beobachten und zu vermessen. Seit der Erfindung des Fernrohrs konnte man noch viel mehr Sterne erkennen, konnte punktförmige Quellen von den Scheibchen der Planeten unterscheiden. Ein wirklicher Durchbruch war die Entdeckung Isaac Newtons, der zeigte, dass sich das Licht mit Hilfe eines Prismas zerlegen lässt. In den Regenbogenfarben findet man charakteristische Signaturen, mit denen sich die chemische Natur am Ursprung des Lichts ermitteln lässt.

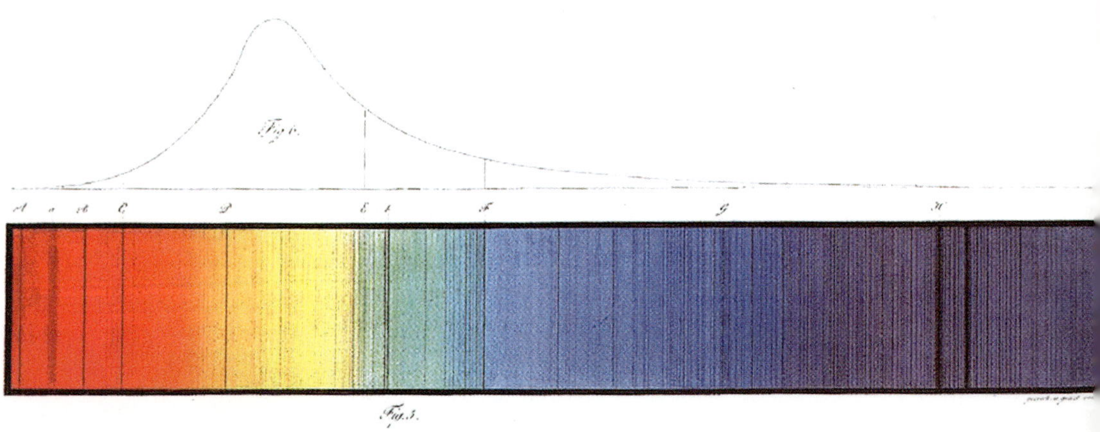

Der Physiker und Glasschleifer Josef von Fraunhofer entdeckte um 1814 die nach ihm benannten dunklen Linien im Spektrum der Sonne. Diese Darstellung wurde von Fraunhofer nach eigenen Beobachtungen gezeichnet. Unten sieht man das Farbband des Spektrums, in dem die stärksten der Absorptionslinien mit den heute noch üblichen Buchstaben gekennzeichnet sind, oben wurde die Intensität über den Farben aufgetragen.

### Farbige Information im Licht

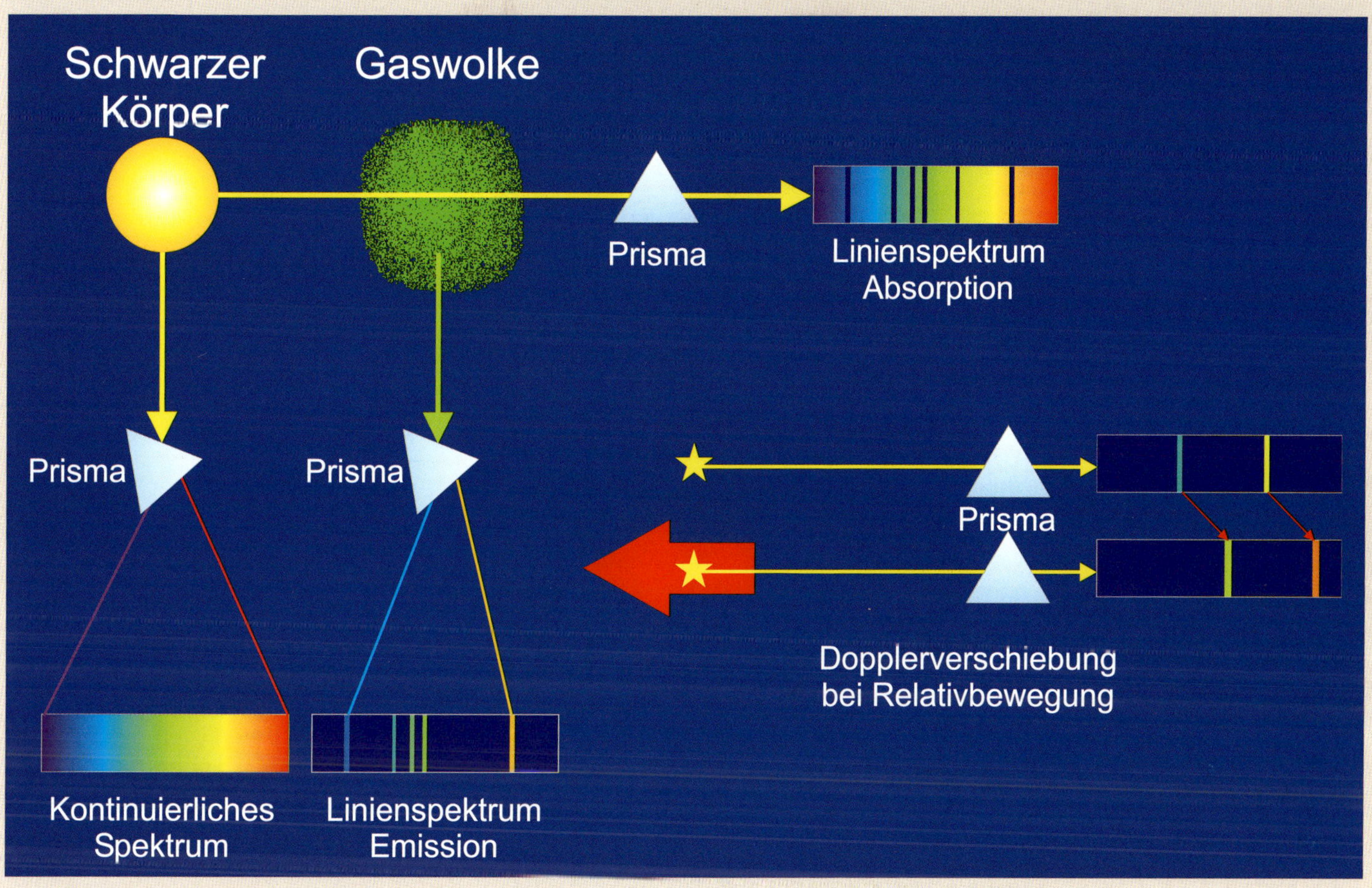


Licht kann durch geeignete Geräte, wie ein Prisma oder ein Gitter, in seine Farben zerlegt werden. Das resultierende Spektrum enthält Information über chemische und physikalische Eigenschaften der Lichtquelle.

Die Strahlung von einem heißen, undurchsichtigen Körper ergibt ein kontinuierliches Spektrum, die Regenbogenfarben. Aus den Intensitäten der spektralen Bereiche kann man auf die Temperatur schließen. Für den idealen »Schwarzen Strahler« (auch Hohlraumstrahler genannt) wird dies durch das Strahlungsgesetz von Max Planck beschrieben. Weicht das Spektrum von der Form des Schwarzen Strahlers ab, so können in beschränktem Maße Aussagen über die mineralische Zusammensetzung und die Oberflächenbeschaffenheit des strahlenden Körpers gemacht werden.

Dagegen besteht das Spektrum eines Gases aus diskreten Linien, die für die enthaltenen Atome und Moleküle sowie für deren Anregungszustand charakteristisch sind. Die Linien entstehen dadurch, dass Elektronen aus höheren, angeregten Niveaus auf tiefere herunterfallen und dabei die Energiedifferenz als Photonenenergie abstrahlen. In Molekülen führen auch Rotation und Schwingungen zu typischen Spektrallinien, meist im infraroten Bereich.

Ein Gas, das von kontinuierlichem Licht durchstrahlt wird, absorbiert Licht bei den Frequenzen dieser Linien. In einem kontinuierlichen Durchstrahlungsspektrum wird dies durch schmale dunkle Streifen sichtbar. Deren Frequenz entspricht den Energieunterschieden zu den Anregungszuständen, in die Elektronen durch Absorption eines Lichtquants geeigneter Energie gehoben werden, oder den entsprechenden Schwingungszuständen.

Bewegt sich die Lichtquelle relativ zum Beobachter, so entsteht eine Frequenzverschiebung durch den Dopplereffekt. Spektrallinien verschieben sich parallel, so dass auf diese Weise Geschwindigkeiten gemessen werden können, ähnlich wie es die Polizei mit Radarmethoden macht.

Durch das Licht erhalten wir wunderbare Bilder fremder Welten im Universum (hier die Galaxis NGC 1309). Sehr viel mehr Information steckt aber in der spektralen Zusammensetzung des Lichts, die in Bildern nur sehr begrenzt als Farbe erkennbar ist.

Die Spektralanalyse wurde zu einem der wichtigsten analytischen Werkzeuge im Labor. Auch in der Astronomie erkannte man bald ihren unschätzbaren Wert. War es doch mit ihrer Hilfe möglich, von den Himmelskörpern neue, bisher unerreichbare Information zu erhalten. Einzelne Elemente konnten identifiziert werden. Aussagen über Zusammensetzung, Temperatur, Dichte und Druck, ja selbst gradlinige Bewegungen und Drehung von Himmelskörpern wurden messbar.

Kontinuierliche Spektren, die von undurchsichtigen, festen Körpern wie dem Kern eines Sterns ausgesandt werden, haben eine begrenzte Aussagekraft. Die sichtbare Farbe der Lichtquelle wird bestimmt durch die Lage des Maximums im Regenbogen und damit von der Temperatur. Heiße Sterne erscheinen blau, kühlere tendieren zu rötlicher Färbung. Interessant wird es, wenn Sterne von einer durchsichtigen Gashülle umgeben sind, wie die Sonne. Die Atome in der stellaren Atmosphäre absorbieren das Licht des Kontinuums bei charakteristischen Wellenlängen, so dass dunkle Linien im Spektrum erscheinen. Im Licht der Sonne wurden solche Linien von Josef von Fraunhofer erstmals entdeckt und nach ihm benannt.

Die Lage der Linien ist charakteristisch für die atomare Spezies der Gasteilchen. Die Tiefe der Absorption ist abhängig vom Anregungszustand und der Konzentration. Hat das absorbierende Gas eine niedrige Temperatur, wie in einer interstellaren Gaswolke, so können die dort vorhandenen Moleküle sehr komplexe Spektren mit hohem Informationsgehalt liefern. Leuchtende Gaswolken zeigen Emissionslinien, die Rückschlüsse auf die Natur des Gases erlauben. Damit gibt uns die spektrale Zerlegung des Lichts die Möglichkeit, über große Entfernungen Materie detailliert zu analysieren.

Im Licht steckt eine weitere erstaunliche Eigenschaft: Jede Bewegung zwischen Sender und Empfänger führt zu einer Verschiebung der Spektrallinien. Die Ursache dafür ist der Dopplereffekt, dasselbe Phänomen, das uns das Geräusch eines Rennwagens beim Vorbeifahren erst höher (während der Annäherung), dann niedriger (während des Wegfahrens) hören lässt. Damit lässt sich die Geschwindigkeit von Sternen messen. Der Astronom Edwin Hubble entdeckte auf diese Weise, dass das Licht aller Galaxien zum Roten verschoben ist, sie sich also von uns weg bewegen. Hubble schloss daraus auf eine Expansion des Universums, eine Idee, die sich durch viele andere Beobachtungen bestätigt hat. Ebenfalls mit Hilfe der Verschiebung von Spektrallinien misst man die Rotation von Sternen. Die meisten der bisher entdeckten extrasolaren Planeten wurden anhand charakteristischer kleiner Unregelmäßigkeiten in der Bewegung des Zentralsterns, hervorgerufen durch den Umlauf des Planeten, identifiziert.

## Licht ist ein Teil des elektromagnetischen Spektrums

Auf den ersten Blick erscheint es unglaublich, dass so unterschiedliche Phänomene wie Radiowellen, Licht und radioaktive Strahlung verschiedene Erscheinungsformen desselben physikalischen Vorgangs sind. In allen Fällen handelt es sich um elektromagnetische Wellen. Sie unterscheiden sich lediglich durch ihre Wellenlänge beziehungsweise durch ihre Frequenz. Verschiedene Bereiche des elektromagnetischen Spektrums werden durch die Art der Technik, mit der sie erzeugt, empfangen und gemessen werden, gegeneinander abgegrenzt.

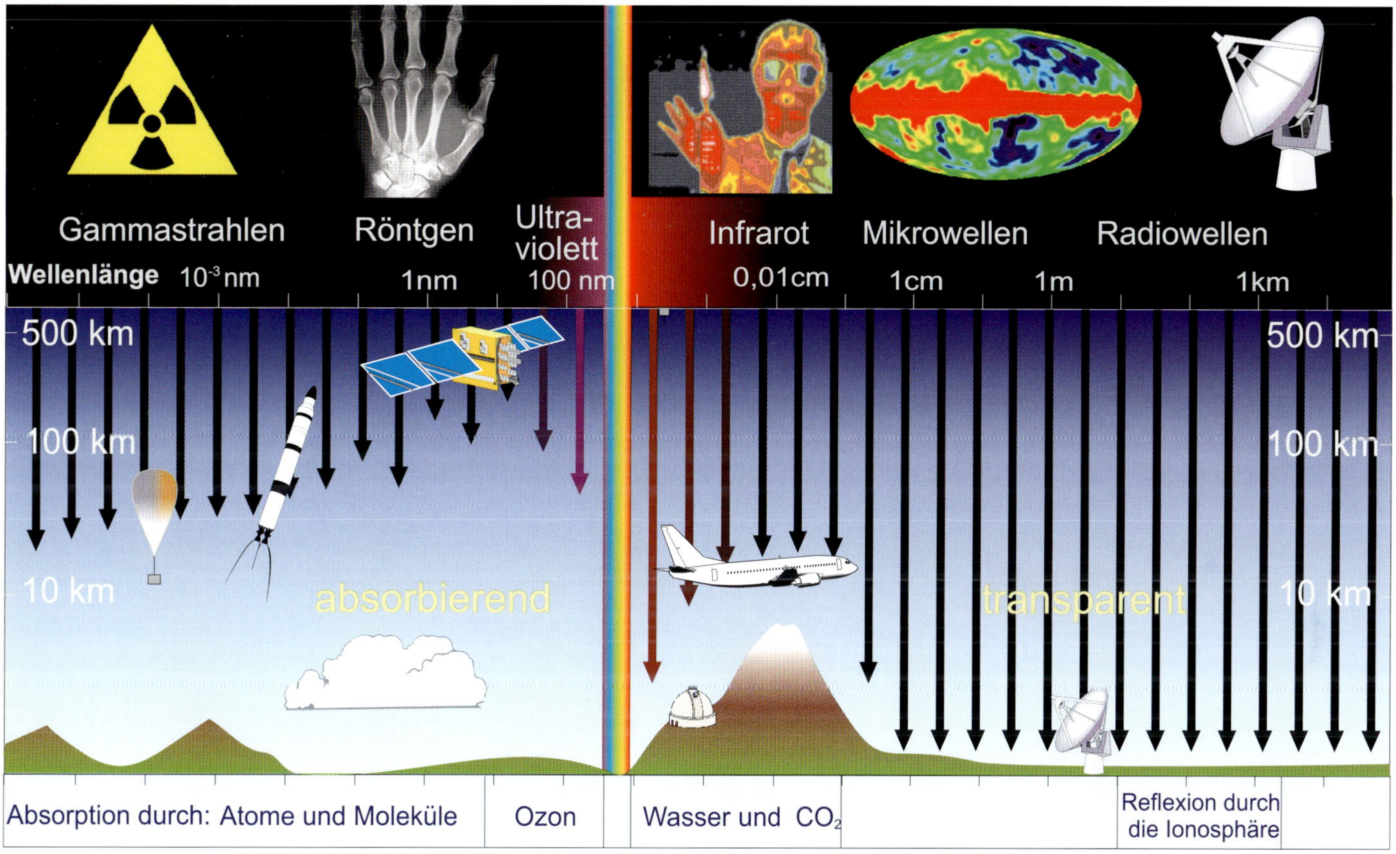


Das elektromagnetische Spektrum erstreckt sich über den Wellenlängenbereich von 10 km bis $10^{-5}$ nm. Das sichtbare Licht ist in dem Diagramm durch das schmale Band in Regenbogenfarben charakterisiert. Im mittleren Teil ist die Absorption der Strahlung durch die irdische Atmosphäre gezeigt (Höhenskala nicht maßstabsgetreu). Die Ursache der Absorption ist am unteren Rand ausgewiesen. Deutlich wird, dass der langwellige Teil zur Erdoberfläche durchdringt, während energiereiche Strahlung von der Atmosphäre abgeschirmt wird.

### Radiowellen

Funkwellen sind uns vertraut. Wir wissen, dass sie sich in der Atmosphäre und im Vakuum ausbreiten. Aus dem Rundfunk kennen wir die Frequenzbereiche von der Langwelle (um 100 KHz, Wellenlänge im km-Bereich) bis zur Ultrakurzwelle (100 MHz, einige Meter). Funkwellen dienen zur Informationsübertragung, hauptsächlich für Radio und Fernsehen, und werden über Antennen empfangen. Die Radioastronomie nutzt große Parabolspiegel, um die schwache Strahlung kosmischer Quellen zu detektieren. Damit werden vor allem interstellare Gaswolken und Nebel beobachtet. Durch ihre Linienspektren kann man die emittierenden und

### Elektromagnetische Wellen

beschreiben die Ausbreitung von elektrischen und magnetischen Feldern. Im Gegensatz zu Wasser- und Schallwellen, die durch Schwingungen von Materie gekennzeichnet sind, beruhen elektromagnetische Wellen auf Schwingungen der elektrischen und magnetischen Feldvektoren, die senkrecht aufeinander stehen. Die Welle ist transversal, d. h. beide Felder schwingen senkrecht zur Ausbreitungsrichtung.

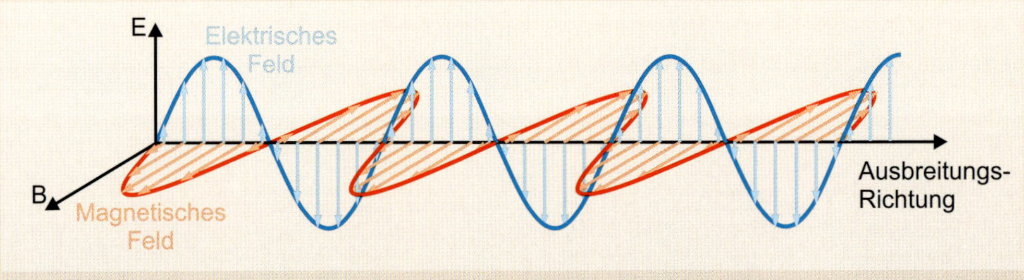


Im Vakuum breitet sich die elektromagnetische Welle mit der Lichtgeschwindigkeit c aus, so dass zwischen Wellenlänge $\lambda$ und Frequenz $\upsilon$ die Beziehung $\lambda = c/\upsilon$ besteht. In Materie hängt die Ausbreitungsgeschwindigkeit $c_0$ von der Permeabilität $\varepsilon_0$ und Permissivität $\mu_0$ ab

$$c_0 = \frac{1}{\sqrt{\varepsilon_0 \cdot \mu_0}}$$

und kann frequenzabhängig sein. Dieser »Dispersion« genannte Effekt führt dazu, dass Licht beim Durchgang durch ein Prisma in seine spektralen Anteile zerlegt wird. Da $c_0$ kleiner als c ist, kann unter bestimmten Bedingungen die Ausbreitung schneller als die lokale Lichtgeschwindigkeit sein.

Elektromagnetische Wellen können aufgrund des Welle-Teilchen-Dualismus auch als Partikel beschrieben werden, die masselosen Photonen. Der Teilchencharakter nimmt mit abnehmender Wellenlänge zu, so dass hochenergetische Gammastrahlung sich weitgehend wie Partikel verhält.

Das sichtbare Licht erstreckt sich über einen kleinen Spektralbereich zwischen 800 nm (rot) und 400 nm (violett).

**Vorsilben für Maßeinheiten:**

| | | |
|---|---|---|
| p | Pico- | $10^{-12}$ |
| n | Nano- | $10^{-9}$ |
| μ | Mikro- | $10^{-6}$ |
| m | Milli- | $10^{-3}$ |
| c | Centi- | $10^{-2}$ |
| k | Kilo- | $10^{3}$ |
| M | Mega- | $10^{6}$ |
| G | Giga- | $10^{9}$ |
| T | Tera- | $10^{12}$ |

absorbierenden Atome und Moleküle identifizieren. Eine der wichtigsten kosmischen Spektrallinien, die 21-cm HI-Linie des Wasserstoffs, liegt im Radiobereich. Mit ihr wurde zum ersten Mal unsere eigene Milchstraße in ihrer ganzen Ausdehnung vermessen.

### Mikrowellen

Bei Wellenlängen zwischen 30 cm und bis 1 Millimeter (1 bis 300 GHz) spricht man von Mikrowellen, deren bekannteste Anwendung in der Küche mit einer Frequenz von 2,45 GHz arbeitet. Andere Nutzungsgebiete sind Radar, Mobilfunk oder Satelliten-Fernsehen. Mikrowellen werden mit kleinen Stummelantennen oder Hornantennen empfangen und oberhalb von 1 GHz in Hohlleitern transportiert. Sie dringen weitgehend ungehindert durch die Atmosphäre. Die entscheidenden Messungen zur Beobachtung der kosmischen Hintergrundstrahlung, der wichtigsten kosmischen Quelle für Mirowellen, mussten dennoch im Weltraum durchgeführt wurden. Dies ist dadurch begründet, dass erst die minimalen Intensitätsschwankungen von der Grö-

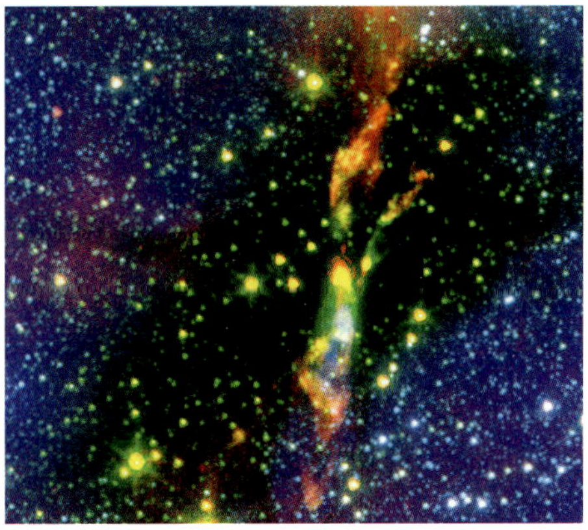

Das Spitzer-Teleskop kann mit seinen Infrarot-Detektoren Staubwolken durchdringen. In sichtbaren Licht (links) verdeckt die Dunkelwolke BHR 71 die dahinter liegenden Sterne. Das Infrarotbild (Mitte) gibt den Blick auf junge Sterne frei, die in der Wolke entstanden sind. Rechts das kombinierte Bild im sichtbaren und infraroten Bereich.

ßenordnung eines Teils in hunderttausend die Information zur Strukturbildung im frühen Universum enthalten. Durch die Fluktuationen der Atmosphäre ist dies vom Boden aus nicht messbar. Eine wichtige Anwendung von Mikrowellen ist die Erdbeobachtung in der Radartechnik. Damit kann, im Unterschied zu optischen Methoden, die Erdoberfläche aus dem Weltraum auch durch Wolken und bei Nacht mit hoher Auflösung abgebildet werden.

### Infrarotstrahlung

Zwischen den Mikrowellen und dem sichtbaren Licht liegt der infrarote Spektralbereich, bekannt als Wärmestrahlung. Entdeckt wurde die Infrarotstrahlung von Isaac Newton mit Hilfe eines Thermometers, das er an das rote Ende des Lichtspektrums hielt. Heute misst man Infrarot mit Thermoelementen oder Halbleiterdetektoren. Über größere Abstände wird die Strahlung in der Atmosphäre in bestimmten spektralen Bereichen absorbiert, hauptsächlich durch die Rotations- und Schwingungsanregung mehratomiger Gasmoleküle wie Wasser oder $CO_2$, die auch für den Treibhauseffekt verantwortlich sind. Zur Beobachtung von kosmischen Quellen werden Instrumente auf Ballons, Flugzeugen oder Satelliten eingesetzt.
Relativ kalte Objekte wie Planeten, kühle Sterne oder Molekülwolken werden am besten erkennbar im infraroten Bereich. Wegen der größeren Wellenlänge wird diese Strahlung weniger an Staubteilchen gestreut als das sichtbare Licht, wodurch sie interstellare Staubwolken leichter durchdringt. Das ist besonders für die Beobachtung der Geburt von Sternen von Bedeutung. Das Licht weit entfernter Galaxien wird durch die kosmische Rotverschiebung bis weit in das infrarote Spektralband verschoben.

### Schwarzes Licht

Auf der kurzwelligen Seite des sichtbaren Spektralbereiches schließt die ultraviolette Strahlung an. Hierzu gehört derjenige Teil des Sonnenlichts, der Augen oder Haut schädigen kann (UV-B), aber auch das harmlose »Schwarzlicht« in der Diskothek. Durch Fluoreszenz wird UV-Strahlung sichtbar gemacht (z. B. durch Weißmacher in der Kleidung) oder durch den Photoeffekt detektiert.
Ultraviolettes Licht ist energiereicher als das sichtbare. Neben Frequenz und Wellenlänge (10–400 nm) misst man seine Energie auch in Elektronvolt (3–100 eV). Ab 200 nm wirkt die Strahlung ionisierend, sie hat ausreichend Energie, um Elektronen aus Atomen und Molekülen

**Elektronvolt** ist eine Einheit der Energie. Sie bezeichnet den Energiegewinn, den ein Teilchen mit der Ladung 1 e (Elementarladung, $1{,}602 \cdot 10^{-19}$ Cb) erhält, wenn es eine Spannung von 1V durchläuft.

$$1\ \text{eV} = 1{,}602\ 10^{-19}\ \text{J}$$

Umrechnung in Wellenlängen:

$$\lambda = \frac{h}{\sqrt{2meU}} = \sqrt{\frac{150{,}5}{U}}\ 10^{-10}\ \text{m}$$

(U in Volt)

zu entfernen, kann aber auch Moleküle aufspalten (Dissoziation). Dies geschieht in der irdischen Atmosphäre, die dadurch für ultraviolette Strahlung mit kürzeren Wellenlängen schnell undurchlässig wird. Die Absorption führt bereits in der Stratosphäre zur Dissoziation von Sauerstoffmolekülen ($O_2$), die in Atome aufgespaltet werden und sich mit anderem molekularem Sauerstoff zu Ozon ($O_3$) vereinigen können. Wird dieser Prozess gestört, so bildet sich ein Ozonloch, und der schädliche Anteil der Sonnenstrahlung wird nicht mehr abgeschirmt.
Die Ultraviolettastronomie wurde zunächst hauptsächlich in der Sonnenforschung eingesetzt. Heiße Sterne strahlen besonders intensiv im Ultravioletten. Dieser Bereich ist auch für die Untersuchung interstellarer Gaswolken interessant, da viele charakteristische Spektrallinien dort zu finden sind. Unterhalb 91,2 nm wird der überall im Universum vorhandene atomare Wasserstoff durch UV-Strahlung in je ein Proton und ein Elektron ionisiert. Die Absorption ist dann kontinuierlich und sehr stark. Dies geschieht in H II-Regionen, großen Gebieten in der Umgebung sehr heißer Sterne, die damit in diesem Wellenlängenbereich praktisch undurchsichtig werden.

## Die X-Strahlen des Wilhelm Conrad Röntgen

Bei höherer Photonenenergie wird die Strahlung noch durchdringender. Man spricht dann von Röntgenstrahlung. Mit Energien zwischen 100 eV und 200 keV ist sie ionisierend, nicht nur in Gasen, sondern auch in dichter Materie. Dies führt zu der bekannten schädlichen Wirkung auf biologisches Material. Erzeugt werden Röntgenstrahlen durch die Abbremsung hoch beschleunigter Elektronen (Bremsstrahlung) oder durch energiereiche Übergänge in der Elektronenhülle eines Atoms. Zur Beobachtung nutzt man die Umwandlung in sichtbares Licht durch Fluoreszenz, Halbleiterdetektoren oder kerntechnische Methoden wie Geigerzähler. Hier wird der Teilchencharakter hochenergetischer Photonen deutlich. Der Brechungsindex in allen Materialien nähert sich für diese Energien dem Wert 1, so dass eine Abbildung durch Linsen nicht mehr möglich ist. Auch auf Reflexion beruhende optische Elemente funktionieren nur noch bei extrem flachen Einfallswinkeln. Obwohl Röntgenstrahlen Materie durchdringen können, bildet unsere Atmosphäre einen sehr wirksamen Schutzschild, so dass astronomische Beobachtungen nur aus dem Weltraum möglich sind.

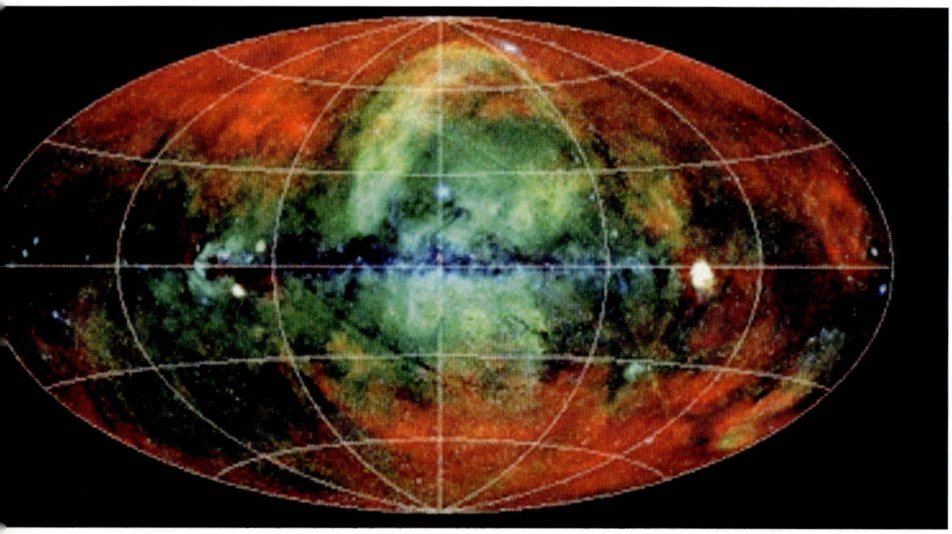

Der Satellit ROSAT, gestartet 1990, durchmusterte den Himmel nach Röntgenquellen. Im galaktischen Koordinatensystem sieht man das Band der Milchstraße in der Mittelachse. Die erste entdeckte Röntgenquelle Sco X-1 ist rechts als hellstes Objekt erkennbar. Der galaktische Hintergrund erscheint oben und unten als roter Schleier.

Die erste kosmische Röntgenquelle wurde durch Zufall gefunden. Bei dem Versuch, mit einer Aerobee-Rakete reflektierte Röntgenstrahlung der Sonne am Mond zu beobachten, fand Ricardo Giacconi im Jahr 1992 eine starke Strahlung aus dem Sternbild Skorpion. Die Entdeckung des Röntgen-Doppelsterns Scorpius X-1 eröffnete die Aera der Röntgenastronomie und brachte Giacconi 2002 den Nobelpreis.
Röntgenstrahlung wird von sehr heißen Quellen emittiert, wo Temperaturen von 100 Millionen Grad auftreten. Man findet sie in der Umgebung von sterbenden Sternen, Neutronensternen und Schwarzen Löchern, aber auch in Überresten von Supernova-Explosionen oder aktiven Kernen von Galaxien.

### Harte Strahlen

Am energiereichen Ende des elektromagnetischen Spektrums, oberhalb 100 keV, findet sich die Gamma-Strahlung, die beim radioaktiven Zerfall auftritt. Ähnlich wie in der Umgebung des sichtbaren Lichts treten hier Linien im Spektrum auf. Diese sind für die Zustandsübergänge im Kern des emittierenden Atoms charakteristisch, mit sehr viel höheren Energien als bei elektronischen Übergängen. Zur Beobachtung und Messung werden die Methoden der Kernphysik angewendet. Zählrohre, Proportionalzähler oder Halbleiterdetektoren ermöglichen auch spektrale Auflösung.

Im Weltall sind Gammastrahlen die Zeugen extremer Ereignisse, meist verbunden mit extremen Temperaturen von Milliarden Grad. Sie entstehen bei explosiven Vorgängen in Supernovae und sind auch in deren Nachleuchten zu beobachten. Beim Sturz von Materie in massive Schwarze Löcher oder im Zentrum aktiver Galaxien werden Gammaquanten emittiert. Die Wechselwirkung hochenergetischer kosmischer Teilchen mit der interstellaren Materie führt zu einem Hintergrund schwacher Gammastrahlung. Erstaunliche Phänomene sind die in den 60er-Jahren von militärischen Satelliten entdeckten Gammastrahlen-Ausbrüche: Innerhalb weniger Sekunden produzieren sie mehr Energie als die Sonne in Milliarden Jahren. Ihre Ursache ist noch ungeklärt.

Gammastrahlen werden durch die Atmosphäre abgeschirmt, eine direkte Beobachtung ist nur von Satelliten aus möglich. Neuerdings hat man Wege gefunden, die Atmosphäre selbst als Detektor zu verwenden. Gamma-Quanten lösen in der oberen Luftschichten Teilchenschauer aus, die mit Geschwindigkeiten über der lokalen Lichtgeschwindigkeit in der Atmosphäre (aber natürlich langsamer als die Vakuum-Lichtgeschwindigkeit) so genannte Cherenkovstrahlung erzeugen. Sie lässt sich mit Teleskopen von der Erde aus beobachten.

So könnte man sich das Gamma-Observatorium »Integral« in der Umgebung eines Schwarzen Loches vorstellen. Die einstürzende Materie erzeugt hochenergetische Strahlung, die gebündelt senkrecht zu der Akkretionsscheibe emittiert wird.

## Andere Boten aus der Tiefe des Alls

Elektromagnetische Wellen sind der wichtigste Informationsträger im Kosmos. Sie haben den Vorteil, dass sie sich mit Lichtgeschwindigkeit ausbreiten und das Weltall weitgehend ungeschwächt durchqueren können. Dies ist Voraussetzung dafür, dass Information über die enormen Distanzen im Kosmos innerhalb von Zeiten, die kleiner sind als das Alter des Universums, zu uns gelangen können.

In einer Nebelkammer hinterlassen hochenergetische geladene Teilchen Spuren, ähnlich wie Kondensstreifen von Flugzeugen. Durch die Ablenkung der Spuren im magnetischen und elektrischen Feld kann Ladung, Masse und Energie bestimmt werden.

## Kosmische Teilchen

In wissenschaftlichen Ausstellungen, wie im Deutschen Museum in München, kann man große Nebelkammern in Aktion erleben. Hier wird Strahlung geladener Teilchen sichtbar gemacht. Es ist erstaunlich zu beobachten, wie viele Partikel ständig um uns herum und durch uns hindurch schießen. Sie haben ihren Ursprung in der kosmischen Strahlung.

Glücklicherweise zeigt uns die Nebelkammer nur Sekundärteilchen. Entstanden in der Atmosphäre beim Aufprall der energiereichen Teilchen aus dem All, dringen nur diese bis zur Erdoberfläche durch. Die primäre kosmische Strahlung besteht hauptsächlich aus Atomkernen wie Wasserstoff, Helium (Alpha-Teilchen), aber auch schwereren Atomen. Ihre Häufigkeitsverteilung entspricht etwa der in der Sonne. Die Teilchen bewegen sich nahezu mit Lichtgeschwindigkeit bei Energien von 1000 eV bis zu $10^{20}$ eV, der höchsten je im Universum gemessenen Energie.

Der niederenergetische Teil der kosmischen Strahlung stammt im Wesentlichen aus der Sonne. In unserer Milchstraße entstehen hochenergetische Teilchen durch die Stoßwellen von Sternexplosionen und in energiereichen Prozessen nahe Neutronensternen und Schwarzen Löchern. Für sehr hohe Energien werden Beschleunigungsstrecken benötigt, die größer sind als der Durchmesser unserer Galaxis. Solche Partikel sind sehr selten. Über $10^{18}$ eV ist der Teilchenfluss weniger als eines pro Quadratkilometer und Jahr.

Die primäre kosmische Strahlung kann mit Ballonen oder Satelliten direkt gemessen werden. Am oberen Ende des Energiespektrums wird der Teilchenfluss so klein, dass man die Erdatmosphäre selbst als Detektor verwendet und die Sekundärstrahlung am Boden beobachtet. Ein interessantes Ergebnis ist, dass die kosmische Strahlung offensichtlich keine Antiteilchen enthält, was auf eine Asymmetrie bei der Entstehung der Materie im Urknall hinweist, die letztendlich die Grundlage unserer Existenz ist.

## Gravitationswellen

Eine Konsequenz aus Einsteins allgemeiner Relativitätstheorie ist die Existenz von Wellen im Raum-Zeit-Kontinuum, den Gravitationswellen. Sie folgt der Überlegung, dass im Gegensatz zu der Annahme der Newtonschen Mechanik die Gravitationswirkung nicht unmittelbar ist, also überall gleichzeitig, sondern sich mit der höchsten möglichen Geschwindigkeit, der des Lichts, ausbreitet.

Lokale Änderungen im Gravitationsfeld, wie die Beschleunigung einer Masse, müssen sich daher durch Gravitationswellen bemerkbar machen und beobachtbar sein. Leider ist der Effekt extrem klein. Die Gravitation, die doch das ganze Universum zusammenhält, ist die schwächste der vier elementaren Wechselwirkungskräfte und um den Faktor $10^{37}$ schwächer als die elektromagnetische. Deswegen gibt es auch noch keinen direkten Nachweis dieser Wellen. Indirekt wurde ihre Existenz aus Beobachtungen an binären Pulsaren, die Energie in Form von Gravitationswellen verlieren, nachgewiesen.

Auf der Erde wird versucht, Gravitationswellen mit Hilfe von Laser-Interferometern nach dem Michelson-Prinzip nachzuweisen. Selbst mit Interferometer-Armlängen von mehreren Kilometern sind die erwarteten Signale immer noch so schwach, dass sie im Rauschen seismischer Störungen untergehen. Deswegen hat man mehrere solcher Beobachtungsstationen an verschiedenen Orten zusammengeschlossen. Wenn Signale gleichzeitig an entfernten Orten gemessen werden, ist die Wahrscheinlichkeit groß, dass sie von kosmischen Ereignissen stammen. Um dies herauszufiltern, muss eine Unmenge gemessener Daten bearbeitet werden. Jeder Interessierte kann sich mit seinem Personalcomputer von zu Hause an dieser Arbeit beteiligen (www.einsteinathome.org).

Weitgehend störungsfreie Messungen sind nur aus dem Weltraum möglich. NASA und ESA planen gemeinsam ein gigantisches Interferometer mit Armlängen von 5 Millionen km, bestehend aus drei Raumfahrzeugen im Umlauf um die Sonne. Mit diesem »Laser Interferometer Space Antenna (LISA)« genannten System wird man extreme Ereignisse im Kosmos beobachten können, wie Supernova-Explosionen oder den Einfall von Materie in massive Schwarze Löcher. Signale von Paaren aus Neutronensternen oder Schwarzen Löchern, die sich im geringen Abstand umkreisen, erhofft man auch zu detektieren. Gravitationswellen Astronomie erschließt eine neuartige Beobachtungsmöglichkeit, die es zum ersten Mal erlaubt, mit einem anderen Medium als der elektromagnetischen Strahlung bis an die Grenzen des Universums vorzudringen.

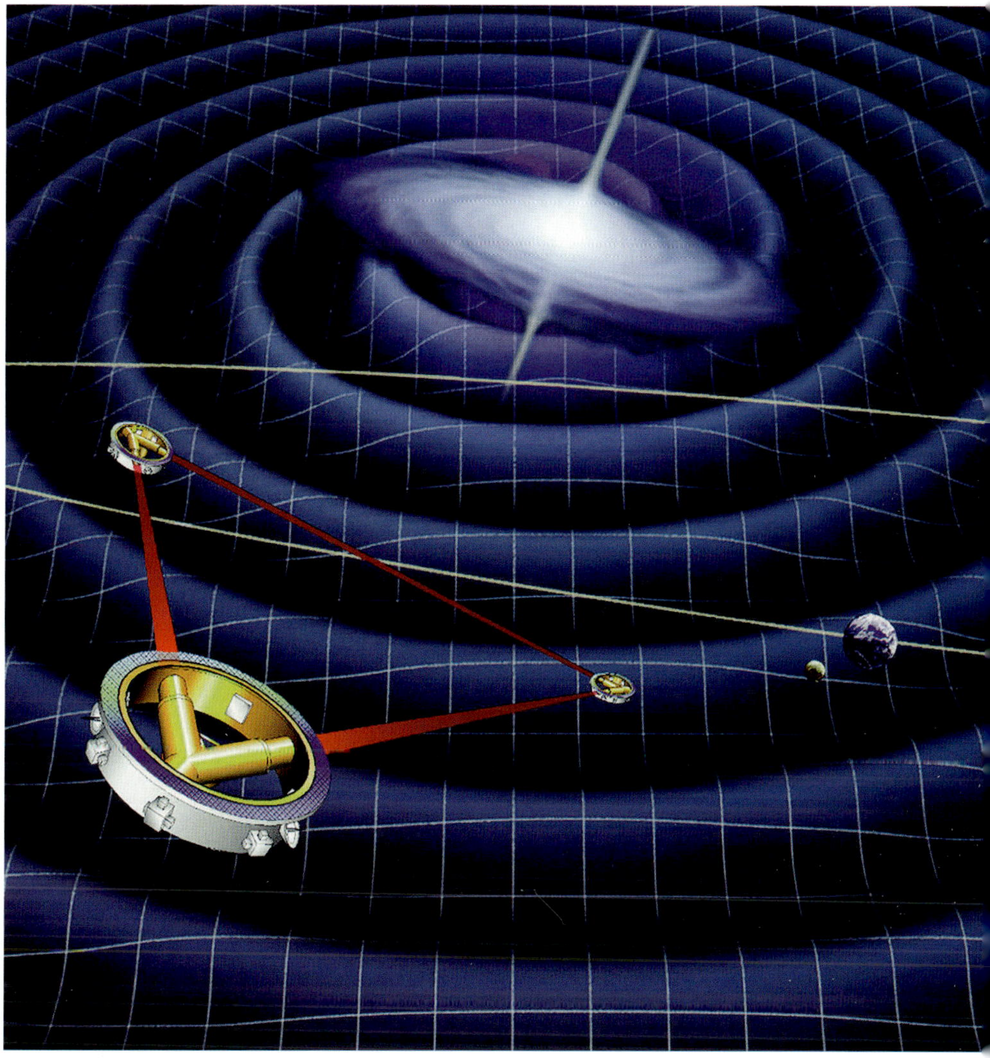

Die enormen Ausmaße des LISA Laser-Interferometers erlauben die Beobachtung der extrem schwachen Gravitationswellen im All.

# Blick zur Erde

## Aus dem All in den Hinterhof blicken
## Durch Nacht und Wolken sehen
## Raumschiff Erde

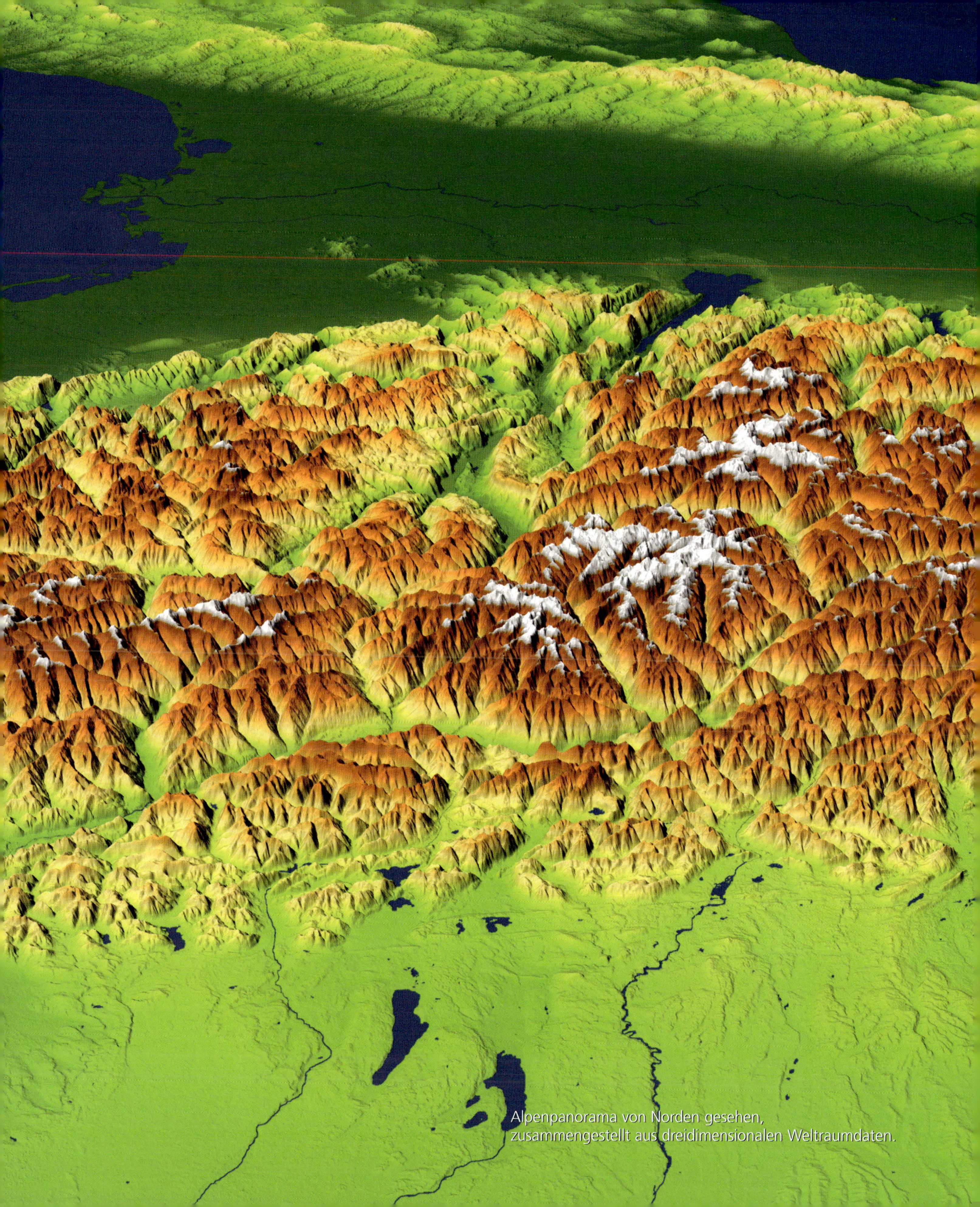

Alpenpanorama von Norden gesehen,
zusammengestellt aus dreidimensionalen Weltraumdaten.

# Aus dem All in den Hinterhof blicken

Gerhard Thiele fotografiert die Erde aus dem Cockpit des Space Shuttle während der SRTM-Mission im Februar 2000.

Kaum hat der Mensch die Erde verlassen, schon blickt er wehmütig und verzückt auf seinen blauen Heimatplaneten zurück. Das lohnt sich aber auch. Wenn schon die Aussicht von einem hohen Turm oder gar einem Berg fasziniert, um wie viel aufregender muss dann der Blick aus der Umlaufbahn sein?

Für einen Astronauten auf der ISS ist die Aussicht aus dem erdnahen Orbit in etwa 300 km Höhe spektakulär, aber noch nicht umfassend. Spektakulär deshalb, weil relativ nahe zur Erdoberfläche viele Details erkennbar sind. Die Erdkrümmung wird am Horizont sehr deutlich, aber unser Planet ist noch nicht als Globus sichtbar. Die Station bewegt sich mit einer Geschwindigkeit von 28.000 km/h in 90 Minuten einmal um die Erde. Gleichzeitig rotiert die Erde unter der Bahn, so dass sie sich nach jedem Umlauf um 22,5° verschoben hat und der Astronaut einen neuen Streifen Erdoberfläche sieht. Jeder Landstrich, soweit er innerhalb der Bahnneigung von 51,5° nördlich oder südlich des Äquators liegt, kommt irgendwann in Sicht. Deutschland wird in Höhe des Ruhrgebiets überflogen, Berlin und Hamburg sind gerade noch sichtbar.

Eine andere attraktive Beobachtungsposition ist die geostationäre Umlaufbahn. Hier wird eine Bahn über dem Äquator gewählt, deren Umlaufzeit gleich einer Erdumdrehung ist, also 24 Stunden. Das Raumfahrzeug steht dann, von der Erde aus gesehen, fest über einem bestimmten Punkt des Äquators. Von dort sieht man die Erde als Kugel, als Planet im All. Mehr als ein Drittel der Erdoberfläche sind sichtbar, der gesamte Tagesablauf kann von der festen Position verfolgt werden. In fast 36.000 km Höhe ist diese Bahn für Astronauten schwer erreichbar, aber auch nicht so attraktiv, da aus der großen Entfernung weniger Details sichtbar sind.

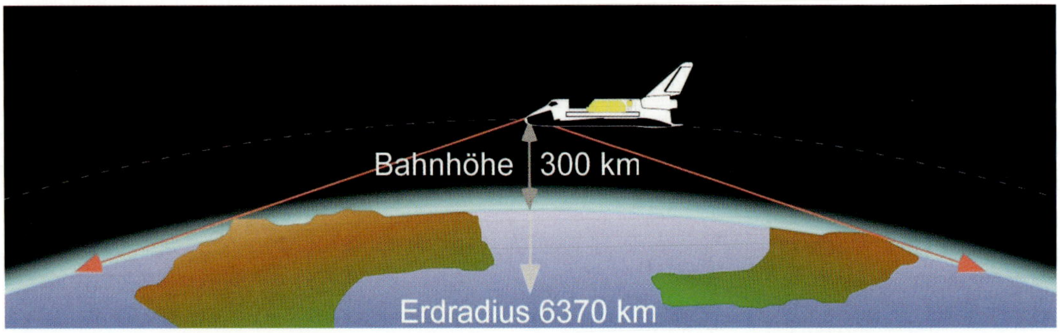


Diese maßstabsgerechte Skizze zeigt, dass die Umlaufbahn von Shuttle und ISS noch recht nahe an der Erde ist. Von hier sieht der Astronaut einen Ausschnitt der Erdoberfläche mit einem Durchmesser von maximal 3000 km.

## Google Earth macht's möglich

Google Earth macht uns beide Ansichten zugänglich. Hier wurde mit Hilfe einer Vielzahl von Satellitenaufnahmen aus unterschiedlichen Bahnhöhen ein Gesamtbild der Erdoberfläche zusammengestellt. Mit einer einfach zu bedienenden Rechnerschnittstelle sind wir in der Lage, jeden Punkt auf dem Globus auszuwählen und aufzuzoomen, bis in Details von der Größe eines Autos. Die räumliche Auflösung ist weltweit etwa 15 m, variiert aber stark nach der Verfügbarkeit von Daten. An manchen Orten wurden Satellitendaten durch Luftaufnahmen ergänzt. Viele Gegenden, vor allem in den USA, sind mit 1 m Auflösung aufgezeichnet. In einigen Ballungsgebieten werden Einzelheiten bis zur Größe von 15 cm sichtbar. Sehen Sie sich

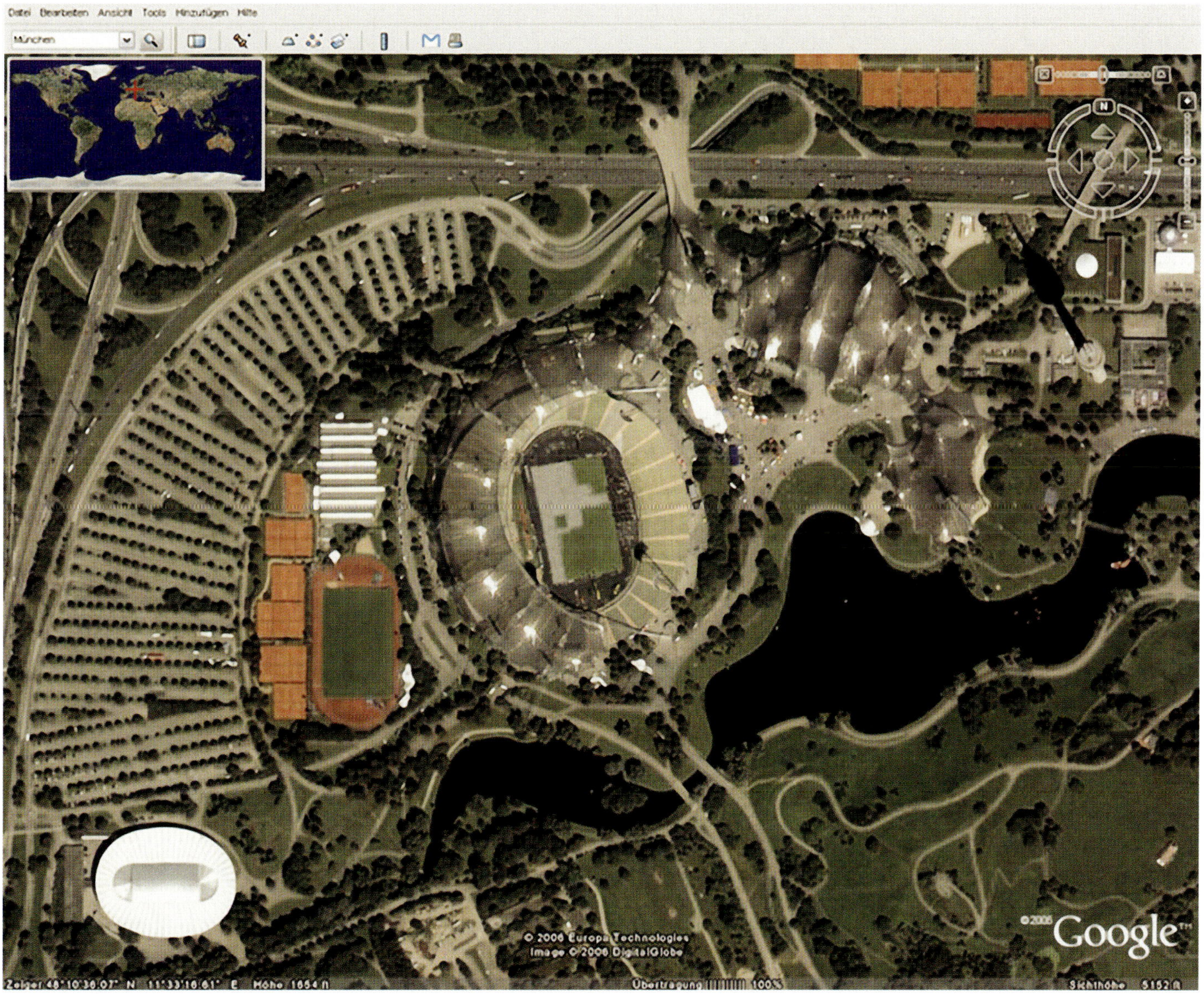


Das Münchner Olympiastadion von Google Earth gesehen. Die eingestellte Sichthöhe für beste Wiedergabe liegt bei 1700 m (5100 ft), dabei können einzelne Autos auf den Straßen erkannt werden. Der Schatten des Olympiaturms (oben rechts) lässt seine Höhe erahnen.

Las Vegas an, dort kann man einzelne Menschen im Swimming Pool auf ihrer Luftmatratze paddeln sehen. Zwar werden die Daten laufend ergänzt und aktualisiert, aber man kennt das Aufnahmedatum nicht. In einigen Regionen sind die Bilder viele Jahre alt, so dass es passieren kann, dass man sein Urlaubshotel sucht und eine Baustelle findet.
Google Earth ist ein Beispiel für die Möglichkeiten, die sich durch die Integration von Daten aus verschiedenen Quellen ergeben. Satellitenbilder werden mit Luftbildern und Fotografien auf der Erdoberfläche verbunden. Im Prinzip kann Jedermann eigene Inhalte hinzufügen und im Netz für alle zugänglich machen.
Dreidimensionale Inhalte, wie sie beispielsweise für den Grand Canyon verfügbar sind, werden ständig verfeinert. Bald werden ganze Städte mit ihren Gebäuden digitalisiert sein, so dass man virtuell durch die Straßen fahren und die Umgebung wie aus der Perspektive eines Autofahrers sehen kann. Vernetzung mit GPS-Daten führt dann in absehbarer Zukunft zu einem hoch entwickelten Navigationssystem, bei dem man die Straßen wie durch die Windschutzscheibe sieht, einschließlich aller Querstraßen und Gebäude. Man orientiert sich dann nicht mehr an dem Ausschnitt einer Straßenkarte, sondern findet die Kreuzung, an der man abbiegen soll, indem man die Anzeige direkt mit der befahrenen Umgebung vergleicht.

Ein ungewöhnlicher Anblick: Europa ohne Wolken. Diese Darstellung wurde aus insgesamt 70 Einzelbildern der amerikanischen NOAA-Satelliten zusammengesetzt. Über einen Zeitraum von vier Jahren wurden wolkenfreie Ausschnitte gesammelt und wie in einem Puzzle zusammengefügt.

### Was kann man aus dem Weltraum sehen?

Die Auflösung immer kleinerer Details in Aufnahmen aus dem Weltraum ist natürlich begrenzt. Es besteht hier auch nur eingeschränkter Bedarf, da, wie man bei Google Earth sieht, orbitale Bilder durch Luftaufnahmen ergänzt werden können. Heute sind kommerziell Satellitenbilder mit einer Auflösung von 1 m (Ikonos-Satellit von der Firma Space Imaging) und von 60 cm (Quickbird von der Firma DigitalGlobe) verfügbar. Im militärischen Umfeld werden wahrscheinlich Auflösungen bis zu 10 cm erreicht. Dies ist nur möglich, wenn aus relativ niedriger Höhe beobachtet wird. Kreisförmige Umlaufbahnen unter 250 km Höhe haben aber wegen der Abbremsung durch die Restatmosphäre eine kurze Lebensdauer des Satelliten zur Folge. Deswegen verwendet man hier elliptische Bahnen, die so gelegt werden, dass am Ort von Interesse der erdnächste Punkt der Bahn, das Perigäum liegt. Höhere Detailauflösung bedeutet meist kleineres Beobachtungsfeld und damit längere Zeit, bis ein bestimmtes Gebiet in das Blickfeld der Weltraumkamera kommt. Wichtig für eine gute Beobachtung ist die Beleuchtung. Am günstigsten ist ein schräger Sonnenstand zwischen 30 und 45°, so dass durch Schattenwurf die Höhenstruktur deutlich wird. Mit speziellen sonnensynchronen Bahnen, die nahe an den Polen verlaufen, lässt sich erreichen, dass immer die selben Beleuchtungsbedingungen vorliegen, das heißt, der Satellit überfliegt ein bestimmtes Gebiet stets zur selben Tageszeit.
Wolken sind der Feind der optischen Fernbeobachtung. In unseren Breiten, aber auch über Regenwäldern, sind die Einsatzmöglichkeiten stark eingeschränkt. Bei Beobachtung zu verschiedenen Zeiten oder durch Nutzung mehrerer Satelliten lassen sich jedoch immer wieder Wolkenlücken finden, so dass wolkenbereinigte Bilder zusammengesetzt werden können.
Auf der Nachtseite der Erde gibt es mit rein passiven optischen Methoden, bei denen die Sonne als Lichtquelle genutzt wird, natürlich wenig zu sehen – abgesehen von dem spektakulären Anblick des Lichtermeeres der beleuchteten Ballungszentren.

Europa bei Nacht aus dem Weltraum gesehen. Das Bild mit 1 km Auflösung ist zusammengesetzt aus wolkenbereinigten Daten verschiedener Satelliten. Länder mit großen Metropolen wie Moskau, Madrid und Paris stehen in deutlichem Kontrast zu dezentralen Ländern wie Deutschland, Italien oder den Beneluxstaaten. Auffallend ist die Lichterdichte im Niltal und in Palästina.

### Wo liegen die Grenzen der Beobachtung aus der Ferne?

Kann man aus dem Weltraum beliebig scharf sehen und beliebig stark vergrößern? Das geht leider nicht. Der Grund dafür liegt in der Wellennatur des Lichts.

Wir können Fernrohre und Kameras konstruieren, weil sich das Licht immer gradlinig ausbreitet. Diese an sich richtige Aussage wird eingeschränkt, wenn man sehr genau hinsieht. Auf der Größenskala der Lichtwellenlänge kann das Licht ein wenig um Hindernisse herumlaufen.

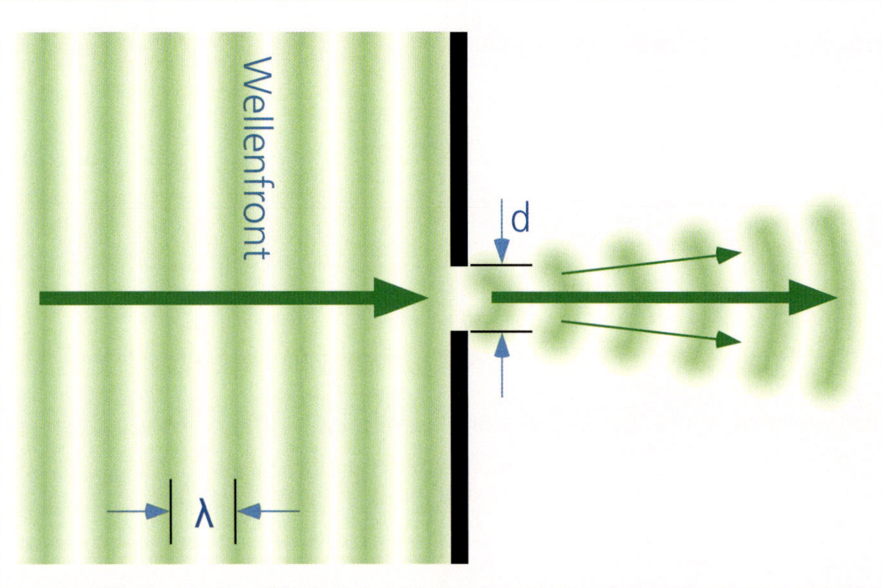


Das Licht einer weit entfernten Punktquelle, etwa eines Sterns, kommt als ebene Welle mit parallelen Wellenfronten bei uns an. Die Ausbreitungsrichtung ist senkrecht zur Wellenfront. Nun bringen wir ein Hindernis ein, das eine Öffnung in der Dimension der Wellenlänge hat. Das durchtretende Licht wird an den Kanten »gebeugt«, die Wellenfronten sind nicht mehr eben, sondern leicht gekrümmt. Wenn wir die Lichtquelle abbilden, wird das Bild leicht unscharf.

Die »optische Auflösung« oder »Trennschärfe« lässt sich quantifizieren als der Winkel $\alpha$, unter dem man zwei Bildelemente gerade noch unterscheiden kann. Er hängt von der Wellenlänge $\lambda$ und dem Durchmesser der optischen Öffnung, der Apertur d ab: $\alpha = \lambda/d$. Aus der Umlaufbahn der ISS, aus 300 bis 400 km Höhe, kann man mit einer Optik von 10 cm Durchmesser im besten Fall noch Details von 2 m Größe unterscheiden. Sollen 20 cm aufgelöst werden, dann braucht man ein Fernrohr mit 1 m Öffnung.

Im Infrarotbereich ist die Wellenlänge größer, also wird die optische Auflösung schlechter. Radiowellen, die im UKW-Bereich Wellenlängen von Metern haben, empfangen wir auch hinter Häusern, weil die Wellen stark gebeugt werden. Um eine gute Abbildung zu erreichen, brauchen astronomische Radioteleskope große Parabolspiegel von bis zu 100 m Durchmesser.

In der Fernerkundung nutzt man das Licht nicht nur zur optischen Abbildung, sondern zerlegt es auch in seine Spektralfarben, um Information zur atomaren oder molekularen Zusammensetzung der Licht- oder Streuquelle zu erhalten. Spektrale Auflösung erreicht man durch Filter, Prismen oder Gitter. Man misst sie relativ zur gemessenen Wellenlänge in der Form $A = \Delta\lambda/\lambda$. Auch hier sind Grenzen gesetzt. Je feiner das Licht aufgeteilt wird, desto weniger Intensität oder Photonen stehen für die Messung zur Verfügung. Für hohe spektrale Auflösung benötigt man also ebenfalls große Teleskope, um eine hohe Lichtmenge vom beobachteten Objekt einzufangen.

Schließlich kann das Licht noch zeitlich aufgelöst werden, indem man immer kürzere Belichtungszeiten verwendet. Dies ist notwendig, wenn man schnell bewegte Objekte abbilden will oder sich selbst schnell bewegt, etwa auf der Umlaufbahn. Auch wenn das Objekt durch kurze Lichtblitze beleuchtet wird, wie beispielsweise bei Radarmessungen, wird man hier an Grenzen stoßen. Sie bestehen wie bei der spektralen Auflösung darin, dass genügend Photonen für eine gute Abbildung zur Verfügung stehen müssen.

Noch eine Anmerkung zum Wort »Auflösung«. Heutzutage wird dieser Begriff meist im Zusammenhang mit Digitalkameras oder Monitoren gebraucht und bezeichnet dann die Anzahl der Pixel, also der digitalen Bildpunkte, des Bildes oder Bildschirms. Um genauer zu sein sollte man hier das Wort »Bildauflösung« benutzen.

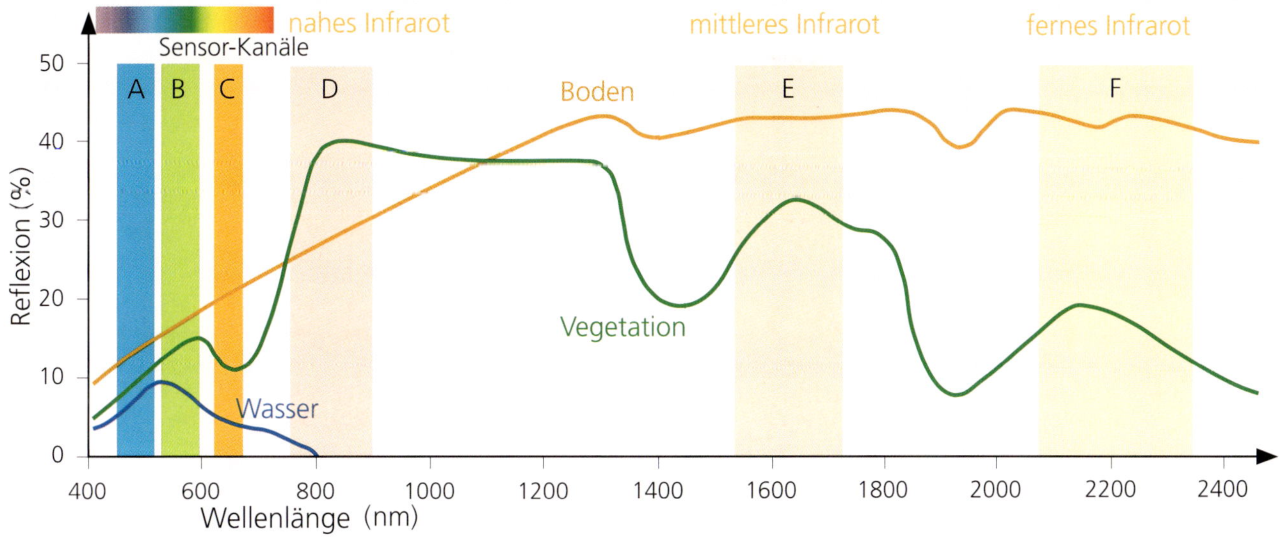


Erde, Wasser und Vegetation reflektieren das Sonnenlicht in charakteristischer Weise verschieden. Durch eine Aufteilung der spektralen Empfindlichkeit des Sensors entstehen Signaturen, mit denen die Landoberfläche nach ihrer Bedeckung klassifiziert werden kann.

### Mehr als Farben

Farbige Bilder der Erde enthalten deutlich mehr Information als die Konturen und Flächen, die wir in einfarbiger Wiedergabe erhalten. Vegetation, etwa Felder oder Wälder, können wir an der grünen Färbung erkennen, rote Dächer weisen auf Besiedelung hin. Für das Auge genügen die drei Grundfarben Rot, Grün und Blau, um alle Farbschattierungen zu erzeugen. So funktioniert ein Farbfernsehgerät oder ein Computer-Monitor. Im Spektrum des Lichts sind jedoch weit mehr Farben und damit auch mehr Informationen enthalten.

Satellitenkameras nutzen das Sonnenlicht, das von der Erdoberfläche reflektiert wird. Bei der Reflektion werden die spektralen Anteile des Lichts unterschiedlich stark zurückgeworfen. Aus dem Vergleich des reflektierten Spektrums mit dem der Sonne können also Rückschlüsse auf das Material gezogen werden. Allerdings ist das nicht so einfach wie bei der spektralen Identifikation von gasförmigen Atomen und Molekülen, die durch scharfe Linienspektren charakterisiert sind. Die Erdoberfläche besteht aus festem und flüssigem Material, also nicht gasförmiger, sondern kondensierter Materie. Deren spektrale Kennzeichen sind keine Linien, sondern breite und eher verwaschene Merkmale. Sie enthalten aber dennoch charakteristische Fingerabdrücke, an denen sich das Material identifizieren lässt.

Verschiedene Oberflächenarten wie Wasser, Land oder Vegetation haben charakteristische Reflexionskurven, an denen sie sich unterscheiden lassen. Dazu zerlegt man das beobachtete Licht mit einem Prisma oder einem Gitterspektrographen in verschiedene Kanäle. Hierbei wird nicht nur das sichtbare Spektrum erfasst, sondern weit ins infrarote hinein gemessen. Wasser reflektiert nur im sichtbaren Licht, fast gar nicht im infraroten und lässt sich daher leicht identifizieren. Pflanzen werfen im sichtbaren Bereich hauptsächlich grünes Licht zurück, haben aber zusätzlich hohe Reflexion im nahen und mittleren Infrarot. Sie lassen sich daher erkennen an hohen Werten im grünen Kanal, kleinen im

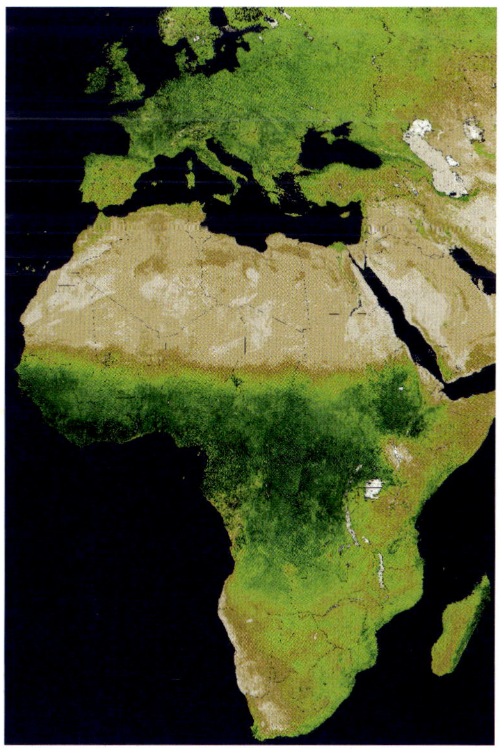

Der Vegetationsindex, hergeleitet aus Satellitendaten, zeigt deutlich den Kontrast zwischen der Dürre im Sahel-Gürtel und der üppigen Vegetation in Europa und dem mittleren Afrika.

roten, und hohen in den infraroten Kanälen. Trockener Boden zeigt sich durch einen charakteristischen, kontinuierlichen Anstieg von Blau bis weit ins Infrarot.
Auf diese Weise werden für viele Eigenschaften der Erdoberfläche charakteristische Signaturen erstellt. Weiter reichende Unterscheidungen können getroffen werden, indem man die Sensorkanäle feiner aufteilt. Feuchte und trockene Erde reflektiert unterschiedlich, einzelne Pflanzenarten lassen sich an ihren Signaturen erkennen, wobei man den Reifegrad und selbst eventuelle Krankheiten unterscheiden kann. Moderne Sensoren haben bis zu 30 Kanäle, so genannte hyperspektrale Sensoren können bis zu 300 spektrale Bänder unterscheiden. Meist wird in jedem Kanal ein komplettes Bild erzeugt. Ausgewählte Kanäle werden dann digital miteinander verglichen, so dass neue Bilder berechnet werden, die nach den Signaturen bestimmter Bodeneigenschaften kodiert sind. Da der Spektralbereich nun weit über das sichtbare Licht hinausgeht, verwendet man zur Darstellung Falschfarben, die da, wo es möglich ist, dem visuellen Eindruck nachempfunden werden.

### Weitsichtige Planung

Seit 1990 besteht in Europa für alle Länder eine einheitliche Klassifizierung der Bodenbedeckung auf der Basis von Weltraumbildern. Hierzu wurden Karten im Maßstab 1:100.000 erstellt, welche die gesamte Landoberfläche in 44 Bodennutzungsklassen einteilen. Darauf kann man erkennen, wie die Laub- und Nadelwälder in Deutschland verteilt sind, wo sich Ackerland oder ungenutzte Flächen befinden oder wo Industrie angesiedelt ist. Natürlich kann man das alles auch vom Boden aus sehen, wo liegt dann der Vorteil?

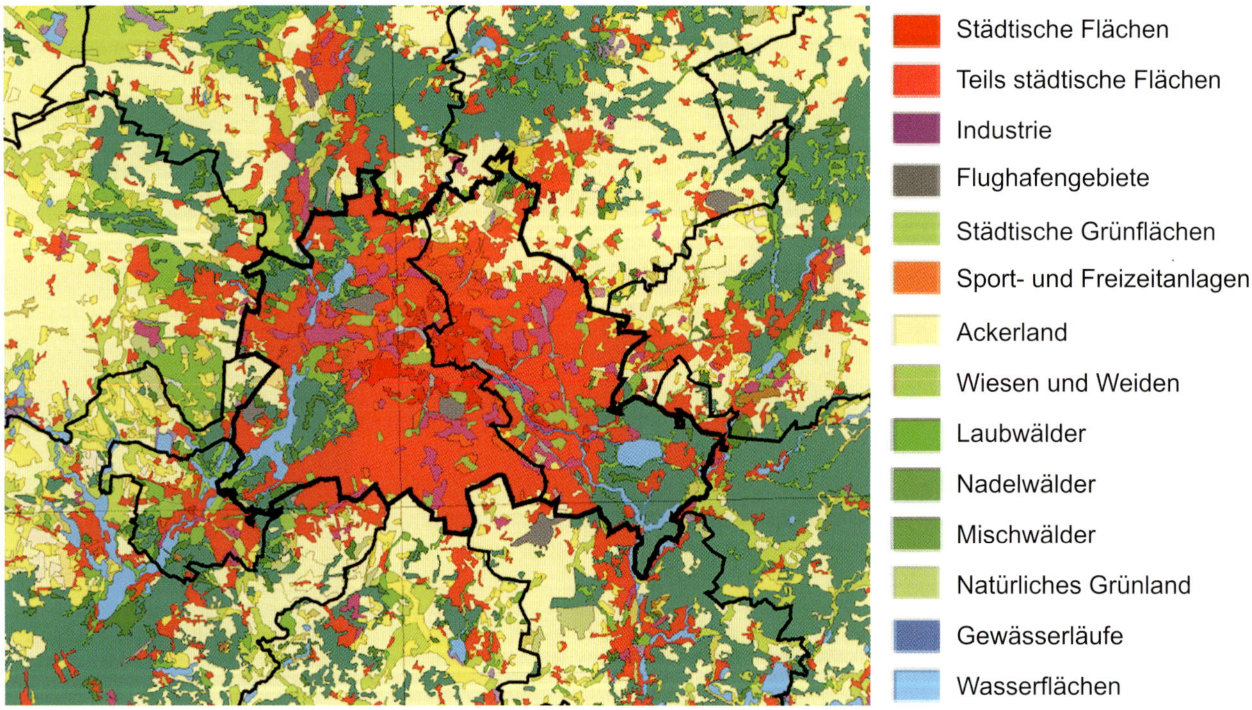


Stadt Berlin und Umland in einer Falschfarbendarstellung nach der Klassifizierung des europäischen CORINE-Programms (Coordination of Information on the Environment). Rechts sind 14 der 44 Landbedeckungs- und Landnutzungsklassen, die europaweit verwendet werden, aufgeführt. Man erkennt die Wälder um Berlin, unterschieden nach Nadel- und Laubbäumen, die Gewässer und die städtische Bebauung.

Der Hauptnutzen liegt in der Möglichkeit weiträumiger Planung und beim Umweltschutz. Ein thematisch analysiertes Weltraumbild kann im Gegensatz zu einer Landkarte Aussagen darüber machen, wie ein Acker bepflanzt ist und welche Wiesen als Weideland genutzt werden. Unter Umständen ist dies für die Vergabe von Landwirtschaftshilfen aus Brüssel ausschlaggebend. Durch die einheitliche Kartierung in ganz Europa werden die Aussagen vergleichbar. Auch werden die Daten regelmäßig aktualisiert, so dass zeitliche Entwicklungen, wie etwa die Veränderungen in den neuen Bundesländern nach der Wiedervereinigung, großräumig verfolgt werden können.

### Präzise Landwirtschaft

Der letzte, von dem man eine Beschäftigung mit Weltraumbildern erwartet, ist der Bauer selbst. Aber gerade hier tut sich Erstaunliches. Land- und Forstwirtschaft findet auf großen Flächenarealen statt und eignet sich daher für eine Analyse aus der Umlaufbahn. Die Felder sind allen Umwelteinflüssen ausgesetzt. Der Landwirt optimiert normalerweise seine Arbeit nach überlieferter Tradition, lokalem Wissen und eigener Erfahrung.

Zusätzliche Informationen aus dem Weltraum können an vielen Stellen weiter helfen. Aus multispektralen Satellitenbildern lassen sich wichtige Bodendaten gewinnen wie Feuchtigkeitsgrad, Bodentemperatur oder Stickstoffgehalt. Es lässt sich die Art der Vegetation bestimmen, die Dichte der Blätter und der Bodenbedeckungsgrad. Bei vielen Pflanzenarten ist es auch möglich, Aussagen über Wachstumsbedingungen, Schädlingsbefall oder Pflanzenkrankheiten zu machen. Damit wird die landwirtschaftliche Arbeit weiter optimiert. Bewässerung wird nur dann und dort eingesetzt, wo Feuchtigkeit benötigt wird. Der Einsatz von Herbiziden, Schädlingsbekämpfungsmitteln und Dünger kann auf den tatsächlichen Bedarf reduziert werden, wodurch man Aufwand und Kosten spart. Gleichzeitig wird die Belastung für die Umwelt auf ein Minimum reduziert. Die Zeitpunkte von Aussaat und Ernte können so gelegt werden, dass der Ertrag maximiert wird.

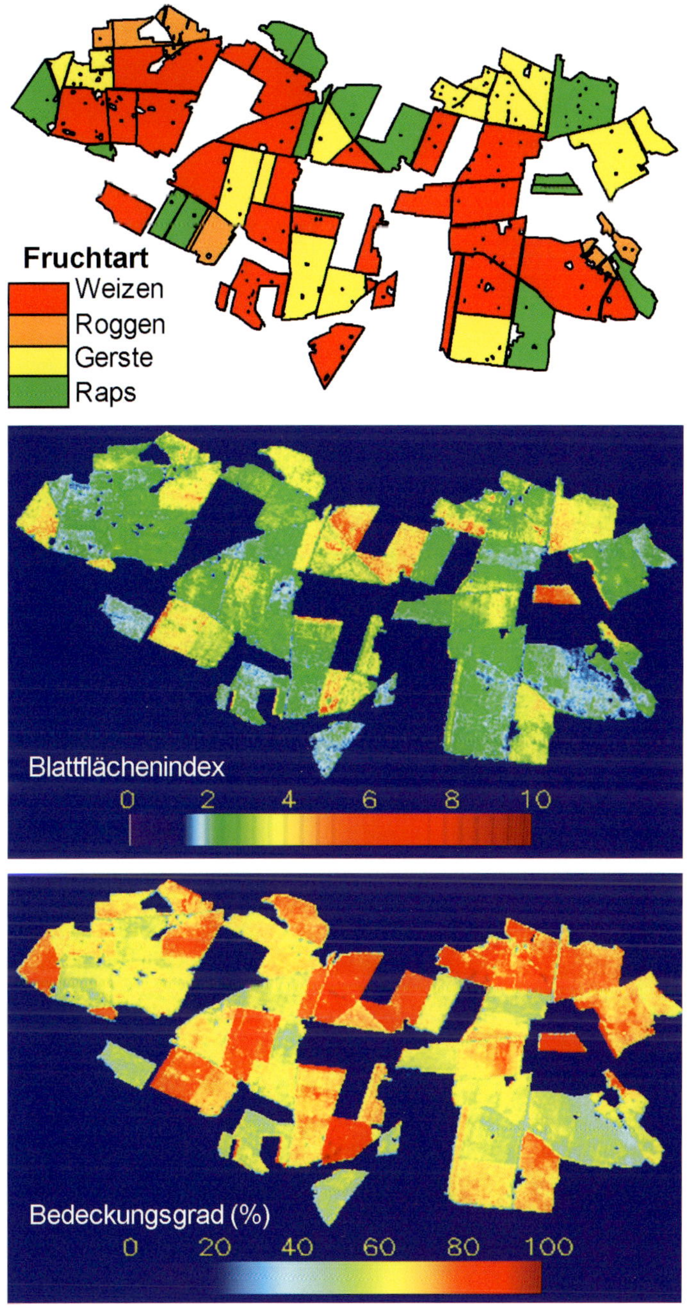


Bilder von Landsat 7 aus der Gegend von Demmin in Mecklenburg-Vorpommern. Oben werden die angebauten Feldfrüchte ausgewiesen, in der Mitte das Verhältnis von Blattfläche zur Anbaufläche. Das untere Bild zeigt den Bedeckungsgrad durch Vegetation.

## Eine Fallstudie: BIRD, der kleine Feuervogel

Satellitenentwürfe haben die Tendenz zu wachsen, immer komplexer zu werden, um mit einem einzigen Gerät viele Fragen gleichzeitig zu beantworten. Beim Kleinsatelliten BIRD wurde der umgekehrte Weg gegangen: Es wurde eine singuläre, klar umrissene Fragestellung definiert und dann eine möglichst kostengünstige Lösung gesucht.

Waldbrände sind ein globales Problem. Durch eine schnelle Erkennung aus dem Weltraum könnte viel Schaden vermieden werden. Dazu muss ein Feuer aus der Umlaufbahn erkannt und als Schadensfeuer identifiziert werden. Sein Ort muss bestimmt, seine Temperatur und Ausdehnung gemessen werden. All dies soll unabhängig von Störungen durch die entstehenden Rauchwolken möglich sein.

Das BIRD-Team beim DLR wählte zunächst die Nutzlast: Die Anforderungen zur Feuererkennung werden durch eine Kombination von Instrumenten erfüllt. Eine Kamera, die im sichtbaren Bereich und im nahen Infrarot empfindlich ist, wird ergänzt durch zwei Sensoren im mittleren und fernen Infrarot. Dies hat dem Kleinsatelliten auch seinen Namen gegeben: »**B**ispectral **I**nfra-**R**ed **D**etection«. Die Infrarotsensoren suchen heiße Stellen, so genannte Hot Spots; die Kamera lokalisiert sie geografisch. Aber anstatt die Rohdaten zu einer Bodenstation zu senden und dort bearbeiten zu lassen, ist BIRD in der Lage, im Orbit selbst zu analysieren. Mit Hilfe eines lernfähigen Neuronalen Netzwerks, einem Chip, der wie unser Gehirn funktioniert, wird die Identifikation von Brandherden an Bord vorgenommen. Damit ist BIRD viel schneller und spart außerdem die Kosten für eine aufwändige Bodenstation. Direkt aus dem Weltraum wird die Information über eine einfache Satellitenschüssel an die Feuerwehr im gefährdeten Gebiet weitergegeben.

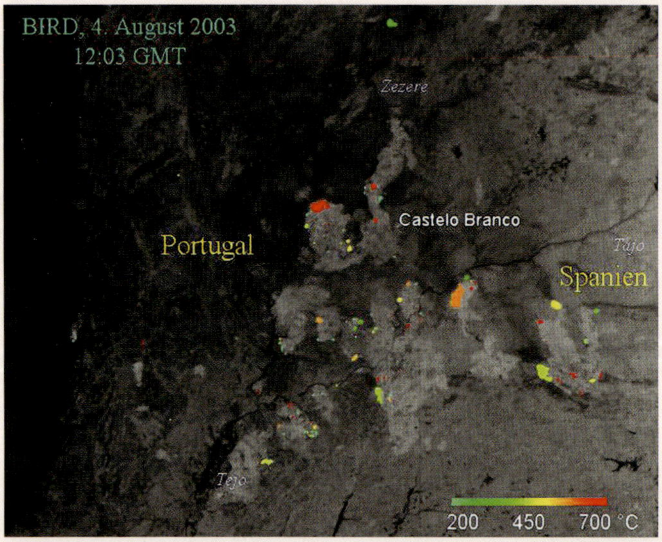


BIRD hat etwa die Größe und Form einer Bierkiste und wiegt nur 92 kg. Mit dieser Größe wurde keine eigene Rakete benötigt, sondern der Start erfolgte am 22. Oktober 2001 als Huckepack-Mitflug auf einer indischen Rakete. Um die Kosten zu reduzieren, wurde der Satellit aus kommerziellen Komponenten aufgebaut. Die Zuverlässigkeit wurde durch mehrfach redundante Subsysteme und ein intensives Testprogramm gesichert. BIRD war als Testsatellit für eine Lebensdauer von einem Jahr ausgelegt. Nach fünf Jahren im Weltraum zeigte er erste Ermüdungserscheinungen an seinem Lageregelungssystem.

Es wäre wünschenswert, eine kleine Flotte von BIRD-Satelliten in die Umlaufbahn zu entsenden. Damit könnte die Gefahrenmeldung den Feuerwehrmann im Wald innerhalb einer halben Stunde erreichen – wirtschaftlich gesehen sicher eine profitable Angelegenheit.

Moderne Konzepte zur Präzisions-Landwirtschaft setzen zusätzlich Satelliten-Navigation und geographische Informationssysteme ein, wie wir das von Navigationsgeräten im Auto kennen. Dadurch kann die Information aus dem Weltraum über die Anbauflächen detailliert werden, so dass beispielsweise Dünger gezielt an den Stellen der Felder höher dosiert wird, an denen ein geringeres Wachstum diagnostiziert wurde.

### Weltmeere

Zwei Drittel unserer Erdoberfläche sind Ozeane. Auch sie sind überaus interessante Objekte für die Beobachtung aus dem Weltraum. Meere haben eine wirtschaftliche Bedeutung als Nahrungsquelle, sie sind der primäre Transportweg für Massengüter und sie spielen eine wichtige Rolle für Klima und Wetter.

Die Meerestemperatur ist einer der Parameter, die ständig aus dem Weltraum gemessen werden. Sie bestimmt den Wärmeaustausch zwischen dem enormen Energiespeicher, den die Ozeane darstellen, und der Atmosphäre. Die Temperatur wird aus dem infraroten Anteil des reflektierten Lichtes abgeleitet. Sie sagt uns nicht nur, wo die Wassertemperatur zum Baden einlädt, sondern gibt auch Information über Meeresströmungen oder Wetterphänomene bis hin zur Entstehung von Hurrikanen. Auch die Fischer interessieren sich für die Temperatur des Wassers, die ihnen sagt, wo sich bestimmte Fischarten bevorzugt aufhalten.

Reflexion findet nur an der Wasseroberfläche statt. Das Licht der Sonne dringt jedoch einige Meter tief in das Wasser ein. Dort wird es entweder absorbiert oder gestreut. Nur das Streulicht kann aus dem Weltraum gesehen werden. Dieses wird hauptsächlich durch Schwebeteilchen, Mikroorganismen, Algen und gelöste Stoffe verursacht.

Schätzungen zufolge wird ein Drittel der gesamten Biomasse der Erde in den Ozeanen erzeugt. Am Beginn der maritimen Nahrungskette steht das pflanzliche Plankton, auch Phytoplankton genannt. Es besteht aus verschiedenen einfachen, meist einzelligen Algenarten, die in der Lage sind, ihre Körpersubstanz mit Hilfe der Photosynthese aus anorganischem Material aufzubauen. Diese wiederum bildet die Nahrungsgrundlage von tierischem Plankton und von Fischen. Daher ist das Auftreten von Phytoplankton stets mit dem anderer maritimer Arten verbunden und gibt Information über die Fischvorkommen. Im offenen Ozean ist es der Hauptbestandteil der Schwebestoffe. Durch Satellitenbilder wird sein Auftreten beobachtet. Mit Hilfe von Modellrechnungen, die Annahmen machen über die vertikale Verteilung, Strömungen und andere Parameter, kann dann aus Weltraumdaten die Primärproduktion der ozeanischen Biomasse berechnet werden.

Chlorophyll

Sedimente

Die Produktion von Biomasse im Meer kann direkt beobachtet werden. Auf diesen Bildern des Schwarzen Meeres wird durch verschiedene Sensorkanäle zwischen chlorophyllhaltigen (links) und sedimentbildenden (rechts) Algen unterschieden.

## Faktor Zeit

Ist ein Satellit erst einmal auf seiner Umlaufbahn, so erhalten wir seinen Datenstrom über einen längeren Zeitraum. Die typische Lebensdauer liegt bei etwa 5 Jahren. Er überfliegt immer neue Teile der Erdoberfläche, da sich die Erde unter seiner Bahn dreht. Das Arbeitspferd der Erderkundung, Landsat, sieht dieselbe Stelle alle 16 Tage, wobei durch die spezielle sonnensynchrone Bahn die Beleuchtung der Sonne am selben Ort immer unter demselben Winkel erfolgt. Dadurch können die Bilder verglichen und Unterschiede deutlich gemacht werden. Das Wachstum von Pflanzen, ein relativ langsamer Vorgang, kann auf diese Weise gut verfolgt werden.
Ereignisse wie Naturkatastrophen erfordern jedoch ein schnelleres Handeln. Auch das ist möglich. Moderne Satelliten sind in der Lage, ihre Kameras zur Seite zu schwenken, so dass der Ort nicht direkt überflogen werden muss, um ein Bild zu erhalten. Auf diese Weise reduziert sich die Wiederholrate auf ein bis drei Tage. Für noch höhere Wiederholfrequenzen werden Konstellationen eingesetzt. Das ist eine Gruppe mehrerer, meist gleichartiger Satelliten, die auf gegeneinander abgestimmten Bahnen kreisen.
Anforderungen bestehen auch auf der entgegengesetzten Seite der Zeitskala. Um klimatische Veränderungen zu beobachten oder den Einfluss des Menschen auf seine Umwelt zu dokumentieren, braucht man Vergleiche über viele Jahre hinweg. Oft überschreiten diese Anforderungen die Lebenszeit eines Satelliten bei weitem. Mit gut kalibrierten Instrumenten kann man die Daten verschiedener Satelliten nutzen. Die Landsat-Serie erlaubt vergleichende Messungen zurück bis ins Jahr 1972. Damit sind Langzeitaussagen auf einigen Teilgebieten der Erderkundung über drei Jahrzehnte möglich.

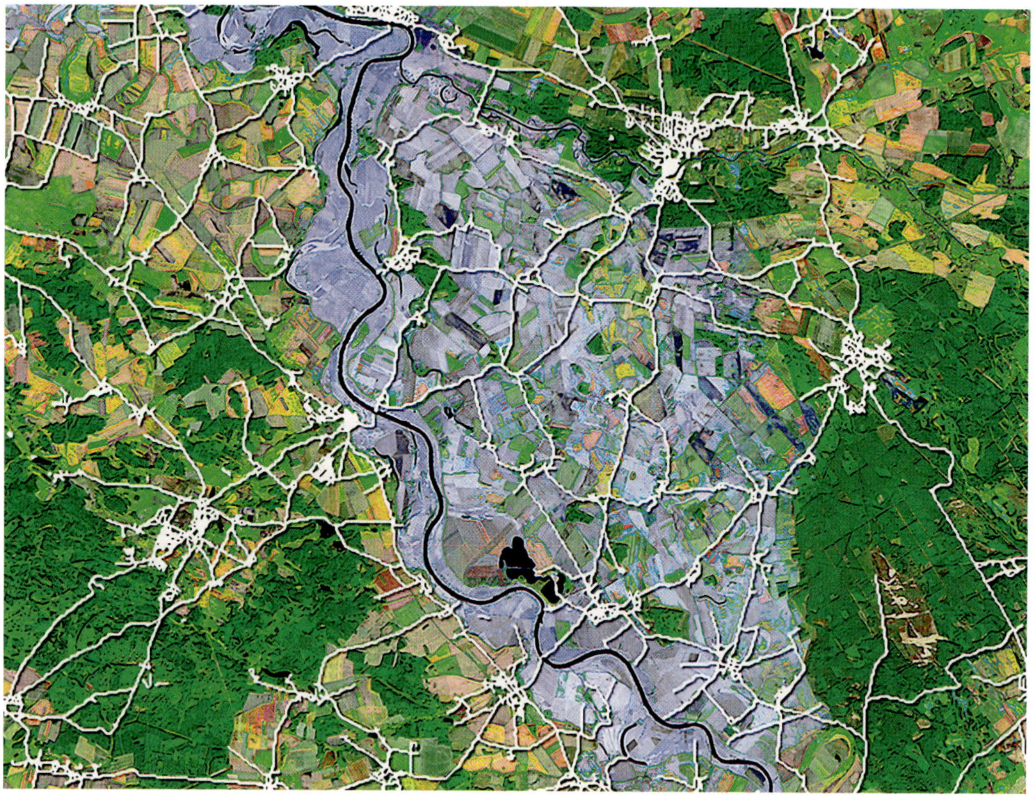

Das Elbehochwasser im Jahr 2002 nahe der Ortschaft Torgau. Bilder von Landsat 7 vom 14. (vor) und 20. August (während der Flutkatastrophe) wurden überlagert, so dass die Überflutung blau transparent sichtbar wird. Gewässer auf Normalpegel sind dunkelblau. Zusätzlich wurden Straßennetz und Siedlungsdaten weiß überlagert. Südlich der Schwarzen Elster (oben rechts) ist die Elbe bis zu einer Breite von 12 km über die Ufer getreten und hat Orte und landwirtschaftliche Flächen überflutet.

### Wenn die Zeit drängt

Im Falle von Naturkatastrophen sind Informationen aus dem Weltraum äußerst hilfreich, vorausgesetzt, sie kommen rechtzeitig und in der richtigen Art und Weise. Die Weltraumagenturen aller Länder haben sich im Jahr 2000 zusammengeschlossen und die »International Charter on Space and Major Disasters« gegründet. Hier wurde vereinbart, Daten aus allen verfügbaren Quellen schnell und kostenlos zur Verfügung zu stellen, wenn die Situation dies erfordert. An verschiedenen Stellen sind Zentren entstanden, in denen erfahrene

Fachleute Zugang zu dem richtigen Material haben und rasch reagieren können. In Deutschland ist dies das »Zentrum für satellitengestützte Kriseninformation (ZKI)« des DLR in Oberpfaffenhofen bei München.

Die Arbeit eines solchen Zentrums konzentriert sich darauf, im Falle von Katastrophen wie Tsunamis, Erdbeben, Überflutungen, Waldbränden oder Erdrutschen den Hilfskräften vor Ort die bestmögliche Information zur Verfügung zu stellen. Die benötigen vor allem Antworten auf die Fragen: Wo müssen wir hin? Was erwartet uns dort? Wie kommen wir hin?

Dazu muss zunächst ein Vergleich des Zustands vor und nach der Katastrophe erstellt werden (Change Detection). Die aktuellsten Daten der betroffenen Region müssen genutzt werden, Google Earth reicht zu solchen Zwecken nicht aus. Alle einsetzbaren Satelliten müssen schnellstens zu Datenaufnahmen aus dem Katastrophengebiet programmiert werden. Die neuen Bilder werden dann geometrisch entzerrt und in die Form gebracht, in der ein direkter Vergleich des Zustands vor und nach der Katastrophe möglich ist. Die Bestimmung der lokalen Veränderungen erfordert viel Erfahrung.

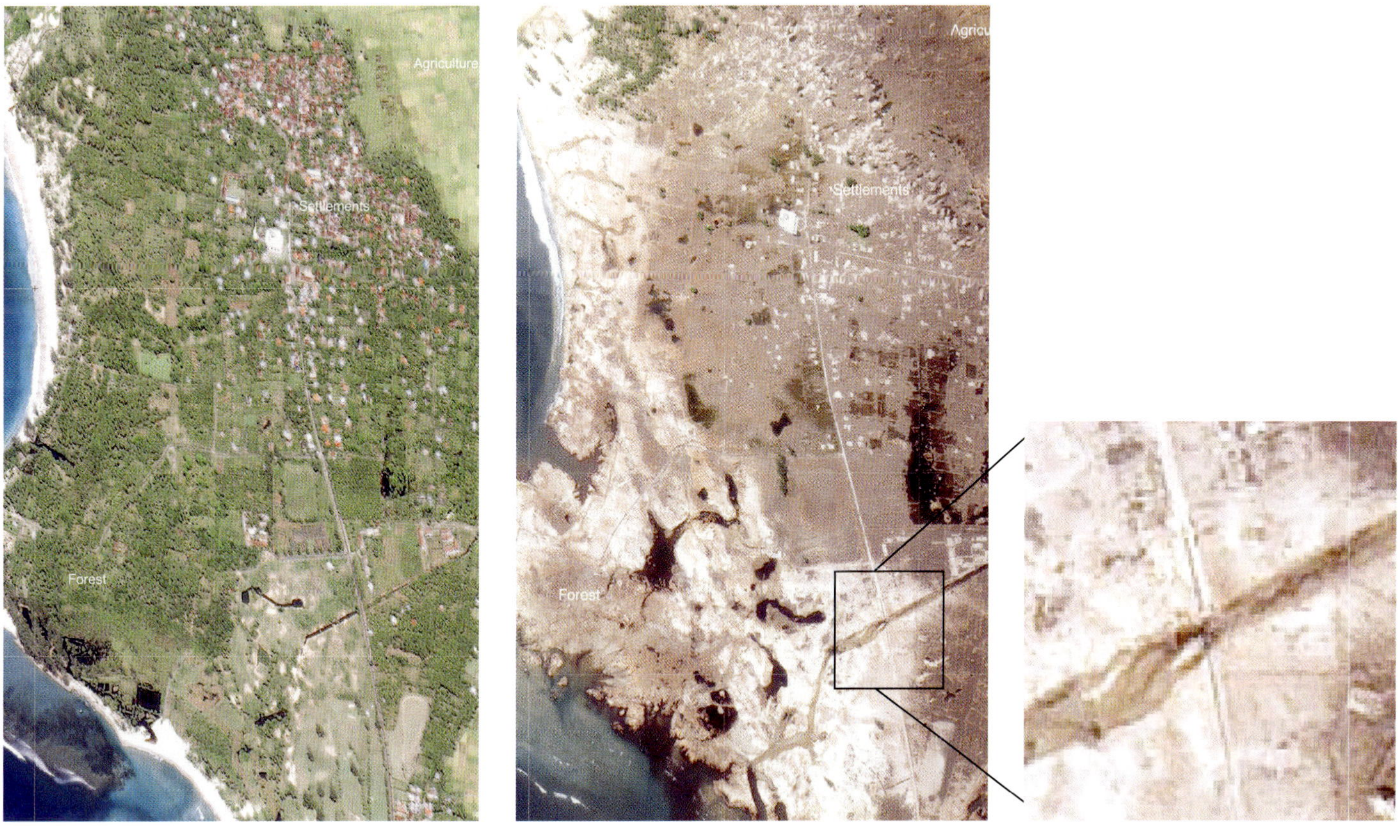


Die Ortschaft Lho`Nga auf Sumatra vor (links) und nach (rechts) der Tsunami-Katastrophe vom 26. Dezember 2004. Die geschädigten Flächen erscheinen in rötlicher Farbe. Die Veränderung der Küstenlinie ist deutlich erkennbar. Ebenso sind die Transportwege zu sehen, wobei im Verlauf der Straße von Süden nach Norden offensichtlich eine Brücke weggeschwemmt wurde und dieser Weg damit für Hilfskräfte nicht passierbar ist.

In das Ergebnis werden andere Daten eingearbeitet, wie Bevölkerungsdichte, Straßen und andere Verkehrswege, Kommunikationsinfrastruktur und Energieversorgung. Bei Überflutungen ist die Einbeziehung von Höhenlinien erforderlich, um Vorhersagen über die Ausbreitung des Wassers bei weiterem Anstieg vorhersagen zu können. Selektive Kontrastverstärkung wird eingesetzt, um Merkmale wie überflutete Flächen, Brandschneisen oder verwüstete Gebiete hervorzuheben. Auf diese Weise entsteht aktuelles Kartenmaterial, das einen optimalen Einsatz der Hilfskräfte vor Ort ermöglicht.

Hurrikan Andrew in einem zusammengesetzten Bild, bei dem Aufnahmen von drei Tagen, dem 23., 24. und 25. August 1992 einkopiert wurden. Der Wirbelsturm bewegt sich von Ost nach West, wobei die Zuggeschwindigkeit sich offensichtlich ändert und bei der Annäherung an das Festland langsamer wird. Dabei ändert sich auch die Größe und Struktur des Hurrikans. Das Auge ist gut zu erkennen.

### Schleichende Veränderungen

Einige Veränderungen auf der Erde finden so langsam statt, dass sie während des eigentlichen Vorganges nicht wahrgenommen werden. Erst hinterher sieht man, wie beim Wachstumprozess des Grases: es hat sich etwas getan. Dies schließt Zeitskalen von täglichen Variationen über jahreszeitliche Wechsel bis zum Wandel über Generationen ein. All diese Zeiträume werden mit Satellitenbildern erfasst. Da der erste Erdbeobachtungssatellit 1972 in Betrieb ging, kann der Generationenwandel bereits heute ausreichend dokumentiert werden.

Tropische Wirbelstürme haben oftmals verheerende Auswirkungen. Sie entstehen über den Ozeanen, wenn sich die Luft bei einer Wassertemperatur von mindestens 26° erwärmt und schnell aufsteigt. Die seitlich hereinströmenden Luftmassen werden durch die Corioliskraft abgelenkt, was zu den bekannten großräumigen Luftwirbeln führt. Die Entstehung kann aus dem Weltraum verfolgt werden. Wichtiger ist jedoch, dass auch der Zug eines Hurrikans beobachtet wird. Im Gegensatz zu den hohen Windgeschwindigkeiten in einem Wirbelsturm, die über 200 km/h erreichen können, entspricht die Zuggeschwindigkeit eines Hurrikans der eines Fahrradfahrers, 15–30 km/h. Sie ist nicht vorhersagbar und muss daher ständig verfolgt werden. Die dazu notwendige großräumige Übersicht ist nur mit Satellitenbildern zu erreichen. Moderne Analysemethoden berechnen auch die Windgeschwindigkeiten und schätzen die zu erwartenden Regenmengen ab. Eine Voraussage der Auswirkungen zeitlich und örtlich über Zeiträume von etwa 24 Stunden ist damit einigermaßen zuverlässig.

Im Verlauf eines Jahres finden auf der Erde viele Veränderungen statt. Die auffälligste ist die jahreszeitliche Variation der Be-

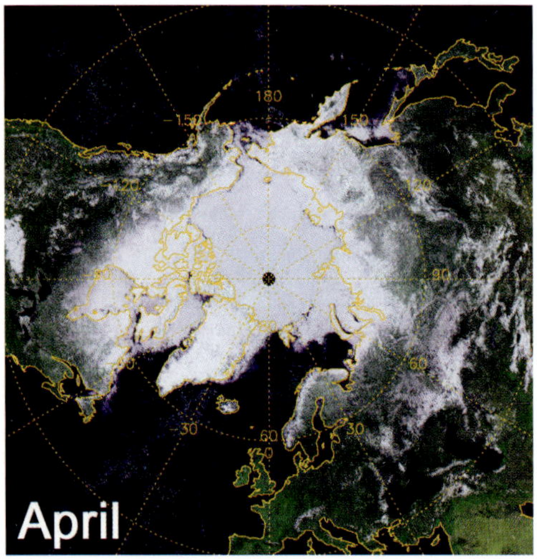


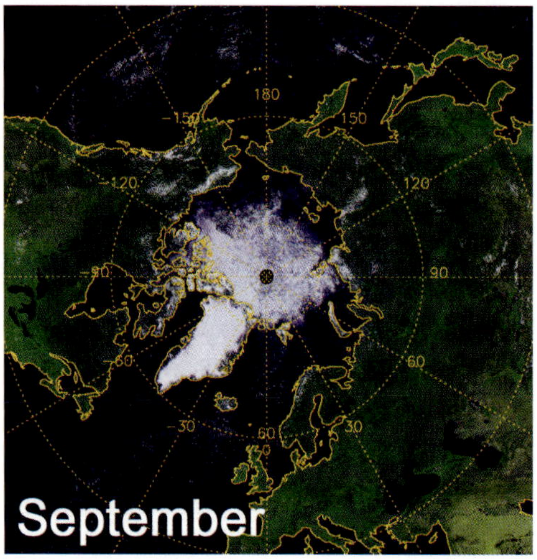


Die Eis- und Schneebedeckung der Nordpolregion ändert sich stark mit den Jahreszeiten, wie diese Bilder des japanischen Satelliten Adeos-II/GLI aus dem Jahr 2004 zeigen.

deckung des Globus durch Eis und Schnee. Diesen Effekt beobachten wir sogar auf dem Mars, der eine ähnliche Bahnneigung wie die Erde hat und daher jahreszeitlich Polkappen aus Wasser- und Kohlendioxid-Eis ausbildet.
Eis hat einen hohen Reflexionsgrad. Bis zu 90 % der einfallenden Sonnenstrahlung wird in den Weltraum zurückgeworfen. Damit wird deutlich, dass die Eis- und Scheebedeckung einen signifikanten Einfluss auf die Wärmebilanz des Raumschiffs Erde und auf unser Klima hat. Eisflächen wirken als Isolationsschicht im Wärmeaustausch zwischen Wasser oder Land und der Atmosphäre, die dadurch bis zu –30° kalt werden kann. Eis hat einen geringeren Salzgehalt als Meerwasser. Beim Ausfrieren wird daher die Salzkonzentration im verbleibenden Wasser erhöht, das Wasser wird schwerer und sinkt ab. Dieser Prozess ist Teil des Pumpsystems, das die großen Meeresströmungen wie den Golfstrom antreibt.
Der Mensch ruft durch relativ kleine Eingriffe in die Natur gewollt oder ungewollt gewaltige Veränderungen hervor. An vielen Stellen der Erde wird Wasser aus Flüssen zur Bewässerung von landwirtschaftlichen Anbaugebieten abgeleitet. Normalerweise hat das, abgesehen vom gewünschten Effekt besserer Ernten, keine einschneidenden Folgen. Für den Aralsee in Zentralasien waren die Konsequenzen jedoch verheerend. Einst das viertgrößte Binnengewässer der Erde ist der See in den vergangenen 40 Jahren auf die Hälfte seiner

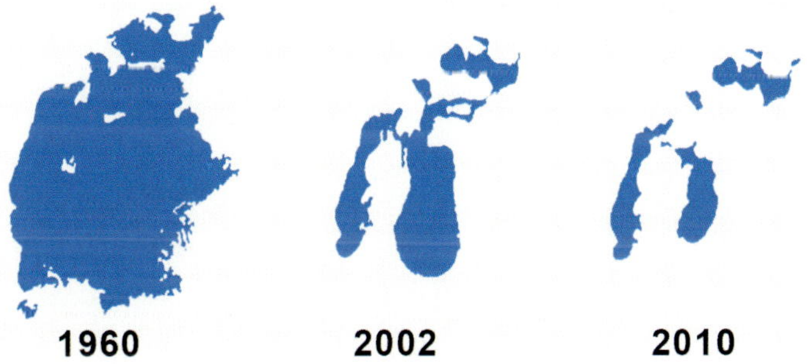

Der Aralsee, dessen Zuflüsse zur landwirtschaftlichen Bewässerung genutzt wurde, ist seit vielen Jahren einem dramatischen Schrumpfungsprozess unterworfen. Auswertungen von Satellitenaufnahmen erlauben eine Extrapolation des Austrocknungsprozesses in die Zukunft (oben). Das Bild des Instruments Medium Resolution Imaging Spectrometer (MERIS) auf Envisat vom Juli 2006 zeigt, dass die Extrapolation aus dem Jahr 2002 durchaus zutreffend ist.

Fläche und ein Viertel seines Volumens geschrumpft. Seit den 60er-Jahren ist der Wasserspiegel um 13 m gefallen. Der See hat sich in mehrere Teile aufgeteilt, die vollständig auszutrocknen drohen, wenn keine Abhilfe geschaffen wird. Für die Menschen in Kasachstan und Usbekistan ist der Verlust der wirtschaftlichen Existenzgrundlage mit solchen Veränderungen verbunden. Das gesamte Ausmaß wird aber erst bei dem umfassenden Blick aus dem Weltraum deutlich. Erst jetzt hat man erkannt, wie falsch es war, eine viel Wasser verbrauchende Baumwollproduktion in einem Gebiet mit chronischem Wassermangel hochzuziehen. Gegenmaßnahmen sind inzwischen eingeleitet worden.

# Durch Nacht und Wolken sehen

Der Fluglotse kann am Radarschirm die Flugzeuge unabhängig vom Wetter bei Tag und Nacht beobachten. Das Radar sendet Pulse, die vom Flugzeug reflektiert werden. Aus der Laufzeit der Echos zurück zur Antenne wird der Abstand berechnet.

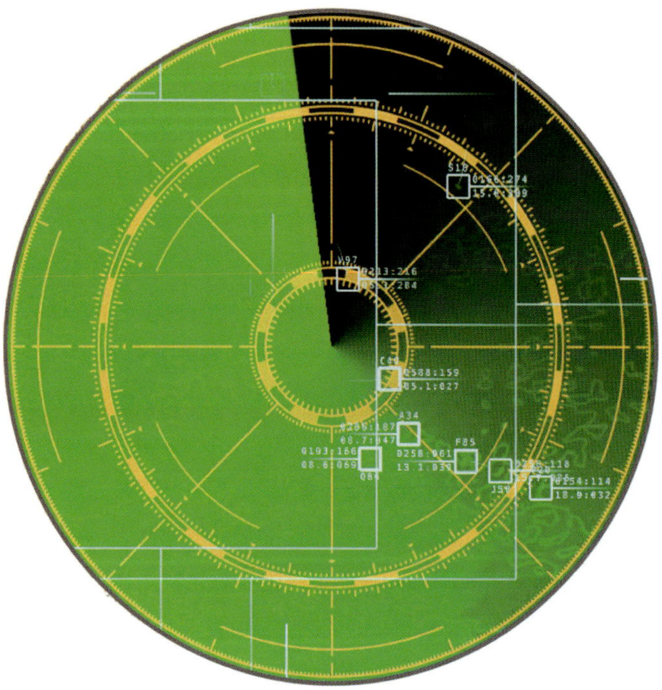

Die Ergebnisse der optischen Erdbeobachtung sind eindrucksvoll. Aber diese Technik hat entscheidende Nachteile: Bei Bewölkung kann man nichts sehen, bei Nacht schon gar nicht, wenn die Sonne als Lichtquelle ausfällt.
Schiffe haben ein Radar an Bord, mit dem sie bei Nacht oder Nebel andere Schiffe oder Hindernisse im Wasser orten können. Fluglotsen leiten mit Radar die Piloten unabhängig vom Wetter. Geht das nicht auch aus dem Weltraum?

### Fluglotsen und Polizei

»Telemobiloskop« nannte Christian Hülsmeier seine Erfindung, mit Hilfe der Reflexion elektromagnetischer Wellen Hindernisse für Schiffe zu detektieren. Als er das Patent im Jahr 1904 auf der Kölner Hohenzollernbrücke vorführte, meldete sein Gerät jedes vorbeifahrende Schiff mit dem Schrillen einer Klingel. Die Erfindung wurde als Kuriosum eingestuft und geriet in Vergessenheit. Erst im 2. Weltkrieg wurde diese Technik zur Ortung feindlicher Schiffe und Flugzeuge wiederentdeckt und unter dem Kunstwort Radar, die Abkürzung von »**Ra**dio **D**etection **a**nd **R**anging« (Funkortung und Entfernungsmessung) bekannt.
Das Messprinzip ist einfach. Mit einer Antenne werden kurze Pulse von Mikrowellen ausgesandt, die durch Hindernisse reflektiert werden. Dieselbe Antenne misst zwischen den Sendepulsen die zurückgestrahlte Intensität. Aus der Zeitverzögerung der Echos kann der Abstand zum Hindernis berechnet werden, da sich die Mikrowellen mit Lichtgeschwindigkeit ausbreiten. Normalerweise dreht sich die Antenne, dann erhält man den Abstand als Funktion des Winkels, die bekannte Darstellung auf dem Radarschirm. Auf dem Meer schwimmt alles in derselben Ebene, da ist diese Information ausreichend. Der Fluglotse benötigt zusätzliche Hinweise, wenn er die Höhe des Flugzeugs bestimmen will. Jedenfalls ist das, was auf dem Radarschirm erscheint, kein Bild, so wie es eine Kamera machen würde.
Das Radar kann aber viel mehr. Das weiß jeder, der schon mal mit dem Auto in eine Radarfalle getappt ist. Geschwindigkeiten werden mit Hilfe des Dopplereffekts gemessen. Auch hier wird ein Mikrowellenpuls ausgesandt und das Echo beobachtet. Aber statt der Laufzeit wird die Frequenzverschiebung des reflektierten Pulses gemessen. Daraus lässt sich die relative Geschwindigkeit zwischen Beobachter und reflektierendem Objekt, hier Polizei und Auto, bestimmen.

### Eine elegante Erfindung

Der Ingenieur Carl Wiley bei der Firma Goodyear hatte 1951 die Idee, die beiden Messmöglichkeiten von Radar, Laufzeit und Dopplerverschiebung zu kombinieren und damit eine Abbildung ähnlich wie im optischen Bild zu ermöglichen. Der Dopplereffekt funktioniert aber nur bei Bewegung. Das abzubildende Objekt, etwa eine Landschaft, steht normalerweise still. Den eigentlichen Durchbruch brachte der Gedanke, dass bei Beobachtung aus einem Flugzeug oder einem Raumfahrzeug die Antenne zwangsläufig bewegt ist. Durch die Relativbewegung erscheinen Wellenzüge, die in Flugrichtung blickend reflektiert werden, verkürzt, also mit höherer Frequenz, nach hinten werden die Frequenzen niedriger. Quer zur Flugrichtung wird die Abstandsmessung durch die Signallaufzeit des Echos ermittelt. So erreicht man eine Auflösung in beiden Dimensionen und erhält ein Bild der überflogenen Fläche.
Hier scheint aber ein Problem übersehen worden zu sein. Die Trennschärfe einer Abbildung durch elektromagnetische Wellen, seien es Licht- oder Mikrowellen, ist durch die optische Auflösung begrenzt. Diese ist wiederum zur Wellenlänge proportional. Im Bereich sichtbaren Lichts, Wellenlänge 500 nm, kann aus der Umlaufbahn der Raumstation eine Auflösung von 1 m erreicht werden, wenn die Optik eine Apertur, das ist die effektive Öffnung für das einfallende Licht, von mindestens 20 cm hat. Im Mikrowellenbereich, bei 5 cm Wellenlänge, benötigt man für dieselbe Auflösung eine Antenne von 20 km Größe. Das ist kaum machbar.
Erstaunlicherweise funktioniert es doch. Der Trick dabei ist, dass durch die Bewegung der Antenne jeder Punkt im Zielgebiet von mehreren Radarpulsen »beleuchtet« wird, die aus leicht verschiedenen Richtungen entlang der Flugbahn kommen. Elektronisch werden die empfangenen Echos

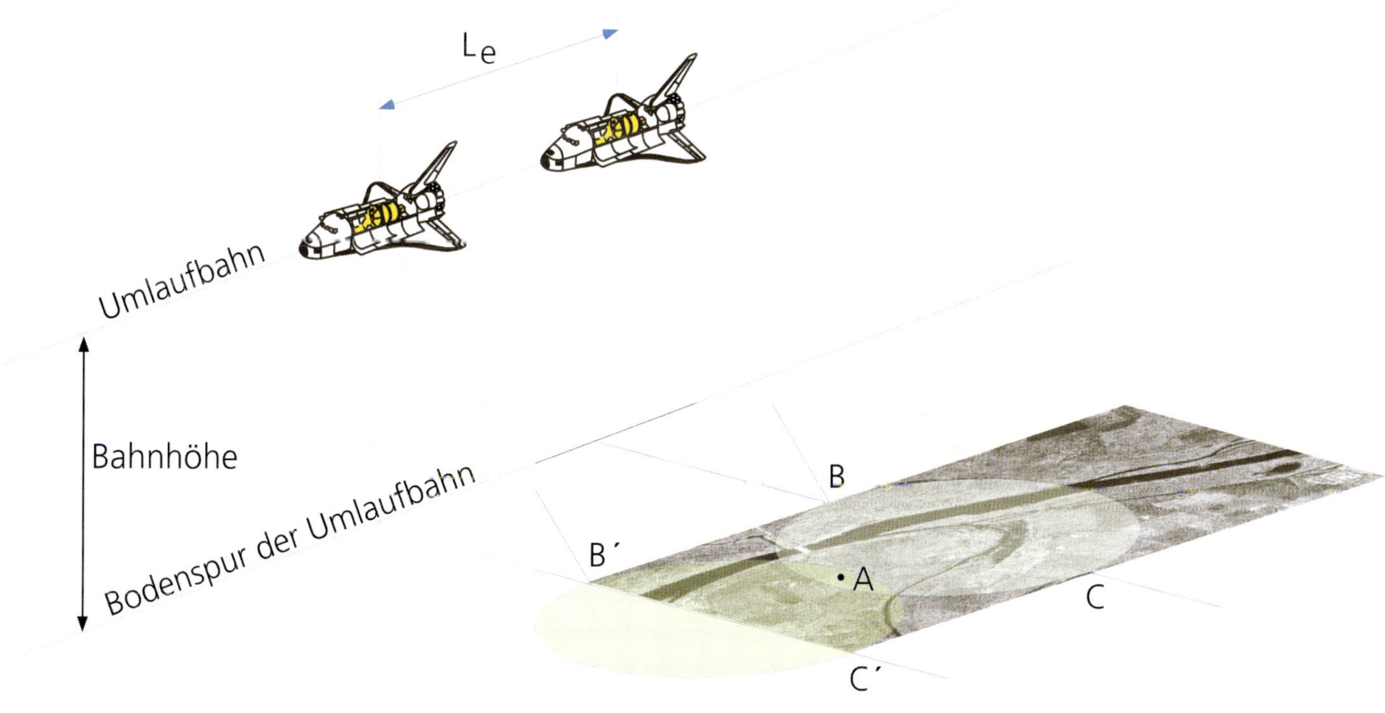


Funktionsprinzip des Seitensicht-Radars: Ein Punkt A auf der Erdoberfläche wird von vielen Radarpulsen des vorbeifliegenden Raumfahrzeugs beleuchtet. Die Echos der Pulse über die gesamte ausgeleuchtete Fläche werden über eine Flugstrecke $L_e$ empfangen und elektronisch zusammengesetzt, so dass eine synthetische Apertur der Länge $L_e$ entsteht. Quer zur Flugrichtung wird die Bildauflösung durch Laufzeitmessung zu den Punkten zwischen B und C wie im konventionellen Radar erzielt.

wieder zusammengesetzt, so dass derselbe Effekt entsteht, wie wenn eine große Apertur, viel größer als die wirkliche Antenne, im Einsatz wäre und das Bild erzeugt. Tatsächlich ist die synthetische Apertur, nach der diese Technik benannt ist (Synthetic Aperture Radar, SAR), so groß wie die ausgeleuchtete Fläche am Boden. Da die beleuchtete Fläche mit dem Abstand wächst, wäh-

**Licht und Radar** werden auf verschiedene Weise verarbeitet. Optische Messungen erfassen die Frequenz, d. h. die Farbe des Lichts, und seine Intensität. Radarechos einer festen Sendefrequenz werden nach Dopplerverschiebung, Laufzeit und Intensität analysiert. Die Messtechnik ist jedoch völlig verschieden, da die Frequenzbereiche sehr unterschiedlich sind. Mikrowellen um 3 cm Wellenlänge haben eine Frequenz von 10 GHz. Mit schneller Elektronik ist es möglich, den gesamten Wellenzug zu verfolgen. Die Frequenz des sichtbaren Lichts ist um den Faktor 100.000 höher, dafür ist jede Elektronik zu langsam. Im Mikrowellenbereich ist es dagegen möglich, neben der Intensität, also der Amplitude der Welle, auch die Phase, den zeitlichen Verlauf der Amplitude zu vermessen. Wellenzüge aus verschiedenen Pulsen werden passend aneinander gesetzt, was die Grundlage für die Erzeugung einer synthetischen Apertur ist.

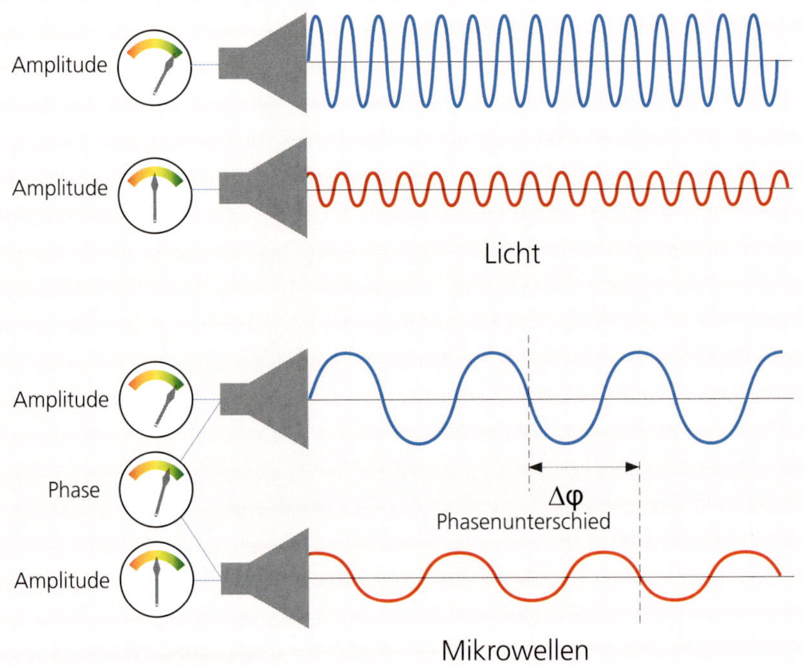


rend sich der Beobachtungswinkel gleichzeitig verkleinert, ist die erzielbare Auflösung unabhängig vom Abstand der Messung, also von der Höhe der Umlaufbahn. Die Rechnung zeigt, dass sie gleich der halben physischen Dimension der Antenne ist, bei einer 2 m Antenne also 1 m.
Beim Radar mit synthetischer Apertur wird das Bild aus zwei Komponenten erzeugt: Senkrecht zur Flugrichtung lässt sich, wie im klassischen Radar, der Abstand eines Punktes auf der Erdoberfläche durch die Laufzeit des Echos ermitteln. Licht durchläuft in einer Nanosekunde eine Strecke von 30 cm. Beim Radar läuft das Signal hin und zurück, daher benötigt man für 1 m Auflösung eine Zeitmessgenauigkeit von 6 ns. Das ist herausfordernd, aber machbar. Entlang der Linien gleicher Laufzeit, die parallel zur Flugbahn verlaufen, erreicht man mit Dopplermessungen nach dem Prinzip der synthetischen Apertur eine vergleichbare Auflösung in Flugrichtung. Damit erhält man ein zweidimensionales, hoch aufgelöstes Bild des beleuchteten Streifens der Erdoberfläche.

### Schnelle Elektronik erforderlich

Man fragt sich, warum dieses elegante Verfahren nicht auch mit Licht, etwa einem Laser auf einem Satelliten, angewandt werden kann. Mit sehr kleinen optischen Geräten könnte man höchste Auflösung erreichen. Der Grund liegt darin, dass die Frequenz des Lichtes zu hoch ist. Selbst mit der schnellsten verfügbaren Elektronik ist es nicht möglich, den Lichtwellenzug im Detail zu verfolgen. Man misst daher nur die Amplitude bei vorgegebener Frequenz. Im Mikrowellenbereich sind die Schwingungen um viele Größenordnungen langsamer. Unter diesen

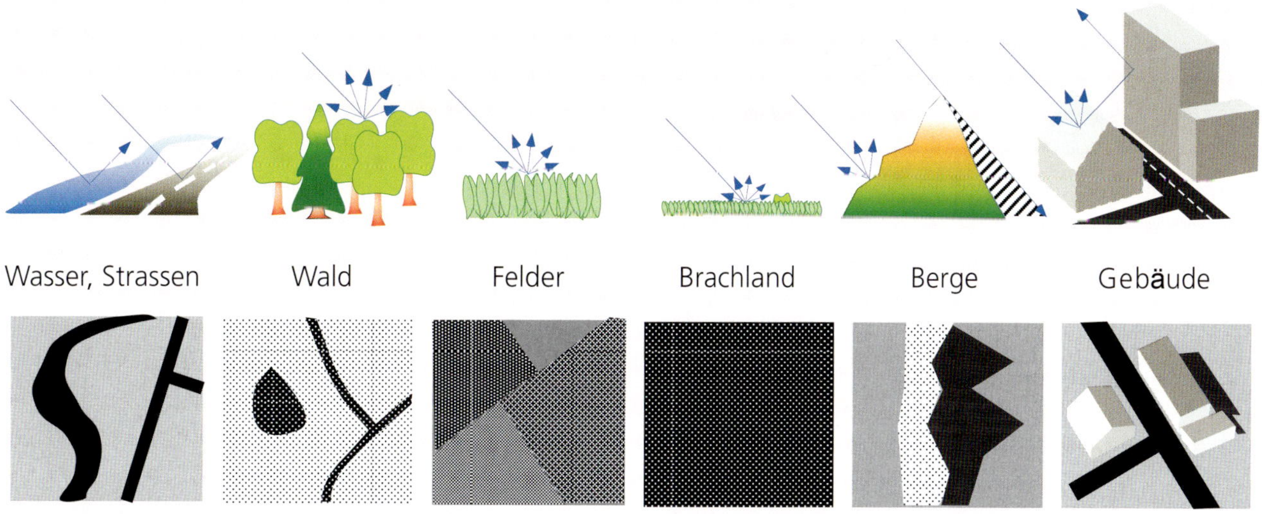


Radarabbildungen bestehen aus Helligkeitswerten wie Schwarz-Weiß-Bilder. Der Kontrast entsteht durch unterschiedliche Rauigkeit. Je rauer eine Oberfläche auf der Skala der Wellenlänge (einige Zentimeter) ist, desto mehr Mikrowellen streut sie zurück zur Antenne. Auch verschiedene Materialien oder Feuchtigkeitsgrade reflektieren unterschiedlich.

Umständen ist auch die Phase messbar. Dann kann man die Echos der verschiedenen Pulse, die ja zeitlich etwas verschoben sind, wieder zusammensetzen und die synthetische Apertur erzeugen.
Bei dem komplizierten Verfahren mit Messung der Signallaufzeit und der Doppler-Frequenzverschiebung sind sehr aufwändige Rechnungen erforderlich, um aus den empfangenen Signalen ein Bild zu erzeugen. Aus diesem Grund hat sich das Radar mit synthetischer Apertur erst durchsetzen können, seit Computer mit extrem schneller Datenverarbeitungsgeschwindigkeit verfügbar sind. In den frühen Anwendungen des SAR aus Flugzeugen waren oft tagelange Rechenzeiten erforderlich, um ein Bild zu erzeugen. Heute werden die Messdaten digital verarbeitet, wodurch Bilder fast in Echtzeit vorgelegt werden können.

### Was sagt uns ein Radar-Bild?

Das SAR-Bild setzt sich zusammen aus einzelnen Bildpunkten, den Pixeln, wie in einem digitalen Fotoapparat, nur dass die Bildpunkte nicht direkt aufgenommen, sondern erst im Computer aus den Rohdaten berechnet werden. Das Radar arbeitet bei einer festen Frequenz, ist also einem Schwarz-Weiß-Bild vergleichbar, wobei jeder Bildpunkt durch die Intensität des zurück gestreuten Echos charakterisiert ist. Mikrowellen werden von Gegenständen ganz anders reflektiert als Licht, daher ist die Interpretation von Radarbildern grundsätzlich verschieden von der Auswertung optischer Bilder.

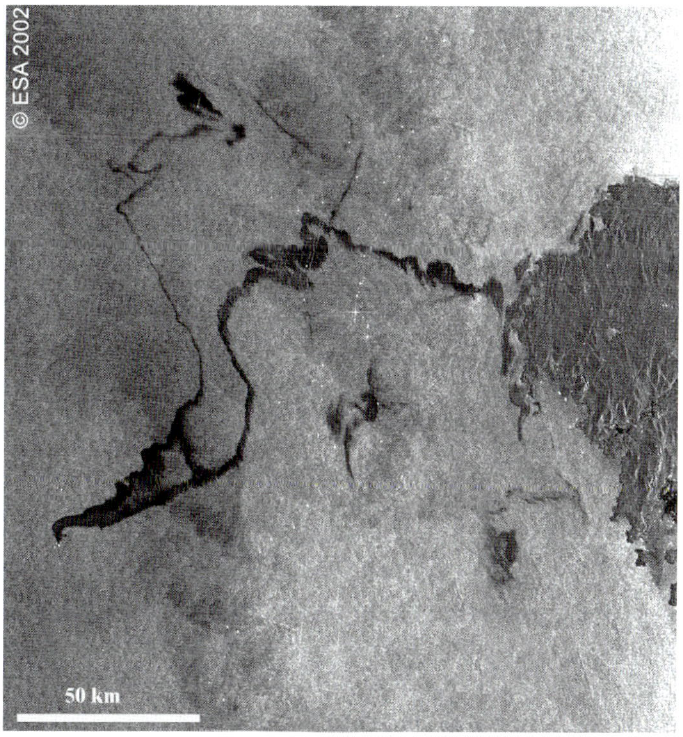


Ein Ölfilm dämpft Wasserwellen. Die glatte Wasseroberfläche zeichnet sich auf dem Radarbild als dunkle Region gegen die vom Wind aufgeraute See ab. Das SAR-Bild zeigt die Ölspur des Tankers Prestige (links unter der Bildmitte), der im November 2002 vor der spanischen Küste (rechts) havarierte.

Envisat ist der größte und komplexeste Umweltsatellit der ESA. Auf dieser Computergrafik sieht man die Radarantenne, ausgelegt für das C-Band (6 cm Wellenlänge), als große Fläche quer zum Satellitenkörper. Die bewegliche Struktur rechts ist die Solarzellenfläche.

Glatte Flächen reflektieren den Radarpuls wie ein Spiegel, also wird wenig Intensität in die Richtung der Antenne zurückgeworfen. Sie erscheinen dunkel in einem helligkeitskodierten Bild. Der Begriff »glatt« ist dabei auf die Wellenlänge der Strahlung, also auf die Längenskala von Zentimetern bezogen. Daher bilden Straßen glatte Oberflächen und können als dunkle Streifen erkannt werden. Gebäude streuen stark und bilden sich in hellem Grau ab, manchmal weiß, wenn Doppelreflexionen zwischen Boden und Gebäuden auftreten. Vegetation zeichnet sich durch unterschiedliche Grade von Unebenheiten bis in den Meterbereich aus, erscheint daher in verschiedenen Grautönen, je nach Pflanzenart. Wälder werden meist heller abgebildet als Felder. Auch die Neigung der Oberfläche hat einen Einfluss auf die Rückstreuintensität, wodurch Berge und Täler erkennbar werden.
Alles was im Schatten der schräg einfallenden Radarstrahlen liegt, etwa hinter Bergen oder Gebäuden, wird als schwarze Fläche abgebildet. Durch den Schattenwurf wirken die SAR-Bilder plastisch. Es gibt aber auch typische Verzerrungen, zum Beispiel bei Bergen oder Türmen. Die Turmspitze ist näher an der Bahn des Satelliten als der Fußpunkt. Das Radar interpretiert die Signallaufzeit aber als Abstand in der Fläche, also erscheint ein Turm zur Flugbahn hin geneigt, Bergabhänge werden verkürzt. Verblüffend ist die Abbildung bewegter Objekte. Sie erzeugen eine eigene Dopplerverschiebung, werden deshalb bei der Bildberechnung an anderer Stelle als sie sind parallel zur Flugbahn eingeordnet. Ein fahrender Zug erscheint dann plötzlich ein ganzes Stück neben seiner Schiene (es sei denn, er fährt genau parallel zur Flugbahn).

Anders als Licht haben Mikrowellen die Fähigkeit, ein wenig unter die Oberfläche von Erde, Eis und Schnee einzudringen. Kurze Wellenlängen um 3 cm werden an der obersten Schicht der Vegetation reflektiert. Wählt man größere Wellenlängen, bis zu 25 cm, dann dringt die Strahlung in die Vegetation ein und wird an Baumstämmen oder dem Erdboden reflektiert. Auf diese Weise erhält man zusätzliche Information über die pflanzliche Bodenbedeckung. Leider sind die Antennen aber nicht in der Frequenz veränderlich, so dass für jede Wellenlänge eine eigene Antenne eingesetzt werden muss.

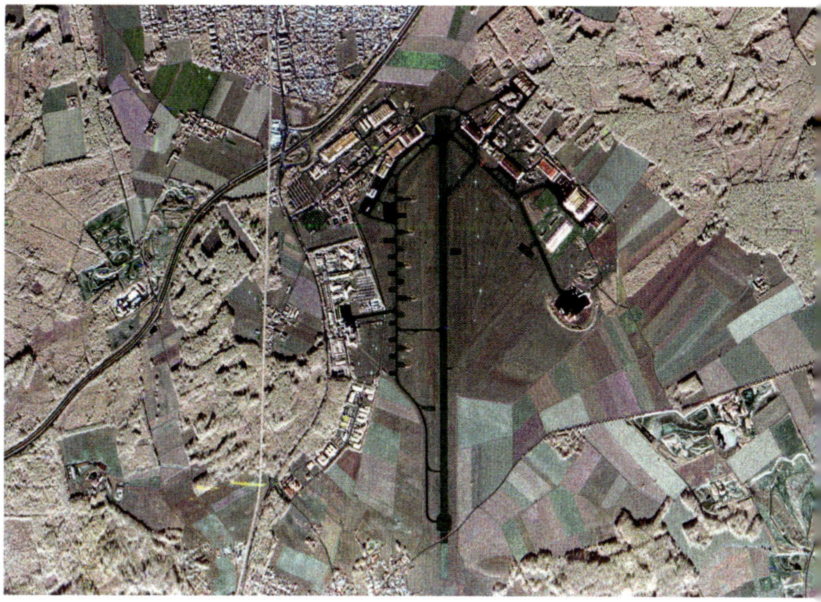

Ein Radarbild des Flughafens Oberpfaffenhofen bei München, bei dem die Polarisation der Rückstreuung als zusätzliche Bildinformation verwendet wurde. Die Falschfarbendarstellung wurde so gewählt, dass Wälder grün und Dächer rot erscheinen. Straßen und Landebahn (Mitte rechts) sind schwarz, auch das Brachland des Flugplatzes reflektiert sehr schwach. Felder treten je nach Bepflanzung in unterschiedlichen Farben auf.

### Falsche Farben

Radar sieht nicht nur die Unebenheiten der Erdoberfläche. Ähnlich wie ein Gegenstand farbig erscheint, weil er das Licht in bestimmten Frequenzen absorbiert oder reflektiert, hängt auch im Mikrowellenbereich die Rückstreuung vom Material, genauer gesagt von dessen dielektrischen Eigenschaften ab. Feuchte Objekte erscheinen heller als trockene, metallische heller als Beton. Auch die Schwingungsrichtung der Welle, ihre Polarisation, kann zur Charakterisierung von Objekten einbezogen werden. Auf diese Weise kann der Informationsgehalt des eigentlich nur in Grautönen vorliegenden Bildes deutlich erhöht werden. Das Ergebnis wird dann in eine Falschfarbendarstellung umgewandelt, wobei die Farben jeweils bestimmte Eigenschaften wiedergeben. Man bemüht sich vielfach, das Bild so nah wie möglich an die gewohnten Farben der Natur anzupassen. Die Farbgebung wird aber auch dazu genutzt, um ganz bestimmte Informationen, die mit dem Bild gewonnen werden sollen, besonders hervorzuheben.

### Zeit als Farbe

Radarbilder sind weit besser miteinander vergleichbar als optische. Sie haben immer die gleichen Beleuchtungsbedingungen, da das Radar selbst die Lichtquelle ist. Es bietet sich also an, Aufnahmen derselben Szene zu verschiedenen Zeiten zu machen, um Unterschiede, die sich in der Zwischenzeit ergeben haben, deutlich zu machen. Die ursprünglich als Schwarz-Weiß-Bild vorliegenden Daten werden dann je nach Überflugdatum verschieden eingefärbt, beispielsweise in den drei Grundfarben Rot, Blau und Grün. Daraus wird dann ein farbiges Bild zusammengesetzt, das man anders als die normalen Falschfarbenbilder interpretiert: Jetzt steht jede Farbe für einen Aufnahmezeitpunkt.

Multitemporale Radarbilder werden zur Untersuchung von Vorgängen eingesetzt, die sich auf Zeitskalen zwischen Tagen und Monaten abspielen. Beispiele hierfür sind die Eisbedeckung von Schifffahrtsrouten, Brandrodung im Regenwald,

Zeitlich versetzte Radarbilder derselben Szene aus verschiedenen Überflügen werden eingefärbt und dann zu einem Farbbild zusammengesetzt. Farben stehen nun für zeitliche Veränderungen.

Dieses Bild der Ostsee zwischen Finnland (oben) und Estland (unten rechts) wurde aus drei Envisat-Bildern zusammengesetzt, wobei jede Farbe einem Aufnahmezeitpunkt entspricht (grün: 7. Januar 2003, blau: 22. April, rot: 1. Juli). Schiffsrouten sind sichtbar, mit hoher Häufigkeit aus dem Hafen von Helsinki (links oberhalb der Mitte). Eisbedeckung zeigt sich als grünblaue Flächen entlang der finnischen Küste und als gelbe Strukturen nördlich der estnischen Küste.

Pflanzenwachstum oder Austrocknung von Anbaugebieten. Umweltsünden wie Ölverklappung auf dem Meer oder Einleitung von Schadstoffen lassen sich auf diese Weise leicht entdecken. Auch bei Naturkatastrophen wie z. B. Überschwemmungen haben sich die multitemporalen Radarbilder bewährt. Optische Aufnahmen von Überflutungsgebieten sind eher selten, da dort normalerweise dicke Wolkenbedeckung vorherrscht. Daher werden Radaraufnahmen verwendet, die durch bereits vorhandene, bei gutem Wetter aufgenommene hoch auflösende Farbfotos ergänzt werden. Es ist ein schwieriges Unterfangen, Bilder aus ganz verschiedenen Aufnahmetechniken, meist auch aus abweichenden Perspektiven, so zusammenzusetzen, dass die Vorteile der jeweiligen Aufnahmetechnik optimal zur Geltung kommen. Dabei ist zu beachten, dass in kurzer Zeit ein auch für nicht ausgebildete Katastrophenhelfer leicht lesbares Bild zur Verfügung stehen muss.

## Interferometrisches Radar

Abbildendes Radar wird durch Einsatz schneller Elektronik ermöglicht, die in der Lage ist, den elektromagnetischen Schwingungen im Mikrowellenbereich zu folgen. Neben der Intensität erweist sich auch die Phasenlage einer Welle als Schlüsselinformation. Im Frequenzbereich des sichtbaren Lichts wird dies durch Interferometrie erschlossen. Wellenzüge, die kohärent sind, also im Gleichtakt schwingen, werden überlagert, so dass sie sich gegenseitig auslöschen oder verstärken. Die so entstehenden Schwebungen sind durch deutlich niedrigere Frequenzen gekennzeichnet und können als Interferenzstreifen optisch oder elektronisch beobachtet werden.

Im Bereich der Radarfrequenzen ist es natürlich auch möglich, Interferenzen zu erzeugen und messtechnisch auszunützen. Es ist sogar noch wesentlich einfacher, weil man keine optischen Präzisionsapparaturen dafür benötigt, sondern die Wellenüberlagerung elektronisch und im Computer durchführen kann.

### Auf den zweiten Blick

Beim abbildenden Radar wird der Abstand eines Bildpunktes quer zur Flugrichtung aus der Laufzeit des Echos bestimmt. Der reflektierte Radarpuls ist ein Wellenpaket, die Messung seiner Ankunftszeit ist mit Ungenauigkeiten verbunden. Würde man stattdessen die Phase der einlaufenden Welle beobachten, so könnte die Messung mit einer Präzision weit unterhalb der Wellenlänge durchgeführt werden. Das zeigt sich leider als nicht durchführbar, da bei der Reflexion am Erdboden ein Phasensprung auftritt, dessen Wert nicht bekannt ist. Deswegen kann man zunächst mit dieser eigentlich so wertvollen Information nichts anfangen.

Macht man aber von derselben Szene eine zweite Aufnahme, etwa während des nächsten Überflugs, so tritt derselbe Phasensprung bei der Reflexion am Erdboden auf. Es sei denn, dass in der Zwischenzeit eine kleine Bewegung stattgefunden hat. Beim Vergleich der beiden Bilder eliminiert sich die unbekannte Verschiebung der Phase. Die durch die Bewegung entstandene Phasenverschiebung lässt sich exakt im Millimeterbereich messen. Ein ganzes Bild kann auf diese Weise erzeugt werden: Wird in jedem Pixel der Phasenunterschied zwischen den zwei Beobachtungen abgespeichert, so erhält man ein Interferogramm. Dieses besteht aus Interferenzstreifen, deren Abstand jeweils einer Phasendifferenz von 360°, also einer Wellenlänge entsprechen. Färbt man entsprechend ein, so sieht das Ganze aus wie die Weißlicht-Interferenzstreifen an einer Seifenblase. Das wird dem normalen SAR-Bild, welches die Intensitäten wiedergibt, überlagert, so dass für jeden Streifen die exakte geographische Lokalisierung gegeben ist.

Diese Messmethode, basierend auf mehreren zeitlich verschobenen Aufnahmen derselben Szene, nennt man Mehrpass-Interferometrie. Eine solche Technik eröffnet eine Vielzahl neuer Perspektiven. Nach einem Erdbeben lässt sich die Verschiebung der Erdkruste quantitativ be-

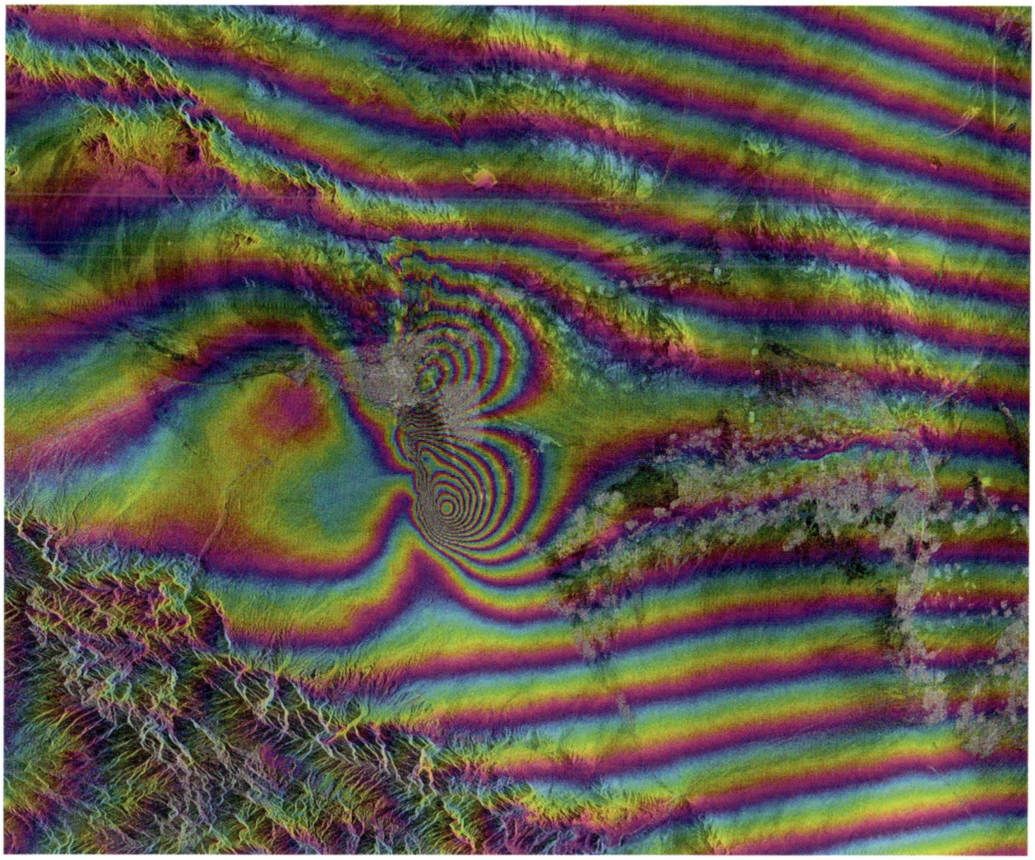

Die Verschiebung der Erde durch das Beben von Bam im Iran vom 26. Dezember 2003 wurde mit differenzieller Radarinterferometrie untersucht. Aus Bildern vor und nach dem Beben wurde ein Interferogramm erstellt, in dem jeder farbige Streifen einer Bewegung von 28 mm entspricht. Nahe dem Epizentrum werden die Streifen dichter.

## Interferenz

Wellen jeder Art, seien es Wasser-, Schall- oder elektromagnetische Wellen wie Licht, können miteinander in Wechselwirkung treten. Voraussetzung dazu ist, dass sie im gleichen Takt schwingen. Physikalisch gesehen bedeutet dies, dass sie kohärent sind, d.h. eine feste Phasenbeziehung und gleiche oder zumindest ähnliche Frequenz haben. Dann gibt es Überlagerungen, die zu einer Verstärkung führen, wenn Wellenberg auf Wellenberg trifft, oder Auslöschung, wenn ein Wellenberg und ein Wellental zusammenkommen. Das neu entstandene Wellenmuster nennt man ein Interferogramm.

Abgesehen von Lasern strahlen normale Lichtquellen kurze Wellenzüge aus, die nicht miteinander kohärent sind. Daher tritt Interferenz im täglichen Leben nur unter bestimmten Bedingungen auf. Ein Beispiel sind die Farberscheinungen an dünnen Schichten wie Seifenblasen oder Ölfilmen auf Pfützen. Hier ist der Abstand der reflektierenden Flächen, die beiden Seiten des Films, so klein, dass die kurzen Wellenzüge gewöhnlichen Lichts ausreichen, um Auslöschung und Verstärkung zur bewirken. Da dies von der Wellenlänge abhängt, erhält man farbige Streifen.

Interferenzen entstehen durch den Phasenunterschied zweier Wellen, also auf Dimensionen unterhalb der Wellenlänge. Sie sind daher ein Werkzeug, um etwa mit Licht hochpräzise Messungen auf kleinster Skala durchzuführen. Die Physiker Michelson und Morley wollten im Jahr 1881 diese Möglichkeit nutzen, um die damals erwartete Existenz eines Äthers als Medium der Lichtausbreitung nachzuweisen. Das von ihnen entwickelte Interferometer teilte das Licht einer einfarbigen (monochromatischen) Quelle an einem halbdurchlässigen Spiegel auf, um so zwei kohärente Teilwellen zu erhalten. Diese ließen sie unterschiedliche Wege durchlaufen und reflektierten sie dann zurück auf einen Detektor. Verlängerung eines der beiden Lichtwege um gerade mal eine Lichtwellenlänge zeigt sich am Detektor durch einen Übergang von Verstärkung zu Auslöschung, einen Interferenzstreifen. Daher werden noch Bruchteile einer Wellenlänge messtechnisch erfasst. In dem Experiment von Michelson und Morley sollte die Umlaufgeschwindigkeit der Erde um die Sonne, die immerhin rund 100.000 km/h beträgt, genutzt werden, um eine Veränderung der Lichtgeschwindigkeit bei Bewegung mit und gegen den Äther zu messen. Dazu wurde ein Schenkel des Interferometers senkrecht zur Erdbahn ausgerichtet, der andere konnte um 180° gedreht werden, entweder in Flugrichtung der Erde oder entgegengesetzt. Das Ergebnis war negativ, was uns heute, nach Einsteins Relativitätstheorie, nicht überrascht.

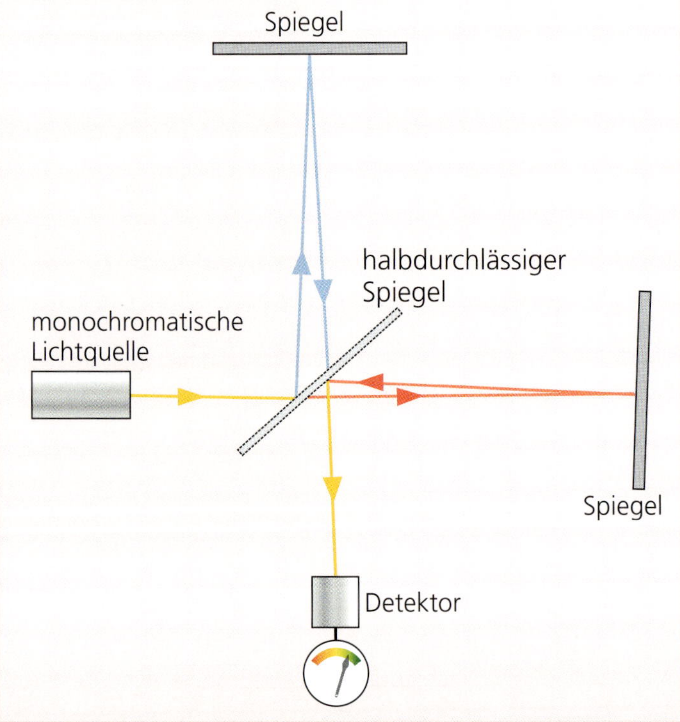

Moderne Interferometer werden vielfach in der Messtechnik eingesetzt. Eine besondere Herausforderung ist der Nachweis von Gravitationswellen. Mit Interferometern im Kilometermaßstab wird versucht, die geringe Änderung des Lichtwegs, die durch eine solche kosmisch erzeugte und extrem schwache Schwerkraftänderung hervorgerufen wird, zu beobachten. Das Projekt GEO 600 hat hierzu nahe Hannover ein Gerät mit 600 m Armlänge im Boden vergraben.

Die »Laser Interferometer Space Antenna (LISA)« sieht vor, den Nachweis durch ein Weltrauminterferometer mit einer Armlänge von 5 Millionen km zu erbringen. Dies soll mit Hilfe von drei optisch gekoppelten Satelliten erreicht werden, die auf abgestimmten Bahnen die Sonne umkreisen.

Optische Interferometrie verspricht wegen der kleinen Wellenlänge des Lichts höchste Messgenauigkeiten. Im Radio- und Mikrowellenbereich schrumpft dieser Vorteil. Hier besteht aber die Möglichkeit, mit schneller Elektronik den Phasenunterschied zweier Wellenzüge elektronisch zu verfolgen. Daher können große interferometrische Einrichtungen ohne den Aufwand, den optische Präzisionsanlagen erfordern, aufgebaut werden. Zwei Radioteleskope werden elektronisch gekoppelt, so dass der Phasenunterschied einer ebenen Wellenfront direkt gemessen werden kann. Mit einer solchen Anordnung können ferne Objekte unterschieden werden wie mit einem Teleskop, dessen Durchmesser dem Abstand zwischen den Empfangsgeräten entspricht. Dieses Prinzip funktioniert auch noch über Distanzen von 1000 km, wenn man die direkte elektronische Verbindung durch zwei hochgenaue Atomuhren ersetzt, die einen Vergleich der beobachteten Phasenunterschiede erlauben.

Solche Geräte funktionieren ganz ähnlich wie ein Radar mit synthetischer Apertur, das auch auf einer Messung der Phasenunterschiede beruht. Bei jedem Radarpuls ist der Phasenverlauf des beleuchtenden Radarstrahls bekannt. Man kann daher noch einen Schritt weitergehen, und die Phasenverschiebung zwischen Radarbildern derselben Szene zu verschiedenen Zeitpunkten als ein Interferogramm auswerten. Eine zusätzliche Möglichkeit ergibt sich, wenn ein zweites Empfangsgerät in der Umlaufbahn mit bekanntem Abstand die Signale zusammen mit der sendenden Antenne empfängt. Dann erhält man durch Triangulation ein dreidimensionales Bild der überflogenen Umgebung.

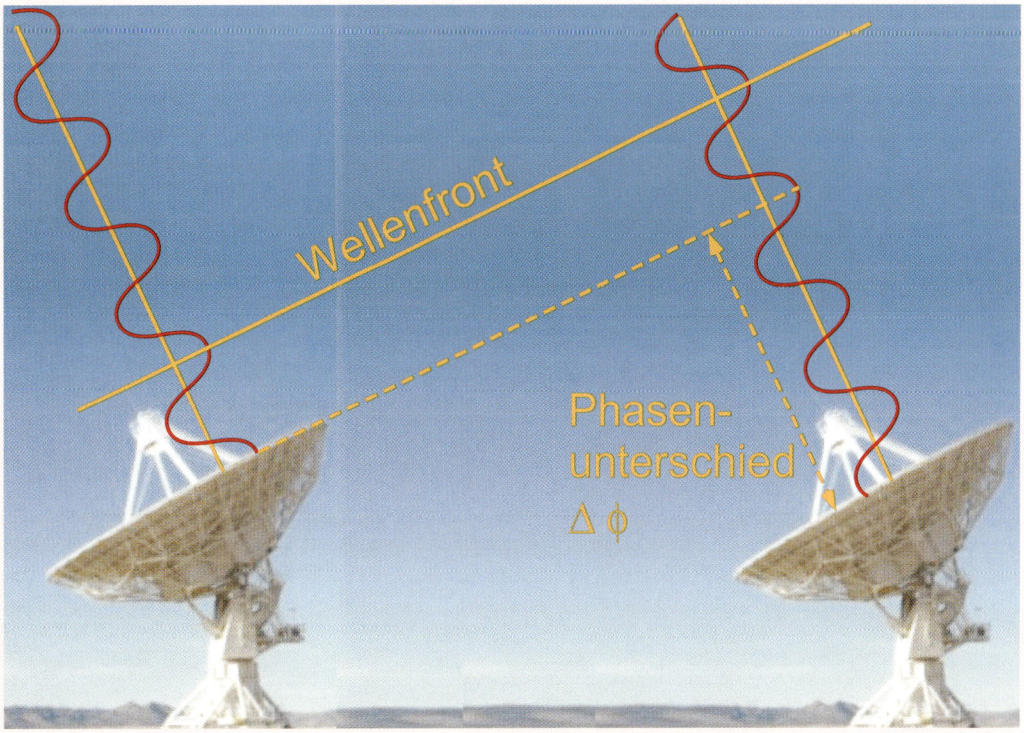

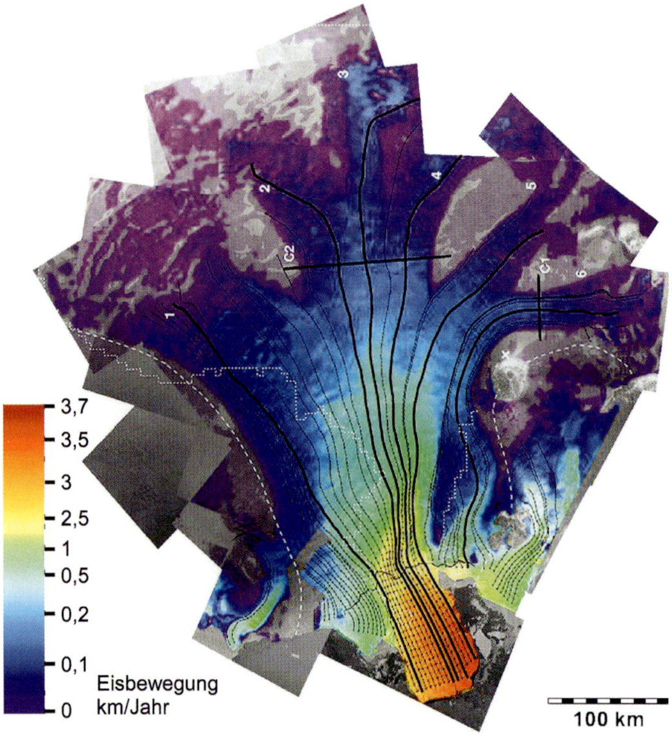


Der Thwaites-Gletscher in der Antarktis wurde mit differentiellem InSAR beobachtet. Die Bewegungsgeschwindigkeit des Eises wurde ausgewertet, nach der Skala links farblich kodiert und dem Bild überlagert. Sechs »Ströme« können identifiziert werden, die als schwarze Linien gekennzeichnet sind.

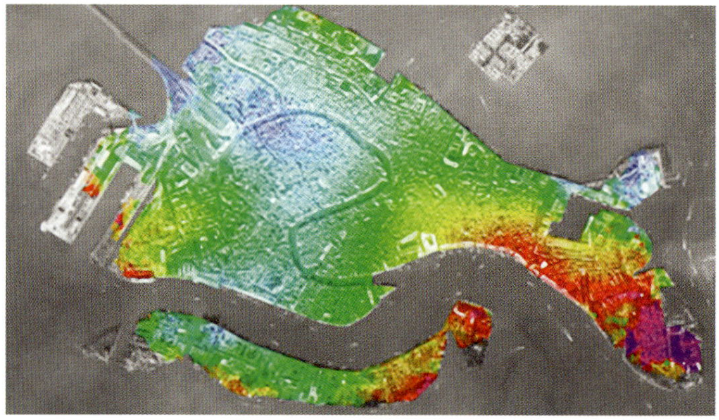

Eine Stadt wie Venedig interessiert sich sehr für mögliche Bodenabsenkungen. Hier wurde ein Luftbild mit interferometrischen SAR-Daten überlagert und farblich kodiert von blau (keine) bis rot (maximale Ansenkung). Deutlich wird, an welchen Orten die Stadt versinkt.

stimmen. Man sucht damit aber auch in erdbebengefährdeten Gebieten nach kleinen Veränderungen des Bodens, die möglicherweise ein katastrophales Ereignis ankündigen. Ähnliche Bodenbewegungen sind oft ein Hinweis auf drohende Vulkanausbrüche. Eine rechtzeitige Warnung hilft, Opfer zu vermeiden. Bodenabsenkungen in Städten, verursacht durch intensive Baumaßnahmen oder Grundwasserabsenkung, werden sichtbar. In der Nähe von Minen und Gruben werden Bergschäden frühzeitig erkannt.

Mit Mehrpass-Interferometrie lassen sich auch extrem langsame Bewegungen beobachten, wobei ein dritter und weitere Überflüge derselben Szenerie die Genauigkeit deutlich erhöht. Die kriechende, selbst vor Ort über Jahre kaum feststellbare Bewegung eines Gletschers wird mit solchen Techniken aus dem Weltraum messbar. Dabei erhält man nicht nur einen Wert für die mittlere Geschwindigkeit, sondern jede Stelle des Gletschers lässt sich in einer Bewegungskartierung zuordnen.

### Zwei Augen sehen mehr

Ein Radar mit synthetischer Apertur macht hoch auflösende Bilder der Erdoberfläche aus dem Weltraum. Es ist aber nicht in der Lage, Informationen zum dreidimensionalen Höhenverlauf der Landschaft zu geben. Im Gegenteil, da es quer zur Flugrichtung durch die Messung der Echo-Laufzeit Abstände misst, erhalten wir Verzerrungen, sobald ein Messpunkt auf einem Berg und damit näher an der Flugbahn liegt. Das liegt daran, dass zwar der Abstand mit hoher Genauigkeit gemessen wird, der Winkel, unter dem das Objekt von der Umlaufbahn gesehen wird, aber gar nicht registriert ist.

Mit einem Auge kann auch der Mensch nicht stereoskopisch sehen. Um den dreidimensionalen Tiefeneindruck zu erreichen, sind zwei getrennte Beobachtungspositionen notwendig. Das Gehirn verwendet den kleinen Parallaxenunterschied, der durch den Abstand der Augen entsteht, um die Information stereoskopisch zu entschlüsseln. Über Distanzen von einigen Metern funktioniert das gut. Bei Radar-Bildern hat man es mit Abbildungsentfernungen von mehreren hundert Kilometern zu tun. Da müssen andere Methoden herhalten.

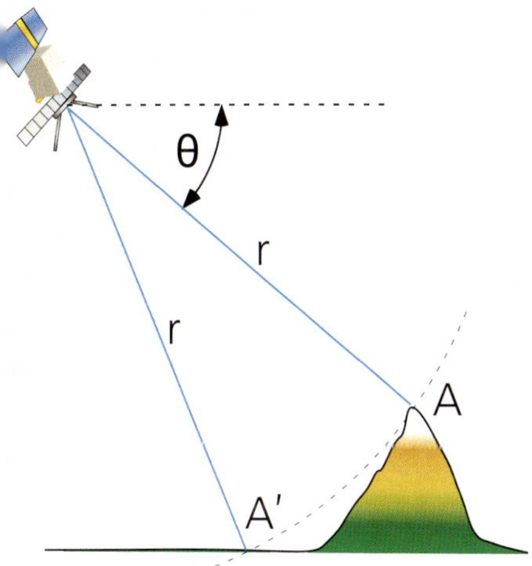


Abbildendes Radar misst sehr genau die Laufzeit der Echos, die Strecke r, aber nicht den Depressionswinkel θ. Dadurch entstehen im Bild Verzerrungen oder Mehrdeutigkeiten. Die Punkte A und A' haben dieselbe Laufzeit r und werden daher an derselben Stelle im Bild wiedergegeben. Durch Messung mit zwei Antennen kann dies vermieden werden. Der Wegstreckenunterschied $\Delta r = r_1 - r_2$ wird interferometrisch hochpräzise bestimmt. Über die bekannte Basislänge B wird der Winkel θ und damit die Höhe h des Objekts relativ zu einem Bezugspunkt, etwa der Bahnhöhe, berechnet. Dadurch wird eine dreidimensionale Abbildung der Erdoberfläche möglich.

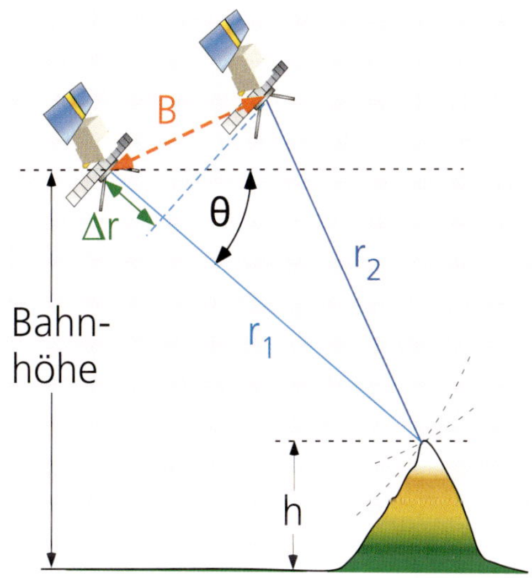


Zur dreidimensionalen Sicht benötigt auch das Radar zwei Antennen. Nur eine von ihnen muss in der Lage sein, auch senden zu können, also für die Beleuchtung zu sorgen. Mit beiden Antennen wird neben der Intensität auch die Phase der rückgestreuten Welle gemessen. Die Phasen beider Echos vom selben Objekt werden registriert. Die Antennen liefern dann je ein Bild, in dem für jedes Pixel die Intensität der rückgestreuten Welle und ihre Phase festgehalten wird. Die Intensitätsbilder unterscheiden sich praktisch nicht, da die Winkelparallaxe aus der großen Entfernung vernachlässigbar ist. Aus den Phasenwerten wird durch Differenz-

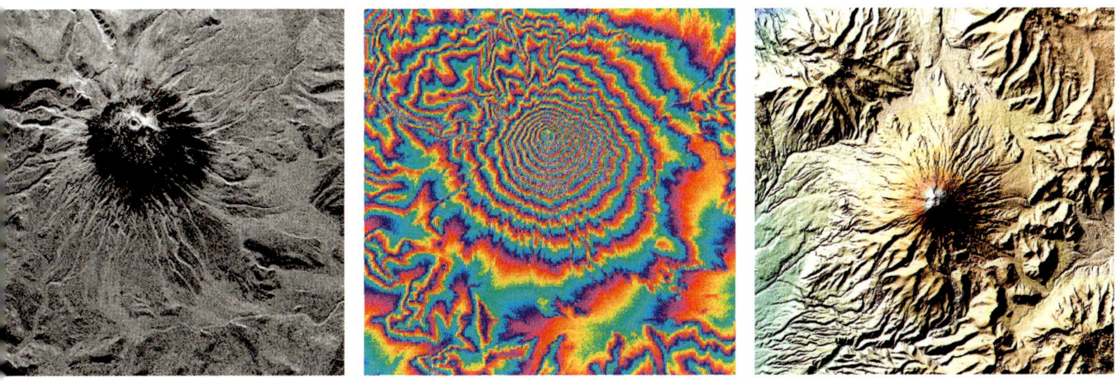

Der Vulkan Cotopaxi in Ecuador wurde mit Radar interferometrisch vermessen. Links das Intensitätsbild von einer der beiden Antennen. Aus dem Phasenunterschied der beiden Bilder wurde das Interferogramm (Mitte) gewonnen. Die Interferenzstreifen können als Höhenlinien interpretiert werden. Rechts ein Bild, das nach Höhe farblich kodiert ist wie in einem Atlas.

Für die Shuttle Radar Topography Mission (SRTM) wurde eine große flache Radar-Antenne in der Ladebucht des Space Shuttle untergebracht. Die für Einpass-Interferometrie benötigte zweite Antenne wird an einem 60 m langen Mast ausgefahren.

bildung ein neues Bild erzeugt, das ein Interferogramm darstellt. Die farbkodierten Interferenzstreifen können als Höhenlinien interpretiert werden. Allerdings stehen sie nicht, wie bei der Mehrpass-Interferometrie, für eine Verschiebung von einer Wellenlänge, sondern aus dem Phasenunterschied wird über die Basislänge, das ist der Abstand der beiden Antennen, ein Höhenunterschied berechnet. Man spricht dann von Einpass-Interferometrie, da nur ein Überflug benötigt wird.
Die Basislänge und ihre Orientierung im Raum müssen genau bekannt sein. Verwendet man Antennen auf zwei verschiedenen Satelliten, so berechnet man aus den Bahnparametern oder aus einer direkten Kommunikationsverbindung zwischen ihnen die Länge und Orientierung der Basislinie. Die Antennen können auch auf demselben Raumfahrzeug angebracht werden. Die dann notwendigerweise viel kürzere Basislänge muss mit höchster Genauigkeit bestimmt werden.

## Die Vermessung der Welt

In den frühen 90er-Jahren wurde von Wissenschaftlern und Ingenieuren aus Deutschland, Italien und der USA eine SAR-Anlage für den Einbau in das Space Shuttle gebaut. Dieses Gerät mit dem komplizierten Namen SIR-C/X-SAR wurde im Jahr 1994 zwei Mal geflogen. Die Mission, die zum ersten Mal simultan in mehreren Frequenzbändern aus dem Weltraum beobachten konnte, war ein großer Erfolg. Das brachte die Wissenschaftler auf eine fantastische Idee: Nehmen wir noch eine zweite Antenne an Bord, dann können wir in einer einzigen Shuttle-Mission von weniger als zwei Wochen die Kontinente der Erde global dreidimensional vermessen. Das bedeutet, dass die Landkarten der Erde mit Höhenlinien versehen werden.
Nun fragt man sich, ob das wirklich den Aufwand wert ist. Karten mit Höhenlinien gibt es bereits, und überhaupt, was soll das im Zeitalter des GPS? Tatsächlich ist es ein enormer wissenschaftlicher Fortschritt, den Globus als digitales Höhenmodell im Computer zu haben. Abgesehen davon, dass es Karten mit Höhenangaben nur in wenigen hoch entwickelten Regionen gibt, benötigt man das globale Höhengitter in allen Computerprogrammen, die zur Modellierung der Erde eingesetzt werden. Man verwendet sie zur Berechnung langfristiger Veränderungen unseres Heimatplaneten, insbesondere des globalen Klimawandels. Selbst für mittelfristige Wettervorhersagen sind sie von Vorteil. Es gibt auch direkte Anwendungen. Mobilfunkbetreiber nutzen dreidimensionale Geländemodelle, um ihre Funknetze zu optimieren und durch Abschattung verursachte Funklöcher zu vermeiden. Die Flugsicherheit wird durch Zusammenwirken von Höhenkartierung mit GPS-Messungen verbessert.

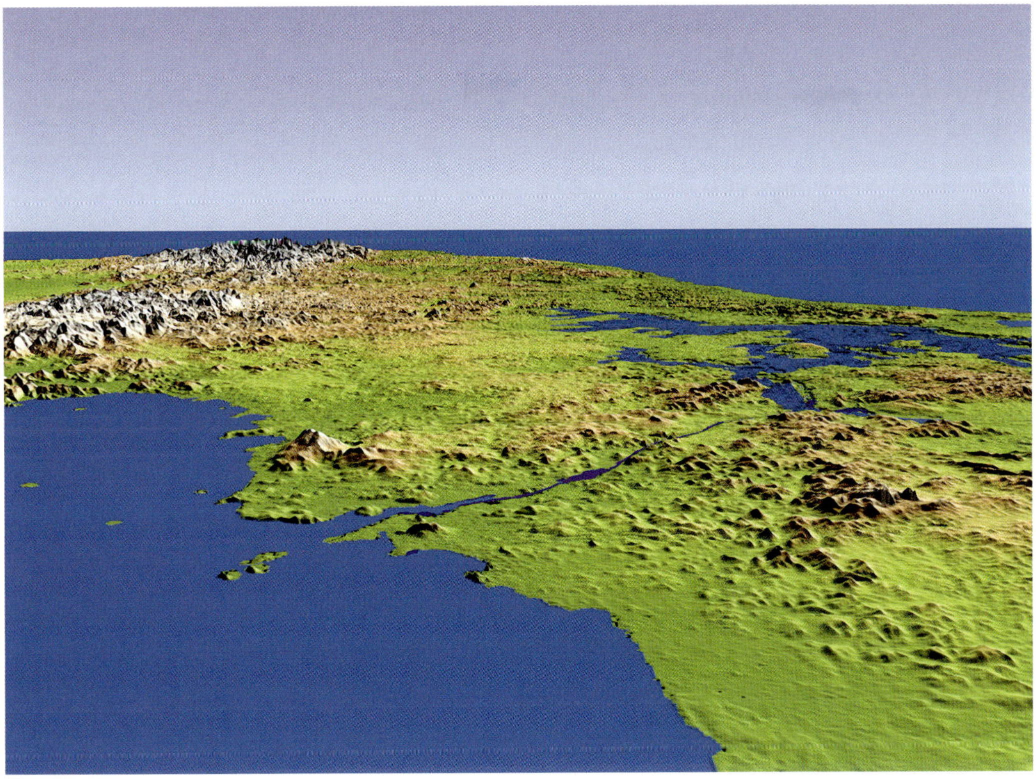

Aus dem digitalen Geländemodell, das interferometrisch mit der SRTM-Mission gewonnen wurde, lassen sich Schrägsichten aus großer Höhe erzeugen, wie dieser Blick auf den Panama-Kanal. Die perspektivische Darstellung wurde nach Höhenwerten eingefärbt von blau (Meereshöhe) bis weiss (Berggipfel). Um den natürlichen Eindruck zu verstärken, wurde im Computer eine Lichtquelle generiert, mit der die Abhänge je nach Lage zum Licht heller oder dunkler schattiert werden.
Der 80 km lange Panamakanal verläuft in der Bildmitte vom Golf von Panama (Vordergrund links) in die Karibik (Horizont).

Für die Einpass-Interferometrie müssen die zwei Antennen einen möglichst großen Abstand haben. Hier wurde ein 60 m langer Mast eingesetzt, der zum Transport in einen Kanister von 3 m Länge eingefaltet werden kann. Man muss sich dabei über die mechanischen und messtechnischen Anforderungen im Klaren sein: Um die gewünschte Höhenauflösung zu erreichen, muss die Position der Mastspitze zu jedem Zeitpunkt auf etwa 3 mm genau bekannt sein, und das bei nicht vermeidbaren Schwingungen mit einer Amplitude um 15 cm.
Nach dem die technischen Probleme gelöst waren, startete das Space Shuttle im Februar 2000 zur »Space Radar Topography Mission (SRTM)« mit dem deutschen Astronauten Gerhard Thiele an Bord. Innerhalb von 11 Tagen wurde das Radar auf 170 Erdumläufen eingesetzt. Zwischen 54° südlicher und 60° nördlicher Breite wurden 80 % der globalen Landmasse, das sind 90 % der bewohnten Erdoberfläche, mit einer Auflösung von 30 m pro Pixel kartiert. Die

Dieses Bild des Kilimandscharo (rechts) wurde mit dem digitalen Geländemodell der SRTM-Mission aus der Perspektive eines Beobachters auf der Erde generiert. Links neben dem mit 5895 m höchsten Berg Afrikas sieht man den kleineren Vulkan Meru, der seinen letzten Ausbruch vor 100 Jahren hatte. Das Bild wurde aus SRTM Daten und Landsat-Aufnahmen zusammengestellt.

Genauigkeit der Höhenbestimmung liegt bei 16 m. Als Referenzpunkte für die Höhenangaben waren an verschiedenen Stellen der Erde metallische Retroreflektoren aufgestellt, deren Position mit differenziellem GPS auf Millimeter genau bekannt war.
Das Ergebnis dieser wissenschaftlichen Großtat, 3600 Gigabite an Daten, ist im Internet für jeden verfügbar. Es entstanden spektakuläre Bilder, bei denen die Höhen wie in einem Schulatlas von blau über grün, braun und weiß eingefärbt wurden. Die Bilder sind so perfekt, dass von einigen Seiten angezweifelt wurde, dass sie aus einer Weltraummessung stammen. Aber hier geht es um mehr als bunte Landkarten. Da das Ergebnis der SRTM-Mission in die Form eines globalen digitalen Geländemodells gebracht wurde, ist man in der Lage, daraus Ansichten aus jeder beliebigen Perspektive herzustellen. Beispielsweise werden Bilder aus der Schrägsicht möglich, um visuell einen perspektivischen Eindruck zu erzeugen, oder aus der Position eines Beobachters, der auf der Erde steht. Am eindrucksvollsten ist es, wenn viele Bilder aus der Schrägsicht entlang einer Linie über dem Boden erzeugt und aneinandergereiht werden. Dann ergibt sich ein simulierter Flug, bei dem in beliebiger Höhe und Richtung über jedes beliebige Gelände geflogen werden kann. Wie wäre es mit einem Flug einmal rund um den Kilimandscharo?

## Die Entwicklung geht weiter

Der Einsatz des abbildenden Radars aus dem Weltraum liefert erstaunliche Resultate. Dabei ist das Potenzial dieser noch relativ jungen Technik bei weitem nicht ausgeschöpft. Die Vorteile liegen auf der Hand: Bei Tag und Nacht, unabhängig von den Wetterbedingungen, wird eine hervorragende Bildqualität und Auflösung erreicht. Die gute Vergleichbarkeit von Aufnahmen derselben Szene aus verschiedenen Überflügen erlaubt hochspezifische Vergleichsmessungen

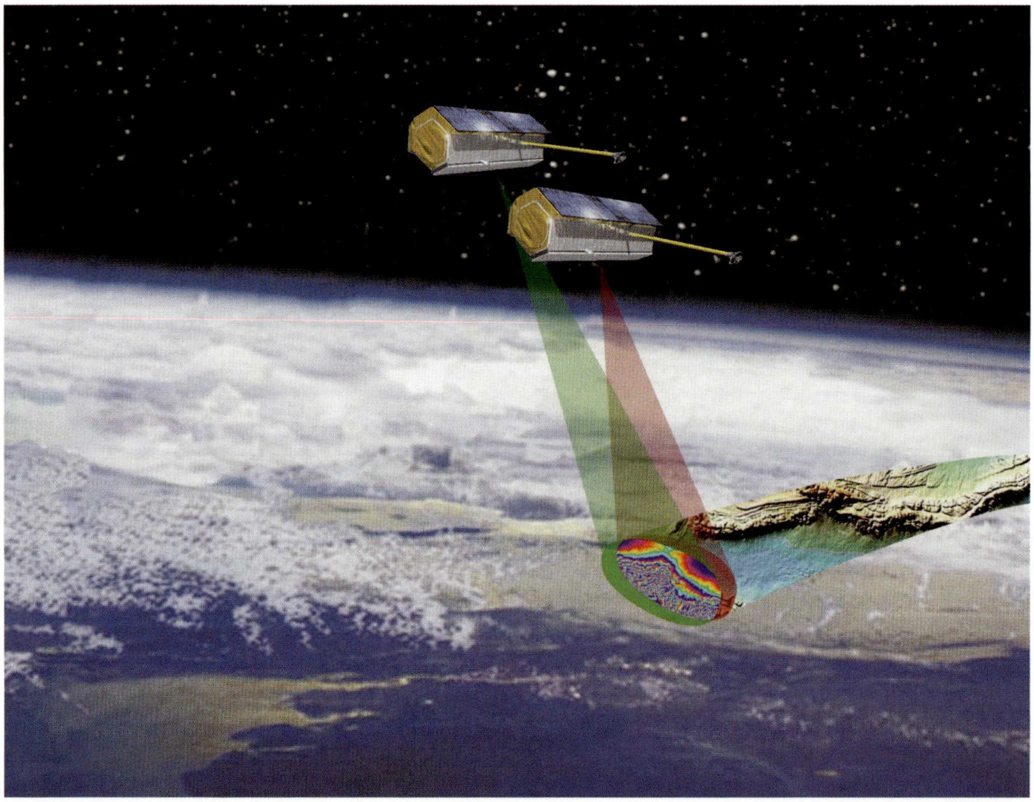

Zwei identische Radarsatelliten im Formationsflug. Die Tandem-X Mission eröffnet neue Perspektiven einer hochgenauen digitalen Höhenkartierung der gesamten Erde.

von zeitlichen Veränderungen an Land oder auf den Meeren. Die Zweipass-Interferometrie kann Bodenbewegungen aus dem Weltraum im Millimeter-Bereich vermessen. Mit Einpass-Interferometrie wird eine dreidimensionale Abbildung der Erdoberfläche im globalen Maßstab möglich.

Was kann man da noch verbessern? Zukünftig wird die Integration von Bilddaten verschiedenster Quellen zunehmend an Bedeutung gewinnen. Weltraum-Radarbilder werden mit optischen Daten und Luftbildern verschmolzen. Andere Geoinformationen werden einbezogen, wie GPS Daten oder Messungen vor Ort. Dadurch lassen sich Produkte auf allen Maßstäben, vom Kontinent bis zum Einzelgrundstück, kundenbezogen erstellen und vermarkten. Für den Weltraum werden neue Verfahren entwickelt, wie zum Beispiel die Scheinwerfer-(Spotlight) Technik. Hier wird die synthetische Apertur noch wesentlich vergrößert, indem man die Antenne nachschwenkt und damit die Ausleuchtung des Objekts über eine längere Flugstrecke ermöglicht. Die Detailauflösung kann dadurch für kleine Zielgebiete deutlich unter ½ m gebracht werden.

Ein großer Fortschritt wird der Einsatz multipler Systeme im Weltraum sein. Die Daten werden aktueller, wenn mehrere Satelliten auf geeigneten Bahnen zur Beobachtung beitragen. Der erste Schritt wird schon bald getan: Der Radar-Satellit TerraSAR-X erhält einen Zwillingsbruder, der in geringem Abstand in einem DNA-ähnlichen Spiralorbit um ihn herum fliegt. Das ermöglicht Einpass-Interferometrie mit großer Basisbreite, gegeben durch den Abstand der beiden Satelliten. Damit wird ein globales digitales Geländemodell mit einer Höhenauflösung von weniger als 2 m möglich. Globale topologische Daten dieser Qualität eröffnen ein ganzes Spektrum neuer wissenschaftlicher und kommerzieller Anwendungen in vielen Bereichen von der Flugsicherung bis zum Krisenmanagement.

# Raumschiff Erde

»Blue Marbel« nennt die NASA dieses Bild unseres blauen Planeten, aufgenommen durch den Terra-Satelliten. Man erkennt hier, wie dünn die Atmosphäre wirklich ist. Es macht die Schönheit, aber auch die Verletzlichkeit des Raumschiffs Erde deutlich.

Die Erde scheint ein ganz besonderer Körper im Kosmos zu sein. Sie ist der einzige bekannte Ort, an dem Leben entstanden ist und sich über Jahrmilliarden erhalten hat. In den letzten Jahren wurden viele Planeten außerhalb unseres Sonnensystems entdeckt. Keiner von ihnen lässt erdähnliche Bedingungen erwarten, geschweige denn die Möglichkeit von Leben.

Das Leben ist auf der Erde vor etwa 3,8 Milliarden Jahren entstanden. Fast diese gesamte Zeit war nötig, um eine intelligente Spezies wie den Menschen zu entwickeln. Leben, wie wir es kennen, kann sich nur in sehr beschränkten Grenzen an Veränderungen in seiner Umwelt anpassen. Das erfordert eine unglaubliche Stabilität der Umgebungsbedingungen über einen Zeitraum, der fast einem Drittel der gesamten Lebenszeit des Universums entspricht. Wie ist das möglich?

### Stabile Verhältnisse

Es gibt eine ganze Reihe von Faktoren, die auf den ersten Blick zufällig erscheinen, aber für Entstehung und Bestand des Lebens unabdingbar sind. Alle Lebensformen, die wir kennen, beruhen auf der Kohlenstoffchemie und der Existenz flüssigen Wassers. Die Elemente Kohlenstoff, Sauerstoff und Wasserstoff, die Hauptelemente der organischen Chemie, zeigen im gesamten Universum eine Häufigkeit vergleichbar mit der in unserem Sonnensystem. Schwierig zu erfüllen ist die Voraussetzung der Existenz flüssigen Wassers. Abhängig vom Druck erfordert das einen engen Temperaturbereich von etwa 0 bis 100°.

Um lebensfreundlich zu sein, braucht ein Planet eine Atmosphäre. Sie schützt vor Einschlägen durch kleinere Meteoriten, dämpft die kosmische Strahlung und erzeugt Druck, um Wasser flüssig zu halten. Ein sehr kleiner Planet wie Merkur ist nicht in der Lage, die Gasatome mit seiner Gravitationskraft zu halten. Erde und Venus scheinen die richtige Größe zu haben, wogegen der etwas kleinere Mars schon Schwierigkeiten hat, wie man an seiner extrem dünnen Gashülle erkennt. Ist der Planet zu groß, wie die Gasriesen Jupiter und Saturn, dann bedeckt er sich mit einem Ozean aus Wasserstoff, der mit 70 % das häufigste Element im Universum ist.

Auch der Abstand eines Planeten zu seinem Zentralstern, in unserem Fall der Sonne, ist von großer Bedeutung. Die Strahlungsintensität sinkt mit dem Quadrat des Abstands. Definieren wir die lebensfreundliche »habitable« Zone als den Bereich, in dem die Einstrahlung um den Faktor 2 variiert (wie zwischen Äquator und 60. Breitengrad auf der Erde), dann liegt die habitable Zone zwischen 0,7 und 1,4 des Abstands der Erde zur Sonne (1 AU = 149 Millionen km). Das entspricht etwa den Bahnen von Venus und Mars. Beide Planeten befinden sich gerade an der Grenze zur Lebensfeindlichkeit.

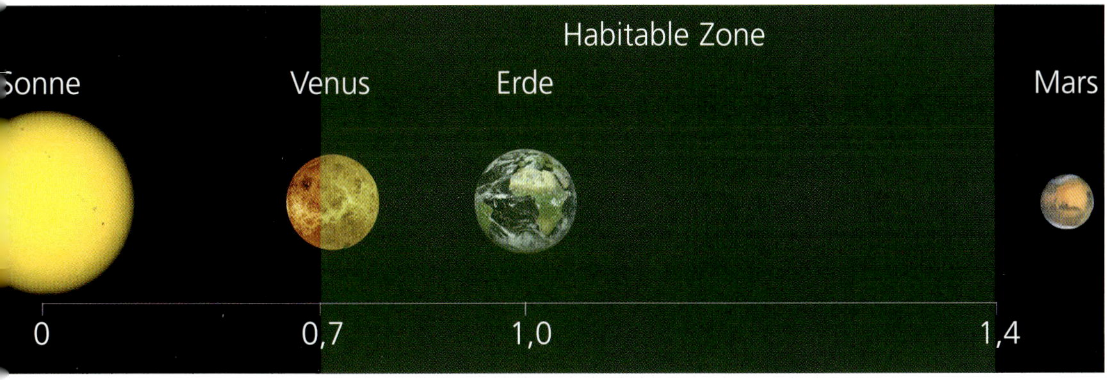


Die »habitable« Zone um einen Stern ist begrenzt durch den Bereich, in dem Wasser flüssig bleibt und damit die Voraussetzung für Leben vorhanden ist. Bei der Sonne erstreckt sich diese Zone etwa von 0,7 bis 1,4 des Abstandes Erde-Sonne. In diesem Bereich variiert die Einstrahlung um den Faktor 2.

Es gibt noch mehr »Zufälle«, die unsere Erde lebensfreundlich machen. Sie hat ein Magnetfeld, das einen effizienten Schutzschild gegen kosmische Strahlung und den Teilchenwind der Sonne ausbildet, die Magnetosphäre. Unser Mond stabilisiert die Drehachse der Erde und bewahrt sie vor dem Kippen. Der Riesenplanet Jupiter schirmt uns ab vor großen Einschlagkörpern, die alles Leben zerstören könnten.

## Lebenserhaltungssystem

Unser Raumschiff Erde ist also gut konstruiert. Stabil in seiner Umlaufbahn kann es seine Funktionen erfüllen. Wie jedes Raumfahrzeug, das Menschen an Bord hat, benötigt auch die Erde ein Lebenserhaltungssystem.
Zu den wichtigsten Komponenten bei der Sicherung der Lebensbedingungen für die Passagiere gehört der Sauerstoff als Energielieferant für Stoffwechselvorgänge, das Wasser als universales Lösungsmittel, und eine Klimaanlage zur Regelung der Temperatur. Seit 500 Millionen Jahren hat die irdische Atmosphäre einen mittleren Sauerstoffgehalt von etwa 20 %, ein Zustand, der von den lebenden Organismen selbst erzeugt wurde. Ursprünglich bestand die frühe Atmosphäre zu 95 % aus Kohlendioxid, bei einem Druck von etwa 100 bar – das entspricht den heutigen Verhältnissen auf der Venus. Bakterielle Biomasse sorgte dafür, dass das meiste $CO_2$ in der Erdkruste oder in den Ozeanen abgelagert wurde. Durch Photosynthese entstand Sauerstoff, der die Entwicklung von komplexerem Leben erst möglich machte.
Die Klimatisierung funktioniert offensichtlich gut. Zu Beginn war unsere Erde sehr heiß, glutflüssig bei Temperaturen um 1200 °C. Die Sonnenstrahlung betrug damals nur 70 % des heutigen Wertes. Im Laufe der Abkühlung kondensierte das erste flüssige Wasser bei Temperaturen von bis zu 150 °C, bedingt durch den hohen Druck in der Atmo-

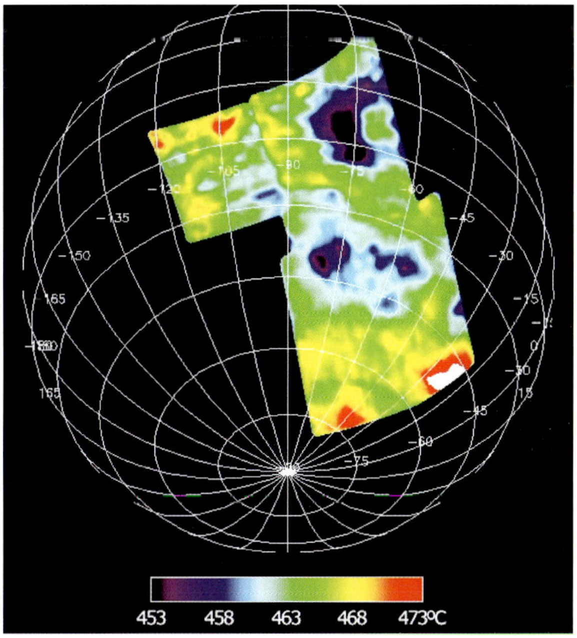


Messungen der ESA-Sonde Venus Express zeigen Werte für die Oberflächentemperatur der Venus im Bereich 450 bis 470 °C

sphäre. Neben der festen Erdkruste bildeten sich erste Ozeane. Seit mehr als drei Milliarden Jahren hat die Erde ausreichend stabile Klimaverhältnisse, um die Entwicklung des Lebens zu ermöglichen. Aus diesen frühen Zeiten liegen uns natürlich keine Temperaturmessungen vor, man kann aber Rückschlüsse aus so genannten Proxydaten ziehen, die aus Sedimenten und Fossilien, für jüngere Zeiträume auch aus Eisbohrkernen, Baumringen oder Pollenanalysen abgeleitet werden. Seit mindestens 600 Millionen Jahren variiert die mittlere Temperatur der Erde nur noch um etwa ± 5 °C um mittleren Wert von 15 °C. So geringe Temperaturschwankungen über so lange Zeiträume sind erstaunlich. Der Schlüssel zu diesem hocheffizienten Regelmechanismus ist der atmosphärische Treibhauseffekt.

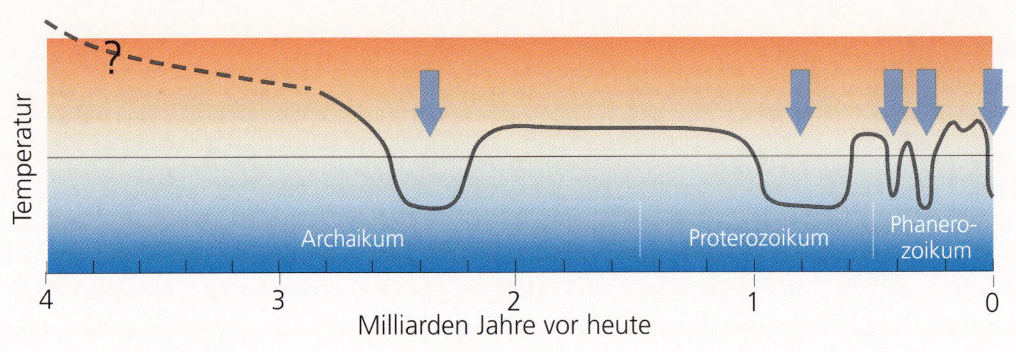


Vereinfachte Darstellung der Temperaturgeschichte der Erdoberfläche. Die fünf großen Eiszeiten sind mit blauen Pfeilen markiert. Im Zeitraum vor 2,5 Milliarden Jahren sprang offensichtlich ein Thermostat an, der die Temperatur zwischen Warm- und Eiszeiten mit gelegentlichem Überschwingen regelt.

## Globales Treibhaus

Das Raumschiff Erde empfängt ständig Energie von der Sonne in Form von Strahlung. Es muss die gesamte Energie wieder in den Weltraum abstrahlen, sonst würde es immer heißer. Das einfallende Sonnenlicht hat mit einer Strahlungstemperatur von 6000 °C sein spektrales Maximum im sichtbaren Licht. Die Rückstrahlung erfolgt im Wellenlängenbereich des thermischen Infrarot, bedingt durch die Temperatur der Erde. Auf diesem Unterschied in der Wellenlänge zwischen aufgenommener und abgestrahlter Energie beruht der Treibhauseffekt in der Atmosphäre. Ähnlich wie die Glaswände eines Gewächshauses hält die Gashülle der Erde einen Teil der rückgestrahlten Energie zurück. Sie ist transparent für das Licht der einfallenden Sonnenstrahlung. Im infraroten Teil des Spektrums, in dem die Rückstrahlung stattfindet, führen jedoch kleine, scheinbar vernachlässigbare Komponenten des Gasgemisches, so genannte Spurengase, zur Absorption. Auf diese Weise wirkt unsere Atmosphäre wie ein wärmendes Mäntelchen für die Erde, die ohne den Treibhauseffekt bitter kalt wäre.

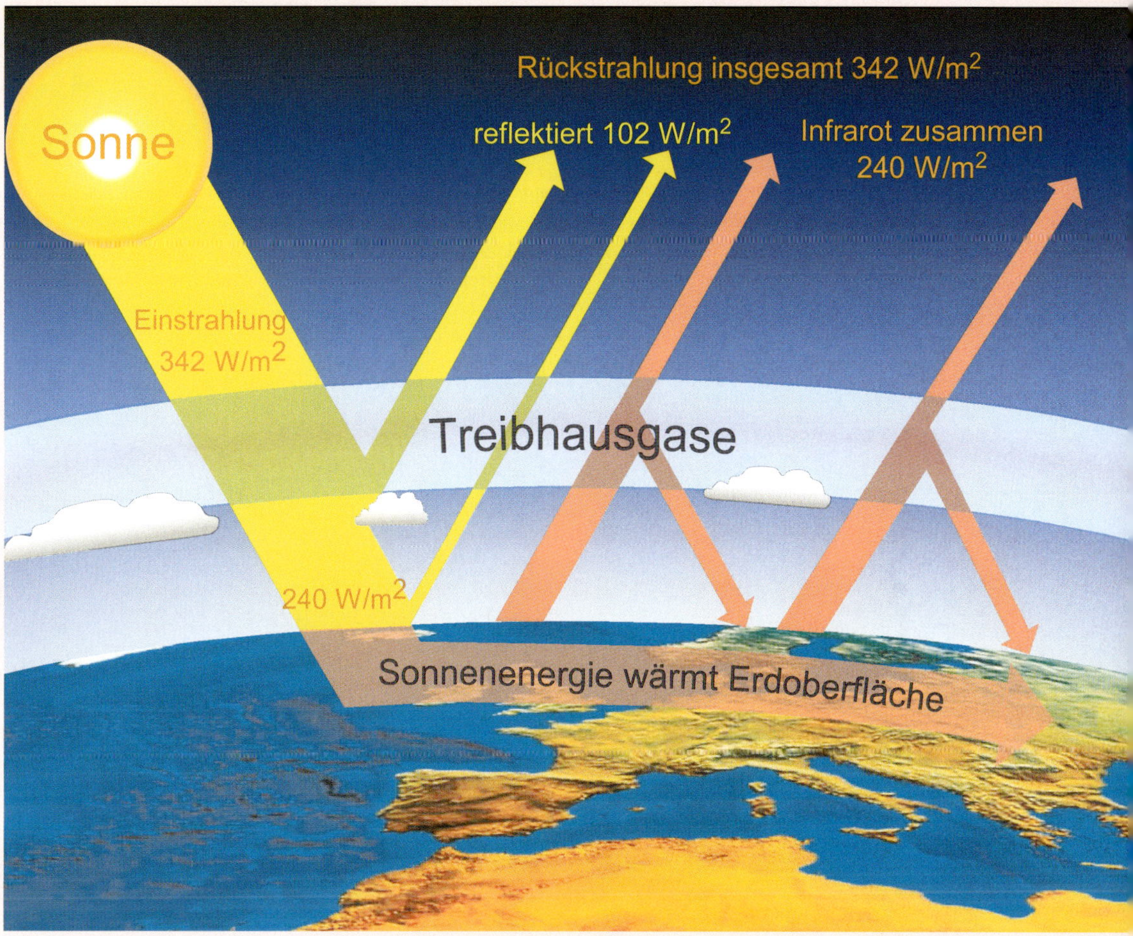


### Erdklima und Treibhauseffekt

Der Treibhauseffekt ist die Voraussetzung dafür, dass das Klima unserer Erde ausreichend warm ist, um komplexe Lebensformen wie Tiere oder Menschen zu ermöglichen.

Das Raumschiff Erde empfängt ständig Energie von der Sonne durch das auftreffende Licht. Es strahlt selbst Energie in den Weltraum ab in Form von Wärmestrahlung. Die beiden Energieströme müssen sich im Zeitmittel exakt kompensieren, da andernfalls sich die Erde kontinuierlich abkühlen oder erwärmen würde.

Die Energiedichte der Sonnenstrahlung in Erdnähe liegt bei 1367 Watt pro Quadratmeter, der Solarkonstanten. Die beleuchtete Erdhalbkugel erhält (durch den wechselnden Einfallswinkel zu den Polen) davon ein Viertel, also 342 W/m$^2$. Hiervon werden 30 % durch Reflexion an Wolken oder der Erdoberfläche zurück in den Weltraum geworfen. Die verbleibenden etwa 240 W/m$^2$ werden absorbiert und tragen zur Erwärmung der Erde bei. Dieser Betrag muss in Form von infraroter Wärmestrahlung wieder in das All abgestrahlt werden. Seine Energiedichte entspricht der Strahlung eines schwarzen Körpers mit der Temperatur von –18 °C. Das wäre die Gleichgewichtstemperatur der Erdoberfläche ohne Treibhauseffekt. Eine recht ungemütliche Welt.

Nun kommt die Tatsache zum Tragen, dass die eingehenden und ausgehenden Energieflüsse in verschiedenen spektralen Bereichen stattfinden. Das einfallende Licht entspricht dem Spektrum eines Schwarzen Körpers mit einer Temperatur von 6000 °C, der Sonne, mit einem Maximum im sichtbaren Wellenlängenbereich. Die Rückstrahlung ist dominiert vom Spektrum eines Schwarzen Körpers bei der Temperatur der Erde, mit dem Maximum weit im infraroten Bereich. Die Atmosphäre ist für das Sonnenlicht weitgehend transparent. Im infraroten Teil des Spektrums, in dem die Rückstrahlung stattfindet, führen aber kleine, scheinbar vernachlässigbare Komponenten des Gasgemisches, die Spurengase, zu einer beträchtlichen Absorption.

In der Energiebilanz wirkt sich das wie folgt aus. Von der rückgestrahlten Energie im langwelligen Spektralbereich wird ein hoher Anteil in der Atmosphäre abgefangen. Dieser erwärmt das Gas, was wiederum zur Abstrahlung führt, nun aber nach allen Richtungen. Ein Teil geht ins Weltall, ein gleich großer Teil aber wieder zurück zur Erde. Letzterer erhöht die Oberflächentemperatur, wodurch mehr Energie abgestrahlt wird. Dieser Prozess wiederholt sich so lange, bis ein neues Gleichgewicht gefunden wird, in dem die Summe der in den Weltraum abgestrahlten Energiedichten wieder dem von der Sonne absorbierten Betrag, also 240 W/m$^2$ entspricht. Die mittlere Temperatur der Erdoberfläche steigt durch diesen Prozess auf angenehme 15 °C.

### Wirksame Spuren

Was sind das für Gase, die den Treibhauseffekt bewirken? Die trockene Luft besteht zu 78 % aus Stickstoff und 21 % aus Sauerstoff, das Edelgas Argon liefert knapp 1 % auf. All diese Gase absorbieren im infraroten Wellenlängenbereich fast überhaupt nicht. Je nach Temperatur werden bis zu 4 % Wasserdampf von diesem Gasgemisch aufgenommen. Dazu kommen Spurengase, deren Konzentration nicht in Prozent, sondern in Teilen pro Million (im Englischen parts per million, abgekürzt ppm) gemessen wird. Die wichtigsten sind Kohlendioxid ($CO_2$, 380 ppm), Methan ($CH_4$, 1,8 ppm), Lachgas ($N_2O$, 0,3 ppm) und Ozon ($O_3$, in noch kleinerer Konzentration). Diese winzigen Bestandteile haben eine erstaunliche Wirkung. Mit einem Anteil von nur 0,04 % bestimmen diese Gase unser Klima. Besonders das Kohlendioxid übernimmt die Funktion eines Thermostaten in der Klimaanlage unserer Erde.

### Welche Gase sind Treibhausgase?

Es ist bemerkenswert, dass die Gase, welche die Hauptbestandteile der Luft ausmachen, keine Treibhauswirkung haben. Andererseits können kleinste Beimengungen anderer Moleküle große Effekte bewirken.

**Treibhausgase**

| Gas | Molekül | relativer Beitrag | Lebensdauer |
|---|---|---|---|
| Wasserdampf | $H_2O$ | 65 % | 9 Tage |
| Kohlendioxid | $CO_2$ | 15 % | 5–7 Jahre |
| Ozon | $O_3$ | 10 % | Tage bis Monate |
| Lachgas | $N_2O$ | einige % | 120 Jahre |
| Methan | $CH_4$ | einige % | ca. 10 Jahre |

Die Treibhauswirkung entsteht durch die Absorption von Lichtquanten im infraroten Spektralbereich. Die Energie dieser Lichtquanten reicht nicht aus, um elektronische Übergänge anzuregen. Hier dominieren Schwingungen zwischen den Atomen eines Moleküls das Absorptionsverhalten. Aber nicht alle Schwingungsarten können durch Licht angeregt werden. Nur wenn bei der Bewegung der Atome ein sich veränderndes elektrisches Dipolmoment entsteht, kann dieses Feld an elektromagnetische Wellen ankoppeln. Zweiatomige Moleküle wie Sauerstoff ($O_2$) oder Stickstoff ($N_2$) sind auch in der Schwingung symmetrisch und erzeugen daher kein Dipolmoment. Bei mehratomigen Gasen ist das anders. Kohlendioxid ($CO_2$) ist ein lineares Molekül, hat aber eine Biegeschwingung, bei der das zentrale Kohlenstoffatom senkrecht zur Verbindungslinie der beiden Sauerstoffatome schwingt. Dadurch entsteht ein elektrisches Dipolmoment, so dass die Schwingung von elektromagnetischen Wellen angeregt werden kann: Das Molekül absorbiert im Infrarotbereich. Ähnliche Schwingungsmoden sind bei den anderen mehratomigen Treibhausmolekülen wirksam.

Unsere Atmosphäre bestand in der erdgeschichtlichen Frühzeit, vor ca. 4 Milliarden Jahren, fast ausschließlich aus dem Treibhausgas $CO_2$ bei einem Druck von fast 100 bar. Wäre dies unverändert so geblieben, dann hätten wir heute Temperaturverhältnisse wie auf der Venus, um 450 °C. Der größte Teil des Kohlendioxids ist heute in fester Form in Gesteinen abgelagert. Der verbleibende gasförmige Anteil steuert das Klima in einem selbstregulierenden Prozess. Erhöht sich die Temperatur, so bewirkt höhere biologische Aktivität und Verwitterung ein

Absenken des $CO_2$-Gehalts durch Kalkbildung. Die daraus resultierende Temperaturabsenkung kann zu einer Eiszeit führen, wie es in der Erdgeschichte mindestens fünf Mal vorkam. Die sich ausbreitende Vereisung erhöhte die Rückstrahlung des Sonnenlichts, wodurch die Erde global weniger Energie aufnehmen konnte und sich weiter abkühlte – ein sich selbst verstärkender Prozess.

Der $CO_2$-Verbrauch durch lebende Materie kam dadurch fast zum Erliegen. Gestützt durch geologische Vorgänge wie Vulkanismus und andere, noch nicht ganz verstandene Prozesse, stieg der Kohlendioxid-Anteil in der Atmosphäre wieder an und heizte die Erde auf. Der Regelkreis funktioniert also, wenn auch mit gelegentlichem Überschwingen in den kalten Bereich. Bei Betrachtung der irdischen Temperaturgeschichte stellen wir fest, dass wir uns heute in einer relativ kalten Phase befinden, einer so genannten Zwischeneiszeit.

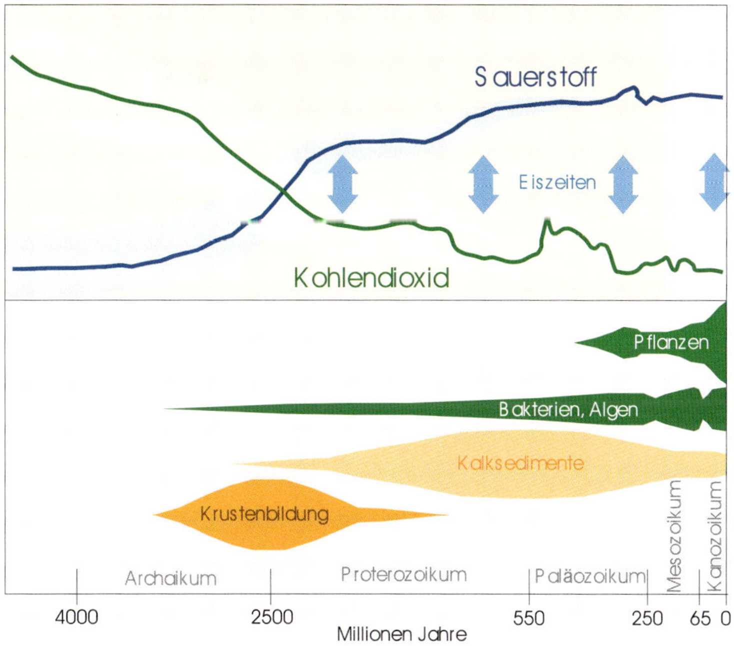


Die Zusammensetzung der Atmosphäre hat sich in der Erdgeschichte deutlich verändert. Kohlendioxid wurde in der Erdkruste und in Sedimenten abgelagert. Der heutige Sauerstoffgehalt wurde durch lebende Organismen erzeugt.

## Der Kreislauf des Kohlenstoffs

Der atmosphärische Anteil des Kohlendioxids bestimmt auch heute unser Klima. Dabei handelt es sich um ein recht empfindliches Gleichgewicht, das sich beim Austausch großer Gasmassen zwischen den Reservoiren in der Erde, den Ozeanen und in der Biomasse einstellt. Das Leben auf der Erde spielt dabei eine wichtige Rolle. Pflanzen nehmen bei der Photosynthese Kohlendioxid aus der Atmosphäre auf und geben Sauerstoff ab. Tiere und Menschen atmen Sauerstoff ein und verbrennen ihn zu $CO_2$. Die Ozeane geben bei Erwärmung das Kohlesäuregas an die Umgebung ab (wie eine zu warme Mineralwasserflasche) und nehmen es bei Abkühlung wieder auf. Die Algenpopulation im Meer verstärkt solche Prozesse.

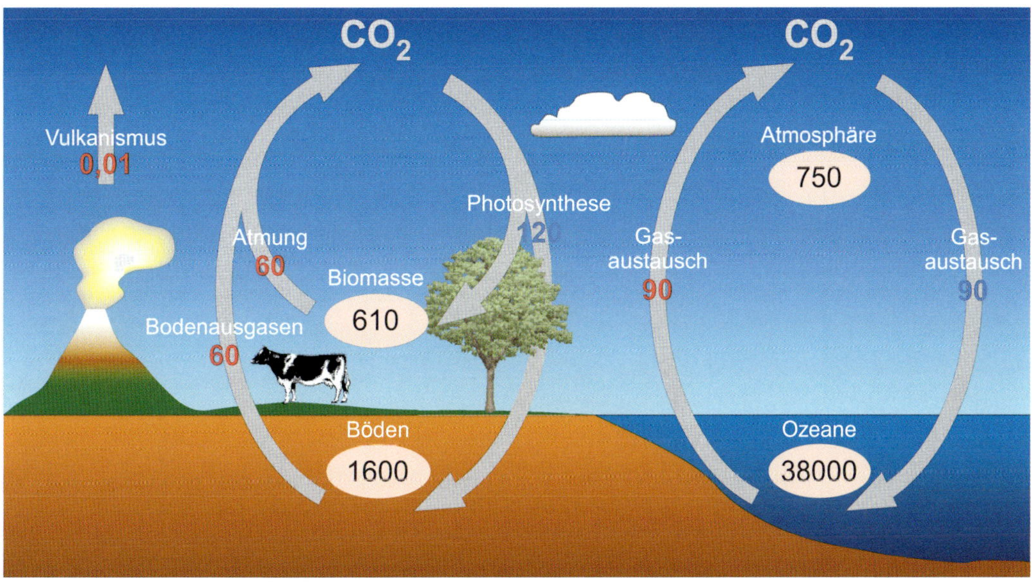


Der Kohlenstoffkreislauf bestimmt die Konzentration des Treibhausgases Kohlendioxid in der Atmosphäre. Das Gleichgewicht wird bestimmt durch kleine Differenzen großer Stoffströme. Dabei wird der größte Anteil durch die Biomasse des Festlands erbracht.

Die Mengen in den Reservoiren (schwarze Zahlen im Oval) sind in Gigatonnen Kohlenstoff angegeben, die Flüsse (rot Zunahme, blau Abnahme) in Gigatonnen Kohlenstoff pro Jahr.

Kalkablagerungen und Sedimente entziehen dem Kreislauf gewisse Anteile, durch Brände und Vulkanismus werden andere hinzugefügt. Kleinste Unterschiede großer positiver und negativer Stoffströme bestimmen letztendlich, was in der Atmosphäre verbleibt. Deshalb reagiert das System so empfindlich auf Eingriffe und Änderungen durch den Menschen oder durch externe Einflüsse. Es ist heute unübersehbar, dass die Aktivität des Menschen zu einer Störung des Gleichgewichts in Form erhöhter $CO_2$-Anteile und damit zu einem Temperaturanstieg führt. Ist das Raumschiff Erde in Gefahr?

Der Sturm Kyrill in 2007 hat große Schäden in Mitteleuropa angerichtet. Durch den Klimawandel müssen wir vermehrt mit Schadensereignissen durch Extremwetterlagen rechnen.

## Prima Klima?

Der Klimawandel findet statt – hier, heute, überall. Die wissenschaftlichen Daten zeigen eindeutig, dass die Erde wärmer wird. Dem widerspricht es nicht, wenn auf einen heißen Sommer ein kalter Winter folgt, ja selbst, wenn irgendwo auf der Welt Kälterekorde gebrochen werden. Die Schwankungen des Wetters, die sich auf Zeitskalen von Tagen oder Wochen abspielen, sind deutlich größer als die allmählichen Änderungen des Klimas, die in Zeiträumen von mindestens 30 Jahren stattfinden. Das Ergebnis wird erst über Generationen fühlbar. Waren die Winter früher wirklich kälter? War das Zufrieren von Großgewässern wie Bodensee, Ostsee oder Flüssen häufiger oder handelt es sich hier nur um nostalgische Verklärung?
Es gibt Leute, die finden eine Erwärmung des Klimas gar nicht schlimm. Ein warmer Sommer ist doch schön, da können wir zu Hause baden gehen und brauchen nicht nach Mallorca zu fliegen. Im Winter müssen wir weniger heizen, und zum Skifahren suchen wir einfach einen höher gelegenen Ort in den Bergen auf. Allerdings muss man sich darüber im Klaren sein, dass Hitzeperioden um 40 °C und anhaltende Trockenperioden auch in Deutschland unangenehm

werden können. Extreme Wetterbedingungen mit tropischen Regengüssen, Überschwemmungen, Stürmen und sogar Hurrikanen können große Schäden anrichten. Der Anstieg des Meeresspiegels schafft nicht nur an den Küsten, sondern bis weit hinein in die Flussmündungen Probleme. Deutschland kommt dabei noch relativ glimpflich davon. Entwicklungs- und Schwellenländer mit großer Bevölkerungsdichte sind jedoch besonders betroffen, mit den resultierenden sozialen Implikationen und Wanderungsbewegungen. Sollte der Klimawandel so weit gehen, dass auch das System der globalen Meeresströmungen, zu dem der Golfstrom gehört, sich verändert, dann werden sich die Klimazonen und Lebensbedingungen auf der Erde dramatisch verschieben.

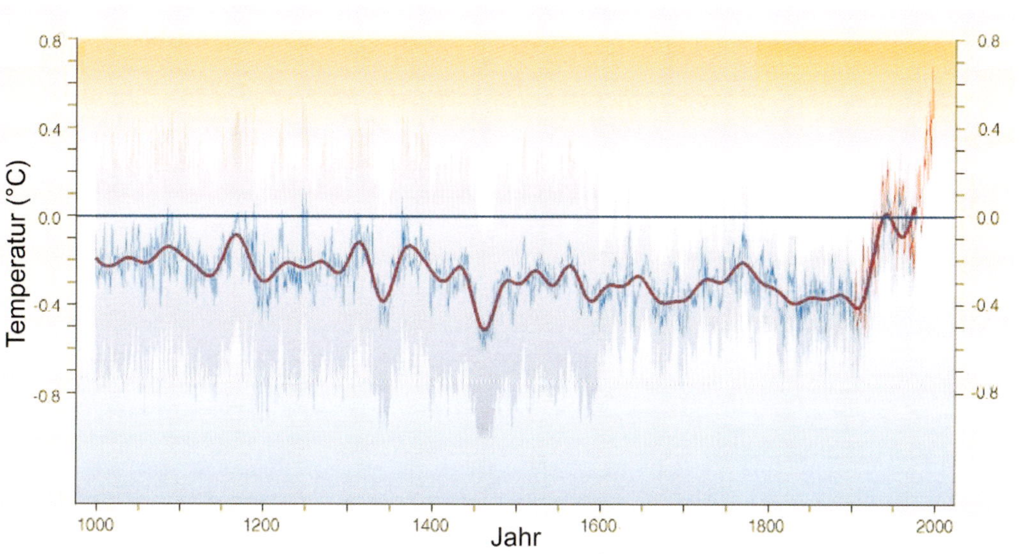


Die »Hockeyschläger-Kurve« wurde vom IPCC im Jahr 2001 veröffentlicht und hat viel Aufsehen erregt. Sie zeigt, dass die mittlere Temperatur der Erde seit Beginn des industriellen Zeitalters um 1900 drastisch ansteigt. Die Temperaturangaben in Grad Celsius sind relativ zur Durchschnittstemperatur im Zeitraum 1961 bis 1990. Die blauen Messpunkte wurden aus Proxy-Daten rekonstruiert, die roten aus instrumentellen Temperaturmessungen. Der Unsicherheitsbereich ist grau dargestellt.

### Der verhängnisvolle Hockeyschläger

Die wissenschaftlichen Daten sind eindeutig und unübersehbar. Im Jahr 1999 stellte der Klimaforscher Michael Mann die verfügbaren Temperaturdaten der letzten 1000 Jahre zusammen. Für die vergangenen 150 Jahre gibt es thermometrische Messungen, für die Zeit davor wurden die Werte aus Baumringen, Korallen und Eisbohrkernen abgeleitet. Wir sehen einen weitgehend flachen Verlauf für die Zeit vom Jahr 1000 bis 1900. Danach steigt die Kurve eindeutig und steil an bis zum heutigen Tag. Wegen der charakteristischen Form ging die Darstellung als »Hockeyschläger-Kurve« in die Literatur ein. Sie erregte weltweit hohe Aufmerksamkeit, wurde mehrfach kritisiert aber insgesamt bestätigt und in den Jahresbericht 2001 des Zwischenstaatlichen Ausschusses für Klimawandel (Intergovernmental Panel on Climate Change IPCC) aufgenommen. Die Korrelation des beobachteten Temperaturanstiegs mit dem Beginn der Industrialisierung ist offensichtlich und erschreckend.

### Was sind die Ursachen des Temperaturanstiegs?

In der Geschichte unserer Erde gab es zahlreiche vergleichbare Temperaturschwankungen. Am Ende jeder Eiszeit oder Zwischeneiszeit – und davon gab es viele – erhöhte sich die Durchschnittstemperatur um mehrere Grad Celsius. Insgesamt liegt die Spanne der Temperaturregelung bei etwa 10°, mit teilweise recht schnellen Übergängen. In der Auswertung von Eisbohrkernen aus Grönland finden sich selbst sprunghafte Temperatursprünge von mehreren Grad innerhalb weniger Jahre. Diese Messungen sind regionaler Natur und nicht mit globalen

Durchschnittswerten vergleichbar. In der Erdgeschichte gab es Warmzeiten, länger anhaltende Zeiträume von 10 Millionen bis Milliarden Jahren, in denen die Temperaturen im Mittel um 20 °C lagen – zu vergleichen mit der heutigen Durchschnittstemperatur von 15 °C. Globale Veränderungen erstrecken sich jedoch über deutlich längere Zeiträume, was der Natur die Möglichkeit gibt, sich über evolutionäre Prozesse an die neuen Bedingungen anzupassen.
Zu den Ursachen der Klimaschwankungen, insbesondere zu dem aktuell beobachteten rapiden Temperaturanstieg, gibt es viele Überlegungen. Änderungen der externen Umweltfaktoren unseres Raumschiffs Erde können das Gleichgewicht beeinflussen. Schwankungen in der Leuchtkraft der Sonne, der Sonnenaktivität mit ihrer Auswirkung auf das Erdmagnetfeld, Änderungen der Erdbahn um die Sonne, ja selbst der Einfluss unterschiedlicher Staubdichten bei der Bewegung des Sonnensystems in der Milchstraße wurden in Erwägung gezogen. Meteoriteneinschläge sind ein bekannter Faktor in der Klimageschichte unseres Planeten. Einige Phänomene in erdgeschichtlichen Zeiträumen lassen sich so erklären. Als Ursache für den schnellen Temperaturanstieg in der Neuzeit können solche Effekte jedoch ausgeschlossen werden.

Aus Eisbohrkernen des zugefrorenen Wostok-Sees in der Antarktis lässt sich die Entwicklung der lokalen Temperaturen und der Kohlendioxid-Konzentration über 400.000 Jahre rekonstruieren. Augenfällig ist die Korrelation zwischen diesen beiden Klimaparametern. Daraus lässt sich jedoch keine Schlussfolgerung ziehen, welcher der Parameter den anderen steuert.

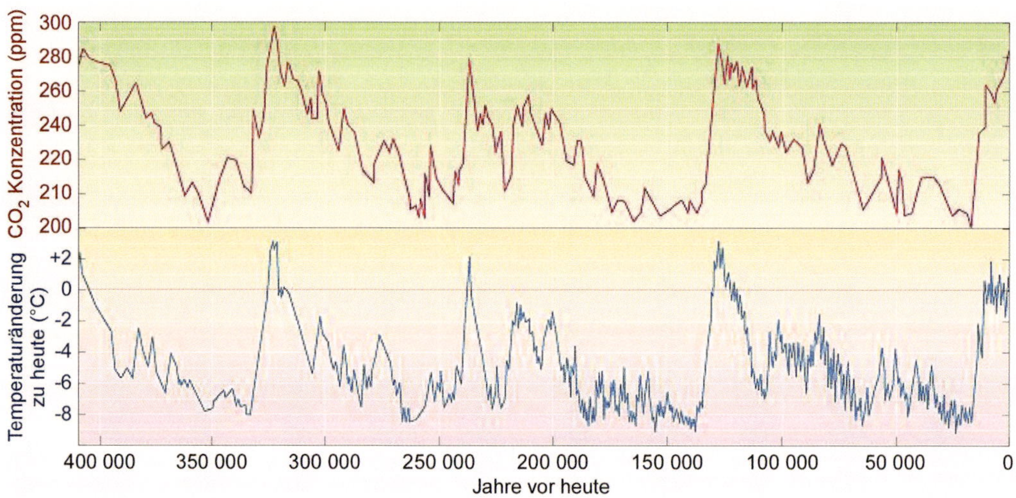


Es ist naheliegend, sich auf den internen Regelkreis zu konzentrieren, der mit Hilfe des Treibhauseffekts das Klima der Erde steuert. Die Konzentration der Treibhausgase entspricht dem Rädchen, mit dem der Sollwert eingegeben wird. In der Tat beobachtete man eine sehr enge Korrelation zwischen der Menge des Kohlendioxids in der Atmosphäre und der Temperatur. Eisbohrkerne aus der Antarktis geben einen Einblick in die Variation beider Größen über Zeiträume von mehreren hunderttausend Jahren.
Die offensichtliche Korrelation zwischen $CO_2$-Konzentration und Temperatur sollte jedoch nicht zu dem Trugschluss führen, dass die Änderung der Kohlendioxidmenge die Ursache für die Variation der Temperatur ist. Die beiden Variablen sind nicht unabhängig voneinander. Das wird deutlich, wenn man das gelöste Gas in den Ozeanen betrachtet. Erwärmt sich das Wasser, so kann es weniger Kohlensäure aufnehmen, also steigt die Konzentration in der Atmosphäre. Es handelt sich bei dem Klimagleichgewicht um ein komplexes Wechselspiel vieler miteinander verwobener Parameter. Einfache Rückschlüsse sind daher leider nicht möglich.

### Treibhausgase heute

Betrachtet man den Anstieg der Treibhausgase im letzten Jahrtausend, so wird unübersehbar, dass etwas Ungewöhnliches, in der Erdgeschichte wohl Einmaliges passiert. Die Kohlendioxidkonzentration ist von ihrem lange stabilen Wert von 280 ppm auf 380 ppm angestiegen. Methan lag bei 0,7 ppm, heute werden 1,75 ppm gemessen. Lachgas stieg von 0,27 ppm auf 0,31 ppm. Fluor-Chlor-Kohlenwasserstoffe (FCKW) waren früher in der Atmosphäre überhaupt nicht vorhanden. Ihre Konzentration erreichte 1995 ein Maximum, seither fällt sie wieder ab. Der Verdacht erhärtet sich, dass der Mensch selbst, der Passagier des Raumschiffs Erde, mit seinen Aktivitäten den globalen Regelmechanismus beeinflusst und das über Jahrmillionen bestehende Gleichgewicht stört.

Der Wasserdampf, das Treibhausgas mit der höchsten Konzentration, taucht bei dieser Betrachtung nicht auf. Der Grund liegt darin, dass die Konzentration des Wasserdampfs in der Atmosphäre fast ausschließlich von der Temperatur abhängt. Deshalb ist das Wasser ein »Mitläufer«, der die Temperaturänderungen der anderen Treibhausgase nachvollzieht und dabei verstärkt.

### Der Passagier greift ein

Der Kohlenstoffkreislauf war seit den frühen Zeiten der Erdgeschichte entscheidend für das Klima. Er zeigt auch am deutlichsten, an welchen kritischen Stellen die Aktivität des Menschen das natürliche Gleichgewicht beeinflusst. Wälder werden gerodet, um Platz für Siedlungsräume und Nahrungsanbau zu schaffen. Damit wird der wichtigste Prozess zum Abbau des atmosphärischen $CO_2$, die Photosynthese, reduziert. Das Holz wird verbrannt und damit zusätzliches Kohlendioxidgas erzeugt. Felder werden gepflügt, was den Gasaustausch mit dem Boden verändert. All dies geschieht seit Jahrtausenden, wird aber erst bemerkbar, seit die Weltbevölkerung eine kritische Höhe überschritten hat. Seit Mitte des 19. Jahrhunderts holt die Menschheit nun auch noch fossile Brennstoffe wie Kohle, Öl und Gas, die eigentlich sicher unter der Erde dem Kreislauf entzogen waren, wieder hervor und verbrennt sie.

Diese Eingriffe lassen sich auch quantitativ abschätzen. Heute entsteht durch Abholzen von Wäldern und andere Änderungen der Landnutzung jährlich eine zusätzliche Belastung von 1,4 Gigatonnen Kohlenstoff in der Atmosphäre. Verbrennung

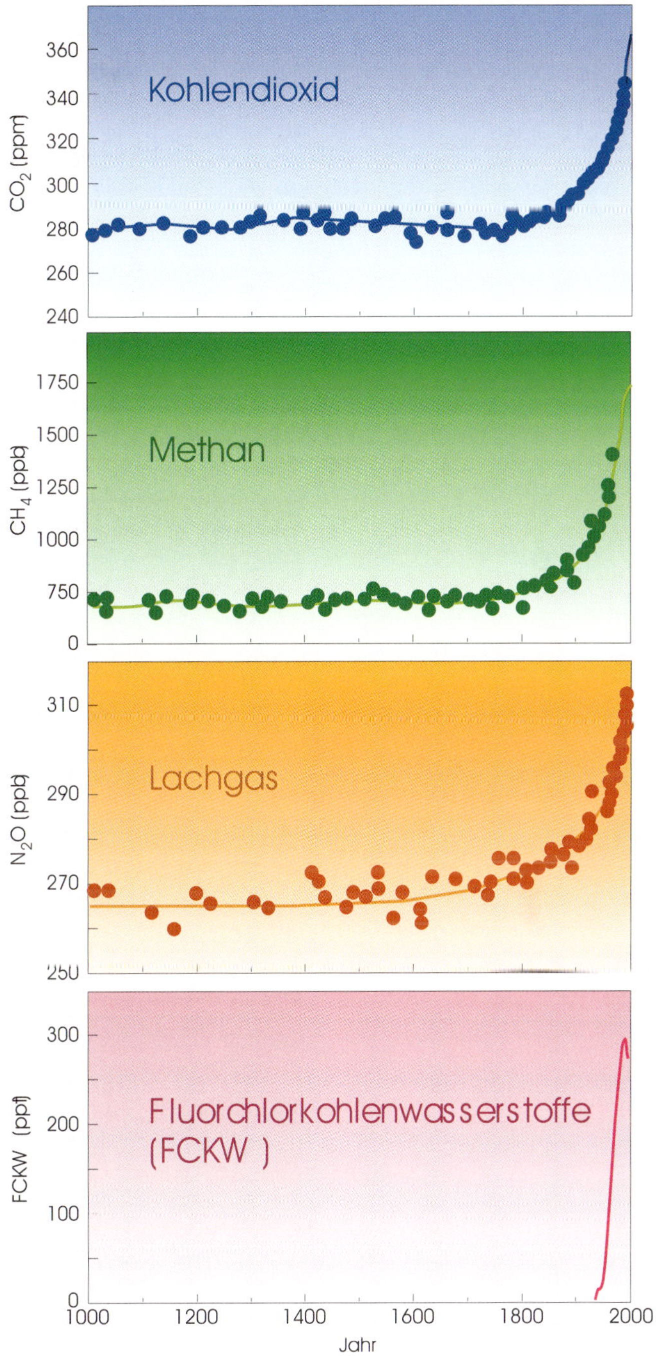


Die Konzentration der Treibhausgase Kohlendioxid, Methan, Lachgas und FCKW in der Atmosphäre über die letzten 1000 Jahre. FCKW traten vor 1950 gar nicht auf.

und Bodenbearbeitung tragen dazu bei. Der Einsatz fossiler Brennstoffe in Industrie, Haushalten und Verkehr führt der Atmosphäre zusätzliche 6,5 Gt zu. Ein Teil wird durch erhöhten Gasaustausch mit Ozeanen und Vegetation aufgenommen, es bleibt eine Gesamtbelastung durch den Menschen von rund 3,3 Gt Kohlenstoff pro Jahr. Im Vergleich zu dem gesamten Kohlenstoffaustausch, der sich auf etwa 210 Gt pro Jahr beläuft, können solche Mengen keineswegs vernachlässigt werden. Da das Klimagleichgewicht durch die minimale Differenz der großen Stoffströme in und aus der Atmosphäre bestimmt wird, bedeuten die anthropogenen Quantitäten einen massiven Eingriff. Es ist noch nicht einmal erforderlich, die Auswirkungen exakt zu beweisen. Allein die Feststellung, dass die durch den Menschen erzeugten Kohlenstoffmengen ausreichen, das natürliche Gleichgewicht zu stören, sollte genügen, sämtliche Alarmglocken schrillen zu lassen.

## Modellwelten

Das Klima unserer Erde messen wir durch statistische Mittelung von Wetterdaten über mindestens 30 Jahre. Einfluss darauf haben die Sonne als Energiespender, die Atmosphäre mit ihren Spurengasen, die Wolken sowie die Ozeane und Eiszonen. In hochkomplexen Computermodellen werden die Vorgänge und Wechselwirkungen modelliert. Dadurch erhält man Aussagen über die Reaktion des Klimas auf die Änderung einzelner Parameter, wie zum Beispiel die durch den Menschen erzeugten Treibhausgase in der Atmosphäre.

Die äußerst komplexen Zusammenhänge verschiedenster Parameter und Rückkopplungsmechanismen, die das Klima bestimmen, lassen sich nicht durch einfache Regelalgorithmen beschreiben. Die einzige tragfähige Methode, Ursachen zu ergründen oder Voraussagen zu machen, besteht darin, dass mit leistungsfähigen Computern die relevanten Prozesse mathematisch modelliert und dann durchgerechnet werden. Grundlage hierfür sind meist Wettervorhersageprogramme. Die sind gut ausgetestet und bewährt. Sie werden erweitert, indem die Verknüpfung von Landoberfläche, Ozeanen, Kryo- und Biosphäre und die daraus entstehenden Wechselwirkungen einbezogen werden. Dazu wird der gesamte Globus in ein Netz von Einzelzellen mit einer Größe von 250 km in der Horizontalen und 1 km in der Höhe unterteilt.

Mit Zeitschritten von einer Stunde werden in den Zellen Veränderungen berechnet und dann gemittelt. Klimamodellierung ist ein sehr rechenaufwändiger Prozess. Die größten und schnellsten Computer weltweit sind für solche Rechnungen gerade gut genug.
Die Modelle beruhen auf grundlegenden physikalischen Gesetzen wie den Newtonschen Bewegungsgleichungen, Erhaltungssätzen und den beiden thermodynamischen Hauptsätzen. Als Ausgangspunkt für die Rechnungen werden bekannte und gemessene Klimaparameter eingesetzt. Zum Beweis ihrer Realitätsnähe müssen die Modelle in der Lage sein, das gegenwärtige Klima aus bekannten Anfangsdaten der Vergangenheit richtig zu beschreiben. Wenn das funktioniert, hat man ein numerisches Experimentierlabor zur Verfügung. Durch Veränderung von Parametern, wie zum Beispiel der Konzentration von Spurengasen in der Atmosphäre, lassen sich sodann die Auswirkungen auf das Klima berechnen. Auf diese Weise kann gezeigt werden, dass die durch den Menschen eingebrachten zusätzlichen Mengen an Kohlendioxid und anderen Treibhausgasen mit an Sicherheit grenzender Wahrscheinlichkeit für den beobachteten Temperaturanstieg verantwortlich sind.

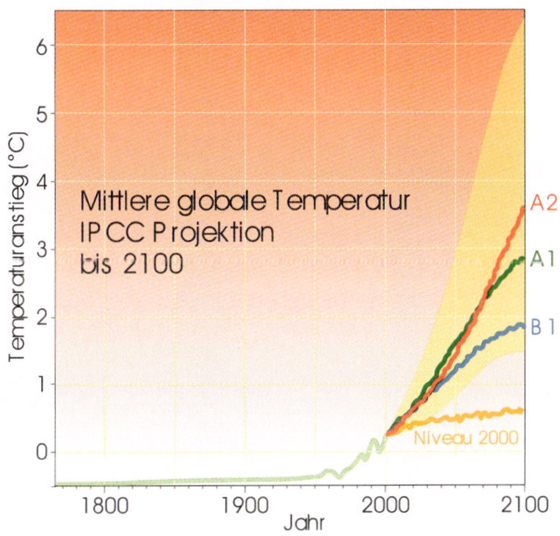


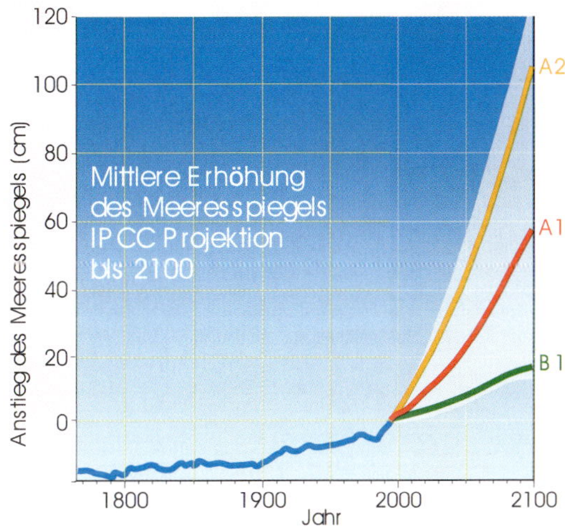


Die IPCC trägt die Ergebnisse der weltweiten Klimaforschung und Projektionen in die Zukunft zusammen. Dabei werden verschiedene Szenarien für die gesellschaftliche und wirtschaftliche Entwicklung angenommen, die von A2 (wir machen weiter wie bisher) bis B1 (ökologisch orientierte Gesellschaft) reichen.

## Vor uns die Sintflut

Das Wetter ist ein chaotischer Prozess. Kleinste Änderungen der Anfangsbedingungen können zu massiven Veränderungen in seiner Entwicklung führen. Eigentlich sollten Wettervorhersagen also überhaupt nicht möglich sein. Nur weil man die bekannten Zeitskalen der Prozesse kennt, kann man mit abnehmender Sicherheit Prognosen bis zu zwei Wochen machen. Klimavorhersage beruht auf Wettermodellen, umfasst aber weit komplexere Randbedingungen und Wechselwirkungen. Sind da überhaupt noch Vorhersagen möglich?
Erstaunlicherweise ist das der Fall. Der Begriff Klima beinhaltet die statistische Zusammenfassung von Wetterdaten über viele Orte und über lange Zeit. Durch die Mittelung kompensieren sich zufällige Schwankungen, so dass Voraussagen mit hoher Zuverlässigkeit über Zeiträume bis zu 100 Jahren möglich sind.
Der größte Unsicherheitsfaktor bei Klimavorhersagen ist die Frage der sozialen und ökonomischen Entwicklung der Menschheit. Die zukünftige Veränderung der Weltbevölkerung, der Lebensstandard in verschiedenen Regionen oder die wissenschaftlich-technische Entwicklung lassen sich nicht zuverlässig vorhersagen. Deswegen werden die Klimamodelle mit verschiedenen Szenarien durchgespielt, die auf jeweils verschiedenen Annahmen beruhen. Die Analyse des IPCC beruht auf 35 Szenarien, die in 4 »Familien« gruppiert sind. Damit lassen sich Trends für die verschiedenen Möglichkeiten der Menschheitsentwicklung berechnen, die den politischen Entscheidungsträgern als Richtlinie für Prioritätensetzungen dienen können.

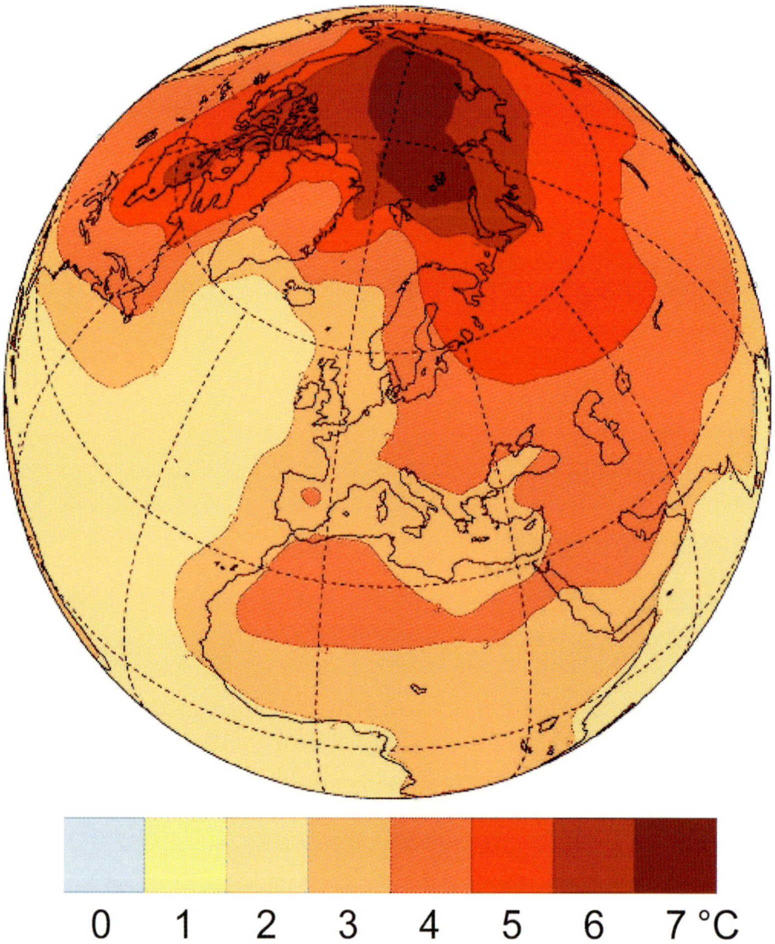


Die globale Erwärmung (hier berechnet für das mittlere Szenario B2) hat regional sehr unterschiedliche Auswirkungen. Die Polargebiete sind von der Erwärmung besonders betroffen.

In zwei Aussagen stimmen alle Klimavorhersagen für das Ende des Jahrhunderts weitgehend überein. Es wird auf jeden Fall einen Anstieg der Temperatur geben. Im globalen Mittel kann dies im besten Fall etwa 2 °C, im schlechtesten 4 °C betragen. Der Meeresspiegel wird steigen. Hier liegt die Spanne zwischen knapp 20 cm bis über 1 m. Was bei diesen Rechnungen noch nicht berücksichtigt wurde, sind mögliche Umkippeffekte. Zum Beispiel könnten durch Änderung von Meeresströmungen oder durch das Freisetzen von Methan beim Aufschmelzen von Permafrostzonen massive Klimaverschiebung erfolgen.
Die Klimamodelle ermöglichen, neben der Berechnung der mittleren globalen Temperaturänderung, auch Aussagen für bestimmte Regionen. Hier zeigt sich, dass für Deutschland und den größten Teil Europas die Erwärmung etwas über dem globalen Mittelwert von 3 °C liegen wird. Für die Pole, insbesondere die Arktis, liegt der Wert jedoch bei etwa 7 °C. Das führt zum Aufschmelzen großer Eisflächen, wodurch dort weniger Sonneneinstrahlung reflektiert wird – ein sich selbst verstärkender Prozess. Es ist nahe liegend, dass dies für das Wettergeschehen in Europa einen entscheidenden Einfluss haben wird.

## Wir haben nur eine Erde

Das Raumschiff Erde hat sich verändert. Es ist heute wissenschaftlich unbestritten, dass die Erdoberfläche wärmer wird, und dass die wichtigste Ursache die anthropogene Emission von Treibhausgasen ist. Mit dieser Tatsache müssen wir leben. Selbst wenn wir heute alle Emissionen von Kohlendioxid einstellen, wird sich die globale Temperatur noch einige Jahrhunderte lang erhöhen. Der Meeresspiegel wird sogar noch für Jahrtausende ansteigen. Das sind erschreckende Perspektiven. Eine Diskussion dieser Problematik in der Öffentlichkeit ist wichtig, auch wenn sie an vielen Stellen unsachlich und mit reißerischen Schlagworten geführt wird. Die Projektionen der Klimamodelle zeigen, dass eine sofortige und drastische Änderung der Trends nicht möglich ist. Dennoch ist eine grundlegende Neuorientierung des gesellschaftlichen Verhaltens unabdingbar, um Szenarien zu vermeiden, die innerhalb weniger Generationen viele Regionen der Erde unbewohnbar machen. Wir können nicht weiterhin die Atmosphäre zur Entsorgung von Abfallprodukten unserer Energieerzeugung missbrauchen. Neue Verhaltensweisen müssen nicht notwendigerweise mit wirtschaftlichen Einbrüchen verbunden sein, wie viele Staaten, gerade die hoch entwickelten, glauben. Eine ausführliche Studie des britischen Ökonomen Nicholas Stern hat gezeigt, dass es deutlich kostengünstiger ist, in den Klimaschutz zu investieren, als die wirtschaftlichen Folgen ungebremster Erderwärmung zu tragen.
Dabei darf man nicht einfach den Schwarzen Peter weitergeben, indem man auf die Verantwortung der Politik und die notwendige Veränderung in der Gesellschaft hinweist. Jeder von uns ist betroffen, jeder kann etwas tun. Fangen wir damit an, unsere Geschwindigkeit auf den Straßen zu drosseln. Einkäufe in der Nachbarschaft mit dem Fahrrad tun auch der Gesundheit gut. Auf eine Reise zu verzichten ist hilfreich, auch wenn das Flugticket noch so verlockend billig angeboten wird. Ersetzen wir die nächste Glühbirne durch eine Energiesparlampe. Nur wenn wir selbst uns ändern, kommen neue Verhaltensweisen langfristig zum Tragen.

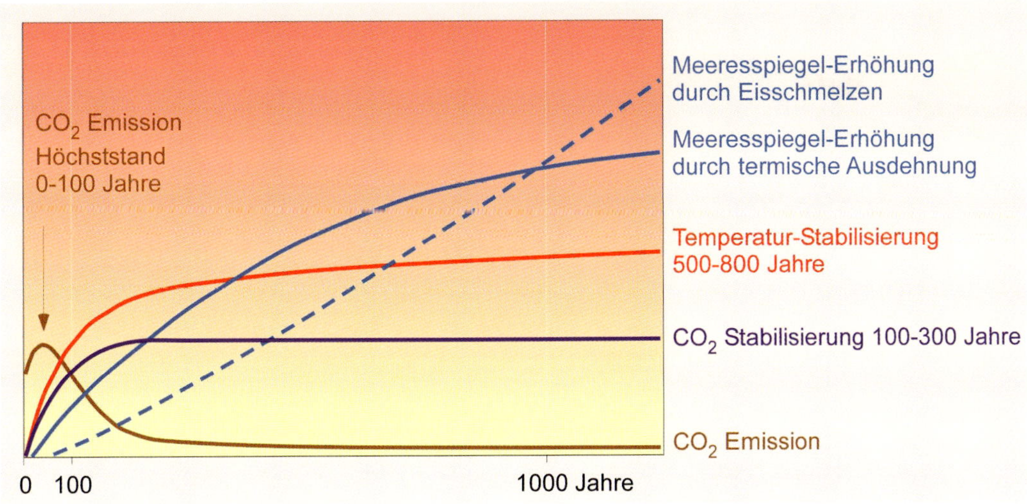


Selbst wenn in naher Zukunft der Ausstoß von Kohlendioxid in die Atmosphäre eingestellt wird, steigt die Temperatur durch die langsame Einstellung des Gleichgewichts noch Jahrhunderte an. Auswirkungen wie die Erhöhung des Meeresspiegels setzen sich wegen der langen Zeitkonstanten der Klimaprozesse sogar noch für Jahrtausende fort.

### Kann die Raumfahrt helfen?

Die Beobachtung unserer Umwelt ist schon heute eines der wichtigsten Nutzungsfelder der Raumfahrt. Die Entdeckung des FCKW in der Atmosphäre, ebenso wie die Bestätigung des Ozonloches sind Erkenntnisse, zu denen die Luft- und Raumfahrt entscheidend beigetragen hat. Heute werden die Veränderungen des Ozonlochs ständig durch Satellitenmessungen verfolgt. Die Spurengase in der Atmosphäre, die für den Treibhauseffekt ursächlich sind, werden ebenfalls global mit steigender Präzision aus dem Weltraum vermessen. Für die Überwachung weltweiter Abkommen zum Klimaschutz, wie beispielsweise des Kyoto-Protokolls, sind solche Daten unverzichtbar. Messungen aus dem Weltraum erlauben auch eine ständige Verfeinerung der Klimamodelle, die der Menschheit zeigen, auf welche Parameter das Klimasystem besonders empfindlich reagiert, so dass Gegenmaßnahmen eingeleitet werden müssen.

Es gibt auch Vorschläge, mit Hilfe der Raumfahrt in die Regelungskreise des Raumschiffs Erde einzugreifen und so ohne eine Verhaltensänderung der Menschheit die Klimakatastrophe abzuwenden. Unter dem Schlagwort »Geoengineering« werden radikale Vorschläge gemacht. Riesige Sonnenschutzschilde in Erdumlaufbahnen könnten die Sonneneinstrahlung um 1% verringern, was ausreichend wäre, um den Effekt des antropogenen Kohlendioxids zu kompensieren. Eine Wolke kleiner Streukörper am inneren Erde-Sonne-Lagrange-Punkt hätte eine ähnliche Wirkung. Es wurde sogar vorgeschlagen, alle Straßen und Wüsten weiß anzumalen, um so die Reflektivität der Erdoberfläche zu erhöhen.

Massive Vulkanausbrüche kühlen die Erde durch Verunreinigung der oberen Atmosphäre ab. Kann man das nicht auch künstlich einleiten? Hierzu gibt es verschiedene mehr oder weniger exotische Vorschläge. Der am ehesten durchführbare stammt von Paul J. Crutzen, der 1995 den Nobelpreis für die Aufklärung des chemischen Prozesses, der zum Ozonloch führt, erhalten hat. Sein Projekt sieht vor, Millionen Tonnen Schwefel fein verteilt in die Stratosphäre einzubringen. Die daraus entstehenden Aerosol-Teilchen würden zusätzlich Sonnenlicht in das All reflektieren und so für eine Abkühlung der Erde sorgen.

Bei all diesen Vorschlägen muss man sich darüber im Klaren sein, dass unser Erdklima das Resultat vieler komplexer und verkoppelter Prozesse ist. Greift man an einer Stelle ein, so kann ein Wandel an anderer, möglicherweise unerwarteter Stelle eintreten. Aus diesem Grund ist es immer vorzuziehen, den Einfluss des Menschen zu minimieren, statt zu versuchen, durch gezielte Eingriffe anthropogene Veränderungen zu kompensieren.

Paul J. Crutzen, niederländischer Meteorologe und Direktor am Max-Planck-Institut für Chemie in Mainz, erhielt im Jahr 1995 den Nobelpreis für grundlegende Arbeiten zur Entstehung des Ozonloches

# Blick zu den Sternen

## Ein Universum aus dem Nichts

## Eine Reise durch unser Planetensystem

## Mars – unser exotischer Nachbar

Der Pferdekopfnebel, 1500 Lichtjahre entfernt, ist Teil einer interstellaren Staubwolke im Sternbild Orion.

# Ein Universum aus dem Nichts

Robert Wilson (links) und Arno Penzias (rechts) vor ihrer Hornantenne in Crawford Hill bei Holmdale.

Der Cosmic Background Explorer (COBE) trug die beiden wissenschaftlichen Experimente, deren Ergebnisse 2006 mit dem Nobelpreis gewürdigt wurden.

Taubendreck konnte es nicht gewesen sein. Sehr sorgfältig hatten die beiden Physiker die riesige Hornantenne von Bell Labs in Holmdale gereinigt, aber der Störeffekt war immer noch da. Arno Penzias und Bob Wilson hatten die ausgediente Antenne, die in den 60er-Jahren für Messungen mit frühen Kommunikationssatelliten gebaut worden war, übernommen und wollten sie für Radioastronomie nutzen. Deswegen hatten die Wissenschaftler alle Komponenten überholt und auf höchste Empfindlichkeit bei minimalem Rauschen getrimmt. Trotzdem war ein Restrauschen geblieben, deutlich höher als theoretisch erwartet, egal auf welchen Punkt des Himmels sie die Antenne richteten.

Schließlich erfuhren sie über Kollegen von 2 Theoretikern der nahe gelegenen Princeton Universität. Jim Peeble und Robert Dicke hatten die Ideen eines gewissen Gamow zum »Urknall« ernst genommen und sich überlegt, wie man die Überreste eines solchen Ereignisses messen könnte. Der Kontakt mit den Wissenschaftlern aus Princeton war fruchtbar: Penzias und Wilson stellten fest, dass sie das erste Licht in unserem Universum gesehen hatten. Das lästige Rauschen entpuppte sich als eine der größten Entdeckungen unseres Jahrhunderts. Im Jahr 1978 erhielten sie dafür den Nobelpreis.

Weitere Untersuchungen folgten schnell. Die NASA entwickelte einen Satelliten namens Cosmic Background Explorer (COBE), der denselben Effekt aus dem Weltraum beobachtete, unabhängig von irdischen Störungen. Im Jahr 2006 erhielten die Wissenschaftler John Mather und George Smoot für ihre Ergebnisse mit diesem Instrument ebenfalls den Nobelpreis. Was steckt hinter der Tatsache, dass ein mutmaßlicher Störeffekt so viel Aufmerksamkeit erhält? Um dies zu verstehen, müssen wir etwas tiefer in die Prinzipien der Astronomie und Kosmologie eindringen.

### Fernrohre sind Zeitmaschinen

Jeder Blick auf einen Stern ist immer auch ein Blick in die Vergangenheit. Das beruht auf der Tatsache, dass das Licht eine endliche Ausbreitungsgeschwindigkeit hat. Vom Schall sind wir dies gewöhnt: Wir wissen, dass der Donner später zu hören ist als der Blitz, der ihn auslöst. Wir können sogar den Abstand des Einschlags durch Abzählen der Sekunden zwischen Blitz und Donner abschätzen. Mit Licht geht das nicht. Seine Ausbreitung ist eine Million mal schneller als der Schall, daher ist seine Laufzeit in irdischen Dimensionen nicht erfassbar.

Kosmische Entfernungen werden in einem sehr anschaulichen Maß gemessen: dem Lichtjahr. Der hellste Fixstern, Sirius, ist 8,6 Lichtjahre von uns entfernt. Das bedeutet, das Licht, das wir heute sehen, wurde vor 8,6 Jahren von Sirius emittiert. Die Magellanschen Wolken, die uns am nächsten stehenden Galaxien, zeigen sich uns in einem Zustand wie vor 150.000 Jahren. Je tiefer wir ins Universum schauen, desto weiter blicken wir zurück in der Zeit. Die Frage stellt sich, ob wir mit den modernen Teleskopen und Weltraumspähern bis an den Ursprung des Universums zurückblicken können. Hier werden wir auf Grenzen stoßen, die unüberwindbar sind.

### Astronomische Dimensionen

Wir messen unser Planetensystem in »Astronomischen Einheiten (AE)«. 1 AE entspricht der mittleren Entfernung zwischen Erde und Sonne.
Dimensionen der Milchstraße werden in Lichtjahren (Lj) gemessen. Das ist die Strecke, die das Licht in Laufe eines Jahres im Vakuum zurücklegt.
In der Astronomie ist auch das Längenmaß Parsec (pc) gebräuchlich. Es definiert die Entfernung, aus der eine Astronomische Einheit AE unter einem Beobachtungswinkel von einer Bogensekunde (1") erscheint. Die Bezeichnung rührt vom Begriff der Parallaxe. Man misst den Winkel, unter dem ein Stern am Himmel steht. Ein halbes Jahr später, nachdem die Erde sich auf ihrer Umlaufbahn um den Abstand von 2 AE bewegt hat, erscheint er um einen kleinen Winkel verschoben, der Parallaxe. Wenn dieser Winkel 2 Bogensekunden beträgt, ist der Stern 1 Parsec entfernt.

1 AE = 149.597.871 km = 8,3 Lichtminuten
1 Lj = 63.240 AE = 0,307 pc = 9,46 Billionen km
1 pc = 206.264 AE = 3,262 Lj = 30,86 Billionen km

Beispiele:
Der sonnennächste Stern, Proxima Centauri, ist 4,2 Lichtjahre oder 1,3 Parsec von uns entfernt. Der Durchmesser unserer Galaxis, der Milchstraße, beträgt ca. 100.000 Lichtjahre. Die Entfernung zum Andromedanebel beträgt 2,5 Millionen Lichtjahre oder 0,8 Megaparsec.

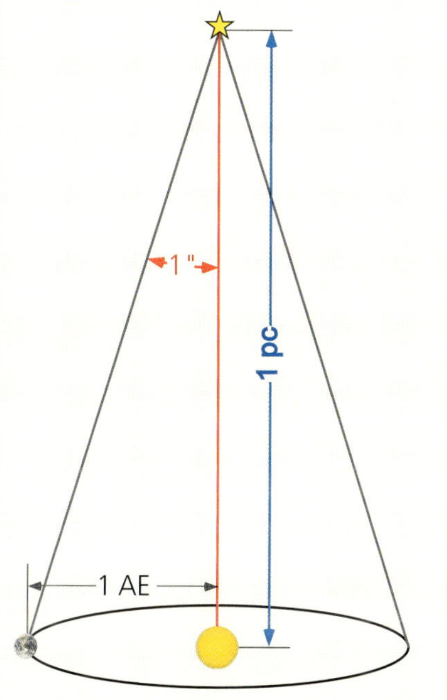


### Hubble's Entdeckung

Aus dem Licht der Sterne kann man mehr erfahren, wenn es spektral aufgelöst wird. Neben der Information über die emittierenden Elemente erhält man über den Dopplereffekt auch Aussagen über etwaige Bewegungen. Die Frequenzen der Spektrallinien verschieben sich, wenn Sender und Empfänger, also Stern und Beobachter auf der Erde, sich relativ zueinander bewegen. Die Komponente der Geschwindigkeit entlang der Sichtlinie kann auf diese Weise quantitativ bestimmt werden.
Macht man solche Messungen an den Galaxien des Universums, so würde man erwarten, dass sich einige auf uns zu, andere von uns weg bewegen. Die Beobachtungen des Astronomen Edwin Hubble am Mount Wilson Observatorium führten jedoch 1923 zu einem völlig anderen Ergebnis. Er fand, dass hier ein dramatisches Ungleichgewicht vorherrscht. Praktisch alle Milchstraßen bewegen sich von uns weg. Zusätzlich konnte er feststellen, dass sich die Galaxien umso schneller entfernen, je weiter sie bereits von uns weg sind.

Die Galaxis NGC 1309 ist etwa 100 Millionen Lichtjahre von uns entfernt. Wie die kleineren auf diesem Bild sichtbaren Galaxien bewegt sie sich von uns weg.

Ein aufgehender Kuchenteig als Modell für das expandierende Universum. Man beachte, dass die Galaxien (die Rosinen) selbst bei Expansion nicht wachsen, da sie von lokalen Gravitationsfeldern zusammengehalten werden.

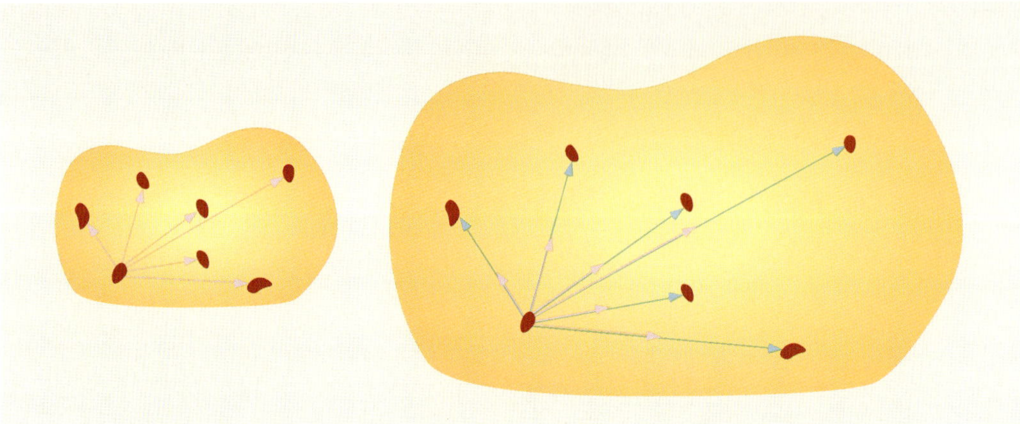

Das ist auf den ersten Blick eine sehr merkwürdige Beobachtung, könnte man doch daraus schließen, dass unsere Erde eine herausgehobene Position im Universum innehat, als Zentrum einer sich ausdehnenden Kugel. Genau besehen stimmt das nicht. Wie in einem Teig mit Rosinen, der aufgeht, vergrößern sich die Abstände aller Rosinen, egal von welcher aus man misst. Da sich die Abstände proportional vergrößern, ist die Bewegung pro Zeiteinheit, die relative Geschwindigkeit, umso größer, je weiter entfernt sie sind. Wir befinden uns also irgendwo in einem Universum, das sich uniform ausdehnt. Andererseits halten wir fest, dass die beobachtete Geschwindigkeit einer Galaxis ein direktes Mass für ihren Abstand ist.
Die Wellenlängen, die von einem sich entfernenden Objekt abgestrahlt werden, sind in die langwellige Richtung, also zum roten Ende des sichtbaren Spektrums verschoben. Man misst die Rotverschiebung relativ als die Differenz zwischen beobachteter (bewegter) und statischer (Labor-)Wellenlänge, dividiert durch die statische Wellenlänge. Der so erhaltene Parameter, in der Astronomie mit z bezeichent, dient direkt als ein Maßstab für die Entfernung. Nicht bewegte Objekte haben einen z-Wert von 0, die entferntesten Objekte, die wir heute sehen können, erreichen z=6.

### Die Zeit zurückdrehen

Wenn man weiß, dass unser Kosmos expandiert, dann ist ein Gedankenexperiment nahe liegend: Was passiert, wenn ich den Film rückwärts laufen lasse? Wenn das Universum schrumpft, immer kleiner wird, würde es irgendwann in einen Punkt zusammenfallen? Wären wir dann am Ursprung unseres Universums?
Der russisch-amerikanische Physiker Georg Gamow hatte genau diese Idee in den 40er-Jahren des letzten Jahrhunderts konsequent durchdacht. Zu dieser Zeit war das ein sehr mutiger Schritt. Das Universum wurde bis dahin als statisch und unveränderlich angesehen. Kopernikus, Newton, ja selbst Einstein konnten sich nicht vorstellen, dass sich der Kosmos verändert, dass er einen Anfang, ja vielleicht sogar ein Ende hat. Erst die Messungen von Edwin Hubble zeigten, dass sich alles unzweifelhaft bewegt und die Frage nach dem Ursprung sinnvoll wird. Damals gab es zwei alternative Vorstellungen. Die eine, bekannt unter dem Namen »Steady-State Theorie«, ging davon aus, dass ständig neue Materie entsteht, so dass trotz Expansion der Zustand des Universums unverändert bleibt. Gamow war ein Vertreter der anderen Richtung, einer dynamischen Entwicklung aus einem singulären Urzustand. Paradoxerweise war es Fred Hoyle, einer der vehementesten Gegner der Urknalltheorie, der spöttisch in einem Interview den Begriff »Big Bang« prägte, um die Theorie lächerlich zu machen.

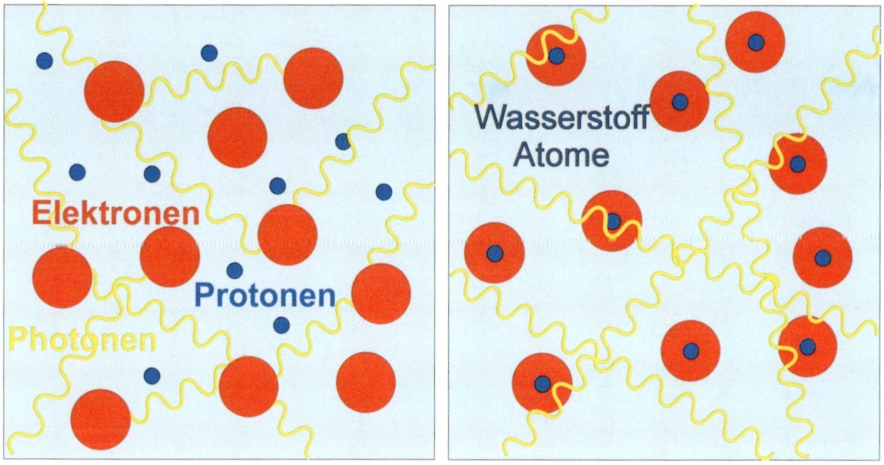


Die Trennung von Licht und Materie erfolgte etwa 400.000 Jahre nach dem Urknall. Im heißen Plasma (links) werden die Photonen (gelb) von den frei beweglichen Elektronen gestreut. Nach Abkühlung unter 3000 K sind die Elektronen an die Protonen gebunden (rechts). Die Wasserstoffatome können nur noch bei diskreten Energien Photonen absorbieren. Damit breitet sich das Licht frei im Raum aus.

Gamow postulierte auf Grund von Hubbles Messungen, dass vor etwa 15 Milliarden Jahren das gesamte Universum auf kleinstem Raum zusammengepresst und dabei extrem heiß war. Wie eine Luftpumpe warm wird, wenn wir die Luft zusammendrücken, so ist diese Hitze eine Konsequenz der Kompression. Auch alle anderen Eigenschaften des Universums, wie Druck, Energiedichte oder die Krümmung der Raumzeit nahmen Extremwerte an. Dann folgte eine explosionsartige Ausdehnung. In der damit verbundenen rapiden Abkühlung kondensierten aus der uniformen Urmaterie die ersten Protonen und Neutronen, die Grundbausteine der »baryonischen« Materie, aus der die Sterne, die Erde und letztlich auch wir selbst entstanden sind. Noch waren Licht und Materie nicht getrennt. Wie in einem dichten Nebel wurden die Photonen an den frei beweglichen Elektronen gestreut. Nach 380.000 Jahren, in kosmischen Maßstäben eine sehr kurze Zeitspanne, war die Temperatur unter eine Schwelle von etwa 3000 °C gefallen. Nun wurden die Elektronen von den Protonen eingefangen und bildeten Wasserstoffatome. Lichtabsorption ist unter diesen Umständen nur noch in diskreten Quantensprüngen möglich. Die Photonen konnten sich nun frei im Raum bewegen, Licht und Materie waren entkoppelt.

## Es ward Licht

Der Phasenübergang vom Plasma zum Gas ist ein ganz alltäglicher Vorgang. Wir beobachten ihn in jedem Feuer. Im Innern der Flamme ist die Temperatur ausreichend hoch, um die Atome zu ionisieren. Es entsteht ein Plasma, in dem Atomkerne und Elektronen getrennt sind. Dass es undurchsichtig ist, fällt nicht auf, da es gleichzeitig hell leuchtet. Der Phasenübergang zum gewöhnlichen, neutralen Gas, in dem die Elektronen auf diskreten Bahnen um die Kerne eingefangen sind, ist die scharfe Begrenzung der Flamme, wo sie durchsichtig wird.
Gamows entscheidende Erkenntnis war, dass die Photonen, die 380.000 Jahre nach dem Urknall aus dem heißen Plasma ausgesandt wurden, noch heute im Universum vorhanden sind. Aller-

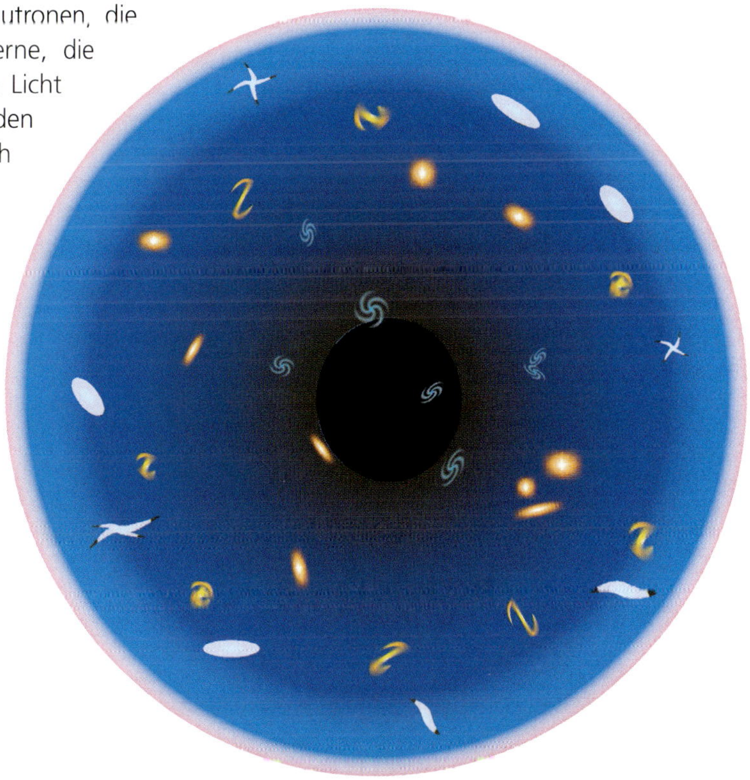

Von jeder beliebigen Galaxis aus gesehen, also auch von unserer Milchstraße, blicken wir in die Vergangenheit. In allen Richtungen ist das beobachtbare Universum durch die kosmische Hintergrundstrahlung begrenzt.

dings ist ihre Wellenlänge durch die Expansion des Universums so gedehnt, dass sie weit in den infraroten Bereich verschoben ist. Entstanden bei einer Strahlungstemperatur von 3000 K, erscheinen sie heute bei einer Temperatur von weniger als 3 K über dem absoluten Nullpunkt. Das ist genau die Hintergrundstrahlung, die Wilson und Penzias mit ihrer Hornantenne gesehen hatten: das erste Licht des Universums. Damit lag zum ersten Mal ein Beweis für die eigentlich unvorstellbare Theorie vor, dass unser Kosmos in einem dramatischen Ereignis aus dem Nichts entstanden ist. Wohlgemerkt geschah dies nicht zu irgendeiner Zeit an irgendeinem Punkt des Raums. Raum und Zeit, verkoppelt nach Einsteins Relativitätstheorie, sind gleichzeitig im Urknall entstanden. Damit ist auch die Frage irrelevant, was vor dem Urknall gewesen ist.

### Preiswert

Der zweite Nobelpreis auf diesem Gebiet wurde 2006 an die Experimentatoren John Mather und George Smoot verliehen. Zwei Messungen auf dem COBE-Satelliten wurden ausgezeichnet, die erstaunlich entgegengesetzt scheinen. Das eine Ergebnis zeigt, dass die Strahlung überall gleich ist und das Spektrum eines perfekten Schwarzen Strahlers besitzt, während das andere Unregelmäßigkeiten und Fluktuationen nachweist. Ein Widerspruch?

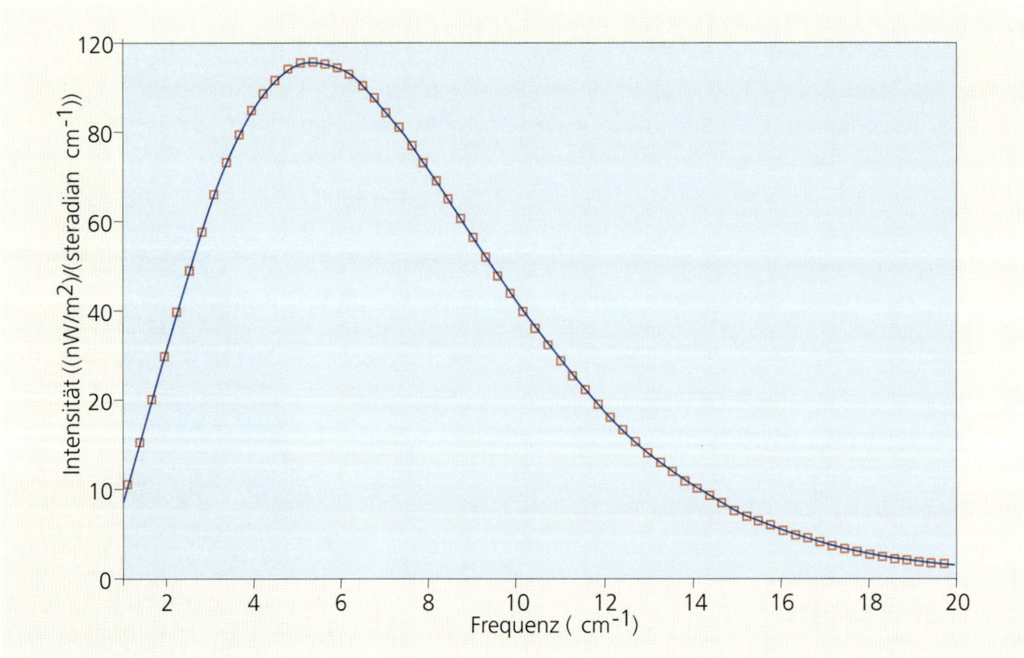


Eine fast unglaubliche Übereinstimmung zwischen Experiment und Theorie: Das Instrument FIRAS auf dem COBE-Satelliten vermisst das Spektrum der kosmischen Hintergrundstrahlung und findet den perfekten Verlauf eines Schwarzen Strahlers mit einer Temperatur von 2,725 Grad über dem absoluten Nullpunkt.

In der Kosmologie werden die Temperaturen relativ zum absoluten Nullpunkt, –273,15 °C, gemessen. Die Gradeinteilung der Kelvin-Skala ist dieselbe wie bei der Celsius-Skala.

0 K = –273,15 °C

273,15 K = 0° C

John Mathers Instrument, genannt Far Infrared Absolute Spektrometer (FIRAS), konnte die Wärmestrahlung von Gegenständen bei Temperaturen nahe dem absoluten Nullpunkt mit höchster Präzision in absoluten Skalen bestimmen. Dazu musste es mit flüssigem Helium, also unter 4 K gekühlt und vor Ort, im Weltraum, exakt kalibriert werden. Bereits nach neun Minuten Integrationszeit (allerdings angesammelt über mehrere Wochen) lag das Ergebnis vor. Es entsprach dem Spektrum eines Schwarzen Strahlers mit einer Temperatur von 2,725 ± 0,001 K, so perfekt, wie man es selbst im Labor kaum beobachten kann. Als John Mather seine Daten im Januar 1990 auf der Tagung der amerikanischen astronomischen Gesellschaft vorstellte, erntete er stehende Ovationen. Das ist auf wissenschaftlichen Konferenzen eher ungewöhnlich. Die Bedeutung dieses Resultats war überwältigend. Zum ersten Mal gab es eine quantitative Bestätigung der Urknallhypothese, die viele der konkurrierenden theoretischen Ansätze ausschloss.

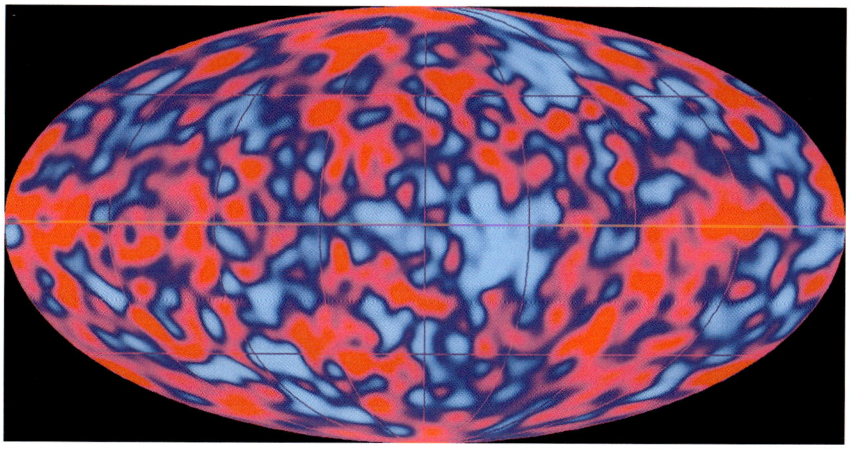

Diese Temperaturkarte der Mikrowellen-Hintergrundstrahlung ist das Ergebnis der Messung des differenziellen Radiometers auf dem COBE-Satelliten. Das Bild zeigt eine Darstellung in galaktischen Koordinaten. In der elliptischen Projektion ist die gesamte Himmelssphäre flächentreu wiedergegeben. Die horizontale Achse ist die Ebene der Milchstraße mit dem Sternbild des Schützen im Zentrum (nicht sichtbar). Wiedergegeben sind nur die minimalen Variationen der Hintergrundstrahlung, alle anderen Strukturen sind eliminiert. Die farbkodierte Temperaturskala reicht über etwa 100 Mikrokelvin.

Das Experiment von George Smoot ist völlig anderer Natur. Das differenzielle Mikrowellen-Radiometer ist die verbesserte Version eines Instruments, das auf einem U2-Spionageflugzeug erstmals eingesetzt wurde. Mit einer recht groben Winkelauflösung von 7° ist es in der Lage, extrem kleine Intensitätsunterschiede der Hintergrundstrahlung zu messen. Es geht hier um Differenzen in der Größenordnung von ein paar Millionstel der an sich schon sehr schwachen Strahlung. Das erste Ergebnis lag erst nach mehr als einem Jahr vor. Es bestand aus einem Bild mit verwaschenen Farbflecken, das eher an moderne Kunst als an ein Epoche machendes wissenschaftliches Resultat erinnert.
Doch das unscheinbare Bild hat es in sich: Die hier sichtbar gemachten kleinsten Variationen in der Temperatur des Universums 400.000 Jahre nach dem Urknall sind die Vorläufer der heutigen Himmelskörper wie Galaxien, Sterne, Planeten und unserer Erde. Aus der homogen Ursuppe von Materie und Strahlung entstanden aus diesen Anfängen Strukturen, die sich durch ihre Gravitation zusammenklumpten und im Zuge der Abkühlung weiter differenzierten. Heute sind Wissenschaftler in der Lage, durch Computersimulationen aus den gemessenen Daten die großräumige Entwicklung des Universums nachzuvollziehen.
COBE war das erste Glied in einer Kette von Forschungsarbeiten, die unser Verständnis des Universums völlig umkrempelte. Im Jahr 2001 startete die NASA den Satelliten »Microwave Anisotropy Probe (MAP)«, der später zu Ehren des Physikers David Todd Wilkinson in WMAP umbenannt wurde. Mit ihm konnten dank besserer Winkel- und Energieauflösung noch genauere Analysen der frühen Strukturen gemacht werden. Kosmologische Konzepte wie die inflationäre Expansion nach dem Urknall, dunkle Materie und dunkle Energie erhielten dadurch eine experimentelle Basis. Kosmologie wurde vom spekulativen Forschungsgegenstand zu einer präzisen Wissenschaft. Es werden noch weitere Verbesserungen durch die von der ESA für einen Start in 2008 vorbereitete Raumsonde »Planck« erwartet, welche die Genauigkeit noch um eine Größenordnung erhöhen wird.

Die Planck-Mission der ESA wird die Vermessung der kosmischen Hintergrundstrahlung nach dem Start in 2008 noch weiter verbessern.

### Die Entwicklung des Universums

Über den eigentlichen Beginn von Raum und Zeit können wir wenig aussagen. Physikalisch gesehen handelt es sich um eine Singularität. Wenn die Dimensionen von Raum und Zeit unter die der Planck-Skala fallen (Planck-Länge $10^{-35}$ m, Planck-Zeit $10^{-43}$ s), stoßen unsere Naturgesetze an ihre Grenzen. Der Zeitraum bis $10^{-36}$ Sekunden nach dem Urknall wird mit dem Begriff »Große Vereinheitlichung« bezeichnet. Alle vier Grundkräfte der Natur sind zu einer Urkraft verschmolzen. Die Ausdehnung ist klein genug, dass eine Art Gleichgewicht zwischen allen Teilen des späteren Kosmos hergestellt wird.

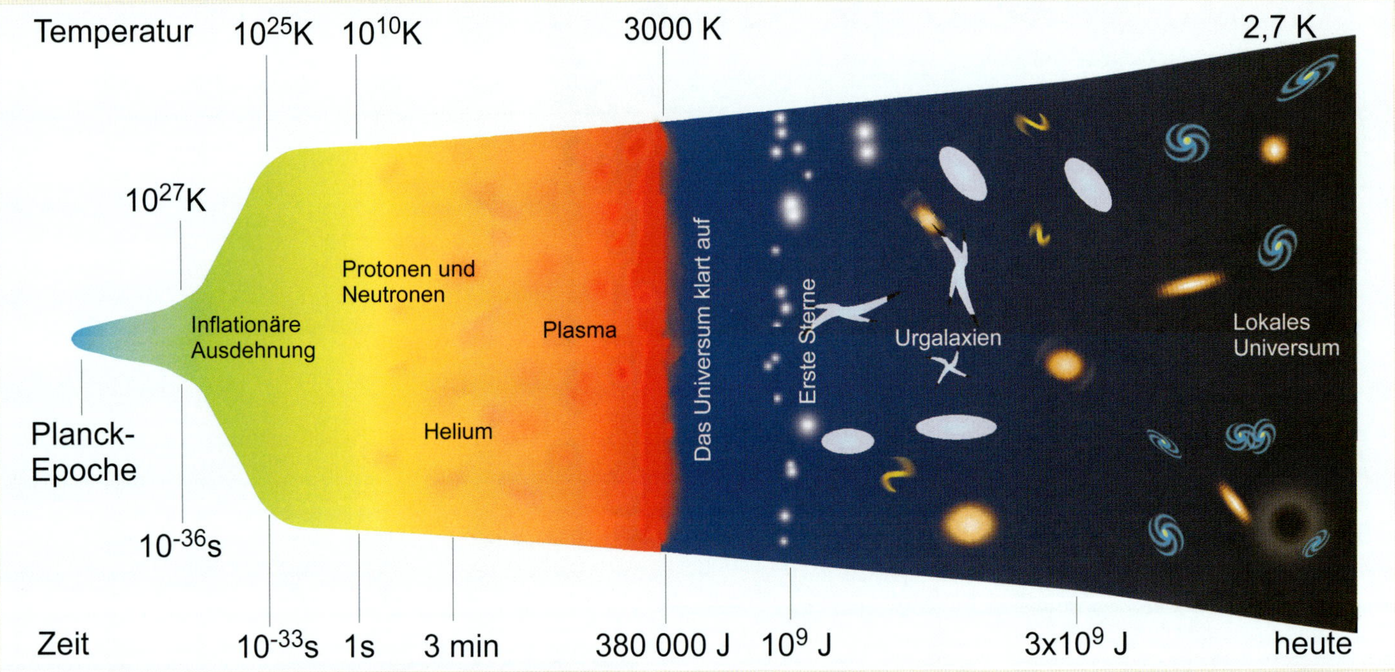


Nach etwa $10^{-36}$ s ist die Temperatur auf $10^{27}$ K gefallen. Nun beginnt, wenn die gegenwärtigen Hypothesen zutreffen, die »Inflationäre Phase«. In extrem kurzer Zeit wird der Weltraum um den Faktor $10^{50}$ aufgebläht. Dieser Vorgang einer überlichtschnellen Expansion ist nicht direkt beweisbar. Es können damit jedoch einige kosmologische Beobachtungen erklärt werden. Die von COBE gemessene Homogenität der Hintergrundstrahlung mit Abweichungen erst im Bereich von $10^{-5}$ ist eine davon. Danach beginnt die von Hubble beobachtete Ausdehnung, in der sich das Universum weiter abkühlt. Die Bausteine der heutigen Atome und Moleküle, Protonen und Neutronen, bilden sich bei etwa 1 Million K nach $10^{-12}$ s aus der Ursuppe. Die Strukturierung der Materie beginnt, indem immer mehr Teilchen mit kleinerer Masse kondensieren. Nach 1 s ist bei $10^{10}$ K die Bildung der Elementarteilchen abgeschlossen. Nach 10 s beginnt die Nukleosynthese, die Bildung von Atomkernen. Neben Wasserstoff entstehen 25 % Helium, zusammen mit Spuren von Deuterium und dem Isotop Helium-3. Bereits nach 5 Minuten wird durch die Expansion die Dichte so gering, dass die Nukleosynthese zum Erliegen kommt. Alle schwereren Elemente unseres Periodensystems werden später in Sternen gebildet.

Nach 380.000 Jahren fällt die Temperatur des bestehenden Plasmas unter 3000 °C, die Elektronen werden von den Protonen zu Wasserstoffkernen eingefangen. Photonen können sich zum ersten Mal frei ausbreiten, Licht und Materie sind getrennt. Das Universum wird durchsichtig. Die kosmische Mikrowellen-Hintergrundstrahlung ist der heutige Überrest dieses Ereignisses.

Unter dem Einfluss der Gravitation verstärken sich die winzigen Dichteschwankungen des früheren Plasmas, die Materie fängt an zu klumpen. Großräumige Strukturen bilden sich aus. Nach 1 Milliarde Jahren bilden sich Sterne, Sternhaufen und Urgalaxien. Die ersten elliptischen Galaxien, wie unsere Milchstraße, entstanden nach 3 Milliarden Jahren. Unser Planetensystem formte sich etwa 8 Milliarden Jahre nach dem Urknall.

### Synthese der Elemente

Das frühe Universum bestand aus 75 % Wasserstoff, 25 % Helium und Spuren an Deuterium, He-3 und Lithium. Weitere Reaktionen konnten nicht mehr stattfinden, als nach etwa 5 Minuten die Dichte durch die Expansion zu gering geworden war. Wir kennen jedoch ein ganzes Periodensystem mit über hundert Elementen. Wo kommen diese her?

Der Prozess der Nukleosynthese ging erst weiter, nachdem durch die Bildung von Sternen wieder Regionen hoher Dichte vorhanden waren. Die ersten Sterne entstanden etwa 1 Milliarde Jahre nach dem Urknall. Durch die Kompression im Gravitationskollaps entstanden so hohe Temperaturen, dass die Kernfusion gezündet wurde. Dieser Prozess, der Wasserstoff in Helium umwandelt, erzeugt viel Energie, wie unsere Sonne (und die Wasserstoffbombe) beweist. Die freiwerdende Energie stabilisiert die Sterne gegen weiteres Zusammenziehen durch die Schwerkraft.

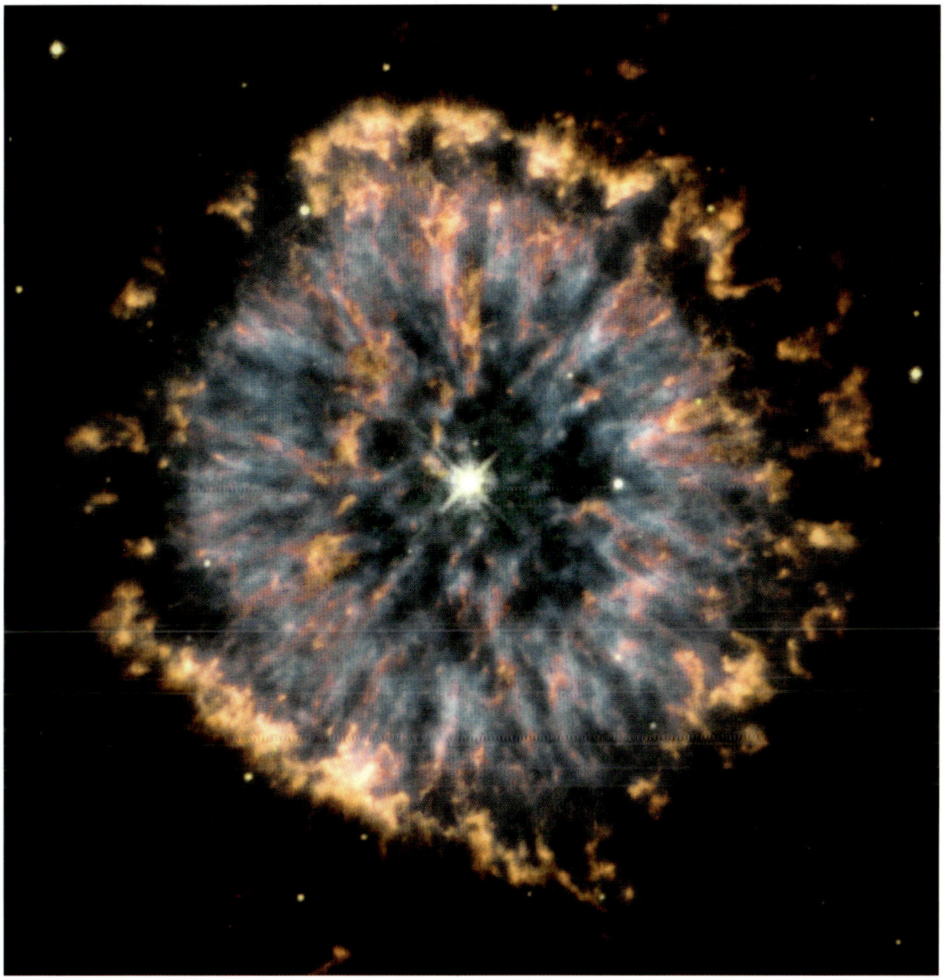

In Sternen werden die Elemente schwerer als Helium durch Kernfusion gebildet. Am Ende seiner Lebenszeit kollabiert ein sonnenähnlicher Stern und emittiert sein Material in einer Supernova-Explosion – Stoff zur Bildung neuer Sterne.

Geht das Brennmaterial Wasserstoff zur Neige, was bei den massiven frühen Sternen schon nach 50 Millionen Jahren eintrat, dann beginnt eine Expansion zum Roten Riesen. In diesem Zustand werden die Bedingungen günstig, um Helium zu Kohlenstoff zu verbrennen. Ist auch das Helium verbrannt, kollabiert der Stern, was die Temperatur erhöht und weitere Fusionsreaktionen auslöst. Auf diese Weise entstehen die schweren Elemente bis hin zum Eisen. Dann ist kein Energiegewinn durch Kernfusion mehr möglich. Schwerere Elemente als Eisen werden dadurch gebildet, dass Neutronen von Atomkernen eingefangen werden.

Wenn aller Brennstoff verbraucht ist und die Eisenasche sich angehäuft hat, ist nicht mehr genügend Energie vorhanden, um der Schwerkraft entgegenzuwirken. Der Stern kollabiert und endet schließlich in einer Supernova-Explosion, wodurch erneut Baustoff für die Bildung von Sternen zur Verfügung steht. Das Material unseres Sonnensystems hat einen solchen Zyklus mehrmals durchlaufen, bis schließlich die heutige Häufigkeitsverteilung der Elemente erreicht war.

Die erste Hubble Deep Field Aufnahme aus 1995 zeigt tausende von Galaxien an einer Stelle des Himmels, die eigentlich völlig schwarz erschien. Viele dieser Milchstraßen sind in sehr frühen Entwicklungsstadien, teilweise bis zu 12 Milliarden Jahre alt.

## Ein tiefer Blick

Beobachtungszeit am Hubble Weltraumteleskop ist sehr gefragt. Um Zugang zu diesem begehrten Instrument zu erhalten, muss ein perfekt ausgearbeiteter wissenschaftlicher Vorschlag eingereicht werden, der von internationalen Experten begutachtet wird. Nur die besten Anträge werden angenommen. Dabei wird die Messzeit kleinlich begrenzt, um möglichst vielen Forschern eine Chance zu geben. Es gibt jedoch eine Reserve, die dem Direktor des Space Telescope Science Institute in Baltimore exklusiv zur Verfügung steht.
Im Jahr 1995 beschloss der damalige Direktor Robert Williams, seine Beobachtungszeit einem ungewöhnlichen Projekt zu widmen. Es ging darum, so tief wie noch nie ins Universum vorzudringen. Dazu wurde eine Stelle am Himmel ausgewählt, in der auch mit den größten Teleskopen praktisch keine Sterne zu sehen sind. Das Gebiet hat etwa ein Hundertstel der Fläche des Vollmonds und liegt im Sternbild des Großen Wagens. Zehn Tage lang, über 150 Umläufe des Hubble Teleskops, wurden 340 Langzeit-Belichtungen von diesem vermeintlich leeren Fleck des Himmels gemacht. Was dabei herauskam, war überwältigend: Es war der tiefste Blick ins All, der der Menschheit je gelungen war.

Aus dem Nichts tauchten mehr als 1500 Galaxien auf. Einige von ihnen sind so weit entfernt, dass wir sie in einem Zustand sehen, in dem sie sich vor 12 Milliarden Jahren befanden. Sie präsentieren sich in ganz verschiedenen Stadien ihrer Entwicklung. Manche haben daher auch wenig Ähnlichkeit mit den jüngeren Milchstraßen in unserer Nachbarschaft. Zum ersten Mal hatte man Galaxien in ihrer Entstehungszeit entdeckt, verwaschen wirkende, kaum strukturierte Vorläufer der bisher bekannten.

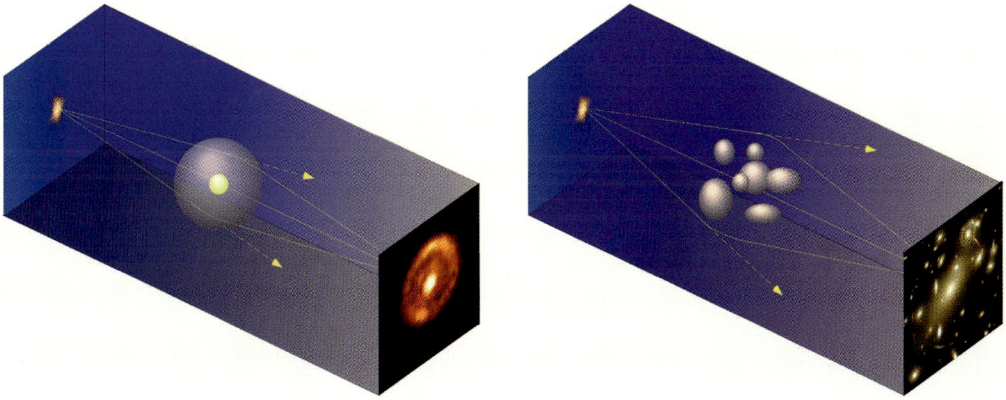

Licht wird durch die Gravitationswirkung abgelenkt, so dass große Massen im Kosmos wie Linsen wirken können. Eine zentralsymmetrische Masse bildet ein genau dahinter liegendes Objekt als ringförmige Halo ab (links). Komplexere Massenverteilungen führen zu Abbildungen, die als bogenförmige Verzerrungen erkennbar werden (rechts).

### Kosmische Lupe

In Aufnahmen des Hubble-Teleskops wurde noch ein anderes Phänomen beobachtet: die Gravitationslinsen. Seit Einsteins Relativitätstheorie wissen wir, dass ein Lichtstrahl von der Schwerkraft gekrümmt wird. Ein Stern erscheint in seiner Position verschoben, wenn sein Licht nahe an einer großen Masse (etwa der Sonne) vorbeiläuft. Diesen Effekt kann man in der Astronomie ausnutzen. Sehr große Masseansammlungen wie Galaxienhaufen oder massive Schwarze Löcher wirken auf das Licht wie eine Linse. Dahinter liegende Objekte werden nicht einfach verschoben, sondern je nach Geometrie verzerrt oder sogar abgebildet. Wenn zufällig eine weit entfernte Galaxie genau hinter einer kugelsymmetrischen Masseansammlung liegt, dann erhalten wir eine Abbildung, die als Ring um das ablenkende Zentralgestirn erscheint. Eine dermaßen günstige Anordnung findet sich jedoch in den seltensten Fällen. Oft ist das ablenkende Objekt ein unregelmäßiger Galaxienhaufen, was zu einer Abbildung in Form von partiellen Kreisbögen führt.
Auf diese Weise kann man ansonsten versteckte Objekte entdecken. Es ist aber auch möglich, umgekehrt aus den beobachteten Verzerrungen Rückschlüsse auf die ablenkenden Massen ziehen. Das Ergebnis ist erstaunlich. Die Messungen lassen in vielen Fällen auf weit größere Massen schließen, als man aus der astronomischen Beobachtung erwarten würde.

Diese Hubble-Aufnahme des Galaxienhaufens Abell 2218 zeigt charakteristische farbige Bögen. Diese sind Abbildungen von weit dahinter liegenden Galaxien, verzerrt durch die Wirkung der Gravitationslinse.

## Fehlende Massen

Nicht nur die Beobachtung von Gravitationslinsen lässt vermuten, dass im Universum weit mehr vorhanden ist, als wir wahrnehmen und messen können. Verfolgt man die Rotation von Galaxien, so stellt man fest, dass sich die Bewegung der äußeren Sterne nur erklären lässt, wenn in der Milchstraße sehr viel mehr Masse vorhanden ist, als das, was man an sichtbarer Materie beobachten kann. Es gibt noch weitere Indizien. Das frühe Zusammenklumpen der Materie im Weltall, von den Fluktuationen in der kosmischen Hintergrundstrahlung bis zu den heutigen Sternen, Galaxien und Galaxienhaufen, ist nach theoretischen Berechnungen viel zu langsam, wenn man nur die beobachtbaren Massen zugrunde legt. Auch hier muss auf fehlende Masse geschlossen werden.

Die Whirlpool-Galaxie M51 ist 30 Millionen Lichtjahre entfernt im Sternbild der Jagdhunde. Sie ist eine typische Spiralgalaxie wie unsere Milchstraße. Allerdings hat sie einen nahen Nachbarn, NGC 5195, der auf der rechten Seite sichtbar ist. Die Bewegung der Sterne in den äußeren Armen einer solchen Galaxis sollte nach den Keplerschen Gesetzen langsamer sein als innen. Beobachtet wird eine fast gleich hohe Geschwindigkeit, was sich nur durch die Annahme von sehr hohen, aber nicht sichtbaren Massenanteilen erklären lässt.

Natürlich gibt es Materie im All, die wir nicht sehen. Alles was kalt ist und deshalb nicht strahlt, ist schwierig zu detektieren. Planeten, kalte Sterne wie Braune Zwerge, oder auch Gas und Staub sind Beispiele für nicht sichtbare, ansonsten jedoch ganz gewöhnliche Materie. Selbst wenn man den sichtbaren Anteil auf ein Zehntel der gesamten Masse schätzt, reicht er bei Weitem nicht aus, um die fehlende Masse zu erklären. Mangels einer physikalischen Erklärung wurde dafür der Begriff »Dunkle Materie« geprägt.

Es kommt noch schlimmer. Sehr genaue Messungen der Ausdehnungsgeschwindigkeit unseres Universums zeigen erstaunliche Ergebnisse. Hierzu nutzt man eine bestimmte Art sehr heller Supernovae, den Typ 1a, deren Leuchtkraft bekannt ist. Da die gemessene Helligkeit mit dem Quadrat des Abstands abnimmt, kann man ihre Entfernung bestimmen. Zusammen mit der Rotverschiebung erhält man sehr genaue Werte für die Expansion. Zur allgemeinen Überraschung stellte man so fest, dass unser Weltall sich beschleunigt ausdehnt. Dies ist ein Phänomen, das sich mit herkömmlicher Materie nicht erklären lässt. Daher wird ein neuer Begriff definiert, die »Dunkle Energie« (die natürlich wegen der Einstein-Gleichung $E=m \cdot c^2$ auch als Masse beschrieben werden kann). Sie hat auf herkömmliche Materie eine abstoßende Wirkung und führt damit zur der beobachteten Expansion.

Die Gesamtdichte des Universums hat noch eine viel weiter reichende Bedeutung. Sie ist ausschlaggebend für die Frage, wie sich die Expansion des Alls über sehr lange Zeiträume entwickelt. Ist die gesamte Masse sehr hoch, dann wird sie die Ausdehnung durch die Gravitations-Anziehung verlangsamen. Es wird ein Punkt erreicht, an dem die Expansion zum Stillstand kommt, sich umkehrt und das gesamte Universum wieder in sich zusammenstürzt. Ein solches Weltall hoher Dichte ist endlich und hat eine begrenzte Lebensdauer. Hat man andererseits eine niedrige Gesamtmasse, so verlangsamt sich die Ausdehnung zwar, aber nicht so sehr, dass es zu Stillstand und Umkehrung kommt. Ständige Expansion führt zu einem zeitlich und räumlich unbegrenzten, offenen Universum. Zwischen diesen beiden Extremfällen gibt es einen Grenzwert, bei dem die Masse gerade nicht ausreicht, um einen Umkehrpunkt zu erreichen. Man nennt dies die kritische Dichte. Sie beträgt etwa 6 Wasserstoff-Atome pro Kubikmeter – ein extremes Vakuum, das sich unter irdischen Laborbedingungen nicht verwirklichen lässt. Ein Universum mit kritischer Dichte nennt man »flach«. Nur dort gilt die uns vertraute euklidische Geometrie.

Glücklicherweise ist es möglich, mit den beobachteten Daten der kosmischen Hintergrundstrahlung zusammen mit dem Urknallmodell recht gute Abschätzungen über die Masse des Universums zu machen. Die Analyse der Ergebnisse des WMAP-Satelliten zeigen, dass die gesamte Dichte unseres Weltalls sehr nahe am kritischen Wert liegt. Für den Anteil der »gewöhnlichen«, also der baryonischen Materie, ergibt sich eine Obergrenze. Die Produktion von Deuterium in der sehr frühen Phase, wenige Minuten nach dem Urknall, hängt stark von der Dichte ab. Da Sterne bei ihrer Nukleosynthese kein Deuterium mehr herstellen, kann aus der heute beobachteten Deuteriumhäufigkeit die Dichte an »normaler« Materie des frühen Universums angegeben werden.

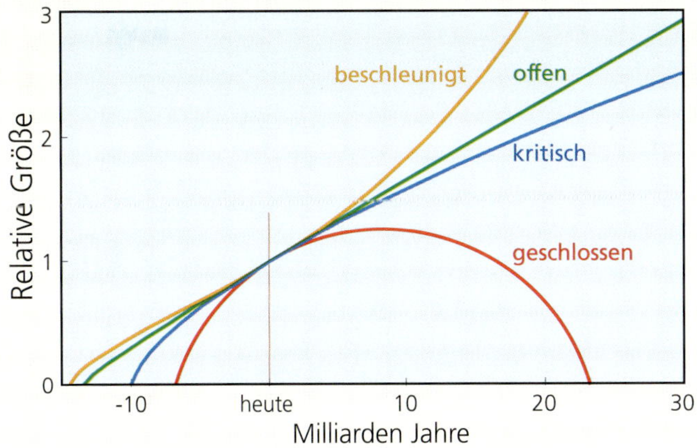


Die Entwicklung des Universums hängt von der gesamten Massendichte ab. Bei großer Masse führt die Gravitationsanziehung dazu, dass die Expansion zum Stillstand kommt und das All wieder kollabiert (rot). Ein offenes Weltall niedriger Dichte (grün) expandiert ins Unendliche. Dazwischen liegt die kritische Dichte (blau). Eine beschleunigte Expansion (orange) ist mit normaler Materie nicht erklärbar.

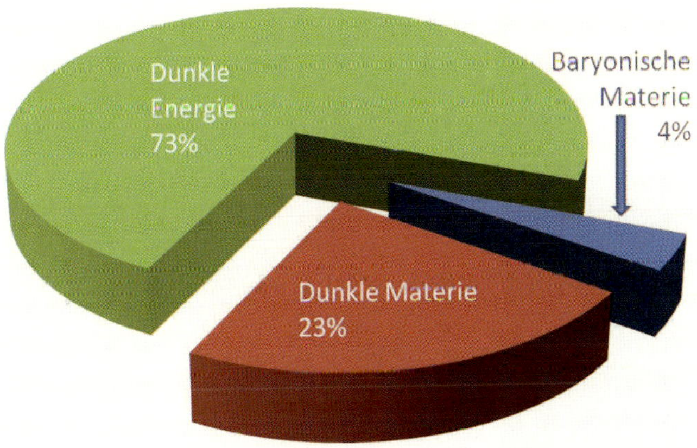


Nur 4% der Materie im Universum ist in »normaler« baryonischer Form, wie wir sie in den Elementarteilchen der bestehenden Atome kennen. Das All wird dominiert von Dunkler Materie und Dunkler Energie, die sich nur durch die anziehende Gravitation oder abstoßende Kraftwirkung bemerkbar machen.

Die Bilanz sieht erschreckend aus. Das, was wir an Materie kennen, aus Protonen und Neutronen zusammengesetzte Atome, macht gerade mal 4 % der Gesamtmasse des Weltalls aus. 23 % des Universums besteht aus Dunkler Materie, einem unbekannten Stoff, von dem wir allein die Gravitationswirkung erfahren. Einen noch größeren Anteil, 73 %, hat die Dunkle Energie. Auch deren Natur kennen wir nicht, wir wissen nur, dass sie für die beschleunigte Expansion des Weltalls verantwortlich ist.

## Das neue Bild des Alls

Durch die Raumfahrt hat sich unser Wissen um das Universum innerhalb eines halben Jahrhunderts enorm erweitert. In den 50er-Jahren wurde es noch als statisch, von manchen als unerforschbar angesehen. Heute kennen wir ein dynamisches, sich mit der Hubble-Konstante von 74 km/s·Mpc ausdehnendes Weltall. Es hatte einen Anfang, vor 13,7 Milliarden Jahren, wird jedoch kein Ende haben. In der frühen Phase war es extrem heiß, heute beträgt seine Temperatur 2,7 K. Die Expansion begann mit einer inflationären Phase, die heutige Ausdehnung beträgt knapp 100 Milliarden Lichtjahre. Es enthält etwa 100 Milliarden Galaxien mit jeweils etwa 100 Milliarden Sternen.

Seit den bahnbrechenden Ergebnissen, die mit dem COBE-Satelliten und seinem Nachfolger WMAP gewonnen wurden, ist die Kosmologie eine exakte Wissenschaft. Das kosmologische Standardmodell, das daraus abgeleitet wurde, ist mit anderen großen Bereichen der Physik wie der Relativitätstheorie oder der Elementarteilchenphysik im Einklang. Leider müssen wir feststellen, dass dieses kohärente Bild mit der unangenehmen Vorstellung einhergeht, dass nur 4 % der gesamten Masse des Universums in einer Form ist, die wir beschreiben und verstehen können. Der Rest, die Dunkle Materie und die Dunkle Energie, dominieren unser All, sind aber weder zu beobachten, noch können sie theoretisch beschrieben werden. Möglicherweise stehen wir vor einer Erkenntnisschwelle in der Physik, die vergleichbar mit den Schritten, die Newton, Einstein, Bohr oder Schrödinger wagten, unser Verständnis so erweitert, dass diese neuen Phänomene konsequent einbezogen werden.

Weltraumteleskope wie das Hubble Space Telescope senden uns Bilder faszinierender exotischer Welten von hohem ästhetischem Reiz. Dadurch erweitern wir unser Verständnis des Alls. Gleichzeitig werden uns die Grenzen unseres Wissens aufgezeigt.
Das Bild zeigt den Stern V838 Monocerotis, 20.000 Lichtjahre entfernt, und seine Staubhülle.

# Eine Reise durch unser Planetensystem

Der Blick zum Himmel in einer klaren Nacht ist faszinierend. Mit bloßem Auge können wir bis zu 3000 Sterne sehen, einige angeordnet in Sternbildern, dazu die Milchstraße. Im jährlichen Verlauf ändert sich die Position der Himmelskugel, sie scheint sich von Ost nach West zu drehen. Nach einem Jahr wiederholt sich das Schauspiel in identischer Form: Die Fixsterne wirken wie festgenagelt innen auf einer Hohlkugel, die sich um die Erde dreht. Sternbilder ändern sich nicht, ihr Erscheinen ist völlig vorhersagbar.

Bevor es Teleskope gab, waren die Fixsterne für Astronomen daher eher uninteressant. Den ganzen Berufsstand hätte es wohl kaum gegeben, wären da nicht die Planeten, die Wandelsterne. Diese teils sehr auffälligen Himmelskörper verändern fortwährend ihre Position am Fixsternhimmel und untereinander. Einige bewegen sich sehr schnell, über Tage, andere eher langsam. Die Zahl dieser Objekte ist überschaubar. Mit bloßem Auge sind fünf zu sehen. Ihre Position, auch relativ zu Sonne und Mond, ließ sich mit viel Erfahrung, sorgfältiger Beobachtung und dem Wissen früherer Generationen in Grenzen vorhersagen. Menschen, die zu solchen Vorhersagen fähig waren, galten daher oft als Weise. Von ihnen wurde erwartet, dass sie auch die Zukunft und persönliche Schicksale vorhersagen können. So entstand die Astrologie. In ihr reduziert sich der Fixsternhimmel auf den Tierkreis mit den 12 Sternbildern, durch welche die Planeten hindurchwandern. Die Positionen der Planeten zu einem bestimmten Zeitpunkt, etwa der Geburt eines Menschen, werden dort eingetragen. Aus ihrer Stellung zueinander und zu den Tierkreiszeichen werden dann Eigenschaften und Schicksale abgeleitet.

Eine Darstellung des Tierkreises aus »Les Très Riches Heures du Duc de Berry« aus dem 15. Jahrhundert.

## Da waren´s nur noch acht

In der Antike kannte man die Planeten Merkur, Venus, Mars, Jupiter und Saturn. Sie dienten, zusammen mit Sonne und Mond, als Namensgeber für die sieben Wochentage. Erst 1781 entdeckte der Astronom Herschel den Planeten Uranus. Unregelmäßigkeiten in seiner Bahn ließen vermuten, dass noch ein weiterer Wandelstern vorhanden sein muss. Es war ein Triumph der Keplerschen Gesetze, dass nach theoretischen Voraussagen tatsächlich im Jahr 1846 ein achter Planet, Neptun, gefunden wurde. 1930 wurde dann Pluto als letztes und kleinstes Mitglied in die Planetenfamilie aufgenommen. Seither hatten wir uns an neun Planeten im Sonnensystem gewöhnt.

Das ging so lange gut, bis die Internationale Astronomische Union sich im Sommer 2006 vornahm, die Planeten wissenschaftlich zu definieren. Das war notwendig geworden, weil in der Umgebung des Pluto, im so genannten Kuiper-Gürtel, ähnlich große Objekte gefunden wurden. Nun ging es darum, entweder Pluto als Planet zu erhalten, mit der Konsequenz, dass auch andere Körper als Planeten bezeichnet werden müssen. Es ist heute noch nicht absehbar, wie viele das sein würden. Die Alternative war, Pluto den Planetenstatus zu entziehen. Nach kontroversen Diskussionen entschied sich die IAU, die Planetendefinition restriktiv zu formulieren, dafür aber die neue Kategorie der »Zwergplaneten« einzuführen. Seither hat unser Sonnensystem nur noch acht Planeten. Alle wurden bereits von Raumsonden besucht und wissenschaftlich erforscht.

### Die ungleichen Geschwister

Betrachtet man das Sonnensystem vom Gesichtspunkt der Masse an Materie, dann zählt eigentlich nur die Sonne. Sie allein hat 99,8 % aller Masse in sich vereinigt. Dabei ist sie nur ein durchschnittlicher Hauptreihen-Zwergstern mittleren Alters der Spektralklasse G2. Neben den Planeten besteht ihr Umfeld aus unzähligen verschiedenartigen Körpern wie Monden, Asteroiden, Kometen, Zwergplaneten und anderen Objekten. Alle Planeten zusammen machen gerade mal 0,13 % der Gesamtmasse aus.

Die acht Planeten unseres Sonnensystems in der Reihenfolge ihres Abstands zur Sonne und im maßstabsgetreuen Größenvergleich. Man erkennt die Gruppe der vier kleinen terrestrischen Planeten (links) und der vier großen Gasplaneten.

Die Planetenbahnen beschreiben Ellipsen, wobei die Sonne in einem der beiden Brennpunkte liegt. Alle Bahnen liegen in einer Ebene, der Ekliptik, und die Bewegungsrichtung verläuft, vom Nordpol der Sonne aus gesehen, gegen den Uhrzeigersinn.

Damit sind die Gemeinsamkeiten schon fast aufgezählt. Sieht man sich die Planeten einmal zusammen an, so fällt sofort auf, das sie aus zwei Gruppen bestehen, grob gesagt aus den Kleinen und den Großen.

Innen, nah an der Sonne, haben wir die Gruppe der kleinen terrestrischen Planeten. Sie wurden so genannt, weil sie der Erde recht ähnlich sind. Merkur, Venus und Mars bestehen aus festem Material und haben eine feste Oberfläche. Sie weisen eine hohe Dichte zwischen 4 und 6 g/cm$^3$ auf, da sie aus Metallen und Gestein bestehen. Auch ihre innere Struktur ist ähnlich. Sie sind in Schalen aufgebaut, mit einem Eisenkern, einem silikatischen Mantel und einer Kruste.

Im Vergleich zu dieser Gruppe sind die äußeren Gasplaneten riesig. Sie haben keine feste Oberfläche, kein Raumfahrzeug könnte darauf landen. Es sind Gaskugeln, überwiegend aus Wasserstoff und Helium bestehend. Nach innen verdichtet sich das Gas und wird dort flüssig oder sogar fest. Wahrscheinlich haben sie auch einen Kern aus Gestein und Eisen. Jupiter ist der größte Vertreter dieser Gruppe, Saturn steht ihm kaum nach, während Uranus und Neptun deutlich kleiner sind. Die Gasriesen haben eine geringe Dichte, rotieren schnell um ihre Achse im Vergleich zu den terrestrischen Planeten, haben Ringe und viele Monde.

### Besuche bei den Nachbarn

Mit den heutigen Möglichkeiten der Raumfahrttechnik sind wir in der Lage, alle Planeten und die meisten kleineren Körper in unserem Sonnensystem zu besuchen. Dabei geht man meist schrittweise vor: Als Erstes sendet man eine Sonde zu dem Himmelskörper, um im Vorbeiflug möglichst viele Daten zu sammeln und Bilder zu machen. Alle Planeten außer dem Zwergplaneten Pluto, die meisten Monde und einige kleine Körper wurden so bereits erkundet. Als Zweites folgt das schwierigere Manöver des Einschwenkens in die Umlaufbahn. Hierzu muss ein Raumfahrzeug auf die Bahn des Zielkörpers gebracht werden, um sich dort von dessen Schwerefeld auf eine Orbitalbahn einfangen zu lassen. Der dritte Schritt ist das Absetzen einer Landesonde, eventuell sogar mit Probennahme und Rückführung der Bodenprobe zur Erde. Als vorläufig letzter Schritt kann die Landung eines Astronauten erfolgen. Unser Mond ist der einzige Himmelskörper, an dem alle diese Schritte bereits erfolgreich durchgeführt wurden.

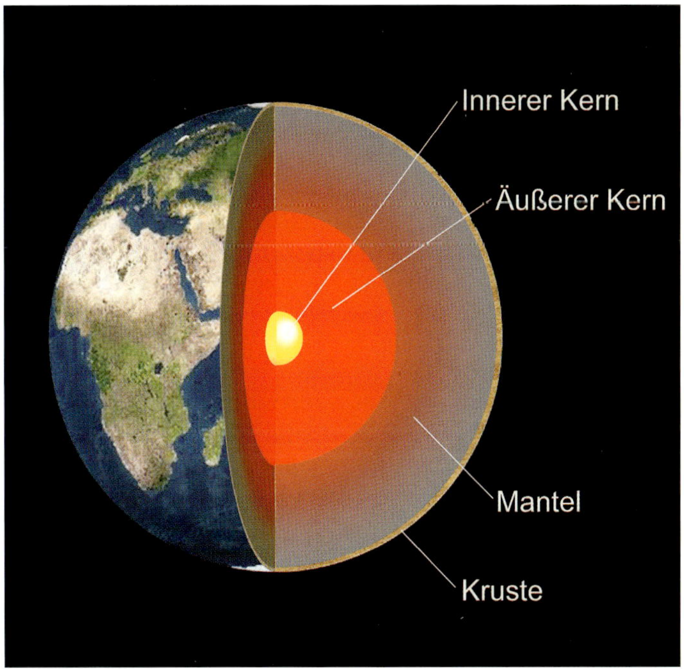


Innerer Aufbau eines terrestrischen Planeten am Beispiel der Erde.

Die Voyager-Sonden, hier vor dem Planeten Neptun, besuchten in den Jahren 1979 bis 1989 die äußeren Planeten in Vorbeiflügen.

Der Planet Merkur ist nach dem römischen Götterboten benannt. Diese Skulptur wurde von Hendrick de Keyser in 1611 geschaffen und steht im Rijksmuseum Amsterdam.

## Nahe der Sonne: Merkur

Der kleinste Planet, Merkur, ist von der Nordhalbkugel der Erde aus mit bloßem Auge zu sehen. Da er sich aber immer nahe der Sonne befindet, wird er nur kurz vor Sonnenaufgang oder kurz nach Sonnenuntergang sichtbar. Dann steht er flach über dem Horizont und kann sich gegen die Dämmerung der nahen Sonne nur bei sehr klarem Himmel durchsetzen. Es heißt, dass Johannes Kepler, der immerhin im Jahr 1627 einen Transit des Merkur vor der Sonne voraussagte, den Planeten selbst nie gesehen hat.

Mit Teleskopen ist Merkur wegen seiner Nähe zur Sonne nur schwer zu beobachten, selbst das Hubble-Weltraumteleskop würde seine Spiegel gefährden, wenn es auf ihn gerichtet würde. Dummerweise ist es auch mit Raumsonden schwierig, ihn zu erreichen. Merkur sitzt tief im Potenzialtopf der Sonne, nur ein Drittel so weit entfernt wie die Erde. Um die starke Gravitationswirkung, die ja mit dem Quadrat des Abstands abnimmt, durch Zentrifugalkraft zu kompensieren, rast er in 88 Tagen um die Sonne.

### Schwung vom Nachbarplaneten

Der Flug zum innersten Planeten wurde 1973 mit Hilfe eines bahnmechanischen Tricks möglich. Der italienische Mathematiker Giuseppe Colombo entwickelte eine Transferbahn, bei der die Sonde Mariner 10 zunächst zur Venus geschossen wurde, dort in einem Vorbeiflug, dem Swingby-Manöver (auch Gravity Assist genannt) Schwung holte, um dann zum Merkur weiter zu fliegen. Durch eine raffinierte Bahn waren dann innerhalb eines Jahres drei Vorbeiflüge möglich, bei denen knapp die Hälfte der Planetenoberfläche untersucht und fotografiert werden konnte.

**Das Swingby-Manöver** ist ein bahnmechanischer Trick, um mit Hilfe eines Planeten oder Mondes einer Raumsonde zusätzlichen Schwung zu geben. Normalerweise funktioniert das nicht: Im Zweikörper-Stoß gilt die Energie- und Impulserhaltung. Das bedeutet für den Vorbeiflug einer Sonde an einem Planeten, der im Vergleich zu ihr eine sehr große Masse hat, dass sich zwar die Richtung der Flugbahn ändert, nicht aber die Geschwindigkeit. Das wird am Beispiel eines elastischen Balls deutlich. Zwar springt er vom Boden zurück, wird aber nie eine höhere Geschwindigkeit als vor dem Aufprall erreichen. Anders wird die Situation, wenn sich beide Objekte im Schwerefeld der Sonne bewegen, wenn also der Stoß in einem Dreikörper-System stattfindet. Hier kann im Vorbeiflug Energie zwischen Sonde und Planet ausgetauscht werden. Während des Flugs im Gravitationsfeld des Planeten wird die Sonde von dessen Bahnbewegung um die Sonne »mitgezogen« und hat beim Austritt aus der gravitativen Einflusssphäre eine andere Geschwindigkeit und Richtung. Je nach Flugbahn lässt sich diese Technik auch zur Änderung der Bahnebene einsetzen, zum Beispiel um ein Raumfahrzeug aus der Ekliptik hinauszukatapultieren und auf eine Polarbahn um die Sonne zu bringen.

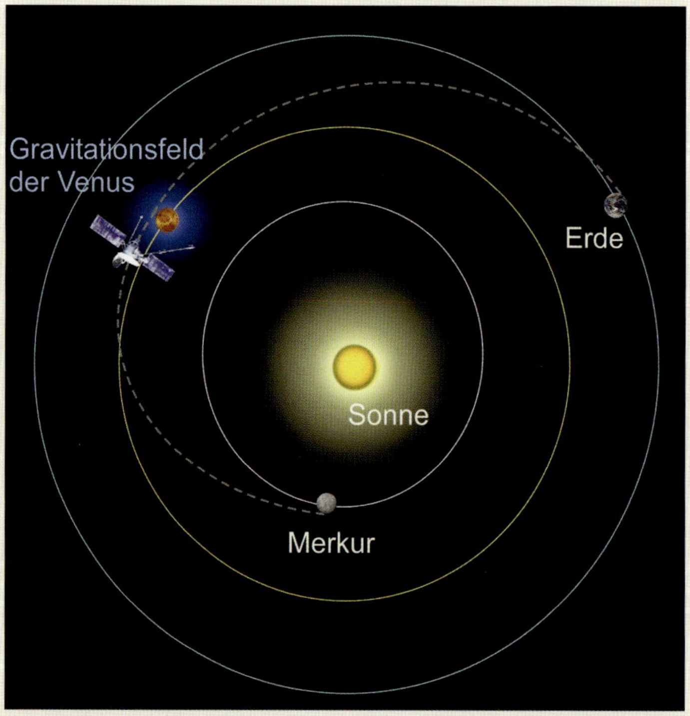

Information über den Rest der Oberfläche werden wir erst von der NASA-Mission »Messenger« erhalten die, gestartet im Jahr 2004, ab 2011 den kleinen Wandelstern erkunden wird. Die ESA plant eine weitere Mission mit Doppelsonden, die jeweils auf spezielle Merkur-Umlaufbahnen einschwenken werden. Die Mission trägt den Namen »BepiColombo«, benannt nach dem Spitznamen des Pioniers der Swingby-Technik. Sie ist für einen Start in 2013 und Ankunft im Jahr 2019 vorgesehen.

Auf den ersten Blick ähnelt der Planet Merkur unserem Mond. Er ist nur 40 % größer, hat wie dieser keine Atmosphäre und ist von Kratern übersät. Die Oberfläche ist sehr alt. Seit dem Erstarren der äußeren Kruste vor etwa 4,5 Milliarden Jahren hat sie ihre Eigenschaften sowie die Einschläge von Meteoriten und Kometen konserviert. Unglaubliche Temperaturunterschiede prägen den Planeten: Auf der Sonnenseite kann es 460 °C heiß werden, nachts fallen die Werte unter –180 °C.

Die Mission Mariner 10 hat Merkur im Jahr 1973 zum ersten Mal in drei Vorbeiflügen untersucht. Diese lieferten bisher die einzigen Informationen über den kleinsten und innersten Planeten unseres Sonnensystems.

### Lichtspiele

Der Planet dreht sich während zweier Umläufe um die Sonne drei Mal um seine Achse. Dadurch wird der Tag sehr lang, nämlich 176 Erdtage. Die Sonne erscheint fast drei Mal so groß wie von der Erde aus betrachtet, und sie verhält sich sehr ungewohnt. Wegen der starken Exzentrizität der Merkurbahn wird ihre Scheibe nach dem Sonnenaufgang immer größer. Die scheinbare Bewegung der Sonne kann zu einem Halt kommen, ihre Richtung umkehren und dann wieder entlang der ursprünglichen Bahn weiter laufen. Dabei bewegen sich die Sterne im Hintergrund drei Mal so schnell wie die Sonne. Eine für uns völlig ungewohnte Situation.

Für die Planetenforschung ist Merkur nicht nur wegen des extremen Alters seiner Oberfläche interessant, sondern auch wegen seiner ungewöhnlichen inneren Struktur. Er besteht aus einem riesigen Eisen-Nickel-Kern, der drei Viertel der Gesamtgröße ausmacht. Die Kruste ist wahrscheinlich nur einige Kilometer dick.

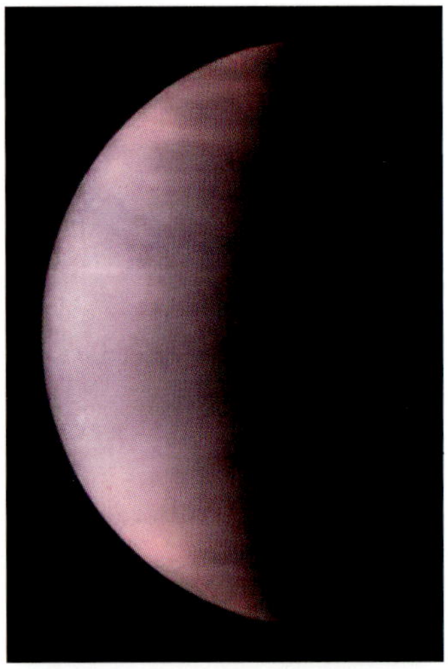

Selbst das Hubble-Teleskop sieht von der Venus nur die wolkenverhangene Atmosphäre.

## Dicke Luft auf Venus

Jeder, der interessiert in den Nachthimmel schaut, kennt die Venus. Als Morgen- oder Abendstern ist sie meist in der Dämmerung zu sehen, nach dem Mond das hellste Objekt am Sternenhimmel. Mit einem guten Feldstecher kann man sie als Sichel wahrnehmen. Sie zeigt Phasen wie der Mond.

Die Venus wird oft als der Schwesterplanet der Erde bezeichnet. Sie hat fast dieselbe Größe und eine sehr ähnliche Masse. Von allen Planeten steht sie der Erde am nächsten. Sie hat sich ähnlich entwickelt, besitzt eine feste Oberfläche und eine Atmosphäre.

Das ist aber auch schon das Ende der Ähnlichkeiten. Zwar könnte man auf dem basaltischen Gestein der Venus, das auch auf der Erde vorkommt, herumlaufen. Der Druck der Atmosphäre würde jedoch alles zerquetschen. Er entspricht den Verhältnissen in 900 m Tiefe eines irdischen Ozeans. Außerdem herrscht mit 450 °C die Temperatur eines überhitzten Backofens. Das ist eigentlich unerwartet, denn Venus läuft auf einer Bahn gerade mal 40 Millionen km näher an der Sonne als unser Heimatplanet. Unter ähnlichen Verhältnissen wie auf der Erde würde man Temperaturen unter 70 °C erwarten, was früher zu der Vermutung führte, dass dort tropische Vegetation zu finden sei.

### Treibhausplanet

Der Grund für die hohe Temperatur ist ein selbst verstärkender Treibhauseffekt, wie er im Prinzip auch auf unserem Planeten möglich ist. Die Venusatmosphäre besteht zu 97 % aus Kohlendioxid, das wir als Treibhausgas kennen und ungeniert bei der Verbrennung fossiler Energieträger in die Luft pusten. Das Verblüffende dabei ist, dass kaum Sonnenlicht zur festen Venusoberfläche gelangt, da 80 % schon an der Außenseite der Wolkendecke in den Weltraum reflektiert werden. Die 10 %, die durchdringen, werden als Infrarotstrahlung zurückgestrahlt und können aus der Atmosphäre nicht mehr entweichen. Das, zusammen mit der Wärmeabstrahlung des Planetenkerns, führt zu der beobachteten enormen Aufheizung.

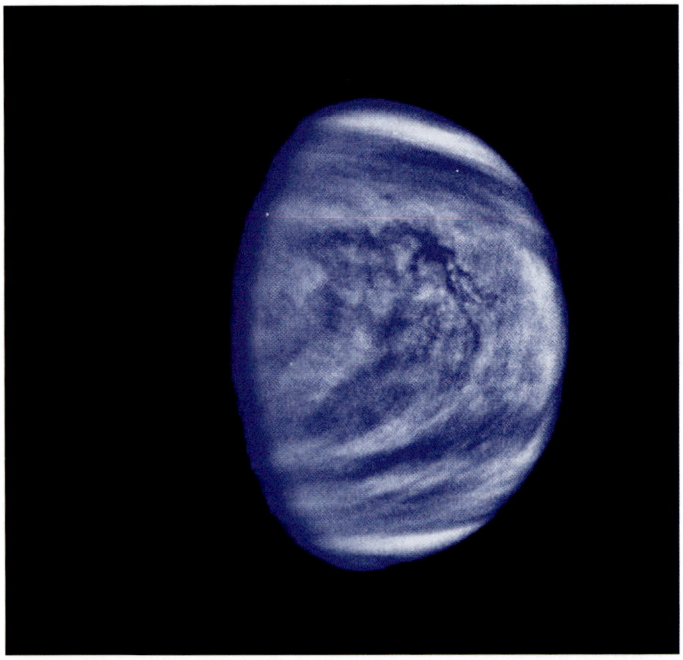

Die Sonde Galileo machte im Jahr 1990 auf ihrem Weg zum Jupiter dieses Bild der Venus aus 2,7 Millionen km Entfernung. Durch ein Violettfilter aufgenommen wurde der Kontrast durch Blau-Einfärbung verstärkt. Man sieht dynamische Strömungsfelder, hervorgerufen durch die äquatoriale »Superrotation«. Die Atmosphäre rotiert mit ca. 360 km/h 60 Mal schneller als der Planet selbst.

Auf der Erde ist Kohlendioxid in vergleichbaren Mengen vorhanden. Es befindet sich aber nicht in der Atmosphäre, wo es nur 0,03 % ausmacht, sondern ist in Ozeanen gelöst, in Kalkstein abgelagert oder in Biomasse gebunden. Wir sollten daher unseren Schwesterplaneten sorgfältig beobachten, um aus den dort herrschenden Verhältnissen für die Zukunft der Erde zu lernen.

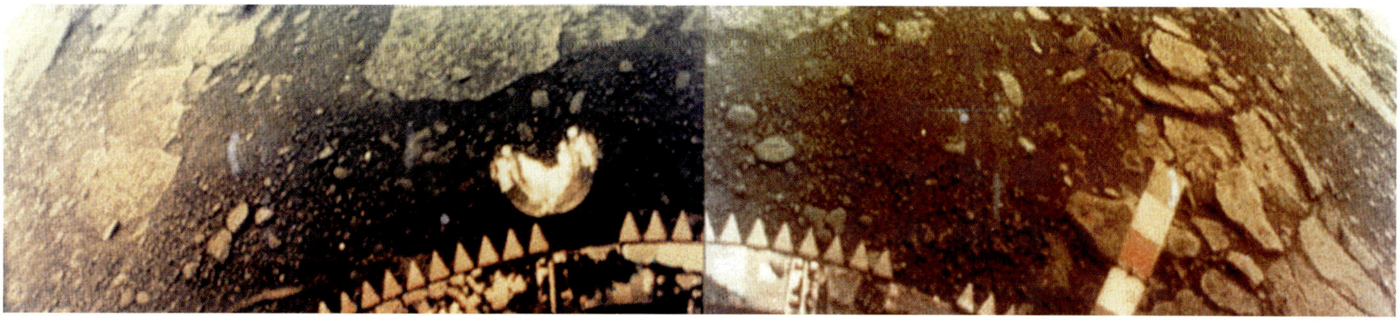

Das erste Farbbild der Venus-Oberfläche, aufgenommen durch die russische Sonde Venera 13. Am unteren Rand sieht man Teile der Landesonde, rechts eine Farbtafel zur Farbkorrektur. Durch die Weitwinkellinse ist das Bild geometrisch stark verzerrt, der Horizont ist links und rechts oben in den Ecken zu sehen.

Die dichte Wolkenhülle der Venus besteht nicht aus Wasserdampf, sondern aus Tröpfchen von Schwefelsäure. Sie verhindert jeden Durchblick auf die Oberfläche. Selbst aus der Nähe, aus der Perspektive einer Raumsonde, sieht man nichts als weitgehend strukturlose Wolken, die den Planeten mit Orkangeschwindigkeit umrunden. Da Venus relativ leicht erreichbar ist, wurde daher schon früh versucht, eine Landesonde abzusetzen.

### Venera – eine russische Erfolgsgeschichte

Besonders Russland hatte sich auf den Zielplaneten Venus konzentriert. Bereits 1961 startete Venera 1 als erste Raumsonde zu einem fremden Planeten. Leider war dieser Mission kein Erfolg beschieden. Seit 1966 entwickelte Russland Atmosphären- und Landesonden, deren frühe Modelle jedoch von dem enormen Druck der Atmosphäre zerquetscht wurden. Die erste erfolgreiche Landung auf einem Planeten erreichte Venera 7 in 1970. Venera 9 sandte das erste Bild der Oberfläche zur Erde, überlebte die Landung allerdings nur für eine knappe Stunde. Farbbilder wurden bei den Missionen Venera 13 und 14 zur Erde übermittelt.

### Enthüllte Venus

Ein Planet wie Venus, mit einer dicken, undurchsichtigen Wolkenhülle, kann global nur mit Radar untersucht werden. Hierfür eignet sich vor allem die Technik der synthetischen Apertur, bei der die Orbitalbewegung zur Erhöhung der Auflösung genutzt wird. Auf Venera 15 und 16 kam ein solches Instrument 1983 erstmals zum Einsatz. Mit ausgereifter Technik konnte die US-Sonde Magellan ab 1990 eine globale

Seltsame Strukturen finden sich auf Venus. Gula Mons ist ein Vulkan von etwa 3 km Höhe. Dieses Bild mit einem simulierten Blick aus der Höhe der Erhebung wurde aus Radar-Daten rekonstruiert.

Radar-Kartierung der Venus mit einer Auflösung von horizontal 100 m pro Pixel und vertikal 30 m durchführen. Die Oberfläche der Venus ist auf geologischen Zeitskalen sehr jung, weniger als 500 Millionen Jahre alt. Sie wurde geformt durch Vulkanismus und thermische Deformation der Kruste. Es finden sich relativ wenig Krater, und fast keine unter 2 km Durchmesser. Das ist verständlich, schaffen es doch nur große Meteoriten, durch die dichte Atmosphäre zu gelangen. Letztere wird durch die europäische Sonde Venus Express eingehend untersucht. Sie ist in der Lage, die Wolken mit speziellen Sensoren teilweise zu durchdringen und Phänomene in verschiedenen Höhenlagen zu analysieren.

Die enthüllte Venus: Radar mit synthetischer Apertur durchdringt die Wolkenhülle und zeigt eine globale Ansicht der festen Oberfläche unseres Nachbarplaneten. Der helle Bereich nahe der Mitte ist Aphrodite Terra, das größte Hochland der Venus. Die Farben des Radarbildes beruhen auf den Bildern der russischen Lander Venera 13/14.

Aufnahmen des atmosphärischen Doppelwirbels am Südpol der Venus durch das Instrument VIRTIS auf Venus Express. In ausgewählten Wellenlängenbereichen des Infrarot werden verschiedene Höhen (links 59 km, Mitte 60 km, rechts 65 km) abgebildet. Der dunkle Bogen unten rechts hat einen Durchmesser von 2500 km und wird durch die atmosphärische Superrotation gebildet.

### Wie entsteht ein Planetensystem?

Unser Universum ist nicht leer – auch außerhalb der Sterne und Galaxien, die wir sehen können. Hier befindet sich Gas und Staub, entstanden bei der Explosion früherer Sternengenerationen. Diese Materie ist keineswegs gleichmäßig verteilt, an manchen Stellen verklumpt sie sich zu Wolken. Wie die eindrucksvollen Bilder des Hubble-Teleskops zeigen, sind diese Veränderungen unterworfen, etwa durch Strahlung, Strömung stellarer Winde oder Stoßfronten. Dadurch entstehen weitere lokale Verdichtungen.

Unter günstigen Umständen wird ein sich selbst verstärkender Prozess ausgelöst: Unter der eigenen Schwerkraft beginnt ein Teil einer Wolke in sich zusammenzustürzen. Das ist die Geburt eines Sterns.

Bei der Kontraktion der Staub- und Gaswolke führt jede vorhandene Drehbewegung wegen der Drehimpulserhaltung zu immer schnellerer Rotation. Das ist ähnlich wie bei der Pirouette eines Eisläufers, der die Arme anzieht und sich dadurch schneller dreht. Die Zentrifugalkraft deformiert die kontrahierende Wolke dann in ein diskusförmiges Gebilde, die Akkretionsscheibe.

Im Zentrum stürzen 99,9 % der Gesamtmasse zusammen. Dabei erhitzt sich die Materie so stark, dass schließlich die Kernfusion, die Verschmelzung von Wasserstoffkernen zu Helium, einsetzt und ein stabiler, leuchtender Stern entsteht. Ein kleiner Teil der Materie aber hat so viel Drehmoment, dass er sich auf einer Bahn um den Zentralkörper halten kann und nicht hineinstürzt.

Dieser Teil verbleibt in der Akkretionsscheibe, die durch schnellere Rotation immer dünner wird. Damit werden Stöße unter den Teilchen immer häufiger. Diese verklumpen und bilden innerhalb von ein paar 100.000 Jahren faustgroße Brocken. Die größeren darunter wachsen schneller, da sie vom eigenen Schwerefeld unterstützt werden. Es bilden sich Planetesimale mit Dimensionen von einigen 10 km. Der Prozess geht weiter, bis schließlich einzelne Körper den Bereich um ihre Umlaufbahn völlig leer gefegt haben – die Planeten.

Die Zusammensetzung der Akkretionsscheibe ist zunächst ähnlich wie die der ursprünglichen interstellaren Wolke und des Zentralsterns: hauptsächlich Wasserstoff und Helium. Die Staubteilchen machen weniger als 2 % aus. Im inneren Bereich sorgt die Hitze der Sonne dafür, dass nur schwerflüchtige Elemente, etwa Silikate und Metalle, kondensieren. So entstehen die kleinen, aber schweren terrestrischen Planeten. Weiter außen kondensieren auch Wasser und leichtflüchtige Gase. Die dort entstehenden Gasplaneten werden groß genug, um Helium und Wasserstoff festzuhalten. Sie wachsen dadurch zu Gasriesen. Noch weiter draußen reicht die Kollisionsfrequenz nur zur Bildung von Planetesimalen, die wir im Kuiper-Gürtel und in der Oortschen Wolke wiederfinden.

Planetensysteme sind also ein fast unvermeidliches Nebenprodukt bei der Entstehung von Sternen.

## Durch den Asteroidengürtel

Auf unserer Reise durch das Sonnensystem ziehen wir an der Erde und am Mars vorbei. Mit diesen Planeten beschäftigen wir uns an anderer Stelle ausführlich. Zwischen Mars und Jupiter durchqueren wir einen Bereich, in dem es von kleinen Brocken nur so wimmelt: dem Asteroidengürtel.

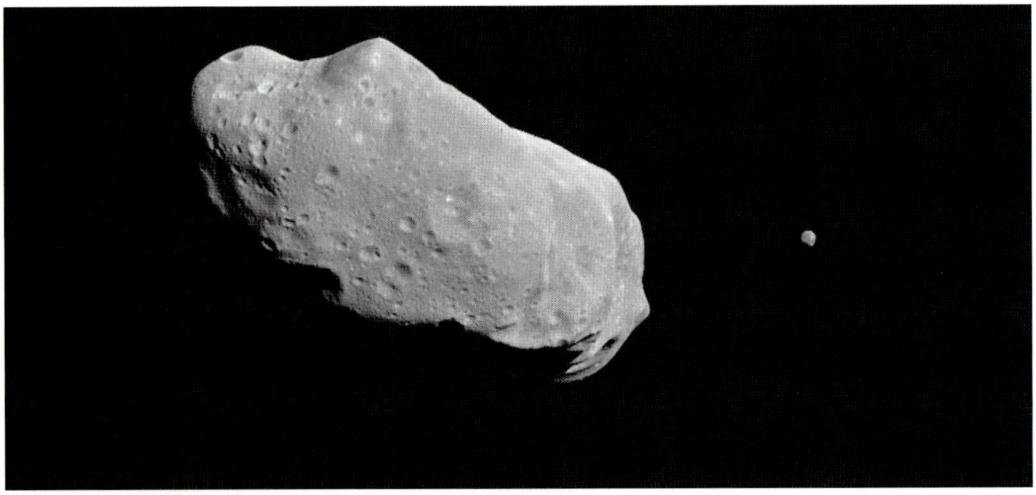

Auch kleine Körper wie Asteroiden können einen eigenen Mond haben. Hier sieht man auf einem Bild der Jupitersonde Galileo, aufgenommen auf dem Weg zum Zielplaneten, den Asteroiden Ida mit dem kleinen Mond Dactyl (rechts). Ida hat einen mittleren Durchmesser von 32 km, während der kleine Satellit Dactyl nur 1,4 km groß ist.

Um einem weit verbreiteten Missverständnis vorzubeugen: Hier geht es nicht so zu, wie uns das viele Science-Fiction-Filme glauben machen wollen. Obwohl dort Millionen von Gesteinsbrocken kreisen, ist es keineswegs notwendig, durch geschickte Manöver der Raumschiffpiloten lebensgefährliche Kollisionen zu vermeiden. Selbst wenn alle Klein- und Kleinstplaneten auf ein und derselben Bahn im Umlauf wären, würde der mittlere Abstand noch tausende von Kilometern betragen. In Wirklichkeit sind sie über einen Bahnbereich von mehr als 200 Millionen km verteilt.

Früher wurde angenommen, dass der Asteroidengürtel durch das Auseinanderbrechen eines größeren Planeten in der Lücke zwischen Mars und Jupiter entstanden ist. Heute wissen wir, dass es sich um eine Restpopulation der ursprünglichen Planetesimale handelt, aus denen alle Planeten entstanden sind. Das enorme Schwerkraftfeld des Jupiter verhindert, dass sie einen größeren Körper bilden können und stabilisiert ihre Bahnen.

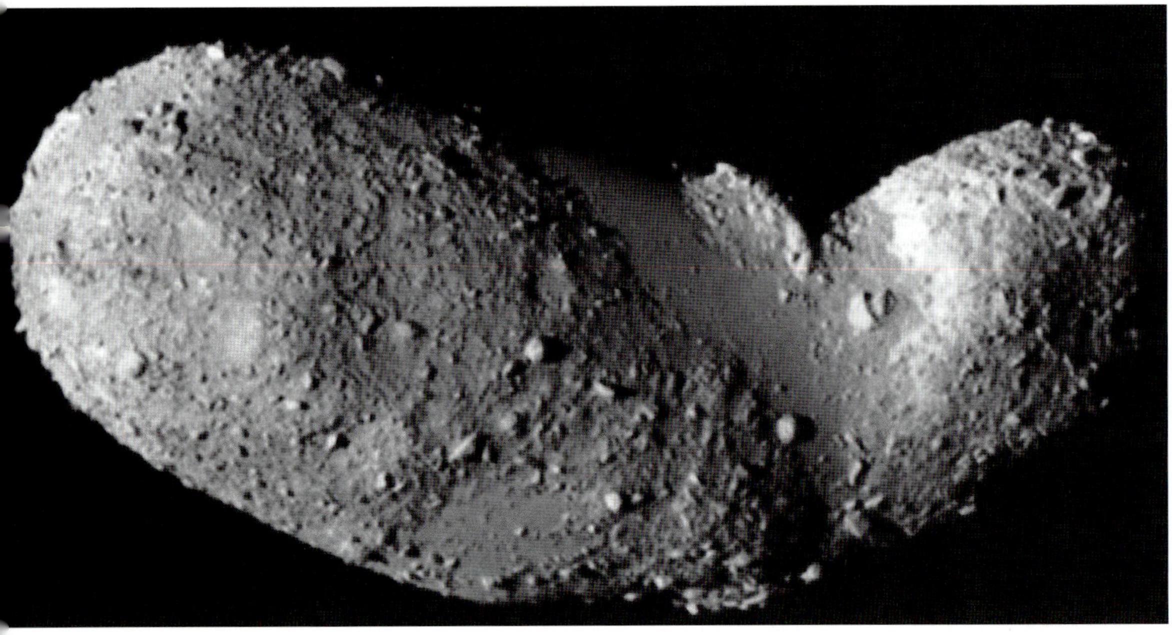

Der Asteroid Itokawa wurde von der japanischen Sonde Hayabusa in 2005 besucht, um eine Probe zu nehmen und zur Erde zurückzubringen. Die Probennahme fand an der glatt erscheinenden Stelle in der Mitte oben statt.

Ceres ist mit seinen knapp 1000 km Durchmesser der größte Asteroid und wurde kürzlich als Zwergplanet eingestuft. Für etwa 10.000 Asteroiden ist die Bahn vermessen und bekannt, ständig kommen neue hinzu. Einige der kleinen Körper wurden in Vorbeiflügen fotografiert. Im Jahr 1999 schwenkte die Sonde NEAR (später in Shoemaker umbenannt) auf eine Umlaufbahn um den Asteroiden Eros ein. Am Ende der Mission wurde die Sonde auf eine Kollisionsbahn gebracht und beinahe sanft auf der Oberfläche abgesetzt. Bis zuletzt konnten Bilder mit zunehmender Auflösung zur Erde gefunkt werden. Ob die japanische Mission »Hayabusa« erfolgreich Proben vom Asteroiden Itokawa genommen hat, werden wir erst wissen, wenn die Rückführung, die für 2010 vorgesehen ist, erfolgreich war.

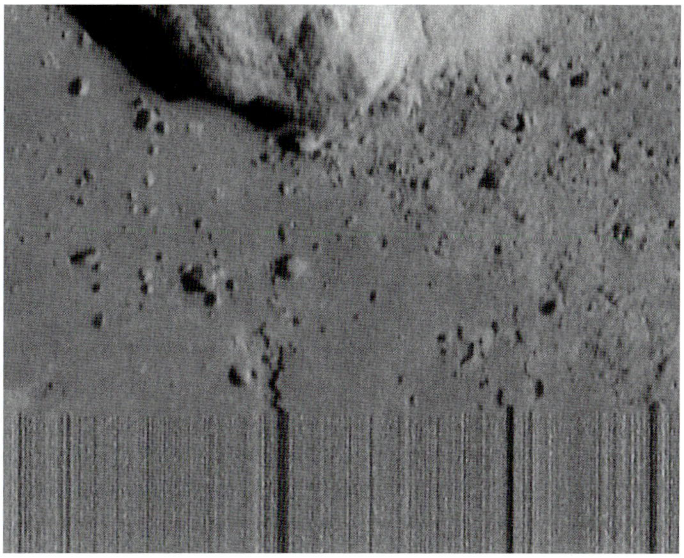

Das letzte Bild der Sonde NEAR vor dem Aufschlag auf dem Asteroiden Eros. Aus 120 m Abstand aufgenommen, zeigt es einen Streifen von 6 m Breite. Der Fels oben ist etwa 4 m groß. Die Streifen unten entstanden durch den Ausfall der Übertragung beim Aufschlag.

## Jupiter, der größte unserer Planeten

Anfang März 1979 war der Vorbeiflug von Voyager 1 an Jupiter mit einem unglaublichen Erfolg abgeschlossen. Die Wissenschaftler standen noch ganz unter dem Eindruck der herausragenden Messungen und der fast 20.000 hinreißenden Bilder des Gasriesen und seiner Monde. Alle warteten gespannt auf das nächste Ziel, Saturn, der ähnlich aufregende Ergebnisse versprach. Alle bis auf zwei Spezialisten, die hartnäckig dafür plädierten, die Sonde noch einmal umzudrehen und zurückzuschauen. Obwohl sich eigentlich jeder sicher war, dass Jupiter ganz offensichtlich keine Ringe hat, gab man ihnen dann doch nach. Aber dann kam die Sensation. Im günstigen Winkel der Sonneneinstrahlung war es plötzlich erkennbar: der Planet Jupiter hat ein Ringsystem. Es ist zwar sehr schwach und von der Erde aus nicht sichtbar, aber es zeigt, dass Ringe für die äußeren Planeten kein Einzelfall sind, sondern eher normal.

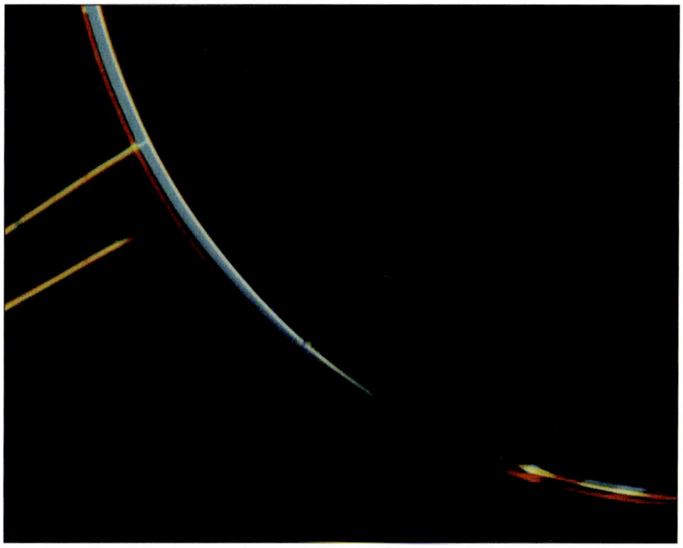

Aus dem Jupiterschatten gelang Voyager 2 dieses farbverstärkte Bild der Jupiterringe, die links als gelbe Linien sichtbar sind. Wegen der langen Belichtungszeit erscheint der Jupiterrand in verschiedenen Farben der verwendeten Filter.

### Ein Riese aus Gas

Jupiter ist in mancher Hinsicht ein bemerkenswerter Planet. Er ist ein riesiger Gasball, im Volumen 1300 Mal so groß wie die Erde, aber nur 300 Mal so schwer. Er besteht aus den leichtesten Elementen, Wasserstoff und Helium, in ähnlicher Zusammensetzung wie in der Sonne. In seinem Innern herrschen so unglaubliche Druckverhältnisse, dass der Wasserstoff in den metallischen Zustand übergeht. Die Atome werden so zusammengequetscht, dass die Elektronen abgetrennt werden und sich wie in einem Metall frei zwischen den verbleibenden Protonen bewegen können.

Jupiter mit seinem Mond Io, aufgenommen mit dem Hubble Space Teleskop. Deutlich erkennt man die Abplattung, die durch die schnelle Rotation entsteht sowie die Streifung und den Roten Fleck (rechts).

Die Rotation des Jupiter ist mit 10 Tagen so schnell, dass eine Abplattung entsteht, die selbst mit einem Amateurteleskop zu erkennen ist. Auch die charakteristische Streifung ist damit gut auszumachen. Parallel zum Äquator ausgerichtet beruht sie auf Windzonen, die mit hoher Geschwindigkeit und gegenläufiger Richtung um den Planeten rasen. Wasser, Ammoniak und Methan sind die Bestandteile der Wolken. Unterschiedliche Zusammensetzung und Temperatur lässt sie in verschiedenen Farben erscheinen.

### Der Fleck geht nicht weg

Das auffälligste Merkmal des Jupiter ist der große Rote Fleck. Er ist nichts anderes als ein Wirbelsturm enormen Ausmaßes. In sein Oval würde die Erde zwei Mal hineinpassen. Ähnliche meteorologische Erscheinungen haben auf der Erde eine Lebensdauer von maximal ein paar Wochen. Der Rote Fleck dagegen wird schon seit 300 Jahren beobachtet. Seine Farbe ändert sich von Zeit zu Zeit etwas, aber Dimension und Form sind sehr stabil. An anderen Stellen treten kleinere Wirbel in helleren Farben auf, die sich verändern, verschwinden, oder sich zu größeren Strukturen vereinigen.

Diese Aufnahme von Jupiters Großem Roten Fleck wurde von Voyager 1 gemacht. Die fast künstlerisch anmutende Farbgebung entsteht durch eine Verstärkung der natürlichen Farben bei der Bildprozessierung im Jet Propulsion Laboratory. Drei Bilder in verschiedenen Farbkanälen wurden zusammengefügt.
Der Große Rote Fleck ist ein ovaler Wirbel mit einer Dimension von 25.000 km. Er liegt zwischen zwei schnell bewegten, gegenläufigen Windbändern und bleibt an derselben Stelle. In sechs Tagen rotiert er gegen den Uhrzeigersinn um sich selbst. Durch die vorbeiströmenden Winde entstehen gewaltige Wirbelschleppen.
Der Rote Fleck ist ein Hochdruckgebiet, dessen Wolkengrenzen deutlich höher liegen als in der Umgebung und dadurch kühler sind. Dies ist wahrscheinlich die Ursache für seine Färbung.

### Monde, Monde, Monde...

Gegenwärtig sind 63 Jupitermonde bekannt, und es ist wahrscheinlich, dass sich diese Zahl weiter vergrößert. Man braucht dazu keine Raumsonden. Die meisten der Monde werden mit irdischen Teleskopen entdeckt. Faszinierend ist, dass man bereits mit einem Taschenfernglas die vier galileischen Monde Io, Europa, Ganymed und Callisto beobachten kann. Meist sieht man zwei oder drei davon, aufgereiht auf einer Linie links und rechts von Jupiter. Sie bewegen sich schnell, von einem Tag auf den nächsten ändert sich ihre Anordnung, eine Tatsache, die schon den Entdecker Galieo Galilei in Erstaunen versetzte.

### Io, der Vulkanmond

Auch aus der Nähe gesehen bieten die vier größten Jupitermonde ein fantastisches Bild. Der ungewöhnlichste Trabant in unserem Planetensystem ist Io, Jupiters innerster Mond. Er sieht aus wie eine pockennarbige Orange. Er hat kaum Einschlagkrater, aber Berge und ausgedehnte Ebenen. Die Farben liegen zwischen schwefelgelb, orange und weiß. Ringförmige Gebilde erinnern an Vulkane und deren Krater, selbst Lavaflüsse glaubt man zu sehen. Obwohl man schon frühzeitig Vulkanismus auf Io vermutete war es eine Sensation, als Voyager entdeckte, dass die Vulkane auch heute noch aktiv sind.

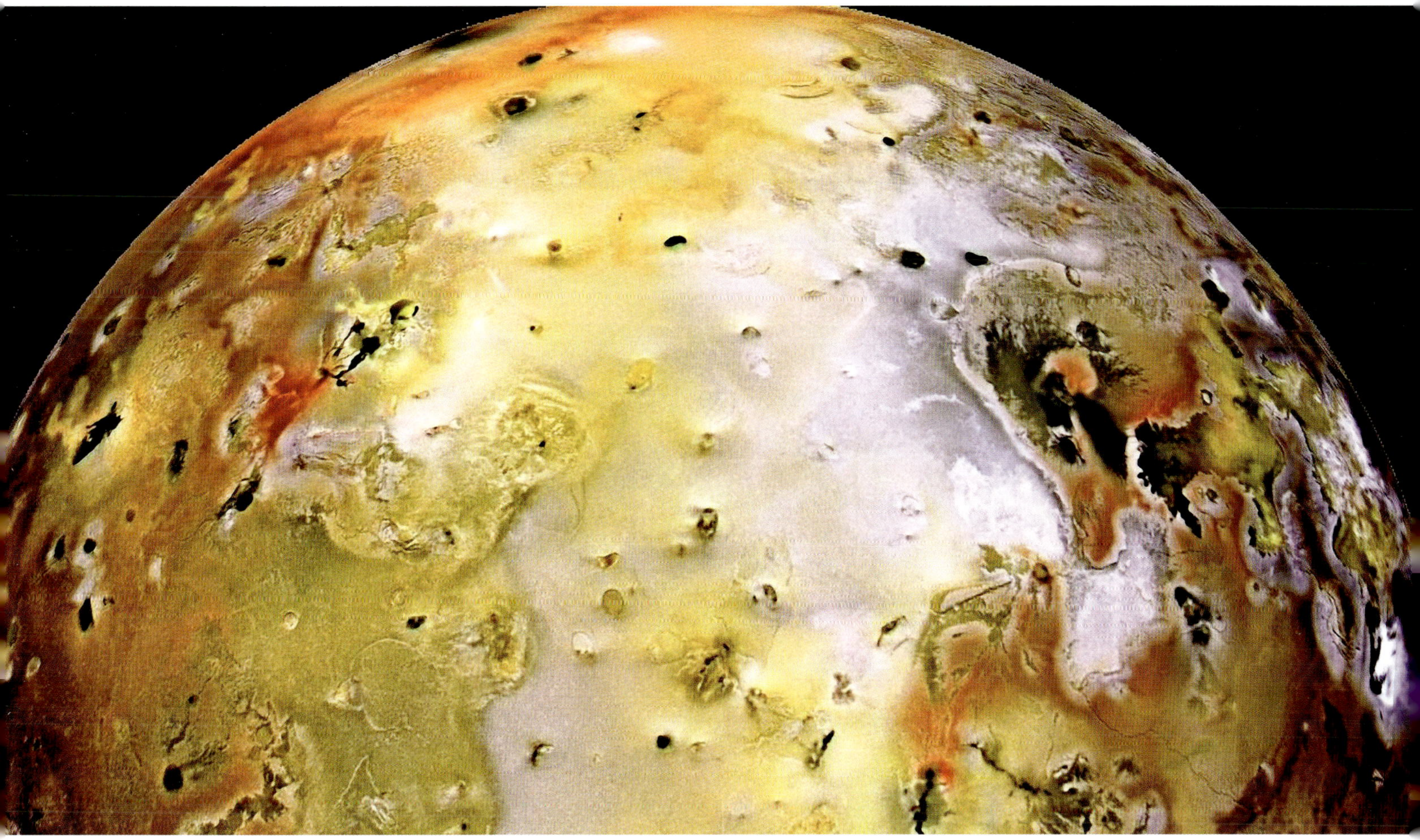

Jupitermond Io ist eines der spektakulärsten Objekte im Planetensystem. Seine eigenartig gefärbte und narbige Oberfläche rührt von Vulkanismus, der schwefelhaltiges Material an die Oberfläche bringt.

Ein Ausbruch des Vulkans Pele auf dem Jupitermond Io wird sichtbar, da er von Voyager aus gesehen am Rand des Mondes stattfindet und sich daher vom dunklen Hintergrund abhebt. Die Eruptionswolke hat eine Höhe von 300 km und erstreckt sich über eine Fläche von 1500 km Durchmesser. Viele solcher Eruptionen wurden von den Sonden Voyager und von Galileo beobachtet. Auch das Hubble-Teleskop hat solche Ausbrüche registriert.

Die Ursache für den Vulkanismus liegt in der Tatsache, dass Io im Abstand von weniger als einer halben Million Kilometer um den Riesen Jupiter kreist. Durch die enorme Schwerkraft wird der Mond regelrecht durchgewalkt. Dadurch bleibt das Gestein unter der Oberfläche flüssig und bricht sich einen Weg durch Vulkane nach oben. Der dabei mitgebrachte Schwefel ist für die gelbe Färbung des Mondes verantwortlich.

## Ein Ozean auf Europa

Eine weitere Überraschung bietet der Mond Europa. Seine Oberfläche ist komplett von Eis bedeckt. Die Reliefstruktur ist sehr flach, sie geht nicht über Höhenabstände von ein paar hundert Metern hinaus. Sie ist durchzogen von sich kreuzenden Linien, die an Eisschollen erinnern. Tatsächlich geht man davon aus, dass auf Europa ein globaler Ozean existiert, der eine Tiefe von 100 km hat und überall von einer Eisschicht von 10 bis 20 km Dicke bedeckt ist. Das Wasser unter der Oberfläche wird durch Wärme flüssig gehalten, die aus der Gezeitenreibung entsteht. Jupiter und die anderen großen Monde sind für diesen Prozess verantwortlich.

Der riesige Ozean auf Europa macht diesen Mond zu einem der wenigen Orte in unserem Planetensystem, an denen möglicherweise Leben existieren könnte. Auch auf der Erde gibt es tiefe, mit einer dicken Eisschicht bedeckte Seen, wie den Wostoksee in der Antarktis. Obwohl völlig unberührt und abgeschlossen von der Umwelt, wird auch hier Leben vermutet. Licht für die Photosynthese als organische Energiequelle steht an solchen Orten nicht zur Verfügung. Daher könnten nur ähnliche Organismen wie in der Tiefsee vorkommen, die an hydrothermalen Quellen ihren Energiebedarf aus chemischen

Der Jupitermond Europa ist von einer dicken Eisschicht überzogen, die auf einem globalen Ozean schwimmt. Die Oberfläche ist von einem Gewirr von Streifen gezeichnet, wahrscheinlich auf Brüche in der Eiskruste zurückzuführen. An einigen Stellen sieht man, dass charakteristische Mehrfachlinien von einem Querriss gekreuzt werden und dann verschoben weiterlaufen, was auf eisschollenartige Strukturen hinweist. Das Bild zeigt einen Ausschnitt von 70 x 30 km.

Volle Kraft feuert die Sonde Cassini in Fahrtrichtung, nachdem sie eben die Ringscheibe des Saturn durchbrochen hat, um sich von dem Gasriesen auf eine Umlaufbahn einfangen zu lassen.

Reaktionen decken. Es liegen bereits Vorschläge für eine Mission zum Jupitermond Europa vor, die mit einer Einschmelzsonde durch die Eisschicht zu dem Ozean durchdringen und dort nach Spuren von Leben suchen soll.

## Saturn – der Herr der Ringe

Obwohl niemand zuschauen konnte, war es ein atemberaubendes Manöver. Am 30. Juni 2004 näherte sich die Raumsonde Cassini dem Saturn und durchbrach die Ringscheibe an einer der schmalen Lücken. Die große Antennenschüssel war in Fahrtrichtung ausgerichtet, um als Schild gegen Einschläge von Staubteilchen zu schützen. Oberhalb der Ringe angekommen, drehte sich Cassini um 180°, den Antriebsmotor nach vorne, und feuerte mit Vollschub, um die Fahrt abzubremsen. Schließlich kam die Sonde von der Erde und musste sich nun von Saturn, der sich mit einem Drittel der Erdgeschwindigkeit um die Sonne bewegt, auf eine Umlaufbahn einfangen lassen. Noch während des komplexen Manövers machte Cassini Bilder von Saturn und den Ringen, denen sie in ihrer endgültigen Umlaufbahn nie wieder so nahe kommen würde. Ein Eingriff oder eine Korrektur der Manöver vom Bodenkontrollzentrum war undenkbar. Die Signale zur Sonde waren fast eineinhalb Stunden unterwegs.

So spektakulär wie die Ankunft blieb die Mission Cassini/Huygens durchgehend. Zum ersten Mal konnten der Riesenplanet und viele seiner 56 Monde aus der Nähe untersucht werden. Schon die Nahansicht der Ringe weist einen enormen Detailreichtum auf. Die spektrale Auflösung erlaubt die Identifizierung der Komponenten, aus denen sie bestehen.

Saturn ist fast so groß wie Jupiter, im Durchmesser zehn Mal so groß wie die Erde. Er läuft einmal in knapp 30 Jahren um die Sonne und rotiert dabei sehr schnell: Der Saturntag ist nur 10 Stunden lang. Er enthält deutlich mehr Wasserstoff als Jupiter, so dass seine Dichte mit

Bei näherem Hinsehen zeigen die Ringe feine Details. Diese Aufnahme der C- (unten) und B-Ringe (oben) ist farbverstärkt. Reines Eis wird türkis wiedergegeben, rot weist auf »schmutzige« Eispartikel hin.

Extrem dünn zeigen sich die Saturnringe von der Seite. Oben sieht man den Schattenwurf auf Saturn.

0,7 g/cm³ insgesamt extrem gering ist, weniger als die des Wassers. Auch in der Saturnatmosphäre kann man Stürme beobachten, aber weniger ausgeprägt als auf Jupiter.

## Eine Scheibe aus fast nichts

Galieo Galilei hat 1610 als erster die Saturnringe durch sein primitives Fernrohr gesehen, hielt sie jedoch für Monde. Zwei Jahre später konnte er nichts mehr davon sehen und zweifelte an seinen Beobachtungen. Zufällig hatte er eine Ringpassage erwischt, bei der die Ringe der Erde ihre Schmalseite zeigen und daher praktisch unsichtbar sind. Das kommt nur alle 15 Jahre vor. Erst Huygens identifizierte 1655 mit seinem verbesserten Teleskop das seltsame Gebilde um den Saturn als eine Ringscheibe.

Die Ringe haben eine enorme Ausdehnung. Beginnend bei einem Abstand von 7000 km über dem Saturn erstreckt sich der hellere Teil bis zu einem Radius von 140.000 km. Schwächere Elemente können bis zu einem Radius von 480.000 km identifiziert werden, also weiter als die Strecke von der Erde bis zum Mond. Dabei ist die ganze Scheibe nur etwa 1 km dick. Packt man alles Material der Ringe in einen Körper, so erhält man eine Kugel von gerade einmal 100 km Durchmesser.

Aus dem Schatten des Saturn gelang Cassini diese Aufnahme der Ringe. Durch die vorwärtsgerichtete Streuung des Sonnenlichts werden hier bisher unbekannte schwache Ringe sichtbar. Der Pfeil zeigt auf die kaum sichtbare, mehr als eine Milliarde km entfernte Erde, die gerade innerhalb des G-Rings durchscheint.

Die Ringe bestehen aus einzelnen Partikeln von der Größe eines Staubkorns bis zu der eines Hauses. Sie rotieren nicht wie eine feste Scheibe, sondern jedes der Teilchen läuft auf seiner eigenen Bahn um den Saturn. Die gegenseitige Beeinflussung, besonders durch größere Brocken oder durch kleine Monde, führt zu einer Strukturierung der Scheibe. Lange bekannt ist die große Lücke der Cassinischen Teilung. Bei näherem Hinsehen können etwa 100.000 Teilringe unterschieden werden. Saturns Ringe sind, im Gegensatz zu den viel schwächeren Ringsystemen der anderen Gasplaneten, sehr hell, da sie aus Eisteilchen bestehen oder zumindest aus Teilchen, die mit einer Eiskruste überzogen sind.
Die Entstehung der Ringe ist noch weitgehend ungeklärt. Sie könnten aus einem geborstenen Mond, aus einer Kollision (zum Beispiel mit einem Kometen) oder aus der ursprünglich vorhandenen präplanetaren Staubwolke gebildet sein, aus denen alle Planeten entstanden sind. Wahrscheinlich haben die Teilchen in den Ringen eine begrenzte Lebensdauer, was die Entstehung aus sehr alten Staubteilchen unwahrscheinlich macht.

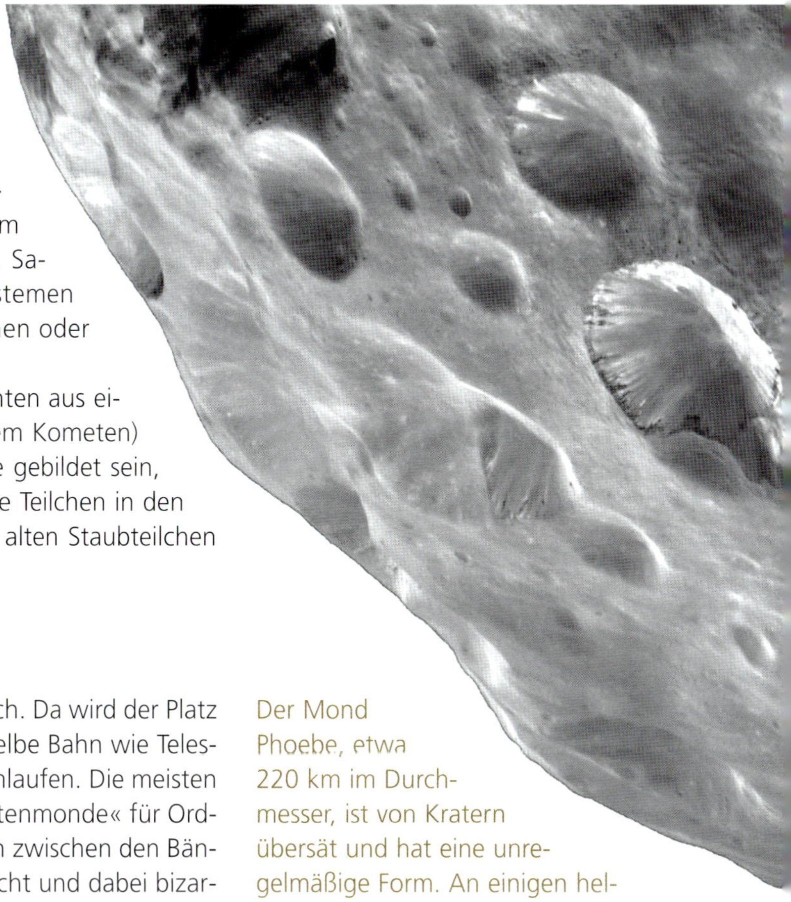

### Exotische Monde

In der Anzahl seiner Monde, 56, steht Saturn dem Jupiter kaum nach. Da wird der Platz für Umlaufbahnen knapp. Einige der Monde teilen sich daher dieselbe Bahn wie Telesto, Thetys und Iapetus, die den Planeten um jeweils 60° versetzt umlaufen. Die meisten Monde bewegen sich in der Ebene der Ringe, wobei einige als »Hirtenmonde« für Ordnung in den Ringen sorgen, indem sie die charakteristischen Lücken zwischen den Bändern freifegen. Die Raumsonde Galileo hat einige der Monde besucht und dabei bizarre Welten unterschiedlichster Art entdeckt.

Der Mond Phoebe, etwa 220 km im Durchmesser, ist von Kratern übersät und hat eine unregelmäßige Form. An einigen hellen Stellen tritt blankes Eis zutage.

Drei Beispiele aus dem exotischen Zoo der Saturnmonde. Links Hyperion, 300 km groß, der aussieht wie ein lockerer Bimsstein. Er besteht aus Eis und Silikaten. Seine Oberfläche wurde durch thermische Erosion geformt. Iapetus (Mitte), mit 1450 km deutlich größer, ist extrem zweifarbig. Eine Seite ist schwarz, eine der dunkelsten Flächen im Planetensystem (im Bild vorne), die andere ist hell weiß. Enceladus (rechts) ist ein Eismond von 500 km Durchmesser. Von der sonnenabgewandten Seite beobachtet sieht man eine starke Emission von Wasserdampf am Südpol. Die Ursache dieses Kryovulkanismus wird noch diskutiert.

Ein Bild, das an die ersten Aufnahmen von Venus und Mars erinnert: Auf der Oberfläche des Titan identifiziert die Huygens-Sonde Steine aus Eis auf einer –180 °C kalten Ebene.

Ein Mond des Saturn jedoch ist einzigartig in unserem Planetensystem. Titan hat eine Atmosphäre. Dieser größte Mond im Sonnensystem zieht seit einiger Zeit die besondere Aufmerksamkeit der Wissenschaft auf sich.

### Ein Mond mit Atmosphäre

Die Worte »The baby is crying« des Projektwissenschaftlers Jean-Pierre Lebreton lösten am 14. Januar 2005 einen Begeisterungssturm im Kontrollzentrum der ESA in Darmstadt aus. Es war die Bestätigung der ersten Funksignale der Huygens-Sonde, nachdem sie unversehrt auf dem Saturnmond Titan gelandet war. Damit war das ehrgeizigste und gewagteste Weltraumprojekt der vergangenen Jahre geglückt. Das Ereignis spielte sich allerdings schon eineinhalb Stunden früher ab, so lange benötigt das Signal vom Saturn, bis es zu uns gelangt.

Monde haben normalerweise keine Atmosphäre, weil ihre Schwerkraft nicht ausreicht, die Gasmoleküle gegen ihre thermische Bewegung festzuhalten. Bei Titan handelt es sich aber um relativ schwere Gasmoleküle, Stickstoff und Methan, bei sehr niedriger Temperatur um –180° C. Unter diesen Umständen wird die thermische Geschwindigkeit kleiner als die Fluchtgeschwindigkeit des Mondes Titan, so dass die Gashülle stabil bleibt. Die Zusammensetzung ähnelt der Ur-Atmosphäre der frühen Erde. Es wäre möglich, dass sich auf Titan die Verhältnisse der Zeit, als sich Leben vor 4 Milliarden Jahren auf der Erde entwickelte, erhalten haben.

Die Landesonde Huygens, huckepack zum Zielobjekt gebracht durch die Cassini-Sonde, durchdrang die weitgehend undurchsichtige Titanatmosphäre an Fallschirmen. Während ihres Abstiegs nahm sie eine Reihe von Bildern auf, die zum ersten Mal Informationen über die feste Oberfläche des Titan lieferten. Das Ergebnis ist atemberaubend. Man sieht bergiges Land mit verästelten Kanälen, die an ein Entwässerungssystem erinnern. In einer Art Flussdelta münden sie in eine flache, ozeanähnliche Region, in der man sogar eine Inselgruppe zu sehen glaubt. Hier hat offensichtlich eine Flüssigkeit die Bodenstrukturen erodiert. Es handelt sich dabei aber nicht um Wasser, sondern um flüssiges Methan. Eine wahrhaft exotische Welt.

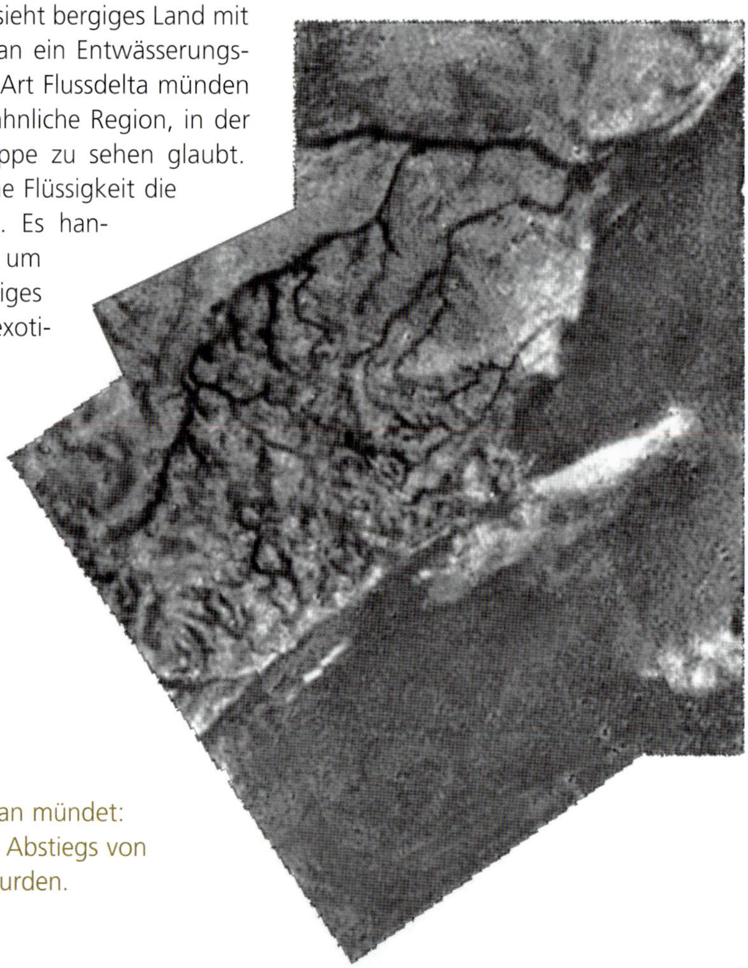

Ein Bergrücken mit einem Abflusssystem, das in einen Ozean mündet: Daran erinnert dieses Mosaik aus Bildern, die während des Abstiegs von der Huygens-Sonde auf den Saturnmond Titan gemacht wurden.

## Am Rande des Planetensystems

Saturn ist zehn Mal so weit von der Sonne entfernt wie die Erde, also 10 Astronomische Einheiten. Dort ist die Stärke der Sonne nur noch ein Hundertstel dessen, was wir gewohnt sind. Für die beiden Planeten, die noch weiter entfernt sind, Uranus und Neptun, wird es noch unwirtlicher und bitter kalt.

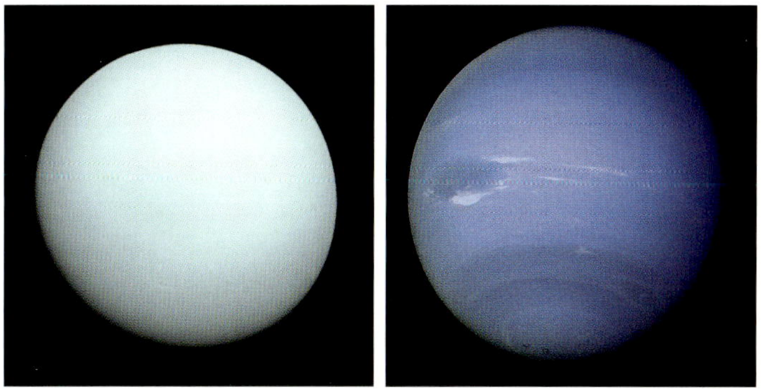

Die beiden äußeren Gasriesen Uranus (links) und Neptun (rechts) haben ähnliche Größe und Aussehen. Die weitgehend strukturlose Atmosphäre wird durch die Absorptionseigenschaften von Methan bläulich gefärbt.

### Die kleinen Riesen

Uranus kann mit einem Fernrohr von der Erde gesehen werden, ist aber von einem Fixstern kaum zu unterscheiden, da seine Umlaufzeit um die Sonne 84 Jahre beträgt. Um Neptun zu beobachten, der eine doppelt so lange Umlaufzeit hat, braucht man astronomisches Instrumentarium. Als einzige Raumsonde hat bisher Voyager 2 in den Jahren 1986 und 1989 diese beiden Himmelskörper besucht. Die Bilder ähneln sich stark. Wir sehen bläuliche, weitgehend strukturlose Kugeln, alle beide etwa 8 Mal so groß wie die Erde. Es sind Gasplaneten, hauptsächlich aus Wasserstoff und Helium bestehend. Ein kleiner Anteil von Methan in der Atmosphäre ist für die blaue Färbung verantwortlich. Beide haben ein Ringsystem, allerdings schwach und dunkel wie bei Jupiter. Typisch für Gasplaneten sind die vielen Monde. Die Zählung der Universität von Hawaii steht bei 27 für Uranus und 13 für Neptun.

### Kosmische Tiefkühltruhe

Entfernen wir uns noch weiter von der Sonne, dann treffen wir zunächst auf Pluto, früher ein Mitglied der Planetenfamilie, heute ein Zwergplanet. Er gehört zu einer Gruppe von Objekten, die unter dem Namen Kuiper-Gürtel zusammengefasst werden. Es handelt sich um eine scheibenförmige Wolke von Körpern, die etwa zwischen 40 (der Pluto-Bahn) und 100 Astronomischen Einheiten um die Sonne kreisen. Etwa 1000 von ihnen sind heute bekannt – von geschätzt 100 Millionen Objekten größer als 10 km.

In diesem Abstand zur Sonne war die Materie der präplanetaren Scheibe, aus der unser Planetensystem entstanden ist, sehr stark verdünnt. Wegen der geringen Stoßwahrscheinlichkeit zwischen den Teilchen konnten keine Objekte von Planetengröße aufgebaut werden. Es blieb bei kleineren Brocken von wenigen Kilometern. Die sind zu klein, um sich durch ihre Eigengravitation zu kugelförmigen Körpern zu formen, geschweige denn, einen geschmolzenen Kern zu bilden. Ihre Umgebung ist so kalt, dass auch flüchtige Gase nicht verdampfen, sondern in kondensierter Form erhalten bleiben. Wird ein solches Objekt aus der Bahn geworfen und kommt in

Der Komet Hale-Bopp, aufgenommen von Loke Kun Tan am 30. März 1997 vom Red Rock Canyon Park in Californien.

die Nähe der Sonne, dann wird es erwärmt und gibt Gas sowie Staubteilchen frei: Es entsteht ein Komet mit einem Schweif, der aus diesen freigegebenen Teilchen besteht.
Kometen stammen nicht nur aus dem Kuiper-Gürtel, sondern auch aus der Oortschen Wolke, die sich kugelförmig in Abständen zwischen 300 bis 100.000 AE um die Sonne wölbt. Sie ist ein enormes Reservoir von primitiven Körpern mit bis zu $10^{12}$ Objekten. Kommt einer dieser Brocken als Komet in die Nähe der Erde, so wird er auch für die Raumfahrt erreichbar. Das besondere Interesse der Wissenschaft besteht darin, auf diese Weise Zugang zu dem ursprünglichen Material, aus dem unser Planetensystem entstanden ist, zu erhalten. Weitgehend unverändert seit einer Zeit vor 4,5 Milliarden Jahren erlangen wir Informationen über die Eigenschaften des Materials, aus dem ursprünglich unsere Erde und letztlich auch das Leben erschaffen wurde.

Die Rosetta Mission der ESA ist auf dem Weg zum Kometen Churyumov-Gerasimenko. Nach ihrer Ankunft im Jahr 2014 wird sie in eine Umlaufbahn um den Kometen einschwenken und ihn mit einer Reihe von Fernerkundungsinstrumenten untersuchen. Aus dem Orbit wird eine Landesonde abgesetzt, die das ursprüngliche Material des Kometen, das seit der Entstehungszeit unseres Planetensystems vor 4,5 Milliarden Jahren weitgehend unverändert ist, vor Ort analysiert.

# Mars – unser exotischer Nachbar

So eindrucksvoll zeigt sich der Mars den Wissenschaftlern durch das Hubble-Teleskop. Dieses Bild, aufgenommen während der Opposition im Juni 2001, zeigt viele Details. Die weißen Polkappen und helle Wolken sind zu erkennen, sowie Staubstürme im Norden wie im Westen.

Der Mars ist am Himmel leicht zu erkennen. In der Ebene der Ekliptik, dem Bogen, den die Sonne über den Himmel zieht, findet man ihn als rötlich leuchtendes Gestirn. Seine Helligkeit verändert sich stark. Alle zwei Jahre ist er für ein paar Wochen eines der hellsten Objekte am Nachthimmel, dann schrumpft er wieder zu einem unscheinbaren Lichtpünktchen.

Schon in frühester Zeit erweckte der Mars die Aufmerksamkeit der Astronomen aufgrund einer eigentümlichen Beobachtung. Manchmal scheint er sich rückwärts über den Himmel zu bewegen. Das rührt daher, dass er weiter von der Sonne entfernt ist als die Erde und daher für einen Umlauf fast zwei Jahre, genauer 687 Tage benötigt. Die Erde überholt ihn daher immer wieder auf der Innenbahn, wodurch von hier aus eine scheinbare Schleifenbewegung zu sehen ist.

### Kanäle und Marsmännchen

Seit es Teleskope gibt, zieht der Mars noch mehr Aufmerksamkeit auf sich. Er ist nämlich einer der wenigen Himmelskörper, auf dem auch mit einfachen Fernrohren Strukturen zu erkennen sind, eigenartige linienförmige Streifen, die als Kanäle, also künstliche Bauwerke, gedeutet wurden. Zudem verändert der Mars sein Aussehen in einer Art jahreszeitlichem Wechsel. Polkappen sind zu sehen, die wachsen und schwinden, Schleierwolken und Staubstürme verändern seine Oberfläche, was bereitwillig als vegetationsbedingte Veränderung gedeutet wurde. Unweigerlich führten solche Beobachtungen zu Spekulationen über Marsbewohner mit hohen technischen Fähigkeiten, die in der Lage sind, riesige Bewässerungskanäle über tausende von Kilometern zu bauen. Science-Fiction-Autoren griffen die Szenerie auf, darunter H. G. Wells mit seinem Buch »Krieg der Welten«. Orson Welles machte daraus ein Hörspiel, das die Invasion von Marsianer in New York beschrieb. Bei der Sendung am 30. Oktober 1938 erzeugte er eine Massenpanik unter den Zuhörern, die glaubten, eine reale Reportage von der Landung eines Raumschiffs vom Mars in ihrem Radio zu hören.

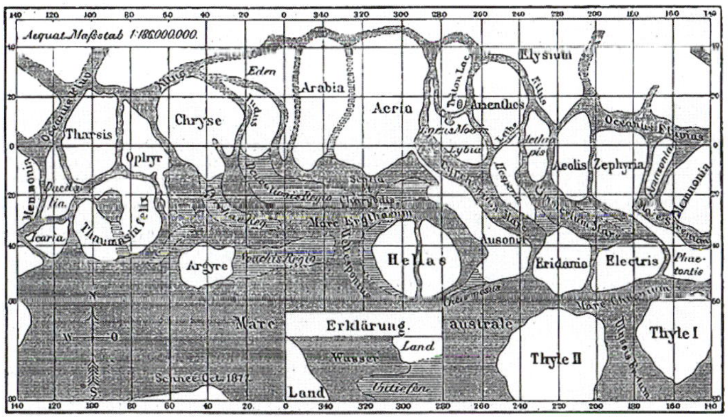


Meyers Konversationslexikon von 1888 enthält diese Marskarte, die auf Beobachtungen des Astronomen Giovanni Schiaparelli aus dem Jahr 1877 zurückgeht. Die linienförmigen Strukturen wurden von ihm als »Canali« (Flussbetten) bezeichnet. Erst in der falschen englischen Übersetzung wurden sie als Kanäle, also Kunstbauten, gedeutet.

Eine der ersten Nahaufnahmen des Mars fotografiert von der Sonde Mariner 4 im Juli 1965.

Direkte Beobachtungen aus dem Weltraum machten diesen Spekulationen schnell ein Ende. Im Juli 1965 lieferte die NASA-Sonde Mariner 4 die ersten Bilder des Mars. Die 22 Nahaufnahmen eines fremden Planeten waren eine Sensation, obwohl ihre Qualität nach unserem heutigen Geschmack eher dürftig war. Sie zeigten eine öde Landschaft mit Kratern wie auf dem Mond, ohne jedes Zeichen von Vegetation, Wasser oder gar Kanälen.

### Erfolgreich gelandet

Die Erkundung des Roten Planeten erreichte einen neuen Höhepunkt mit der Landung von Viking 1 am 20. Juni 1976. Die Zwillingssonden Viking 1 und 2 lieferten Bilder von hoher Detailgenauigkeit aus der Umlaufbahn. Beide setzten Landefähren auf der Oberfläche des Planeten ab. Diese waren, neben anderen Aufgaben, für die Suche nach Spuren von Leben auf dem Mars instrumentiert. Dazu befand sich eine Art Schäufelchen an Bord, um Bodenproben aufzunehmen. Drei Instrumente unterzogen das Marsmaterial biologischen Tests, bei denen nach photosynthetischen Prozessen und Stoffwechselvorgängen gesucht wurde. Die Aufnahme oder Abgabe von Kohlenstoff sollte durch radioaktiv markierte Atome verfolgt werden.
Die Ergebnisse waren in keinem der Fälle eindeutig. In allen drei Experimenten zeigten sich Veränderungen, die auf biologische Aktivität zurückgeführt werden könnten. In einem der Versuche zeigte eine sterilisierte Kontrollprobe aber dasselbe Verhalten wie der Marsboden. In anderen Fällen waren die Resultate nicht reproduzierbar. Daher hat die Viking-Mission die Frage nach Leben auf dem Mars weiterhin offen gelassen.

### Die Raumfahrt schärft unseren Blick

Etwa 40 Weltraummissionen wurden bisher zum Mars gestartet. Der Weg ist weit und schwierig. Nur 16 Raumfahrzeuge konnten das Ziel ihrer Mission erreichen, und bei 7 Flügen war eine Landung erfolgreich. Die wissenschaftlichen Ergebnisse sorgen immer wieder für Überraschungen. Langsam festigt sich ein Bild unseres Nachbarplaneten, das durch folgende Charakteristika gekennzeichnet ist:

Die Landefähre Viking 1 konnte mit einem Ausleger (links im Bild) Bodenproben von der Marsoberfläche schürfen. Die Spuren der Probennahme sind als frische kleine Gräben zu erkennen.

- Der Mars hat eine ähnliche Entwicklung wie die Erde durchgemacht, nur schneller, weil er kleiner ist.
- Da der Mars keine Plattentektonik hat wie die Erde, bleibt die Entwicklungsgeschichte der Oberfläche erhalten und kann bis zu 4 Milliarden Jahre zurückverfolgt werden.
- In der frühen Entwicklungsphase war auf dem Mars Wasser vorhanden, in Mengen, die mit denen auf der Erde vergleichbar sind. Heute ist der Mars ein Wüstenplanet. Wegen der Temperatur- und Druckverhältnisse kann Wasser nicht in flüssiger Form an der Oberfläche existieren.
- Leben kann sich auf dem Mars in frühen Zeiten entwickelt haben, wie auf der Erde. Falls es heute noch vorhanden ist, dann nur in geschützten, wasserhaltigen Schichten unter der Oberfläche oder an den Polen.

Mars und Erde im Größenvergleich. Der sehr viel kleinere Mars, nur etwa halb so groß wie die Erde, konnte sich als Planet sehr viel schneller entwickeln.

## Einmal zum Mars und zurück

Nehmen wir an, wir haben ein Raumschiff, das in der Lage ist, uns zum Mars zu bringen. Welchen Weg würden wir wählen? Die Erde läuft zwei Mal um die Sonne in der gleichen Zeit, in der Mars das einmal schafft. Also stehen sich alle zwei Jahre Mars und Erde sehr nahe, dann nämlich, wenn sie beide auf derselben Seite der Sonne sind, eine Konstellation, die man Opposition nennt. Während dieser Zeit, in der der Abstand »nur« zwischen 55 und 100 Millionen km liegt, müsste man also versuchen, hinüberzukommen. Nur, die Bahnmechanik funktioniert nicht so. Die günstigste Methode, zum Mars zu kommen, ist eine Hohmann-Transferbahn (siehe Kasten Seite 39). Sie nutzt als Anfangsschwung die Umlaufgeschwindigkeit der Erde um die Sonne, die immerhin etwa 100.000 km/h beträgt. Schon lange vor der Annäherung der beiden Planeten muss das Raumschiff die Umlaufbahn um die Erde verlassen. Es wird durch Raketenschub auf eine elliptische Bahn um die Sonne gebracht, die als kleine Halbachse die Erdbahn, als große Halbachse die Marsbahn hat. Nach einer Flugzeit von 260 Tagen erreicht die Sonde den Mars. Mit einem zweiten Raketenschub schwenkt sie in eine Kreisbahn ein, die der Marsbahn entspricht.
Der Rückflug folgt denselben Prinzipien. Der Abflugzeitpunkt muss ebenso sorgfältig gewählt werden, wie beim Hinflug. Der Mars bewegt sich auf seiner Bahn langsamer als die Erde, deshalb muss so abgeschossen werden, dass die Erde das Raumschiff einholt. Der geeignete Zeitpunkt liegt etwa 15 Monate nach der Ankunft, genügend Zeit, um sich auf dem Mars umzusehen. Wieder werden zwei Raketenimpulse benötigt, diesmal in entgegengesetzter Richtung. Die

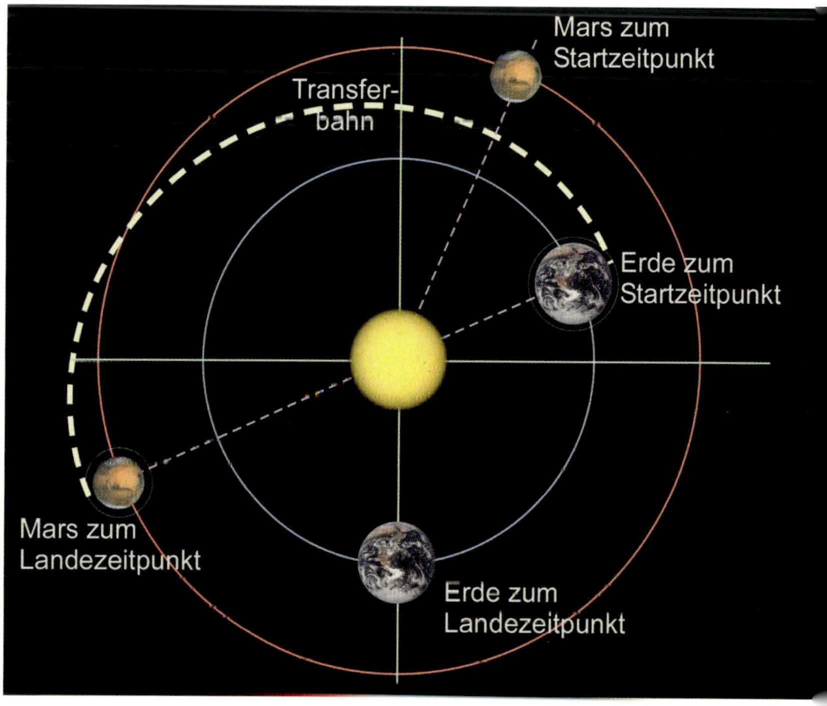


Eine Hohmann-Transferbahn ist der günstigste Weg von der Erde zum Mars. Die Gelegenheit dazu ergibt sich etwa alle zwei Jahre, kurz vor der Opposition.

Flugzeit ist dieselbe, also wieder etwa achteinhalb Monate. Insgesamt dauert die Reise 2 Jahre und 9 Monate, bis wir uns wieder in einer Umlaufbahn um die Erde befinden.
Mit einigen Tricks, mit kurzem Aufenthalt auf dem Mars, höherem Treibstoffeinsatz oder mit kontinuierlichem Antrieb während des gesamten Transfers, kann die Reise etwas verkürzt werden. Dennoch diktiert die Bahnmechanik, dass mit einem Zeitraum von etwa 2 Jahren für eine Reise zum Mars und zurück gerechnet werden muss. Man kann dann nicht, wie bei Apollo 13 geschehen, eben abkürzen, weil etwas schief gegangen ist.

### Mars aus der Umlaufbahn

Beim Flug zum Mars sehen wir schon von weitem, dass dieser Planet im Vergleich zur Erde extrem unwirtlich erscheint. Er ist über und über von bräunlicher Farbe, was von Eisenoxid-Staub herrührt, einem Verwitterungsprodukt vulkanischer Basalte. Mars ist also tatsächlich ein »rostiger« Planet. Er dreht sich fast mit der gleichen Geschwindigkeit wie die Erde, so dass ein »Sol«, wie der Marstag genannt wird, nur 37 Minuten länger dauert als ein Erdtag.
Aus der Ferne wird deutlich, dass der Mars aus zwei sehr unterschiedlich geprägten Hemisphären besteht, die etwas gegen den Äquator geneigt sind. Um den Nordpol liegt ein Tiefland, das flach und glatt wirkt und Ausbuchtungen nach Süden aufweist. Die Südhalbkugel ist geprägt durch kraterübersätes Hochland, sie erinnert vage an unseren Mond. Schiaparelli hatte in seiner Marskarte den Süden wegen seiner dunkleren Farbe noch als Mare Australis (südliches Meer) bezeichnet. Heute wird die Meinung vertreten, dass eher im Norden vielleicht einmal ein großer Ozean gewesen war.

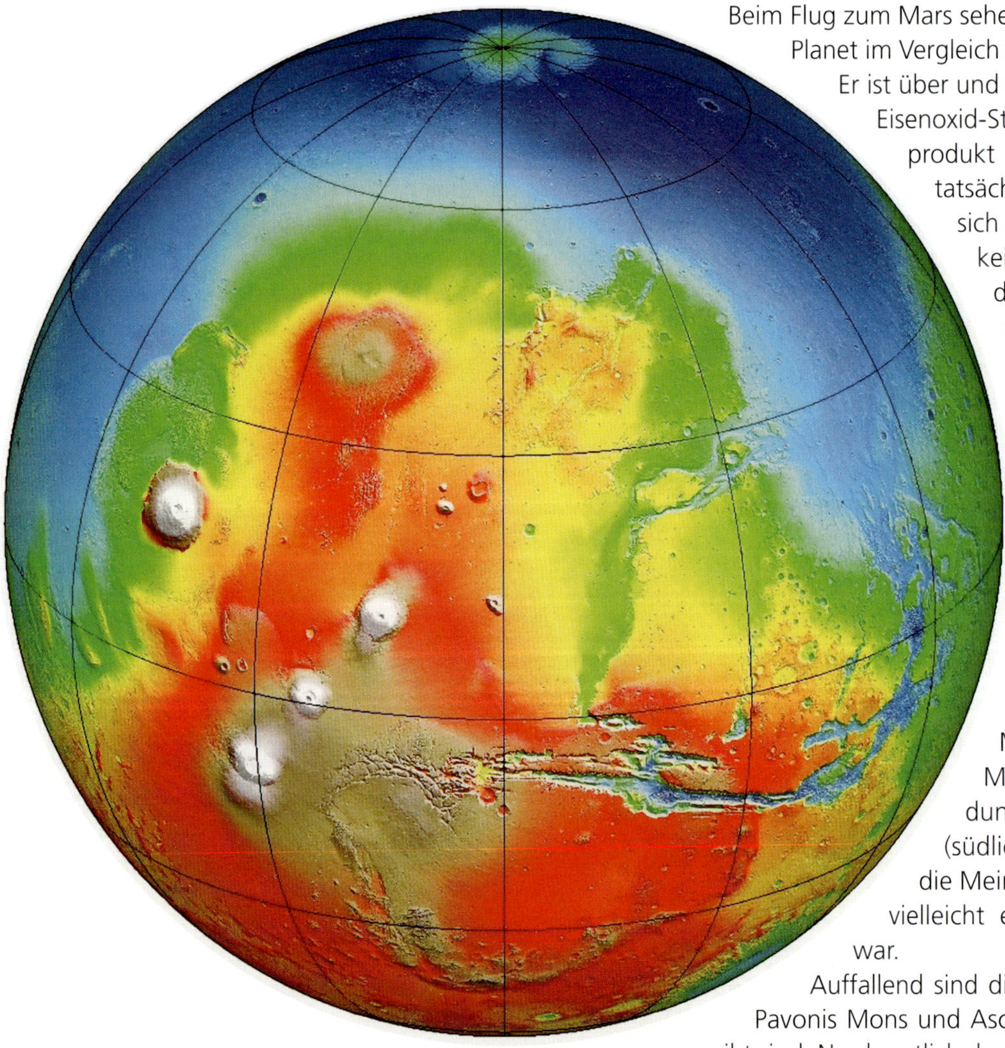

Eine Karte des Mars, erstellt mit dem Laser-Höhenmessgerät MOLA. Die Falschfarben sind nach Höhe kodiert, von dunkelblau (-8 km) bis weiß (+12 km).

Auffallend sind die drei großen Vulkane, Arsia Mons, Pavonis Mons und Ascreaeus Mons, die in einer Linie aufgereiht sind. Nordwestlich davon steht majestätisch der größte Vulkan unseres Sonnensystems. Olympus Mons erhebt sich 26 km hoch über die nördliche Tiefebene. Ein weiteres auffälliges Merkmal des Mars ist eine riesige Scharte, das Mariner-Grabensystem, benannt nach dem ersten US-Satelliten zum Roten Planeten. Dieses Tal hat mit 4000 km Länge und einer Tiefe von bis zu 7 km Dimensionen, in die der Grand Canyon fast zehn Mal hineinpassen würde. Nach Osten flacht der Mariner-Graben ab und mündet nördlich in die Chryse-Tiefebene, der Landestelle der Pathfinder-Mission.

### Bitte anschnallen zur Landung

Die Landung war hart. Erst gab es gewaltige Schläge beim Entfalten der Fallschirme, auch das Aufsetzen der Kapsel war trotz Bremsraketen recht ruppig. Weicher wird eine Landung für Astronauten erst, wenn Treibstoff vor Ort auf dem Mars hergestellt wird. Noch muss jedes Gramm den weiten Weg von der Erde gebracht werden, so dass man möglichst viel für den Rückstart aufspart.

Jetzt liegt die Kapsel ruhig und die Luken öffnen sich. Der Raumanzug ist wirklich notwendig, denn der Druck in der Atmosphäre ist weniger als 1 % von dem auf der Erde. Er entspricht unserem Luftdruck in 35 km Höhe, wo selbst ein Flugzeug nicht mehr fliegen kann. Das bisschen Atmosphäre, was noch vorhanden ist, besteht fast ausschließlich aus Kohlendioxid, enthält praktisch keinen Sauerstoff. Trotz des schweren Anzugs bewegt man sich leicht, denn die Schwerkraft beträgt nur ein Drittel von dem, was wir gewohnt sind. Die Sonne leuchtet schwach rötlich und ist deutlich kleiner als von der Erde aus gesehen. Sie hat einen großen Hof, wie wir es vom Mond kennen. Es ist kalt. Die Durchschnittstemperatur beträgt –60 °C, aber im Sommer, heißt es, kann es am Äquator schon mal +20 °C warm werden.

Trotz der dünnen Atmosphäre weht ein ständiger Wind. Er trägt den rötlichen Staub überall hin, macht kleine Dünen hinter den Steinen und bedeckt alles mit einer rostfarbenen Schicht. Am Horizont tauchen ab und zu kleine Windhosen auf, die über die Ebene fegen und wieder verschwinden. Auch in der Höhe sieht man dünne Staubwolken.

Phobos, der größere und nähere Mond des Mars, ist unregelmäßig geformt, weist viele große Krater und eine rätselhafte Streifenstruktur auf. Durch Gezeitenwirkung wird seine Bahn immer enger. In etwa 50.000 Jahren wird Phobos auf den Mars stürzen.

Ein Bild der Marsoberfläche von der hochauflösenden Stereokamera HRSC. Die Zeilenkamera nimmt beim Überflug einen Streifen auf, der von der Optik kontinuierlich auf eine 5000-Pixel-Zeile abgebildet wird. Aus einer Flughöhe zwischen 830 und 275 km wird die Marsoberfläche von Süd nach Nord in einer Länge von 3700 km und einer Breite zwischen 166 km (unten) und 66 km (Mitte) aufgenommen. Die Abbildung ist horizontal um den Faktor 2 gestreckt. Der Datensatz eines solchen Bildes umfasst unkomprimiert 2,5 Gigabyte.

Nach Sonnenuntergang wird es abrupt dunkel und wirklich kalt. Temperaturen unter –120 °C sind keine Seltenheit. Wenn man nach der Erde sucht, wird das winzige bläuliche Pünktchen, das schließlich identifiziert werden konnte, kaum Heimatgefühl erwecken. Auch die Erscheinung von zwei Monden hat man sich spektakulärer vorgestellt. Phobos ist leicht zu finden, er ist zwar nur 20 km groß, dafür aber mit 5800 km Abstand von der Marsoberfläche recht nah. Er zeigt sich als unregelmäßiger, kartoffelförmiger Körper, immerhin mit einem Viertel der Größe unseres Mondes. Der andere Mond, Deimos, ist nur ein gutes Dutzend Kilometer groß und 20.000 km entfernt, er erscheint klein und ist am Sternenhimmel kaum auszumachen.

## Die Späher am Mars

Bis zum Flug eines Menschen zum Mars wird es noch einige Jahrzehnte dauern. Das liegt zum einen an dem dafür notwendigen technischen Aufwand. Bisher existiert noch keine Rakete, die für diese Reise geeignet ist. Auch wäre es sinnvoll, vorher eine Weltraum-Infrastruktur mit Zwischenstationen nahe der Erde oder an einem der Librationspunkte einzurichten. Zum anderen ist mit erheblichen gesundheitlichen und psychologischen Problemen zu rechnen. Das Strahlungsrisiko während der Reise ist nicht zu unterschätzen. Eine mindestens zweijährige Abwesenheit von der Erde, ohne Rückkehrmöglichkeit im Notfall, eingeschlossen in eine Raumkapsel mit stets denselben Kollegen, kann sich zu einer enormen psychischen Belastung auswachsen.
Automatische und robotische Sonden können viele Aufgaben erledigen, für die ein Mensch nicht unbedingt präsent sein muss. Spezielle Instrumente sind in der Lage, Untersuchungen der Mars-Atmosphäre, der Oberflächenbeschaffenheit und selbst des Mars-Inneren durchzuführen. Aus den gewonnenen Daten setzt sich ein Puzzle zusammen, das unser Wissen über den Nachbarplaneten stetig verbessert. Wir erhalten Einblicke in die Natur des exotischen Nachbarn, seine Geschichte und seine Entwicklung. Da der Mars im gleichen Prozess der Planetenbildung entstanden ist wie die Erde, sich aber wegen seiner kleineren Masse deutlich schneller entwickelt hat, können wir ihn in vielen Aspekten als Zeitraffer für die Vorgänge auf der Erde betrachten.
Von den vielen Instrumenten, die auf dem Mars eingesetzt wurden, sollen hier nur zwei betrachtet werden: Eine Kamera, die hochauflösende Stereokamera HRSC, und die Zwillingsrover Spirit und Opportunity.

### Mit einer Zeile sehen

Aus einem Fehlstart wurde eine Erfolgsgeschichte: Ursprünglich war die hochauflösende Stereokamera HRSC (High Resolution Stereo Camera) für die Mission Mars-96 gebaut worden. Gemeinsam von Russland und der ESA geplant, endete der Startversuch im November 1996 in den Tiefen des Ozeans. Die ESA entwickelte daraufhin die Mission Mars-Express, welche die Ersatzgeräte der zerstörten Instrumente in einer schnellen und kostengünstigen Kampagne zum Mars bringen sollte. Die Wissenschaftler des DLR verbesserten ihre Kamera noch signifikant. Gestartet im Juni 2003, sendet sie seit Beginn 2004 Bilder von eindrucksvoller Qualität zur Erde.

Die HRSC ist eine elektronische Kamera, sie arbeitet jedoch nicht wie normale Fotoapparate mit einem Chip, der das Bild in vielen Pixeln auf einer Fläche speichert. Das hier angewandte Prinzip verwendet nur eine Zeile, die allerdings 5000 Bildpunkte enthält. Der Trick dabei ist, dass eine Zeile viel schneller ausgelesen werden kann als ein flächiger Speicher. Ein Ausschnitt der Marsoberfläche wird mit einer Optik auf die Zeile abgebildet. Durch die Orbitalbewegung des Satelliten läuft das Bild über die Zeile hinweg, so dass in einer kontinuierlichen Aufnahme von etwa 20 Minuten ein mehrere tausend Kilometer langer Bildstreifen entsteht.
Neun solcher Zeilen werden in der HRSC-Kamera gleichzeitig eingesetzt. Die Optik ist so ausgerichtet, dass ein schwarzweißes Bild senkrecht nach unten aufgenommen wird (Nadir) und je zwei in verschiedenen Neigungen nach vorne und nach hinten. Dazwischen sind die drei Farbkanäle (rot, blau, grün) sowie ein Infrarotkanal angeordnet.
Jeder Punkt auf der Marsoberfläche wird fünf Mal aus verschiedenen Blickrichtungen aufgenommen. Mit dieser überreichen Information lässt sich im Computer über den gesamten Bildstreifen ein dreidimensionales digitales Geländemodell aufbauen. Sobald dies in sehr aufwändigen Berechnungen erstellt ist, lassen sich perspektivische Fotos aus fast jeder Blickrichtung rekonstruieren. Dreidimensionale Bilder zum Betrachten mit Rot-Grün-Brille oder zur Projektion mit Polarisations- oder Shutterbrille werden auf dieselbe Weise erstellt. Hängt man viele Bilder aus sukzessiven Perspektiven entlang einer Linie aneinander, so erhält man einen Film, der Überflüge in beliebiger Höhe und Orientierung über die Oberfläche des Mars simuliert.

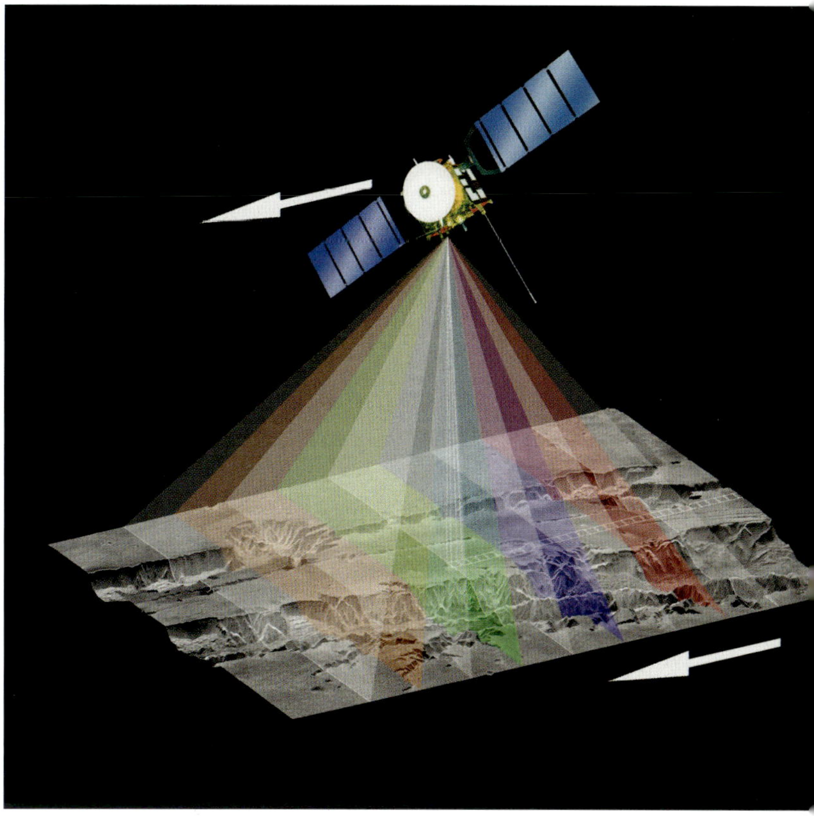
Die HRSC-Kamera macht neun Bilder gleichzeitig. Aus dem Überflug sieht sie direkt nach unten und in je zwei Richtungen nach vorn und hinten. Dazwischen sind die Farbkanäle angeordnet.

## Ein Fahrzeug auf dem Mars

Eine extrem andere Perspektive erhält man aus der Position eines Fahrzeugs, das sich auf der Marsoberfläche bewegt und in der Lage ist, interessante Objekte aus der Nähe zu inspizieren. Bereits im Jahr 1997 gelang es der NASA, mit der Mars-Pathfinder-Mission den Kleinrover »Sojourner« abzusetzen. Millionen Menschen auf der ganzen Welt verfolgten die Landung und die Bewegungen dieses Fahrzeugs im Internet. Vorgesehen als Technologie-Demonstrationsmission war nur ein einziges wissenschaftliches Experiment an Bord. Es war die »Schnüffelnase« aus dem Max-Planck-Institut in Mainz, mit der die atomare Zusammensetzung von verschiedenen Steinen untersucht wurde.
Im Januar 2004 landeten die Zwillingsrover Spirit und Opportunity kurz nacheinander auf gegenüberliegenden Punkten des Mars-Globus. Damit begann eine spektakuläre Mission. Die beiden Fahrzeuge, mit 1,50 m Höhe und 180 kg Gewicht recht stattliche Geräte, waren fur eine Missionsdauer von 90 Sol (Marstagen) und eine Fahrstrecke von 1 km ausgelegt. Beide haben die Erwartungen sowohl in der Lebensdauer als auch in der Fahrstrecke um ein Vielfaches übertroffen.
Die beiden Rover sind baugleich. Jeder ist mit mehreren Kameras ausgestattet. Stereosysteme werden für die Navigation der Fahrzeuge eingesetzt. Flach über dem Boden befinden sich Kameras, die kleine Hindernisse früh erkennen. Eine Panoramakamera mit 14 Filtern zur

wissenschaftlichen Analyse wurde zum besseren Überblick nach allen Seiten drehbar auf einem kleinen Mast angebracht. Auch ein Mikroskop für Detailansichten des Marsgesteins steht zur Verfügung. Mit einem Schleifwerkzeug wird die Oberfläche von Steinen gereinigt oder angeschliffen, um das Innere des Gesteins sichtbar zu machen.

Die Zwillingsrover Spirit und Opportunity sind baugleich. Auf dem Mast, 1,50 m über dem Boden, sind die Stereopaare der Navigations- und Panoramakamera untergebracht. Auch die Optik für das Infrarot-Spektrometer wird damit ausgerichtet. Die flache Scheibe über den Solarpaneelen ist eine Antenne für direkte Kommunikation mit der Erde. Mit einem Satelliten auf der Mars-Umlaufbahn kommuniziert die senkrechte Stabantenne im UHF-Bereich. Interessante Steine und geologische Formationen erreicht ein Robotik-Arm an der Vorderseite des Rovers. Er ist mit einem Schleifwerkzeug ausgestattet, der das Innere von Steinen zugänglich macht. Er positioniert auch das Mößbauer-Spektrometer, das Alpha-Proton-Röntgen-Spektrometer und ein kleines Mikroskop.

Die wissenschaftliche Ausrüstung ist auf geologische Aufgaben ausgerichtet. Ein Infrarot-Spektrometer macht Bilder in bestimmten Farbkanälen, die Aussagen zur mineralischen Zusammensetzung erlauben. Zwei der wichtigsten wissenschaftlichen Instrumente kommen aus Mainz. Das Alpha-Proton-Röntgenspektrometer, kurz APX, ist ein Nachfolger der auf Sojourner eingesetzten Schnüffelnase. Das Mößbauer-Spektrometer ist in der Lage, sehr detaillierte Aussagen über die Minerale des Mars zu machen. Seine Ergebnisse waren bei der Identifizierung von früheren Wasservorkommen von ausschlaggebender Bedeutung.

Die beiden Rover können direkt mit der Erde in Funkkontakt treten. Größere Datenmengen werden über einen Kommunikationssatelliten übertragen, der sich auf einer Mars-Umlaufbahn befindet. Leider ist es nicht möglich, die Fahrzeuge direkt über ein Computerterminal mit Joystick zu steuern. Das liegt an den Signallaufzeiten, die je nach Stellung des Mars zur Erde zwischen einigen Minuten bis zu einer halben Stunde liegen können. Die Steuerung erfolgt daher in einem Tagesrhythmus, wobei die Informationen jeweils für den nächsten Tag gesammelt und dann in Form eines kompletten Tagesprogramms zum Mars gesendet werden. Zunächst machen die Wissenschaftler ihre Vorschläge für anstehende Forschungsaufgaben. Daraus werden detaillierte Anforderungen an die Rover abgeleitet. Die Gruppe der beteiligten Wissenschaftler setzt gemeinsam die Prioritäten für das Tagesprogramm. Eine konkrete Planung wird erstellt, die bereits die Verfügbarkeit von Ressourcen wie Energie und Datenkapazitäten einbezieht. Eine technische Gruppe überprüft noch Sicherheitskriterien, dann wird das Programm zum Mars gefunkt und der Rover übernimmt, mit einem hohen Anteil autonomer Entscheidungen, die Durchführung am nächsten Tag.

## Das neue Bild des Mars

Je genauer wir unseren roten Nachbarplaneten kennen lernen, desto faszinierender erscheint er uns. Zwar gleicht die Oberfläche einer Wüste, dennoch eröffnen sich fantastische Landschaften. Täler mit schroffen Abhängen und gigantischen Abstürzen wechseln sich ab mit sanft ansteigenden Ebenen. Wir sehen Vulkane von unvorstellbaren Ausmaßen. Bizarre Krater jeden Alters, verwittert bis zur Unkenntlichkeit oder frisch, wie kurz nach dem Einschlag, finden sich an vielen Stellen. Tafelberge erheben sich unvermittelt tausende von Metern über ihre Umgebung.
Die Landschaften des Mars sind geprägt durch Vulkanismus, Meteoriteneinschläge, Gräben und Erosion durch Wasser und Wind. Aus der Zahl der Einschlagkrater lässt sich das Alter bestimmter Regionen ermitteln. Es zeigt sich, dass die Oberfläche der südlichen Hemisphäre deutlich älter ist und Gebiete ausweist, die das Gedächtnis an ihre Entstehungsgeschichte über bis zu 4 Milliarden Jahre bewahrt haben.

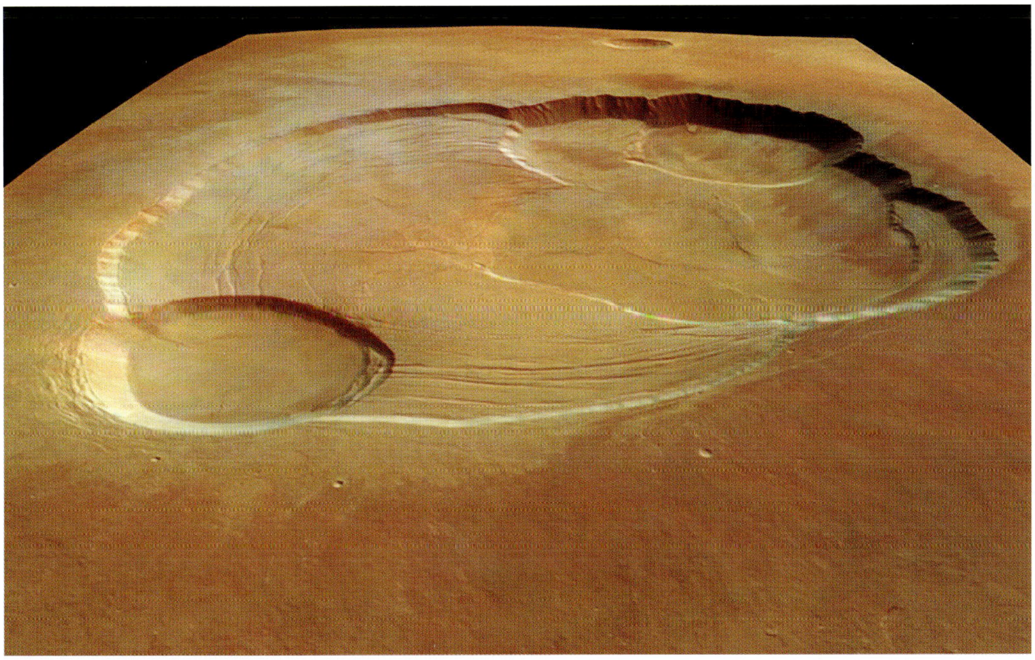

Die etwa 90 km große Caldera des größten Vulkans unseres Sonnensystems, des Olympus Mons, ist begrenzt von den scharfkantigen Einbrüchen der nach dem Ausbruch eingestürzten Magmakammern. Offensichtlich hat es hier mehrere Ausbrüche zu verschiedenen Zeiten gegeben.

Perspektivische Ansicht des Vulkans Olympus Mons. Das Bild wurde erzeugt aus topographischen Daten des Laser Altimeters und Bildern der Mars Orbiter Camera.

Nordöstliche Abbruchkante des Vulkankegels von Olympus Mons. Bis zu 7 Kilometer fällt das Gelände von dem flachen vulkanischen Schild in das Tal ab. Diese Schrägansicht wurde aus Bildern der HRSC-Kamera gewonnen.

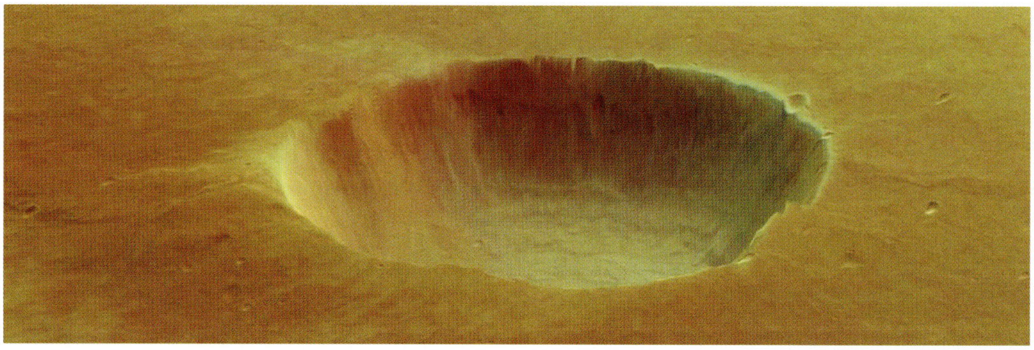

Die Caldera des kleinen Vulkans Albor Tholus hat einen Durchmesser von 30 km und eine Tiefe von 3 km. Auf der linken Seite sieht man eine Staubwolke, die vom Wind über die Flanke des Vulkans getrieben wird, wie einen Wasserfall in die Tiefe stürzen.

### Exotische Feuerberge

Die großen Vulkane gehören zu den spektakulärsten Erscheinungen auf der Marsoberfläche. Es handelt sich dabei um so genannte Schildvulkane. Auf der Erde gibt es diese Art Vulkane auch. Weitaus bekannter, weil eindrucksvoller, sind dagegen Schichtvulkane wie zum Beispiel der Fujiyama. Mit relativ zähflüssiger Lava und explosiven Ausbrüchen türmen sich diese zu spitzkegeligen Bergen mit ausgeprägten Kratern.

Lavakanäle am Abhang des Vulkans Ascraeus Mons. Diese Strukturen entstanden aus Lavaströmen, deren Kruste erstarrt und Röhren bildet. Die Lava läuft aus, beim Einsturz der verbleibenden leeren Röhren entstehen die beobachteten Wannen, Gräben und Muldenketten.

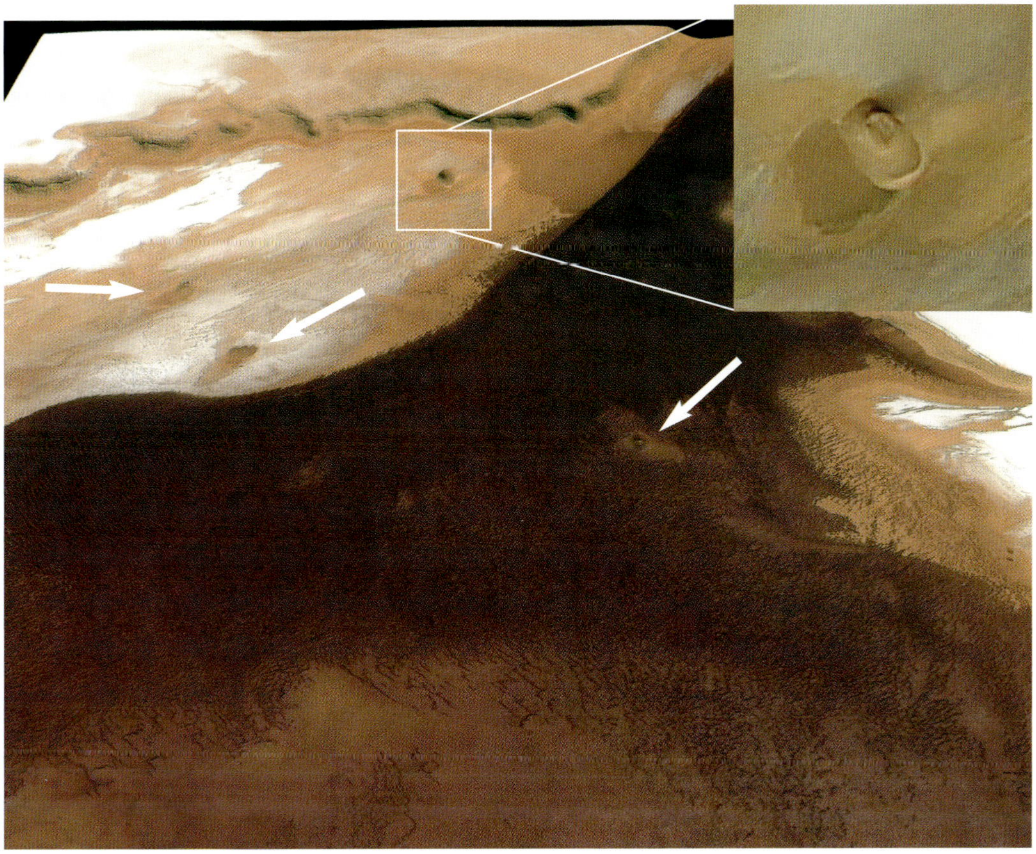

Ein Bild aus der nördlichen Polarregion zeigt große Dünen und teilweise staubbedeckte Eisfelder. Bei genauerer Sicht sieht man eine Anzahl kleiner vulkanischer Kegel. Drei sind mit Pfeilen markiert, einer vergrößert. Die Kegel sind bis zu 600 m hoch und zeigen eine Fahne von Auswurfmaterial, das vom Wind verblasen wurde. Sie scheinen von junger vulkanischer Tätigkeit zu rühren und werfen die Frage auf, ob der Mars auch heute noch vulkanisch aktiv ist.

Schildvulkane entstehen, wenn die Lava besonders dünnflüssig ist. Das ist auf dem Mars offensichtlich der Fall. Dadurch entstehen sehr flache Kegelberge mit einer breiten Basis, die oft eine scharfe Abbruchkante zeigen. Die Mars-Vulkane haben keinen Krater, sondern eine Caldera. Sie entsteht beim Einsturz der Magmakammern, die sich durch den Ausbruch entleert haben. Eine Caldera hat keinen überhöhten Kraterwall, sondern charakteristische steile Kanten sowie flache Böden.

An den Hängen mancher Vulkankegel findet man seltsame Strukturen, die aussehen wie wannenförmige lokale Einbrüche, kurze Gräben oder wie Perlenschnüre. Es handelt sich hier um die Überreste von Lavakanälen, die an der Oberfläche durch die Abkühlung erstarrten und damit eine Röhre bildeten. Als die Lava ausgeflossen war, blieb die Röhre zunächst stehen und brach später ein, was zu den beobachteten Strukturen führt. Solche Lavakanäle bilden sich auch an irdischen Vulkanen. Auf der Insel Lanzarote kann man durch einige sogar hindurchwandern.

Die großen Vulkane der Tharsis-Region sind in der Mars-Frühzeit und im Mars-Mittelalter entstanden, in einem Zeitraum vor 4 bis 1,8 Milliarden Jahren. Die letzten sind vor etwa 100 Millionen Jahren erloschen, so dass man bisher davon ausging, dass der Mars auch vulkanisch ein toter Planet ist. Zur Überraschung vieler Wissenschaftler finden sich aber Anzeichen dafür, dass bis in die jüngste Zeit, ja vielleicht noch heute, aktiver Vulkanismus auf dem Mars vorhanden sein könnte.

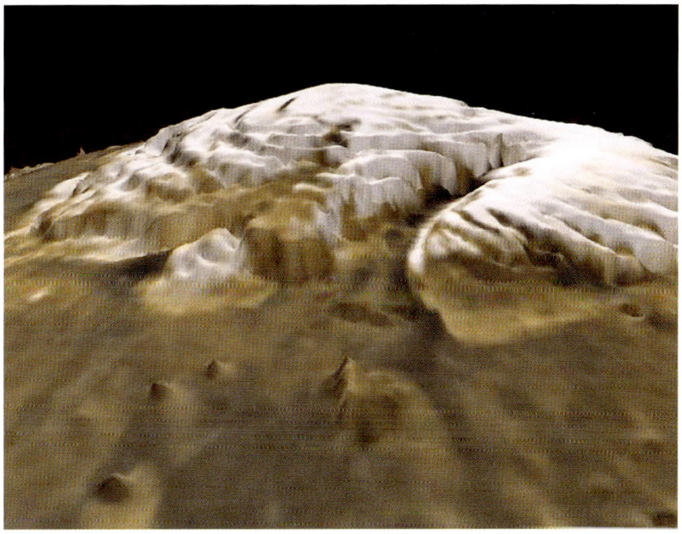

Eisfelder am Nordpol des Mars. Diese Aufnahme entstand aus Messungen mit dem Laser-Altimeter, die mit Kamerabildern zusammen verarbeitet wurden.

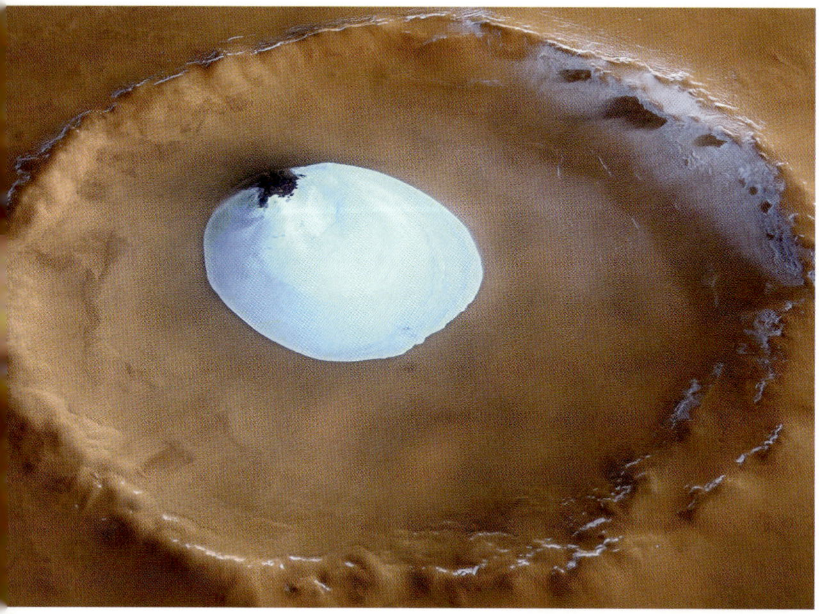

In diesem unbenannten Einschlagskrater in der Nähe des Nordpols findet man eine große Menge Wassereis. Zum Zeitpunkt der Aufnahme war später Mars-Sommer, Anteile von Trockeneis waren bereits verdampft. Das Eis ist durch ein darunter liegendes Dünenfeld, das am östlichen Rand sichtbar wird, hochgewölbt. Die Eisdicke beträgt wahrscheinlich weniger als 1 m. Am nördlichen Kraterrand sieht man Frost, der sich an den Stellen halten kann, die nicht der Sonne ausgesetzt sind. Der Krater hat einen Durchmesser von 35 km.

### Eis und Frost

Wegen der vorherrschenden Druck- und Temperaturverhältnisse kann an der Oberfläche des Mars kein Wasser in flüssiger Form vorkommen. Es würde sofort verdampfen. Eis kann dagegen bei den dortigen Umgebungsbedingungen durchaus auftreten. Seit langem kennt man die Polkappen, die zum größten Teil aus gefrorenem Kohlendioxid bestehen, das auch als »Trockeneis« bekannt ist. Im Mars-Sommer werden die Polkappen kleiner, weil das Trockeneis verdampft, übrig bleibt an vielen Stellen darunter liegendes Wassereis.

Auf dem Mars-Express-Satelliten befindet sich ein abbildendes Spektrometer, das mit dem Akronym »OMEGA« bezeichnet wird. Hiermit werden Bilder in der »Farbe« bestimmter Moleküle gemacht, also in spektralen Kanälen, die für das Material charakteristisch sind. Mit diesem Instrument wurde zum ersten Mal direkt nachgewiesen, dass die Kappe des Südpols teilweise aus Wassereis besteht.

Feuchtigkeit, also gasförmiges Wasser, befindet sich auch in der Mars-Atmosphäre. Schon Bilder des Viking-Landers zeigten Frost, regelrechten Raureif, an bestimmten Tagen. Man kann auf dem Mars sogar Morgennebel beobachten. An manchen Stellen ist Eis das ganze Jahr über vorhanden. Es wird im Sommer, wenn die Temperaturen für Kohlendioxid-Eis zu hoch sind, sichtbar. So zeigt ein Krater in der Umgebung des Nordpols Eis und Frost an Stellen, die von der Sonne nicht erreicht werden.

Hier münden die Täler Mangala Vallis (oben) und das kleinere Minio Vallis (links) aus der Tharsis-Region in die nördliche Tiefebene (links oben). Fließende Gewässer haben Spuren hinterlassen, wie Erosionsgräben, stromlinienförmig umströmte Inseln und durchbrochene Kraterwände.

### Flußtäler

An vielen Stellen der Marsoberfläche beobachtet man geologische Strukturen, die verblüffend an ausgetrocknete Stromtäler erinnern. Man findet solche Formationen hauptsächlich am Übergang zwischen dem Hochland und der nördlichen Tiefebene. Beim Betrachter erwecken sie den Eindruck vom Wasser ausgewaschener Flusstäler, mit tiefen Erosionsgräben, umströmten Inseln und Nebenflüssen. Die Flusssysteme sind so ausgeprägt, dass das kein Zufall sein kann. Aber wie lassen sich reißende Flüsse erklären, wenn thermodynamisch kein flüssiges Wasser existieren kann?

Wahrscheinlich wurden diese Stromtäler bei katastrophenartigen Flutereignissen geformt. Eis kann über große Zeiträume, auch heute noch, unter der Oberfläche existieren, wo es vor dem Abdampfen in die Atmosphäre geschützt ist. Schmelzen solche Eismassen, zum Beispiel unter der Einwirkung vulkanischer Erwärmung, dann werden in kurzer Zeit riesige Flutwellen freigesetzt, die sich ihren Weg bahnen und dabei Täler einfräsen. Vergleichbare Ereignisse gibt es auch auf der Erde. Im Jahr 1969 ergoss sich auf Island eine verheerende Flutwelle ins Meer, als der Gletscher Vatnjökull durch einen Vulkan erwärmt und angeschmolzen wurde.

Für große Aufregung sorgten im Jahr 2000 Bilder der Mars Orbiter Camera auf dem Satelliten Mars Global Surveyor. Sie zeigten eigenartige Abflussrinnen, »Gullies« genannt, die offensichtlich von Wasser oder einer ähnlichen Flüssigkeit eingegraben wurden. Sie entspringen an den Nordhängen von Kraterwänden, alle in derselben Höhe, und sind offensichtlich sehr jungen Datums, da sie keinerlei Verwitterungserscheinungen oder Einschlagskrater aufweisen. Vieles deutet darauf hin, dass solche Rinnen auch heute noch entstehen können. Man geht davon aus, dass sie durch Aufschmelzen von Eis entstehen, das in einer Schicht unterhalb der Oberfläche liegt. Das entstehende Wasser fließt den Hang hinab, verdunstet aber sehr schnell, so dass die Rinnen kleiner werden und schließlich verschwinden.

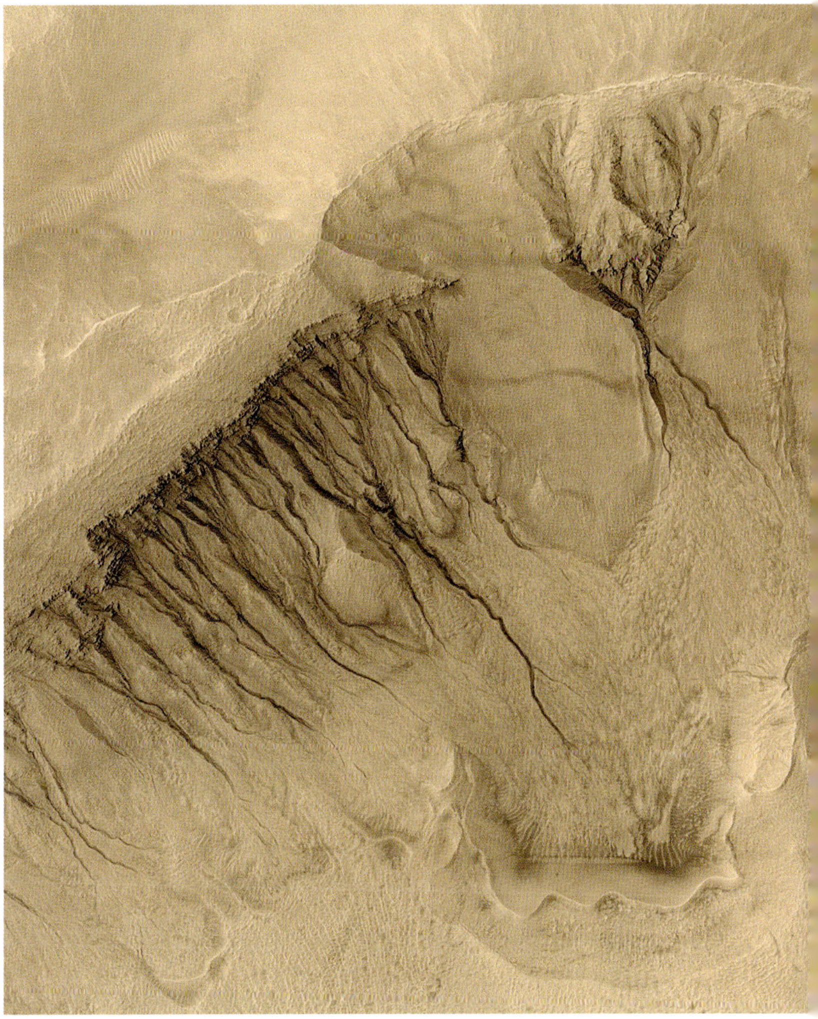

Abflussrinnen an einer Kraterwand entspringen alle in derselben Höhe. Man vermutet, dass sie durch Aufschmelzen von unterirdischem Eis auch noch heute entstehen.

»Blaubeeren« nennt man die 2–5 mm großen bläulichen Hämatitkügelchen, die von Opportunity gefunden wurden. Der Kreis in der Mitte zeigt, wo der Fels mit dem Schleifwerkzeug gereinigt wurde.

Panoramabild des Rovers Opportunity vom »Burns Cliff« im Krater Endurance. Die ca. 7 m hohe Schichtung ist im unteren Teil aus trockenen Sanddünen geformt. Für die obersten Schichten konnte nachgewiesen werden, dass sie aus flüssigem Wasser abgelagert sind.

Die Räder des Rovers Spirit (siehe Spuren oben links) haben am »Paso Robles« in den Columbia Hills schwefelhaltige Salze sichtbar gemacht, die wahrscheinlich durch verdunstendes Wasser entstanden sind.

### Rover sehen die Spuren von Wasser

Aus der Perspektive eines Mars-Rovers eröffnen sich völlig andere Möglichkeiten, den Planeten zu untersuchen. Spirit und Opportunity hatten das Ziel, nach Spuren von Wasser zu suchen. Spirit wurde deshalb in einem Krater abgesetzt, wo man einen ehemaligen See vermutete. Das Landegebiet erwies sich als wenig aufschlussreich. Erst als nach einer Reise von einem Jahr die Columbia-Hügel erreicht wurden, konnte reiche geologische Ernte eingebracht werden. Der Landeplatz von Opportunity wurde auf der entgegengesetzten Seite des Mars im Meridiani-Hochland gewählt. Dort waren aus der Umlaufbahn Hinweise für das Vorkommen von Hämatit gefunden worden. Das ist ein Mineral, das auf der Erde nur im Beisein von Wasser gebildet wird. Die Landung war ein Volltreffer. Schon die erste Panoramaaufnahme zeigte gewachsenen Felsen, statt der sonst überall vorhandenen Schicht aus basaltischem Schutt. Bei näherem Hinsehen wurde tatsächlich Hämatit gefunden, erstaunlicherweise in der Form kleiner blauer Kügelchen, die dann auch passend den Namen »Blaubeeren (Blueberries)« erhielten.
Es waren hauptsächlich die Ergebnisse der beiden Instrumente aus Mainz, die auf die Spuren von Wasser führten. Insbesondere das Mößbauer-Spektrometer der Johannes-Gutenberg-Universität ist in der Lage, sehr detaillierte Aussagen über die mineralische Zusammensetzung des Gesteins zu machen. Damit wurden die Mineralien Goethit, Jarosit und auch besagtes Hämatit eindeutig identifiziert. Diese Materialien entstehen auf der Erde nur unter längerer Einwirkung von Wasser.
Die bisherigen Ergebnisse lassen darauf schließen, dass über längere Zeit stehende Gewässer auf dem Mars vorhanden waren. Man vermutet, dass die Landestelle des Rovers Opportunity an der Küstenlinie eines früheren Salzsees liegt. Das wurde aus der speziellen Anordnung der Schichtung von Sedimentgestein geschlossen. Dabei kann man zwischen wind- und wassergeformten Schichtungen unter-

Beagle 2 in einer Computergrafik. Das leider verloren gegangene Landegerät war mit einem Bohrer (links) zur Probennahme aus der Tiefe ausgerüstet. Die Instrumente an Bord hatten zum Ziel, Spuren von vergangenem oder existierendem Leben auf dem Mars zu finden.

scheiden und sogar Angaben über die Fließgeschwindigkeit machen. Das Auffinden von Salzablagerungen, die beim Verdunsten von stehendem Wasser entstanden sind, bestätigt die Richtigkeit dieser Aussagen.

### Und was ist mit Leben auf dem Mars?

Die Instrumente der Viking-Lander waren auf den direkten Nachweis von Stoffwechselvorgängen ausgerichtet, ein ehrgeiziges Unterfangen. Heute geht man davon aus, dass in der nahen Umgebung der Marsoberfläche keine Lebensspuren zu finden sind. Wegen der stark oxidierenden Wirkung der Marsatmosphäre, zusammen mit dem hohen Ultraviolettanteil der Sonnenstrahlung, ist oberflächennahes Material sterilisiert, also sind eventuell vorhandene organische Moleküle zerstört.
Die Ergebnisse der Suche nach Lebensspuren durch Viking sind keineswegs schlüssig. Sie sprechen auch nicht gegen die Möglichkeit von früherem oder eventuell noch vorhandenem Leben. Dennoch hat es seither keine neuen Erkenntnisse gegeben, die die Frage nach Leben auf dem Mars zu lösen helfen. Die beiden Mars-Rover Spirit und Opportunity konzentrieren sich auf die Suche nach Wasser, was als Voraussetzung für die Existenz von Leben angesehen wird. Ein Experiment, das nach Lebensspuren suchen sollte, war die in 2003 leider verloren gegangene Landesonde »Beagle 2« der Mars-Express-Mission. Sie trug Instrumente an Bord, die in

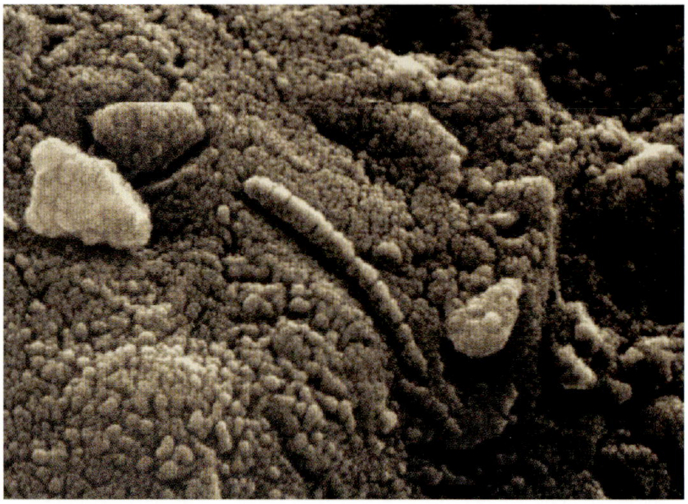

Der Mars-Meteorit ALH84001 (links) zeigt in elektronenmikroskopischen Aufnahmen wurmartige Strukturen im Mikrometerbereich, die als fossile Bakterien gedeutet wurden. Diese Interpretation ist in der Wissenschaft umstritten.

der Lage waren, organische Materie durch ihren Kohlenstoffanteil zu identifizieren. Die Proben sollten durch einen so genannten Maulwurfbohrer aus geschützten Tiefen gewonnen werden.

Die Diskussion um Leben auf dem Mars wurde im Jahr 1996 neu belebt. Wissenschaftler der NASA hatten einen der wenigen eindeutig als Mars-Meteoriten identifizierten Gesteinsbrocken untersucht. Der faustgroße Stein war im Jahr 1984 in der Gegend Alan Hills in der Antarktis gefunden worden, daher die Bezeichnung ALH84001. Es handelt sich um Basaltgestein vulka-

Sowohl die NASA als auch die ESA planen Missionen zum Mars, die gezielt nach Spuren von Leben suchen. Das Mars Science Laboratory (links), wird für einen Start in 2009 vorbereitet. Es ist drei Mal so schwer wie die bisherigen Mars-Rover und hat Instrumente, die biologische Materie untersuchen. ExoMars (rechts), von der ESA für 2011 vorgesehen, kann Proben aus Tiefen bis 2 m nehmen und darin enthaltene organische Moleküle analysieren.

nischen Ursprungs, datiert auf ein Alter von über 4 Milliarden Jahren. Unter dem Elektronenmikroskop zeigten sich wurmartige Strukturen von weniger als einem Mikrometer Größe, die als fossile Bakterien gedeutet wurden. In Fachkreisen ist diese Interpretation umstritten.

Auch heute muss man die Frage, ob auf dem Mars jemals Leben entstanden ist, als ungeklärt betrachten. In dem Zeitraum, in dem das Leben auf der Erde erschien, vor 3,5 bis 4 Milliarden Jahren, waren die Bedingungen auf dem Mars denen der Erde sehr ähnlich. Falls damals auf beiden Planeten Mikroorganismen entstanden sind, so waren die Chancen einer Entwicklung zu höheren Lebensformen auf dem Mars deutlich schlechter. Sie könnten trotzdem bis heute überlebt haben, allerdings nur in unterirdischen Refugien, geschützt gegen die aggressive Atmosphäre und Strahlung. Es müsste Wasser in irgendeiner Form vorhanden sein, wobei wahrscheinlich Eis oder adsorbierte Feuchtigkeitsfilme ausreichen.

Für die Antwort auf solche Fragen müssen wir uns noch gedulden. Auf beiden Seiten des Atlantiks werden Missionen geplant, die gezielt auf die Suche nach Lebensspuren ausgerichtet sind. Die NASA plant für das Jahr 2009 das »Mars Science Laboratory«, das in der Lage sein wird, Bausteine des Lebens wie Aminosäuren und Proteine zu analysieren. Für einen Start in 2011 ist Exomars vorgesehen, ein biologisches Labor der ESA, ausgerüstet mit einem Bohrer zur Probennahme aus mehreren Metern Tiefe.

# Im Weltraum kann man Geld verdienen

## Vom Sputnik zum Internet

## Relativitätstheorie in der Praxis: Satellitennavig

Der Vorläufer Giove-A der Galileo-Satellitenkonstellation wird am 27. Dezember 2005 im Raketenzentrum Baikonur in Kasachstan zum Start vorbereitet.

# Vom Sputnik zum Internet

Der Autor Arthur C. Clarke nach der Verleihung des Robert-A.-Heinlein-Preises im September 2004.

Arthur C. Clarke gehört zu den größten Schriftstellern der Science-Fiction-Literatur. Mit der Verfilmung seines 1968 erschienenen Romans »2001 – Odyssee im Weltraum« durch Stanley Kubrick wurde er weltweit bekannt. A.C. Clarke selbst bezeichnete sich aber immer als »Schriftsteller und Erfinder«. Tatsächlich hatte er eine Idee, die unsere Kommunikation auf der Erde revolutionieren sollte. Im Jahr 1945, zu einer Zeit, als es noch keine Satelliten gab, schrieb er in der Zeitschrift Wireless World einen Artikel, in dem er vorschlug, mit Hilfe von drei »Stationen« auf geostationären Bahnen die Erde vollständig mit Funksignalen abzudecken.

Die Möglichkeit der Satellitenkommunikation hatten Weltraumpioniere bereits vorher angedacht: Hermann Oberth stellte 1924 in seinem Buch »Das Problem der Befahrung des Weltraums« weitreichende Überlegungen in dieser Richtung an und Walter Hohmann berechnete als erster, dass bei einer Bahnhöhe von 35.730 km ein Satellit in äquatorialer Bahn von der Erde aus gesehen still zu stehen scheint, weil er exakt 24 Stunden für einen Umlauf benötigt. Diese geostationären Satelliten bilden heute, wie von Clarke vorgeschlagen, das Rückgrat des weltweiten Funk- und Fernsehverkehrs.

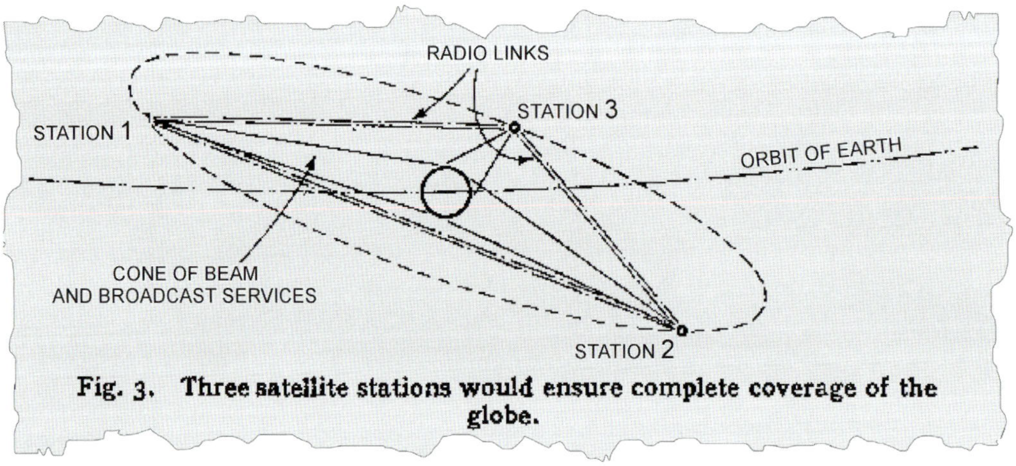


Originalabbildung aus Arthur C. Clarkes Artikel »Extra-Terrestrial Relays«, der 1945 in der Oktober-Ausgabe der Zeitschrift Wireless World erschien. Wie die Bildunterschrift besagt, genügen nach dieser Idee drei Satelliten-Stationen, um den gesamten Globus mit Funksignalen abzudecken.

## Das »Piep« aus dem All

Schon beim ersten künstlichen Erdsatelliten Sputnik-1 spielte die Kommunikation eine wichtige Rolle. Er manifestierte sich durch das bekannte knarzende Piepen, das in Wirklichkeit ein bei 20 und 40 MHz abgestrahltes Funksignal war. Fachleute, aber auch Funkamateure in aller Welt beeilten sich, Antennen und Empfänger zusammenzubasteln, um das Signal abzuhören.

Allerdings gelang es zunächst keinem, den Inhalt zu entschlüsseln. Mit astronomischen Teleskopen wurde die Position des Sputnik zu verschiedenen Zeiten optisch vermessen. Daraus konnten die Bahnparameter recht genau berechnet werden. Nun war es möglich, aus dem gemessenen Dopplereffekt nach nur wenigen Überflügen die Position des Beobachters zurückzurechnen. Die Satellitenkommunikation und die Satellitennavigation wurden also zugleich mit dem ersten Satelliten geboren.

## Frühe Konzepte

Die erste Nachrichtenübertragung im Weltraum gelang 1962 mit dem kugelförmigen amerikanischen Satelliten »Telstar«. Die von einer Bodenstation ausgesandten Funksignale wurden durch dessen verspiegelte Oberfläche einfach zurück zur Erde reflektiert. Ein Jahr später wurde der amerikanische Satellit Syncom-2 als erster auf eine geostationäre Bahn gebracht. Die damaligen Nachrichtensatelliten rotierten um ihre eigene Achse, um sich wie ein Kreisel auf der Umlaufbahn zu stabilisieren. Daher überstrich der Funkstrahl ihrer Schlitzantenne die Erde nur für einen Bruchteil der Rotationszeit. Der US-Firma Hughes Aerospace gelang es, trotz rotierendem Satelliten die Antenne auf die Erde ausgerichtet zu halten. Ihr Patent zum Stabilisierungsprinzip und Antennen-Entkopplungsmechanismus hielt andere Firmen fast 20 Jahre lang davon ab, erfolgreich in das Geschäft mit der Satellitenkommunikation einzusteigen.

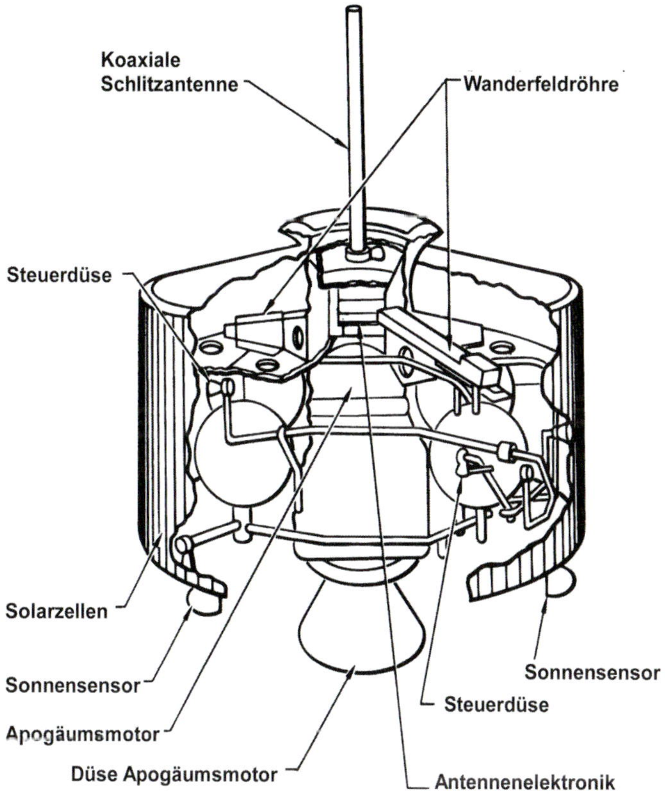


Der spinstabilisierte Satellit »Syncom-2« drehte sich mitsamt der geschlitzten koaxialen Antenne um die eigene Achse. Nur wenn die Ebene der Sendekeule über die Bodenstation strich, konnte ein Signal empfangen werden.

Der deutsch-französische Experimentalsatellit Symphonie stellte eine beachtliche Pionierleistung dar. Leider konnten die damit verbundenen neuen Technologien wegen nicht verfügbarer europäischer Raketen nicht zeitnah vermarktet werden.

Nachteilig bei spinstabilisierten Satelliten ist, dass sie gut ausgewuchtet und daher möglichst kompakt gebaut sein müssen. Sie sind daher meist zylinderförmig und haben nur eine kleine Oberfläche, die zur Energieversorgung mit Solarzellen versehen werden kann. Will man dagegen großflächige Solarzellenausleger verwenden, dann muss das Raumfahrzeug durch Kreiselsysteme und Steuerdüsen in allen drei Achsen stabilisiert werden. Der erste Satellit, der dieses Prinzip verwirklichte – und damit auch das Hughes-Patent nicht verletzte – war der deutsch-französische Satellit Symphonie. Die neuartige Technologie war ein Durchbruch und versprach gute Vermarktung. Doch dies war ohne eigene europäische Raketen nicht möglich: Die beteiligten Firmen mussten ihr schon eröffnetes Vermarktungsbüro in Washington D.C. wieder schließen, als ihnen dort bedeutet wurde, dass amerikanische Trägerraketen für kommerzielle Zwecke nicht zur Verfügung stünden. Dieses war dann auch der endgültige Auslöser für den Beginn einer eigenen Raketenentwicklung in Europa.

### Hochfrequente Funksignale

Im Jahr 1873 veröffentlichte der schottische Gelehrte James Clerk Maxwell eine Abhandlung über Elektrizität und Magnetismus. Darin fasste er alle theoretischen Kenntnisse zusammen, zu denen er durch die experimentellen Ergebnisse anderer Physiker seiner Zeit gelangte. Die drei damals bereits bekannten Differenzialgleichungen zur Beschreibung elektrischer und magnetischer Felder vervollständigte er durch eine vierte. Diese vier Gleichungen hatten es in sich: Sie beeindruckten nicht nur seine Zeitgenossen durch ihre mathematische Ästhetik, sondern sie sagten voraus, dass zeitlich veränderliche elektrische und magnetische Felder immer in vorhersagbarer Weise zusammenhängen, dass das eine ohne das andere nicht existieren kann. Er zeigte, dass die so gekoppelten elektrischen und magnetischen Felder sich in Form elektromagnetischer Wellen mit Lichtgeschwindigkeit ausbreiten.

Der deutsche Physiker Heinrich Hertz bestätigte als erster die Vorhersagen Maxwells durch Laborexperimente, die er zwischen 1886 und 1888 durchführte. Mit einer einfachen Verschaltung schon bekannter elektrischer Bauteile gelang es ihm, Funkwellen zu erzeugen. Über einen selbst auslösenden Unterbrecherkontakt, wie er in einer Haustürklingel benutzt wird, regte er einen hochfrequenten Schwingkreis an, der Funken über einen Spalt springen ließ. Mit einer offenen Ringantenne konnten die dabei entstehenden elektromagnetischen Wellen über eine Entfernung von wenigen Metern empfangen und durch kleine Fünkchen nachgewiesen werden. Es blieb dann dem italienischen Erfinder Guglielmo Marconi vorbehalten, daraus einen praktischen Nutzen zu ziehen. Ihm gelang es, Hertz'sche Wellen über viele Kilometer und wenig später über den Atlantik zu übertragen. Dafür erhielt er 1909 den Nobelpreis.

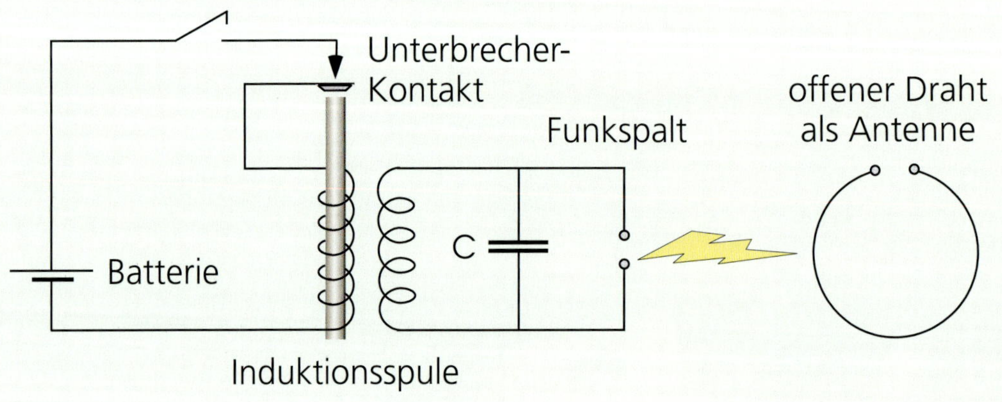


### Satellitenfunk für den kommerziellen Markt

Schon sieben Jahre nach Sputnik-1, im Jahr 1964, unterzeichneten 11 Länder eine Vereinbarung zur Gründung des »International Telecommunications Satellite Consortium«, kurz Intelsat genannt. Hinter dieser Organisation standen die Postverwaltungen der technisch hoch entwickelten Länder (mit dabei waren alle heutigen G-7 Länder). So war die Idee geboren,

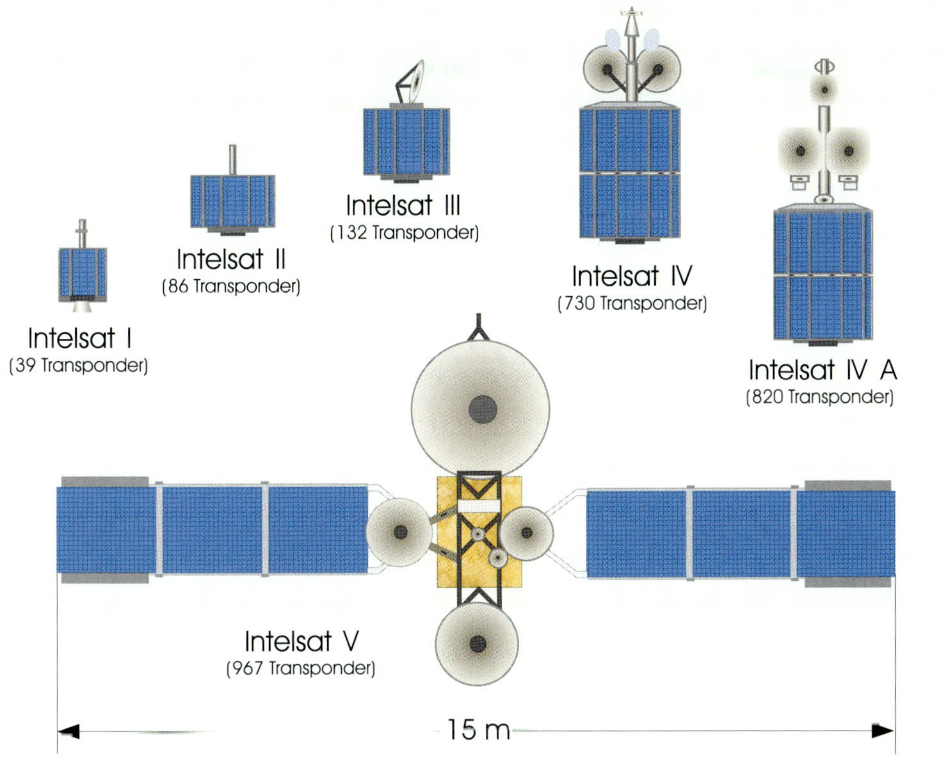


Die ersten fünf Generationen der Intelsat-Familien. Die Zahl der Transponder (eine bestimmte Anzahl von Sprechkreisen) stieg stetig an, von 39 beim Intelsat-1 über 132 beim Intelsat-3 (1200 Sprechkreise und 4 TV-Kanäle) bis 967 beim Intelsat-5 (12.000 Sprechkreise und 20 TV-Kanäle).

Satellitenfunk weltweit als Dienstleistung anzubieten und damit Geld zu verdienen. Mit Intelsat-1 wurde im April 1965 der erste kommerzielle Funkverkehr eingerichtet. Die frühen Satellitengenerationen waren so ausgelegt, dass die Signale mit hoher Bandbreite gebündelt und über große Entfernungen, meist von Kontinent zu Kontinent, übertragen wurden.

In der ersten Hälfte der 60er-Jahre war die Übertragungskapazität der transozeanischen Kabel sehr beschränkt. Sie konnten dem Bedarf in keiner Weise gerecht werden. Intelsat Corporation erhöhte mit Satelliten das Angebot an Fernseh- und Telefonverbindungen signifikant. Das führte zu günstigen Preisen und damit zu erhöhter Nachfrage. Selbst die Kampfpreise der staatlichen Postverwaltungen überstiegen die Kosten (inklusive Satellit, Reservesatellit, Boden- und Betriebseinrichtungen) damals noch um den Faktor zehn. Als bald die Kupferleitungen durch Glasfaser ersetzt wurden, führte die verbesserte Kabeltechnik zu einem sich aufschaukelnden Wettbewerb, in dem sich für Transatlantikverbindungen die irdische Technik durchsetzte.

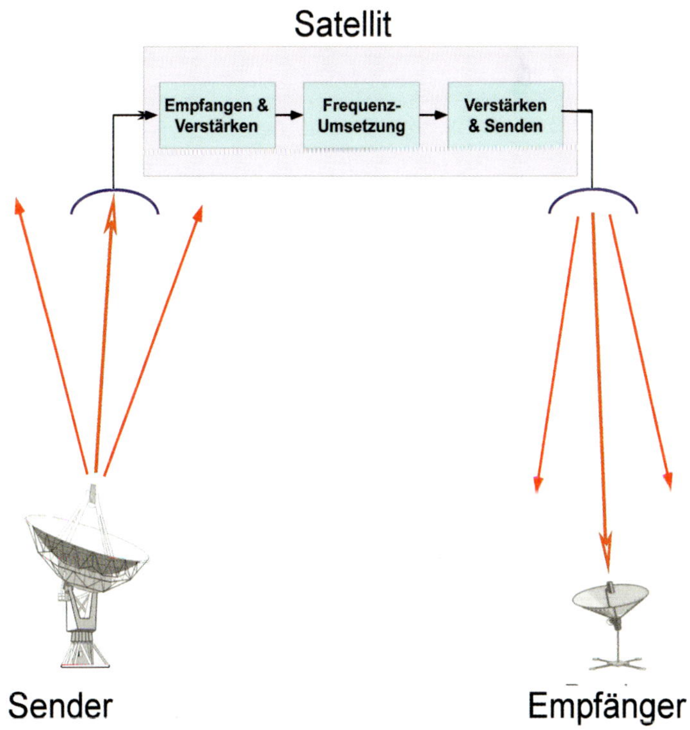


Satellitenfunk früher: von sehr großen Antennenschüsseln wird das Signal vom Satelliten empfangen, verstärkt und zur Erde gesendet.

## Funkwellen und Nachrichten

Es ist kaum mehr als ein Jahrhundert vergangen, seit Heinrich Hertz und Guglielmo Marconi die erste Funkwellenübertragung gelang. Wie man am Beispiel der heutigen Mobilfunktechnik sieht, konnten die dafür verwendeten Technologien seither in nicht vorhersagbarer Weise verbessert und miniaturisiert werden. Die grundlegenden Prinzipien jedoch sind weitgehend unverändert geblieben. Neu ist, dass heute meist eine Relaisstation zwischen Sender und Empfänger liegt, sei es als Funkmast oder in Form eines Satelliten.

Der Übertragungsvorgang über einen Satelliten spielt sich im Allgemeinen so ab: Im Sender wird eine Trägerwelle erzeugt und durch die zu übertragende Information moduliert, eventuell in kodierter Form. Das daraus entstehende Signal wird verstärkt und von einer Sendeantenne abgestrahlt. Die elektromagnetische Welle breitet sich aus, dabei fällt die Intensität mit dem Quadrat der Entfernung ab. Nur ein kleiner Bruchteil der Sendeenergie trifft auf die Antenne des Empfängers im Satelliten. Zusammen mit den unvermeidlichen Störsignalen, die technisch als Rauschen bezeichnet werden, wird das Signal verstärkt und dann mit geringfügig verschobener Frequenz zur Erde zurück gesandt. Auch dort wird nur ein kleiner Bruchteil der vom Satelliten ausgestrahlten Energie eingesammelt, verstärkt, demoduliert und wenn alles gut geht, entspricht die empfangene Information der ursprünglich gesendeten.

Die Kommunikationstechnologie hat ihre eigene Sprache, deren Begriffe oft durch ihre umgangssprachliche Bedeutung zu Missverständnissen führen. Im folgenden werden einige Fachwörter erläutert.

Der **Informationsgehalt** einer Nachricht ist umso größer, je unwahrscheinlicher sie ist. Ingenieure drücken dies durch den Logarithmus zur Basis 2 aus und schreiben:

$I = \log_2 (1/p_k)$

Sie messen die Information I in »Bit« und definieren $p_k$ (mit einem Wert zwischen 0 und 1) als die Wahrscheinlichkeit des Auftretens der Information. Wenn also die Wahrscheinlichkeit einer Nachricht sehr klein ist ($p_k$ nahe 0), ist der Informationsgehalt groß. Ist umgekehrt die Wahrscheinlichkeit sehr groß ($p_k$ nahe 1), dann ist die Information I nahe Null und sehr wenig Inhalt wird übertragen. In einem deutschen oder englischen Text tritt der Buchstaben »e« im Gegensatz zum Buchstaben »x« sehr häufig auf, daher geht weniger Information verloren, wenn dieser Buchstaben nicht oder nicht richtig übermittelt worden ist. Passiert dies mit dem Buchstaben »x« dürfte es schwer werden, das Wort zu verstehen. Es gibt Sprachen, die häufig auftretende Zeichen in der Schrift gar nicht verwenden, so fehlen etwa die Vokale in der arabischen Schrift. Die deutsche Sprache enthält 26 Buchstaben, die mittlere Wahrscheinlichkeit des Auftretens eines jeden ist $p_k=1/26$ und damit sein Informationsgehalt 4,7 Bit. Berücksichtigt man die Buchstabenhäufigkeit, so kann man mit etwas Statistik $H = \Sigma_k\, p_k \log_2 (1/p_k) = 4{,}11$ ermitteln. Wenn außerdem die Multigrammabhängigkeit (z.B. heißt dies: nach »sc« folgt sehr wahrscheinlich »h«) berücksichtigt wird, ergeben sich 1,3 Bit/Buchstaben.

### Signal

Unter einem Signal versteht man messbare elektrische Größen wie z.B. Spannung oder Strom, deren zeitliche Veränderungen uns Informationen geben können. Das Signal am Ausgang eines Telefonmikrofons besteht aus einer Spannung, deren Variation ein analoges Abbild der gesprochenen Töne ist. Analoge Signale bestehen aus einer komplexen Mischung von Frequenzen und Intensitäten und sind daher sehr anfällig für Störungen. Schon zu Beginn des Telekommunikationszeitalters wurde deswegen eine Art Digitalisierung vorgenommen. Statt des gesprochenen Wortes wurde die schriftliche Form verwendet, kodiert in 26 Buchstaben. Diese wiederum wurden ins Morsealphabet übertragen, das nur noch aus drei Zeichen besteht: aus, kurz ein, lang ein. Dadurch reduziert sich die Aufgabe des Empfängers darauf, festzustellen, ob und wie lange eine Spannung anliegt. Übertragungsfehler werden so weitgehend vermieden. In den ersten Jahren der Satellitenkommunikation sind oft noch Analogsignale übertragen worden. Die meisten der heute entwickelten und gegenwärtig betriebenen Nachrichtensatelliten übertragen Informationen ausschließlich mit binär digitalisierten Signalen, bei denen am Empfänger nur noch der Zustand »ein« oder »aus« abgefragt wird.

### Information

Information wird von den meisten von uns intuitiv aufgefasst als eine Nachricht, die dort, wo wir sie am Ende eine Übertragungsstrecke erhalten, zumindest teilweise neu ist. Ein im Hotel vom Gast bestellter Weckruf (ein Klingelzeichen zu einer vorher selbst definierten Zeit) enthält so gut wie keine Information, weswegen der Adressat meist nicht einmal den Hörer abnimmt. Die Kommunikationstheorie definiert Information auf der Grundlage von mathematischen Beziehungen, in dem eine Information mit der Wahrscheinlichkeit ihres Auftretens verknüpft wird. Die Information wird in »Bit« ausgedrückt und die Zahl der Bits pro Sekunde, welche über einen Übertragungskanal gesendet werden kann, bezeichnet man als die Kanalkapazität. Sie hängt vom Signal-zu-Rauschpegel und der Bandbreite ab. Die meisten Nachrichten enthalten häufig oder sinngemäß ähnliche Informationen, was als Redundanz bezeichnet wird. Das bedeutet in der Praxis, dass man sie auch mit weniger Bits übertragen, also komprimieren könnte. Damit wird weniger Bandbreite benötigt, oder man kann bei gleicher Bandbreite mehr Information übertragen. Die letztere Vorgehensweise hat dem Satellitenfernsehen zum Durchbruch und zu wirtschaftlichem Erfolg verholfen.

### Modulation und Codierung

Ein Analogsignal wird zunächst durch Abtasten digitalisiert und in eine binäre Zeichenfolge umgewandelt. Der Datenstrom zwischen Mikroprozessor und Modulator (beim Empfang ist es der Demodulator, beide zusammen werden mit dem Kunstwort Modem bezeichnet) besteht aus einer Folge von binären Zeichen, etwa ein-aus-Zuständen. Zur Funkübertragung muss das so kodierte Signal auf einen hochfrequenten Träger moduliert werden. Trägerfrequenz und zugehörige Bandbreite sind dem Satellitenfunk gemäß internationalen Vereinbarungen fest zugeteilt. Dabei müssen eine Reihe von Bedingungen für das übertragene Signal erfüllt werden, insbesondere zur Signalstärke und zu möglichen Störungen benachbarter Satelliten.

Unter dem Begriff »Modulation« versteht man die Aufprägung einer Information auf ein Hochfrequenzsignal, das man den Träger nennt. Für die Modulation eines Digitalsignals auf den Hochfrequenzträger gibt es prinzipiell drei Möglichkeiten. Man kann die Amplitude, die Frequenz oder die Phase des Trägers variieren. Diese drei Modulationsverfahren werden in der Analogtechnik mit Amplituden-, Frequenz- und Phasenmodulation, oder kurz AM, FM und PM bezeichnet. Wir kennen die ersten beiden Kürzel von der Senderskala unseres Radios. Bei der Amplitudenmodulation ändert sich Amplitude des Trägers bei fester Frequenz im

Die **Kanalkapazität** besagt, wie viel Information pro Zeit (also Zahl der Bits pro Sekunde, kurz bps) über eine Nachrichtenverbindung übertragen werden kann. Wird ein Signal der Stärke S in Gegenwart von Störungen (Rauschen, engl. Noise) der Stärke N übertragen, dann ist die Kanalkapazität C

$$C = B \cdot \log_2 \cdot (1 + S/N)$$

wobei B die **Bandbreite** (in Hertz) des Übertragungskanals ist. Diese Gleichung ermöglicht dem Nachrichtentechniker ein Abwägen zwischen Signalstärke und Bandbreite.
Ein Analogsignal, etwa die elektrische Spannung am Ausgang eines Mikrophons, kann durch Abtastung digitalisiert werden. Damit das ursprüngliche Signal aus dem Digitalsignal rekonstruiert werden kann, muss die **Abtastfrequenz** $f_S$ mindestens doppelt so groß sein wie die höchste im Signal vorkommende Frequenz $f_m$:

$$f_S \geq 2 \cdot f_m \quad \text{(Nyquist-Theorem)}$$

Die menschliche Stimme hat eine Bandbreite von ungefähr 3,5 KHz, das heißt, der Signalton muss mindestens 7000-mal pro Sekunde abgetastet werden. Für Musik-CDs ist die Abtastfrequenzen 44 KHz, für TV-Bildübertragungen in Farbe liegen sie bei einigen MHz. Mit modernen Datenkompressions- und Kodierungstechniken kann bei der Signalwiedergabe die Nyquist-Frequenz und damit die erforderliche Bandbreite noch unterschritten werden.

Gleichklang mit dem Analogsignal. Im Rundfunk wird diese Technik im Lang-, Mittel- und Kurzwellenbereich auch heute noch verwendet. Mit der Einführung der Ultrakurzwelle (UKW) setzte sich hier jedoch die Frequenzmodulation (FM) durch, da sie weniger empfindlich gegen Störungen ist.

Digitale Signale sind noch weniger störanfällig, da der Träger nur diskrete, meist zwei verschiedene Zustände annehmen kann. Alle drei Modulationsverfahren werden in der Praxis eingesetzt, wobei sich die Phasenmodulation als das fehlersicherste Verfahren erwiesen hat. Aber auch hier können die Störungen beträchtlich sein, wenn andere Funksignale interferieren, starker Regen oder hohe Sonnenfleckenhäufigkeit auftreten. In solchen Fällen, in denen das Verhältnis von Signal zu Rauschpegel ungünstig wird, hilft eine Codierung mit zusätzlich übertragenen Fehlerkorrekturbits. Die zusätzlichen Bits erlauben, Übertragungsfehler zu lokalisieren und zu korrigieren. Solche Verfahren, bei denen zeitweise die Zahl der Bits um bis zu 50 % erhöht werden muss (mit entsprechend reduzierter Bandbreite für die Informationen selbst), haben sich als sehr wirkungsvoll erwiesen.

Bei der **digitalen Datenübertragung** wird das Analogsignal zunächst abgetastet, sein Momentanwert in vorgegebenen Zeitintervallen gemessen. Die einzelnen Messwerte werden digitalisiert, indem sie in binäre Zahlen umgewandelt werden (z. B. Wert 6 wird zu 0110).

Bei der Frequenzmodulation (englische Bezeichnung Frequency Shift Keying FSK) springt die Trägerfrequenz zwischen 2 diskreten Werten entsprechend der Bitfolge 0 oder 1 hin und her. Die Amplitudenmodulation (Carrier Keying CK), schaltet die Signalhöhe, etwa zwischen aus und maximaler Amplitude. Phasenmodulation (Phase Shift Keying PSK) verschiebt die Phase des Sendesignals entsprechend dem digitalen Datensignal um einen bestimmten Betrag, meist ist eine Phasenumkehr um 180° gebräuchlich. Von den drei Modulationsverfahren wird heute hauptsächlich die PSK-Modulation in verschiedenen Varianten verwendet. FSK wird immer weniger und CK wegen der geringen Übertragungssicherheit gar nicht mehr eingesetzt. Beim PSK wird im Empfänger das Signal mit einem intern erzeugten Referenzsignal verglichen. Aus der Differenz entsteht direkt der digitale Datenstrom. Mit diesen Verfahren erreicht man eine hohe Übertragungssicherheit, mit statistischen Fehlerraten von einem Bit aus 10 Millionen übertragenen Bits.

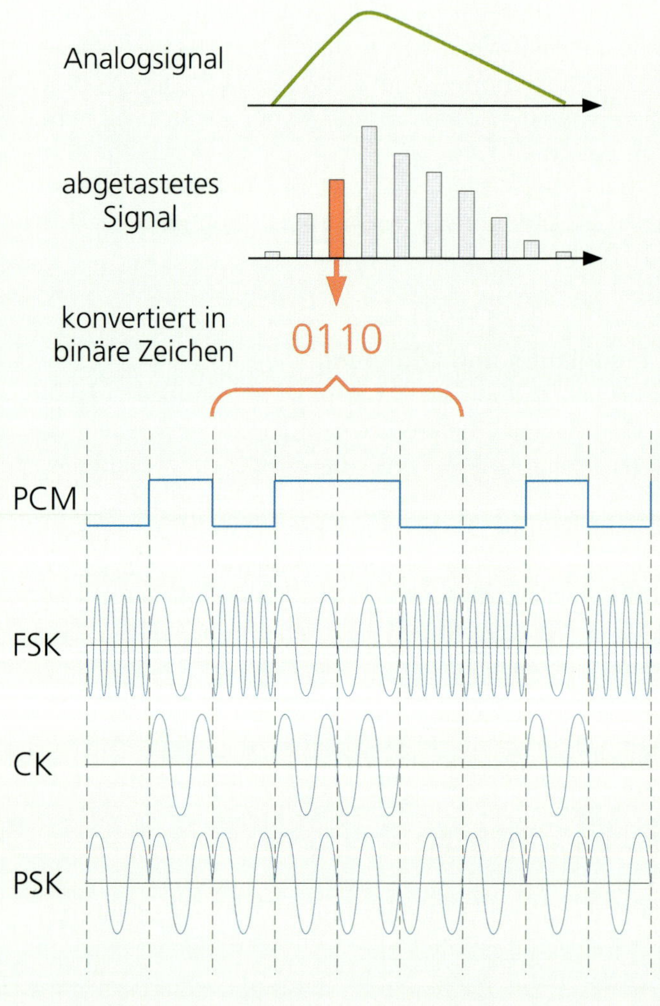

### Signalübertragung und Empfang

Das modulierte und gegebenenfalls kodierte Trägersignal wird in elektromagnetische Wellen umgesetzt, die sich im freien Raum ausbreiten. Bei niedrigen Frequenzen ist die gespeicherte Energie einer solchen Welle relativ gering, jedoch bei den im Satellitenfunk verwendeten hohen Frequenzen kann sie sehr beträchtlich sein. Die elektrische Leistung des modulierten Signals muss also verstärkt werden, bevor es über eine Antenne abgestrahlt wird. Spezielle Verstärker, meist basierend auf den ursprünglich für Radar und Radioastronomie entwickelten Wanderfeld-Röhren, werden heute für den Satellitenfunk eingesetzt. Von dort wird das Signal zur Antenne geleitet und abgestrahlt.

Die Eigenschaften der Antenne bestimmen, wieviel von der in jedem Bit gespeicherten Energie beim Empfänger ankommt. Die wichtigste Größe hierbei ist die Richtstrahlwirkung einer Antenne. Sie wird mit dem eigenartigen Namen Antennengewinn bezeichnet. Diese Größe hat den Wert 1 für eine kugelförmige Ausstrahlung mit gleicher Intensität in alle Richtungen. Meist möchte man aber möglichst viel Energie in eine bestimmte Richtung, zum Satelliten, bündeln. Mit Parabolantennen von einigen Metern Durchmesser wird die Ausstrahlung in einen kleinen Winkelbereich konzentriert, so dass der Antennengewinn den Wert 100 bis 10.000 haben kann.

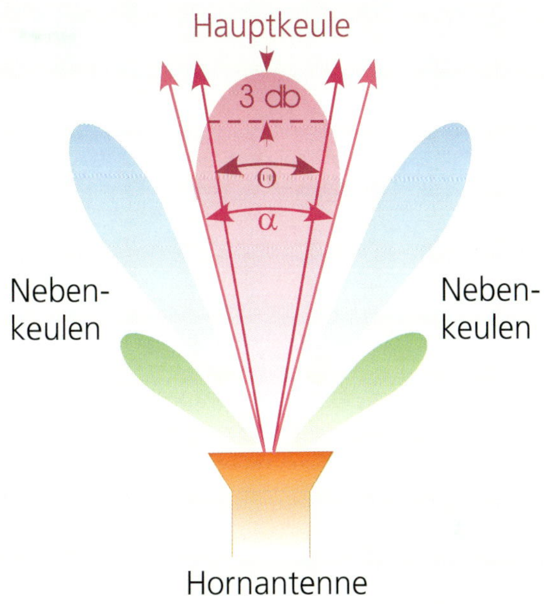


Eine einfache runde Hornantenne mit einem typischen Durchmesser von 10 cm hat bei einer Wellenlänge von 3 cm eine Breite der Hauptkeule von $\alpha = 21°$.

Zukünftig werden Satelliten mit großen Antennen ausgerüstet sein, die faltbar sind und sich beim Start kompakt verstauen lassen (links). Damit lässt sich die Ausleuchtung flexibel auf definierte Gebiete der Erdoberfläche konzentrieren (rechts).

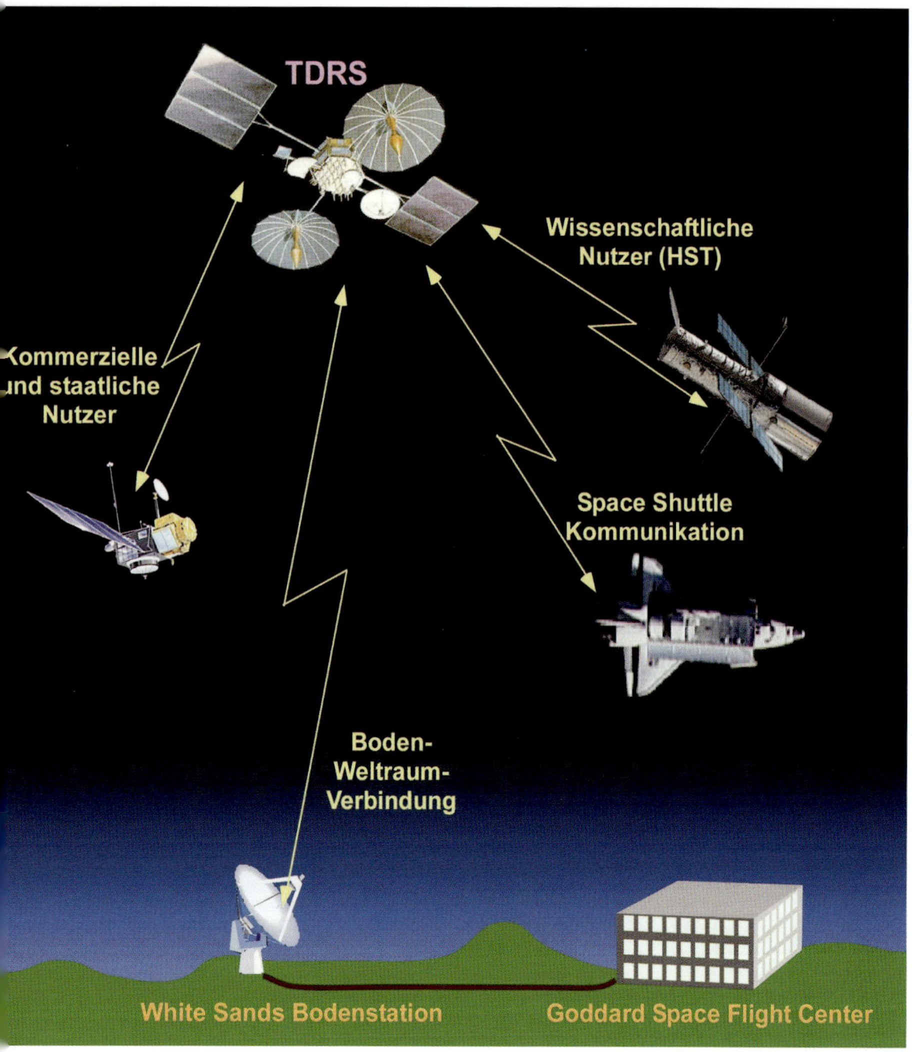


Die NASA hat ein System von 7 Daten-Relaissatelliten (TDRSS) eingerichtet, die von geostationären Positionen mit Raumfahrzeugen kommunizieren und so die Verbindung über die gesamte Umlaufbahn sicherstellen.

### Wie kommuniziert man mit Raumfahrzeugen?

Eine Bodenstation kann Funkverkehr mit Satelliten nur für die relativ kurze Zeit des Überflugs abwickeln. Für längere Kontaktzeiten würde ein erdumspannendes Netz von Stationen auf der Erde benötigt, was recht aufwändig ist. Deswegen kommuniziert man mit Raumflugkörpern vorzugsweise über Relaissatelliten. Der Funkverkehr besteht dabei aus den Datensignalen des Satelliten (genannt Telemetrie) und den vom Boden gesendeten Steuerkommandos.
Die NASA hat hierfür das »Tracking and Data Relay Satellite System« (TDRSS) eingerichtet. Es besteht aus sieben Satelliten auf geostationären Positionen. Das hat den Vorteil, dass sie ihre »Kunden«, die Raumstation, das Shuttle oder andere Raumfahrzeuge, ununterbrochen während des gesamten Umlaufs mit Daten- und Kommandoverkehr versorgen können. Andererseits kommunizieren die TDRSS-Satelliten untereinander, so dass eine einzige Bodenstation mit festen Parabolantennen den gesamten Funkverkehr abwickeln kann.

## Satellitenkommunikation – Pro und Contra

Wenn es um den Funkverkehr zwischen Personen oder Stationen auf der Erde geht, dann fragt man sich, wozu man hier überhaupt Satelliten braucht. Reicht nicht der althergebrachte terrestrische Funkverkehr, um die Kommunikationsanforderungen der heutigen Zeit abzudecken? Die Gründe, warum wir Satelliten einsetzen sind vielfältig und umfassen technische, ökonomische und historische Ursachen.

### Technische Hintergründe

Das verfügbare Spektrum von Funkfrequenzen für die Kommunikation ist eine begrenzte und daher kostbare Ressource. Zu einer bestimmten Zeit kann immer nur ein Nutzer an einem bestimmten Ort einen Funkkanal nutzen. Wie bei der Übertragung von Telefongesprächen über Draht würde man sonst andere Teilnehmer mithören. Die Ausbreitung von Funkwellen im traditionellen Bereich niedriger Frequenz, etwa in Lang- oder Mittel- oder Kurzwellen, werden in der Ionosphäre, einer Schicht unterhalb von 100 km Höhe, reflektiert. Das freut Funkamateure und Radiohörer, die dadurch weit entfernte Sender empfangen können. Es führt aber auch dazu, dass solche Sender sich über große Entfernungen gegenseitig stören, wenn sie auf denselben Frequenzen senden.

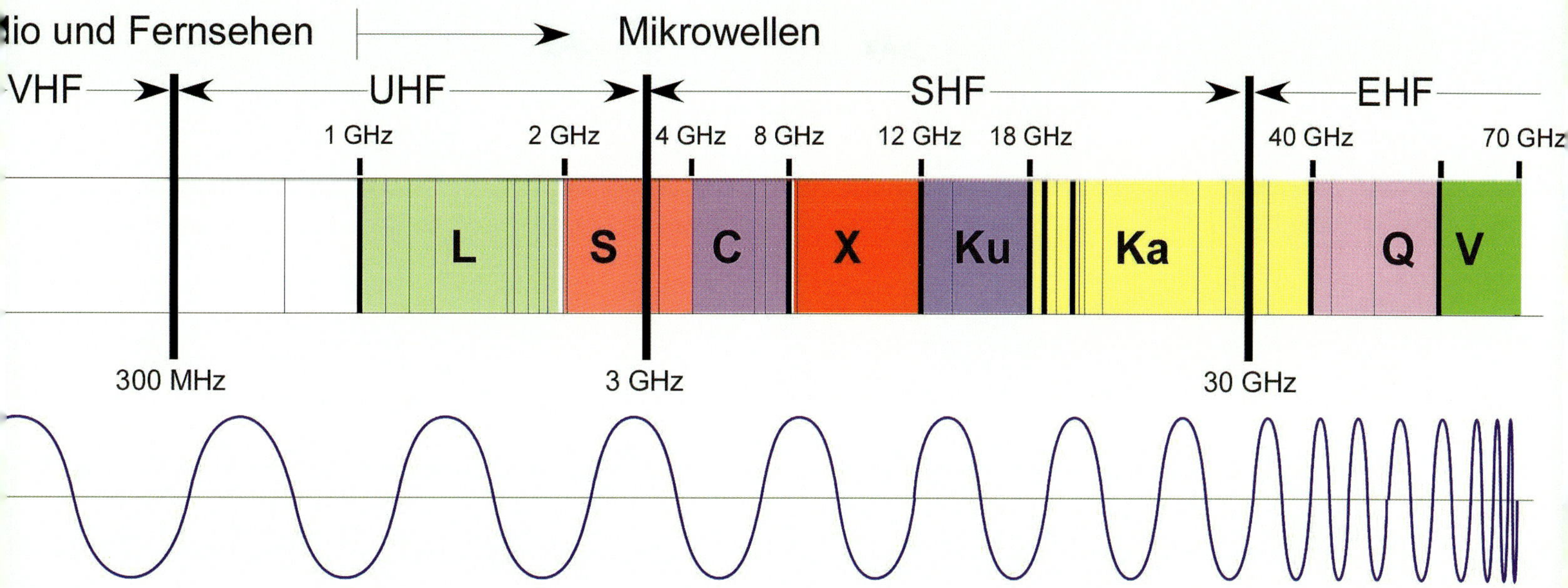


Teil des elektromagnetischen Spektrums im Hochfrequenz- und Mikrowellenbereich für satellitengestützte Kommunikationsdienste.

Wenn alle Funkfrequenzen eines Sendebandes belegt sind, ist die einzig bestehende Ausweichmöglichkeit die zu höheren Frequenzen. Nehmen wir an, wir möchten Musik in hoher Qualität unter Verzicht auf Kompressionsmethoden übertragen. Analoge Audiosignale überdecken den Bereich von 20 Hz bis 20 KHz, also benötigen wir 20 KHz Bandbreite. Im Langwellenbereich des Radios, 140 bis 280 KHz, könnte man nur 7 Sender dieser Qualität einrichten. Gehen wir in den UKW-Bereich, der sich von 88 bis 108 MHz erstreckt, so sind hier schon 1000 Sender möglich. Der Mobil- und Satellitenfunk findet im Bereich von Gigahertz statt. Glasfasertechnik ist deshalb so attraktiv, weil sie mit sichtbarem Licht, also bei 500 Terahertz überträgt. Bei hohen Frequenzen wird die Reichweite kleiner, Reflektionen an der Ionosphäre treten nicht mehr auf, womit auch keine Störungen von Sendern hinter dem jeweiligen Horizont zu erwarten sind. Derselbe Funkkanal kann dann in einem anderen Land, ja oft im selben Land mehrfach benutzt werden, wenn nur dafür gesorgt ist, dass die Reichweiten sich nicht überschneiden. Allerdings benötigt man beim Verkehr über Distanzen größer als die Funkreichweite Relaisstationen. Das können Funkmasten oder Satelliten sein. Letztere entsprechen sozusagen einem Funkmast von mehreren 10.000 Kilometer Höhe, was ihre Attraktivität in diesem Nutzungsbereich veranschaulicht. Allerdings können Signale von einem Satelliten nur empfangen oder gesendet werden, wenn zum Nutzer Sichtverbindung (Wolken stören hier nicht) besteht.

### Wirtschaftliche und historische Gründe

Wie eine Studie der ESA aus den 70er Jahren zeigt, sprechen ökonomische Überlegungen für die Satellitenübertragung, sobald die Entfernung mehr als 800 km beträgt. Dann nämlich werden terrestrische Installationen teurer als ein geostationärer Satellit. Aus diesem Grund wird über größere Entfernungen zwischen Ballungszentren der Kommunikationsverkehr einschließlich der Internetverbindungen bevorzugt via Satellit abgewickelt.

Moderne Fernseh- und Rundfunk-Satelliten (oben) in der 5 t-Klasse haben eine maßgeschneiderte Abdeckung, beispielsweise für Italien (gelb) oder Frankreich (blau). Dies wird durch speziell konstruierte Satellitenantennen erreicht.

Die heutige Aufteilung zwischen Kabel- und Satelliten-Netzwerken beruht auf historischen Hintergründen. Als in den 60er-Jahren die ersten Telekommunikationssatelliten entwickelt wurden, gab es nur wenige transozeanische Kabel und diese hatten eine sehr beschränkte Bandbreite. Das erste Transatlantikkabel mit Namen TAT-1 wurde 1956 installiert und ermöglichte nur 36 Telefonverbindungen gleichzeitig. Als Intelsat-1 1963 in Betrieb ging, konnten 240 Verbindungen simultan betrieben werden. Der am 16. Juni 2004 mit einer Proton-Rakete gestartete Intelsat-10-02 hatte eine Startmasse von 5600 kg. Er stellt eine elektrische Leistung von 11 kW zur Verfügung und ist für eine Lebensdauer von 13 Jahren ausgelegt. Seine Kapazität entspricht nicht weniger als 100.000 Telefonverbindungen.

Obwohl Glasfaserkabel heute die Möglichkeiten der Satelliten bei weitem übertreffen, gibt es zahlreiche Anwendungen, bei denen die Satellitentechnik in einer gleich guten, besseren oder gar exklusiven Wettbewerbssituation ist: Dort, wo Kabel sich nicht lohnen, bei großen Flächen mit kleiner Bevölkerungsdichte oder fehlender Infrastruktur, oder wo es schwierig ist, Kabelverbindungen zu installieren. Auch wo Schnelligkeit zählt: Einer der zahlreichen geostationären Reservesatelliten kann innerhalb von wenigen Tagen auf die richtige Seite der Erde und mit seinen steuerbaren Antennen auf die zu bedienende Region ausgerichtet werden. In einem Marktsegment erweisen sich Satelliten als unschlagbar, nämlich bei mobilen Verbindungen. Überall auf der Erde stellt der Satellit Verbindungen zu Flugzeugen, Schiffen, Fahrzeugen aller Art und mobilen Einzelpersonen her. Selbst die Astronauten der ISS können über Satelliten mit ihrer Familie telefonieren.

### Knappe Frequenzen

Lange bevor es Satellitenfunk gab, rauften sich viele Sendestationen um die wenigen verfügbaren Frequenzbänder. Wegen der länderübergreifenden gegenseitigen Störungen wurde eine internationale Regelung zur Verteilung der Frequenzen notwendig. So entstand schon 1865 die International Telecommunication Union (ITU), welche ein Komitee namens »Consultative Committee on International Radio (CCIR)« einrichtete, um Standards festzulegen und die Frequenznutzung zu regeln. Die funktechnische Welt wurde zusammengefasst in 3 Regionen. Das sind Afrika, Europa und frühere UdSSR in Region 1, Nord- und Südamerika mit Grönland in Region 2 und in der dritten Asien und Ozeanien mit Australien. Für Satellitendienste teilte man die Frequenzen in Bänder auf: das L-Band, 1–2 GHz, für Maritime Satellitendienste, das S-Band zwischen 2–4 GHz für mobile Dienste und Satelliten-Telemetriedaten, das C-Band, 4–6 GHz, für ortsfeste Kommunikati-

on, und die Bänder Ku und Ka im Bereich 12–40 GHz. Die seltsamen Buchstabenbezeichnungen für die Bänder weisen auf ihren militärischen Ursprung hin, wo sie als Codenamen von Radarfrequenzen eingeführt wurden.
Für Satellitendienste sind vor allem die Bänder der höheren Frequenzen interessant, die größere Bandbreiten bieten. Eine Grenze nach oben entsteht durch die abnehmende Durchlässigkeit der Atmosphäre. Die höheren Frequenzen werden hauptsächlich durch Sauerstoffmoleküle und Wasserdampf abgeschwächt. Ein starker Regen kann im Ka-Band das Signal unbrauchbar machen.
Moderne Satellitensysteme, vor allem für TV und Rundfunk, versorgen mit speziell geformten Satellitenantennen relativ scharf begrenzte Regionen auf der Erdoberfläche. Sie verlaufen meist entlang der Sprach- oder Ländergrenzen, wobei die Versorgung benachbarter Gebiete oft billigend oder zähneknirschend in Kauf genommen wird. In der damaligen DDR freuten sich die Bürger über Westfernsehen, die Regierung sprach von Kulturimperialismus.

### Satellitenverbindungen moderner Art

Der bisher beschriebene Satellitenfunk unterscheidet sich kaum von terrestrischen Funkverbindungen. Wenn sich die Rolle des Satelliten auf Empfang, Verstärkung und Abstrahlung beschränkt, agiert er wie ein Funkmast von 35.730 km Höhe. Man spricht dann von einem Umsetzer. Der spezielle Teil davon, der Nachrichten empfängt, gruppiert und kanalisiert, heißt Transponder (Kunstwort aus Transmitter und Responder). Bis in die 90er-Jahre und teilweise auch heute noch erfüllen die Satelliten nur diese Aufgabe. Die Nachrichtensatelliten waren damals noch recht klein und mit geringer elektrischer Leistung ausgestattet. Damit eine Übertragung überhaupt möglich war, mussten Bodenstationen mit sehr großen Antennenschüsseln betrieben werden.
Bald erkannte man, dass es günstiger war, aufwändige und teure Anlagenteile statt auf der Erde im Weltraum zu stationieren. Diese Komplexitäts-Inversion, wie es die Spezialisten nennen, hat den Zweck, mehr Technik in den Satelliten zu stecken, wo sie nur einmal benötigt wird, und dafür die Vielzahl der Bodenterminals möglichst klein und kostengünstig zu halten. Die Verstärker- und Modulationstechniken wurden ständig verbessert. Große Satellitenantennen wurden für den Raketentransport intelligent verstaut und im Weltraum entfaltet. Durch diese Maßnahmen war es schließlich möglich, tragbare oder in der Hand gehaltene Terminals (im deutschen Sprachraum mit dem pseudoenglischen Wort »Handy« bezeichnet) zu betreiben und damit den Weltmarkt der Kommunikation explosionsartig zu erweitern.

Große Antennenschüsseln wie diese in Fucino (Italien) prägten das Bild der Satellitenkommunikation in der Anfangsphase. Heute wird der technische Aufwand in die bis zu 5 t schweren Satelliten gesteckt, damit der Nutzer auf der Erde mit portablen oder in der Hand gehaltenen Geräten telefonieren kann.

Geschickt verteilte Strahlen mit 4 verschiedenen Strahlbündeln, die sich gegenseitig nicht überlappen.

**Frequenzaufteilung durch Fächerstrahlen**

Trotz all dieser Fortschritte bleibt das Problem der knappen Verfügbarkeit von Frequenzbändern. Verbesserungen sind hier nur durch zusätzliche »Intelligenz« im Satelliten möglich. Das Ziel ist, die Übertragungskapazität einer Funkstrecke effizient zu nutzen, um ein Maximum an Daten von vielen Datenquellen an viele Ziele zu übertragen.

Mit den heute verfügbaren großen Satellitenantennen kann man die Empfangsfläche in hunderte von scharf gebündelten Strahlen, so genannte Spotbeams, aufteilen. Damit wird die mehrfache Nutzung von Frequenzbändern ohne störende Überlappung möglich. In der einfachsten Version werden vier Frequenzbänder so auf die einzelnen Strahlen aufgeteilt, dass sie sich nicht stören. Diese Technik, auch als Vierfarben-Verfahren bezeichnet, sorgt für genügend Abstand zwischen Strahlen gleicher Frequenz.

So erzeugte kleinflächige Strahlenbündel haben oft eine sehr unterschiedliche Funkbelastung. Deshalb werden die Verbindungen im Satelliten nicht einfach direkt »durchgeschaltet«. Zusammen mit der Nachricht wird die Adresse des Zielteilnehmers zum Satelliten gesendet, dort dekodiert und interpretiert, so dass die Bordintelligenz den Strahl und das Frequenzband des Teilnehmers selbst findet. Dieser Prozess heißt On Board Processing und erfordert schnelle Rechner und große Speicherkapazitäten an Bord des Satelliten. Auf diese Weise wird das Spektrum äußerst effizient genutzt.

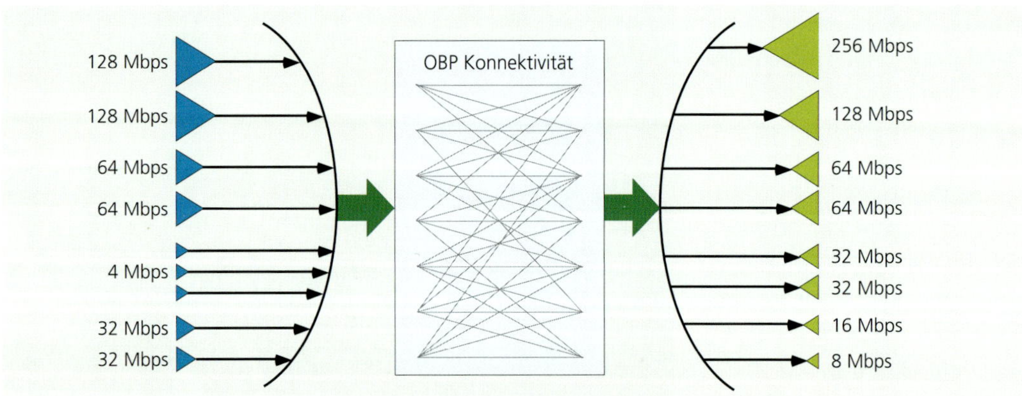


Das On Board Processing (OBP) erlaubt die volle Interkonnektivität zwischen Nutzern mit unterschiedlichen Bandbreiten und die Regeneration, d.h. Fehlerkorrektur des Signals nach jeder Teilstrecke. Damit kann das verfügbare Frequenzspektrum sehr effektiv genutzt werden. OBP erfordert vollständige Digitalisierung, schnellste Rechner- und Software-Technologien sowie fehlerkorrigierende Verfahren.

Hat man erst einmal einen leistungsfähigen Prozessor an Bord, so kann er zur weiteren Erhöhung der Übertragungseffizienz eingesetzt werden. Als sehr erfolgreich haben sich hier Verfahren erwiesen, die eine Fehlerkorrektur an Bord vornehmen. Der Satellit empfängt ja vom Boden nicht nur das Signal, sondern auch unvermeidbare Störungen. Der Rauschanteil erhöht sich durch Verstärkung und Frequenzumsetzung und wird mit dem Nutzsignal weitergegeben. Auf der Abwärtsstrecke kommen zusätzliche Rauschanteile hinzu. Das beim Teilnehmer empfangene Signal summiert alle Störungen auf und hat daher ein ungünstiges Signal-zu-Rauschverhältnis.

Wird aber das ankommende Signal an Bord des Satelliten dekodiert, dann kann man mit einem Korrekturverfahren die ursprüngliche Nachricht fehlerfrei wiederherstellen. Das im Bodenempfänger schließlich empfangene Signal muss nur noch von den Fehlern der Abwärtsstrecke befreit werden. Auf diese Weise wird eine extrem hohe Datensicherheit erreicht.

## Nachrichtensatelliten heute

Wegen der starken Konkurrenz der schnellen Glasfaserverbindungen mussten die Satellitenanbieter Nischen finden, in denen sie kostengünstiger sind oder den Wettbewerb dominieren. Im Fernsehbereich sind Satelliten unschlagbar, in mobilen Diensten außerhalb der Ballungszentren ebenfalls. Die neuen Multimedia- und Internet-Dienste bieten ebenfalls interessante Marktchancen. Ein Beispiel ist die Verbindung kleiner und kostengünstiger Bodenstationen, etwa die verschiedenen Standorte einer global aufgestellten Firma oder ein Netz von Tankstellen, Bankautomaten oder ähnlichen Versorgungsstellen, die von einer Zentrale aus rund um die Uhr betreut werden müssen. Satelliten werden auch zum Verteilen von Internet-Verbindungen eingesetzt, wo man auf eine hohe Redundanz der Übertragungswege und damit Datensicherheit angewiesen ist.

Schon früh wurden spezielle Nischenanwendungen mit Satelliten erprobt: Im weltweiten Wettbewerb von Anbietern setzte sich für den Seenotruf der Berufsschifffahrt ein vom DLR (damals noch DFVLR) und der Firma Dornier in Friedrichshafen entwickeltes Modulationsverfahren durch. Der entscheidende Vergleichstest wurde 1982 mit dem ESA-Testsatelliten Marecs-A und den im Bild gezeigten Seenotruf-Bojen, welche vor der norwegischen Küste ausgesetzt wurden, durchgeführt (mit Testleiter E. Messerschmid, einem der beiden Autoren).

### Mobil bleiben

Mobile Dienste sind ein Bereich, in dem Satelliten nicht mit Glasfaserkabeln, sondern mit Funkmasten konkurrieren. Hier gab es einen dramatischen Zuwachs an Nutzern seit den 90er- Jahren. Die terrestrischen Funknetze wurden so dicht, dass in Regionen hoher Bevölkerungsdichte eine flächendeckende Versorgung gegeben ist, mit kleinsten Endgeräten, die in jede Tasche passen. Geostationäre Satelliten konnten hier nicht mithalten da, wegen der geringen Signalstärke am Boden, zu große Empfänger benötigt würden. Neue Wettbewerber für Satelliten-Telefonie, die Firmen Iridium und Globalstar, folgten der Idee, statt weniger geostationärer Satelliten eine große Zahl (bis zu 77) niedrig fliegende einzusetzen. So sollte ein hohes Empfangssignal am Boden sichergestellt werden. Aber nur ein einziger Weltraum-Anbieter überlebte am Markt, nämlich Inmarsat, die International Maritime Satellite Organization, die mit ihrer Versorgung von Schiffen konkurrenzlos war.

Der ESA-Satellit Artemis erprobte erstmals für zivile Anwendungen ein Laser-basiertes Datenübertragungssystem. Ihm gelang es, vom französischen Erdbeobachtungssatelliten SPOT-4 Daten mit 50 Mbps bei einer Fehlerrate unter $10^{-6}$ zur Bodenstation in Toulouse zu übertragen. Der Laserstrahl war nur um 0,004° aufgeweitet, dies entspricht einem Durchmesser von 400 m am Empfänger.

### Markt Fernsehübertragung

Ganz anders entwickelte sich der Markt der Fernsehübertragungen. Hier finden wir den profitabelsten Bereich der Satellitenkommunikation. Die direkte Übertragung über einen geostationären Satelliten versorgt eine große Fläche mit hunderten von Programmen für Millionen von Heimantennen. Die Kostenstruktur für die Beschaffung, den Start und Betrieb des Satelliten bei einer typischen Lebensdauer von heute etwa 15 Jahren ist so günstig, dass vom Empfänger nicht einmal Gebühren verlangt werden. In Europa belieferte 2003 die luxemburgische Firma SES-ASTRA 36 Millionen Empfänger mit TV- und Rundfunkprogrammen, der Wettbewerber Eutelsat gar 110 Millionen. In den USA gibt es ebenfalls zwei konkurrierende Firmen, Hughes Network Systems und Echostar. Beide zusammen bringen es auf 23 Millionen Empfänger ihrer Programme. Die großen Betreiberfirmen bieten ihre Übertragungskapazitäten überdies für Breitband-Internetzugang an. Zukünftig werden aktuelle Videoübertragungen (geplant für die Olympischen Spiele 2008 in Peking) zu tragbaren Empfängern ermöglicht.

### Von Satellit zu Satellit

Der Markt für die Kommunikation zwischen mehreren Satelliten, Raum- und Bodenstationen ist nicht zu vernachlässigen. Datenströme großer Bandbreite können von niedrig fliegenden Raumstationen über geostationäre Satelliten zum Boden und in die umgekehrte Richtung übertragen werden. Das US-System TDRSS, das auch die ISS versorgt, wurde bereits erwähnt. Als Vorläufer eines europäischen Daten-Relaissatelliten entwickelte die ESA den Artemis-Satelliten, der laseroptische Übertragungen testen sollte. Wegen eines Raketenfehlers wurde Artemis im Juli 2001 auf einer viel zu niedrigen Bahn ausgesetzt. Glücklicherweise war der Satellit mit einem elektrischen Triebwerk ausgerüstet, das für die Lage- und Bahnkontrolle am geostationären Zielort vorgesehen ist. Den Flugleitern der ESA gelang das fast unmögliche Vorhaben, den Satelliten mit diesem kleinen, für eine solche Aufgabe nicht vorgesehenen Triebwerk auf die richtige Bahn zu bringen. Nach 6000 Betriebsstunden des Ionentriebwerks erreichte Artemis schließlich Ende Januar 2003 die vorgesehene Umlaufbahn und dürfte trotz des ungeplanten Treibstoffverbrauchs für wenigstens 10 Jahre betriebsbereit sein.

## Was verspricht uns die Zukunft?

Gegenwärtig verbessern neue Technologien in nicht vorhersagbarer Weise die Infrastrukturen für Verkehrs- und Kommunikationssysteme. Weltweit erfahren sie neue, manchmal geradezu revolutionäre Anwendungen, bei denen Satellitensysteme oft eine Vorreiterrolle spielen. Zuerst

dienten geostationäre Satelliten als Relaisstationen für den Weitverkehr, später kamen für den Mobilfunk Satelliten-Konstellationen auf niedrigen Umlaufbahnen hinzu. Zusammen mit den geostationären Satelliten decken sie den gesamten Bereich der Kommunikation zwischen ortsfesten und mobilen Stationen in Land-, See-, Luft- und Raumfahrzeugen ab.
Satellitennetze bieten gegenüber Kabelnetzen drei wichtige Vorteile:

- sie können schnell eingerichtet und verändert werden,
- sie können sich flexibel an verändernde Marktbedürfnisse anpassen,
- die Kosten der Datenübertragung hängen nicht von der Entfernung ab.

Die weltweite Nachfrage nach Datenkommunikation, insbesondere für Internet-Verbindungen, wächst exponentiell. In den USA besteht allein für die Internet-Datenautobahnen ein Bedarf in Höhe von 1600 Petabit (= $10^{15}$ Bit). Die gegenwärtigen Wachstumsraten liegen bei 60 % pro Jahr. Davon wird bisher nur ein relativ kleiner, aber wegen der speziellen Möglichkeiten immer noch signifikanter Anteil durch Satelliten übertragen. Marktvorhersagen gehen davon aus, dass der Bedarf an Satellitentranspondern für feste Funkdienste weiter ansteigt. Hinzu kommt, dass durch neuartige Modulations- und Kodierungsverfahren die Frequenzband-Nutzung der Satelliten zunimmt.
Die Satellitennetze werden, soweit sie sich noch in staatlicher Hand befinden, weiter privatisiert und in eine neue wirtschaftliche Phase eintreten. Der Wettbewerb wird beträchtliche Preisreduktionen erzwingen, was zu einer steigenden Nachfrage führt. Hierdurch erhalten auch neue Dienste eine Chance, z. B. hybride Mobiltelefone, die im gleichen Frequenzbereich sowohl für Satellitenfunk in ländlichen Gebieten als auch für terrestrischen Funkbetrieb in Großstädten geeignet sind.
In bestimmten Anwendungsbereichen werden Satelliten zunehmend an Bedeutung gewinnen, z. B. für

- mobile Funk- und Navigationsdienste,
- Rundfunk (Hörfunk in CD-Qualität sowie Fernsehen in höchster Bildauflösung),
- Interkontinentalverbindungen für Staaten ohne Küstenzugang,
- Fernverbindungen bei geringem Übertragungsbedarf,
- militärische Systeme.

Grundlegend neue Technologien und Netzkonfigurationen werden erforderlich, um den erwarteten Bedarf abzudecken. Erste Generationen werden momentan angedacht, und Konzepte mit teilweise hunderten von Einzelsatelliten sind in Vorbereitung. Die wichtigsten Entwicklungslinien beim weiteren Aufbau sind:

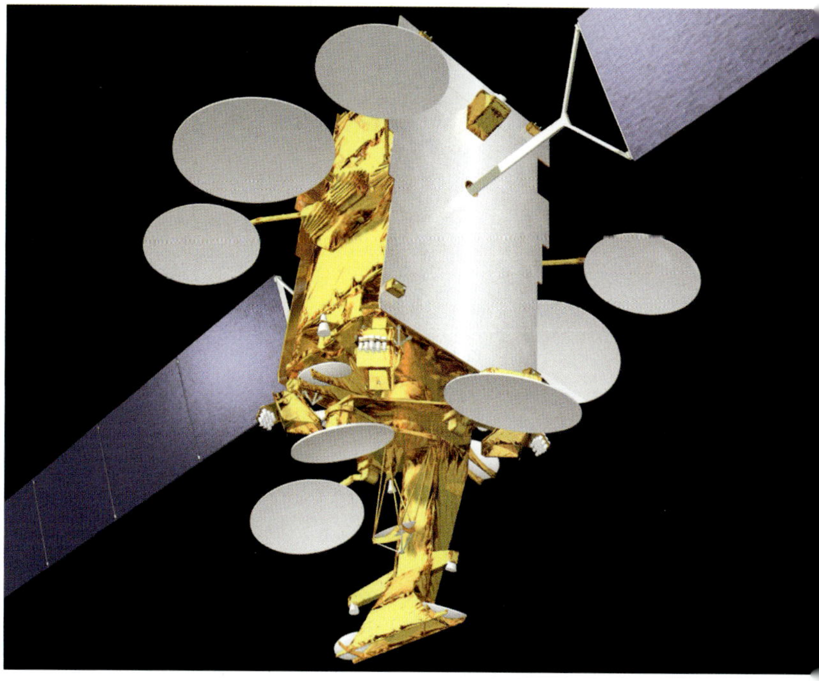

So wie der europäische Alphabus werden zukünftige geostationäre Telekommunikationssatelliten aussehen. Sie könnten für den kommerziellen Markt einen Durchbruch im Sektor der großen Hochleistungssatelliten erzielen. Passend für Oberstufen von Schwerlastraketen mit 5 m Durchmesser bieten diese Satelliten 200 flexibel einsetzbare Transponder bei einer Masse von 6–8 t und elektrischer Leistung von 12–18 kW. Es besteht Wachstumspotenzial auf bis 20 kW bei erwarteter Kostenreduktion von 25 % pro Transponder. Ziel dieser Neuentwicklung ist, einen Wettbewerbsvorteil gegenüber Boeing Satellitenbus 702 mit 12–14 kW elektrischer Leistung zu erzielen. Davon wurden in den vergangenen Jahren 14 Satelliten (+ 8 Optionen) im Wert von 3 Milliarden Dollar verkauft.

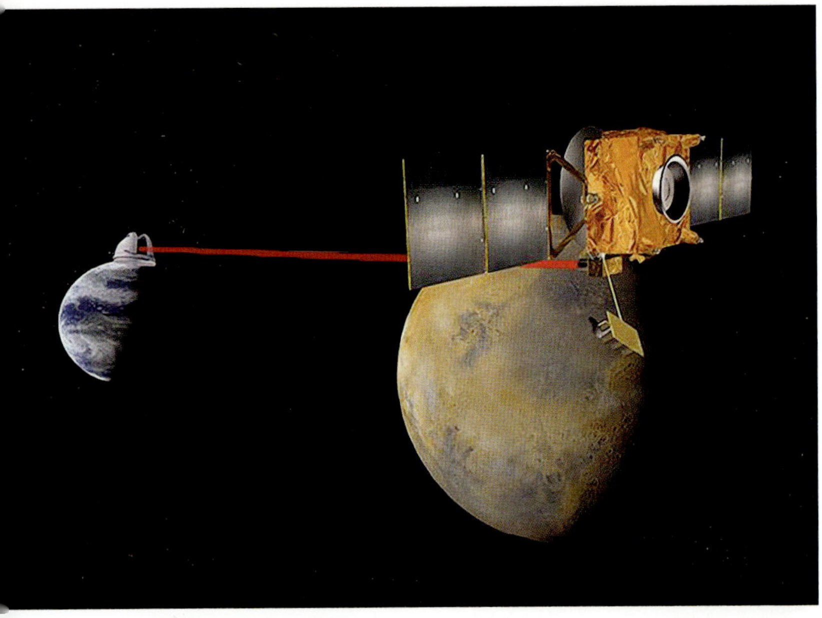

Der Mars Telecom Orbiter ist das bisher am besten untersuchte Beispiel für einen Daten-Relay-Satelliten für die Erkundung von Planeten. Er sollte ursprünglich im Jahr 2009 gestartet werden, um Daten von Rovern und später von Astronauten auf der Oberfläche oder von Erkundungssatelliten, die den Mars umkreisenden, zu empfangen. Dieses Projekt wurde von der NASA gestrichen, kurz nachdem die Prioritäten in der Exploration vom Mars auf den Mond verlagert wurden.

- regenerative digitale Signalprozessoren, welche gestörte Daten selbstständig reparieren,
- Schaltmatrizen für die Signalverarbeitung und Kanalvermittlung an Bord der Satelliten,
- weiterer Ausbau der Mobilfunknetze für See-, Luft- und Landfahrzeuge; Integration großflächiger Kommunikations-, Navigations- und Verkehrsführungssysteme,
- Verbindung zwischen Satelliten im Orbit mit Millimeterwellen und optischer Übertragung für direkte Kommunikation ohne Zwischenschaltung einer Erdfunkstelle,
- Aufbau einer kommunikationstechnischen Infrastruktur für die erdnahe und erdferne Raumfahrt mit Daten-Relais-Satelliten,
- große Sendeleistung und komplexe Satellitenantennen mit schaltbarer Richtcharakteristik zur Belieferung kleiner, auch mobiler Erdfunkstellen.

Der Europäische Ministerrat beschloss auf seiner Sitzung im März 2003 in Brüssel, die Fortschritte auf dem Weg zur Informationsgesellschaft zu beschleunigen. Dazu werden nationale Breitband- und Hochgeschwindigkeits-Internetstrategien entwickelt, wobei Satellitenkommunikation ein wichtiger Teil des Technologie-Portfolios darstellen wird. Breitbandanschlüsse für rund 20 % der europäischen Bevölkerung, die gegenwärtig keine Anschlussmöglichkeiten hat, insbesondere bei der ländlichen, grenznahen oder Insel-Bevölkerung, sollen die digitale Trennung rasch schließen helfen.

Mit dem Programm »Global Monitoring for Environment and Security« (GMES) beabsichtigt die europäische Union, in der Zukunft einen unabhängigen Zugang zu Umwelt- und Sicherheitsdaten zu erhalten. Dazu werden Erdbeobachtungs- und Kommunikationssatelliten, in Verbindung mit Messgeräten und Sendeeinrichtungen in der Luft, zu Wasser und auf dem Boden benötigt.

Mit diesem Programm sucht die Europäische Union einen raschen Fortschritt zu erzielen in Richtung auf das im Jahr 2000 in Lissabon definierte Ziel, sich in der nächsten Dekade zur wettbewerbsfähigsten und dynamischsten, wissensbasierten Wirtschaftsgesellschaft der Welt zu entwickeln. Ähnliche Anstrengungen gibt es auch in Richtung auf europäische militärische, satellitengestützte Beobachtungs- und Kommunikationssysteme. Mit ihnen erhofft sich Europa, zukünftig einen größeren Beitrag für friedenserhaltende Maßnahmen bei Konflikten leisten zu können.

# Relativitätstheorie in der Praxis: Satellitennavigation

Navigation ist die »Steuermannskunst« zu Wasser, zu Land und in der Luft. Dabei geht es darum, sich in einer geografischen Umgebung zurechtzufinden. Die Aufgabe des Navigierens (vom lateinischen »navigare«, ein Schiff führen) ist dreifach. Sie besteht zunächst aus der Bestimmung der eigenen Position, zum Zweiten aus der Berechnung des optimalen Weges zu einem Ziel, und zum Dritten aus dem Finden und Einhalten eines optimalen Kurses. Dabei ist die Positionsbestimmung die wichtigste Aufgabe als Voraussetzung für die Lösung der beiden anderen.

Die Oberfläche der Erde wird seit alters her in Längen- und Breitengrade eingeteilt. Daher wird der eigene Standort durch die geografische Breite, die geografische Länge und, wenn nötig, die Höhe über dem Meeresspiegel festgelegt. Die Bestimmung des Breitengrades ist relativ einfach: Man misst die Höhe eines bekannten Sterns oder der Sonne zu einem definierten Zeitpunkt, etwa zum höchsten Sonnenstand am Mittag. Wenn die scheinbare jahreszeitliche Bewegung der Gestirne bekannt ist, kann man aus dem gemessenen Winkel die geografische Breite berechnen. Schwieriger wird die Bestimmung des Längengrades. Sowohl die eigene Bewegung in Ost-West-Richtung, als auch die Drehung der Erde führen zu einer Änderung des Winkels, unter dem man die Sterne sieht. Um diese beiden Effekte zu trennen, benötigt man eine exakte Zeitmessung, wodurch der momentane Rotationswinkel der Erde festgelegt werden kann. In anderen Worten, man vergleicht die lokale Zeit mit der Zeit eines bekannten Ortes, etwa des Heimathafens. Die Längenortung war für lange Zeit die grundlegende Schwierigkeit der Seefahrt.

Auch heute lässt sich die Positionsbestimmung auf eine Zeitmessung reduzieren. Mit Hilfe von Satelliten sind wir in der Lage, unseren Standort auf den Zentimeter genau zu definieren. Das stellt allerdings so hohe Anforderungen an die Zeitmessung, dass die Einflüsse der Einsteinschen Relativitätstheorie in die Berechnung mit einbezogen werden müssen.

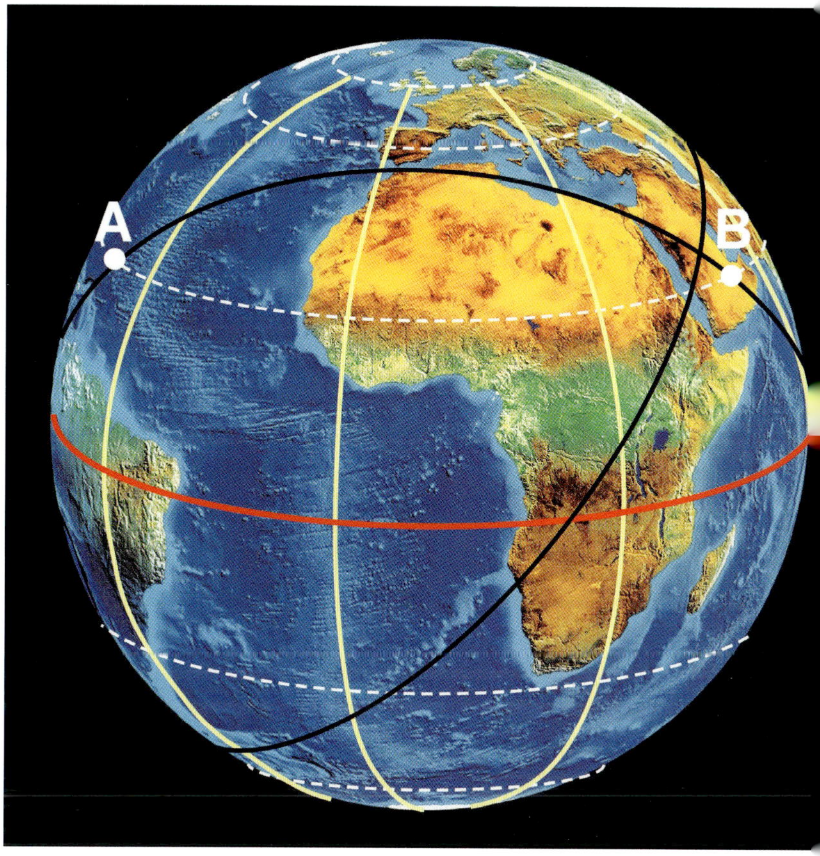


Der Äquator (rot) teilt die Erdkugel in zwei Hälften und kreuzt die Meridiane oder Längenkreise (gelb) unter 90°. Die gestrichelten Linien sind die Breitenkreise. Schwarz durchgezogen sind Großkreise dargestellt, die kürzeste Verbindung zwischen zwei Punkten A und B auf einer Kugel.

## Zeitmessung und Navigation

Im Jahr 1707 lief eine englische Flotte unter Admiral Sir Clowdisley Shovell auf der Heimkehr von einer siegreichen Schlacht auf die Scilly-Inseln auf. Vier der fünf Schiffe sanken, der Admiral und rund 1700 Mann verloren ihr Leben. Dieses Ereignis hatte Folgen. Es gab eindringliche Stellungnahmen von renommierten Wissenschaftlern wie Isaac

Der 50. Breitengrad in der Mainzer Innenstadt. Er kann durch Winkelmessung zum Polarstern relativ genau bestimmt werden.

Der Astronom und Pfarrer Johann Werner (1468–1522) aus Nürnberg bestimmte als erster die geografische Länge im Jahr 1514 durch die gleichzeitige Messung der Höhe des Mondes und eines andern Gestirns über dem Horizont sowie des Winkelabstands zwischen beiden.

Newton und Edmond Halley, die endlich Maßnahmen zur Sicherung einer genaueren Navigation forderten. Daraufhin lobte Englands Parlament 1714 einen Preis für eine praktisch brauchbare Lösung des Längenproblems aus. Wer es schaffte, eine Standortbestimmung mit einem Fehler von weniger als einem ½° vorzunehmen, sollte 20.000 Pfund erhalten, und immerhin noch die Hälfte des Geldes für eine Fehlerreduktion unter 1°. Ein Längengrad entspricht am Äquator 60 Seemeilen (ca. 111 km), die Strecke nimmt zu den Polen hin ab und beträgt auf der Breite des Ärmelkanals rund 40 Seemeilen (74 km). Vom heutigen Standpunkt aus gesehen war das eine eher bescheidene Anforderung.

Es verging gut ein Jahrzehnt nachdem das Preisgeld ausgelobt und eine »Längenkommission« zur Beurteilung von Vorschlägen eingerichtet worden war, ohne dass brauchbare Ergebnisse gefunden wurden. Namhafte Astronomen aus ganz Europa bemühten sich um Lösungen mit teilweise skurrilen Methoden. Schließlich widmete sich der Londoner Tischler John Harrison diesem Thema. Er experimentierte mit hochpräzisen Uhren, obwohl er auf diesem Gebiet als Amateur tätig war – aber als ein verdammt guter Amateur. Er hatte bereits eine Pendeluhr mit reibungsarmem Holzräderwerk gebaut, eine Uhrenhemmung erfunden und später mit einem Bimetall-Pendel die Temperaturabhängigkeit kompensiert. Ein Hauptproblem war der Einsatz von Uhren auf Schiffen, wo die Wellenbewegung den Gebrauch von Pendeln erschwerte. 1728 stellte er ein Konzept mit zwei identischen, durch eine Feder verbundene Pendel vor, womit Störungen durch Wellen weitgehend kompensiert wurden.

Harrison entwickelte 1735 ein erstes Schiffschronometer, damals noch ein hochkompliziertes Ungetüm, fast 1 m hoch und 88 kg schwer. Obwohl dieses Gerät die Bedingungen der Kommission noch nicht erfüllte, wurden ihm 500 Pfund für weitere Arbeiten zugestanden. Erst 1759, im Alter von 66 Jahren, gelang ihm der Durchbruch mit einer etwas überdimensionalen Taschenuhr. Das Harrison-Chronometer zeigte auf der 147-tägigen Fahrt nach Jamaika und zurück eine Gangabweichung von nur 5 Sekunden, entsprechend einem Fehler von 1,9 Bogenminuten. Trotz des überzeugenden Erfolgs musste Harrison noch mehrere Jahre um das Preisgeld kämpfen, das ihm schließlich 1769 ausbezahlt wurde. Alle späteren Schiffschronometer gehen im Prinzip auf das Harrison-Chronometer zurück.

Ein Tischlermeister, der Uhrmachergeschichte schrieb: John Harrison (1693–1776) entwickelte das erste zuverlässige Schiffschronometer in Taschenformat mit 13 cm Durchmesser und 1,45 kg Gewicht.

### Den Weg finden

Die meisten Verfahren der Navigation wurden für die Nautik entwickelt, zur Positionsbestimmung und Steuerung von Schiffen. Im Laufe der Jahrhunderte entstanden so, von einfachen Verfahren ausgehend verschiedene Methoden:

Karte und Kompass sind die klassischen Werkzeuge der Navigation.

- Die Sichtnavigation findet sich in Küstennähe anhand von Ortkenntnis und durch Nutzung von Landmarken und Leuchttürmen zurecht, unterstützt durch einfache Küsten- und Seekarten. Diese bewährte Methode wird heute durch markierte Hafeneinfahrten, Seezeichen und Funkbaken ergänzt.
- Die astronomische Navigation ortet die eigene Position durch Höhenmessung von Gestirnen (Sonne, Planeten oder Fixsterne). Mit modernen Sextanten können Genauigkeiten von 1–2 km erreicht werden.
- Koppelnavigation stützt sich auf laufende Ortsbestimmung aus Kurs, Wegstrecke und Geschwindigkeit. Der Kurs kann mit Sonne, Gestirnen und seit dem Mittelalter mit dem Kompass bestimmt werden. Doppler-Radar und Trägheitsnavigation steigern die Genauigkeit von einigen Prozent auf etwa 0,2 % der zurückgelegten Strecke.
- Zu diesen, teilweise seit Jahrtausenden bewährten Methoden, kam 1899 die Funknavigation und 1960 die Satellitennavigation hinzu. In der Funknavigation werden Sendestationen, deren Position bekannt ist, vom Schiff aus angepeilt. Wenn die Richtung zu zwei Sendern bestimmt ist, kann man das Ergebnis als zwei Linien in die Seekarte eintragen. Am Kreuzungspunkt befindet sich das Schiff. Später wurden Funkverfahren eingeführt, bei denen Zeitsignale gesendet wurden, sodass man durch die Laufzeit den Abstand zum Sender bestimmen konnte. Mit drei Sendern kann man seine Position recht genau errechnen. Das ist schon nahe am Prinzip der Satellitennavigation, wo Signale von 4 bis 6 Satelliten genutzt werden, um aus dem Unterschied der Laufzeiten zum Standort die Position zu bestimmen.
- Die Trägheitsnavigation, eine Weiterentwicklung der Koppelnavigation, misst ständig die momentane Bewegung durch Beschleunigungsmesser und Kreisel und berechnet daraus den zurückgelegten Weg. Es ist das einzige bordautonome Verfahren, das nicht von der Sicht nach außen oder von externen Signalen abhängig ist. Es ist beispielsweise in der Lage, ein Flugzeug weit weg von irdischen Funkstationen bei schlechter Sicht sicher zu leiten.
- Die Integrierte Navigation oder Hybridnavigation vereinigt mehrere dieser Verfahren und gewichtet sie entsprechend ihrer Qualität. Die Position wird dadurch optimal errechnet, zusätzlich erlaubt sie Aussagen über Genauigkeit und Zuverlässigkeit, was man in der Fachsprache als »Integrität« bezeichnet.

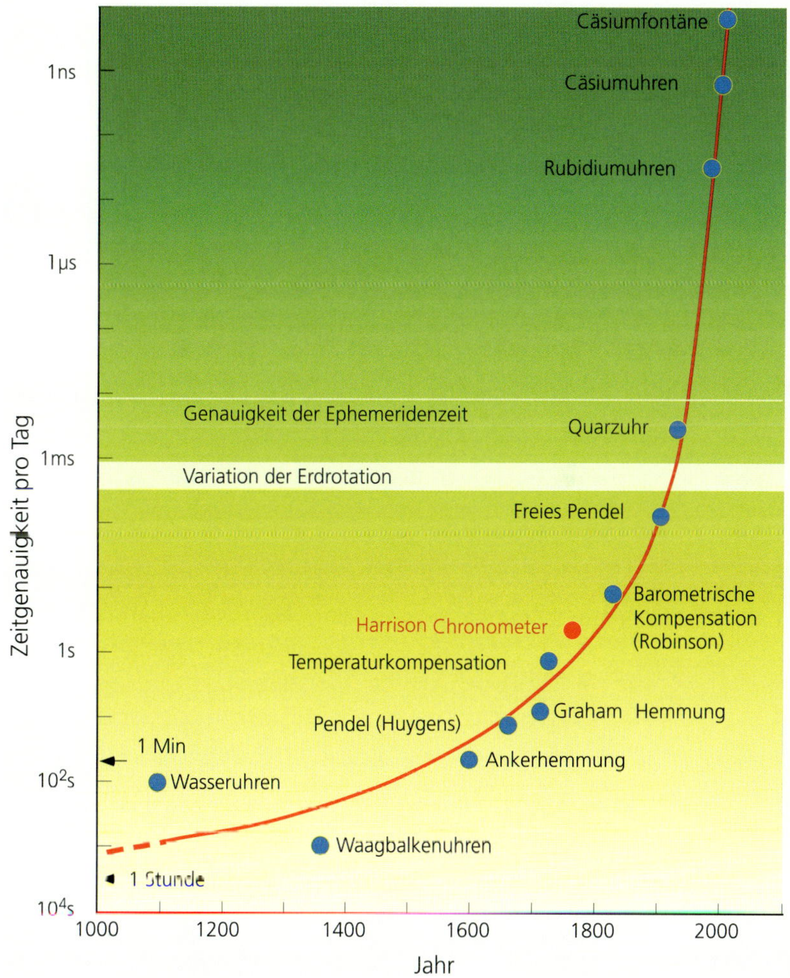

Die Genauigkeit der Zeitmessung im Verlauf der Jahrhunderte.

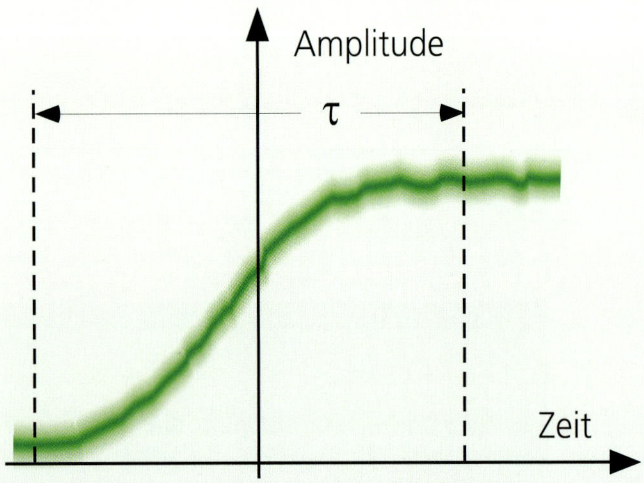


Bei der Echomessuung entstehen Ungenauigkeiten durch den »weichen« Anstieg des Pulses, der eine Zeit bis zur Einstellung der vollen Signalhöhe benötigt. Der Anstieg wird mit höherer Bandbreite steiler.

## Messen mit dem Echo

Elektromagnetische Wellen breiten sich mit der Lichtgeschwindigkeit von 299.792 km/s aus. Anders ausgedrückt, Licht oder Funksignale legen in einer Nanosekunde eine Strecke von etwa 30 cm zurück. Ein von der Erde ausgesandter Radarimpuls benötigt für die Strecke von der Erde zum Mond und zurück, das sind rund 760.000 km, 2,53 Sekunden. Umgekehrt kann man natürlich aus einer gemessenen Laufzeit eine unbekannte Entfernung errechnen. So arbeitet beispielsweise ein Schiffsradar.

Das Echo-Messprinzip funktioniert nur, wenn das Funksignal, das ja eine kontinuierlich schwingende elektromagnetische Welle ist, eine Markierung enthält, die man im reflektierten Signal wieder erkennt. Beispielsweise kann man den Sender zu einem bestimmten Zeitpunkt einschalten und am Empfänger die Zeit bis zum Eintreffen des Signals messen. Zu einer genauen Messung muss der Einschaltvorgang schnell, also möglichst mit einem momentanen Anstieg erfolgen. In der Praxis beobachtet man jedoch stets einen allmählichen Signalanstieg, der nur unscharf gemessen werden kann. Um einen möglichst vertikalen Anstieg zu erreichen, benötigt man hohe Frequenzen. Das wird deutlich, wenn man sich ein Trägersignal vorstellt, das nur einmal pro Sekunde schwingt. Dann kann man keinen Anstieg in einer Zehntelsekunde erwarten. Die Echomessung wird also umso genauer, je höher die Frequenz und damit die Bandbreite des gesendeten Signals ist.

Selbst bei hoher Bandbreite ist eine genaue Messung manchmal schwierig, weil das Echo am Empfänger sehr schwach und von Störungen verzerrt ankommt. Man hat deshalb raffinierte Methoden entwickelt, um den Ankunftszeitpunkt möglichst genau zu bestimmen. Statt eines einzelnen Einschaltvorgangs oder eines Pulses (ein-aus) verwendet man eine ganze Serie von Pulsen, die als Bitsequenz dargestellt werden können. Diese Sequenz ist dem Empfänger bekannt. Er schiebt sein Bitmuster so lange über dem empfangenen Signal hin und her, bis er eine optimale Übereinstimmung erhält. Auf diese Weise ist auch bei verrauschten Übertragungsstrecken eine Bestimmung der Ankunftszeit mit hoher Genauigkeit möglich.

## Die Anfänge der Satellitennavigation

Wissenschaftler der John-Hopkins-Universität in Baltimore hatten schon im Jahr 1957 die Position des Sputnik-1 von Erdfunkstellen aus sehr exakt bestimmt, in dem sie die Dopplerverschiebung der Funksignale des Satelliten auswerteten. Nachdem sich diese Methode als Erfolg versprechend erwiesen hatte, lag es nahe, das Messverfahren umzukehren und zur Positions-

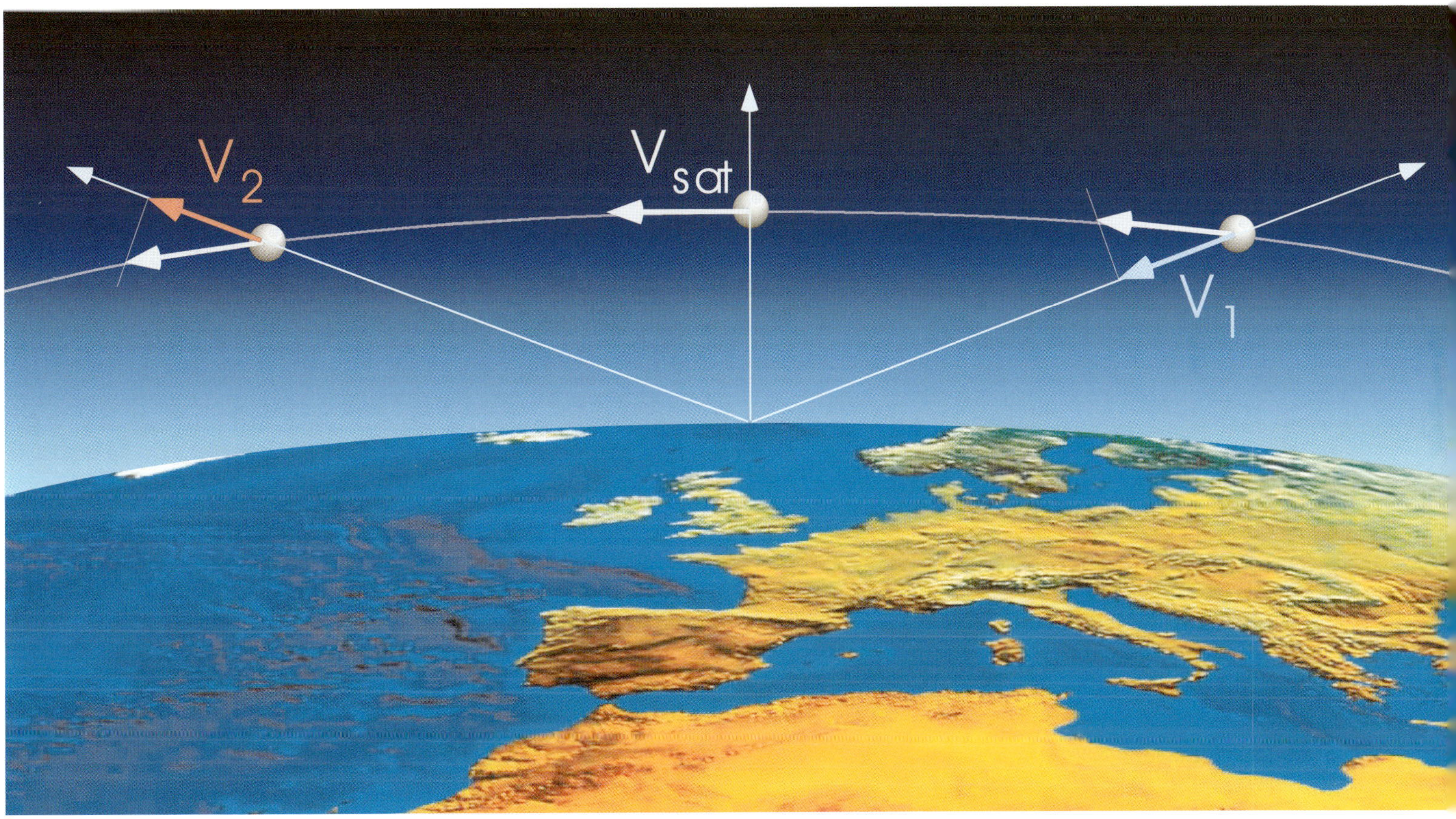


Das erste Navigationssystem »Transit« funktionierte nach der Dopplermethode. Ein Satellit, der direkt über dem Beobachter steht, bewegt sich auf seiner Bahn genau senkrecht zur Blickrichtung. Die gemessene Dopplerverschiebung ist dann null. Unter einem Winkel gesehen hat die Bahnbewegung stets eine Komponente in der Sichtline, die entweder auf den Beobachter zu gerichtet ist (Dopplerverschiebung zu höheren Frequenzen, $v_1$), oder vom Beobachter weg ($v_2$) mit umgekehrter Verschiebung.

bestimmung auf der Erdoberfläche einzusetzen, vorausgesetzt, die Bahndaten des Satelliten sind bekannt. Dies war die Geburtsstunde der Satellitennavigation. Ab Mitte der 60er-Jahre wurden bei der amerikanischen Luftwaffe und Marine unterschiedliche Verfahren erprobt. 1973 mündeten die parallel laufenden amerikanischen Forschungsvorhaben in ein gemeinsames Navigations-Technologieprogramm, das die Definition und die Verwirklichung des Global Positioning Systems zum Ziele hatte.

### Frühe Satellitennavigation

Das erste weltweit verfügbare Satelliten-Navigationssystem war das Transit-System. Es bestand aus 6 Satelliten, die in 1100 km Höhe (Umlaufszeit 108 Minuten) die Erde auf polaren Bahnen umkreisten. Eingerichtet wurde es 1964 von der US-Marine, um das Trägheits-Navigationssystem von Unterseebooten zu aktualisieren. 1967 stellte man es auch der zivilen Nutzung zur Verfügung. Das von Satelliten bei den Frequenzen 150 MHz und 400 MHz ausgestrahlte Signal enthielt sowohl die Bahndaten, als auch eine Zeitinformation mit einer Genauigkeit 200 µs. Die Positionsmessung funktionierte nach dem Dopplerprinzip.
Obwohl die Satelliten über die geographische Breite verteilt umliefen, konnte man immer nur einen von ihnen zur Messung verwenden, die dadurch lange dauerte. Das war ein Nachteil dieses Verfahrens. Eine Echtzeitnavigation innerhalb von Sekunden, wie wir es heute gewohnt sind, war damit unmöglich. Außerdem musste der Abstand des Empfängers zum Erdmittelpunkt recht genau bekannt sein, also die Höhe über Normal Null. Auf See ist das kein Problem, aber an Land ergab sich bei Eingabe einer um 30 m falschen Höhe ein Positionsfehler von fast 200 m. Trotz seiner Nachteile wurden mit dem Transit-System wertvolle Erfahrungen gemacht, insbesondere bei der Bestimmung der Störeffekte durch die Ionosphäre und Troposphäre. Das System wurde nach Einführung des GPS-Systems außer Dienst genommen.

### Wie genau sind die Verfahren?

Funknavigation wird hauptsächlich auf See und im Luftverkehr eingesetzt. Sie arbeitet bei Frequenzen von 10 KHz bis einige 100 MHz und hat die Eigenschaft, dass mit zunehmender Frequenz die Messgenauigkeit zunimmt, während der Empfangsbereich kleiner wird. Bei Satelliten hingegen hängt der Empfangsbereich von der Satellitenhöhe und dem kleinsten Elevationswinkel, unter dem der Satellit noch über dem Horizont »gesehen« werden kann, ab. Bei 20.000 km Höhe (etwa die halbe Entfernung zum stets sichtbaren geostationären Satelliten) ist ein Satellit 280 Minuten sichtbar, bei 1000 km Höhe höchstens 15 Minuten. Geringe Höhe erlaubt wegen des stärkeren Signals kleinere Empfänger, bedeutet aber große Messlücken, es sei denn, man setzt viele Satelliten gleichzeitig auf verteilten Bahnen ein.
Bei bordautonomen Verfahren, z.B. mit Trägheitsplattformen, nehmen die Navigationsfehler mit der Reisezeit zu, während bei den terrestrischen Funkverfahren der Fehler um so kleiner wird, je näher man der angepeilten Station kommt. Bei den Satelliten-Navigationsverfahren hängt der Fehler von der Genauigkeit der Borduhr ab und davon, wie präzise die Bahndaten dem Empfänger bekannt sind. Dort, wo eine Genauigkeit im Millisekundenbereich gefordert wird, wie beim Start und Flug des Space Shuttles, werden die Ergebnisse von Trägheitsplattformen und GPS-Satelliten gemeinsam ausgewertet.

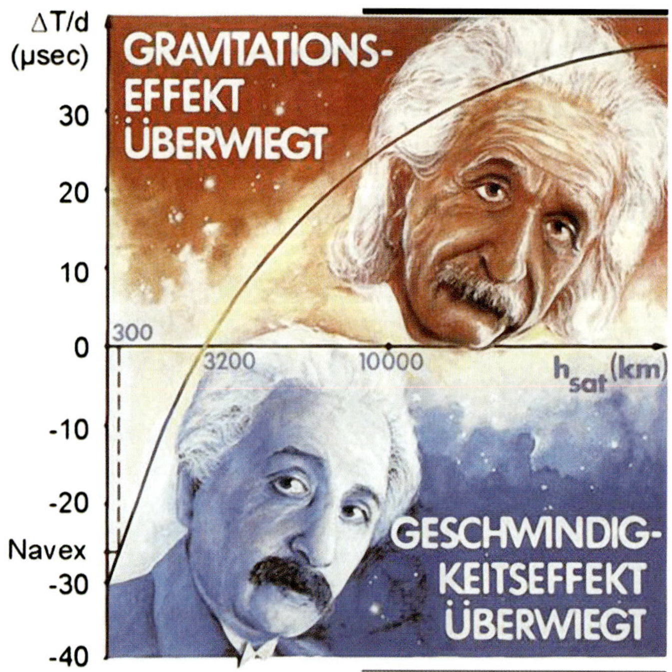


Relativistische Effekte können zu positiven oder negativen Zeitverschiebungen führen. Astronauten, welche mit Raumfahrzeugen die Erde bei Höhen unterhalb des halben Erdradius, d.h. von weniger als 3200 km Höhe umkreisen, werden geringfügig jünger.

### Einstein und die Zeit im All

Die wichtigsten Bausteine aller Navigationssysteme, die auf Laufzeitmessung beruhen, sind die Uhrenmodule. Ausgehend von den Quarzoszillatoren der Transit-Satelliten, über die Rubidium- und Cäsium-Atomuhren der frühen GPS-Satelliten bis hin zum Wasserstoff-Maser der neuesten Generation hat sich die Frequenzstabilität um vier Größenordnungen verbessert. Bei der deutschen Spacelab-Mission D1 kamen 1985 erstmals europäische Cäsiumuhren im Weltraum zum Einsatz. Sie wurden kurz vor dem Start mit identischen Bodenuhren synchronisiert. Sowohl während des Fluges als auch danach wurden Zeitvergleiche durchgeführt. Unter anderem konnte damit die bei einem Weltraumflug auftretende relativistische Zeitverschiebung gemessen werden. Einsteins Allgemeine Relativitätstheorie beschreibt den Einfluss der Gravitation auf die Zeit. Auf der Spacelab-Umlaufbahn in 334 km Höhe ist die Schwerkraft etwas geringer als auf der Erdoberfläche. Die Theorie sagt eine Beschleunigung der Uhr um 4 ms pro Tag voraus. Dagegen erwartet man aufgrund der Speziellen Relativitätstheorie, dass die unterschiedlichen Geschwindigkeiten von Boden- und Borduhr zu einer Verlangsamung der Bordzeit um 30 µs pro Tag führt. In der Summe führt dies zu einem täglichen Nachgehen der Borduhr um 26 µs, was aber auch bedeutet, dass der am Experiment beteiligte Astronaut, einer der Autoren (E.M), um ein knappes Fünftel einer Millisekunde verjüngt aus dem All zurückkehrte.

## Zeitstandards

Statt von einem Pendel oder einer Unruh leiten Atomuhren ihren Zeittakt aus Strahlungsübergängen der Elektronen freier Atome ab. Über die Feinstruktur-Strahlungsfrequenz des Isotops 133 Cäsium wird seit 1967 international die Zeitdauer einer Sekunde definiert. Die Genauigkeit wird unter anderem durch die thermische Bewegung der Atome begrenzt, die eine Dopplerverschiebung (genauer: Dopplerverbreiterung) der Frequenz hervorruft. Deswegen werden die Atome in einem raffinierten Verfahren durch Laserstrahlen auf Temperaturen von wenigen Mikrokelvin abgekühlt. Sie sind dann nur noch etwa 1 cm pro Sekunde schnell. Nun tritt ein neues Problem auf: Jedes einzelne Atom, das sich thermisch kaum mehr bewegt, bleibt dennoch der Schwerkraft unterworfen und fällt herunter, genau so schnell wie ein Stück Blei. Man nutzt diesen Effekt in Uhren, die nach dem Prinzip der »Cäsium-Fontäne« arbeiten. Die langsamen Atome werden mit einem Laser nach oben beschleunigt und durchlaufen eine ballistische Flugbahn wie eine Fontäne von einigen Dezimetern Höhe. Hierdurch bleiben sie länger mit den eingestrahlten Mikrowellen in Wechselwirkung, was eine exaktere Frequenzbestimmung erlaubt.

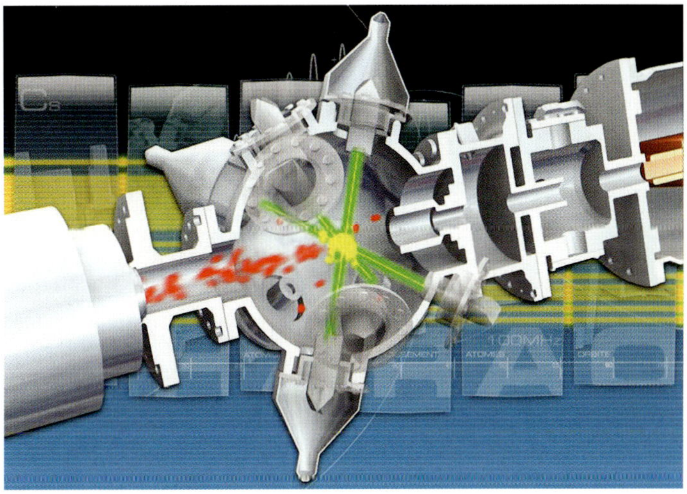

Bei dem Raumstationsexperiment »PHARAO« soll eine Atomuhr mit extremer Genauigkeit getestet werden, welche die Schwerelosigkeit im All nutzt. Cäsium-Atome werden durch Laserstrahlen extrem abgekühlt und driften dann schwerlos durch einen Resonator (rechts), wo sie bis zu einer Sekunde mit den Mikrowellen wechselwirken.

Die Genauigkeit einer Cäsium-Fontäne liegt bei $10^{-15}$, entsprechend einer Sekunde Abweichung in 30 Millionen Jahren. Diese zur Zeit genaueste Uhr soll durch ein Experiment im an Bord der ISS noch weiter verbessert werden. In der Schwerelosigkeit der Raumstation verbleiben die durch Laserstrahlen extrem abgebremsten Cäsium-Atome länger im Mikrowellenresonator, da sie nicht fallen, und erhöhen damit die Ganggenauigkeit. Das Experiment »Atomic Clock Ensemble in Space« ist an der Außenseite des ESA-Wissenschaftslabors Columbus angebracht, wo es ungestört über eigene Funk- und Laserverbindungen mit den zugehörigen Uhrensystemen am Boden kommunizieren kann. Damit werden auch kleinste Abweichungen von Einsteins Relativitätstheorie messbar.

Atomuhren sind Ungetüme, wenn sie im Labor stehen. Sie füllen mit den benötigten peripheren Anlagen mehrere Geräteschränke. Kleinere, mit 3,3 kg leichtere und energiesparendere Rubidium-Uhren, wie sie für den Einsatz in Satelliten, Raketen und Satellitennavigationssystemen wie GPS, GLONASS oder Galileo verwendet werden, haben nur ein Volumen von 40 $cm^3$ und verbrauchen 1 W elektrische Leistung. Sie haben eine Gangunsicherheit von einer Sekunde in 10.000 Jahren. Damit ist diese Uhr zwar deutlich ungenauer als die großen, stationären Atomuhren, aber immer noch um fünf Zehnerpotenzen genauer als jede Quarzuhr.

## Satellitennavigation mit Atomuhren

Das Herz eines Navigationssatelliten besteht aus einer hochpräzisen Atomuhr. Sie erzeugt ein sinusförmiges Signal, eine Trägerphase, mit einer bestimmten Frequenz, meist im L-Band bei 1,5 GHz. Dem Träger werden zwei unabhängige binäre Bitfolgen überlagert. Eine hochfrequente Codefolge (bei GPS 10 Mbps) erzeugt ein Art Zeitmarke zur höchstgenauen Messung der Laufzeit. Sie besteht aus einer Sequenz von Bits, die »pseudo-zufällig« genannt wird, weil sie keine Information überträgt, sondern es nur darauf ankommt, dass die Reihenfolge einer großen Anzahl von Bits leicht und unzweideutig erkannt wird. Die Sequenz ist im Empfangsgerät am Boden bekannt und wird dazu benutzt, eine Messung der Laufzeit mit einer Zeitauflösung deutlich genauer als die Länge eines Bits zu erreichen.

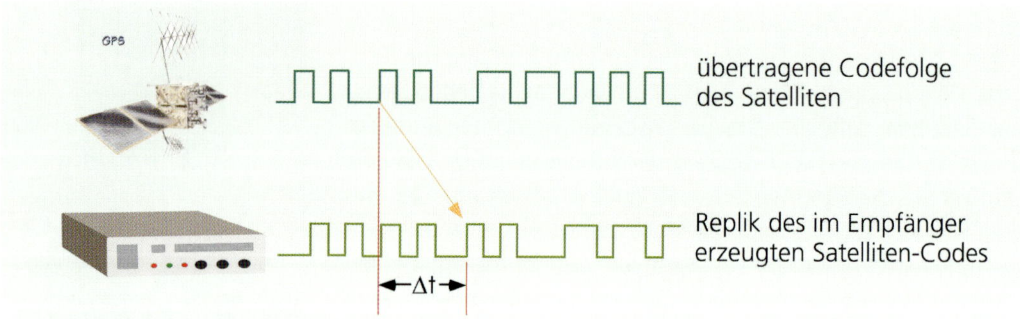


Die im Satelliten erzeugte und ausgesendete Codefolge ist am Empfänger bekannt und wird dort synchron erzeugt. Die übertragene Codefolge trifft um die Signallaufzeit Δt verspätet im Empfänger ein. Die Laufzeit wird dadurch bestimmt, dass die lokale Codefolge, Bit für Bit, solange in der Zeit zurück verschoben wird, bis die Unterschiede zwischen den beiden Codefolgen einen Minimalwert erreichen. Die Dauer eines Bits ist bei GPS 100 Nanosekunden. Kann die Laufzeit durch das Verschiebeverfahren auf ein Zehntel Bit genau bestimmt werden, also auf 10 Nanosekunden, dann erhält man eine Messgenauigkeit von 3 m (in einer Nanosekunde durchläuft das Licht 30 cm).

Der Trägerphase ist ein zweites Signal sehr viel niedrigerer Frequenz überlagert (um 50 bps). Es enthält alle Informationen, die zur Auswertung der Laufzeitmessung gebraucht werden. Das sind zunächst die genauen Bahnparameter des Satelliten und seine Identifikationsnummer, Daten zum Betriebszustand und die vollständige Uhrzeitinformation einschließlich des Datums. In weniger hoher Genauigkeit werden noch die Bahnparameter der übrigen Satelliten der Konstellation beigefügt, das sogenannte Almanach.
Am Empfänger, beispielweise dem Navigationsgerät im Auto, kommt wegen der großen Entfernung zum Satelliten nur noch ein kleiner Teil der gesendeten Signalenergie an. Mit seiner hohen Bitfrequenz verschwindet es meist im Rauschen des Empfängers. Es trotzdem »herauszufischen« ist das, was einen guten Navigationsempfänger ausmacht. Erschwerend für diese Aufgabe kommt hinzu, dass sämtliche Satelliten derselben Konstellation (z.B. GPS, Galileo) bei der gleichen oder sehr naheliegenden Frequenz senden.

Hat der Empfänger erst einmal die Laufzeit des Navigationssignals bestimmt, so kann er daraus die Entfernung zum Satelliten, dessen Position er aus dem Bahnparametern kennt, berechnen. Bei 7 Millisekunden Laufzeit beträgt der Abstand 21.000 km. Für eine Positionsbestimmung ist das noch lange nicht ausreichend. Wenn ich nur meine Entfernung zu einer Stadt kenne, kann meine Position irgendwo auf einem Kreis mit diesem Radius um diese Stadt liegen. Erst wenn ich noch die Entfernung zu einem zweiten Punkt kenne, kann ich auch darum einen Kreis ziehen. Die beiden Kreise werden sich an zwei Stellen schneiden, eine davon ist meine Position. Welche die richtige ist, lässt sich mit grober Zusatzinformation (bin ich nördlich oder südlich der Stadt?) festlegen.

Analog benötigt man einen zweiten Satelliten, um die geographische Länge und Breite festlegen zu können. Will man zusätzlich noch die Höhe über den Meeresspiegel wissen, muss noch ein dritter angepeilt werden. Leider ist auch das noch nicht ausreichend. Das liegt daran, dass der Zeitstandard im Empfänger zwar durch eine gute Quarzuhr gegeben ist, die aber bei weitem nicht mit der Genauigkeit der Atomuhr des Satelliten mithalten kann. Sie geht dann ein bisschen vor oder nach, aber für alle Messungen gleich. Dieser zusätzliche unbekannte Parameter, die Zeitabweichung der lokalen Uhr vom Satelliten-Zeitstandard, kann durch Anpeilen eines vierten Satelliten bestimmt werden.

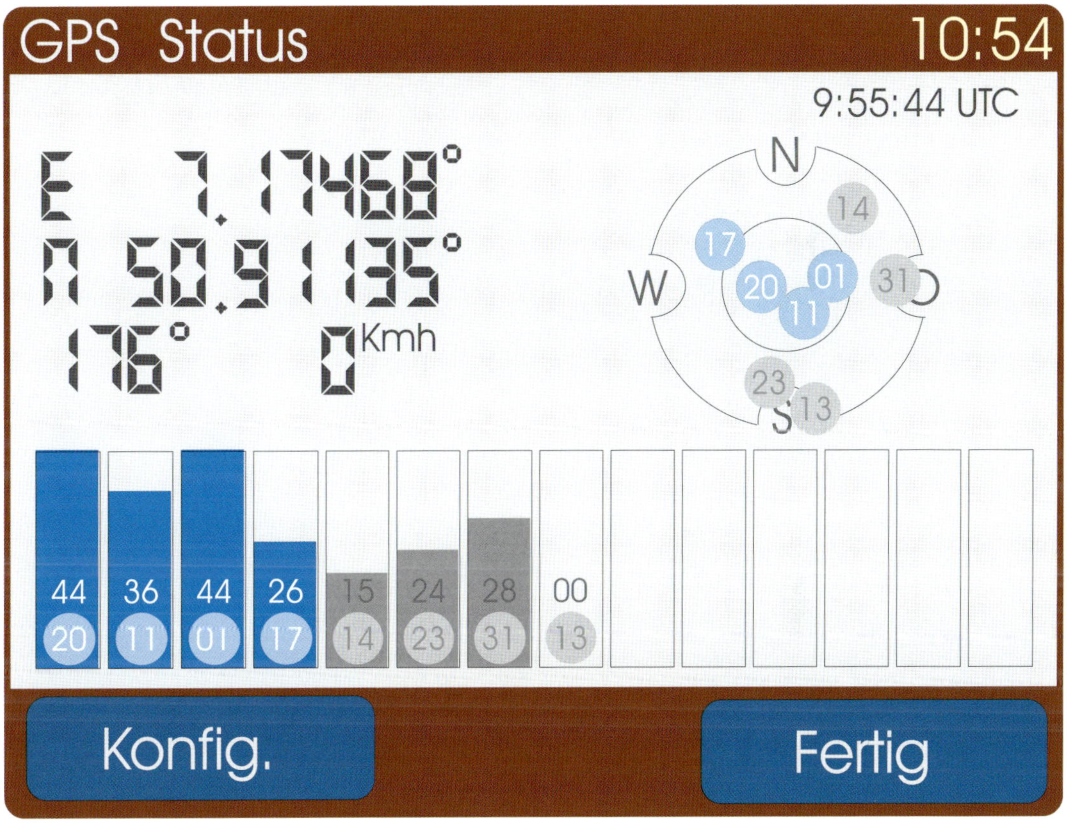


So zeigt ein kommerzielles GPS-Navigationsgerät seinen Empfangszustand an. Rechts oben ist die Lage der sichtbaren Satelliten am Himmel dargestellt, die blau unterlegten haben ausreichende Signalstärke für eine Messung. Das Band unten zeigt die Intensität der einzelnen Signale. Vier Satelliten (blau) wurden ausgewertet, daraus ergibt sich die oben links angezeigt Position.

Mathematisch gesehen handelt es sich um ein Gleichungssystem mit vier Unbekannten: der geographischen Breite, Länge und Höhe, sowie dem Zeitfehler. Vier unabhängige Messwerte sind notwendig, um es zu lösen. Mehr Messwerte erhöhen die Genauigkeit der Lösung. Sobald ein Navigationsgerät Verbindung mit vier Satelliten hat, kann es eine Positionsbestimmung durchführen. Sieht der Empfänger mehr Satelliten, so kann er das Ergebnis verbessern. Sowohl Fehler durch Störungen des Signals auf seinem Weg durch Ionosphäre, Atmosphäre und Troposphäre werden dabei berücksichtigt, als auch die relativistischen Effekte. Hinter diesen Kalkulationen stecken schnelle Prozessoren, kleine Mini-Computer mit ausgeklügelter Software, die in der Lage sind, in wenigen Sekunden viele hochkomplizierte Berechnungen durchzuführen. Auf diese Weise erhält man mit den heutigen Navigationssystemen, etwa dem weltweit gebräuchlichen GPS, innerhalb von Sekunden eine Ortsgenauigkeit von etwa 10 m, völlig ausreichend, um den Autofahrer rechtzeitig auf die nächsten Abzweigung hinzuweisen.

### Ist Navigation im Millimeterbereich möglich?

Die Genauigkeit des Satelliten-Navigationssystems GPS von einigen Metern wird durch die hohe Coderate von 10 Mbps erreicht. Die Zeitdauer eines Bits ist 100 ns. Empfangsgeräte können auf 1/10 bit genau messen, erreichen also eine Zeitauflösung von 10 ns. Das entspricht einer Positionsgenauigkeit von 3 m. Wie kann ein solches System im Millimeterbereich messen?

Der Trick besteht in der Messung der Trägerphase und ist ebenso einfach wie genial. Die Trägerfrequenz des GPS-Signals liegt bei 1,5 GHz, ist also 100 Mal höher als die Codefrequenz. Die einzelne ausgestrahlte Schwingung hat nur eine Dauer von 1/100 der Bitperiode, was einer Wellenlänge von 20 cm entspricht. Diese kann durch mathematische Algorithmen auf 1/100 genau vermessen werden. So kommt man in den Bereich von Millimetern. Das Problem liegt darin, in der sinusförmigen Trägerfrequenz eine einzelne Schwingung zu identifizieren, d.h. die Phasenvieldeutigkeit aufzuheben.

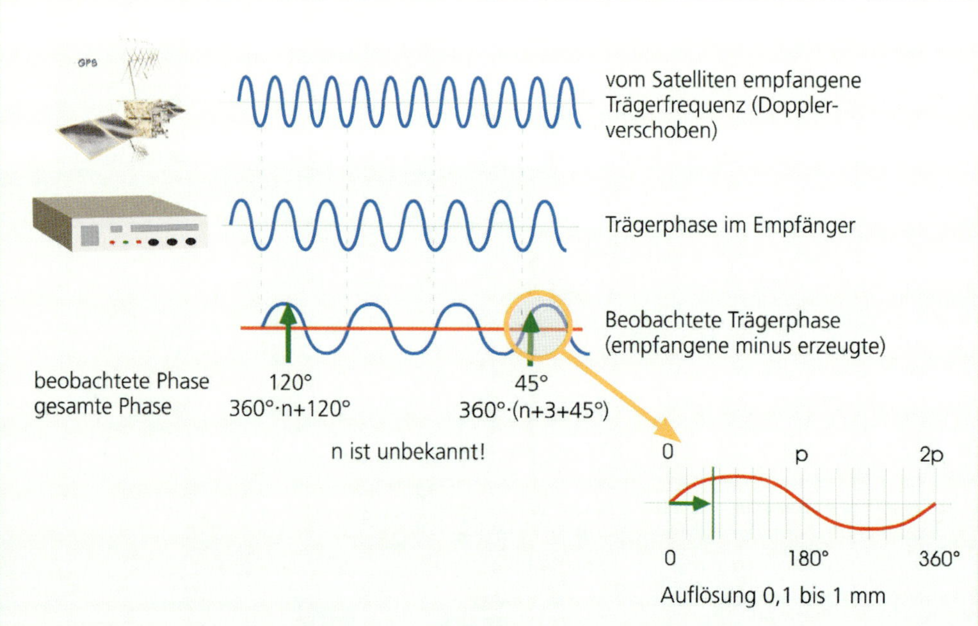


Die *Träger-Phasenmessung* beruht darauf, dass im Empfänger das gleiche Trägersignal wie im Satelliten erzeugt wird. Nun wird die Differenz zwischen dem empfangenen, dopplerverschobenen Trägersignal des Satelliten und dem des Empfängers gebildet, woraus sich der Phasenunterschied φ ergibt. Die Schwierigkeit verbleibt, dass das Ergebnis nicht eindeutig ist, da die Zahl n der Gesamtphase ($n \cdot 360° + \varphi$) nicht bekannt ist. Sie lässt sich durch mehrfache (redundante) Beobachtungen ermitteln. Der Bruchteil einer Phase (einer Schwingung zwischen 0° und 360°) kann hingegen genau gemessen werden. So wird die Wellenlänge von 20 cm bis in den Millimeterbereich aufgelöst.

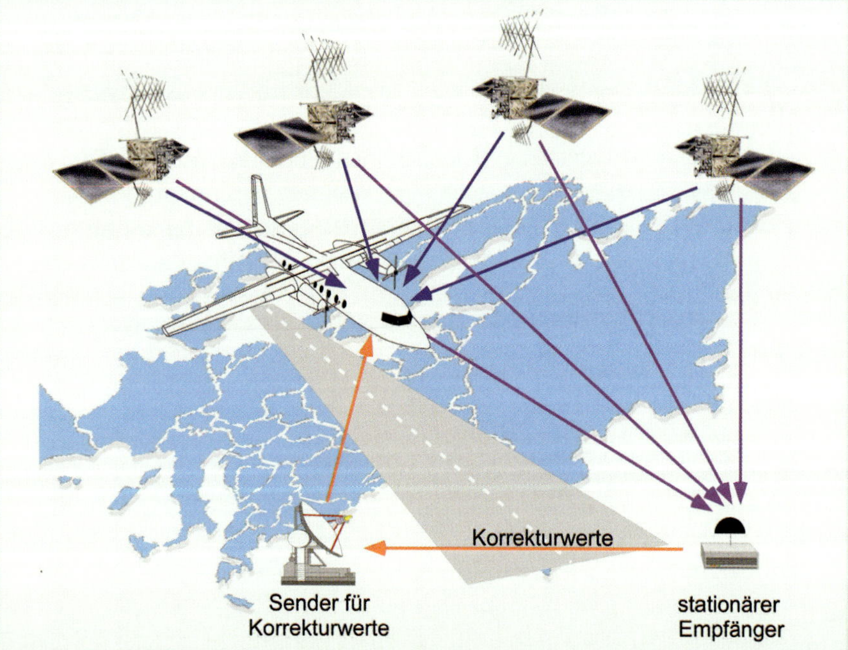


*Differenzielles GPS* ist eine weitere Methode, extrem genau zu messen. Hier werden für einen stationären Empfänger die Koordinaten sehr präzise ermittelt. Durch Auswertung der Satellitendaten und Vergleich mit der tatsächlichen Position des stationären Empfängers lassen sich sämtliche zufälligen Messfehler (durch Atmosphäre, Ionosphäre, Regen usw.) und die systematischen Fehler bestimmen. Diese Informationen können dann dem mobilen Empfänger mitgeteilt werden, wenn er sich in der Nähe des stationären Empfängers befindet. In der Verlängerung der Landebahn eines Flughafens platziert, ermöglicht ein solches System sehr präzise Landungen. Diese kostengünstige Anwendung von differentieller GPS-Technik mit einer Genauigkeit von wenigen Millimetern können sich auch kleine Flughäfen und Graslandeplätze für Sportflieger leisten.

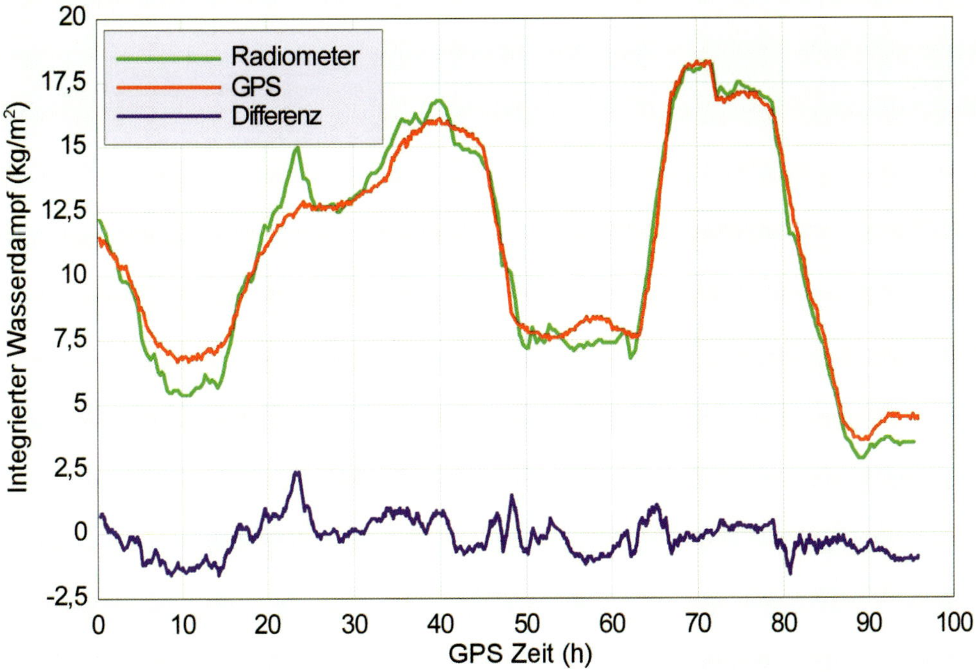


Radiometrische Messungen des Wasserdampfgehalts (grün mit Water Vapour Radiometer) im Vergleich mit Messungen mit GPS (rot) in Potsdam, beginnend am 19. Januar 1999. Die blaue Differenzkurve zeigt die gute Übereinstimmung der beiden Messmethoden.

### Mehr als Navigation

In den vergangenen Jahren sind weitere Anwendungen der Satellitenmesstechnik hinzugekommen. Durch Kombination verschiedener Verfahren wie Entfernungsmessung, Träger-Phasenmessung, Differenzmessung mit stationären Präzisionsempfängern können nicht nur Störeinflüsse genau bestimmt und Messfehler korrigiert werden, sondern umgekehrt auch die störenden Parameter selbst berechnet werden. So lassen sich aus der Ionosphären-Korrektur die Elektronendichten ableiten, aus der Atmosphären-Korrektur der lokale Druck, die Temperatur und Luftfeuchte, bei Regen die Niederschlagsmenge und einiges mehr. Viele dieser Möglichkeiten konnten mit GPS und GLONASS-Satelliten demonstriert werden. Der Erfolg solcher unkonventioneller Nutzung der Navigationssysteme überraschte selbst Experten. Es wäre sinnvoll, solche Anwendungen, die bis jetzt nur im experimentellen Stadium eingesetzt wurden, operationell auszuweiten. Bereits bestehende Systeme wie GPS und GLONASS können so gut wie nicht angepasst werden. Das geplante und bereits in Entwicklung befindliche Galileo-System wird jedoch solche neue Möglichkeiten durch zusätzliche technische Einrichtungen bereits bei der Planung einbeziehen, was wiederum neue Anwendungen und Dienstleistungen erwarten lässt.

## Marktplatz im All – Geschäfte mit Navigationssatelliten

Ein kommerzieller Nutzer, der hohe Investitionen plant, um ein Gerät auf den Markt zu bringen, muss sicher sein, dass er sich auf das Navigationssystem verlassen kann. Wichtig und marktbestimmend sind daher die Parameter Genauigkeit, Verfügbarkeit, Integrität und Kontinuität. In der Fachsprache wird »Verfügbarkeit« als die mittlere prozentuale Nutzbarkeit des jeweiligen Navigationsdienstes über die Zeitspanne von 20 Jahren definiert. »Integrität« bedeutet, dass der Kunde über den Zustand seines Dienstes Bescheid weiß. Er sollte sicher sein, dass die vorgegebene (und bezahlte) Genauigkeit eingehalten wird. Dazu wird eine Fehler-

Die gegenwärtig eingesetzten GPS-Satelliten haben eine Masse von 2032 kg bei Abmessungen 1,52 x 1,93 x 1,91 $m^3$. Solare elektrische Leistung von 1,14 kW steht zur Verfügung. Sie erreichen heute eine Lebensdauer von durchschnittlich 10 Jahren.

grenze definiert und bei Überschreitung Alarm auslöst. Das System muss also in der Lage sein, selbst zu warnen, wenn der Fall eintritt, dass man sich nicht in der gewohnten Weise darauf verlassen kann. Das ist besonders wichtig für kritische Anwendungen, etwa die Anflugkontrolle eines Flugzeuges bei der Landung.

## Das amerikanische Global Positioning System GPS

Im Jahr 1973 entwickelte die US-Marine das GPS-Programm, um die Positionsbestimmung ihrer Schiffe und U-Boote, aber auch die Steuerungssysteme von Interkontinentalraketen zu verbessern. Schon fünf Jahre später wurde der erste GPS-Satellit auf seine vorgesehene Bahn gebracht. Im Dezember 1993 war mit 24 Satelliten im Einsatz die Funktionsbereitschaft erreicht. Um zu verhindern, dass nicht autorisierte Benutzer wie etwa der militärische Gegner von den global verfügbaren Funksignalen Gebrauch machen, wurde das Signal verschlüsselt. Einen Signalkanal ließ man offen, reduzierte aber künstlich die Genauigkeit auf etwa 100 m. So kann man ungefähre Positionen ermitteln, etwa zur Seenotrettung, aber ein Fahrzeug lässt sich damit nicht steuern.
Am 1. Mai 2000 wurde diese künstliche Ungenauigkeit abgeschaltet. Dies geschah nicht aus Menschenfreundlichkeit, sondern auf Druck der Industrie, die Marktchancen für Geräte und Dienste erst bei höherer Genauigkeit sah. Daneben gab es politische Gründe, da Europa über den Bau eines eigenen Satellitensystems nachdachte. Die nun weltweit verfügbare Genauigkeit von 10 m führte zu einem Aufschwung des Marktes für Navigationssysteme in Automobilen, Schiffen und vielen stationären und anderen mobilen Anwendungsbereichen. Gleichzeitig wurde eine umfassende Modernisierung eingeleitet. Am 25. September 2005 brachte eine Delta II-Rakete den ersten GPS-Satelliten der Baureihe GPS 2R-M (M steht für modernisiert) in den Weltraum, mit verbesserter Antenne und erweitert um eine zweite zivile Frequenz sowie zwei neue militärische Kanäle. Im Dezember 2005 war die Zahl der funktionstüchtigen Satelliten auf 28, und ein Jahr später auf 31 angewachsen.

Damit ein GPS-Empfänger eine ausreichende Zahl von Satelliten empfangen kann, sind mindestens 24 Satelliten im Einsatz. Sie umkreisen die Erde jeden siderischen Tag (etwa 4 Minuten kürzer als ein normaler Tag) genau zwei Mal in einer Höhe von 20.183 km. Mindestens vier Satelliten bewegen sich in möglichst gleichen Abständen auf jeder der 6 Bahnebenen, die 55° gegen die Äquatorebene geneigt und gegeneinander um 60 Längengrade versetzt sind. Ein Satellit ist damit alle 23 Stunden 55 Minuten und 56,6 Sekunden über demselben Punkt der Erde. Die durchschnittliche Lebensdauer eines GPS-Satelliten liegt gegenwärtig bei 10 Jahren. Um Ausfälle problemlos zu verkraften, werden bis zu 31 Satelliten im Orbit unterhalten, so dass auch bei schlechten Bedingungen zu jeder Zeit 5 oder mehr Satelliten zu empfangen sind. Aktuell werden 60 Tage für das Austauschen eines defekten Satelliten benötigt. Man versucht, diesen Zeitraum auf 10 Tage zu verringern, was bedeutet, dass 25 Satelliten genügen, um einen sicheren Betrieb zu garantieren.

Das niederfrequente Datensignal von 50 bit/s und einer Rahmenperiode von 30 s wird auf mehreren Frequenzen ausgesendet. Auf der L1-Frequenz werden der C/A-Code (»Coarse/Acquisition«) für die zivile Nutzung, und der nicht öffentlich zugängliche P/Y-Code (»Precision/encrypted«) für die militärische Nutzung eingespeist. Das übertragene Datensignal ist bei beiden Codefolgen identisch und enthält alle wichtigen Informationen zum Satelliten, wie Datum, Identifikationsnummer, Korrekturen und Bahnen. Es benötigt zur Übertragung eine halbe Minute. Eingeschaltete GPS-Empfänger empfangen und speichern diese Daten normalerweise kontinuierlich zwischen den Messungen. Beim ersten Einschalten der Geräte werden die Almanach-Daten übertragen, gröbere Bahndaten aller Satelliten der Konstellation, was über zwölf Minuten benötigt. Durch die Übertragung auf zwei Frequenzen können ionosphärische Effekte zur Verbesserung der Genauigkeit heraus gerechnet werden. Eine dritte Frequenz soll ab 2010 die Robustheit des Empfangs weiter verbessern und ist vor allem für die Luftfahrt und Sicherheitsanwendungen vorgesehen.

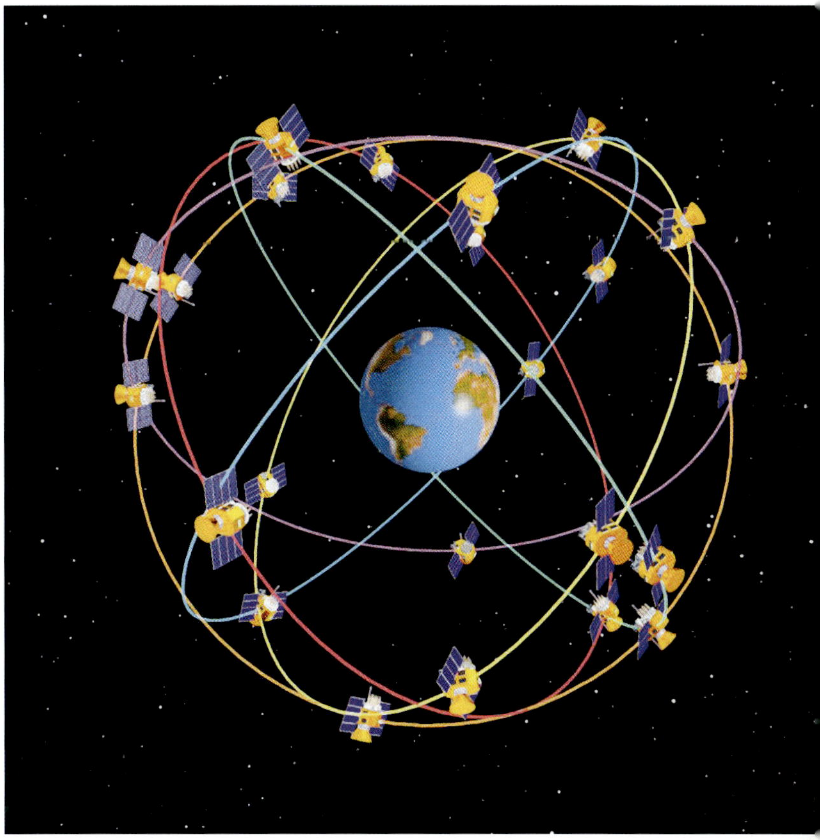

In der GPS-Konstellation laufen 24 Satelliten auf 6 Bahnen, die um 60 Grad versetzt eine Inklination von 55 Grad gegen den Äquator haben.

GPS Empfänger sind inzwischen in Mobiltelefone integriert und als PC-Steckkarten verfügbar (unten).

| Globale Satelliten-Navigationssysteme | | | | |
|---|---|---|---|---|
| | GPS | GLONASS | Galileo | |
| **Parameter** | | | | **Bemerkungen** |
| Verfügbar | seit 1994 | seit 1996 | ab 2011 | |
| Satelliten + Mindestreserve | 24 + 3 | 21 + 3 | 27 + 3 | Mindestens 4 »sichtbar« |
| Bahnhöhe (km) | 20.183 | 19.100 | 23.222 | Radius = Bahnhöhe + 6371 km |
| Umlaufszeit | 11h 58m 1/2 siderischer Tag | 11h 15m 8/17 siderischer Tag | 14h 5m 10/17 siderischer Tag | siderischer Tag = 23 h 55 m 56,6 s |
| Inklination (Grad) | 55 | 64,8 | 56 | Bahnneigung zum Äquator |
| Bahnebenen | 6 | 3 | 3 | |
| Satelliten/Bahn | 4 + 1 max. | 7 + 1 | 9 + 1 | + Reserve |
| **Nutzlast** | | | | |
| Frequenzen/MHz<br>L1<br>L2<br>L3/L5 | <br>1575,42<br>1227,60<br>1176,45 | <br>1602,0000<br>+ n x +<br>0,5625 | <br>1227,60<br>1575,42<br>+ kommerz. | <br>n = 0,1,2...<br>die Nummer des<br>Frequenzkanals |
| Code<br>Modulation<br>Datenrate (sps) | PRN und<br>CDMA<br>50 | PRN und<br>FDMA<br>50 | PRN und<br>CDMA<br>50 | |
| Genauigkeit für offene Dienste | 10 m (90%) | wechselhaft | 4 m | |

## Das russische GLONASS-System

Aus militärstrategischen Gründen war für Russland während des Kalten Krieges die Einrichtung eines eigenen, dem der USA gleichwertigen Navigationssystems unabdingbar. So entstand GLONASS, das in Aufbau und Funktionsweise dem US-amerikanischen GPS ähnelt und vom russischen Verteidigungsministerium betrieben wird.

Hier ein paar wichtige Daten des Systems: Der Vollausbau war 1996 mit 24 Satelliten des Typs Uragan, inklusive 3 Reservesatelliten, abgeschlossen. Sie sind in 3 Bahnebenen mit 64,8° Neigung gegenüber dem Äquator angeordnet. Bahnhöhe und Umlaufzeit sind ähnlich wie beim GPS. Auf Grund der Anordnung ist die Wahrscheinlichkeit, dass 4 Satelliten gleichzeitig empfangen werden können, deutlich unter 90 %.

Der erste Testsatellit wurde im Oktober 1982 zusammen mit zwei Attrappen in seine Umlaufbahn gebracht. Nach dem Zerfall der Sowjetunion folgten bis ins Jahr 1995 noch weitere Satelliten. Zeitweise war das vollständige System mit 25 funktionierenden Satelliten verfügbar. Im Jahr 1998 war ihre Zahl durch Ausfälle schon auf 13 gesunken und verringerte sich bis 2001 auf nur sieben Satelliten. Das Problem liegt in der mit drei Jahren recht kurzen Lebensdauer der einzelnen Satelliten.

Ab 2002 ging man zu verbesserten Satelliten mit einer Lebensdauer von sieben Jahren über. Damit begann die verfügbare Anzahl wieder anzusteigen. Im August 2006 waren zwölf neue, funktionsfähige Satelliten stationiert. Es ist geplant, bis 2008 ein System aus 18 einsatzfähigen Satelliten im Orbit zu betreiben, wodurch das russische Territorium räumlich und zeitlich komplett abgedeckt wird. Bis Ende 2009 soll das System 24 Satelliten umfassen und eine weltweite Abdeckung erreichen.

Im Prinzip ist es möglich, Navigationsgeräte zu bauen, die sowohl Informationen von GLONASS, als auch von GPS-Satelliten auswerten können. So könnte bei Ausfall eines Systems auf das andere ausgewichen oder durch Kombination beider Systeme eine erhöhte Genauigkeit und größeren Schutz gegen Manipulation erreicht werden. Solche Kombinationsgeräte sind technisch schon erprobt und bald am Markt verfügbar.

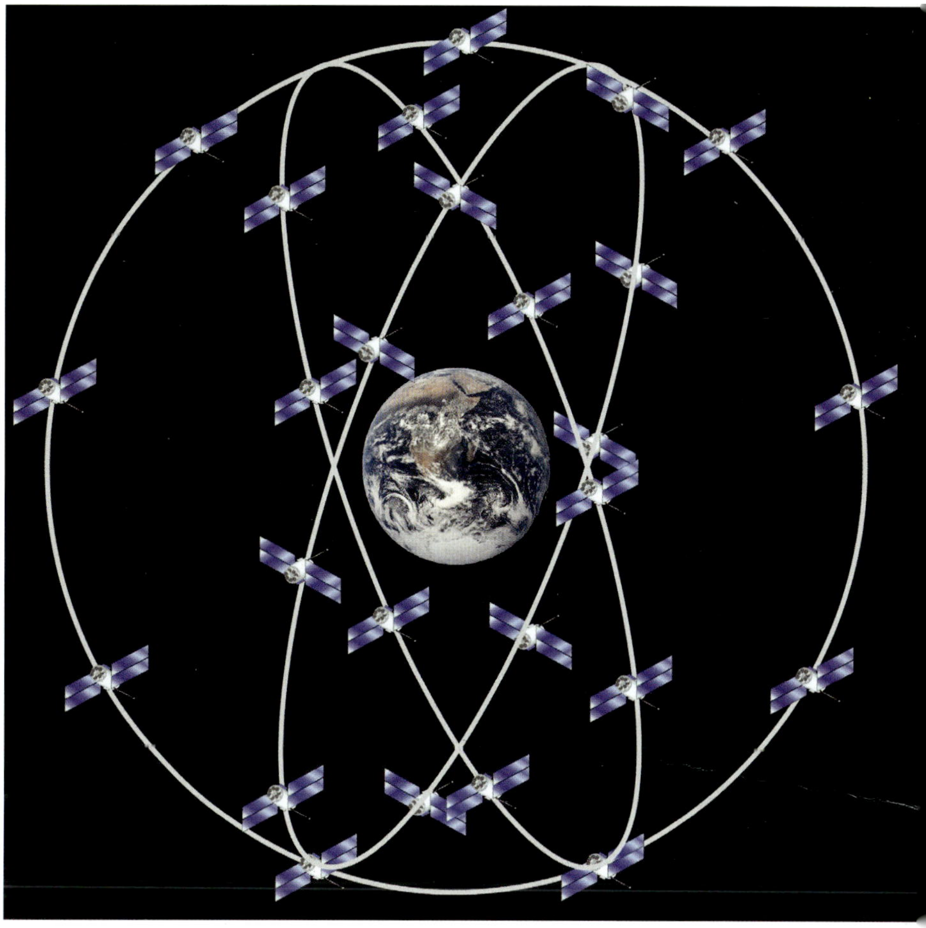

In der GLONASS-Konstellation kreisen auf 3 Bahnebenen mit 64,5 Grad Inklination je 9 Satelliten (von denen zwei als Reserve dienen) in äquidistanten Positionen.

## Das europäische System Galileo

Das Galileo-Satellitensystem wird im Aufbau dem US-amerikanischen GPS und dem russischen GLONASS ähneln und soll 2011 betriebsbereit sein. Im Unterschied zu den beiden anderen wurde Galileo von Anbeginn für zivile, insbesondere kommerzielle Zwecke konzipiert und unterliegt keiner nationalen militärischen Kontrolle.

Galileo ist so ausgelegt, dass es zu dem bis dahin weiter modernisierten GPS-System (GPS III; ab 2010) kompatibel sein wird. Dies hat den Vorteil, dass durch die Kombination der GPS- und Galileo-Signale eine deutlich verbesserte Abdeckung mit einer Verfügbarkeit von jederzeit bis zu 15 Satelliten erreicht werden kann. Allerdings gilt als sicher, dass heutige »normale« GPS-Empfänger, trotz dieser Kompatibilität, nicht für das zukünftige Galileo genutzt werden können.

Auch Galileo wird, wie GPS, nicht völlig frei nutzbar sein. Während bei GPS die besonders genauen Kanäle dem amerikanischen Militär vorbehalten sind, wird Galileo gegen Bezahlung qualitativ unterschiedliche Datendienste zur Positionsbestimmung bereitstellen. Der Empfang des offenen Dienstes, der dem Leistungsspektrum des jetzigen GPS entspricht, wird allerdings ebenfalls kostenlos sein.

Galileo basiert auf 30 Satelliten (27 plus drei in Reserve), die in einer Höhe von 23.222 km die Erde umkreisen. Dazu kommt ein Netz von Bodenstationen. Taschenempfänger in der Größe eines Mobiltelefons können aus den Funksignalen der Satelliten die eigene Position mit einer Genauigkeit von wenigen Metern bestimmen. Bei Verwendung von Zusatzinformationen lässt sich, ähnlich wie bei den anderen Navigationssystemen, die Positionsgenauigkeit in den Millimeterbereich steigern.

4 Satelliten mit dem Namen Giove sind die Vorläufer der Galileo-Konstellation. Giove-B wurde Ende 2007 auf einer Sojus-Fregat gestartet und ist mit Rubidium- und Wasserstoffmaser-Atomuhren ausgestattet. Der Satellit hat eine Startmasse von 523 kg und 943 W elektrische Leistung.

Der erste Testsatellit wurde am 28. Dezember 2005 unter dem Namen »GIOVE-A« vom russischen Raumfahrtzentrum in Baikonur gestartet und hat seinen planmäßigen Betrieb aufgenommen. Die Abkürzung GIOVE steht für »Galileo In-Orbit Validation Element«. Er wiegt 600 kg und ist mit Rubidium-Atomuhren ausgestattet. Der Start der Testphase musste vor dem 10. Juni 2006 erfolgen. Hätte man die von der internationalen Frequenz-Regulierungsbehörde für Galileo zugewiesenen Sendefrequenzen bis dahin nicht zumindest für Testzwecke genutzt, so wäre die Reservierung verfallen.

Der Probebetrieb mit vier GIOVE-Satelliten ist für 2008 vorgesehen. Gleichzeitig wurde ein Boden-Testprojekt eingerichtet, das es der Industrie ermöglicht, geeignete Galileo-Empfänger zu entwerfen und zu testen. Hierzu wurden auf Anhöhen in der Umgebung von Berchtesgaden terrestrische Funkanlagen installiert, die Signale aussenden, wie sie später von Galileo erwartet werden.

### Kosten und Finanzen

Galileo ist das erste von der Europäischen Union und der Europäischen Weltraumorganisation gemeinsam durchgeführte Großprojekt. Die Gesamtkosten der Konstellation und der Bodeneinrichtungen sind mit 3,6 Milliarden Euro veranschlagt. In der Entwicklungsphase wird die Finanzierung von beiden Organisationen zu gleichen Teilen übernommen. Wegen der hohen technologischen und kommerziellen Attraktivität sind auch Staaten außerhalb der Europäischen Union an diesem Projekt interessiert. China beteiligt sich mit 280 Millionen Euro, die Schweiz mit 30 Millionen Euro, Israel, Marokko, Saudi-Arabien, Euro, Südkorea, Ukraine, und weitere 8 Staaten haben ihre Mitarbeit zugesagt. Indien hat im März 2007 die bereits vereinbarte Zusammenarbeit und die angebotene Mitfinanzierung von 300 Millionen Euro aufgrund militärischer Vorbehalte wieder in Frage gestellt.

Innerhalb der ESA übernehmen Deutschland, Italien, Frankreich und Großbritannien jeweils 17,5 %, während Spanien 10 % der Kosten trägt. Der Rest wird unter den übrigen 15 ESA-Mitgliedsstaaten aufgeteilt. 750 Mio. Euro kommen aus dem Haushalt für Transeuropäische Netze der Europäischen Union. Daran ist Deutschland über seine EU-Beitragszahlungen mit ca. 25 % beteiligt und ist damit der größte Geldgeber für das Projekt.

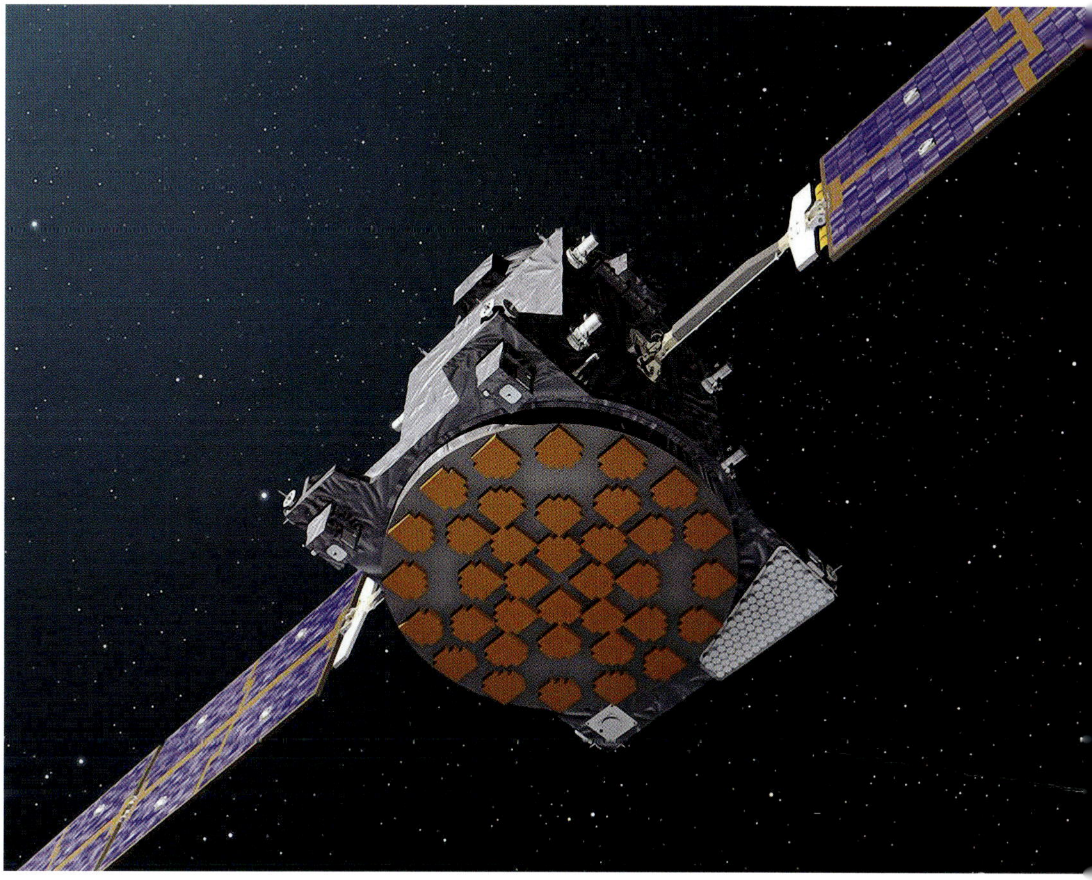

So wird ein Galileo-Navigationssatellit im Orbit aussehen. Man erkennt die vielen Antennen an der Unterseite, welche die verschiedenen Signalkanäle versorgen.

### Was verspricht Galileo?

Wozu wird eine dritte Satelliten-Konstellation benötigt, wenn bereits zwei bestehen? Beide Systeme, das amerikanischen GPS und das russische GLONASS, wurden während des Kalten Krieges für militärische Zwecke entwickelt. GLONASS hat bis heute noch nicht die endgültige Ausbaustufe erreicht und war nie wirklich voll verfügbar. Galileo soll die Satellitennavigation robuster, zuverlässiger und sicherer gestalten und den Schwachpunkt beheben, dass heute diese wichtige Infrastruktur faktisch von einem einzigen Anbieter, GPS, abhängt.

Das GPS-System hat verschiedene Nachteile. Seine Genauigkeit schwankt je nach Ort und Zeitpunkt, manchmal beträgt sie nur einige dutzend Meter, was für viele Anwendungen zu ungenau ist. Die Abdeckung von Regionen in hohen Breitengraden, über die zahlreiche Flugrouten führen, ist nicht immer gesichert. Ähnliche Einschränkungen gelten für den Signalempfang in dicht bebauten Gebieten, wie viele aus eigener Erfahrung mit dem Autonavigationsgerät bei der Fahrt in Großstädten wissen. Der militärische Ursprung von GPS birgt für die zivilen Nutzer die ständige Gefahr einer plötzlichen und unerwarteten Unterbrechung in Krisenfällen. Signalunterbrechungen können katastrophale Folgen haben, besonders wenn sie ohne Vorwarnung erfolgen. Es ist dabei unerheblich, ob diese Unterbrechungen vorsätzlich herbeigeführt werden oder aufgrund von Betriebsstörungen auftreten. In der Vergangenheit fiel das Signal öfters für einige Minuten bis Stunden aus, was zum Beispiel für Flugzeuge erhebliche Risiken darstellt.

Qualität und Genauigkeit von Galileo sind vor allem dank der Struktur der Satellitenkonstellation und eines Netzes von Relais-Stationen auf der Erde höher und konstanter. Neu, und wichtig für viele Anwendungen, ist die garantierte Genauigkeit mit Werten unter 1 m. Sie wird etwa bei Einfahrten von Schiffen in einen Hafen oder bei der Steuerung eines Flugzeuges während der Landung benötigt. Galileo verfügt über die Möglichkeit, Benutzer durch eine »Integritätsmeldung« rechtzeitig vor möglichen Fehlern zu warnen. Es zeichnet sich ab, dass Galileo den Weltstandard in Qualitätsansprüchen bei Navigationssystemen darstellen wird.

Der Verkehr auf dem Land und zur See nutzt bereits heute die Satellitennavigation. Die hohe Datensicherheit von Galileo ermöglicht den Einsatz auch im Luftverkehr.

## Märkte für tausende Anwendungen

Navigationsanwendungen haben eine weite Verbreitung gefunden, und das nicht nur als handliche Geräte in Privatfahrzeugen, wo enorme Zuwachsraten ausgewiesen werden. Mit der neuen Generation von Satelliten werden zusätzliche Möglichkeiten geschaffen, die auf genaueren Messungen und bisher nicht verfügbaren Zusatzinformationen beruhen. Durch die garantierte Verfügbarkeit und Signalqualität erschließen sich völlig neue Märkte. Das fördert Innovationen in der Großindustrie, in kleinen und mittleren Unternehmen und in der Forschung. Das Nutzungspotenzial umfasst nicht nur alle Arten des Verkehrs in der Luft, auf See, auf der Schiene und Straße. Täglich kommen neue Ideen hinzu. Nach Schätzungen werden die neuen Navigationsdienste im Jahr 2020 von 3,6 Milliarden Nutzern in Anspruch genommen.

### Verkehr

Im Straßenverkehr sind Navigationsgeräte bereits weitgehend zur Selbstverständlichkeit geworden. In der Luftfahrt ist die Situation anders. Hier wäre die Satellitennavigation sehr hilfreich, kann aber erst eingesetzt werden, wenn Verfügbarkeit und Integrität sichergestellt sind. Das Risiko wäre sonst zu hoch, dass in einer kritischen Phase, etwa während des Landeanflugs im Nebel, die Navigation ausfällt oder fehlerhaft angezeigt wird. Sind diese Qualitäten gegeben, dann ist die Führung durch Satelliten in allen Flugphasen und zur Rollführung auf dem Flugfeld vorteilhaft, besonders dort, wo die entsprechende Infrastruktur wie Radar nicht vorhanden ist.
Die Hochsee-Schifffahrt, auch die Küsten- und Binnenschifffahrt in Meerengen und Hafeneinfahrten, wird durch den Einsatz von Navigationsdiensten sicherer. Automatische Identifizierung und Zollerkennung von Personen und Gütern werden ermöglicht. Im Straßenverkehr wird das Flottenmanagement für Taxi-, Speditions- und Busunternehmen effektvoll unterstützt. Weiter entwickelte Fahrer-Assistenzsysteme in Verbindung mit Navigationsempfängern werden Funktionen wie Kollisionswarnung, Sichtunterstützung und Hilfe beim Rangieren anbieten. Die Gleise von Hochgeschwindigkeitszügen können mit differenziellen Messmethoden in Verbindung mit bordautonomen Sensoren bis in den Millimeterbereich hinein vermessen und

Knapp vorbei ist auch daneben. Gerade dann, wenn die Ausfahrt um wenige Meter verpasst wurde.

überwacht werden. Bremsmanöver zur Rückgewinnung der Energie vor Kurven und Tunneleinfahrten werden optimal und materialschonend durchgeführt. Solche Techniken eignen sich auch für Hybrid-Kraftfahrzeuge mit Elektromotoren.

Die Positionierung von Ölplattformen bei der Verankerung und beim Ausbringen der Bohrung an einem vorgegebenen Ort mit definiertem Bohrwinkel ist eine schwierige Aufgabe. Präzise Ortung kann hierzu entscheidende Beiträge liefern.

### Energie

Die präzise Zeitsteuerung moderner Navigationssatelliten trägt dazu bei, den Stromtransfer über Elektrizitätsleitungen zu optimieren. Damit kann man Kraftwerke über große Entfernungen vernetzen und so die Versorgungssicherheit verbessern. Außerdem wird die Technik bei der Wartung der Infrastruktur sowie zur Überwachung und Steuerung von Instrumenten eingesetzt. Somit kann bei Stromausfall oder starken Schwankungen schneller eingegriffen werden. Auch für die Öl- und Gasgewinnung zeichnen sich neue Anwendungen ab, etwa für die Positionierung und Ausrichtung von Bohrinseln. Bei der Exploration neuer Lagerstätten und deren Erschließung zeichnet sich eine deutliche Verringerung der aufwändigen Infrastruktur ab.

### Finanzen, Banken und Versicherungen

Da Online-Finanzgeschäfte im täglichen Leben zunehmen, sind Integrität, Authentizität und Sicherheit der übertragenen Daten wesentliche Kriterien beim elektronischen Dokumentenaustausch geworden. Ein durch Galileo weltweit bereitgestelltes, sicheres Zeitsignal kann für eine zuverlässige Verschlüsselung als Zeitstempel genutzt werden. In der Versicherungsbranche bietet es eine wirksame Möglichkeit zur Steuerung und Überwachung wertvoller Güter. Vorstellbar ist ein Einsatz beim Transport von Goldreserven zwischen Nationalbanken, beim Transport von Kunstwerken oder großer Banknotenbestände. Die neu angebotenen zertifizierten Dienste bieten rechtsverbindliche Nachvollziehbarkeit und ermöglichen dadurch zahlreiche Dienstleistungen für Fahrzeug- und Immobilienversicherungen. Bei Überschwemmungen messen beispielsweise Wasserstandsmelder exakte Werte für Höhe und Geschwindigkeit des Wassers und übertragen

Erntemaschinen, Traktoren und selbstfahrende Zerstäuber, mit Navigationsempfängern ausgerüstet, können eine sachgemäße, nachvollziehbare Ressourcenverwaltung unterstützen und den Umweltschutz verbessern helfen.

diese zusammen mit Position und Zeit. Sie unterstützen damit sowohl die Katastrophen-Einsatzkräfte, als auch die Versicherungsgesellschaft bei der späteren Schadensermittlung.

### Landwirtschaft und Fischerei

Die Lebensmittelsicherheit gewinnt zunehmend an Bedeutung, Gesundheitsgefährdung durch belastete Lebensmittel rückt stärker ins Bewusstsein der Verbraucher. Damit ändern sich die traditionellen Produktionsziele in Richtung auf verbesserte Produktqualität und -Sicherheit. Landwirte sind zunehmend bestrebt, unter Beachtung des Umweltschutzes höherwertige Agrarprodukte zu erzeugen. Die Navigation ist bei der Ertragsüberwachung und beim Ausbringen von Düngern, Herbiziden und Insektiziden nützlich. Erntemaschinen werden zukünftig präzise über Navigationsdaten gesteuert. Ähnlich dürfte sich der Einsatz von Navigationsempfängern auf die Fischereiwirtschaft auswirken. Sie erlaubt Positionsbestimmung der Hochseefischerflotten zur Überwachung der Fischbestände in den ausgewiesenen internationalen Fanggründen und Respektierung nationaler Gewässergrenzen. Gleichzeitig können maritime und umweltbezogene Daten weltweit erfasst werden.

### Personennavigation

In naher Zukunft werden Mobiltelefone standardmäßig mit Navigationsempfängern ausgerüstet sein. Wir werden diese Geräte als unverzichtbare Hilfen betrachten, wenn wir in einer fremden Stadt ankommen. Ohne weitere Vorbereitung finden wir uns zurecht, auf Anfrage erhalten wir Informationen zur unmittelbaren Umgebung. Sie führen uns zum nächsten Fischrestaurant und können dort gleich einen Tisch reservieren. Das wird möglich, weil der Dienstanbieter zusammen mit der Anfrage unsere genaue Position erfährt. Dieselben Geräte dienen auch zur Positionsermittlung in Notsituationen, wenn Hilfesuchende gefunden werden müssen, die keine Angaben über ihren Standort machen können. Die Bewegung von Personen bei Hausbesuchen im medizinischen und sozialen Dienst, bei Polizei und Feuerwehr oder bei gewerblichen Tätigkeiten im Außendienst, können wirkungsvoll koordiniert und gelenkt werden.

### Notfall- und Krisenmanagement

Wirkungsvolles Krisenmanagement setzt kurze Reaktionszeiten und eine möglichst effiziente Nutzung der vorhandenen Einsatzkräfte sowie des verfügbaren Materials voraus. Schnelle Reaktion bei Waldbränden erfordert rechtzeitige Meldung und zuverlässige, exakte Information zur Position eines Brandes. Sicherungsmaßnahmen können so bei Bränden wie auch anderen Krisensituationen im Falle von Ölteppichen, Erdbeben, Überschwemmungen, Notfällen auf See, Seebeben und anderen humanitären Einsätzen rascher eingeleitet werden.

### Umweltmanagement

Moderne Navigationssatelliten spielen auch für die Wissenschaft eine wichtige Rolle. Die Verfügbarkeit neuer Frequenzen und Signale beispielsweise im Galileo-System wird die Datenanalyse für verschiedene Aufgaben erweitern. Hierzu gehören die Vermessung von Wasserständen in Flüssen und Gezeitenständen für Ufer- und Küstenschutzmaßnahmen, Verfolgung von Eisbergen oder die Erfassung von Dauerfrostregionen. Wenn Schiffe auf See Rückstände verklappen, kann die Spur der zurückgelassenen Verschmutzungen zurück verfolgt und die Verursacher identifiziert werden. Weitere Anwendungen sind die Überwachung der Erdatmosphäre einschließlich der Analyse des Wasserdampfs für Wettervorhersage und Klimastudien oder Messungen des Zustands der Ionosphäre für den Funkverkehr. Unter günstigen Umständen sind sogar Erdbebenvorhersagen möglich. Tierwanderungen wie der Vogelzug können zum besseren Schutz der Lebensräume der Tierwelt verfolgt werden.

Ein Navigationsgerät mit Braille-Tastatur und Sprachausgabe hilft Blinden, sich zurechtzufinden. Mit Galileo wird auch in großstädtischen Häuserschluchten eine Ortsgenauigkeit im Meterbereich möglich sein. Über Mobiltelefon-Kanäle wird eine Orientierung auch in geschlossenen Räumen ermöglicht.

### Freizeit und Erholung

Der Freizeitmarkt wird durch Entwicklungen, die wir heute noch gar nicht absehen können, einen erheblichen Aufschwung erleben. Navigationsdienste sind für Sportflieger und Sportsegler bereits selbstverständlich. Zukünftig werden solche Dienste auf das persönliche Bedürfnis über Endgeräte mit Kartendarstellungen und Kommunikationsfunktionen inklusive Notrufe ausgedehnt werden. Der wesentliche Vorteil von Galileo besteht dabei in der Interoperabilität, die auf System- und Nutzerebene eine einfache Einbindung in vorhandene Systeme wie z. B. GSM und UMTS ermöglicht.

Eisberge sind auch heute noch eine Gefahr für die Schifffahrt. Ihre Position kann mit Galileo verfolgt werden. An Schiffe, die sich auf Kollisionskurs befinden, wird eine Warnung ausgegeben.

# Der Weltraum als Labor

## Labor im All: Die Internationale Raumstation
## Ein Arbeitstag im All
## Schwerkraft? Nein danke!

Space Shuttle Atlantis angedockt an die Internationale Raumstation während der Mission STS 115 im September 2006.

# Labor im All: Die Internationale Raumstation

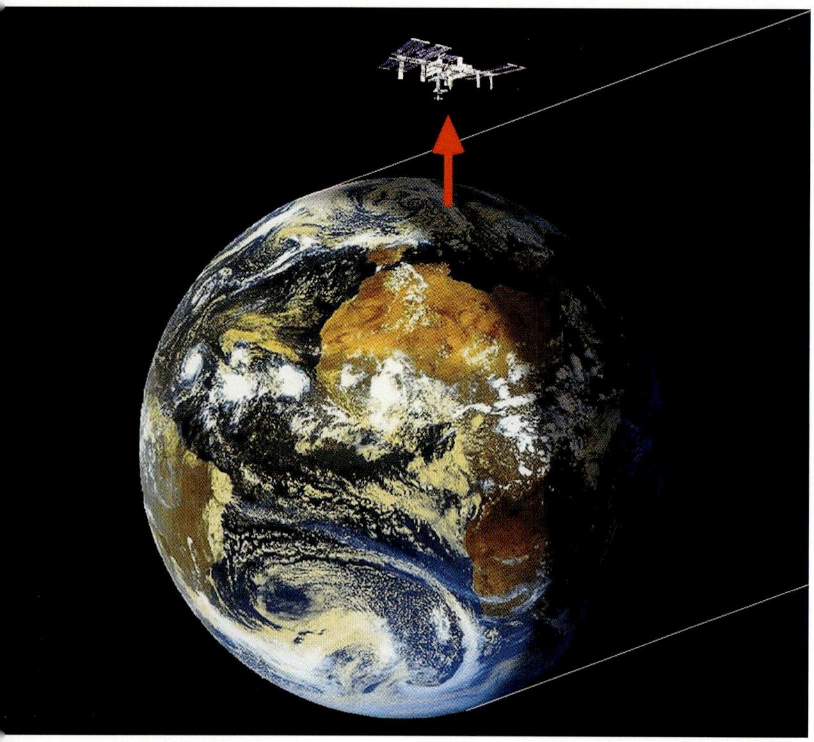

Die Internationale Raumstation ist mit bloßem Auge als ein sehr helles, schnell bewegtes Objekt am Himmel zu sehen. Sichtbar ist sie abends oder morgens, wenn der irdische Beobachter im Schattenbereich ist, die Station wegen ihrer Bahnhöhe aber noch oder schon von der Sonne beschienen ist. Die ISS kreuzt den Äquator im Winkel von 51,6° und fliegt in östlicher Richtung über uns hinweg. Doch Vorsicht: Es kann sich auch um ein Verkehrsflugzeug handeln. Das fliegt zwar 30-mal langsamer, aber auch 30-mal niedriger und hat daher eine ähnliche Winkelgeschwindigkeit. Ob man tatsächlich die Raumstation gesehen hat, erfährt man in im Internet. Die Seite http://www.heavens-above.com/esa/iss_step1.asp?nored=1 zeigt die Überflüge über den eigenen Standort.

Mit etwas Glück sehen wir die Internationale Raumstation als strahlenden, schnell bewegten Lichtpunkt am Nachthimmel. Sie ist kaum zu übersehen. Heller als alle Sterne und Planeten (mit Ausnahme von Venus) zieht sie in ungefähr 10 Minuten in östlicher Richtung von Horizont zu Horizont. In diesem künstlichen Himmelskörper leben und arbeiten seit dem Erstbezug am 2. November 2000 ständig 2 bis 3 Astronauten. Vielleicht wird dieses Datum als Beginn der dauerhaften Besiedlung des Weltraums in die Geschichte eingehen. 16 Nationen betreiben das Großforschungslabor im Weltall gemeinsam. Es ist das wahrscheinlich größte wissenschaftlich-technische Projekt in der Geschichte der Menschheit, ein sichtbares Beispiel für die globale Zusammenarbeit zur friedlichen Nutzung des Weltraums.

### Lebensraum für Monate

Die Dimensionen der International Space Station, kurz ISS genannt, sind enorm: Im Endausbau, geplant für das Jahr 2010, wird die Station mit einer Spannweite von 74 m und einer Länge von 108 m die Größe eines Fußballfelds haben. Dominiert wird die Struktur durch die Solargeneratoren, die zur Energieversorgung dienen. Bei einer Gesamtmasse von 400 t wird der bewohnbare Lebensraum, in dem Druckverhältnisse wie in einem Langstreckenflugzeug herrschen, 1200 $m^3$ betragen. Das entspricht dem Wohnraum eines stattlichen Vierfamilienhauses. Die Labore sind in röhrenförmigen Elementen untergebracht, die sich um den Schwerpunkt der gesamten Station und entlang der Flugachse gruppieren. Das hat seinen Grund. Die Schwerelosigkeit, der wichtigste Forschungsparameter der Raumstation, ist eigentlich nur auf der exakten Umlaufbahn, auf der sich der Schwerpunkt der Station bewegt, optimal gegeben. Entlang der Flugachse sind die Abweichungen am kleinsten.

Eine Konstruktion von so riesigen Ausmaßen kann natürlich nicht am Stück in den Weltraum gebracht werden. Deshalb wird die ISS, ähnlich wie die frühere russische Raumstation Mir, modular aufgebaut. Trägerraketen oder Space Shuttles transportieren einzelne Baugruppen in den Orbit, wo das Ganze zusammengesetzt wird. Insgesamt sind dazu rund 40 Aufbau- und Versorgungsflüge nötig. Nach aktueller Planung werden 33 davon vom amerikanischen Space Shuttle durchgeführt, der Rest von unbemannten russischen Trägerraketen des Typs Proton und Sojus.

Zur Zeit arbeiten drei Astronauten auf der Internationalen Raumstation ISS. Gelegentlich wird die feste Besatzung durch kurzzeitige Besuche verstärkt. Wenn der Aufbau der Station weitgehend abgeschlossen ist, wird sie in den Routinebetrieb mit einer Mannschaft von 6 Astronauten übergehen. Diese wenigen Personen sind der sichtbare Teil der Mannschaft. Hinter

So wird die Internationale Raumstation nach ihrer Fertigstellung im Jahr 2010 aussehen. Die großen Solargeneratoren sind stets zur Sonne ausgerichtet und versorgen die Station mit Energie. Senkrecht dazu, von der Sonne abgewandt, strahlen Kühlflächen die erzeugte Wärme in den Weltraum ab. In den röhrenförmigen Elementen befinden sich die Aufenthaltsräume für die Mannschaft und die wissenschaftlichen Labors. Auch an der Außenseite sind wissenschaftliche und technologische Nutzlasten angebracht. Das nutzt man für Teleskope oder Materialprüfeinrichtungen, die den Weltraumbedingungen direkt ausgesetzt werden.

ihnen stehen hunderte von Wissenschaftlern und Ingenieuren, die ihre Experimente für den Weltraumflug vorbereitet haben und später die Ergebnisse auswerten, dazu diejenigen, die den Betrieb rund um die Uhr aufrecht erhalten.

### Wozu braucht man eine Raumstation?

Natürlich hat jeder der Partner im internationalen Raumstations-Konsortium seine individuellen Gründe, warum er sich an diesem Großprojekt beteiligt. Sie können politischer, wirtschaftlicher oder wissenschaftlicher Natur sein. Man einigte sich auf drei gemeinsame, allgemeine Ziele, die als Richtschnur für Konstruktion und Bau dienten:

- Forschung ist die wichtigste Aufgabe der Raumstation. Hier werden die speziellen Bedingungen des Weltraums für grundlagen- und anwendungsbezogene Untersuchungen in vielen wissenschaftlichen Disziplinen ausgenutzt.
- Von ähnlicher Wichtigkeit ist das Gebiet der Technologieentwicklung, sowohl für die Verbesserung von industriellen Verfahren auf der Erde, als auch für zukünftige Raumfahrtvorhaben.
- Als Außenposten der Erde bildet die Raumstation ein Sprungbrett für die weitere Erforschung und Erschließung des Weltraums.

Raumstationen sind Vielzweck-Einrichtungen in der Erdumlaufbahn. Sie bestehen aus großen und komplexen Anlagen, die, ähnlich wie irdische Großlaboratorien für Elementarteilchenforschung, meist in internationaler Zusammenarbeit aufgebaut und betrieben werden. Dabei teilen sich viele Wissenschaftler die Geräte und die verfügbare Zeit. Die Forschungsprojekte werden im internationalen Wettbewerb ausgewählt. Knappe Ressourcen wie elektrische Energie, Datenspeicher oder Astronautenzeit werden nach Kriterien der wissenschaftlichen Priorität zugeteilt.

Eine Raumstation ermöglicht vielen Forschungsdisziplinen gleichzeitig einen Zugang zu den besonderen Umgebungsbedingungen im erdnahen Weltraum. Dort lassen sich physikalische Eigenschaften wie Schwerelosigkeit, großräumiges Vakuum, besondere Strahlungsbedingungen sowie die Beobachtungsmöglichkeiten der Erde oder des Weltraums nutzen. Die Station vereinigt in noch nie da gewesener Weise Interdisziplinarität und Internationalität in einem interessanten multikulturellen Umfeld, mit den unterschiedlichsten Erwartungen der Partner an die globale Zusammenarbeit.

Die Raumstation »Freedom«, hier in einer Darstellung der NASA aus dem Jahr 1984, wurde nie gebaut. Die später entwickelte ISS ist durch die Beiträge Russlands deutlich größer und komplexer.

## Lange Vorgeschichte – kurz gefasst

Im Jahr 1984 kündigte der amerikanische Präsident Ronald Reagan die Entwicklung einer permanenten Station im Weltraum an. Sie sollte den Namen »Freedom« tragen und die russische Mir-Station (Mir bedeutet im Russischen Frieden) übertrumpfen. Auf höchster politischer Ebene lud er Europa, Japan und Kanada ein, mit eigenen Entwicklungen und Nutzungsprogrammen daran teilzuhaben. Die ESA begann mit ehrgeizigen Studien und Entwicklungen. Sie schlug ein wissenschaftliches Labor vor, das auf den europäischen Erfahrungen mit dem Weltraumlabor »Spacelab« aufbaute. Da man seinen Ersteinsatz für das Jahr 1992 plante, in dem sich die Entdeckung Amerikas zum 400sten Mal jährte, erhielt es den Namen »Columbus«. Das war aber nicht das einzige europäische Element, das damals vorgesehen war. Eine in der Nähe der Raumstation frei fliegende Mini-Station mit dem Namen »Man Tended Free Flyer«, nur zeitweise von Astronauten besucht und gewartet, sollte optimale Bedingungen für Schwerelosigkeitsexperimente bieten. Eine weitere Plattform auf polarer Umlaufbahn war zur Wetterbeobachtung vorgesehen. Hinzu kam ein rückkehrfähiges, geflügeltes Transportsystem namens Hermes, welches auf der Spitze der Ariane-5-Rakete gestartet werden sollte, um Astronauten in den Weltraum und wieder zurück zu bringen.

Dieses Bild der russischen Raumstation Mir machte die Astronautin Shannon Lucid beim Anflug des Space Shuttle während der Mission STS-79, einem der acht Flüge des Shuttles zur Mir im Rahmen der Vorbereitung der Internationalen Raumstation ISS.

Auf beiden Seiten des Ozeans stagnierte die Entwicklung über viele Jahre. Die technischen Konzepte änderten sich ständig und die Finanzierung stand auf wackeligen Füßen. Mit dem Zusammenbruch der Sowjetunion wandelte sich das politische Umfeld dramatisch und die Beziehungen zu den Oststaaten mussten neu gestaltet werden. Präsident Clinton wagte 1993 einen klugen Schachzug: Gegen Widerstände in der NASA entschied er, Russland an der Raumstation zu beteiligen. Das reduzierte nicht nur die Kosten für die bisherigen Partner, sondern ermöglichte auch, die Erfahrungen der Mir-Station in das neue Vorhaben einzubinden. Acht Flüge des Space-Shuttle zur Mir wurden eingeplant. Dafür musste die NASA 450 Millionen Dollar aufbringen. Für die Mir-Station sicherte dies den dringend benötigten Nachschub.

Als letzter Partner entschloss sich die ESA 1995, nach einer Entscheidung des Ministerrats der europäischen Mitgliedsländer, zu einer Beteiligung an der Internationalen Raumstation – allerdings in stark reduziertem Umfang. Von den anfänglichen

Planungen blieb lediglich ein verkleinertes Forschungslabor Columbus und ein europäischer Beitrag zur Versorgung der Station, das Autonome Transfer-Vehikel ATV, übrig. Zusätzlich wurde ein wissenschaftliches Nutzungsprogramm unter Einsatz europäischer Astronauten eingerichtet, das einen Ertrag aus den Investitionen in Form von Forschungsergebnissen und wirtschaftlichen Anwendungen gewährleistet. Diese Entscheidung war eine konsequente Folge des früheren Spacelab-Programms. In dessen Folge hatten sich an Universitäten und Großforschungseinrichtungen Forschergruppen formiert, welche die neuen Herausforderungen aufgriffen und Experimentideen für das ISS-Programm entwickelten.

### Erste Aufbauphase 1998–2003

Der Aufbau der Internationalen Raumstation begann am 20. November 1998. An diesem Tag wurde das russische Basismodul »Sarja« (russisch für Sonnenaufgang) mit einer Proton-Rakete in die Umlaufbahn gebracht. Das zweite Element, der amerikanische Verbindungsknoten »Unity«, folgte am 4. Dezember 1998 mit dem Shuttle. Das russische Wohn- und Service-Modul »Swesda« (russisch für Stern) wurde am 25. Juli 2000 an Sarja angekoppelt. Jetzt war die Station für Astronauten bereit.

Die erste ISS-Mannschaft startete am 31. Oktober 2000 mit einer Sojus-Rakete und erreichte 2 Tage später die embryonale Raumstation. Seither ist die Station ohne Unterbrechung bemannt. Die weiteren Flüge des Space Shuttle zum Aufbau und Betrieb der ISS schlossen sich reibungslos an. Bis Ende 2002 befanden sich bereits ein russisches und ein amerikanisches Wohn- und Labormodul, Verbindungknoten, Luftschleusen, jeweils ein Paar Solargeneratoren und Radiatoren sowie Teilstücke der Gitterstruktur und der kanadische Roboterarm im Orbit. Alles lief nach Plan, bis am 1. Februar 2003 die Raumfähre Columbia verunglückte. Am Ende der Mission STS-107, die nichts mit dem Aufbau der Raumstation zu tun hatte, zerbarst das Space Shuttle bei der Rückkehr über Texas. Alle sieben Astronauten verloren ihr Leben.

Am 12. Januar 1999 fotografierte die Mannschaft des Shuttle-Fluges STS 88 die Raumstation im Babyalter: links das russische Sarja-Modul, rechts daran angedockt der amerikanische Verbindungsknoten Unity.

Am Ende der ersten Aufbauphase im Jahr 2002 war die ISS zu etwa 40 % fertiggestellt. Auf dem Foto, aufgenommen aus Richtung Erde, sieht man von oben nach unten (in Flugrichtung) die Versorgungskapsel Progress an Swesda angedockt, gefolgt von Sarja (mit angedockter Sojus-Kapsel), Unity und das US-Labor Destiny. Bis dahin erfolgte der geplante Aufbau und die Versorgung nahezu reibungslos, mit insgesamt 16 Shuttle-, 2 Proton-, 19 Sojus-Flügen (5 mit Besatzung, 14 mit Progress-Kapseln). Zur Einsparung eines Fehlbetrags von ca. 4 Milliarden Dollar verzichtet die NASA auf ein Wohnmodul sowie das Rettungs-Rückfluggerät. Die Zahl der Astronauten bleibt deshalb für lange Zeit auf 3 beschränkt.

In der Folge dieser Katastrophe stoppte die NASA alle Flüge des Space Shuttle und setzte eine Untersuchungskommission ein. Sie hatte den Auftrag, die Ursachen zu suchen und Änderungen vorzuschlagen, um solche Unfälle in Zukunft zu verhindern. Zusammen mit vorherigen Finanzierungsproblemen der russischen und der amerikanischen Seite führte dies zu einer Restrukturierung des ISS Programms, was eine Verzögerung von insgesamt 7 Jahren mit sich brachte. Der weitere Aufbau der Raumstation konnte erst nach zwei Shuttle-Testflügen mit der Mission STS-115 im Oktober 2006 fortgeführt werden. In der Zwischenzeit wurde die Station auf Notbetrieb umgestellt. Die Stammbesatzung wurde von drei auf zwei Astronauten reduziert und die Versorgung der Station auf Wasser, Nahrung und Kleidung für die Crew beschränkt. Bemannte Sojus- und unbemannte Progress-Kapseln übernahmen alle Transportaufgaben. Ein Versorgungselement war dabei unverzichtbar: Regelmäßig musste ein Progress-Transporter mit gespeichertem Treibstoff andocken und durch ein Bahnanhebungs-Manöver die Station im sicheren Höhenbereich halten. Andernfalls wäre sie in der Atmosphäre verglüht.

Orbithöhe der ISS vom November 1998, dem Start des ersten ISS-Elements Sarja bis zum 6. Januar 2006. Die Bahnhöhe wird der Sonnenaktivität angepasst. Wenn die Sonne sehr aktiv ist, was sich durch eine hohe Zahl von Sonnenflecken zeigt, heizt sich die Erdatmosphäre auf. Die Lufthülle dehnt sich dann aus und bremst über einen Zeitraum von 4 Jahren besonders stark. Für die Bahnanhebung ist dann fast das Doppelte der normalen Treibstoffmenge nötig, bis zu 13 Tonnen pro Jahr. Die Manöver zur Bahnanhebung waren besonders in Zeiten der aktiven Sonne von 2001–2004 häufig.

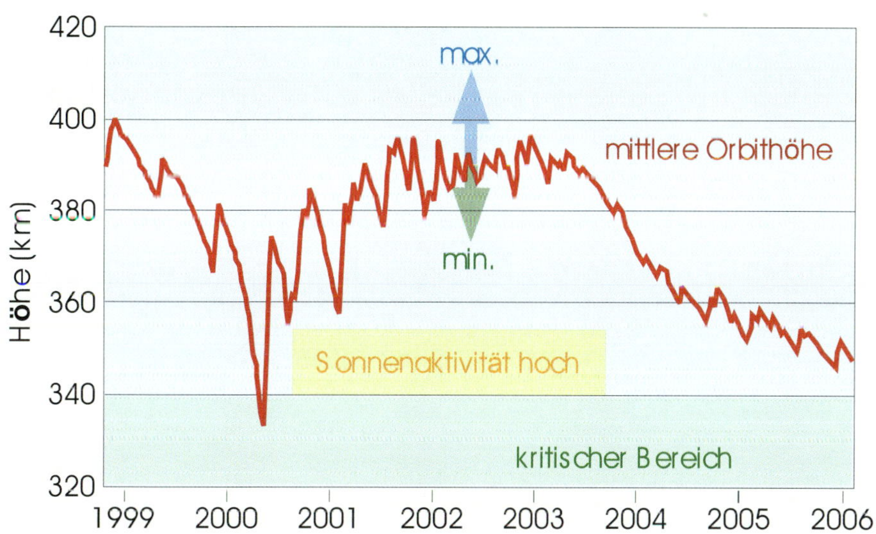

### Fortführung des Aufbaus 2006–2010

Im Jahr 2010 wird nach einer Entscheidung der NASA die Shuttle-Flotte außer Betrieb genommen. Bis dahin sind alle Flüge für Aufbau und Fertigstellung der ISS verplant. Die einzige Ausnahme ist ein Flug im Jahr 2008, bei dem das Hubble-Weltraumteleskop zum letzten Mal repariert und modernisiert werden soll. Ab Ende 2007 wird auch europäisches Fluggerät für Transporte zur Raumstation eingesetzt. Der Erstflug des Automatischen Transfervehikels ATV »Jules Verne« erfolgt 2007 mit der Ariane 5-ES. Später wird ein japanisches Transportelement dazu kommen (HTV, Erstflug 2009 mit der japanischen H2-Rakete).

Während der gesamten Aufbauzeit bleibt die Mannschaft der ISS auf 3 Astronauten beschränkt. Der Engpass für eine Vergrößerung der Crew ist die Verfügbarkeit eines Rettungsvehikels, das für eine sichere Rückkehr zur Erde im Notfall stets bereitgehalten werden muss. Die dafür verwendete Sojus-Kapsel kann nur drei Astronauten aufnehmen. Ab dem Jahr 2009 ist der Einsatz einer zweiten Kapsel vorgesehen. Erst dann kann eine sechsköpfige Crew dauerhaft an Bord leben und arbeiten. Bis dahin wird das Lebenserhaltungssystem entsprechend ausgebaut sein und zusätzlicher Wohn- und Stauraum in einem russischen Mehrzweckmodul zur Verfügung stehen. Verbesserte Technologien zur Wiedergewinnung von Brauchwasser (durch Entfeuchtung der Luft), sowie regenerative Brennstoffzellen zur Erzeugung von Sauerstoff aus dem Kohlendioxid der Atemluft der Astronauten werden zum Einsatz kommen. Mit der Fertigstellung der gesamten Station ist gegen Ende 2010 zu rechnen.

**Aufbauplan der Internationalen Raumstation – September 2007**

| STS | Zeit | ISS | Transporter | Nutzlast |
|---|---|---|---|---|
| 121 | Juli 06 | ULF1.1 | Discovery | Nutzung & Logistik |
| 115 | Sept. 06 | 12A | Atlantis | Solarmodule P3/P4 |
| 116 | Dez. 06 | 12A.1 | Discovery | Solarmodul P5 |
| 117 | Juni 07 | 13A | Atlantis | Solarmodule S3/S4 |
| 118 | Aug. 07 | 13A.1 | Endeavour | Solarmodul S5 |
| 120 | Okt. 07 | 10A | Discovery | Verbindungsknoten 2 |
| 122 | Dez. 07 | 1E | Atlantis | Columbus |
| | Jan. 08 | ATV1 | Ariane 5-ES | ATV Jules-Verne |
| 123 | Feb. 08 | 1J/A | Endeavour | Japanisches Logistik-Modul |
| 124 | April 08 | 1J | Discovery | Japanisches JEM Labor Kibo |
| | Aug. 08 | 3R | Proton | Russ. MLM-Labor und ERA |
| 125 | Aug. 08 | HST | Atlantis | Hubble Space Telescope |
| 126 | Sept. 08 | ULF2 | Discovery | MPLM + Nutzung & Logistik |
| 119 | Jan. 09 | 15A | Endeavour | Solarmodul S6 |
| | Feb. 09 | HTV | HTV1 | Japanisches Logistikmodul |
| 127 | April 09 | 2J/A | Atlantis | Externe Plattform JEM-EF |
| 128 | Juni 09 | 17A | Endeavour | MPLM und Crewquartier [1] |
| 129 | Sept. 09 | ULF3 | Discovery | Nutzung und Logistik |
| 130 | Nov. 09 | 19A | Endeavour | MPLM und Robotarm ERA |
| 131 | Jan. 10 | ULF4 | Discovery | Nutzung & Logistik |
| 132 | April 10 | 20A | Atlantis | Verbind.knoten 3 & Cupola |
| 133 | Juni 10 | ULF5 | Endeavour | Nutzung und Logistik [2] |
| | Okt. 10 | 9R | Proton | Russisches Forschungslabor |

1) ab diesem Zeitpunkt Crew mit 6 Astronauten möglich

2) Aufbau der ISS abgeschlossen

## Wie funktioniert eine Raumstation?

Raumstationen sind komplexe Gebilde, die durch einen hohen technischen Aufwand sicher stellen, dass Menschen für lange Zeit in der unwirtlichen Umgebung des Alls überleben und arbeiten können. Die Idee eines Außenpostens der Menschheit in Form einer permanent bewohnten Basis im Weltall existiert beinahe so lange wie die Raumfahrt selbst. Der Russe Konstantin Ziolkowski, einer der Väter der Raumfahrt, erwog bereits im Jahr 1903 den Bau bewohnter Anlagen im erdnahen Raum.

### Die Umlaufbahn

Die maximale Bahnhöhe der Internationalen Raumstation beträgt 460 km. Die Luft ist dort recht dünn, sie hat einen rund 11 Zehnerpotenzen geringeren Druck als auf Meereshöhe. Die Restatmosphäre enthält aber immerhin noch $10^{14}$ Moleküle pro Kubikmeter, was dazu führt, dass die Station abgebremst wird. Sie verliert an Höhe, erst langsam und mit zunehmender Luftdichte immer schneller. Die Bremskraft verzehnfacht sich innerhalb von 90 Tagen auf 10 Newton, wenn die Station auf 340 km abgesunken ist. Niedrige Bahnen sind günstig für das Rendezvous mit Versorgungsflügen, die Astronauten und Material zur Station bringen und für eine niedrige Anflugbahn weniger Treibstoff benötigen. Allerdings sollte die Station eine Flughöhe von 320 km nicht unterschreiten, da sonst die Gefahr eines Absturzes droht. Es muss immer genügend »Luft unter dem Stationskiel« vorhanden sein.

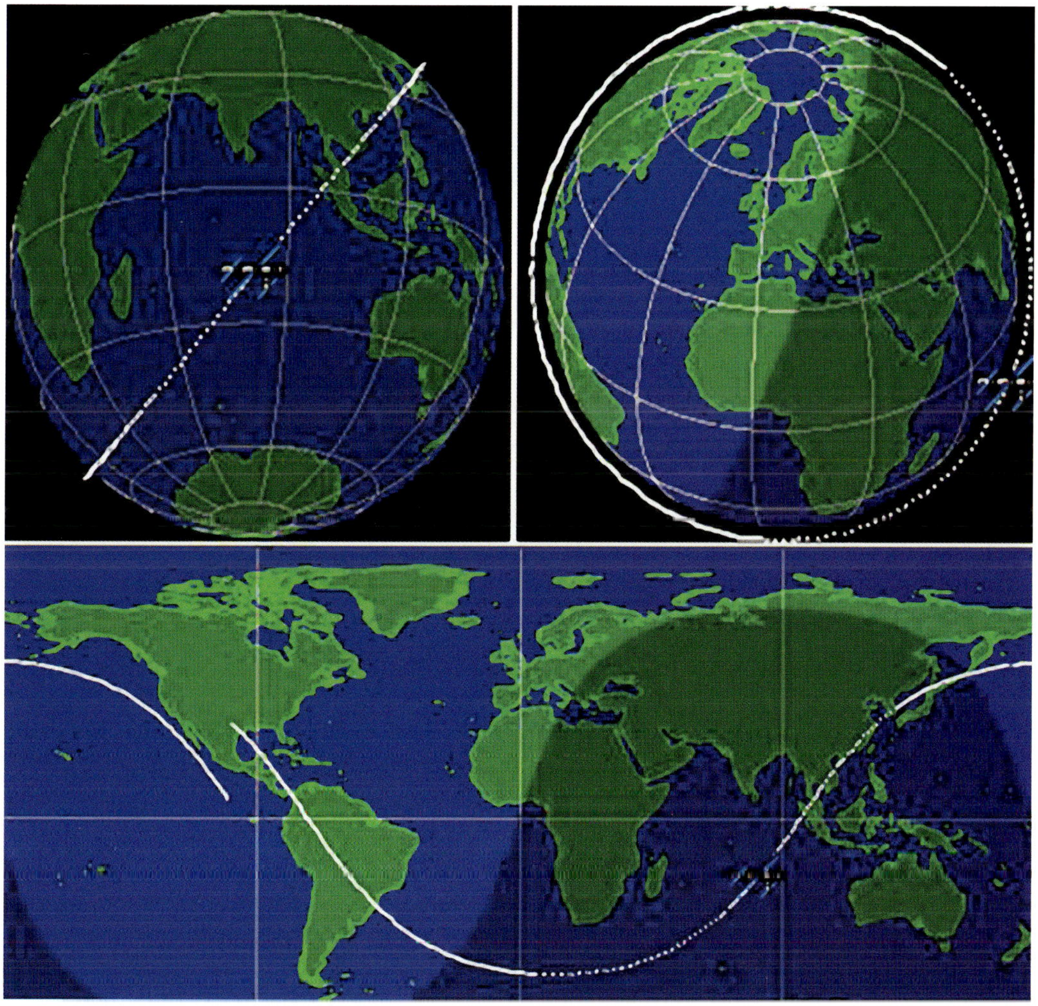

Aus der ISS-Bahnebene gesehen (oben links) und der um 90 Längengrade nach Westen versetzten Draufsicht (oben rechts) ist die geringe Bahnhöhe von ca. 400 km (6 % des Erdradius) kaum vom Rand der Erdoberfläche zu unterscheiden. Auf der Mercatorkarte (unten, wo die Längengrade horizontal und die Breitengrade vertikal eingetragen sind) verläuft die Bodenspur von West nach Ost auf einer sinusförmigen Bahn. Die ISS befindet sich wegen ihrer Höhe über dem Erdboden eine kürzere Zeit im Erdschatten (gepunktete Linie) als die Bodenspur

Die Raumstation fliegt auf einer Bahn um die Erde, die in einem Winkel von 51,6° gegen den Äquator geneigt ist. Die Erde dreht sich unter der Station einmal am Tag um sich selbst. Die Winkelgeschwindigkeit der Erdrotation beträgt 360° pro Tag, also 22,5° während eines Umlaufs der Station von 90 Minuten. Damit verschiebt sich die Bahnebene bei jedem Umlauf um 22,5° nach Westen. Verfolgt man ihre Bodenspur, die Projektion der Umlaufbahn auf die Erdoberfläche während eines Erdumlaufs, so erhält man eine sinusförmige Kurve, die zwischen 51,6° nördlicher und südlicher Breite pendelt. Wegen ihrer hohen Inklination überfliegt die Raumstation 85 % der Erdoberfläche, auf der 95 % der Erdbevölkerung leben.

Auf ihrer Umlaufbahn ist die Lage der Internationalen Raumstation so geregelt, dass die Achse mit den Labormodulen stets in Flugrichtung zeigt und gleichzeitig der »Bauch« der Station, also die gesamte Anordnung von Labormodulen, nach unten zur Erde ausgerichtet ist. Das bedeutet, dass sich die Station während eines Erdumlaufs einmal um sich selbst dreht. Das Schwerkraftfeld der Erde reicht nicht aus, um diese Drehung zu bewirken, weshalb spezielle Triebwerke und Drallräder für die Lageregelung eingebaut wurden.

## Energie von der Sonne

Größe und Aussehen der ISS sind vor allem durch die riesigen Solarzellenflügel geprägt, die in 4 Paaren angeordnet sind. Bei ihrem Aufbau wird jeweils eine mit Solarzellen belegte, segmentierte Matte an einer Teleskopstange ausgefahren. Dann werden je vier der Flügel zusammengekoppelt. Um die Zellen ständig zur Sonne auszurichten, müssen sie sich während der 90 Minuten eines Umlaufs um 360° drehen. Da die Station jedoch während mehr als einer halben Stunde der Umlaufzeit durch den Erdschatten fliegt, ist es möglich, dort das Flügelpaar wieder zurück zu drehen, so dass es sich nicht »aufwickelt«. Ein zusätzliches Gelenk sorgt dafür, dass die Sonnenstrahlen immer senkrecht auf die Solarzellen treffen, auch wenn die Sonne nicht in der Bahnebene liegt. Die Gesamtfläche von ca. 3000 m² ist aus technischen

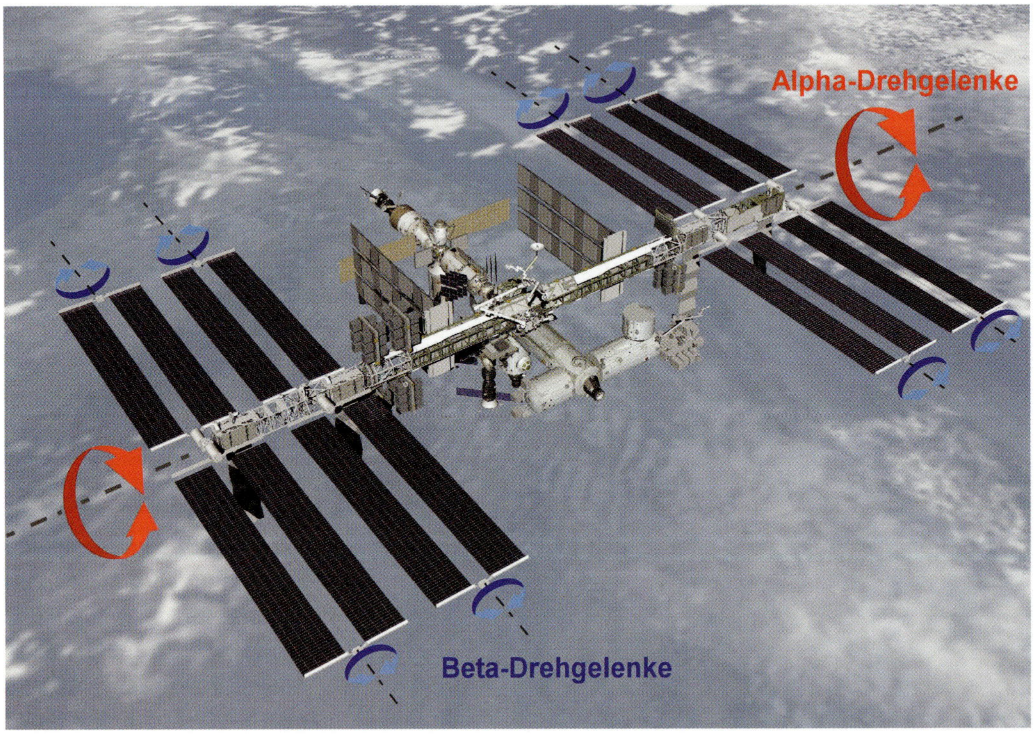


Die Solargeneratoren müssen kontinuierlich zur Sonne ausgerichtet werden. Bei jedem Umlauf um die Erde, d.h. innerhalb von 90 Minuten, müssen daher die äußeren Teile der Gitterstruktur mit den daran befestigten Solarflügel-Paaren durch die Alpha-Drehgelenke um zusammen 360° vor- oder zurückgedreht werden. Da die Erde mit der ISS im Jahr einmal um die Sonne kreist und diese meist nicht in der Bahnebene zu liegen kommt, müssen die 8 Beta-Drehgelenke die einzelnen Solarflügel stets der Sonne nachführen.

Gründen nur zu 80 % mit Solarzellen belegt. Insgesamt versorgen sie die ISS mit 110 kW elektrischer Energie. Zur Hälfte wird diese für die Grundfunktionen der Station benötigt, der Rest steht für die Nutzlast zur Verfügung.

Jeder Energieumsatz auf der Station erzeugt Wärme. Auch die Sonne heizt die Station auf, sei es durch die direkt auftreffende als auch durch die von der Erde reflektierte Strahlung. Das thermische Kontroll- und Regelsystem sorgt mit Hilfe von Wärmerohren dafür, dass die Temperatur dort, wo nötig, in vorgegebenen Grenzen gehalten wird. Riesige Radiatoren sind notwendig, um die gesamte Wärmeaufnahme der Station wieder in den Weltraum abzustrahlen. Sie sind senkrecht zu den Solarflügeln positioniert, so dass sie nie der Sonnenstrahlung ausgesetzt sind.

### Fünf Labore auf der ISS

Die fertige Internationale Raumstation wird mit fünf Laboren für die wissenschaftliche und technologische Forschung ausgerüstet sein:
Destiny ist das amerikanische Labormodul der ISS. Es bietet mit einer Länge von 8,5 m Platz für insgesamt 24 standardisierte Geräteschränke. 13 davon nehmen Experimente oder Analyseanlagen auf, die restlichen 11 werden für Steuer- und Versorgungsgeräte oder als Stauraum genutzt. Im Labor werden die wissenschaftlichen Experimente in den verschiedenen Disziplinen der Forschung unter Schwerelosigkeit durchgeführt. Destiny hat auch ein großes Fenster, aus dickem Spezialglas gefertigt und zum Schutz mit einer Art Fensterladen versehen. Es wird nicht nur von den Astronauten in ihrer Freizeit zum Blick auf ihre Heimat genutzt. Die optische Qualität ist so gut, dass es für wissenschaftliche Zwecke eingesetzt werden kann. Die meisten der spektakulären Bilder der Erde aus dem Orbit wurden durch dieses Fenster aufgenommen.
Das russische Forschungsmodul Swesda beherbergt Steuereinrichtungen, Lebenserhaltungssysteme, hygienische Einrichtungen, eine Küche, Trainingsgeräte und mehrere Schlafkojen. An seinem hinteren Kopplungsstutzen docken die russischen Sojus-Raumschiffe und Progress-Frachter an. Auch das europäische Transportfahrzeug ATV wird dort anlegen. Das russische Mehrzweck-Labor-Modul (Multipurpose Laboratory Module) wird Ende 2009 mit einer Proton-

Astronaut James Voss arbeitet im Innern des Labormoduls Destiny, während Scott Horowitz, der Commander der Mission STS 105, durch die Luke des Unity Moduls schwebt. Obwohl oben und unten in der Schwerelosigkeit keine Bedeutung hat, werden nur die Seitenwände des Labors für wissenschaftliche Instrumente genutzt.

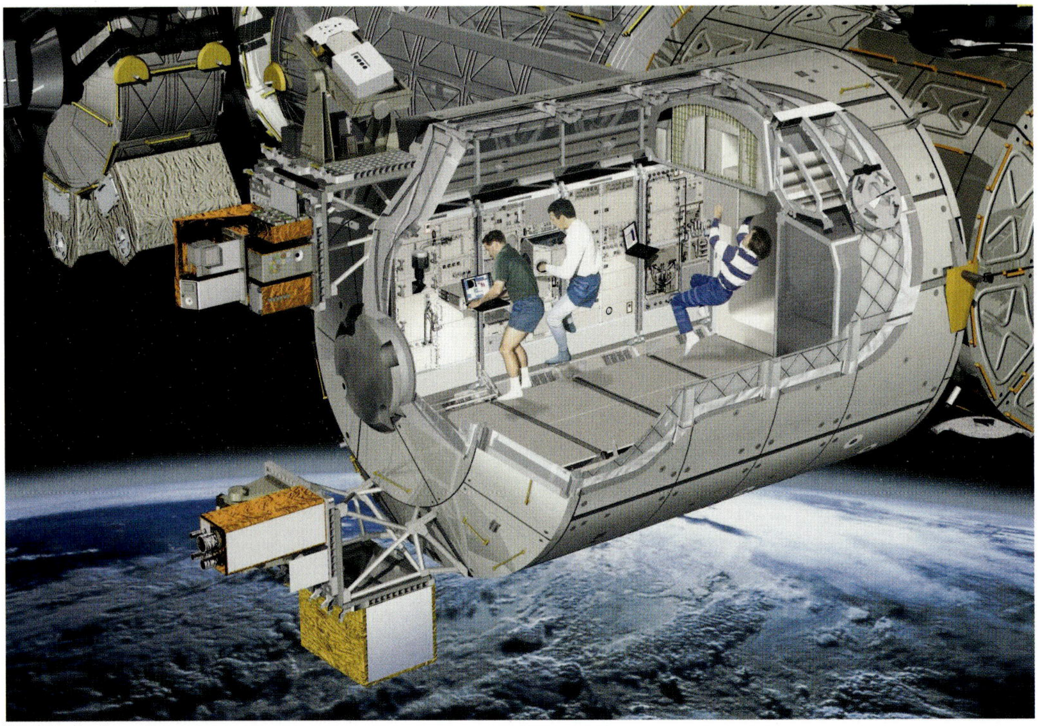

Das Columbus-Labor hat mit 6,7 m Länge und einem Durchmesser von 4,5 m etwa die Dimension der Business-Klasse einer Langstreckenmaschine. Mit einer Masse von 13 t trägt es auf jeder Seite fünf standardisierte, Doppelmessschränke. Von den 10 Anlagenschränken nutzt die ESA 5, die anderen 5 stehen der NASA zur Verfügung – ein Tauschgeschäft gegen Transport- und Versorgungsflüge mit dem Space Shuttle. An der Außenseite des Columbus-Moduls befinden sich Montageplattformen, an denen Instrumente installiert werden, die direkt der Weltraumumgebung ausgesetzt werden sollen.

Rakete zusammen mit dem europäischen Roboterarm zur ISS gebracht. Es bietet Platz für wissenschaftliche Geräte, Wohn- und Lagerräume und verfügt außerdem über Triebwerksysteme zur Bahn- und Lagekontrolle der Station.

Das europäische als Labor Columbus ist deutlich kleiner wie die amerikanischen und japanischen Labors und enthält Platz für insgesamt zehn standardisierte Experimentieranlagen. Es wird Ende 2007 oder Anfang 2008 mit dem Shuttleflug STS-122 zur ISS gebracht.

Der japanische Raumstationsbeitrag Kibo (japanisch für Hoffnung) besteht aus mehreren Teilen. Das Hauptmodul, ungefähr so groß wie das amerikanische Destiny-Modul, dient als Labor und wiegt knapp 16 Tonnen. An seiner Stirnseite befindet sich eine Art Balkon, eine Plattform für Experimente im freien Weltraum. Mit einem Roboterarm können Anlagen auf die Plattform gebracht oder von dort geborgen werden. Eine kleine Luftschleuse ist am Hauptmodul angebracht, durch die der Austausch von Geräten zwischen der Plattform und dem Labor stattfindet. Oben am Hauptmodul befindet sich ein großer Behälter, der unter demselben Druck steht wie das Labor und von dort zugänglich ist. Hier werden Geräte, Materialien und Verbrauchsgüter untergebracht. Er kann, komplett gefüllt mit Fracht, vom Space Shuttle in die Umlaufbahn oder zur Erde zurück gebracht werden.

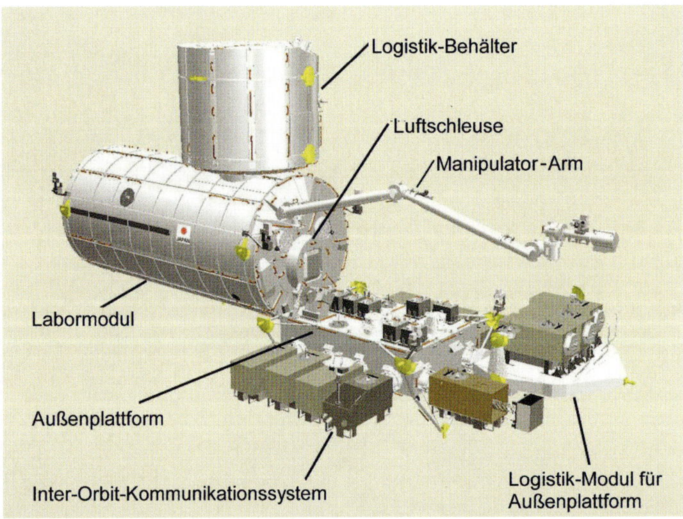


Das japanische Labormodul Kibo mit oben aufgesetztem Logistikbehälter, Roboterarm und Außenplattform.

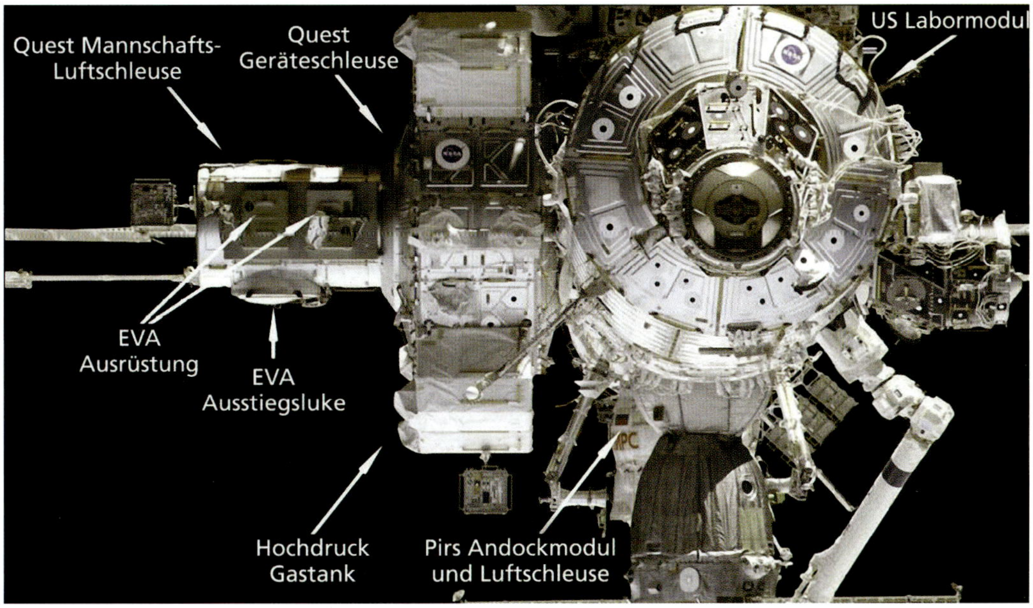


ISS Joint Airlock, genannt Quest, angekoppelt an der Steuerbordseite (in Flugrichtung rechts) des amerikanischen Verbindungsknotens. In dieser Luftschleuse lagern alle Gerätschaften und Werkzeuge, welche für den Außerbordaufenthalt benötigt werden. Der Ausstieg erfolgt nach unten in Richtung Erde.

Sarja, (auch Functional Cargo Block genannt) war das erste Modul der ISS. Es gehört zum russischen Teil der Station, wurde jedoch größtenteils von der NASA bezahlt. In der ersten Ausbaustufe stellte es Strom sowie die Möglichkeiten zu Lageregelung und Kommunikation zur Verfügung. Heute wird es als Frachtmodul für die Zwischenlagerung von Ausrüstungsteilen verwendet.

### Knoten, Schleusen und Roboterarme

Alle Teile der Raumstation sind durch Knotenelemente verbunden. Das sind kurze Module, Rohrstücke mit je einem Andockstutzen vorne und hinten. Quer dazu befinden sich meist noch mal vier Kopplungsstutzen, an denen andere Module oder Transportschiffe andocken können. Unity, das erste US-Element der ISS, ist ein solcher Knoten. Heute verbindet er den russischen Teil mit dem US-Labor Destiny und dadurch mit dem Rest der Station. Seit Juli 2000 können die Astronauten bei geöffneten Türen von einem Ende der Raumstation zum anderen 60 m weit geradeaus schweben: Aus der angedockten Progress-Kapsel durch die Module Swesda, Sarja, Unity und Destiny bis in das angedockte Space Shuttle.

Quest ist die amerikanische Luftschleuse der ISS. Sie ermöglicht das Verlassen der Station in amerikanischen Raumanzügen für Wartungs- und Reparaturarbeiten außerhalb der ISS. In der Luftschleuse werden auch die Raumanzüge sowie Werkzeuge für den Außerbordeinsatz gelagert.

Pirs (russisch für Pier) heißt die russische Luftschleuse. Sie wird für den Ausstieg in russischen Orlan-Anzügen benutzt. Im Gegensatz zu Quest kann Pirs jedoch auch als Kopplungsadapter für anfliegende Sojus-Raumschiffe oder Progress-Frachter genutzt werden.

Außer den bereits genannten Laboranlagen Columbus, Kibo und dem russischen Mehrzweckmodul müssen bis zur Fertigstellung der ISS noch eine Reihe von kleineren Teilen in den Orbit transportiert werden. Hierzu gehören zwei Verbindungsknoten, Node 2 und 3, die am Destiny-Modul beziehungsweise an Unity angedockt werden. Ein faszinierendes, in Europa gebautes Element ist die sogenannte Cupola. Es handelt sich dabei um eine Aussichtsplattform mit einem Durchmesser von knapp 3m und einer Höhe von 1,5 m. Sie hat sechs große seitliche Fenster sowie ein großes Dachfenster mit 80 cm Durchmesser, wodurch sie zur Steuerung der ISS-Roboter gute Sicht bietet. Es muss ein Erlebnis sein, auf dieser Plattform zu arbeiten und dabei den Blick ins All zu genießen.

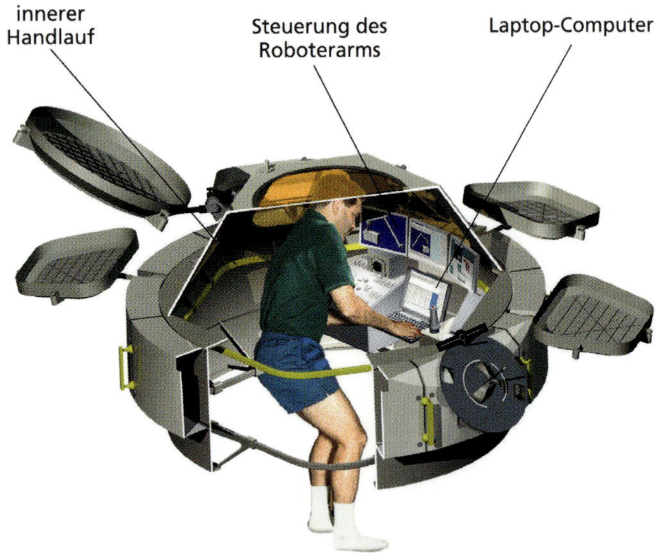


Innerhalb der Cupola befinden sich ein Arbeitsplatzrechner und Konsolen zur Steuerung des Stations-Roboterarms.

Im Zuge des Stationsaufbaus werden noch Teile des Strukturgerüsts, das sich wie ein Rückgrat durch die Station zieht, nachgeliefert und angebaut. Mit Fertigstellung können dann auch die jetzt noch fehlenden Elemente der großen Solarmodule angeliefert und eingebaut werden.

Für solche Aufbauarbeiten ist die Mannschaft dringend auf die Unterstützung durch robotische Hilfe angewiesen. Canadarm 2, der kanadische Roboterarm, befindet sich bereits an Bord. Er kann bei einer Gesamtlänge von 17,6 m eine Masse von über 100 Tonnen bewegen und wird vom Innern des Destiny-Labors aus gesteuert. Außen stehen vier Kameras zur Verfügung, was einen direkten Blickkontakt nicht erforderlich macht. Der Arm ist nicht an einer festen Stelle der Station montiert, sondern kann an einem von mehreren Befestigungspunkten, die über die ganze Station verteilt sind, betrieben werden. Dazu hat der Arm an beiden Enden eine Greifmechanik; er kann auf einen Transportwagen gesetzt und so auf Schienen der Gitterstruktur entlanggefahren werden.

Ein europäischer Roboterarm ist ebenfalls fertig gestellt und wartet auf seinen Einsatz. Ähnlich aufgebaut wie Canadarm 2, verfügt er über Greifmechanismen, die für den russischen Teil der ISS ausgelegt sind. Der Arm hat eine Länge von über 11 m und kann mit einer Genauigkeit von unter 5 mm etwa 8 t positionieren. Er soll Ende 2009 mit einer russischen Proton-Rakete zur ISS gebracht werden.

## Lebensraum All – gesund und komfortabel

Damit die Besatzung in der Raumstation über Monate leben und arbeiten kann, braucht sie ein zuverlässiges Lebenserhaltungssystem. Raumstationsarchitekten betrachten den Menschen zunächst als eine Art »Black Box«. Stoffe gehen hinein und kommen heraus, Energie wird verbraucht und Wärme abgegeben. Außerdem funktioniert sie nur in bestimmten Druck- und Temperaturbereichen. Dementsprechend müssen die Stoffströme innerhalb bestimmter Grenzen geregelt werden: Luft zum Atmen, Trinkwasser und Nahrung, auch der Abfall muss entsorgt werden. Das Lebenserhaltungssystem muss unter den harschen Bedingungen des Weltraums jederzeit und unter allen Umständen eine sichere, gesunde Umgebung für die Astronauten gewährleisten. Der Schutz vor Feuer, schädlicher Weltraumstrahlung und Meteoriteneinschlag gehört ebenso dazu wie eine ausreichende medizinische Ausrüstung.

### Luft zum Atmen

Ohne die Zufuhr von Sauerstoff kann ein Mensch nur etwa vier Minuten unbeschadet überleben. Die Versorgung mit 0,84 kg Sauerstoff pro Astronaut und Tag stellt also eine extrem zeitkritische Aufgabe dar. Auch die Zusammensetzung und Temperatur der Atemluft ist wichtig. Den irdischen Verhältnissen auf Meereshöhe nachgebildet setzt sich die künstliche Atmosphäre in Raumfahrzeugen zusammen aus 80 % Stickstoff und 20 % Sauerstoff, bei einem Luftdruck von 101,3 kPa. Temperatur und Feuchtigkeit werden in einem engen Bereich geregelt, die Raumtemperatur kann zwischen 18 und 26 °C, die relative Feuchte zwischen 25 und 70 % eingestellt werden.

Ein Mensch atmet am Tag etwa 1 kg Kohlendioxid aus. Da es ist nicht möglich ist, Fenster zum Lüften zu öffnen, reichert sich die Atmosphäre der Station schnell mit Kohlendioxid an. Bereits ein Anteil von 1 % in der Atemluft kann schädlich sein. Daher ist es unverzichtbar, diese und andere Verunreinigungen ständig aus der Luft zu entfernen.

### Wasser – nicht nur zum Waschen

Neben der Atemluft ist die Versorgung mit Wasser ein kritischer Faktor. Der gesamte Trinkwasserbedarf einer Person liegt zwischen 2 bis 3,6 kg am Tag. Das schließt das Wasser in der Nahrung, für deren Zubereitung sowie zum Zähneputzen ein. Zudem werden täglich je nach Ausstattung zwischen 3 und 6 kg Brauchwasser für die Körperhygiene und zum Reinigen von Geschirr benötigt. Brauchwasser muss nicht notwendigerweise Trinkwasserqualität besitzen. Gebrauchtes Wasser wird in Abwassertanks gesammelt. Dort hinein kommt neben benutztem Hygiene- und Waschwasser auch der Schweiß sowie der Urin. Das Abwasser wird entweder gelagert und entsorgt oder aufbereitet.

### Nahrung

Der Mensch nimmt täglich etwa 0,6 kg Nahrung zu sich. Das ist die reine Trockenmasse, also ohne den Wasseranteil. Für eine ausgewogene Ernährung setzt sich die Masse anteilig aus Kohlenhydraten (70 %), Fetten (15 %) und Proteinen (15 %) zusammen.
Die Astronauten der Raumstation werden durch regelmäßige Lieferungen von der Erde mit Lebensmittel versorgt, da die Herstellung von Nahrungsmitteln auf Raumstationen sich noch im experimentellen Stadium befindet. Erforscht werden vor allem die Möglichkeiten der Pflanzenzucht im Weltraum. Ähnlich wie auf der Erde sollen in Zukunft nährstoffreiche Pflanzen, wie z.B. Weizen, in einem Gewächshaus angebaut werden. Man kann sich vorstellen, dass dabei verschiedene Probleme überwunden werden müssen, man denke nur an die fehlende Schwerkraft. Interessant ist auch die Zucht essbarer Algen als Nahrungsquelle. In Asien, in Teilen Afrikas und Amerikas stehen Algen seit jeher auf dem Speiseplan. Die Nahrungsgewinnung an Bord eines Raumfahrzeugs lohnt sich jedoch erst bei sehr lange dauernden Weltraummissionen.

Astronaut Gerhard Thiele hantiert im Space Shuttle mit Schere, Löffel und verschiedenen Plastikbehältern, um an seine Mahlzeit zu kommen.

### Lebenserhaltung im All

Ein Lebenserhaltungssystem kann auf verschiedene Weise Ressourcen für Astronauten bereitstellen. So kann z.B. alles Erforderliche zu Beginn der Mission mitgenommen werden, wie es bei den Apollo-Missionen der Fall war. Auf der ISS geht man einen anderen Weg: Die Besatzung wird durch regelmäßigen Nachschub von der Erde versorgt.

Um die Nachschubmasse so klein wie möglich zu halten, wird Abwasser zu Brauchwasser aufbereitet. Selbst Urin wird hier mit einbezogen, erfährt aber eine gesonderte Behandlung. Durch Destillation wird das Wasser entzogen und zusammen mit dem restlichen Abwasser in eine Filteranlage geleitet. Mit unterschiedlichen Filterstufen und Inonentauschern kann Trinkwasserqualität erreicht werden. Die Trinkwasserreserven werden regelmäßig von der Erde aufgefüllt. Wasser ist leicht zu transportieren und zu handhaben und wird deswegen auch zur Produktion von Sauerstoff an Bord eingesetzt. Ein Elektrolyseprozess spaltet Wasser mit Hilfe von elektrischer Energie in Sauerstoff und Wasserstoff. Der Sauerstoff wird dem Luftkreislauf zugeführt. Der Wasserstoff wird auf der ISS nicht weiter genutzt und entsorgt.

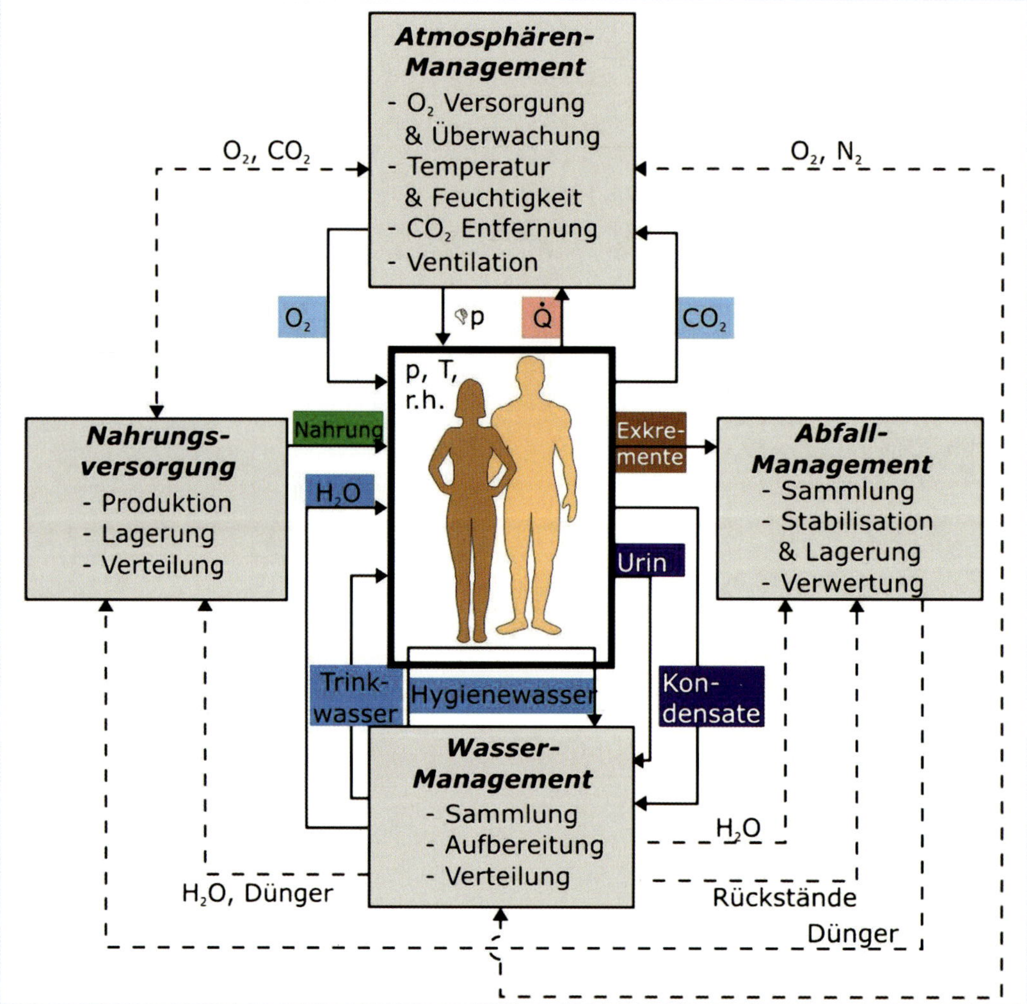


Die verbrauchte Luft wird durch einen Filter geleitet, welcher das Kohlendioxid mit Hilfe chemischer und physikalischer Prozesse entfernt. Ebenso werden giftige Spurenelemente aus der Luft gefiltert. Da ein Mensch bis zu 2 kg Wasser ausschwitzt und an die Luft abgibt, muss die Luftfeuchtigkeit in der Station reguliert werden. Dafür sorgt ein Wärmetauscher, der den Wasserdampf aus der Luft kondensiert.

Bei der Vorgehensweise auf der ISS geht zur Zeit noch viel Material verloren. Je länger und weiter sich Raumfahrzeuge von der Erde entfernen, umso wichtiger wird ihre Autonomie. Dazu müssen die wichtigsten Stoffe zur Lebenserhaltung innerhalb der Station möglichst weitgehend wiedergewonnen werden. An erster Stelle stehen Sauerstoff und Wasser, sowie Kohlenstoff als Hauptbestandteil der Nahrung. So kann man z.B. den Sauerstoff, der im Kohlendioxid enthalten ist, mit Hilfe eines Reaktors freisetzen. Im Sabatier-Reaktor reagieren $CO_2$ und Wasserstoff zu Wasser und Methan. Aus dem Wasser wird dann mittels Elektrolyse Sauerstoff produziert.

### Abfall ist unvermeidbar

Abfall kann in flüssiger, fester oder gasförmiger Form vorliegen. Er besteht vor allem aus den Stoffwechselprodukten der Besatzung, wobei das ausgeatmete Kohlendioxyd eine wichtige Komponente darstellt. Täglich fallen etwa 3 kg Müll pro Astronaut an, dazu gehören auch Gebrauchsmaterialien, wie seine Kleidung und Handtücher. Es gibt zwei Möglichkeiten, mit dem Abfall zu verfahren. Er kann zur Erde zurückgebracht oder an Bord aufbereitet werden. Die erste Methode ist technisch einfach, aber logistisch aufwändig, denn sie erfordert die Lagerung des Mülls, bis sich eine Gelegenheit zur Rückführung oder zum Verglühen in der Atmosphäre ergibt. Der zweite Ansatz ist technisch anspruchsvoller und energetisch aufwändig, spart jedoch langfristig Transportkosten für den Nachschub.

## Europa auf der Raumstation

Mit der Entwicklung des Weltraumlabors Spacelab wurde in Europa schon früh ein Schwerpunkt auf die Nutzung der Schwerelosigkeit in der Umlaufbahn gesetzt. Spacelab ist die mit Abstand am häufigsten geflogene Nutzlast, aber sie kann nur zusammen mit dem Space Shuttle eingesetzt werden. Trotz der hohen Flexibilität dieses Labors und der wissenschaftlichen Erfolge, die bei den frühen Einsätzen erzielt wurden, hat man das Spacelab 1998 nach seinem letzten Flug mit STS-90 außer Dienst gestellt. Die Kapazitäten der US-Raumfähren wurden für den Aufbau der ISS benötigt.
Neben Spacelab setzte Europa auf die Kooperation mit der Sowjetunion zur Durchführung wissenschaftlicher Vorhaben und bei Flügen europäischer Astronauten. Bis zum Zerfall der Sowjetunion beherbergten die russischen Raumstationen immer wieder Astronauten aus Westeuropa, die von nationalen Raumfahrtagenturen ausgewählt und in Zusammenarbeit mit dem Gagarin Kosmonauten-Trainingszentrum bei Moskau ausgebildet wurden. Der erste unter ihnen war der Franzose Jean-Loup Chretien, der 1982 zur Station Saljut 7 flog.
Die folgenden Jahre waren geprägt durch kooperative Programme zwischen den beiden Anbietern bemannter Raumtransportsysteme, den USA mit dem Space Shuttle und Russland mit dem bewährten Sojus-System. Einer privaten britischen Unternehmung gelang es, den Flug der ersten Europäerin, Helen Sharman, zur Mir-Station im Jahr 1991 zu organisieren. Das DLR, in enger Zusammenarbeit mit der NASA, führte nach dem Zerfall der Sowjetunion mit Russland die Missionen Mir92 (mit Klaus-Dieter Flade) und Mir97 (mit Reinhold Ewald) durch.

| Möglichkeiten der Nutzung | Technische Fähigkeiten | Politische Ziele |
|---|---|---|
| • Wissenschaft und Forschung<br>• Entwicklung von neuen Raumfahrtanwendungen<br>• Demonstration von neuen Technologien<br>• Bildung und Ausbildung<br>• kommerzielle Aktivitäten<br>• Zwischenstation für zukünftige Exploration des Weltraums | • bemannte Raumfahrt<br>• Betrieb von komplexen Außenstationen im Weltraum<br>• Versorgung und Logistik<br>• Erfahrung von Langzeitmissionen<br>• Entwicklung ökologischer Kreislaufsysteme | • globale Kooperation für friedliche Zwecke<br>• europäisches politisches und industrielles Zusammengehen<br>• Europa als zuverlässiger Partner in einer weltweiten Zusammenarbeit |

Europa beteiligt sich an der Internationalen Raumstation aufgrund politischer Zielvorgaben. Es konzentriert sich auf Nutzungsaspekte und die daraus entstehenden technischen Fähigkeiten.

Der erste Deutsche im All, Kosmonaut Sigmund Jähn, setzt nach der Landung am 3. September 1978 sein Autogramm auf die Sojus-Kapsel.

Aufgrund der zunehmenden internationalen Bemühungen, alle Aktivitäten der bemannten Raumfahrt auf die Internationale Raumstation ISS zu konzentrieren, beschloss der ESA-Rat 1998, ein gemeinschaftliches europäisches Astronautenkorps unter Einbeziehung der bestehenden nationalen Astronautenbüros aufzubauen. Beginnend mit dem Flug des Kosmonauten Sigmund Jähn 1978 haben sich die Europäer (einschließlich des Langzeitflugs von Thomas Reiter zur ISS in 2006) an 47 bemannten Missionen mit 31 Astronauten aus 9 Ländern beteiligt, bei je 20 Flügen mit dem Space Shuttle und dem Sojus-Transportsystem.

### Tauschhandel

Die Raumstation entsteht im Rahmen eines internationalen Kooperationsprogramms, bei dem die Partner vereinbart haben, möglichst keine Finanzmittel zwischen den beteiligten Staaten auszutauschen. Die Zusammenarbeit beruht auf so genannten Barter-Geschäften, was nichts anderes ist als moderner Tauschhandel: Die ESA baut Teile, mit denen Europa besondere Erfahrung gesammelt hat, etwa Labormodule und -einrichtungen. Die anderen Partner nutzen sie und bieten dafür Zugang zu ihren Geräten oder andere Leistungen wie den Transport von Astronauten an. Durch den Tauschhandel wird sichergestellt, dass nationales Geld in nationale Arbeitsplätze fließt. Beispiele dafür sind die in Italien gefertigten Verbindungselemente Node-2 und Node-3 (wofür italienischen ESA-Astronauten mehr Fluggelegenheiten eingeräumt werden als ihren ESA-Kollegen), die Cupola, das materialwissenschaftliche Labor, ein Handschuhkasten für die Handhabung von biologischen Materialien und einiges mehr.
Die USA ist der wichtigste Teilhaber mit einem Finanzierungs- und dem entsprechendem Nutzungsanteil von etwa zwei Dritteln. Russland, Japan und Europa teilen das restliche Drittel unter sich auf, Kanada hat sich 2 % gesichert. Der europäische Anteil beträgt 8,3 %. Nach diesen prozentualen Schlüsseln wird der Beitrag der jeweiligen Partner zu den gesamten Betriebskosten der ISS berechnet. Die Währung für den Austausch von Leistungen, der Verrechnungswert, ist der Transport von 1 kg Masse für 22.000 Dollar.

### Auf die Inhalte kommt es an

Das Columbus-Labor ist der Beitrag Europas mit der höchsten Sichtbarkeit. Wichtiger als das Labor selbst ist jedoch, was damit gemacht wird. Durch die Arbeit mit Spacelab erwarben die europäischen Wissenschaftlergruppen herausragende Erfahrung in der Forschung unter

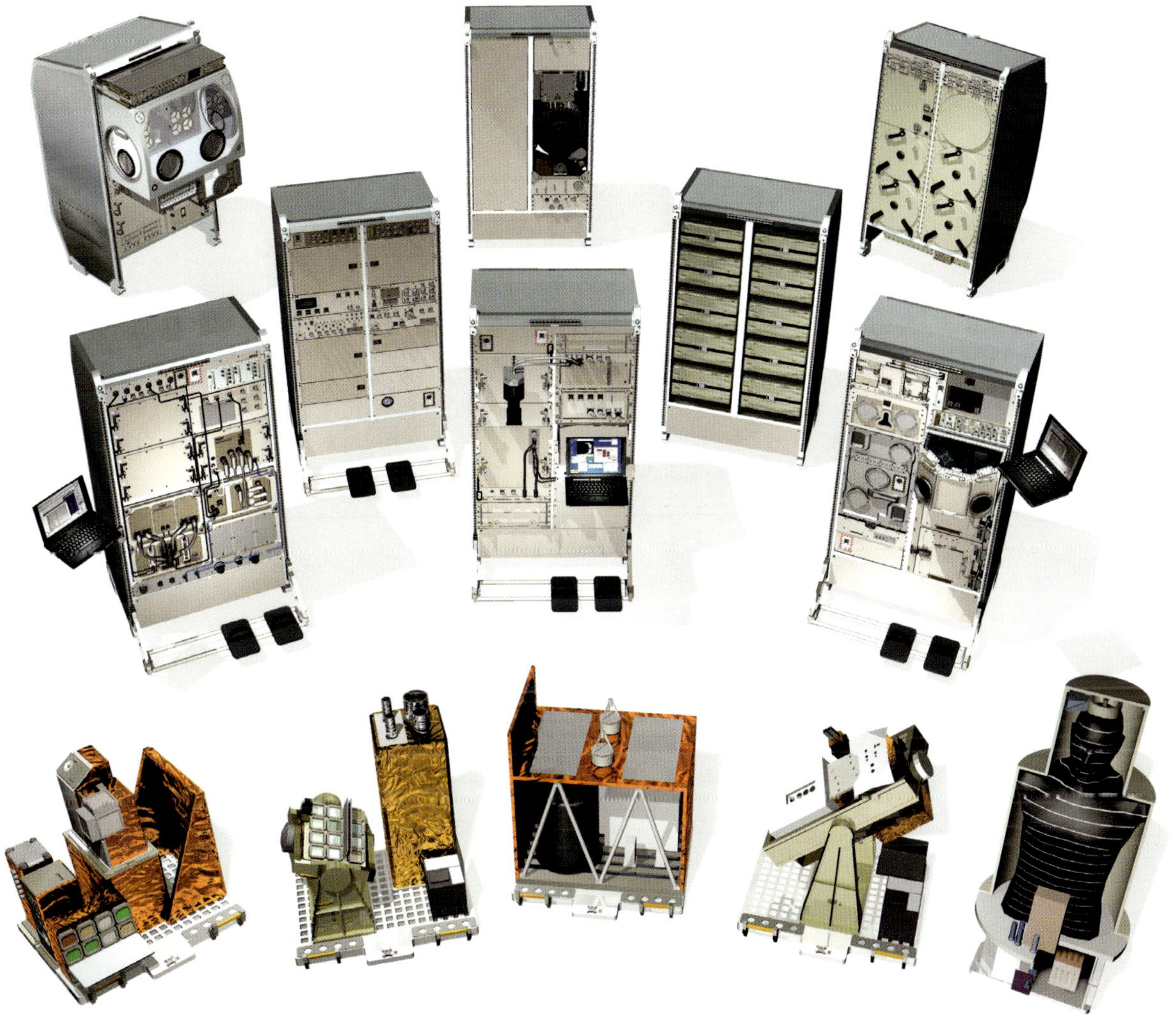

Die in Europa entwickelten Experimentieranlagen sind Weiterentwicklungen aus früheren Programmen wie Spacelab und Mir und werden wegen ihrer hohen Qualität auch von den anderen ISS-Partnern genutzt. In der oberen Reihe, jeweils von links nach rechts aufgezählt, stehen Einrichtungen zum Betrieb innerhalb der Forschungsmodule Columbus und Destiny: Ein modularer, mit Handschuhen erreichbarer, abgeschlossener Experimentierraum (Microgravity Science Glovebox), das für die NASA gebaute Materialwissenschaftliche Labor (Material Science Lab), und eine transportable Kühl- und Gefrieranlage für Temperaturen bis –80 °C. In der mittleren Reihe befinden sich die standardisierten Geräteschränke: Ein Schubladenschrank für kleinere, automatisch ablaufende Experimente unterschiedlicher Disziplinen, ein Messschrank für humanphysiologische Experimente, das Labor für Flüssigkeitsphysik zur Untersuchung strömungsphysikalischer Vorgänge, ein Schrank für standardisierte Transportbehälter, und das Biolabor. In der unteren Reihe sind Experimente dargestellt, welche außen am Columbus-Labor befestigt werden. Eine Plattform zum Testen von Materialien und Geräten in der Weltraumumgebung, eine für biologische Substanzen, ein Experiment zur Entwicklung hochpräziser Atomuhren im Raum, ein Teleskop zur Untersuchung der Sonnenstrahlung und »Matroshka«, eine Art Puppe zur Messung der radioaktiven Strahlung in simuliertem Körpergewebe.

Schwerelosigkeit. Auch die Industrie erweiterte ihre Expertise im Bau und Betrieb komplexer Experimentieranlagen. Auf dieser Grundlage konnte eine Anzahl von Forschungs- und Experimentieranlagen entwickelt werden, die einen wissenschaftlichen Gewinn aus der Beteiligung an der Internationalen Raumstation sicherstellt. Sie wurden in standardisierte Messschränke integriert, die im Raumlabor Columbus oder anderen Labormodulen untergebracht sind. Auch im Außenbereich, auf balkonartig an Columbus angebrachten Plattformen, befinden sich Beobachtungsinstrumente und Messgeräte. In Ausschreibungen wurden die erfahrensten Forschergruppen aufgerufen, ihre Vorschläge einzubringen. Ein internationales Expertenteam wählte daraus die besten und vielversprechendsten aus. Da Europa keine eigenen Transportkapazitäten für Astronauten besitzt, gab man im Tausch dafür einen Teil der Nutzungszeit der europäischen Forschungsanlagen an andere Partner, insbesondere die USA.

### Transport zur Station

Ein weiterer wichtiger Beitrag Europas ist das Autonome Transfer-Vehikel ATV. Es übernimmt den Transportaufgaben bei der Versorgung der ISS mit Nachschubgütern. Bei einem Verrechnungspreis von 22.000 Dollar pro Kilogramm erwirbt die ESA im Tauschhandel damit andere Leistungen der ISS-Partner. Dazu gehören der Transport von Astronauten und die Versorgung des Columbus-Labors mit elektrischer Energie sowie Kapazitätsanteile in der Datenspeicherung und Datenübertragung.

Nach dem Start mit der Ariane-5-Rakete fliegt das ATV selbstständig zur ISS und dockt dort am russischen Servicemodul an. Das Annäherungsmanöver wird von den Astronauten in der Raumstation überwacht und notfalls gesteuert. Danach ist es an ihnen, die Ladung vom Transportmodul in die Station umzupacken. Eine wichtige Aufgabe des ATV ist, dass es nach dem Andocken mit seinen Triebwerken in der Lage ist, die Schubmanöver durchzuführen, um die Bahn der Station, wenn immer nötig anzuheben.

Das Autonome Transfer Vehikel ATV hat eine Länge von 9 m, einen Durchmesser von 4,5 m und eine Gesamtmasse von 21 t. Hiermit werden Experimenthardware, Treibstoffe, Verbrauchsmaterial, Nahrung, Kleidung und andere Versorgungsgüter zur Raumstation gebracht. Das ATV ist aber nicht für den Transport von Astronauten eingerichtet.

Das ATV kann bis zu einem halben Jahr an der Station angedockt bleiben und zwischenzeitlich als Stauraum dienen. Es wird dann mit ausrangierten Geräten und Abfällen gefüllt. Nach dem Abdock- und Bremsmanöver steuert sich das ATV auf einer elliptischen Bahn in die dichtere Atmosphäre. Es wird dort abgebremst und verglüht wie eine Sternschnuppe. Dieses Manöver endet über abgesicherten Gebieten des Pazifischen Ozeans, in dem dann die wenigen Einzelteile, die nicht verglühen sondern bis zur Erde gelangen, schließlich versinken.

Das ATV dockt an das russische Servicemodul an. Es transportiert nicht nur Verbrauchsgüter für den Laborbetrieb, sondern auch Treibstoffe, um damit die Bahn der Station anzuheben. Die gesamte Nutzlastkapazität beträgt 8 t, die sich aufteilt in 1500–5500 kg Trockengüter, bis zu 840 kg Wasser, bis zu 100 kg Gas (Sauerstoff, Stickstoff und Luft), flüssige Betriebsstoffe (Kältemittel, Spülgase für Öfen etc.) bis zu 860 kg, Treibstoffe für Antrieb bis zu 4,9 t.

## Was wird aus der Raumstation?

Die Raumstations-Partner USA, Russland, Japan und Europa hatten sich darauf geeinigt, die Station auf jeden Fall ein Jahrzehnt nach Beendigung des Aufbaus zu nutzen und zu finanzieren. Damals war das Ende der Aufbauphase für 2003 vorgesehen. Wegen verschiedener Verzögerungen, vor allem in Folge des Absturzes der Columbia-Raumfähre, wird jetzt der Aufbau nicht vor 2010 abgeschlossen sein. Damit schrumpft die verabredete Nutzungsphase auf drei Jahre, was das ganze Projekt nicht mehr sinnvoll erscheinen lässt. Man einigte sich inzwischen auf eine gesicherte Verlängerung bis 2016. Dies muss aber nach Einschätzung vieler Experten nicht das Ende bedeuten. In dem Maße wie die weitere Nutzung sich als nützlich erweist und die Raumstation ohne große technische Probleme funktioniert, wird der Betrieb fortgesetzt werden. Vom technischen Gesichtspunkt sind die meisten Module und Einrichtungen sehr viel länger nutzbar.

Langfristig kann Raumstation als erdnahe Zwischenstation und Weltraumhafen für die ferneren Erkundungsziele Mond, Asteroiden, Kometen und Mars dienen. Wartungs- und Reparaturmissionen an erdnahen, wissenschaftlich oder kommerziell eingesetzten Infrastrukturen sind von dort aus möglich. Das Haus und Labor ISS hat die ertragreichste Zeit noch vor sich. Jeder vorzeitige Abbruch oder eine einseitige, willkürliche Einstellung der Unterstützung würde die internationale Zusammenarbeit bei der Nutzung des Weltraums um Jahrzehnte zurückwerfen.

Die bemannte Raumfahrt zählt zu den letzten großen Abenteuern der Menschheit. Auch mehr als 40 Jahre nach den ersten Apollo-Missionen hat sie nichts von ihrer Faszination verloren. Dennoch fragen – vor allem nach tragischen Rückschlägen – kritische Stimmen nach ihrem Nutzen. Technische Höchstleistungen sind untrennbar verbunden mit hohen Kosten und unvorhersehbaren Risiken. Dagegen steht ein immenser Zugewinn an Wissen und eine neue Basis für wirtschaftlichen Erfolg. Die Weltrauminsel ISS wird hierzu noch viele Beiträge leisten.

Nach dem Abdocken der Shuttle-Mission STS-117 am 19. Juli 2007 inspiziert die Atlantis die Raumstation. Der zweite Solarflügel wurde während dieser Mission installiert.

# Ein Arbeitstag im All

Die Arbeit unterscheidet sich wenig von dem, was in vielen wissenschaftlichen Labors gemacht wird: schalten, beobachten, messen, protokollieren, ab und zu etwas reparieren. Der enge Raum ist voll gestopft mit technischen Geräten. Die Wände bestehen bis zur Decke aus Messschränken und Apparaten, selbst im Fußboden gibt es noch Klappen. Es wäre ein Arbeitsplatz wie viele andere, wenn nicht die atemberaubende Aussicht durch eine der wenigen Luken wäre. Die Arbeit der Astronauten auf der Internationalen Raumstation ist verantwortungsvoll und anstrengend, aber auch faszinierend. Sie macht den wenigen Auserwählten, die diesen Job übernehmen dürfen, durchaus Spaß.

Eine Darstellung der Internationalen Raumstation nach dem vollständigen Aufbau im Jahr 2010. An dem 108 m langen Gittermast sind 4 Paare von Solargeneratoren angebracht, welche 110 kW elektrischer Leistung bereitstellen. Im zentralen Teil der Station befinden sich 10 dicht gepackte Module, in denen Luft zum Atmen vorhanden ist. Mit einem Volumen von über 1200 m³ entsprechen sie dem Wohnraum eines Vierfamilienhauses. Die Hälfte davon sind Laborräume, die anderen werden als Wohn- und Schlafplätze, Stauraum oder zur Unterbringung der Versorgungssysteme verwendet.

### Arbeitsplatz im Orbit

Das Herzstück der Raumstation besteht aus mehreren röhrenförmigen Modulen, in denen ein Luftdruck ähnlich wie auf der Erde aufrechterhalten wird. Hier wohnt und arbeitet die Besatzung. Seit dem Erstbezug am 2. November 2000 arbeiten dort 2 bis 3 Astronauten in wechselnder Besetzung. Innerhalb der Röhren betreiben sie mehrere Laboranlagen. Auch an der Außenseite der Station sind Experimente und Geräte angebracht, die der Weltraumumgebung direkt ausgesetzt sind. Diese werden im Rahmen aufwändiger Außenbordmanöver installiert oder gewartet, in Einsätzen, die zu den Routineaufgaben der Astronauten gehören.

Verbindungsknoten mit Sicherheitsschleusen koppeln die einzelnen Module aneinander. An ihren Enden befinden sich Adapter zum Andocken der Transportraumschiffe. Zur Auswahl stehen das Shuttle, die Sojus-Kapsel oder das europäische Transferfahrzeug »Autonomous Transfer Vehicle (ATV)«. Die anderen Teile sind mit Gitterstrukturen an dem Röhrenverbund der Module befestigt. Großflächige Sonnenkollektoren versorgen die Station mit elektrischer Energie. Radiatoren strahlen die überschüssige Wärme, die durch den Energieverbrauch an Bord ent-

steht, in den Weltraum ab. Ohne sie würde die Station sich immer weiter aufheizen. Bordrechner halten die Station mit Antriebsdüsen und Drallrädern auf Kurs und stellen sicher, dass sie für viele Jahre, vielleicht Jahrzehnte, benutzt werden kann.
Die Umlaufbahn der Raumstation liegt während des Zusammenbaus in einer Höhe von 370 km über der Erde, im Routinebetrieb bei bis zu 460 km. Da sich die Bahnhöhe durch die Reibung der Restatmosphäre allmählich reduziert, muss sie alle 90 Tage in speziellen Manövern wieder angehoben werden. Ein Erdumlauf dauert 90 Minuten, dies entspricht einer Geschwindigkeit von ungefähr 28.000 km/h.

### Personalmangel

Ursprünglich war geplant, die Raumstation mit 6 Astronauten permanent zu bemannen. Wegen der Columbia-Katastrophe am 1. Februar 2003 mussten die Shuttle-Flüge jedoch ausgesetzt werden. Im Notbetrieb mit russischen Sojus- und Progresskapseln konnten nur zwei Besatzungsmitglieder im halbjährigen Rhythmus transportiert und versorgt werden. Sie übernahmen neben dem normalen Betrieb nur noch Wartungs- und Instandsetzungsarbeiten – wissenschaftliche Untersuchungen fanden bis auf einige wenige Ausnahmen praktisch nicht mehr statt. Mit dem Flug des Space Shuttle STS-121 im Juli 2006 kam erstmals wieder eine Crew von 3 Astronauten zum Einsatz. Unter ihnen war der Deutsche Thomas Reiter, ein sehr erfahrener ESA-Astronaut, der bereits 10 Jahre zuvor ein halbes Jahr auf der Mir-Station gearbeitet hatte.

Eine lange und erfolgreiche Zusammenarbeit: Die Mannschaft der Expedition 13 mit den beiden Flugingenieuren Jeffrey Williams (links unten), Thomas Reiter (Mitte oben) und Commander Pavel Vinogradow (rechts unten).

Durch die Anwesenheit eines dritten Besatzungsmitglieds wurden wieder Kapazitäten für die Forschung frei. Neben den Betriebs- und Wartungsarbeiten standen für Thomas Reiter, er hatte die Position eines 2. Flugingenieurs (Flight Engineer 2, kurz FE2), etwa 160 Arbeitsstunden für wissenschaftliche Experimente zur Verfügung. Außer ihm bestand die Mannschaft aus dem Russen Pavel Vinogradow, Commander der Expedition 13 (der 13. Langzeitbesatzung der ISS) und dem Amerikaner Jeffrey Williams, der als FE1 eingesetzt war.

### Alltag als Erlebnis

Das Leben und Arbeiten im Weltraum stellt die Mannschaft Tag für Tag vor neue Herausforderungen. Es ist keinesfalls so einfach, wie es nach dem Anblick schwebender Astronauten scheinen mag. Auch die kleinen Dinge des Alltags werfen jenseits der Schwerkraft nie dagewesene Fragen auf: Wie isst man dort oben? Wie wäscht man sich? Gibt es »Tricks« für das Leben ohne festen Boden unter den Füßen?
Das beginnt schon mit dem Problem der Zeiteinteilung. Tag und Nacht im gewohnten Sinne gibt es nicht. An Bord geht alle 90 Minuten die Sonne auf und unter. Die Mannschaft erlebt 16 Tag-Nacht-Wechsel innerhalb von 24 Stunden. Wann ist es Morgen, wann Abend? Auf der Raumstation hat man sich darauf geeinigt, die Tageszeit des Nullmeridians auf der Erde, also die mittlere Greenwich-Zeit (GMT) zu verwenden. Das heißt, zur mitteleuropäischen Zeit (MEZ) wird eine Stunde dazugezählt.

## Ein Arbeitstag auf der Raumstation

Beobachten wir den Tagesablauf eines Astronauten am Beispiel von Thomas Reiter. Sein Arbeitstag beginnt um 6 Uhr morgens mit dem Weckruf von der Bodenstation. Das ist, wenn er es wünscht, seine Lieblingsmelodie. Danach hat er eineinhalb Stunden Zeit für seine Morgentoilette, Frühstück und die Vorbereitung der Tagesarbeit. Duschen kann er leider nicht, denn

Thomas Reiter beim Vorbereiten eines wissenschaftlichen Experiments.

das Wasser verhält sich in der Schwerelosigkeit völlig anders als auf der Erde. Tausende kleiner Tröpfchen würden in der Station umherschweben und sich an den unmöglichsten Stellen festsetzen. Zum Waschen werden imprägnierte feuchte Tücher verwendet. Sie reinigen und desinfizieren die Haut. Auch Haare waschen ist ein Problem. Der Schaum von normalem Shampoo würde nicht auf den Boden tropfen, sondern durch die Raumstation schweben. Man nimmt deshalb spezielle Trockenshampoos, die einmassiert und teils von den Haaren und der Kopfhaut aufgenommen werden. Reste werden mit Tüchern abgewischt.

Die Körperpflege ist also ziemlich zeitaufwändig. Danach wird gefrühstückt. Es folgt die allmorgendliche Inspektion der Raumstation und die Arbeitsvorbereitung. Statt einer Zeitung lesen Thomas Reiter und seine Kollegen die elektronisch übermittelte Tageszusammenfassung. Sie enthält die aktuelle Aufgabenliste, eventuell mit kurzfristigen Änderungen, Fragen bzw. Antworten der Bodenstation und die Namen des Teams im Kontrollzentrum. Es ist ja schließlich schön zu wissen, mit wem da unten man gerade spricht.

Danach geht unser Astronaut seine eigene Aufgabenliste für den Tag durch. Ein Arbeitspensum von etwa 6½ Stunden für Stationsarbeiten und Wissenschaft sowie 2½ Stunden Sport (einschließlich Vorbereitung und Körperpflege) ist im täglichen Zeitplan eingetragen. Daraus wird auch ersichtlich, welche Abschnitte er sich flexibel einteilen kann und welche Aufgaben zu einem festen Zeitpunkt erledigt werden müssen, beispielsweise, wenn ein bestimmter Punkt der Erde überflogen wird.

### Schlemmen im All – was darf es sein?

Fragen zur Astronautenkost beantworten die meisten Astronauten mit »zufriedenstellend«. Eine Gourmetküche ist im All nicht angesagt. Die Speisen müssen lange haltbar bleiben, für die ISS mindestens ein Jahr. Gerichte werden gefriergetrocknet, durch Erhitzung stabilisiert und manchmal bestrahlt, Getränke sind oft pulverisiert. An Bord fügt man Wasser hinzu, knetet den Beutel durch, erhitzt ihn kurz im Heißluftofen – schon ist das Gericht fertig.

Speisen und Getränke werden in PVC-Taschen oder Dosen versiegelt. Das Wasser wird im Rehydriergerät mit einer Injektionsnadel direkt in den Beutel eingespritzt. Die Zubereitung der Speisen ist aufwändig, im Küchenlabor der NASA wird aber meist mehr an der Verpackung als an den Speisen selbst getüftelt. Auf Nährwert, Fett- und Salzgehalt wird streng geachtet. Im All wird der Knochenstoffwechsel durch erhöhte Salzzufuhr beeinträchtigt und kann den ohnehin drohenden Kalziumverlust erhöhen.

Farbkodierte, individuell bestückte Tabletts samt Besteck und falls gewünscht mit Stäbchen finden sich im Geschirrschrank.

Heute umfasst das amerikanische wie das russische Angebot etwa 150 Gerichte im Standardmenü. Jeden Tag gibt es vier Mahlzeiten: Frühstück, Mittagessen, Abendessen und einen Snack, je zur Hälfte aus dem amerikanischen und russischen Sortiment. Beliebt sind Shrimps auf kreolische Art oder als Cocktail in Tomatensauce (besonders pikant wegen des Meerrettichs), Lasagne, Fajitas, Teriyaki Chicken, Gratins, Vanillepudding oder russisches Roggenbrot und Borschtsch. Zum Würzen stehen Ketchup, Senf, Tabasco, Knoblauch und rohe Zwiebeln zur Verfügung.

Für die persönlichen Gespräche untereinander und den Zusammenhalt der Crew ist die gemeinsame Mahlzeit wichtig. Manchmal lässt sich die ESA viel einfallen, um hin und wieder auch Esskultur im Weltraum zu zelebrieren. Es kann vorkommen, dass sich ein Dreisterne-Koch bereitwillig für seine Delikatessen den Einschränkungen für die Zubereitung und Verpackung der Astronautenkost unterwirft. Trotzdem: Von einem schwäbischen Astronauten wird berichtet, dass er für seine würzigen Landjäger an Bord einer Spacelab-Mission fast alles eintauschen konnte: Freie Auswahl aus der Ration der Kollegen, deren Filmrollen (ein knapp bemessenes Gut), selbst Freistellung vom Putzdienst in der Kombüse. Alkohol an Bord ist verboten. Gerüchten zufolge packen Kosmonauten, die als letzte Hand anlegen bei der Beladung der Progress-Versorgungskapsel, Pralinenschachteln mit verdächtig großen, flüssig gefüllten Hohlräumen ein. Das sind natürlich nur Gerüchte.

Auf der Internationalen Raumstation gibt es verbesserte Möglichkeiten der Zubereitung. In der Zukunft sollen auch im All produzierte Nahrungskomponenten verwendet werden und die Nahrungsversorgung integraler Bestandteil eines bioregenerativen Lebenserhaltungssystems sein. Durch Lichtleiter gelangt das Sonnenlicht ins Innere von Bioreaktoren, die mit Luft oder Wasser gefüllt sind. Mit dem Kohlendioxid aus der Atemluft der Astronauten können durch Fotosynthese Salate, essbare Algen oder Fische gezüchtet werden. Damit wird der Nachschubbedarf verringert und gleichzeitig das Nahrungsangebot bereichert. Zukünftige Raumstationen fernab der Erde oder auf der Mond- oder Marsoberfläche werden ohne diese Technologien zur zumindest teilweisen Selbstversorgung nicht auskommen.

An der anschließenden morgendlichen Ablaufbesprechung (bei den Raumfahrern heißt das Daily Planning Conference, eine zweite gibt es abends), nehmen alle Crew-Mitglieder teil. Hier wird der vorgesehene Ablauf mit den Kontrollzentren von Houston und Moskau durchgesprochen. Diese Prozedur findet täglich zu einer festgesetzten Zeit statt und dauert 15 bis 30 Minuten. Danach beginnt die eigentliche Tagesarbeit.

### Mahlzeit!

Vor dem Mittagessen findet sich meist noch eine Stunde Zeit für Sport. Auch sie ist genau eingeplant, damit man sich bei der Benutzung der Sportgeräte nicht in die Quere kommt oder laufende wissenschaftliche Experimente stört. Das Essen wird etwa in der Mitte des Arbeitstages eingenommen. Dazu schwebt man an einen Tisch im russischen Teil der Raumstation, dem Service-Modul.

Die gemeinsame Mahlzeit mit den Kollegen nimmt gerade bei längeren Aufenthalten im All aus psychologischer Sicht einen hohen Stellenwert ein. Obwohl und gerade weil man permanent auf engem Raum zusammen lebt ist es notwendig, den zwischenmenschlichen Kontakt zu pflegen. Das Essen gehört zu den Beschäftigungen, die ein wenig Abwechslung in den Tagesablauf bringen und erheblich zum Wohlbefinden der Astronauten beitragen.

Das gemeinsame Essen gehört zu den wichtigsten sozialen Tagesereignissen an Bord. Die gesamte Mannschaft trifft sich im russischen Teil der Raumstation, wo ein kleiner ausklappbarer Tisch steht. Tischtuch und Gedeck sind nicht gefragt. Man isst leger aus Büchsen, Frischhaltebeuteln und Plastikfläschchen. Trotz der wenig appetitanregenden Verpackungen ist das Essen schmackhaft.

Die Küche entspricht nicht gerade der Dreisterne-Kategorie, hat aber auch kein primitives Kantinenniveau. Meistens besteht es aus dehydrierter und gefriergetrockneter Nahrung. Nach Zugabe von warmem Wasser oder Erhitzen in einem Ofen entsteht eine Mahlzeit, die fast vergleichbar ist mit dem, was man in einem ordentlichen Restaurant auf der Erde erhalten würde. Obst gibt es nur aus Dosen. Kommt allerdings eine Versorgungskapsel an, so gibt es schon mal frische Äpfel, Trauben oder andere Leckereien. Viele Astronauten essen gern stark gewürzte, scharfe Speisen, weil sie die Empfindung haben, dass im All alles viel fader schmeckt. Der Geruch des Essens scheint zu fehlen. Dies liegt vor allem daran, dass in der Schwerelosigkeit die Gerüche der Speisen nicht zur Nase aufsteigen, sondern sich in alle Richtungen verflüchtigen.

Man trinkt auch nicht aus Tassen oder Gläsern. Die Flüssigkeit würde davonschweben und sich unkontrollierbar in der Station verteilen. Getränke saugt man aus der Tüte mit einem kleinen, verschließbaren Plastikschlauch oder -halm direkt in den Mund. Andererseits fördern schwebende Getränke oder Speisen ungemein den Spieltrieb.

Nach dem gemeinsamen Mittagsmahl geht die Arbeit weiter. Auch im zweiten Tagesabschnitt ist nochmals eine Stunde Sport auf dem Fahrrad-Ergometer oder Laufband eingeplant.

Beim Schlafen in der Schwerelosigkeit ist der Körper völlig entspannt: Arme, Beine finden hier ihre kräftefreie Ruheposition.

## Abendstunden

Gegen 18 Uhr abends wird geprüft, ob der Zeitplan für den nächsten Tag schon von der Bodenstation übermittelt wurde. Der wird dann durchgesehen, um etwa aufkommende Fragen in der Abendbesprechung klären zu können. Dieser zweite Teil der Daily Planning Conference mit den aktiven Kontrollzentren findet wieder zu einem festgelegten Zeitpunkt statt. Danach wird die Bodenstation nicht mehr durch Anrufe stören. An Bord werden noch die Vorbereitungsarbeiten für den nächsten Tag erledigt. Dabei wird beispielsweise die Ausrüstung für geplante Aufgaben überprüft und sichergestellt, dass sie sich am richtigen Platz befindet.

Für die abendliche Ruhezeit vor dem Schlafengehen sind etwa 2 Stunden vorgesehen. In dieser Zeit wird Thomas Reiter zu Abend essen, sich waschen und privaten Interessen nachgehen. Er kann lesen, einen Film anschauen, aus dem Fenster sehen, Musik hören oder auf der Gitarre spielen.

Doch Dinge, die am einfachsten erscheinen, wie das Schlafen, stellen losgelöst von der irdischen Schwerkraft eine Herausforderung dar. Wenn Thomas Reiter müde ist, kann er sich nicht einfach in ein Bett legen und schlafen. Es gibt kein Bett. Er und seine Bettdecke würden während des Schlafens einfach davonschweben. Das wäre störend, vor allem auch gefährlich und schmerzhaft. An Bord gibt es Schlafsäcke, die an den Wänden befestigt sind, so dass keine schlafenden Astronauten unkontrolliert durch die Station schweben. Augenbinde und Ohrstöpsel helfen beim Einschlafen. Das ist nötig, weil viele der Aggregate, wie z.B. die Ventilatoren zur Luftumwälzung, vor allem in den russischen Modulen eine Menge Lärm verursachen.

### Ein Wochenende an Bord der ISS

Kurzzeitige Missionen, wie etwa die bis zu zwei Wochen dauernden Flüge des Spacelab, nehmen keine Rücksicht auf das Wochenende. Während der relativ kurzen Zeit im Weltraum wird durchgearbeitet, oft sogar in mehreren Schichten. Bei Langzeitmissionen ist das anders. Auf Ruhetage kann hier nicht verzichtet werden, wenn die Arbeitskraft der Astronauten über Zeiträume von sechs Monaten voll erhalten bleiben soll.

Am Wochenende, an einem Samstag oder Sonntag an Bord der ISS, ist für normale Arbeit meist nur eine Stunde angesetzt. Unaufschiebbare Auswertungen oder laufende Langzeitexperimente erfordern täglichen Einsatz. Eine 30-minütige Konferenz zur Planung der nächsten Woche wird am Sonntag abgehalten. Sie wird zu einem bestimmten Zeitpunkt festgelegt, an dem auch das Personal im Kontrollzentrum am Boden sein Wochenende opfert.

Täglich, nicht nur an den Arbeitstagen, sind 2 ½ Stunden für sportliche Aktivitäten eingeplant, um dem Abbau von Muskeln und Knochen entgegenzuwirken. Zur Auswahl stehen ein Fahrrad-Ergometer, ein Laufband und ein Expander. Damit der Astronaut während der Übungen nicht davon schwebt, zurrt er sich am entsprechenden Sportgerät fest.

Natürlich sind auch häusliche Aufgaben zu erledigen. Dazu gehört das leidige Aufräumen und Säubern der Raumstation, jeden Samstag drei Stunden lang. Geputzt wird mit Desinfektionslappen. Es gibt sogar einen Staubsauger an Bord. Er dient allerdings nur zum Absaugen der Flusen, die sich an den Luftfiltern angesammelt haben.

Den Rest der Zeit kann Thomas Reiter seinen privaten Interessen widmen. Er kann beispielsweise mit seinen Kollegen eine Partie Schach spielen, wobei die Figuren mit Hilfe von Magneten am Spielbrett haften. Wenn ihm danach zumute ist, spielt er auf seiner Gitarre oder auf dem elektronischen Piano, das ein amerikanischer Astronaut dagelassen hat. Oft schaut er einfach aus dem Fenster und genießt die atemberaubende Aussicht auf die Erde.

Hat die Raumstation eine funktechnisch günstige Position, dann gibt es die Möglichkeit, sich über eine Live-Videoschaltung mit der Familie zu unterhalten. Auf Wunsch können die Astronauten auch alle zwei Wochen mit einem Psychologen sprechen.

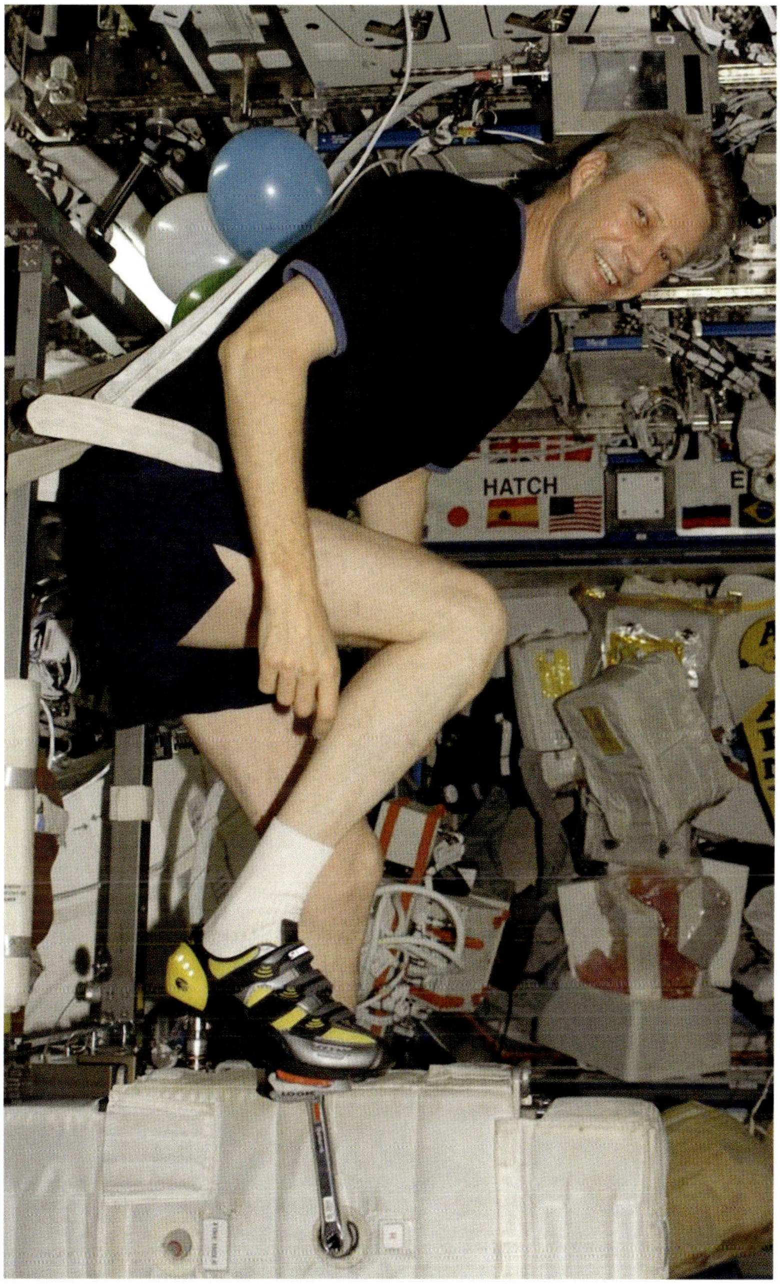


Festgeschnallt strampelt Thomas Reiter auf dem Fahrrad-Ergometer, um Kochen- und Muskelschwund zu mildern.

## Anstrengender Höhepunkt: Außenbordarbeiten

Wenn Außenbordarbeiten angesagt sind, gibt es besonders viel zu tun, daher werden für diese Tage keine anderen Aufgaben eingeplant. Journalisten bezeichnen den Außenbordaufenthalt eines Astronauten oft als Weltraumspaziergang. Das ist eine irreführende Bezeichnung. Keine andere Tätigkeit ist für den Astronauten so anstrengend und gefährlich. An einen Spaziergang erinnert allenfalls die »freie Bewegung in der Natur« und die spektakuläre Sicht auf die Erde. Ablenkung ist jedoch wenig gefragt, denn diese »Extravehicular Activities (EVA)« genannten Arbeiten erfordern höchste Konzentration sowie eine genaue Planung und Vorbereitung.

Es wird wie üblich früh aufgestanden, um 6 Uhr GMT. Eine morgendliche Besprechung mit den Bodenstationen findet an diesem Tag nicht statt, weil der Weltraumspaziergang schon Tage davor durchgesprochen wurde und zu diesem Zeitpunkt jeder weiß, was er zu tun hat. Die Astronauten beginnen direkt mit der Vorbereitung für die EVA. Die benötigten Arbeitsgeräte werden überprüft, in die Luftschleuse gebracht und dort befestigt. Auch die Raumanzüge werden noch einmal kontrolliert. Die Reihenfolge der auszuführenden Aufgaben ist genau festgelegt und wird exakt eingehalten, damit auf keinen Fall etwas vergessen wird. Man kann ja nicht noch eben mal zurück um etwas zu holen. Da die Atemluft in den Raumanzügen aus purem Sauerstoff besteht, müssen die Astronauten ihren Körper darauf vorbereiten. Etwa eine Stunde lang atmen sie reinen Sauerstoff ein.

Dann ist es soweit, Thomas Reiter kann in seinen Anzug steigen. Das ist nicht so einfach wie es klingt und kann bis zu einer Stunde dauern. Der Raumanzug besteht aus mehreren Teilen, es ist kaum möglich, ihn ohne Hilfe eines Kollegen anzuziehen. Wenn der Helm sitzt, wird die Luftschleuse geschlossen und die Phase der Druckminderung beginnt. Auch das dauert wieder beinahe eine Stunde. Es muss sehr langsam ablaufen, um gesundheitliche Schäden zu vermeiden.

Thomas Reiter bei Außenbordarbeiten: mit einer Infrarotkamera misst er Temperaturen, umgeben von großklobigen Werkzeugen, Sicherheitsleinen und Karabinerhaken (links oben). Im linken Bild hält er dazu für einen Test eine Probe aus Kohlefasermaterial ins Blickfeld der Kamera.

### Außenbordarbeiten – alles andere als ein Spaziergang

Der Aufbau der Internationalen Raumstation erfordert ungefähr 600 Arbeitsstunden außerhalb der Station. Die im Englischen Extravehicular Activity (EVA) genannten Tätigkeiten können im Falle von Reparaturen oder Notfällen auch unplanmäßig erforderlich sein, z.B. wenn eine Solarzellen-Anlage beim Ausfahren klemmt.

Die EVA-Anzüge sind wie die Werkzeuge, Sicherheitsleinen und Atemgase in der »Quest« genannten Luftschleuse verstaut. Es werden sowohl die amerikanischen EMU-(Extravehicular Mobility Units) als auch die russischen Orlan-Anzüge verwendet. Beide sind druckdicht und ausgerüstet mit Lebenserhaltungssystem zur Luftregeneration, Nahrungsversorgung sowie Abfallbeseitigung, Batterien, Ventilatoren, Filter und Mobilfunk. Im Notfall können sie sich mit Pressluft als Antriebshilfe im Raum bewegen. Diese Anzüge sind für maximal 8 Stunden (ungefähr 4 Erdumrundungen) autonome Mini-Raumstationen. Das EMU hat eine Masse von 120 kg und muss beim Anziehen luftdicht zusammengebaut werden: Erst die Hose, dann das Oberteil mit Rucksack, welcher die ganze Technik und den Nachschub beherbergt, die Handschuhe und schließlich den Helm. Sie stehen unter einem Druck von nur 0,29 bar reinen Sauerstoffs.

Um sich an den niedrigen Druck im Anzug und die veränderte Zusammensetzung der Atemluft anzupassen, campieren die Astronauten in der Nacht vor dem Ausstieg in der Luftschleuse, wobei der Luftdruck auf 0,7 bar abgesenkt wird. Zur Vermeidung der Dekompressionskrankheit, bei der im Blut gelöster Stickstoff in das Gewebe eindringen und dieses schädigen kann, muss eine Stunde lang reiner Sauerstoff vorgeatmet werden. Vor dem Ausstieg wird noch gut gegessen und getrunken, bevor der Helm aufgesetzt und der Luftdruck in der Schleuse auf Null abgesenkt wird.

Die Sonnenstrahlen sind nur mit heruntergeklapptem Visier erträglich. Zwar absorbiert der Anzug auf der Sonnenseite nur 20 % der Strahlungsenergie, trotzdem erhöht sich dort die Außentemperatur auf bis zu 150 °C. Auf der Schattenseite, nur eine Schulterbreite entfernt, können es gut –150 °C werden. Der resultierende Temperaturunterschied ist innerhalb des Anzugs nur deswegen erträglich, weil die Unterwäsche mit Wasserröhrchen durchwirkt ist und kleine Elektropumpen das Wasser ständig durchfließen lassen. Gleichzeitig wird die interne Lufttemperatur durch Ventilatoren geregelt. Die Hände bleiben aber nur warm, wenn sie ständig bewegt werden.

Der russische Orlan-Anzug besteht aus einem Stück, ist daher 30 kg leichter und wird von hinten durch eine Türe bestiegen. Der Innendruck ist mit 0,39 bar deutlich höher als beim amerikanischen EMU, d.h. das Voratmen dauert nicht so lange, dafür aber erfordern das Bewegen und die Handarbeiten gegen den Differenzdruck zum luftleeren Raum größere Anstrengungen. Er kann maximal für 10 Außenbordeinsätze (EMU: 25) verwendet werden.

Thomas Reiter hilft Jeff Williams beim Anziehen und Überprüfen des EMU-Anzugs.

Mit den Beinen zuerst verlässt der Astronaut die schützende Hülle seiner Raumstation. Einem Bauchladen ähnlich sind Werkzeuge und Sicherheitsleinen vorne am Gürtel befestigt.

Für jeden Außenbordaufenthalt gibt es eine detaillierte Liste der geplanten Aufgaben: Geräte mit Bolzen und Schrauben lösen oder befestigen, Kabel legen und mit Steckverbindungen sichern, Antennen ausklappen, Instrumente überprüfen bzw. austauschen. Von innen schauen die Kollegen über Videokameras oder durch Luken zu. Mit außen angebrachten Roboterarmen packen sie auch ab und zu hilfreich mit an, wenn Geräte oder Astronauten über unwegsame Außenbereiche transportiert werden müssen.

Solch ein Weltraum-»Spaziergang« ist körperlich sehr anstrengend, denn jede Bewegung muss den Widerstand des Raumanzugs überwinden. Der bläst sich durch den Unterschied zwischen dem Weltraum-Vakuum und seinem Innendruck prall auf und wird dadurch recht steif. Gefährlich wird es, wenn Astronauten den Halt verlieren und von der Station abdriften. Thomas Reiter und sein Kollege sichern sich mit Spezialseilen. Mitgebrachte Werkzeuge haben sie mit Leinen am Körper befestigt.

### »Aktio = Reaktio« erlebt

Auch die Arbeitsabläufe selbst sind beim Hantieren außerhalb der Station nicht gerade einfach. Schon simple mechanische Tätigkeiten erweisen sich als schwierig. So muss der Astronaut sich beim Herausdrehen einer Schraube irgendwo festhalten, mit der anderen Hand oder mit den Beinen. Sonst dreht er nur sich selbst, nicht aber die Schraube. Ist eine Aufgabe erledigt, werden die Werkzeuge für diese Phase zurück in die Luftschleuse gebracht und die neuen für die nächste Arbeit herausgeholt. Es ist also kaum verwunderlich, dass sich die Astronauten immer nur sehr langsam bewegen.

Nach etwa 6 Stunden neigt sich der Sauerstoffvorrat und meist auch die physische Kraft dem Ende zu. Die Astronauten kehren zurück in die Luftschleuse. Nachdem sichergestellt ist, dass die Ausstiegsluke wieder richtig verriegelt ist, wird der Druck erhöht, bis das Niveau der Station erreicht ist. Jetzt können Thomas Reiter und sein Kollege wieder die Raumstation betreten und die Anzüge ausziehen. Nach einer kurzen Verschnaufpause folgt eine Nachbesprechung der EVA, bevor ein arbeitsreicher und spannender Tag auf der ISS zu Ende geht.

Außenbordarbeiten werden immer zu zweit, d.h. im Tandem durchgeführt. So kann bei schwierigen Aufgaben immer einer den anderen unterstützen oder bei Notsituationen aus der Klemme helfen. Pro Außenbordaufenthalt verliert der Astronaut 3 bis 5 Liter Körperflüssigkeit, hauptsächlich durch Transpiration.

### Bord und Boden planen den Tag

Für jeden Tag an Bord gibt es einen Übersichtsplan, in dem die Aktivitäten aller Mannschaftsmitglieder und andere wichtige Abläufe festgelegt sind. Dem Laien erscheint der Plan auf den ersten Blick unübersichtlich, wohingegen ein Crewmitglied sofort erkennt, welche Aufgaben ihm zugedacht sind. Man sieht auch, was die Kollegen tun und wann gemeinschaftlich Aufgaben mit einem Partner zu erledigen sind.

Der Plan ist recht umfassend. Die Zeiten möglicher Kommunikationsverbindungen mit den Kontrollzentren werden aufgeführt, da sie belangreich für die Planung sind. Es existieren Planungen für die wichtigsten Verbrauchsgüter, etwa für elektrische Leistung oder Kühlkapazitäten. Übersichtspläne liegen auch für die nächsten Tage und Wochen vor, wobei mit zeitlich größerem Abstand die Angaben weniger detailliert werden.

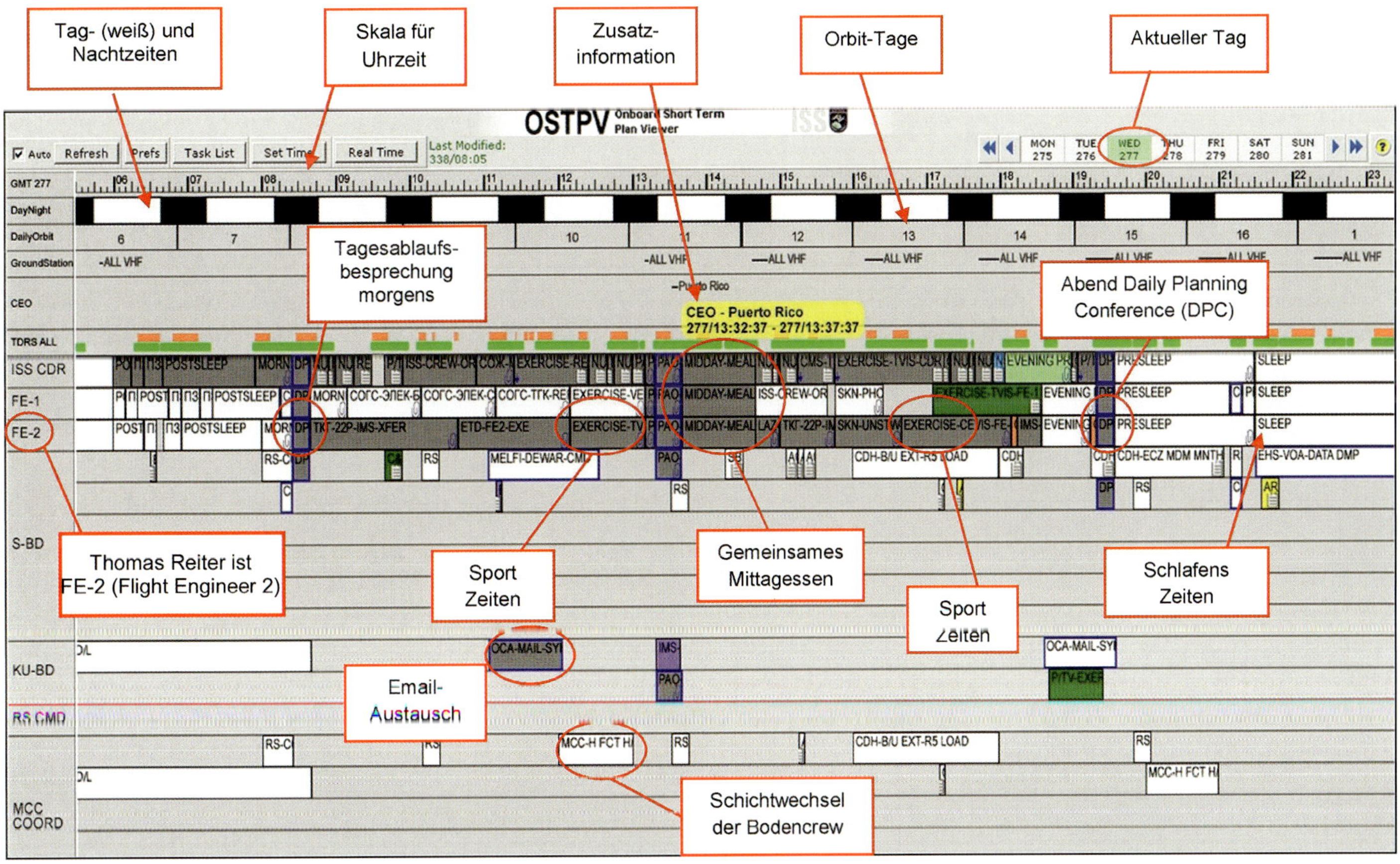


Der Tagesübersichtsplan für den 04. Oktober 2006, entsprechend dem GMT-Tag 277. Er zeigt als rot-grünes Band im oberen Bereich, wann über die verschiedenen Übertragungswege (Frequenzen im Ku- oder S-Band) Verbindung mit den Bodenstationen besteht. Bord-Boden-Telekonferenzen und andere Tätigkeiten werden danach eingeplant. Mit dem Laptop kann der Astronaut den Tagesplan aufrufen und in Absprache mit der Bodenmannschaft verändern. Am Ende des Tages dient der aktualisierte Plan als Tagesprotokoll.

Identische Zeit- und Lagepläne liegen auch in den Kontrollzentren für die Bodenmannschaften vor. Ihnen obliegt schließlich die Planungsverantwortung für die gesamte Mission und den Einsatz der Ressourcen. Die verfügbare elektrische Leistung muss z.B. auf die Station und ihre Untersysteme so aufgeteilt werden, dass die einzelnen Module und Anlagen auf Betriebstemperatur gehalten werden und gleichzeitig genügend elektrische Leistung für die wissenschaftlichen Experimente zur Verfügung steht. Im Durchschnitt werden dafür 40 % der Gesamtleistung bereitgestellt, kurzfristige Abweichungen nach oben oder unten sind möglich. Wenn z.B. mehrere der Schmelzöfen gleichzeitig in Betrieb sind, kann es zu einem Engpass kommen, den eine geschickte Planung vermeidet.

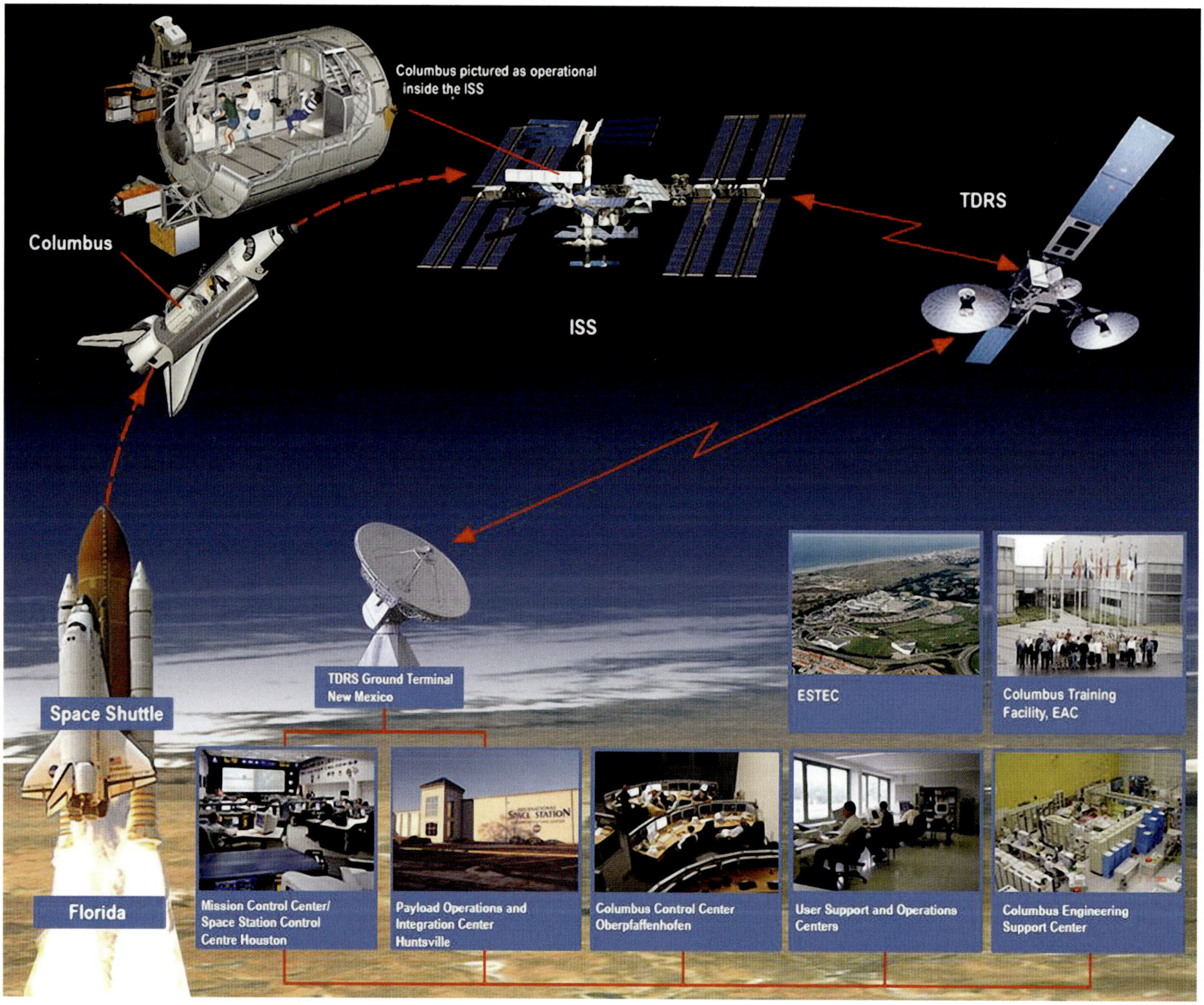


Die Datenübertragungsstrecken von der Raumstation zu den einzelnen Kontrollzentren in den USA, Russland und Europa. Das Columbus-Kontrollzentrum (COL-CC) befindet sich in Oberpfaffenhofen bei München.

Ordnung halten in der Raumstation ist ein ganz besonderes Problem. Wenn man einen Gegenstand ablegt, bleibt er nicht liegen, sondern driftet weg. Was aus der Hand fällt, liegt nicht am Boden, sondern kann überall sein. Meist findet man es schließlich an den Ansaugfiltern der Luftzirkulation. Sehr wichtig für jegliche Arbeit ist deswegen das »Inventory Management System« mit dem versucht wird, möglichst alle auf der ISS befindlichen Gegenstände und deren Aufbewahrungsorte im Computer für Bodenpersonal und Crew abzuspeichern: »Wo war noch mal der Schraubenzieher …?«

### Kommunikationswege

Von der Raumstation gibt es eine Vielzahl von Übertragungsstrecken zu den einzelnen Bodenstationen. In den Anfangszeiten der Raumfahrt wurden solche Stationen an strategisch günstigen Orten auf Land oder auf Funkschiffen eingerichtet. In den 80er-Jahren installierten die USA ein System aus drei geostationären Daten-Relais-Satelliten (Tracking and Data Relay Satellite System TDRSS). Für Raumstationen oder niedrig fliegende Aufklärungssatelliten ermöglichen sie schnelle Kommunikationswege. Die meisten Daten zum Columbus-Kontrollzentrum in Oberpfaffenhofen bei München werden so übertragen. Dort werden das ESA-Labormodul Columbus und die zugehörigen europäischen Experimentieranlagen überwacht. Die russischen Übertragungswege verlaufen zu weit nördlich gelegenen Bodenempfangsstationen, die von der westlichen Grenze Russlands bis zur Halbinsel Kamtschatka im Osten verteilt sind. Sie erlauben eine kontinuierliche Kommunikation bis zu 30 Minuten pro Umlauf. Diesen Bereich würden auch die TDRSS-Satelliten abdecken, doch durch die Nutzung eigener Stationen spart die russische Raumfahrtagentur Roskosmos einen beträchtlichen Teil der umgelegten Gemeinschaftskosten.

Das Kontrollzentrum in Oberpfaffenhofen bei München überwacht den Betrieb des Columbus-Labors und der europäischen Experimente.

## Wie bereiten sich Astronauten auf ihre Mission vor?

Die einzelnen Raumstations-Partner wählen ihre Astronauten selbst aus und sind für deren Grundausbildung zuständig. Es gibt jedoch einen Anteil am Trainingsprogramm, der nach einem gemeinsamen Plan auf die Partner entsprechend ihrer jeweiligen Beiträge zum ISS-Programm verteilt wird. In Europa steht hierfür das europäische Astronautenzentrum (EAC) zur Verfügung. Diese Einrichtung der europäischen Raumfahrtagentur ESA in Köln-Porz ist der Heimatstandort des europäischen Astronautenkorps. Seit seiner Gründung im Jahr 1990 ist es für die Vorbereitung, Planung und den zeitlichen Ablauf der Einsätze der europäischen Astronauten und für die Zusammenarbeit mit den Astronauten anderer Länder zuständig. Das EAC leitet auch den Auswahlprozess der europäischen Astronauten. Wer den Wunsch hat, als Astronaut im All zu arbeiten, sollte sich beim EAC in Köln bewerben.

Das europäische Astronautenzentrum der ESA in Köln-Porz.

Medizinische Überwachung der ESA-Astronauten vom Kontrollraum des EAC

Neben technischen und wissenschaftlichen Trainingsaufgaben bietet das EAC den ESA-Astronauten in ihrer wichtigen Rolle als Botschafter der Raumfahrt in der Öffentlichkeit Unterstützung an. Vorträge, Pressekonferenzen oder Fernsehauftritte werden dort koordiniert. Den Familien der Astronauten wird spezieller Beistand sowohl zu Hause wie auch im Ausland angeboten. Dies ist besonders bei längeren Aufenthalten im All oder während des ausgedehnten Trainings bei anderen Raumstationspartnern wichtig. Das Astronautenzentrum auf dem Gelände des Deutschen Zentrums für Luft- und Raumfahrt (DLR) in Köln beherbergt ein internationales Team von fast 100 Mitarbeitern. Experten der ESA und der Raumfahrtagenturen Frankreichs, Italiens und Deutschlands (CNES, ASI, DLR) arbeiten hier zusammen.

Eine wichtige Abteilung im EAC kümmert sich um die medizinischen Aspekte der Raumfahrt. Ihr Fachwissen ist schon bei der Auswahl von Astronauten gefragt. Dort findet sowohl die jährliche Gesundheitsprüfung, als auch die Versorgung und Behandlung im Falle von Krankheiten oder Verletzungen statt. Zur medizinischen Rundumversorgung gehört ein Fitnessprogramm, Ernährungsberatung und eine kompetente psychologische Unterstützung. Bei längerfristigen Einsätzen an Bord der Raumstation kommt noch eine individuelle psychologische Betreuung dazu, mit Familienkonferenzen, Crewgesprächen und Beratung in Fragen des allgemeinen Wohlbefindens.

### Internationale Schulung

Im EAC in Köln werden die Astronauten aller ISS-Partner (USA, Russland, Kanada, Japan, Europa) auf ihren Einsatz für die ESA-Anteile der Raumstation (Columbus Forschungslabor, wissenschaftliche Nutzlasten und Automatisches Transfervehikel ATV) vorbereitet. Das Training ist international abgestimmt und äußerst effizient im Umgang mit der kostbarsten der Ressourcen, der Arbeitszeit der Astronauten. Es beginnt mit einer einjährigen Grundausbildung. Die Astronauten erhalten hier ihr wissenschaftliches und technisches Wissen vermittelt und lernen Tauchen als Vorbereitung auf Arbeiten im Außenbereich. Das Verhalten unter Schwerelosigkeit wird auf Parabelflügen im Flugzeug trainiert, wo die Passagiere bis zu 20 Sekunden frei schweben und dabei Geräte bedienen. Darüber hinaus lernen sie die russische Sprache, was auf der Raumstation unverzichtbar ist.

Im weiterführenden Training werden Astronauten aus allen Partnerorganisationen auf gleichen Ausbildungsstand für den Betrieb der Raumstation gebracht. Dazu gehören die Bedienung der Bordcomputer, der Anlagen für die Stromerzeugung, Temperaturkontrolle, Kommunikation und Lebenserhaltung. Zusätzlich lernt man den Gebrauch der verschiedenen Roboterarme.

Die Spezialisierung beginnt mit dem Training für eine bestimmte Mission. Diese Phase schließt sich in der Regel nicht sofort an, denn sie kann erst eingeleitet werden, wenn die Kandidaten der Mission nominiert und ihre Funktionen innerhalb der Crew festgelegt wurden. Dieser Teil

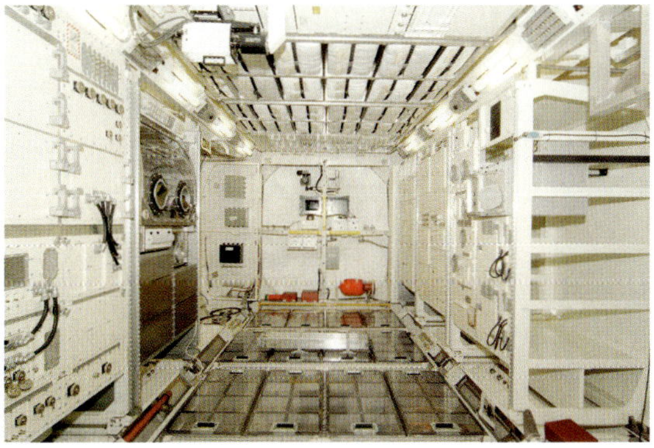

Das Arbeiten im Forschungslabor Columbus wird mit Hilfe eines Hardware-Simulators (links) und eines Software-Systemsimulators (rechts, ESA-Astronaut Gerhard Thiele mit japanischem Kollegen) trainiert.

der Ausbildung konzentriert sich auf die Aufgaben, die während der Aufenthaltsdauer auf der Raumstation vorgesehen sind. Ab diesem Zeitpunkt trainiert die Besatzung gemeinsam und bereitet sich im Detail auf anstehende Ausbauvorhaben, Reparaturen oder den allgemeinen Missionsbetrieb vor. Der genaue Ablauf wissenschaftlicher Experimente wird einstudiert und die Untersuchungsziele werden den Astronauten detailliert erläutert.

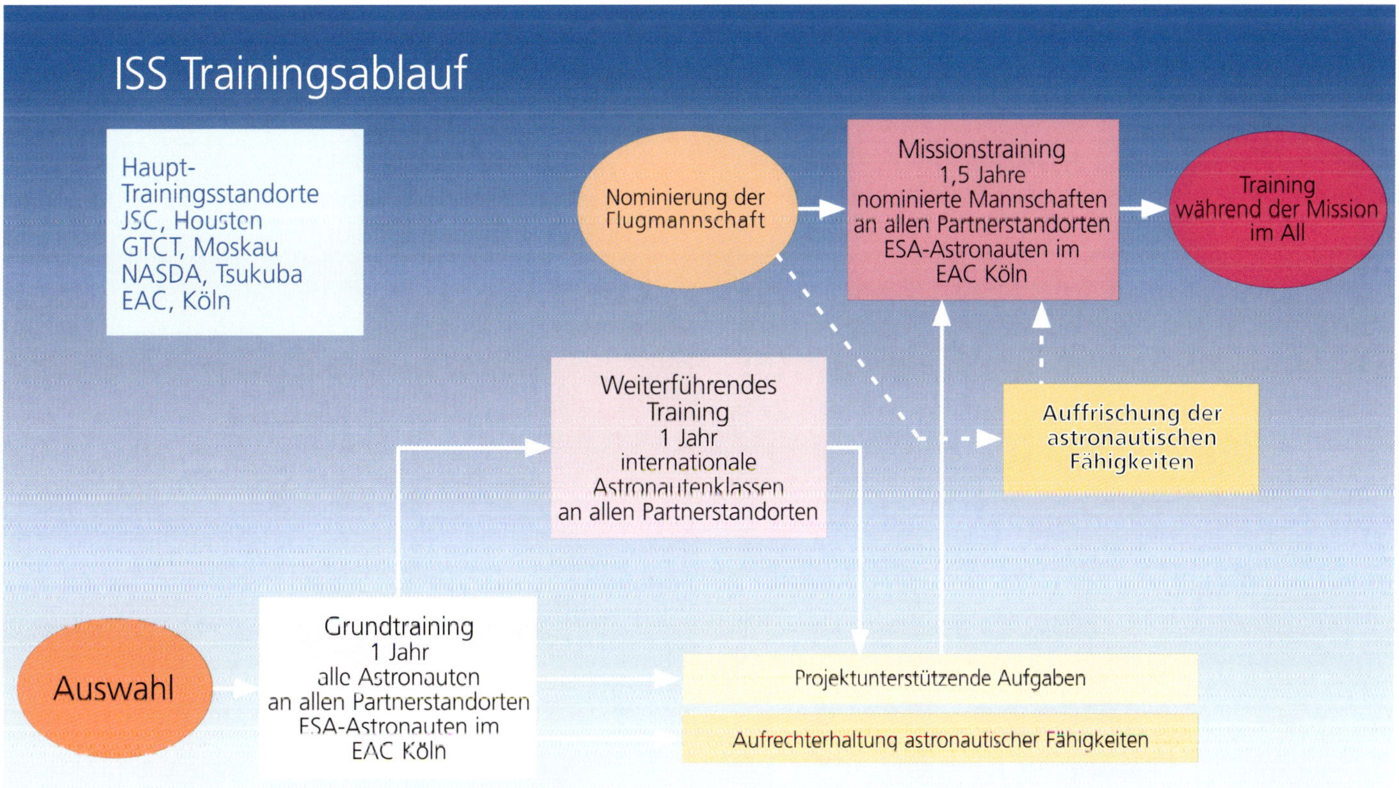


Trainingsablauf nach der Astronautenauswahl. Die Grundausbildung leistet jeder ISS-Partner für die eigenen Astronautenkandidaten. Vor der Nominierung für eine bestimmte Mission können viele Monate oder Jahre vergehen. In dieser Zeit werden Projektaufgaben übernommen und damit zusätzliche Kenntnisse und Erfahrungen vermittelt.

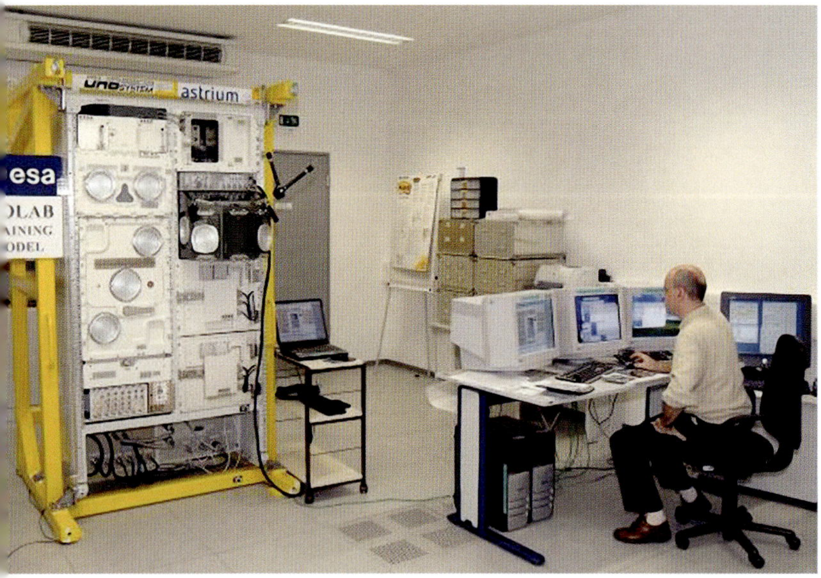


Biolabor für biologische Experimente, davor rechts der Instruktor. An ähnlichen Doppelmessschränken trainieren die Astronauten für andere Disziplinen, z.B. für Versuche der Flüssigkeitsforschung (Fluid Science Lab), für Experimente zur menschlichen Physiologie (European Physiology Modul) und am materialwissenschaftlichen Labor (Material Science Lab).

In dieser Phase ist es auch wichtig, dass die Zusammenarbeit mit der Crew im Kontrollzentrum eingeübt wird, um während der Mission einen reibungslosen Ablauf aller Aufgaben zu gewährleisten. Dies wird zusammen mit den Kontrollzentren in Houston und Moskau durch gemeinsame Simulationen in Echtzeit überprüft.

### Simuliertes Weltall

Mit Hilfe eines wirklichkeitsnahen Modells des Columbus-Moduls im Maßstab 1:1 werden alle Handgriffe für eine Mission erarbeitet und unter verschiedenen Bedingungen geübt. Dazu gehören z.B. das Anschließen von Versorgungsleitungen, der Austausch von Verschleiß- und Verbrauchsteilen, aber auch Notfallübungen wie das Schließen von Verbindungstüren zum Rest der Station. Der »Columbus Trainer Europe« simuliert durch ein Sammelsurium von Software-Paketen die Reaktion des Labors auf sämtliche Kommandos, die von Astronauten oder der Bodenkontrolle gegeben werden. Hier können durch die Instruktoren willkürlich Fehler eingespielt werden, damit die Astronauten lernen, Störungen schnell zu erkennen und geeignete Gegenmaßnahmen zu ergreifen. Weitere Simulatoren gestatten, das Andocken des Ariane-5-Versorgungsmoduls ATV an der Raumstation oder den Wiedereintritt der Sojus-Kapsel in die Atmosphäre mit anschließender Landung zu üben.

Vier Experimentieranlagen im Columbus-Labor ermöglichen Forschung auf höchstem wissenschaftlichem Niveau: Biolab für biologische Forschung, das Fluid Science Lab für Untersuchungen der Flüssigkeitsphysik, das European Physiology Module für medizinische Experimente.

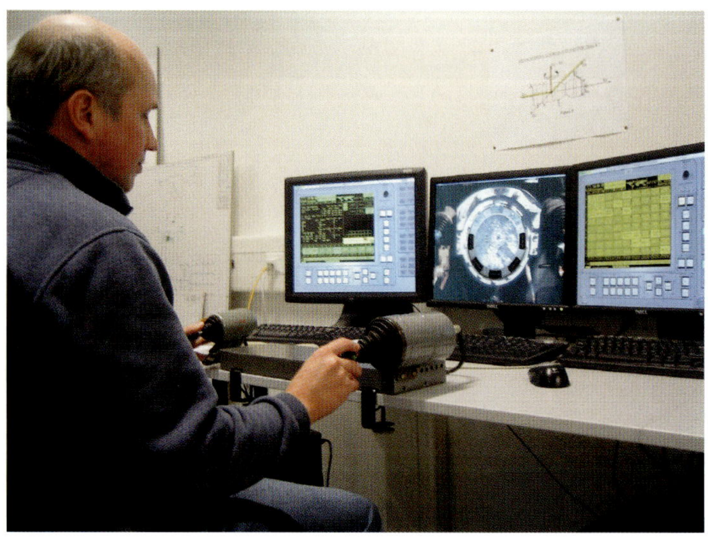

Astronaut Jean-Francois Clervoy übt das Andocken des ATV (links), der russische Instruktor Oleg Polovnikow verbessert das Simulationsmodell der Sojus-Kapsel.

Für wechselnde Versuche aus verschiedenen Disziplinen gibt es noch eine Art Schubladenschrank, das European Drawer Rack. Jede der Anlagen, die jeweils in Messschränken untergebracht sind, steht als Trainingsmodell im EAC, funktionsgleich im Maßstab 1:1. Dadurch kann parallel an verschiedenen Anlagen geübt werden.

### Lernen im Schwimmbad

Das Training von Arbeiten außerhalb der Raumstation (EVA) erfordert eine besondere Einrichtung, die in allen Astronauten-Trainingszentren besichtigt werden kann. Sie heißt Hydrolab in Moskau, Neutral Buoyancy Lab in Houston oder schlicht Tieftauchbecken (im Jargon der Astronauten Swimmingpool genannt) im EAC in Köln-Porz. Es handelt sich dabei um große und besonders tiefe Schwimmbecken, in denen das geübt wird, was für Astronauten zu den anspruchsvollsten und gefährlichsten Aufgaben gehört.
Im Weltraum begibt sich der Astronaut durch die Luftschleuse in eine unwirtliche, lebensfeindliche Umgebung: Der luftleere Weltraum mit seinen extremen Temperaturen, die Schwerelosigkeit mit der fehlenden Oben-Unten-Orientierung und das durch den Astronautenhelm eingeschränkte Sichtfeld. Jede Bewegung im aufgeblasenen, steifen EVA-Anzug erfordert hohen Kraftaufwand. Zusammen mit den Werkzeugen, Sicherheitsleinen, zu montierenden Geräten usw. schleppt der Astronaut mit seinem Anzug auch die lebenswichtigen Aggregate mit sich herum: Zur Aufbereitung der Atemluft, zur Versorgung mit Nahrung und zur Entsorgung dessen, was ausgeschieden werden muss (dafür wurden schließlich Pampers erfunden!). Da kommen schon mal 150 kg zusammen, die er wie die Schildkröte ihren Panzer stets mit sich herumträgt. In der Schwerelosigkeit geht dies noch an, auf der Erde kann man die Situation nur unter Wasser mit Hilfe des Auftriebs halbwegs simulieren. Pro Stunde EVA im Weltraum werden fünf Stunden im Wasserbecken geprobt.

Reinhold Ewald transportiert im Tieftauchbecken des EAC eine Versuchsplattform und montiert sie außen auf ein Labormodul.

## Wie wird man Astronaut?

Vor einer Bewerbung sollte jedem klar sein: Astronauten werden für sehr unterschiedliche Aufgaben eingesetzt. Da sind zu allererst technische Aufgaben, wie das Lenken von Raumfahrzeugen (Annäherungsmanöver, Andocken oder Landung von Kapseln), der Aufbau von Raumstationen, die Überprüfung, Wartung und Reparatur von Raumfahrzeugen und -stationen, oft auch verbunden mit Außenbordarbeiten. Auch die Steuerung von Robotern sowie die Durchführung von Sicherheits- und Notfallprozeduren gehören dazu.

## Anforderungen an Astronautenbewerber

**Allgemeine Anforderungen:**

- Hervorragende logische Fähigkeiten
- Gutes Gedächtnis
- Hohe Konzentrationsfähigkeit
- Hervorragendes räumliches Orientierungsvermögen
- Schnelle Reaktionen
- Manuelle Geschicklichkeit
- Verantwortungsgefühl
- Teamwork-Eignung
- Entscheidungsfähigkeit
- Sinn für Humor

**Praktische Erfahrungen:**

- Beherrschung von Risikosituationen
- Umgang mit Gefahrgut
- Überlebenstraining
- Expeditionsteilnahme
- Ausführung komplexer Abläufe
- Teamwork
- Management komplexer Systeme
- Arbeit mit Robotern und Computern

## Ausschlusskriterien für eine erfolgreiche Bewerbung sind:

**Anthropometrie:**

- Körpergröße über 1,90 m oder unter 1,53 m
- Augen-Sitz-Abstand unter 70 cm oder über 85 cm
- Deformierte oder fehlende Gliedmaßen
- Körpergewicht außerhalb der Grenzwerte
- (Beispiel für einen 1,85 m großen, 30 Jahre alten Mann: 61 kg – 96 kg)
- Kniegelenk-Beweglichkeit kleiner als 0° – 140°

**Audiovisuelle Parameter:**

- Hörschwäche über 25 dB
- Blockierte Tuben
- Kurzsichtigkeit > –2 dpt
- Nacht- oder Farbenblindheit
- Sichtfeldreduktion über 15°
- ...

**Metabolische Parameter:**

- abnorme Leukozytenzahl
- Blut, Proteine, Glukose oder Bakterien im Urin
- Gesamt-Cholesterinwert über 6.2 mmol/l
- abnormer Testosteronwert

**Psychologische Kriterien:**

- Auffälligkeiten im Stress- oder Beziehungsverhalten
- schwere Schlafstörungen
- Phobien, Psychosen

**Körperliche Leistungsfähigkeit:**

- Abnormale Herz-Kreislauf- oder Atmungsfunktion
- Erbrechen beim Drehstuhltest
- Kreislaufprobleme bei Belastung in der Zentrifuge

**Sonstiges:**

- Vorgeschichte schwerer Allergien
- wiederkehrende oder chronische Infektionen
- Stimmbandlähmung
- Nasenscheidewandverkrümmung
- Asthma, Anämie, Gastritis
- Neigung zu Seekrankheit
- Bluthochdruck über 140/90
- Migräne
- Alkohol- oder Drogenabusus

Der Astronaut unterstützt die Wissenschaftler beim Entwurf von Instrumenten, bei der Inbetriebnahme und der Durchführung von Experimenten. Während des Fluges arbeitet er eng mit den Forschern am Boden zusammen.

Generell wird eine hohe körperliche und geistige Arbeitsbelastung beim Training und während der Mission abverlangt. Viele Reisen und häufiger Wechsel des Einsatzortes kommen erschwerend dazu. Wenn die Astronauten nicht im Training oder für eine Mission im Einsatz sind, unterstützen sie den Betrieb laufender Weltraummissionen im Kontrollzentrum oder die Projektarbeiten für zukünftige Missionen. Als »Botschafter« für Raumfahrt, Innovationen und Leistungsbereitschaft stehen sie im Licht der Öffentlichkeit und arbeiten eng mit den Medien zusammen. Insgesamt ist es eine durchaus attraktive, abwechslungsreiche, aber auch sehr fordernde Aufgabe.

Hoher Besuch beim Astronautentraining zur D-2-Mission. Einer der Autoren (B. Feuerbacher, vorne) erklärt dem Ministerpräsidenten Johannes Rau (rechts) das Training mit Hans Schlegel, Ulrich Walter, Heike Walpott und Ulf Merbold (von links).

Interessenten können sich jederzeit bei den Raumfahrtagenturen bewerben. In Europa ist die ESA mit ihrem Zentrum in Köln zuständig. Meist wird im Internet oder in überregionalen Zeitungen auf eine Ausschreibung hingewiesen. Mittels Fragebogen, Interviews, ersten medizinischen und psychologischen Untersuchungen findet zunächst eine Vorauswahl unter den Bewerbern statt. Im zweiten Schritt folgen knifflige psychologische Tests und eine Bewertung des wissenschaftlich-technischen Hintergrundwissens sowie der Fremdsprachenkenntnisse. Zum Schluss findet mit den bis dahin erfolgreichen Kandidaten eine weitere, verschärfte Auswahlrunde statt. Pro Stelle bewerben sich gewöhnlich hunderte ernsthafte Interessenten.

Die ESA wird voraussichtlich im Jahr 2008 eine neue Ausschreibungsrunde starten. Nur Staatsbürger eines ESA-Mitgliedlandes können ESA-Astronauten werden, so wie ausschließlich Bürger der USA bei der NASA Erfolg haben können. Das bevorzugte Alter liegt bei 27 bis 37 Jahren. Gefordert werden eine abgeschlossene Universitätsausbildung in Naturwissenschaften, Technik oder Medizin mit anschließender beruflicher Vertiefung. Erfahrungen als Flugzeugführer oder Testpilot können hilfreich sein. Vorausgesetzt werden ein guter körperlicher und geistiger Gesundheitszustand, ausgezeichnete Englischkenntnisse in Wort und Schrift und die Bereitschaft, sich detaillierten medizinischen Untersuchungen und psychologischen Tests zu unterziehen.

# Schwerkraft? Nein danke!

Auf vier Grundkräfte lassen sich alle Kraftphänomene der Physik zurückführen. Sie wirken jeweils zwischen einer bestimmten Art von Partnern, wobei die Kraftwirkung in der Quantenphysik durch den Austausch von virtuellen Teilchen vermittelt wird.

Die starke Wechselwirkung sorgt für den Zusammenhalt der Kernbausteine, hat eine sehr kurze Reichweite und ist daher außerhalb der Atomkerne nicht mehr nachweisbar.

Die elektromagnetische Kraft ist für Licht, Elektrizität, aber auch für den Zusammenhalt von Festkörpern verantwortlich. Sie kann anziehend oder abstoßend sein, und fällt mit dem Quadrat der Entfernung ab. Als Austauschteilchen wirkt das masselose Photon.

Beim radioaktiven Zerfall spielt die schwache Wechselwirkung eine grundlegende Rolle. Sie wirkt zwischen Leptonen, einer Klasse von Elementarteilchen, zu denen auch die Elektronen gehören. Ihre Reichweite ist extrem kurz.

Die Gravitation wirkt zwischen allen Massen. Sie kann durch den Austausch hypothetischer masseloser Gravitonen beschrieben werden. Wie die elektromagnetische Kraft folgt sie einem quadratischen Abstandsgesetz. Im Vergleich zu den anderen drei Grundkräften ist sie aber extrem schwach.

| Grundkraft | wirkt zwischen | Austauschteilchen | relative Stärke | Reichweite |
|---|---|---|---|---|
| Starke Wechselwirkung | Quarks | Gluonen | 1 | $10^{-15}$ m |
| Elektromagnetische Wechselwirkung | Elektrischen Ladungen | Photon | $10^{-2}$ | $\infty$ |
| Schwache Wechselwirkung | Leptonen | $W^+$, $W^-$, $Z^0$ Bosonen | $10^{-14}$ | $10^{-17}$ m |
| Gravitation | allen Massen | Graviton | $10^{-38}$ | $\infty$ |

Die Schwerkraft erfahren wir alltäglich: der Apfel fällt vom Baum, der Mond kreist um die Erde. Im Rahmen der vier Grundkräfte der Physik spielt die Gravitation eine besondere Rolle. Sie lässt sich nicht mit den anderen in eine gemeinsame Theorie zusammenpacken. Das Standardmodell der Elementarteilchenphysik erlaubt eine theoretische Beschreibung der Kräfte, die zwischen Elementarteilchen wirken. Die so genannte starke, schwache und die elektromagnetische Wechselwirkung lässt sich damit beschreiben. An einer Theorie, die auch die Gravitation mit einschließt, einer »Weltformel«, beißen sich die Physiker noch die Zähne aus.

### Schwerkraft ist überall

Die Gravitation ist extrem schwach im Vergleich zu den anderen Wechselwirkungskräften. Sie ist 36 Größenordnungen schwächer als die elektromagnetische Kraft. Das scheint verblüffend. Die Erfahrung zeigt uns doch die Schwerkraft als dominierend, nicht nur auf der Erde. Sie hält schließlich das ganze Universum zusammen. Dieser Widerspruch löst sich auf, wenn man bedenkt, dass die Gravitation eine lange Reichweite hat, im Gegensatz zur starken und schwachen Wechselwirkung. Genau wie die elektromagnetische Kraft folgt sie einem quadratischen Abstandsgesetz, aber im Gegensatz zu dieser lässt sie sich weder abschalten noch abschirmen. Während positive und negative Ladungen sich in ausreichend großer Entfernung stets neutralisieren, tritt die Schwerkraft nur in einer Form auf, als Anziehung. Damit addieren sich ihre Effekte über große Abstände. Sie ist allgegenwärtig. Nach Einsteins Vorstellungen ist die Gravitation im Rahmen der allgemeinen Relativitätstheorie eine Eigenschaft der Raumzeit, sie verformt in der Umgebung einer Masse das Raum-Zeit-Kontinuum.

So wichtig die Gravitation im Makrokosmos ist, so verschwindend ist ihr Einfluss auf der Skala von Elementarteilchen. Zwei Protonen mit einer Masse von 1,67 $10^{-27}$ kg ziehen sich mit einer Kraft an, die dem Quadrat der Massen proportional ist, also um 54 Größenordnungen kleiner als die Kraft zwischen 2 1-kg-Kugeln – und schon die ist so klein, dass sie extrem schwer zu messen ist.

## Wie erreicht man Schwerelosigkeit?

Der direkte Weg zur Schwerelosigkeit scheint der zu sein, dass man sich möglichst weit von allen Himmelkörpern entfernt. An einem solchen Platz würden tatsächlich keine Gravitationskräfte mehr auf einen Körper einwirken. Dieser Zustand wäre aber sehr aufwändig herzustellen, ist doch die Reichweite der Gravitationskraft unendlich, auch wenn sie sich mit dem Quadrat des Abstands vermindert.
Zwischen zwei Himmelskörpern müsste es einen Punkt geben, an dem sich die beiden Anziehungskräfte gerade aufheben. Nach den Gesetzen der Bahnmechanik gibt es sogar fünf solcher »Librationspunkte« (auch »Lagrange-Punkte« genannt), an denen sich die Kräfte (jetzt einschließlich der Zentrifugalkraft) gegenseitig wettmachen.
Viel einfacher wird es, wenn wir bedenken, dass auch Trägheitskräfte zur Kompensation der Gravitationskraft herangezogen werden können. Wir spüren solche Kräfte, wenn wir im Auto beim Gas geben in die Sitze gedrückt werden – oder beim Bremsen in die Gurte. Trägheitskräfte treten bei der Änderung von Geschwindigkeit oder Bewegungsrichtung eines Körpers auf und sind der wirkenden Kraft entgegengerichtet.

### Schwerelosigkeit gibt es auch auf der Erde

Ein Beispiel: In einem Aufzug erbringt das Seil die Gegenkraft zur Schwerkraft, für die Kabine und alles, was darinnen ist. Der Mensch spürt sein Gewicht, das ihn auf den Boden der Kabine drückt. Schneidet man das Seil durch, dann beschleunigt die Schwerkraft die Kabine und deren Inhalt gleichermaßen. Die Trägheitskraft wirkt dieser Beschleunigung entgegen, so dass man im Fallen sein Gewicht nicht mehr spürt: das ist die Schwerelosigkeit. Dieselbe Kraft und Trägheitskraft wirkt auf alle Körper in der Kabine, sie »schweben«. Allerdings wird die Kabine bei diesem Prozess immer schneller und schlägt irgendwann unten auf.

»…und dann kam der Moment der Schwerelosigkeit«. Ein Irrtum des sonst so gut informierten Jules Verne: In seinem Roman »Die Reise zum Mond« beschreibt er die Schwerelosigkeit nur an dem Punkt, an dem sich die Anziehung von Erde und Mond gerade aufheben

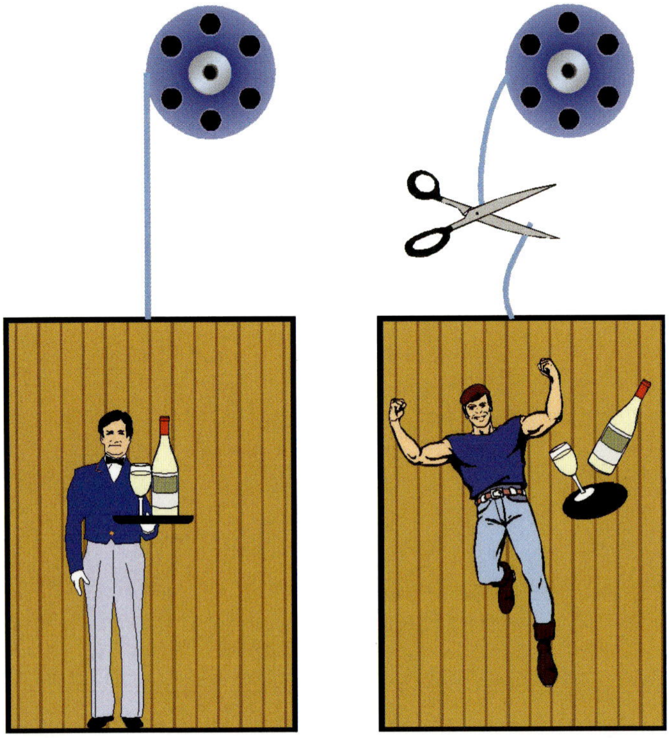

Sobald das Trageseil eines Aufzugs durchgeschnitten wird, fällt die Kabine und alles darin Befindliche kräftefrei und ist damit schwerelos – zumindest bis zum Aufschlag.

Es ist also relativ einfach, den Zustand der Schwerelosigkeit auf der Erde zu erreichen – aber eben nur für kurze Zeit. Verlängert man die Fallstrecke, so erhält man Zeitspannen, die durchaus genutzt werden können. Der Fallturm in Bremen, ein 145 m hohes Bauwerk, ermöglicht immerhin 4,7 Sekunden Fallzeit in einer evakuierte Röhre von 1 m Durchmesser. Ein Katapult kann die Zeit der Schwerelosigkeit auf über 9 Sekunden verdoppeln. Dazu schießt man die Experimentkapsel in der Röhre nach oben und lässt sie wieder herunter fallen. Der »freie Fall« kann ja auch nach oben stattfinden. Sobald die Abschussvorrichtung verlassen wird, fliegt die Kapsel kräftefrei im Vakuum und ist somit schwerelos.

### Völlig losgelöst auf Flugzeugen und Raketen

Diesen Zustand kann man auch im Flugzeug erzeugen, sogar für deutlich längere Zeitspannen. Bei den so genannten Parabelflügen geschieht im Prinzip dasselbe wie beim Fallturm mit Katapult. Die Maschine fliegt mit maximaler Geschwindigkeit schräg nach oben, dann nimmt der Pilot den Schub zurück, so dass er gerade den Luftwiderstand ausgleicht, und steuert das Flugzeug entlang einer Wurfparabel. Früher wurde das tatsächlich so gemacht: ein Gegenstand, etwa ein Ball, wurde in der Kabine losgelassen, und das Flugzeug wurde nach Gefühl so geflogen, dass der Ball in der Schwebe blieb. Heute erreicht man im Instrumentenflug Schwerelosigkeit über einen Zeitraum von etwa 20 Sekunden. Das gilt für frei im Laderaum driftende Versuchsanlagen. Bei Experimenten, die fest mit dem Flugzeug verbunden sind, ist der kraftfreie Zustand durch das dauernde Nachsteuern etwas gestört. Auf dem absteigenden Ast der Wurfparabel fängt der Pilot die Maschine wieder ab und steuert in die nächste Parabel. In dieser Zeitspanne drückt dann die doppelte Kraft auf die Passagiere. Wegen des dauernden Wechsels zwischen Schwerelosigkeit und doppelter Erdbeschleunigung, bis zu 40 Mal während eines Fluges, trägt die Maschine nicht umsonst den Beinamen »Kotzbomber«. Trotzdem interessieren sich viele Menschen für die Erfahrung der Schwerelosigkeit. Für weniger als 4000 € kann man heute bereits bei kommerziellen Veranstaltern ein Ticket für einen Parabelflug kaufen.

Schweben wie im Weltraum: Auf Parabelflügen werden wissenschaftliche Experimente unter Schwerelosigkeit durchgeführt.

Noch längere Experimentierzeiten kann man mit Raketen erzielen, auch wenn sie nicht die Orbitalgeschwindigkeit erreichen und deshalb wieder zur Erde zurückfallen. Nach dem Abschalten des Triebwerks fliegt die Rakete kräftefrei, also schwerelos, weiter nach oben. Sie erreicht ihren Scheitelpunkt und fällt dann wieder herunter. Die ganze Zeitspanne nach dem Brennschluss, bis beim Wiedereintritt in die dichtere Atmosphäre der Fall abgebremst wird, steht als Experimentierzeit für Schwerelosigkeitsversuche zu Verfügung. Sie kann bis zu 15 Minuten betragen.

### Freier Fall ist Schwerelosigkeit

Oft wird die Schwerelosigkeit im Weltraum als Kompensation der Gravitation durch die Zentrifugalkraft erklärt. Das ist nur bedingt richtig. Schließlich sind Astronauten bereits mit dem Abschalten der Triebwerke, beim Space Shuttle 8 Minuten nach dem Abheben, schwerelos. Erst etwa eine halbe Stunde später werden sie in die Umlaufbahn eingeschossen.

Genau genommen ist es so: Sobald eine Masse sich ohne Beschränkung bewegen kann (also nicht irgendwo aufliegt oder durch Luftreibung gebremst wird) und keine äußeren Kräfte wie Raketenmotoren einwirken, befindet sie sich im freien Fall. Dabei bewegt sie sich auf einem Weg, entlang dem die Kräfte aus dem Gravitationsfeld durch Trägheitskräfte vollständig kompensiert werden. Je nach Anfangsbedingungen und Schwerefeld kann dies der Fall senkrecht nach unten sein, eine Wurfparabel, ein elliptischer Keplerorbit, oder eine interplanetare Bahn. In einem Raumfahrzeug treten dabei meistens leichte Störungen auf, etwa durch Steuerdüsen, Menschen oder Geräte die darin arbeiten, und durch Reibung in der Restatmosphäre. In diesem Fall spricht man von Mikrogravitation. Sie steht nun nicht, wie man erwarten könnte, für ein Millionstel der Erdbeschleunigung, sondern generell für deutlich reduzierten Schwereeinfluss.

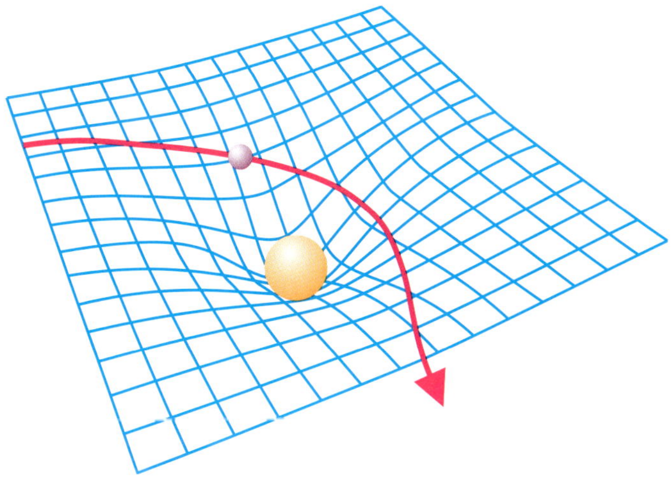

Ein Körper, der sich ohne Zwangskräfte in einem Schwerefeld bewegt, findet seinen Weg so, dass sich Schwerkraft und Trägheitskräfte entlang der Bahn kompensieren. Das ist der Zustand des freien Falls.

## Mikrogravitation als Wirtschaftsfaktor?

Die Schwerkraft kann man nicht abschalten. Man kann sie lediglich kompensieren. Damit kann die Wirkung des Schwerefeldes einer großen Masse wie der Erde auf einen Probekörper, z. B. einen Menschen, auf Null reduziert werden, der Mensch »schwebt«. Das mag ein fantastisches Gefühl sein, aber was bringt das für einen wissenschaftlichen oder wirtschaftlichen Nutzen?

In den 60er-Jahren herrschte eine ausgeprägte Raumfahrt-Euphorie. Das führte zu Phantasien über Fabriken im Weltraum, in denen neue Materialien hergestellt und außergewöhnliche Produkte für die Erde erzeugt werden sollten. Bedenkt man

Fabriken im Weltraum und rotierende Raumstationen waren der Traum der Weltraumnutzung in den 50er-Jahren.

die auch heute noch extrem hohen Kosten für den Transport in das All so wird verständlich, dass solche Visionen Träume geblieben sind. Relevant sind jedoch eine ganze Reihe von Anwendungen unter Schwerelosigkeit, bei denen Forschungsarbeiten im Weltraum durchgeführt werden. Deren Ergebnisse führen dann auf der Erde zu neuen Materialien, machen industrielle Prozesse konkurrenzfähiger oder beschleunigen den medizinischen Fortschritt.

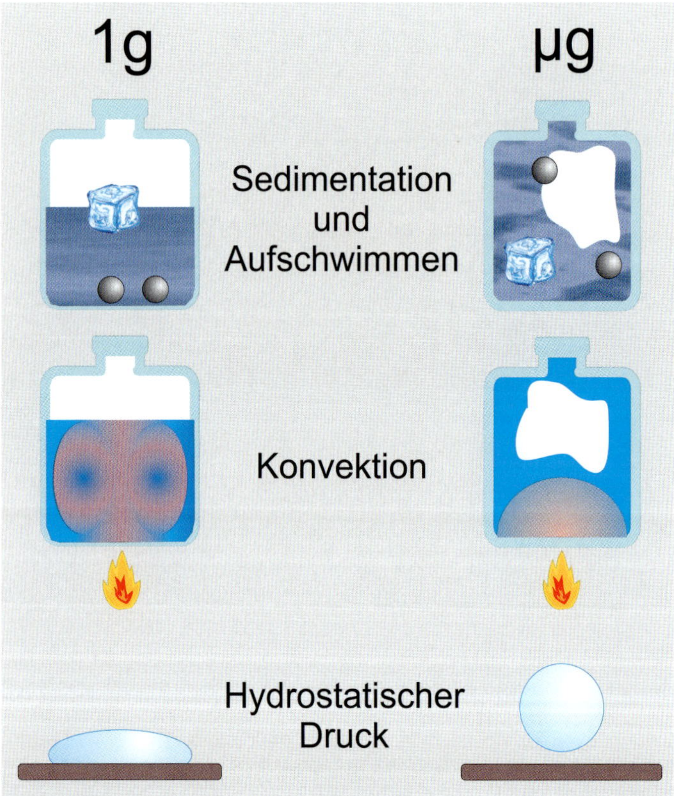


An Flüssigkeiten zeigt sich die Wirkung der Schwerkraft besonders deutlich. Sedimentation, Konvektion und hydrostatischer Druck sind die typischen Effekte, die unter Schwerelosigkeit vermieden werden können.

## Was bewirkt Schwerelosigkeit?

Es ist kein Zufall, dass man die Richtung der Schwerkraft mit der Wasserwaage misst. Flüssigkeiten können sich frei verformen und sind daher besonders empfindlich für Schwerkrafteinflüsse. Dasselbe gilt für Gase. Beide fasst man unter dem Begriff Fluide zusammen. Schwere Stoffe in Fluiden sedimentieren, d. h. sie sinken ab oder »fallen«, leichte schwimmen auf, wie auch die Gasblase im leicht gekrümmten Röhrchen der Wasserwaage. Teile des Fluids, die durch höhere Temperatur eine geringere Dichte haben, erfahren dieselben Kräfte, steigen also auf, kältere sinken ab, was zu wirbelförmigen Strömungen führt. In diesem Fall, der Bewegung von Flüssigkeiten in sich selbst, spricht man von Konvektion. Sie kann nützlich sein – früher wurde bei Zentralheizungen das erwärmte Wasser nur durch die Wirkung der Konvektion nach oben transportiert. Sie kann sich aber auch störend auswirken, beispielsweise bei der Kristallzucht. In der Schwerelosigkeit des Weltraums können Vorgänge in Fluiden frei von den störenden Einflüssen der Sedimentation oder Konvektion untersucht werden.

Schwerelosigkeit erweist sich auch dann als nützlich, wenn ein Gegenstand keine Unterlage oder Behälterwand berühren soll. Geschmolzene Metalle haben eine hohe Temperatur und sind äußerst reaktiv. Deshalb greifen sie alle Behältermaterialien an, so dass Präzisionsmessungen oft nur an frei schwebenden Proben möglich sind.

Wir sind damit vertraut, dass ein Stein und eine Vogelfeder im Vakuum gleich schnell fallen. Verblüffend wirkt auf den ersten Blick, dass auch ein einzelnes Atom mit derselben Geschwindigkeit fällt. Will man es für längere Zeit untersuchen, so muss man es zum Schweben bringen. Das hat Auswirkungen auf die Konstruktion von Atomuhren.

## Schwerkraft und Leben

Das Leben auf der Erde hatte 3,5 Milliarden Jahre Zeit, sich an die Erdschwere anzupassen. Die Evolution hat diese Herausforderung genutzt. Solange die Organismen sich im Wasser aufhielten, waren sie wie ein Taucher unter Wasser praktisch schwerelos. Bei der Eroberung des festen Landes mussten sie mit tausend Mal größeren Kräften fertig werden, um sich gegen die Schwerewirkung zu behaupten. Es entstanden feste Zellen, die durch einen prallen Innendruck ihre Form behielten. Stabile Stützstrukturen wurden entwickelt, zum Beispiel in Form holziger Stämme oder knochiger Skelette.

Viele Lebewesen können die Schwerkraft mit einem Sinnesorgan fühlen. Der Mensch kann aufrecht gehen, weil er die Schwerkraft durch ein Organ im Innenohr unbewusst wahrnimmt. Mit Hilfe eines internen Regelmechanismus ist er in der Lage, seine im Grunde instabile aufrechte Haltung beizubehalten. Es ist verblüffend zu sehen, wie eine Ente auf einem Bein stehend sogar schlafen kann. Wie aber kann ein Baum auch ohne ein spezielles Sinnesorgan seine gewaltige Masse gegen die Schwere stabil halten?

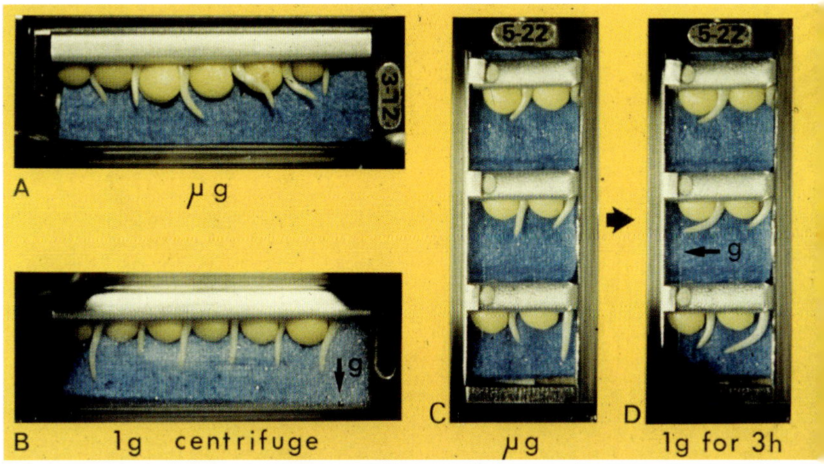


Ein Weltraumexperiment zum Wachstum von Samen der Gartenkresse: unter Schwerelosigkeit wachsen die Wurzeln in beliebige Richtung (A und C), im Vergleichsexperiment aus der Zentrifuge richten sie sich nach der künstlichen Schwerkraft aus (B und D).

### Wie wird Schwerkraft gefühlt?

Höhere Tiere haben komplexe Organe, um die Richtung des Schwerevektors festzustellen. Meist werden dort viele Effekte zusammen verarbeitet, wie die optischen Signale der Augen, Anspannungen von Muskeln und Tastreize. Will man diese Organe verstehen, so macht es Sinn, sich zunächst auf einfache Organismen zu konzentrieren. Pflanzen haben keine eigenständigen Schwerkraftorgane, sondern spezielle Zellen, die Schwerkraft erkennen können. Es ist bekannt, dass die Wachstumsrichtung von Pflanzen durch Licht beeinflusst werden kann. Daher stellen wir uns die einfache Frage: woher weiß die Wurzel eines Keimlings unter der Erde, wo oben und unten ist?

Ein Experiment, das sich mit dieser Frage beschäftigt, wurde bereits auf dem ersten deutschen Flug des Weltraumlabors Spacelab D1 im Jahr 1985 durchgeführt. Samen der Gartenkresse wurde in einen Behälter eingebracht und im Weltraum mit Nährlösung gewässert, so dass sich unter Schwerelosigkeit Wurzeln entwickelten. Es zeigte sich, dass die Wurzeln zwar gerade wuchsen, aber in jede beliebige Richtung. Zum Vergleich wurde ein gleichartiger Behälter in einer Zentrifuge künstlicher Schwerkraft ausgesetzt. Hier wuchsen die Wurzeln alle in die Richtung »unten«. Das Experiment beweist, dass die Wurzeln die Schwerkraft fühlen, sagt aber noch nicht, wie.

Die Armleuchteralge Chara ist ein Modellsystem für die Erforschung des Schwerkraftsinns.

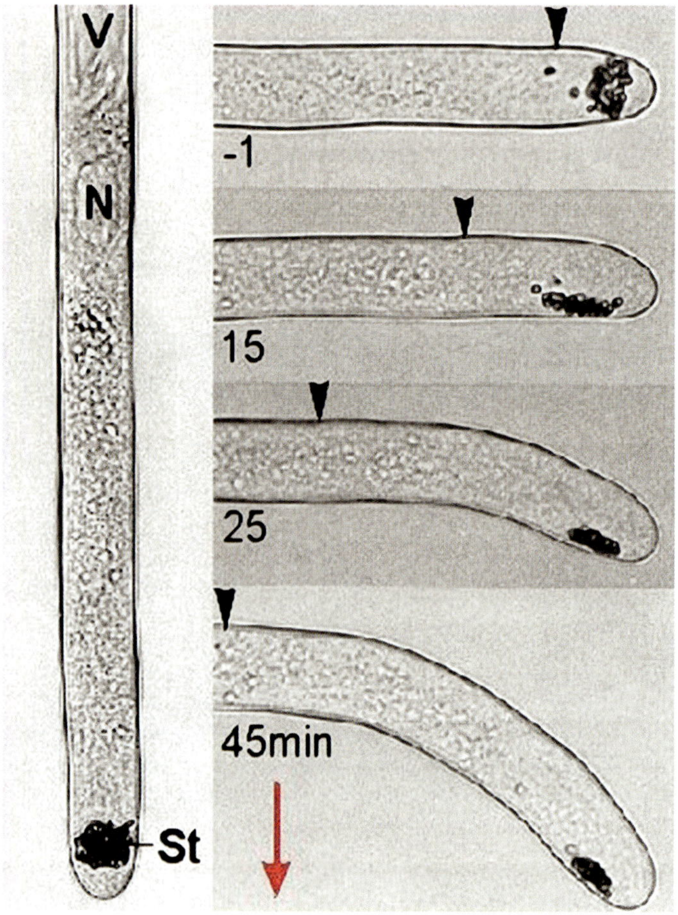


Die Wurzel der Alge Chara wächst nach unten. Wird sie horizontal gestellt, so bewirkt die Verschiebung der dunklen Schwerekörperchen ein verstärktes Wachstum an der oberen Zellwand, bis sie wieder nach unten zeigt.

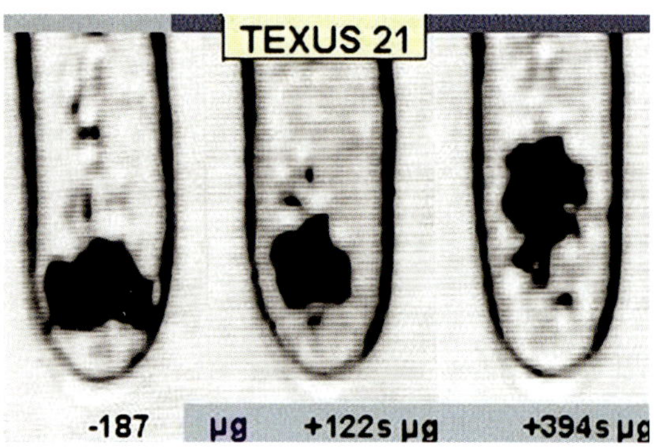


Die Qualität der Bilder aus den frühen TEXUS-Flügen, hier TEXUS 21 in 1989, ließ noch Wünsche offen. Dennoch erkennt man, wie die Schwerekörperchen aus der Gleichgewichtsstellung (links, unter 1g) durch die Wirkung von Aktinfilamenten angehoben werden (rechts, nach 122 bis 394 Sekunden Schwerelosigkeit).

Um den Mechanismus herauszufinden, kann man zu noch einfacheren Pflanzen übergehen. Die Wissenschaft nutzt als Modellpflanze die Armleuchteralge »Chara«. Sie hat den Vorteil, dass die Wurzeln aus einer einzigen Zelle bestehen, die relativ groß ist (bis einige Millimeter lang) und darüber hinaus durchsichtig. Die Wurzel wächst immer nach unten (gravitrop). Dreht man sie beispielsweise in die Horizontale, so krümmt sie sich nach einiger Zeit, um wieder nach unten zu wachsen.

Um eine solche Wirkung zu erzielen, wird eine Signalkette mit mehreren Bausteinen benötigt. Zunächst muss die Wurzel in der Lage sein, die Richtung der Schwerkraft zu erkennen und einen Reiz zu erzeugen, wenn diese nicht mit der Wachstumsrichtung übereinstimmt. Dieses Signal muss an die richtige Stelle übermittelt werden. Schließlich muss die Zelle eine Antwort auf den Reiz in Form veränderten Wachstums geben können, so dass eine Krümmung eingeleitet wird.

Unter dem Mikroskop sieht man in der Wurzelspitze kleine dunkle Körperchen, Statolithen genannt, die schwere Bariumsulfat-Kristalle enthalten. In der senkrecht stehenden Wurzel schweben sie als kleine Wolke zentral über der Zellspitze. Dreht man die Zelle in eine horizontale Lage, so sinken diese Teilchen ab. Hier sehen wir offensichtlich die Sensoren, mit denen der Reiz »Wachstum nicht in Schwererichtung« erzeugt wird. Es bleibt offen, wie das Signal an die obere Zellwand gebracht wird, um dort die Krümmung zu erzeugen.

### In der Schwebe gehalten

Die Gruppe von Prof. Sievers an der Universität Bonn vermutete, dass in der Zelle ein skelettartiges Fadensystem von Aktinfilamenten existiert, das die Schwerekörperchen in der Schwebe hält. Verändert sich die Spannung in den Filamenten durch Verschieben der Statolithen, so wird der Reiz an andere Stellen der Zelle übertragen und kann dort, etwa durch Öffnen zugempfindlicher Ionenkanäle, verstärktes Wachstum auslösen. Der Beweis hierfür konnte wiederum durch Weltraumexperimente erbracht werden. Die Versuche wurden auf Raketen durchgeführt, mit denen etwa sechs Minuten Schwerelosigkeit erreicht werden kann. An Bord war eine Experimentiervorrichtung, in der Chara-Wurzeln während des Fluges mikroskopisch beobachtet werden konnten. Die Ergebnisse zeigen, dass die Statolithen im Zustand der Schwerelosigkeit deutlich angehoben werden, auf das Doppelte des ursprünglichen Abstands von der Zellspitze. Das weist auf eine Kraft hin, die der Schwerkraft normalerweise entgegenwirkt. Dass diese Kraft tatsächlich von den erwähnten Aktinfilamenten erbracht wird, konnte durch ein Kontrollexperiment bewiesen werden, bei dem die Filamente mit einem speziellen Pilzgift zerstört wurden. Dann blieb auch die vorher beobachtete Anhebung der Schwerekörperchen aus.

## Materialwissenschaft unter Schwerelosigkeit

Moderne Materialien sind Schlüsselelemente unserer Zivilisation und unserer Wirtschaft, ohne dass wir dies wahrnehmen. Wer ist sich schon darüber im Klaren, dass der Prozessor in seinem PC auf 50 Jahren Entwicklung der Silizium-Kristallzucht beruht, oder dass sein farbiges TFT-Display auf intensiven Forschungsarbeiten zu Flüssigkristallen aufbaut?

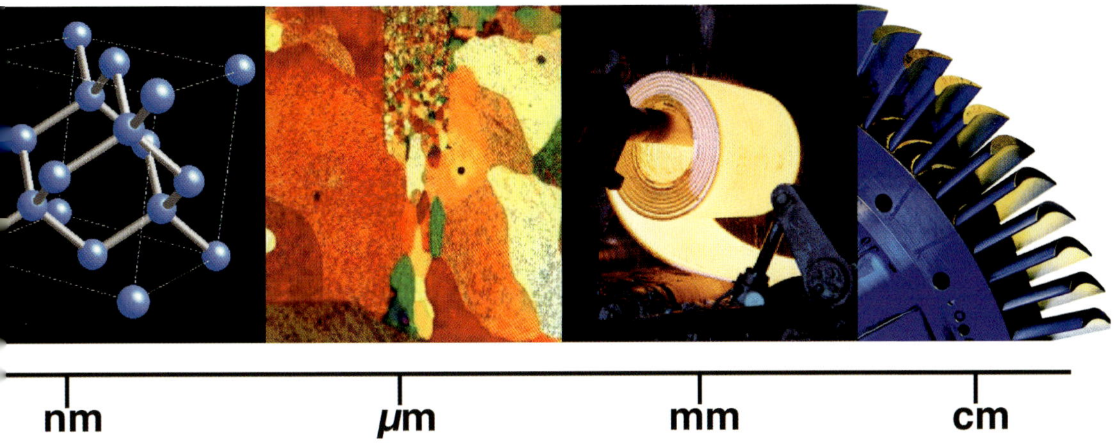


Die Herstellung maßgeschneiderter Materialien erfordert ein Verständnis der physikalischen und chemischen Prozesse von der atomaren Skala im Nanometer-Bereich bis zu den Dimensionen des Werkstücks.

Die meisten Materialien durchlaufen bei ihrer Herstellung zunächst eine flüssige Phase. Metalle werden aus der Schmelze gegossen, Kristalle aus Lösungen oder Schmelzen gezogen, Kunststoffe aus Lösungen abgeschieden. Flüssigkeiten reagieren empfindlich auf Schwerkraft. Das ist der Grund warum schon früh materialwissenschaftliche Experimente im Weltraum durchgeführt wurden. Beginnend mit den ersten Raumstationen Saljut und Skylab wurden Methoden und Instrumente zunehmend verbessert. Auf der Internationalen Raumstation ISS findet man ein wissenschaftliches Labor mit modernster Ausrüstung.

### Keine Massenproduktion im All

Heute ist man deutlich abgerückt von den frühen Träumereien einer Produktion im Weltraum. Dies muss auch so sein, solange die Transportkosten in der Raumfahrt nicht deutlich gesenkt werden. Es sind keine Produktionsprozesse bekannt, die eine so hohe Wertschöpfung unter Schwerelosigkeit erzielen, dass sie den Kostennachteil wettmachen könnten. Auf der anderen Seite ist die Mikrogravitation ein hervorragendes Werkzeug, um Prozesse und wissenschaftliche Grundlagen besser zu verstehen und damit die Produktion auf der Erde wirtschaftlicher zu machen.

Im Prinzip möchte man die Produktionskette vom einzelnen Atom bis zum fertigen Werkstück so beherrschen, dass man Materialien als Maßanfertigungen herstellen kann: die gewünschten Eigenschaften des Werkstücks festlegen und dann von der chemischen Zusammensetzung über die atomare Kristallstruktur, das mikroskopische Gefüge, die thermischen und mechanischen Bearbeitungsschritte bis zum Endprodukt jeden Schritt so zu verstehen, dass er voll gesteuert werden kann. Ein Verständnis über Größenskalen von atomaren Dimensionen im Nanometer-Bereich bis hin zu Werkstücken von Metergrößen ist eine Herausforderung, der wir uns heute noch nicht stellen können. Die Forschung unter verminderter Schwerkraft kann aber zumindest in Teilbereichen zum Erreichen dieses Zieles beitragen.

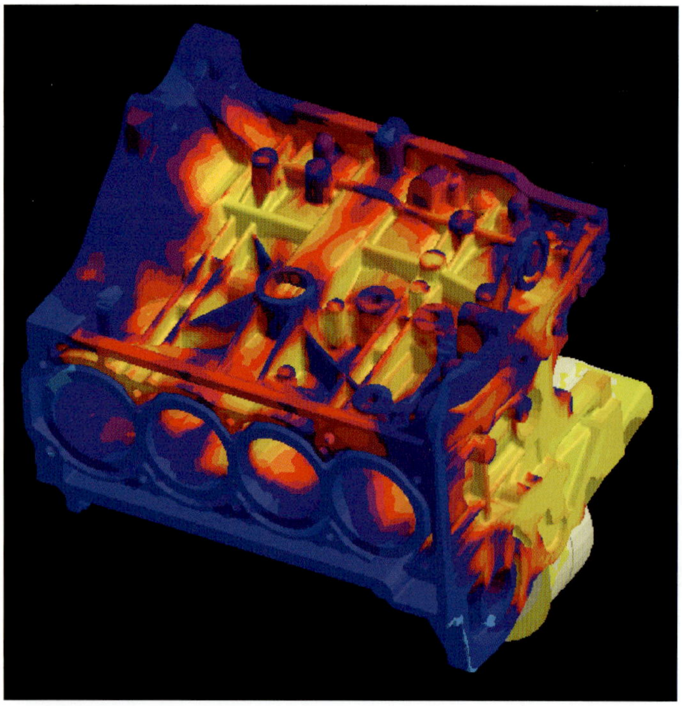

Der Gussvorgang eines Motorblocks wird im Computer simuliert. Die Temperatur wird in Farben von kühl (blau) bis sehr heiss (gelb) angezeigt. Der gesamte Gussprozess vom Einfließen der Metallschmelze bis zum Abkühlen des fertigen Blocks wird modelliert und als Film dargestellt.

Levitation eines geschmolzenen Metalltropfens im Labor.

### Beispiel Metallguss

Wenn früher ein großes Werkstück gegossen werden sollte, zum Beispiel eine Glocke, so war die Erfahrung des Werkmeisters ausschlaggebend für den Erfolg. Er konnte überlieferte, meist hochgeheime Handwerkskunst mit eigenem Wissen anreichern. Er legte die Legierungszusammensetzung nach alten Rezepten fest, überwachte den Bau der Gussform und führte den Gussvorgang meist selbst durch, wobei er vielleicht drei Mal über die Schulter spuckte und noch einen Frosch hineinwarf.

Heute könnte sich ein Unternehmen mit solchen Methoden auf dem Weltmarkt nicht behaupten. Um konkurrenzfähig zu bleiben, ist es notwendig, den gesamten Gussvorgang vorher im Computer zu simulieren. Je genauer das Simulationsprogramm die physikalischen Prozesse auf allen Längenskalen modelliert, desto eher kann man sicher sein, fehlerlose Werkstücke mit den gewünschten Eigenschaften zu erhalten. Nur so kann auch die Nutzung kritischer Ressourcen wie Material- und Energieeinsatz oder die Schonung der Umwelt optimiert werden.

Jede Modellrechnung ist aber nur so gut wie die physikalischen Modelle, auf denen sie beruht, und wie die Parameter, mit denen sie die Materialien beschreibt. Das ist der Punkt, wo die Materialforschung, auch die unter Weltraumbedingungen, ins Spiel kommt. Die physikalischen Modelle werden aus hoch spezialisierten wissenschaftlichen Arbeiten entwickelt, sowohl theoretischer als auch experimenteller Natur. Durch viele kleine Bausteine, bei denen man sich manchmal fragt, wozu die Wissenschaftler dieses winzige Detail auch noch wissen müssen, wird ein Gesamtbild aufgebaut. Das reicht von der Temperaturverteilung der Schmelze in der komplexen Gussgeometrie, über die Bildung erster Kristallkeime, bis hin zu internen Strukturveränderungen während des Abkühlens des fertigen Werkstücks. Wegen der großen lokalen Temperaturunterschiede im Gussvorgang wird der Einfluss von Konvektionsströmungen besonders wichtig. Unter Schwerelosigkeit können die Prozesse ohne störende Konvektion beobachtet und vermessen werden.

### Berührungsfrei messen

Einen der wichtigsten Beiträge leistet die Weltraumforschung bei der Präzisionsmessung von Materialparametern. Geschmolzene Metalle sind heiß und extrem aggressiv. Sie greifen jeden Behälter an, in dem ihre Eigenschaften gemessen werden sollen, und verunreinigen sich dadurch selbst. Berührungsfreie Messmethoden sind deswegen erforderlich. Im Labor lassen sich Proben bestimmter geschmolzener Metalle in elektromagnetischen Feldern frei schwebend halten. Noch besser geht das im Weltraum, denn hier muss die Probe nicht mehr gegen die Schwerkraft angehoben werden. Nur das Wegdriften des Materials muss verhindert werden. Damit sind weitaus geringere Kräfte erforderlich, bis um den Faktor 1000 kleiner, was auch unerwünschte Rühreffekte in den Proben vermeidet.

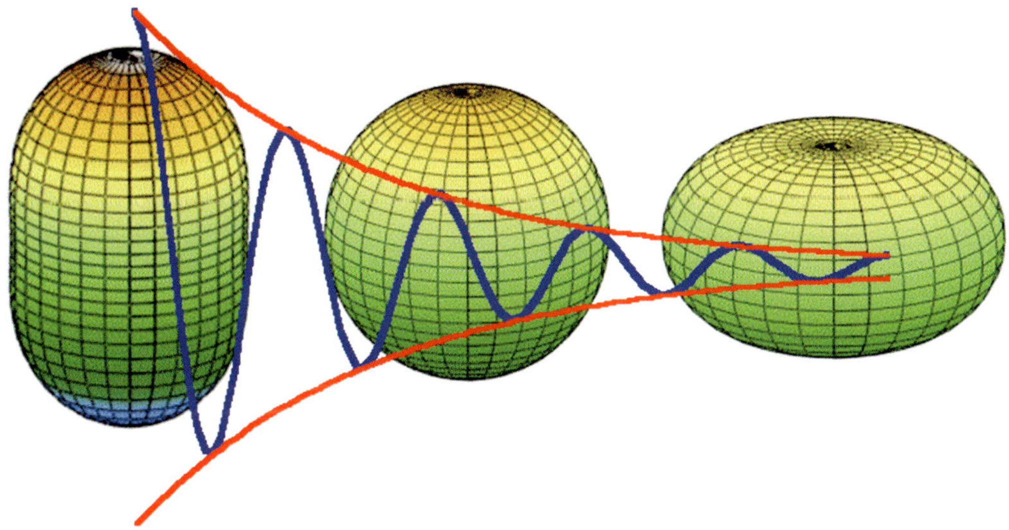

Die Schwingung eines frei schwebenden Tröpfchens kann zur Messung von Oberflächenspannung (aus der Schwingungsfrequenz) oder Viskosität (aus der Dämpfung) genutzt werden.

An frei schwebenden Proben kann man eine ganze Reihe thermophysikalischer Parameter messen, wie elektrische und thermische Leitfähigkeit, Dichte, Viskosität, Oberflächenspannung und andere. So können die flüssigen Metalltröpfchen in Schwingungen versetzt und deren Verlauf beobachtet werden. Die Frequenz der Oszillationen wird von der Oberflächenspannung bestimmt. Sie ist bestrebt, das Tröpfchen in Kugelform zu halten und erzeugt daher eine Kraft, sobald von dieser Form abgewichen wird. Andererseits wird die Dämpfung, das zeitliche Abklingen von Schwingungen, durch die Viskosität der Flüssigkeit bewirkt. Damit hat man die Möglichkeit, diesen schwer zugänglichen Parameter berührungsfrei zu bestimmen.

Behälterfreie Prozessierung von geschmolzenen Proben hat noch einen Zusatznutzen mit weit reichenden Folgen. Kühlt man die Schmelze langsam ab, dann kann es passieren, dass sie nicht am Schmelzpunkt erstarrt. Hochreine Proben kann man erstaunlicherweise mehrere hundert Grad unter den Erstarrungspunkt abkühlen ohne dass sie fest werden. Man erhält so eine unterkühlte Schmelze, die irgendwann plötzlich sehr schnell erstarren kann und dabei die frei werdende Erstarrungswärme in einem Lichtblitz abgibt.

Die Unterkühlung ist wissenschaftlich interessant, weil hier ein metastabiler thermodynamischer Bereich erschlossen wird, der nur mit berührungsfreien Verfahren zugänglich ist. Die Erfahrung zeigt, dass Schmelzen normalerweise beim Abkühlen unmittelbar am Erstarrungspunkt kristallisieren. Das ist damit begründet, dass Behälterwände als Keimstellen für den Kristallisationsprozess wirken und diesen auslösen, sobald es thermodynamisch möglich ist. Unterkühlungen können aber auch im Verlauf von Gussprozessen auftreten, so dass die entsprechenden Parameter für die Modellierung bekannt sein sollten. Solche Messungen müssen ohne Berührung mit Behälterwänden durchgeführt werden und sind daher weitgehend auf Weltraumexperimente angewiesen.

## Medizin im Weltraum

In den 50er-Jahren entstand ein neuer Wissenschaftszweig, die Weltraum-Medizin. Die ursprüngliche Fragestellung dieser Forschungsrichtung war: können Menschen einen Raumflug überleben? Zu Beginn war völlig unbekannt, wie der menschliche Körper auf Herausforderungen wie die extremen Beschleunigung beim Raketenstart, die Wirkung der Schwerelosigkeit oder die Strahlungsbelastung reagiert. Heute wissen wir, dass Astronauten mehrere Monate im Weltall unbeschadet überstehen und nach ihrer Rückkehr gesund weiterleben.
Die Weltraum-Medizin unterscheidet sich an einer Stelle grundsätzlich von der Alltagsmedizin: während wir meist erst zum Arzt gehen, wenn wir krank sind, sieht sich der Raumfahrtarzt besonders gesunden Patienten gegenüber. Seine Hauptaufgabe besteht darin, deren Gesundheit und Arbeitsfähigkeit in einem schwierigen Umfeld zu erhalten. Astronauten verbringen ihre Zeit in einer extrem beengten Umgebung, in der sie sich kaum bewegen. Ihre Bewegungsarmut ist auch eine Folge der Schwerelosigkeit, da schon geringste Kraftanstrengungen genügen, um den Körper quer durch das Raumfahrzeug schweben zu lassen. Die Raumfahrer sind in ihrer kleinen Gruppe von der Außenwelt isoliert, mit teilweise unerwünscht nahen Kontakten innerhalb der Crew, was psychologisch schwierige Situationen schafft. Treten körperliche Veränderungen auf, etwa Muskelschwund oder Knochenabbau, so sind Rehabilitationsmaßnahmen erforderlich. Das Ganze wird durch die extreme, körperlich nicht überwindbare Entfernung zwischen Arzt und Patient erschwert.

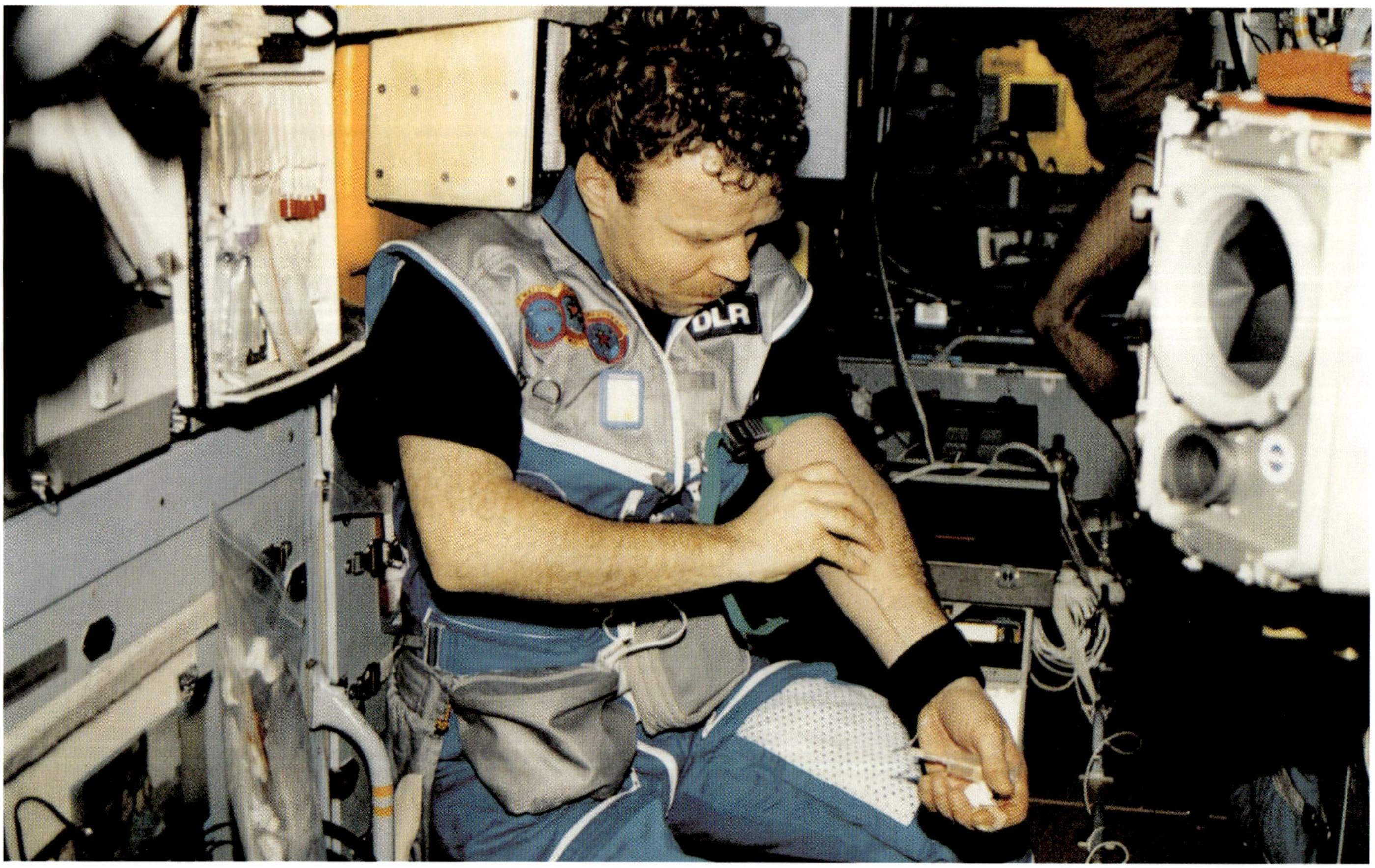


Astronauten müssen in der Lage sein, selbst kleine medizinische Eingriffe vorzunehmen. Reinhold Ewald nimmt sich während der Mission Mir 97 Blut ab, das für medizinische Untersuchungen zur Wirkung der Schwerelosigkeit benötigt wird.

Die hier aufgezeigten Merkmale erinnern stark an die gesundheitlichen Probleme älterer Menschen: Einschränkung der Leistungsfähigkeit, Bewegungsarmut, Knochenschwund, Isolation und Rehabilitation sind typische Charakteristika dieser sozialen Gruppe. Es wird deutlich, dass die Raumfahrtmedizin hervorragend dazu beitragen kann, die medizinischen Herausforderungen einer alternden Gesellschaft zu lösen. Hinzu kommen die besonderen Vorgehensweisen, die bei ärztlicher Versorgung im Weltall notwendig sind. Hier wurden Techniken erarbeitet, wie die Behandlung effizient über große Entfernungen durchgeführt werden kann, auch dies eine Entwicklung, die auf die Anforderungen einer alternden, andererseits aber hoch mobilen Gesellschaft anwendbar sein wird.

### Muskelschwund im All

Wer wegen eines Knochenbruchs seine Gliedmaßen längere Zeit nicht bewegen konnte, weiß, wie schnell Muskelkraft nachlassen kann. Ein langes, intensives Training ist notwendig, um die frühere Stärke wieder zu erreichen. Es ist daher keinesfalls überraschend, dass bei einem längeren Aufenthalt unter Schwerelosigkeit Muskelschwund auftritt. Das kann für kurzzeitige Missionen, wie die zweiwöchigen Raumaufenthalte des Space Shuttle oder auch für Flüge zum Mond, toleriert werden. Bei Langzeitflügen auf der Raumstation, die ein halbes Jahr deutlich überschreiten können, oder bei Reisen zum Mars müssen jedoch Gegenmaßnahmen getroffen werden. Irgendwann ist der Muskelabbau nicht mehr nur lästig, sondern kann eine Schädigung des Gesamtorganismus bewirken und damit bleibende Folgen haben.

Warum werden die Muskeln überhaupt kleiner, wenn sie nicht genutzt werden? Das menschliche Gewebe erneuert sich ständig. Alte Zellen werden abgebaut, neue werden gebildet. Wir merken das etwa an unserer Haut, wo die Oberfläche abschuppt, ohne dass die Haut dünner wird. Durch die Erneuerung erhält sich die Haut jung und elastisch, auch Wunden heilen dadurch aus.

Dieser Regelmechanismus ist beeinflussbar. Bei wenig Beanspruchung der Muskeln reduziert sich der Neuaufbau, während der Abbau gleich bleibt. Dadurch wird die Muskelmasse geringer. Umgekehrt führt Training zu größeren und stärkeren »Muckis«. Ein Eingriff in den Regelmechanismus ist auch durch andere Weise möglich, durch Ernährung, aber auch durch Drogen. Wir kennen das aus der Doping-Diskussion im Leistungssport.

Der Astronaut Umberto Guidoni trainiert auf der Internationalen Raumstation mit Hilfe eines Fahrradergometers.

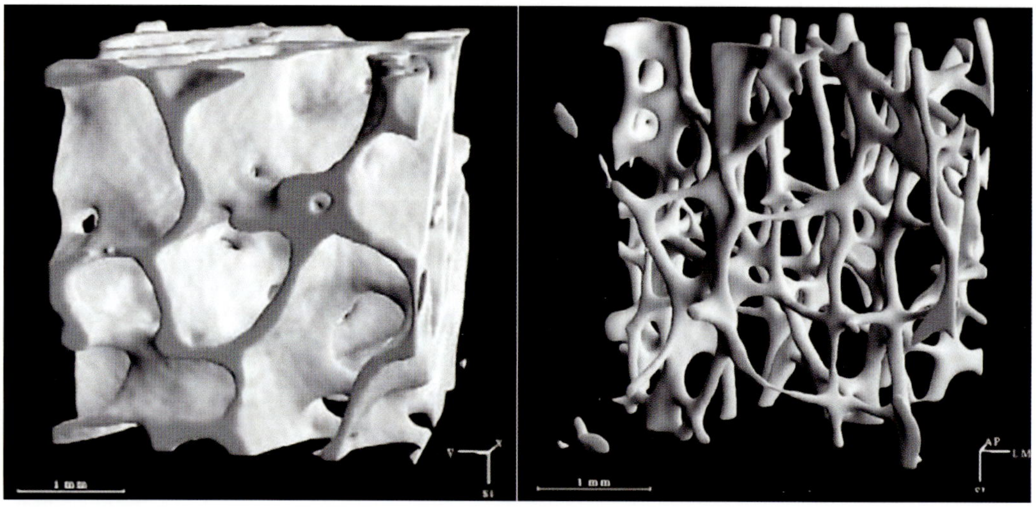


Osteoporose führt zu einer krankhaften Veränderung der Knochenstruktur, welche die Festigkeit deutlich verringern kann. Das linke Bild zeigt einen gesunden Knochen. Im rechten Bild wird die verminderte Knochendichte deutlich.

### Auch Knochen verändern sich

Knochen leisten erstaunliches. Sie sind in der Lage, lokale Belastungen bis zu 1 t auszuhalten, dabei sind sie im Vergleich zu mechanischen Werkstoffen leicht und elastisch. Das ist nur möglich, weil auch sie einem ständigen Erneuerungsmechanismus unterworfen sind, wie Muskeln und anderes Körpergewebe. Durch die fortwährende Regeneration beugen Sie einer Materialermüdung oder Versprödung vor und erreichen eine enorme Leistungsfähigkeit. Eine Störung des Regelmechanismus kann zu einer krankhaften Veränderung des Knochenmaterials führen, der Osteoporose. Diese Krankheit tritt mit zunehmendem Alter häufiger auf. Mit fortschreitender Überalterung der Gesellschaft wächst dieses Problem. Allein in Europa werden jährlich etwa 500.000 Osteoporosepatienten stationär behandelt.

Längere Aufenthalte im Weltraum führen zu ähnlichen Symptomen, ausgelöst durch die Unterbelastung in der Schwerelosigkeit. Wird dagegen nichts unternommen, wäre mit bleibenden Schäden und erhöhtem Knochenbruchrisiko zu rechnen. Daher absolvieren Astronauten ein intensives Trainingsprogramm, obwohl dies zusätzliche Energie verbraucht, die in Form von Nahrung und Sauerstoff zu hohen Transportkosten bereitgestellt werden muss. Als Trainingsgeräte dienten anfangs Gummibänder, mit denen man sich am Boden festhielt, später wurden Fahrrad-Ergometer oder Laufbänder eingesetzt. Ein tägliches Pensum von 2–3 Stunden muss jeder Astronaut der ISS in seinen Tagesablauf einplanen. Neuerdings werden Vibrationsgeräte zum Training genutzt. Sie reizen die Muskulatur durch Reflexe, also unwillkürlich, was sich als besonders effizient erwiesen hat.

Die Verminderung der Knochensubstanz bei länger dauerndem Aufenthalt in Schwerelosigkeit wird nicht nur zum Schutz der Astronauten untersucht. Im Gegensatz zur Krankheit Osteoporose ist die im Weltraum auftretende Knochenveränderung zumindest teilweise reversibel. Daraus lassen sich Erkenntnisse gewinnen, die zu Fortschritten in der medizinischen Behandlung von Patienten auf der Erde führen.

### Eine neue Beziehung zwischen Arzt und Patient

Traditionell geht der Patient zum Arzt, der ihn entweder direkt behandelt oder zum Zweck einer zusätzlichen Expertise weiter überweist. Das ist bei Astronauten nicht möglich, zumindest während ihrer Tätigkeit im All. Der Weltraummediziner muss daher Wege finden, seinen Patienten auch über große Entfernungen zu beraten, Erkrankungen zu diagnostizieren und Anweisungen zur Behandlung zu geben. Hierzu wurden neuartige Techniken entwickelt, die unter dem Begriff Telemedizin zusammengefasst werden.

Eine solche Vorgehensweise ist natürlich auch auf der Erde attraktiv: Patienten erhalten eine optimale Behandlung, egal wo sie sind und wie beweglich sie sind. Das gilt sowohl für den Geschäftsreisenden in Ländern mit medizinischer Unterversorgung als auch für den Soldaten im Auslandseinsatz, den Touristen auf der Kreuzfahrt oder den Gehbehinderten zu Hause. Keine Technik wird je den menschlichen Kontakt und die Zuwendung des behandelnden Arztes ersetzen, aber sie kann zusätzlichen Nutzen durch Ausschöpfen der verschiedensten Wissensquellen bringen. Hier zeigt sich der Beginn eines grundsätzlichen Paradigmenwechsels im Heilwesen. Seit Alters her galt die Vorstellung, dass die gesundheitliche Expertise beim Medizinmann, später beim Arzt, vorhanden ist und der Patient dort hin geht und sich beraten lässt. Nun zeichnet sich ein neues Bild ab: die Expertise kommt zum Patienten und er kann sich, wo immer er ist, Zugang zu ärztlichem Wissen und zur Behandlung einholen.

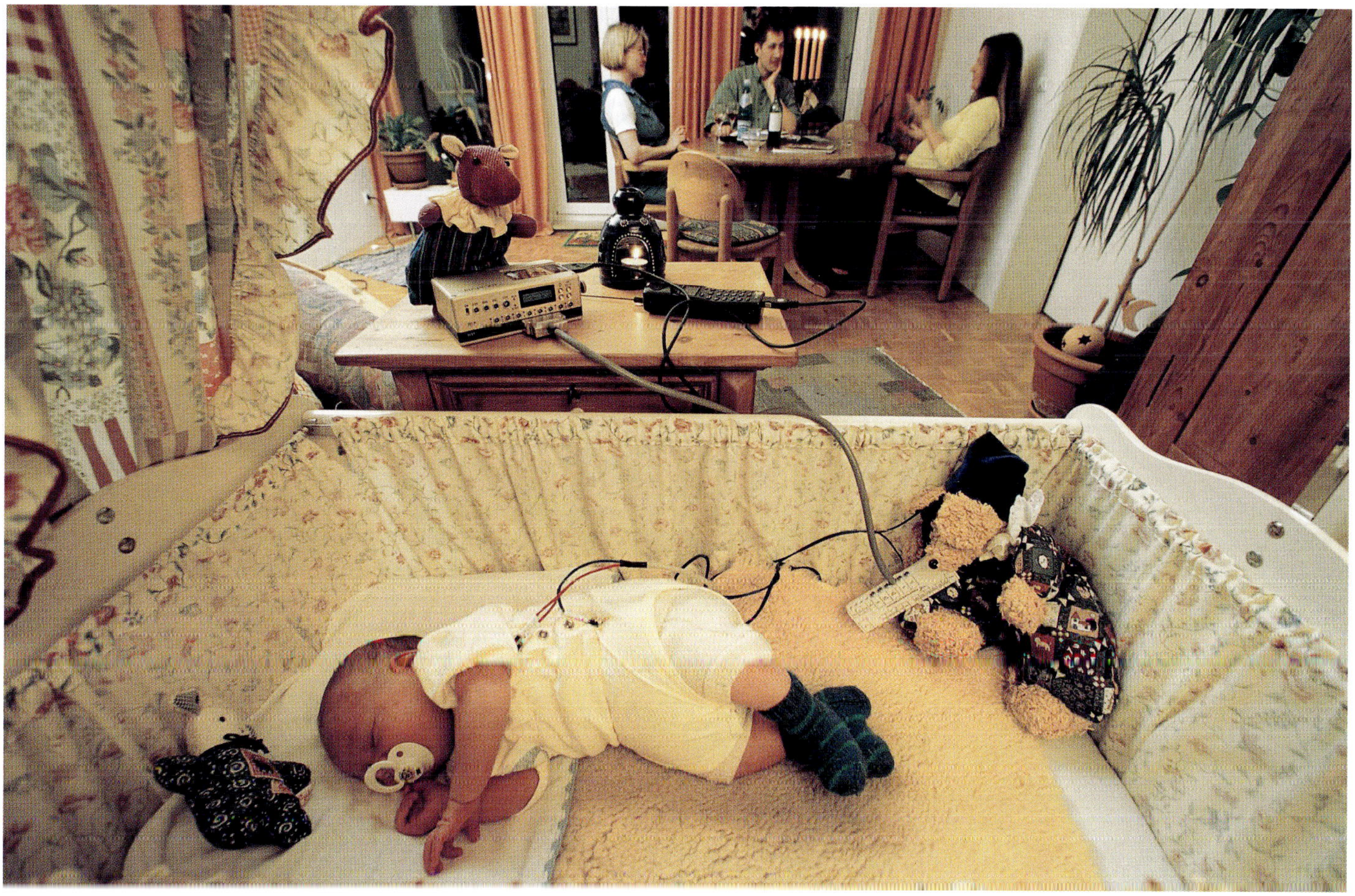

Fernüberwachung durch Telemedizin erlaubt eine Gesundheitsvorsorge für gefährdete Patienten, auch Kleinkinder. Durch die Übertragung lebenswichtiger Daten an ein Gesundheitszentrum können sie ohne Risiko in der häuslichen Umgebung gepflegt werden.

# Der Zukunft voraus

## Raum ohne Grenzen
## Der neue Weg ins All
## Der Mensch im All

Die Sombrero Galaxie (genannt auch M104 oder NGC 4594) ist eine Spiralgalaxie, 30 Millionen Lichtjahre entfernt im Sternbild Jungfrau. Im Zentrum enthält sie ein supermassives Schwarzes Loch

# Raum ohne Grenzen

Raumfahrt ist eine technische Herausforderung. Ständig operiert sie an der Grenze des Machbaren, was in der Natur der Sache liegt. Alleine zur Überwindung der Gravitationskräfte sind enorme Mengen an Energie erforderlich, dazu kommt, dass riesige Entfernungen unter absolut lebensfeindlichen Bedingungen zurückgelegt werden müssen. Selbst relativ erdnahe Umlaufbahnen, aus denen unser Planet erkundet oder mit kommerziellen Diensten für Kommunikation oder Navigation versorgt wird, sind diesen Problemen unterworfen. Wenn wir bereit sind, lange Reisezeiten zu akzeptieren, dann sind Ziele innerhalb unseres Sonnensystems durchaus erreichbar. Die Zeitspannen würden sich aber über Generationen hin ausdehnen, wenn wir versuchen sollten, unser Planetensystem zu verlassen.
Raumfahrt ist getrieben von menschlicher Neugier und Pioniergeist. Aber sie ist kein Selbstzweck. Abgesehen von rein kommerziellen Vorhaben, die sich aus privaten Ressourcen finanzieren, müssen sich alle mit öffentlichen Mitteln unterstützte Missionen dem Anspruch unterwerfen, dass ihre Ziele dem Wohle der Gesellschaft dienlich sind.

### Wohin geht die Reise?

Karl Valentin sagte: »Voraussagen sind schwierig, besonders wenn sie die Zukunft betreffen«. Gerade in der Prognose technischer Entwicklung kommt es zu einem oft beobachteten Phänomen. Die nähere Zukunft wird eher zu positiv beurteilt, während bei zeitlich sehr weit voraus liegenden Ereignissen eine pessimistische Grundstimmung überwiegt. Ein Beispiel dafür sind die Visionen, die Wernher von Braun in seinen Beiträgen zum Collier's Magazin im Jahre 1952 beschrieb – wohlgemerkt fünf Jahre bevor der erste künstliche Satellit die Erde umkreiste. Von Braun war damals Leiter der Raketenforschung in der amerikanischen Armee. In dieser Funktion gehörte es zu seinen Aufgaben, über geflügelte, mehrstufige Raketen und über Infrastrukturen im Weltraum nachzudenken. Seine visionären Voraussagen umfassten Raumfähren, Raumstationen und wissenschaftliche Instrumente im All.

Nach weiteren 50 Jahren Raumfahrt – vielleicht schon früher: Menschen erkunden den Mars.

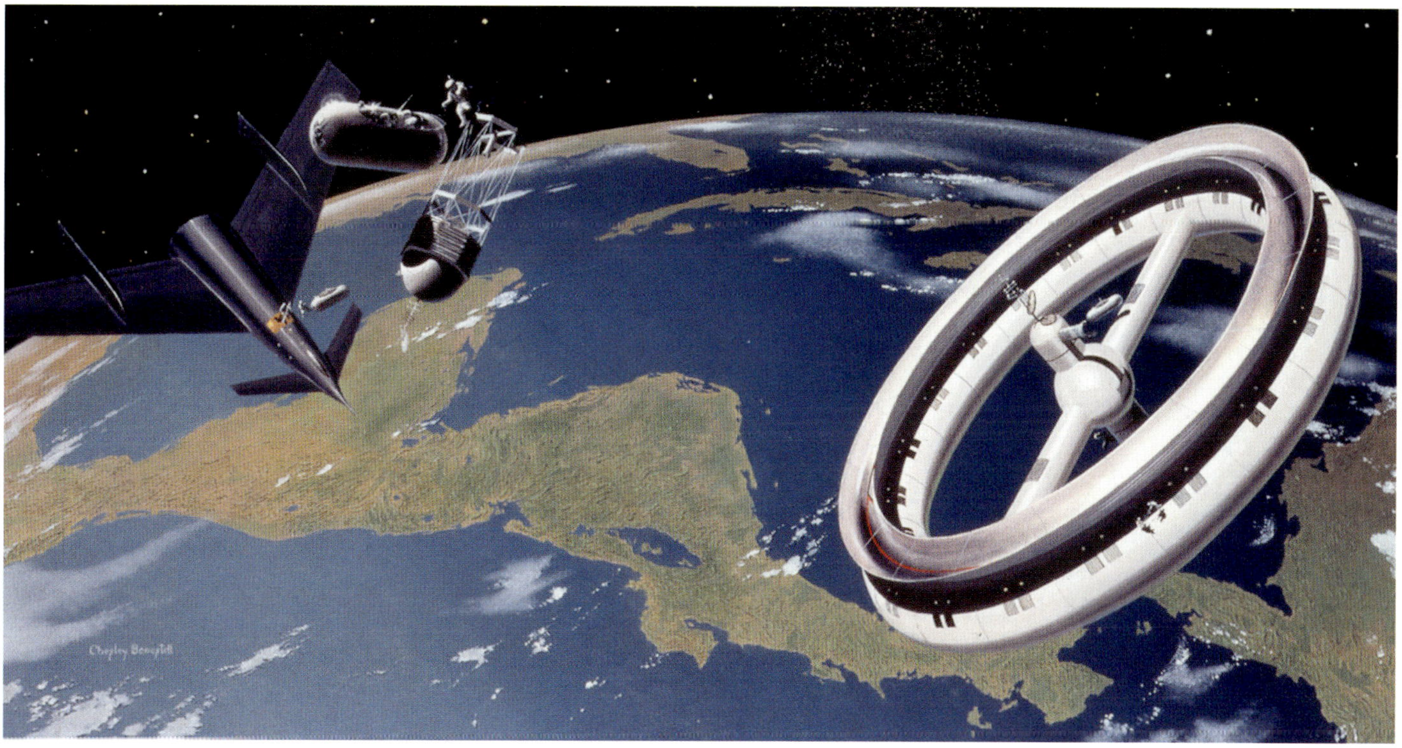

Die Prognose Wernher von Brauns im Jahr 1952 wurde vom Künstler Chesley Bonestell für Collier's Magazine illustriert: Eine geflügelte, wiederverwendbare Oberstufe parkt in der Nähe eines Weltraum-Teleskops, Astronauten warten das Teleskop, tauschen Ersatzteile und Betriebsstoffe aus. In der Nähe befindet sich eine große, rotierende Raumstation.

»Wenn man sofort beginnen und mit größtem Tempo daran arbeiten könnte, würde das ganze Vorhaben etwa zehn Jahre beanspruchen«, so Wernher von Brauns Prognose. Inhaltlich trifft seine Vorhersage durchaus zu. Seine Skizze eines Raumflugzeuges ähnelt dem heutigen Space Shuttle und sein Entwurf eines Weltraumobservatoriums erinnert an das Hubble Space Telescope, das in der Tat von Astronauten gewartet wird. Die Internationale Raumstation rotiert zwar nicht, aber ihre Ausmaße sind durchaus mit seinem Konzept vergleichbar. Was die zeitlichen Abläufe betrifft, lag Wernher von Braun eindeutig falsch: alle diese Entwürfe wurden erst 30 bis 50 Jahre später realisiert. Nicht voraussehen konnte er natürlich, dass, als eine der Folgen des Kalten Krieges, das Apollo-Mondprojekt vorgezogen wurde. Ähnlich erging es ihm mit den interplanetaren Raumflügen und der Landung von Astronauten auf dem Mars, die er noch für das vergangene Jahrhundert vorausgesagt hatte. Wir dürfen sicher sein, dass er im Prinzip damit wohl Recht behalten wird – nur eben ein paar Jahre später. Es gibt genügend andere Beispiele von Experten, die bei langfristigen Vorhersagen total danebenlagen. Lord Kelvin, immerhin Präsident der British Royal Society, war ein großer Wissenschaftler. Sein Ausspruch aus dem Jahre 1895 »Flugmaschinen schwerer als Luft sind unmöglich«, bringt uns heute eher zum Schmunzeln, genauso wie die Aussage von Charles H. Drell, Direktor des US-Patentbüros: »Alles, was erfunden werden kann, ist bereits erfunden worden.«

Die kurze Geschichte der Raumfahrt hat gezeigt, dass die Zukunft gerade durch das, was eben noch technisch machbar ist, maßgeblich geprägt wird. Die Verwirklichung des Undenkbaren erscheint möglich, solange nicht physikalische Gesetze dem eindeutig entgegenstehen. In diesen Kapiteln werden wir Beispiele erkennbarer Trends in der Weiter- und Neuentwicklung aufzeigen. Es wird jedoch im Hinblick auf die zuvor erwähnte Unsicherheit von Prognosen auf eine zeitliche Festlegung weitgehend verzichten.

### Raumfahrt im Dienst der Menschheit

Was spricht dafür, dass wir den Weltraum weiter nutzen und erkunden? Die Antwort auf diese Frage führt uns zurück zu den Grundbedürfnissen der menschlichen Natur. Und diese lassen sich in knapper Form anhand von drei universellen Imperativen formulieren: Erforschen! Verstehen! Vereinen!

### Erforschen – der kulturelle Imperativ

Die Neugier ist seit Urbeginn eine der Triebfedern menschlicher Entwicklung. Nur dadurch, dass in den meisten Menschen ein tief verwurzeltes Bedürfnis besteht, die Grenzen ihrer Erfahrung stets weiter auszudehnen, konnten wir uns über die rein vegetative Existenz erheben. Menschlicher Forschergeist ist die Basis jeglichen Fortschritts in der technischen und kulturellen Entwicklung. Auch in Zukunft wird die Menschheit fortfahren, ihr Wissen immer weiter voranzutreiben. Dabei hat gerade die Raumfahrt das Potenzial, junge Leute zu inspirieren und zu engagieren. Schon deshalb erscheint es unerlässlich, die Öffentlichkeit über die Herausforderungen und die Erfolge von Weltraummissionen zu informieren.

### Verstehen – der wissenschaftliche Imperativ

Noch im 18. Jahrhundert gab es Universalgelehrte, die den ganzen Wissensschatz ihrer Zeit in ihren Köpfen trugen. Heute hat die Spezialisierung eine immer größere Bedeutung, während sich der Umfang unseres Wissens exponentiell steigert. Man merke: Die Zahl der Forscher, die heute leben und arbeiten, ist genau so groß wie die Summe aller Wissenschaftler vergangener Zeiten. Die Summe neuer Ergebnisse vermehrt sich entsprechend rasch. Das Zusammenleben der Gesellschaft und unser Wohlstand beruht auf dem Zuwachs an technischen Entwicklungen und Wissen. Indem wir versuchen zu verstehen, was uns im Weltraum umgibt, kommen wir möglicherweise auch zu Antworten zu den fundamentalen Fragen nach dem Ursprung und den Zielen der Entwicklung der Menschheit. Die Wissenschaft von der Entstehung unseres Universums, die Kosmologie, hat durch die Raumfahrt entscheidende Impulse erhalten und wird auch in Zukunft von ihren Ergebnissen profitieren.

### Vereinen – der politische Imperativ

Die Rakete, das wichtigste Transportmittel der Raumfahrt, hat ihren Ursprung im Krieg, im Streit der Völker. Die spektakulärsten Fortschritte der Astronautik sind, genau besehen, Produkte des Kalten Krieges. Dennoch kann man heute sagen, dass sich die Raumfahrt zu einem Wegbereiter globaler Unternehmungen unabhängig von nationalen Grenzen entwickelt hat. Die Internationale Raumstation ist dafür ebenso ein Beispiel wie die erst vor kurzer Zeit abgeschlossenen Verträge zur gemeinsamen, globalen Überwachung unseres Heimatplaneten. Je anspruchsvoller die Missionen im All in Zukunft werden, desto größer wird die Notwendigkeit, sie in einer gemeinsamen, globalen Anstrengung der gesamten Menschheit durchzuführen. Die Erkundung des Planeten Mars mit Hilfe einer bemannten Mission könnte zum Musterbeispiel einer solchen Unternehmung werden.

In der Tradition der großen Entdecker erreicht die Menschheit Neues, indem sie angestammte Wissensgebiete und angestammte Siedlungsräume verlässt, um in unbekannte Gebiete vorzustoßen.

## Die wichtigsten Ziele

**der Raumfahrt in der Zukunft:**

- Die Erhaltung der terrestrischen Umwelt
- Wirtschaftlicher Fortschritt für die gesamte Menschheit
- Verbesserung der Lebensqualität auf der Erde
- Erweiterung unseres Wissens

## Eine lebensfähige Erde: Erhaltung der Umwelt

Auf ihrem Flug durch das All begegnet die Erde einem anderen Planeten. Der ruft ihr im Vorbeiflug zu: »He, Erde, du siehst schlecht aus! Bist du krank?« »Ach«, ruft die Erde zurück, »mir geht es schlecht. Ich bin wirklich krank: Ich habe Mensch«. »Macht nichts«, kommt es vom anderen Planeten zurück, »das geht vorbei!«

Seit den Ergebnissen des International Panel for Climate Change wissen wir mit wissenschaftlicher Sicherheit, dass es tatsächlich der Mensch ist, der das Klima der Erde verändert und sich damit selbst einer ungewissen Zukunft ausliefert. Es sieht so aus, als müssten wir unseren Planeten als einen riesigen Organismus verstehen, der auf Veränderungen in weitgehend unvorhersehbarer Weise reagiert. Lokale, regionale und globale Regelungszyklen wirken untereinander in einem komplexen Wechselspiel, dessen Ergebnis Auswirkungen weit über die Ursache hinaus haben kann.

Was wir benötigen, ist ein »Planetenmanagement«, das die Erde als hochgradig vernetztes Gesamtsystem betrachtet. Es gilt, die Größe der verschiedenartigen Einflüsse und die zwischen ihnen wirkenden Prozesse zu erkennen und zu erfassen. Dies erfordert ein globales Erdbeobachtungs- und Überwachungssystem mit einem langfristig gesicherten und lückenlosen Zugang zu Daten mit hoher räumlicher, zeitlicher und spektraler Auflösung, die von einer Vielfalt von Fernerkundungssensoren gemessen werden. Die verschiedenen Sensoren müssen untereinander kalibriert, die Messwerte vergleichbar sein, und das über sehr lange Zeiträume, um langsame Veränderungen zu erkennen. Dies ist eine formidable Aufgabe auf globalem Maßstab, bei der die Raumfahrt wesentliche Beiträge erbringen kann.

### Lebensraum für unsere Enkel

Es ist die gemeinsame Verantwortung aller Staaten, allgemein verträgliche Umweltbedingungen für alle Erdbewohner als Grundlage für eine nachhaltige ökonomische, soziale und kulturelle Entwicklung sicherzustellen. Das gilt nicht nur heute, sondern insbesondere für nachfolgende Generationen, welche die Auswirkungen der jetzt eingeleiteten schleichenden Veränderungen ertragen werden müssen. Daraus ergibt sich die Notwendigkeit – ja die Pflicht – das noch ungenügend verstandene komplexe »System Erde« mit allen Mitteln, auch denen der Raumfahrt zu überwachen, zu analysieren und somit besser zu verstehen. Die vielfältigen Wechselwirkungen zwischen den verschiedenen Komponenten des Systems, den Kontinenten, den Ozeanen, der Atmosphäre und den menschlichen Aktivitäten, sind noch nicht ausreichend verstanden. Wir müssen erreichen, dass zuverlässige Modelle zur Voraussage zukünftiger Entwicklungen erstellt werden. Zahlreiche Gefahren bedrohen das empfindliche Gleichgewicht des Ökosystems: Natürliche und vom Menschen ausgelöste Katastrophen, Verschlechterung der Umweltbedingungen, Abnahme der schützenden Ozonschicht, klimatische Veränderungen, Sonneneruptionen und sogar Kollisionen mit kosmischen Objekten. Die Tragweite der meisten dieser Bedrohungen erfordert globale Lösungen.

Wir beobachten heute alarmierende Veränderungen der Lebensbedingungen, die große Teile der Erdbevölkerung in ihrer Existenz gefährden: Das Schmelzen der Gletscher und der polaren Eiskappen, der Anstieg der Meeresoberfläche und die zunehmende Versteppung und Verwüstung von Teilen der Erdoberfläche. Gegenwärtige Analysen zeigen, dass ohne tiefgreifende Veränderungen des menschlichen Verhaltens katastrophale Entwicklungen drohen. Die Rolle eines Planeten-Managements wird zunehmend wichtig, von der Datensammlung über die numerische Modellierung zugunsten besserer Vorhersagen, bis hin zur Überwachung international vereinbarter Restriktionen. Dies ist umso dringlicher, als die Zeitkonstanten der thermischen Trägheit der Ozeane und der Zersetzung der Treibhausgase in der Atmosphäre so groß sind, dass Gegenmaßnahmen erst nach vielen Jahrzehnten wirksam werden. Der globale Charakter dieser Phänomene erfordert eine internationale Zusammenarbeit unter Einsatz von Beobachtungssystemen im Weltraum.

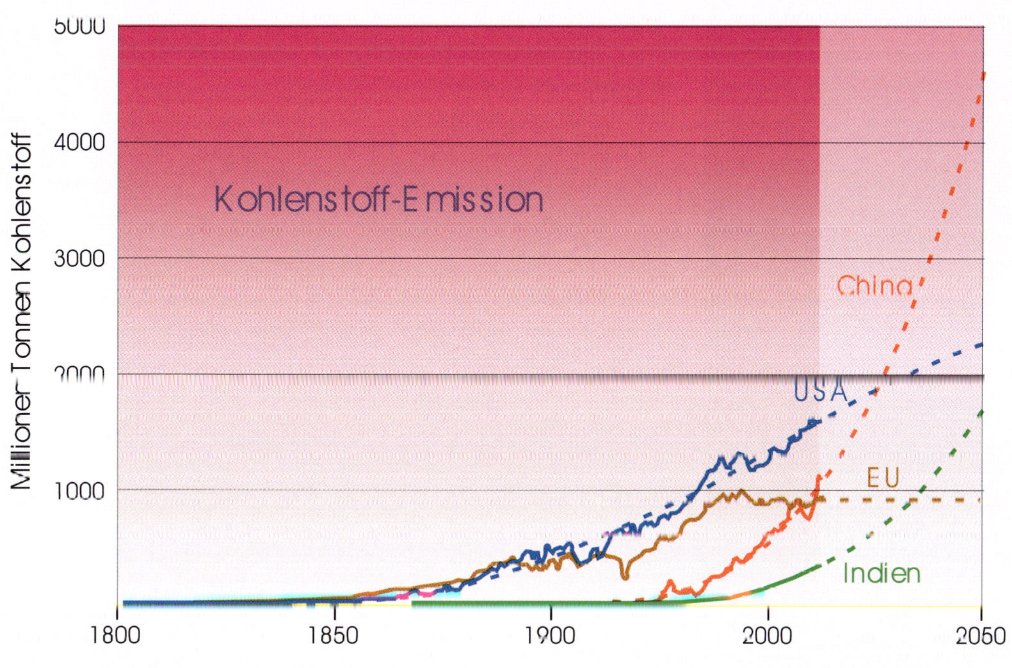


Die Erfassung von aktuellen, die Umwelt belastenden Emissionen und die Modellierung der Trends und deren Überwachung werden zunehmend wichtig für das Planetenmanagement.

## Wirtschaftlicher Fortschritt

Die Raumfahrt gilt allgemein als teuer. Das ist durchaus richtig. Für eine Weltraummission ist stets ein hoher Aufwand an Energie, Material und Arbeitskraft erforderlich. Offensichtlich gibt es jedoch Marktsegmente, wo sich selbst solche Investitionen ertragreich amortisieren. Die Fernsehübertragung durch Satelliten ist ein bekanntes Beispiel. Aber auch im öffentlich finanzierten Sektor relativieren sich die hohen Summen schnell. Kosten von Weltraummissionen werden nämlich immer über den gesamten Lebenszyklus errechnet, schließen also Entwurf, Bau, Start, Betrieb und Auswertung mit ein. Das ist, als ob man bei den Kostenangaben für ein Auto nicht nur den Kaufpreis, sondern alle Betriebskosten wie Benzin, Wartung, Versicherung, Steuern, Garage etc. bis zur Verschrottung mit einrechnen würde. Eine ehrgeizige wissenschaftliche Mission wie Rosetta, der Flug zu einem Kometen mit Landung auf dessen Kern, kostet den europäischen Steuerzahler rund eine Milliarde Euro. Bei einer gesamten Missionsdauer von 20 Jahren und einem Beitrag Deutschlands von 25 % ergibt dies gerade mal die Kosten einer Zigarette pro Bundesbürger und Jahr. Das sollten uns die Erkenntnisse, die eine solche Mission bringt, wert sein.

### Wachstumsmarkt Kommunikation

Die derzeitigen Marktbedürfnisse in den Entwicklungsländern und der Anstieg der Weltbevölkerung führen zu einem exponenziellen Anstieg der Nachfrage in der Kommunikation. Der Bau terrestrischer Breitbandkabelnetze aus Glasfaser hat lange Vorlaufzeiten. Für die flächendeckende Kommunikation in Entwicklungsländern sind sie auch kaum effizient. Satellitenfunknetze erweisen sich grundsätzlich für solche Zukunftsaufgaben als besser geeignet. Die heute verfügbaren Lösungen werden jedoch den wachsenden Anforderungen nicht gerecht. Man braucht grundlegend neue Technologien und Netzkonfigurationen, deren erste Generation sich momentan in der Einführung befindet. Konzepte mit bis zu hunderten von Einzelsatelliten sind in Vorbereitung.
Die Geschwindigkeit auf dem Weg zur Informationsgesellschaft wird weiter zunehmen. Die Veränderungsprozesse erfordern nationale Strategien für Hochgeschwindigkeitskommunikation, wobei Satelliten einen wichtigen Teil der zukünftigen Netzwerke ausmachen werden. Breitbandanschlüsse sind schon jetzt in den meisten europäischen Haushalten vorhanden und werden auch in Schwellenländern bald zum Normalfall. Nur unter Mithilfe von fortschrittlichen Kommunikationssatelliten lässt sich der informationstechnische »digitale Graben« zwischen hoch entwickelten und aufstrebenden Nationen langfristig überwinden.

Superbird-7, ein moderner japanischer Kommunikationssatellit von 5 t Masse wird bei Mitsubishi hergestellt und kostet ca. 100.000 € pro Kilogramm. Er wird für 100 Millionen € mit der Ariane-5 ECA im Jahr 2008 gestartet werden.

## Monopol GPS-Navigation

Navigationsdienste mit Hilfe von Satelliten sind heute praktisch nur mit dem vom amerikanischen Verteidigungsministerium betriebenen Global Positioning System (GPS) möglich. Dieser Dienst ist kostenfrei, aber ohne Gewährleistung für Verfügbarkeit und Genauigkeit. Um dieser Abhängigkeit zu entkommen und am Markt neuer Nutzungsmöglichkeiten kommerziell stärker partizipieren zu können, hat sich Europa entschieden, ein eigenes System mit Namen »Galileo« aufzubauen. Es wird speziell für die Bedürfnisse des kommerziellen Marktes entwickelt. Eine gesicherte Verfügbarkeit und garantierte Datenintegrität werden herausragende Alleinstellungsmerkmale gegenüber GPS sein. Dadurch erschließt man neue Bereiche wie den Flugverkehr, Versicherung und Finanzen oder spezielle öffentliche Dienstleistungen, und bietet gleichzeitig neue Qualitäten für klassische Nutzer in Bereichen wie Straßenverkehr, Energie, Umwelt, Landwirtschaft, Geologie und Wissenschaft.

## Ferien im All

Angefangen hatte das Ganze mit der chronischen Geldknappheit der russischen Weltraumagentur. Sie half sich, indem sie über die amerikanische Firma Space Adventures Plätze in ihrer Sojus-Kapsel verkaufte. Dennis Tito ging in die Raumfahrtgeschichte ein, als er am 28. April 2001 für 20 Millionen Dollar als erster zahlender Weltraumtourist abhob. In der Zwischenzeit folgten vier weitere Personen, darunter eine Frau, Anousheh Ansari. Deren Familie leistet auch an anderer Stelle einen großen Beitrag zum Weltraumtourismus. Sie lobte den Ansari X-Price aus, den im Oktober 2004 der Konstrukteur Burt Rutan gewann. Ihm gelang es als erstem, innerhalb zweier Wochen zwei suborbitale Flüge mit Passagieren durchzuführen.

Navigationsgeräte, basierend auf dem GPS-Satellitensystem, gehören heute fast zur Standardausrüstung eines Fahrzeugs

Anousheh Ansari, die erste Touristin auf der Internationalen Raumstation, am 29. September 2006 in der kasachischen Steppe nach ihrer Rückkehr zur Erde. Ihre Familie hat mit dem Ansari X-Price wichtige Anstöße zum Weltraumtourismus gegeben.

Inzwischen tummelt sich eine ganze Reihe von Firmen auf dem Markt privater Weltraumflüge. Die Firma Bigelow Aerospace bietet an, private Gegenstände in den Weltraum zu bringen. Photos dokumentieren das Ereignis. Einsteiger können für ein paar tausend Euro in Parabelflügen Schwerelosigkeit erfahren. Mehrere Firmen arbeiten, neben Burt Rutans »Scaled Composites« an Spezialflugzeugen für suborbitale Flüge, darunter die Fluglinie Virgin Atlantic und der deutsche Weltraumkonzern EADS-Astrium. Der nächste Schritt wird wohl die kommerzielle Vermarktung von Aufenthalten auf der Raumstation sein. Auch Flüge zum Mond sind geplant, und die Firma Bigelow arbeitet am Entwurf eines Hotels auf dem Mond.

In einer Zeit, da Touristen die Besteigung des Mount Everest 60.000 Dollar wert ist, kann man erwarten, dass auch der Weltraumtourismus eine kommerzielle Zukunft hat. Der Markt ist klein, aber nach verschiedenen Studien tragfähig genug, um Investitionen zu rechtfertigen. Der Flug in den Raum, das Erlebnis der Schwerelosigkeit, und der unvergleichliche Blick auf unseren Heimatplaneten rechtfertigen den Aufwand für die Menschen, die sich das leisten können.

## Schwarze Zahlen bei Dienstleistungen, rote bei Satelliten und Raketen

Für den Laien besteht die Raumfahrt aus Raketen, Satelliten und Raumsonden. In der Wirtschaft sieht die Sache aber ganz anders aus. Sie verdient mit Satelliten und den für sie benötigten Raketenstarts deutlich weniger Geld als im daraus resultierenden Dienstleistungsgeschäft. Gewinne erzielen vor allem Fernseh- und Rundfunksatelliten sowie Telefon- und Breitband-Übertragungsdienste. Auch in der Navigation werden die Gewinne durch Endgeräte, digitale Straßenkarten und spezielle Angebote in Hard- und Software erzielt, wie zum Beispiel durch GPS-gesteuerte Bulldozer oder Baumaschinen. Es ist verständlich, dass die großen Raumfahrtfirmen, ebenso wie neu gegründete Unternehmen, sich zunehmend auf diese Marktsegmente konzentrieren. Die eigentliche Raketen- und Satellitentechnik bleibt jedoch aus volkswirtschaftlicher Sicht interessant, weil sie anspruchsvolle Hochtechnologie-Arbeitsplätze schafft und sich innovationsfördernd auf andere Industriebereiche auswirkt. Daher wenden einzelne Nationen oder auch die Europäische Union erhebliche öffentliche Mittel dafür auf, dass die Fähigkeit zum Bau von Raumfahrzeugen und Satelliten gefördert wird. Auf diese Weise möchte man die eigene Konkurrenzfähigkeit am Weltmarkt erhalten oder sogar verbessern.

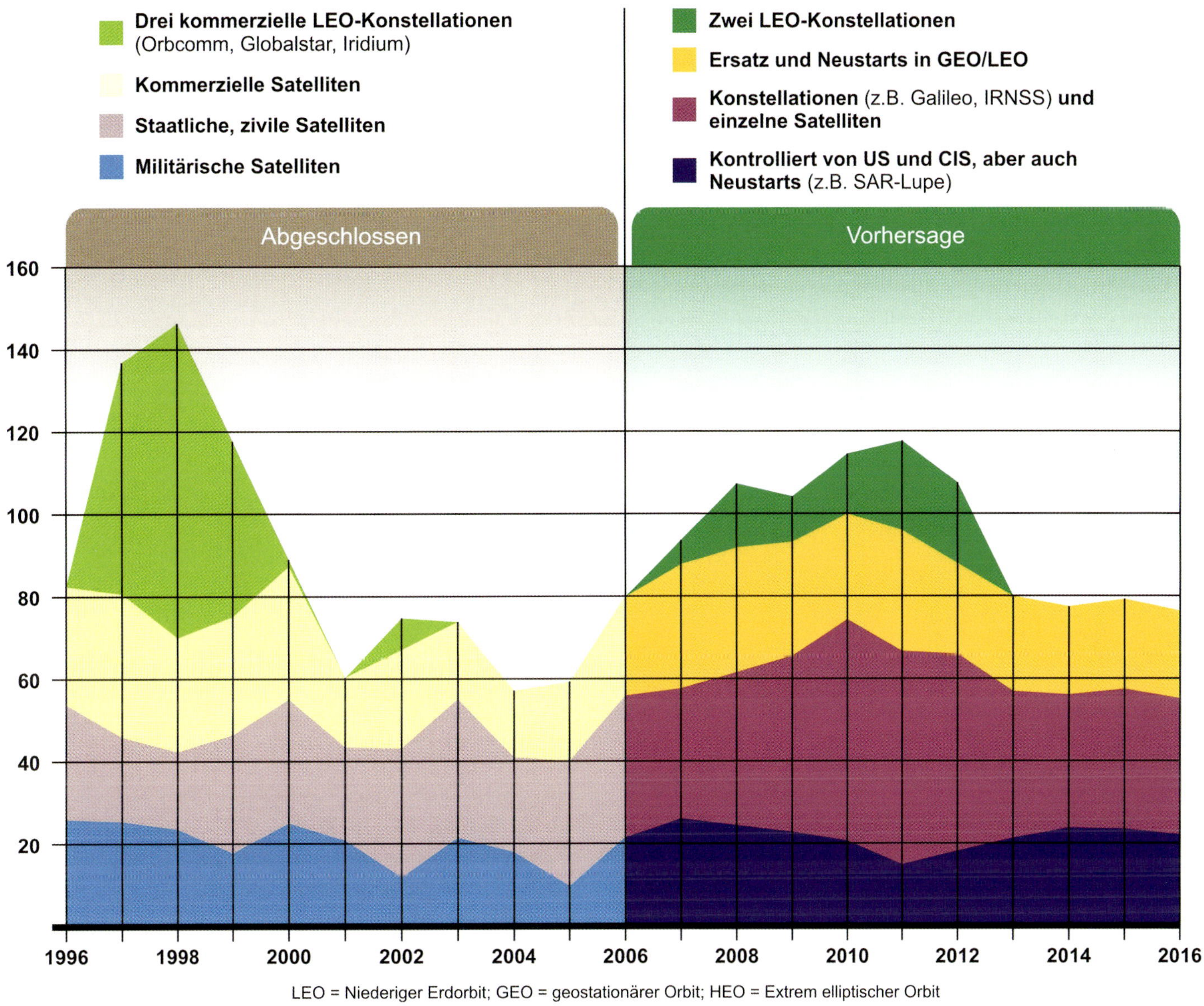


Zahl der Raketenstarts pro Jahr in den vergangenen und den nächsten 10 Jahren (Space News).

### Wissenschaft und mehr…

Man darf nicht übersehen, dass eine eigene Raketentechnik einem Staat nicht nur einen Platz in der elitären Gruppe raumfahrender Nationen sichert, sondern dass oft auch militärische Überlegungen eine wichtige Rolle spielen. Die europäische Raumfahrtagentur ESA ist Kraft ihrer Satzung zur friedlichen Nutzung des Weltraums verpflichtet. Nach Frankreich entdecken nun auch andere Staaten, wie zum Beispiel Deutschland, dass die Raumfahrt für neue, international ausgerichtete Aufgaben der Streitkräfte sinnvolle Hilfe leisten kann. Schwellenländer wie China, Indien oder Brasilien ergreifen die Gelegenheit, mit wissenschaftlichen Weltraummissionen ihre Stärke zu demonstrieren. Nur Japan verzichtet bisher darauf, seine starke Forschungskapazität im Weltraum auch zu verteidigungspolitischen Zwecken einzusetzen.

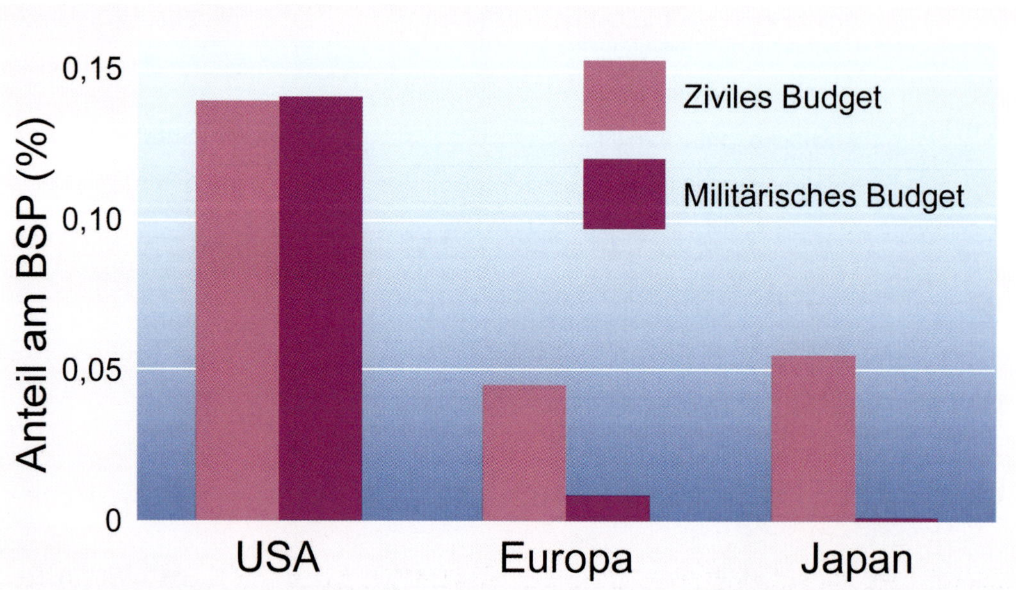


Zivile und militärische Raumfahrtbudgets gemessen am Bruttosozialprodukt (Quelle: Euroconsult und ESA). Bei den militärischen Aufwendungen konzentrieren sich 95% des global verfügbaren Budgets auf die USA (17,5 Milliarden $), gefolgt von Frankreich mit 480 Millionen €. Die gesamten europäischen militärischen Aufwendungen umfassen nur 650 Millionen €. Europa ist (in absoluten Zahlen) zwar die zweitgrößte Raumfahrtmacht im zivilen Bereich, im militärischen aber ein Zwerg gegenüber den USA.

Die Dominanz der USA in der Weltraumtechnik ist nicht zuletzt auf eine starke militärische Komponente zurückzuführen. Setzt man die gesamten staatlichen Raumfahrtausgaben (zivile und militärische) ins Verhältnis zum Bruttosozialprodukt der letzten Jahre, so zeigen sich drastische Unterschiede zu Europa und Japan. Die staatlichen Raumfahrtzuwendungen haben offenbar mit dem Bruttosozialprodukt wenig zu tun, dafür aber umso mehr mit dem wirtschaftlichen Erfolg und den entsprechenden Weltmarktanteilen. Dieses macht vor allem deutlich, dass die Technologien zum Aufbau einer Raumfahrt-Infrastruktur für Staat und Wirtschaft an sich wirtschaftlich lohnenswert sind, unabhängig davon, ob es einen Spin-off für andere Bereiche gibt oder nicht.

## Eine bessere Lebensqualität

Schon immer war der technische Fortschritt die wesentliche Antriebskraft für die Entwicklung der Menschheit. Seit der ersten Steinaxt hat die Technik dazu gedient, die Fähigkeiten des Menschen zu erweitern und sein Überleben zu sichern. Auch die Raumfahrt hat die Pflicht, Beiträge zur Sicherung der Existenzgrundlagen und zur Verbesserung der Lebensqualität zu liefern. Fortschritt ist aber nicht nur auf dem Gebiet der Technik zu sehen. Auch soziale Faktoren wie Erziehung und Ausbildung, gesellschaftlicher Konsens und Zusammenarbeit zwischen den Völkern tragen zu einer Fortentwicklung der Menschheit bei.

### Lernen für die Zukunft

In einer globalen Weltwirtschaft konkurriert Europas alternde Bevölkerung nicht nur mit den USA, einer demographisch stabilen Gesellschaft, sondern auch mit schnell wachsenden Ländern wie China und Indien. Diese bilden vor allem in den Ingenieur- und Naturwissenschaften einen hoch motivierten Nachwuchs heran. Als eine wissensbasierte Gesellschaft ohne herausragende natürliche Ressourcen beruhen unsere sozialen Errungenschaften und unser Wohlstand auf dem Reichtum an Bildung. Um seinen gegenwärtigen Status in der Welt zu erhalten, muss Europa seine Talente und Fähigkeiten auf den Gebieten der rapide fortschreitenden Wissenschaft und Technologie konzentrieren.
Raumfahrt hat das gewisse Etwas, um Menschen zu inspirieren. Das gilt nicht nur für den bemannten Sektor, wo das Abenteuer und der menschliche Faktor dies erwarten lassen. Die zukunftsorientierten Fragestellungen herausfordernder Programme sprechen gerade junge Menschen an. Eine prominente Rolle Europas bei der Exploration des Sonnensystems regt Schüler und Studenten an, sich verstärkt den technikorientierten Disziplinen zu widmen. Die über Jahrzehnte konstante Nachfrage nach Studienplätzen in der Luft- und Raumfahrt zeigt dies sehr deutlich. So war in den letzten 20 Jahren, in denen einer der Autoren an der größten europäischen Fakultät für Luft- und Raumfahrt lehrte und forschte, die Zahl der Bewerber für einen Studienplatz – wie in keiner anderen Ingenieursdisziplin – doppelt so hoch wie die Zahl der verfügbaren Studienplätze.

Wie werden wir in der Zukunft Schüler und Studenten inspirieren, so dass sie sich verstärkt den naturwissenschaft- und technikorientierten Disziplinen zuwenden?

### Nahrung für Viele

Das Wachstum der Weltbevölkerung ist immer noch erschreckend groß, auch wenn wir uns mittlerweile an die hohen Zahlen gewöhnt haben. Im Oktober 1999 hat die Population der Erde 6 Milliarden überschritten. Eine Verdoppelung, vielleicht sogar eine Verdreifachung wird in den nächsten 20–50 Jahren erwartet. Erst dann wird sich die Bevölkerungszahl auf einem sehr hohen Niveau stabilisieren, eventuell sogar wieder abnehmen.
Schwellenländer wie China oder Indien werden ihren Lebensstandard schrittweise an den der westlichen Industrienationen angleichen. Mit ihren hohen Bevölkerungsdichten werden sie einen wachsenden Anteil an den Ressourcen der Erde wie Wasser, Nahrung und Energie beanspruchen. Um diesem zusätzlichen Bedarf gerecht zu werden, ist es notwendig, diese Ressourcen auf globaler Ebene zu erfassen und ihre Ausbeutung auf eine wirtschaftliche und dabei gleichzeitig nachhaltige Weise zu sichern.
Die Instrumente der Erdbeobachtung aus dem Weltraum sind bereits heute in der Lage, die Nutzung landwirtschaftlicher Flächen zu überwachen und zu verbessern. Dies war bisher auf kleinräumige Anforderungen in der Agrarwirtschaft beschränkt. Zukünftig werden großräumige regionale Absprachen notwendig sein, die sich auf die Ergebnisse aktueller Messungen

aus dem Weltraum stützen. Mit Methoden der Präzisions-Landwirtschaft wird eine Optimierung von Anbauparametern durch Vermessung von Bodendaten, Wachstumsstand, Schädlings- oder Krankheitsbefall aus dem All erreicht und so ein größtmöglicher Ertrag bei minimaler Bodenbelastung sichergestellt.
Wasser wird zukünftig in vielen Weltregionen zur Mangelware. Mit Ausnahme einiger nördlicher Länder, zu denen auch unsere Heimat gehört, droht bereits im 21. Jahrhundert eine weltweite Süsswasserknappheit. Satelliten ermöglichen eine frühzeitige Warnung vor Änderungen der Wasserversorgung auf großer Skala, die zur Vegetationsanpassung bis zur Wüstenbildung führen können. Im lokalen Bereich können Trockenperioden oder auch Überflutungen vorhergesagt werden. Auch die Ozeane und die Eisbedeckung der Erde, wichtige Elemente für die weltweite Trinkwasserversorgung, lassen sich ständig aus dem Weltraum überwachen.

### Schadensfälle

Das Bevölkerungswachstum hat eine zunehmende Verdichtung von hoch entwickelten Ballungszentren zur Folge. Die Ansammlung von mehr Menschen auf kleinem Raum verschlimmert die humanen und ökonomischen Konsequenzen von Naturkatastrophen dramatisch. Allein in den letzten drei Jahrzehnten haben damit verbundene wirtschaftliche Schadensfälle um das Fünffache zugenommen. Dies ist sowohl auf bestimmte agrarwirtschaftliche Praktiken, als auch auf klimatische Phänomene zurückzuführen.
Ständig fließen Weltraumdaten in geographische Informations-Systeme ein und halten sie dadurch auf dem aktuellsten Stand. Das spielt eine wichtige Rolle bei Hilfseinsätzen nach Katastrophen. Die Auswirkungen können minimiert werden, etwa indem aus Niederschlagsdaten frühzeitig vor Fluten gewarnt wird. Zusammen mit Luftbildern und Daten von örtlichen Stationen wird die Information aus dem Weltraum eingesetzt, um risikoreiche Zonen zu erfassen und zu überwachen. Satellitengestützte Nachrichtensender sind auch dann noch verfügbar, wenn Naturkatastrophen die lokale Infrastruktur zerstört haben. Beobachtungs- und Navigationssatelliten helfen bei der Schadenserkennung und der Organisation von Rettungsmaßnahmen.

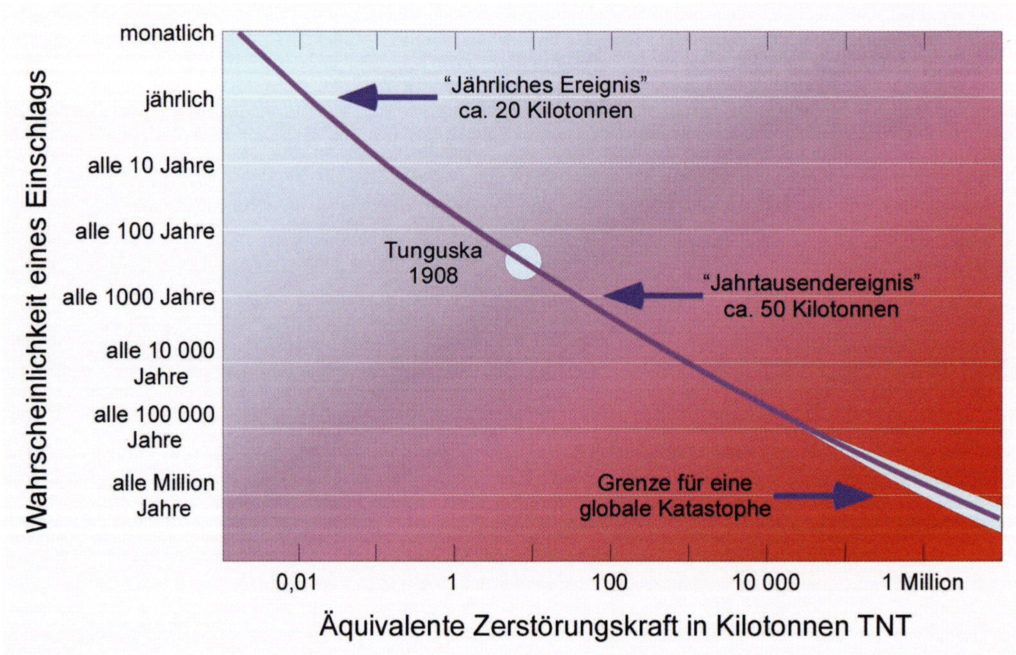


Wahrscheinlichkeit eines Meteoriteneinschlags auf der Erde in Abhängigkeit von dessen Größe.

Der Einsatz von Frühwarnsystemen bei Naturkatastrophen hat in den letzten Jahren zu ermutigenden Ergebnissen geführt. Weltraumbasierte Radar-Interferometrie wird zum Nachweis von Erscheinungen, die Katastrophen vorangehen, eingesetzt. Kleinste Verschiebungen der Erdoberfläche vor Vulkanausbrüchen, minimale tektonische Bewegungen vor Erdbeben oder wandernde Wellenberge im Pazifik als Anzeichen für das El Niño-Phänomen sind oft genannte Beispiele.

## Erweiterung des Wissens

Es gibt einige fundamentale wissenschaftliche Fragestellungen, die nicht nur Forscher beschäftigen, sondern auch von den meisten Menschen als essentiell angesehen werden. Folgende Fragen gehören sicher dazu:

- Wo kommen wir her? Was ist der Ursprung des Lebens und des Universums?
- Sind wir allein? Gibt es irgendwo noch Leben außer bei uns hier auf der Erde?
- Wo gehen wir hin? Wie entwickelte sich die Menschheit, die Erde und unser Universum?

Die Antworten auf solche Fragen können oft überhaupt nicht gegeben werden oder fallen unvollständig aus. Die Weltraumforschung ist in vielen Fällen der Schlüssel dazu, eines Tages präzise Auskünfte zur den Fragestellungen zu erhalten.

Das Hubble-Weltraumteleskop entdeckte Galaxien in ihren frühesten Entwicklungsstadien. Dazu wurde eine scheinbar leere Stelle im Raum mit extrem langer Belichtungszeit beobachtet.

### Wo kommen wir her?

Beobachtungen und Messungen aus dem Weltraum haben unsere Sicht auf das Universum um enorme Schritte erweitert. Das Forschungsgebiet der Kosmologie, das sich mit der Frage nach dem Ursprung unseres Kosmos beschäftigt, wandelte sich durch aktuelle Ergebnisse, insbesondere der Weltraumastronomie, von einer Ansammlung spekulativer Theorien zu einer empirisch fundierten Wissenschaft. Heute sind wir in der Lage, mit Instrumenten wie dem Hubble-Weltraumteleskop weit zurück in der Zeit zu blicken, bis nahe an die Geburt des Universums im dramatischen Ereignis des Urknalls. Gleichzeitig mit einem tieferen Verständnis der Entstehung von Raum, Zeit und Materie werden uns die Grenzen unseres Wissens dabei immer deutlicher. Wir glauben, die Prozesse der Entstehung des Kosmos beschreiben zu können. Dabei müssen wir auf die unbegreifliche Annahme der »Inflationären Expansion«, einer Ausdehnung des Universums um den Faktor $10^{50}$ in Zeiten von weniger als $10^{-30}$ s zurückgreifen. Wir müssen erkennen, dass nur ein kleiner Bruchteil des Universums aus Materie der uns bekannten Form, so genannter baryonischer Materie besteht. Die Natur der überwiegenden Bestandteile, immerhin 95 %, ist uns bis heute völlig unerklärbar. Wir bezeichnen sie in unserem Unwissen als dunkle Energie und dunkle Materie.

Mysterien dieser Dimension lassen sich nur aufklären, wenn wir versuchen, die Struktur des Universums und die vorherrschenden Prozesse weiter zu erkunden. Das wichtigste und zurzeit einzige Mittel zur Untersuchung sind elektromagnetische Wellen, also Licht in Energiebereichen von Radiowellen bis zur Hochenergiestrahlung. Je älter, also je weiter entfernt die Quelle, desto schwächer ist der Strom an Photonen. Deswegen benötigen wir riesige Teleskope, bis zu Kilometern im Durchmesser, die als Observatorien für breite Wellenlängenbereiche im Weltraum positioniert werden. Zukünftig wird auch eine andere Form von Information aus dem All, die Gravitationswellen, zur Untersuchung zugänglich. Solche Signale entstehen bei allen Ereignissen, bei denen große Massen beschleunigt oder verändert werden – beim Umlauf schwerer Doppelsternsysteme oder beim Sturz eines Sterns in ein Schwarzes Loch. Ausschließlich diese Wellen sind in der Lage, Informationen über die frühesten Phasen des Universums zu uns zu bringen, aus der Zeitspanne zwischen dem Urknall und 380.000 Jahre danach, als das Universum für Licht noch nicht durchsichtig war.

An vielen Orten im Universum könnte sich möglicherweise Leben entwickelt haben, beispielsweise auf Planeten, die andere Sterne umkreisen.

### Sind wir allein?

Wenn wir unser Universum mit den modernen Methoden der Astronomie untersuchen, finden wir hunderte Milliarden von Galaxien, die jeweils hunderte Milliarden Sterne enthalten. Viele davon, wahrscheinlich die meisten, sind Sonnen von Planetensystemen. Ist es wahrscheinlich, dass wir in dieser Unzahl von Welten die einzige sind, in der sich Leben entwickelt hat?

Die Frage lässt sich nicht auf einfache Weise beantworten. Man muss neben den großen Zahlen auch die enormen Entfernungen, die Endlichkeit der Lichtgeschwindigkeit und die begrenzte Lebensdauer möglicher Zivilisationen in Betracht ziehen. Dann wird es extrem unwahrscheinlich, dass wir Signale von anderen Lebewesen empfangen, geschweige denn mit ihnen direkt in Kontakt treten können. Leben muss aber nicht unbedingt Zivilisation bedeuten und mit bewussten oder unbeabsichtigten Signalen aufspürbar sein. Einfache Lebensformen wie Mikroben haben sich auf unserer Erde fast vier Milliarden Jahre halten können. Dass wir irgendwo Vergleichbares finden können erscheint schon deutlich wahrscheinlicher.

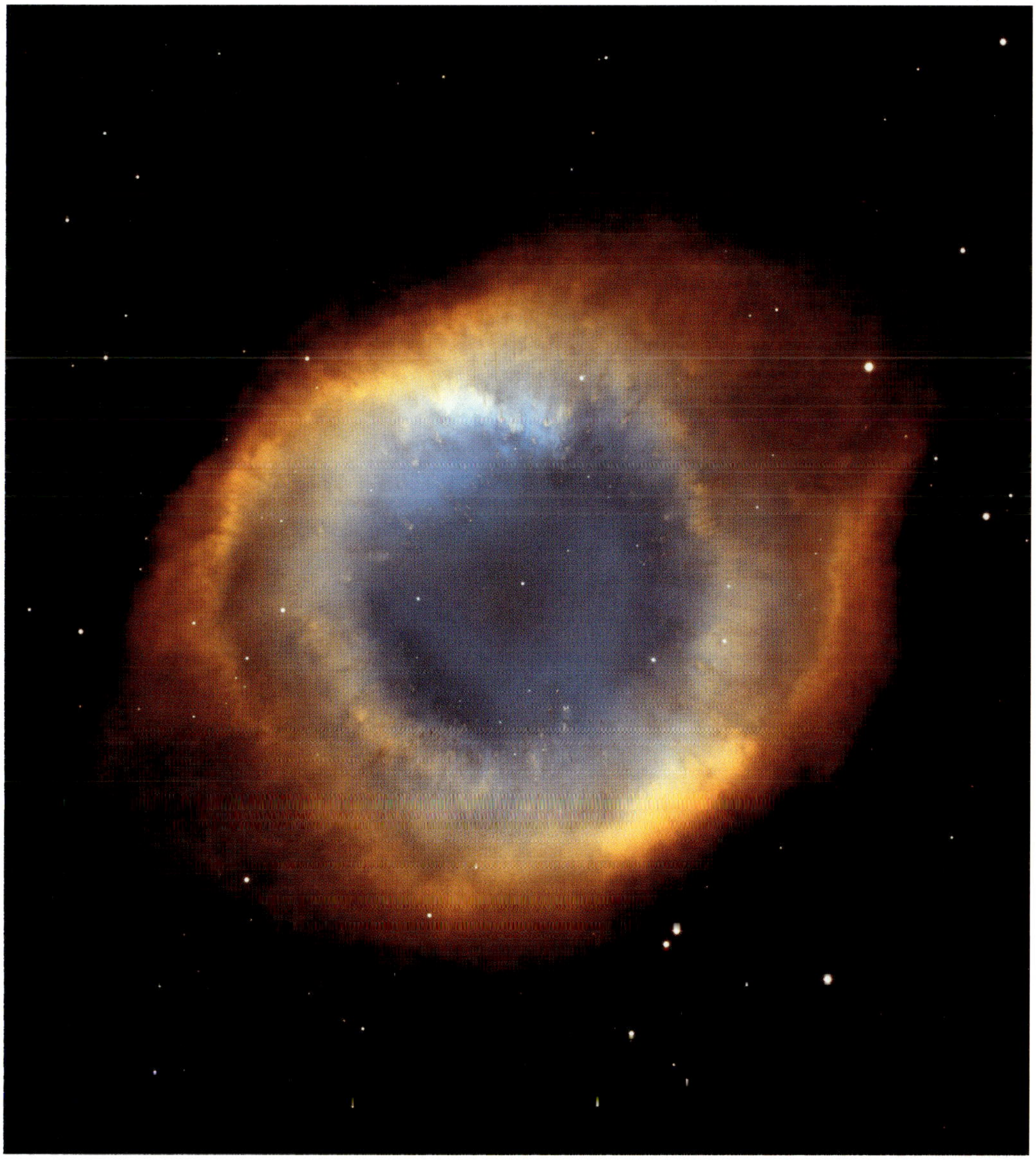

Der Helix Nebel ist der Überrest eines sterbenden Sterns. Auch unsere Sonne wird in ferner Zukunft als Weißer Zwerg mit einem Planetaren Nebel enden.

Außerhalb unseres Sonnensystems wurden bereits über 250 Planeten entdeckt. Allerdings handelt es sich dabei überwiegend um Gasriesen vergleichbar dem Jupiter. Das liegt daran, dass die größeren Brocken leichter zu finden sind. Die Suche nach erdähnlichen Planeten im All wird eine wichtige Aufgabe der Astronomie der Zukunft sein. Selbst wenn viele Kandidaten gefunden werden, gehen die Fragen weiter: Gibt es dort Wasser in flüssiger Form? Wie steht es mit einer Atmosphäre? Kann man organische Moleküle auf solchen Planeten nachweisen? Hier stehen noch entscheidende Fortschritte in Beobachtungsstrategien und Instrumentierung vor uns.

### Was ist das Schicksal der Erde?

Die Erde ist ein erstaunlich stabiler Planet. Über einen Zeitraum von fast 4 Milliarden Jahren hat sie sich in einem so konstanten Zustand gehalten, dass das Leben sich bilden und zu den heutigen Formen entwickeln konnte. Dazu trägt der Mond bei, der die irdische Rotationsachse stabilisiert und so ein Kippen, wie es der Mars mehrfach erlebt hat, verhindert. Auch die Tatsache, dass ein Riesenplanet wie Jupiter uns vor Einschlägen großer Objekte aus dem Weltraum schützt, ist wichtig. Besondere Eigenschaften der Erde wie ihr Magnetfeld, die Plattentektonik und das Leben selbst haben dazu geführt, dass sich die Erde weder wie Venus durch einen selbstverstärkenden Treibhauseffekt zum Glutofen entwickelt, noch wie der Mars zu einem Wüstenplaneten.
Selbst wenn der Mensch die selbst verursachten Veränderungen seines Heimatplaneten wieder in den Griff bekommt, ist ein Ende langfristig abzusehen. Unser lebensspendender Stern, die Sonne, ist nicht ganz so beständig, wie es scheint. Sie ist ein typischer Hauptreihenstern, dessen Entwicklung wir kennen. Die Leuchtkraft und der Durchmesser werden zunehmen. In 900 Millionen Jahren wird die Temperatur an der Erdoberfläche den kritischen Wert von 30 °C überschreiten. Höhere Lebewesen können dann nicht mehr existieren. In 7 bis 8 Milliarden Jahren wird der Wasserstoff im Sonneninneren verbrannt sein und die Sonne einwickelt sich zu einem Roten Riesen. Ihr Durchmesser wird die Dimension der Erdbahn erreichen. Schließlich schrumpft sie zu einem Weißen Zwerg, der wahrscheinlich im Zentrum eines ringförmigen Planetarischen Nebels steht.
Es wird zwar noch einige Zeit dauern, aber dass die Erde einmal unbewohnbar sein wird, ist keine Frage. Was kann die Menschheit, so sie dann noch existiert, tun? Uns bleibt nichts übrig, als rechtzeitig auszuwandern, die Erde zu verlassen, um vielleicht anderswo in unserer Milchstraße zu überleben. Die Frage ist nicht, ob der Mensch seine angestammte Erde verlassen wird, sondern, wie Konstantin Ziolkowski es formulierte die Frage lautet: wann?

# Der neue Weg ins All

Der Transport von der Erdoberfläche in den Weltraum ist die grundlegende Voraussetzung für jede Art von Raumfahrt. Die physikalischen Gesetze der Schwerkraft geben vor, dass große Energiemengen aufgewendet werden müssen, um die Unterschiede im Gravitationspotenzial zu überwinden. In anderen Worten: Wir müssen der Schwerkraft unseres Heimatplaneten entkommen, um ins All zu gelangen. Jede Raumfahrtanwendung, sei es wissenschaftlich oder kommerziell, muss zunächst diese Schwelle bewältigen. Ein effizientes und kostengünstiges Transportsystem ist daher der Schlüssel zum Erfolg der Weltraumnutzung.

### Konventionelle Systeme sind weitgehend ausgereizt

Seit dem 12. April 1981 ist das amerikanische Space Shuttle das fortschrittlichste Trägerfahrzeug der Welt. Es ist der erste, teilweise wieder verwendbare Raumtransporter. Die Russen starteten im Jahr 1988 ein eigenes Space Shuttle namens »Buran«, das mit der stärksten je eingesetzten Rakete »Energia« für eine einmalige Umrundung der Erde in Kasachstan abhob und dort wieder landete. Trotz des erfolgreichen unbemannten Testflugs wurde die weitere Entwicklung kurz darauf eingestellt. Nach dem Zusammenbruch der Sowjetunion konnte man sich so ein teures Trägersystem einfach nicht mehr leisten. Mit Ausnahme dieser beiden Raumfähren ähneln alle bis heute verwendeten Träger auf verblüffende Art und Weise der im Jahre 1957 erstmals für Sputnik eingesetzten russischen Trägerrakete SL-1. Der Fortschritt beschränkt sich auf Verbesserungen wie höheren spezifischen Impuls der Triebwerke oder die Reduktion des Gewichtsanteils der Fahrzeugstruktur.

Der bessere spezifische Impuls wurde durch Verwendung von flüssigem Wasserstoff und Sauerstoff als Treibstoff erreicht. Beim Leichtbau der Raketenstrukturen stößt man dagegen sehr schnell an Grenzen: Schon die Atlas-Agena-Rakete, welche 1958 den ersten Kommunikationssatelliten der Welt auf die Umlaufbahn brachte, hatte ein Verhältnis von Strukturmasse zu Gesamtmasse von 5 %. Man kann sich die Bedeutung dieser Zahl so vorstellen: Von der voll getankten Rakete am Startplatz entfernt man die Nutzlast und sämtliche Treibstoffe. Die Hülle wiegt leer nur noch 5 % der startklaren Rakete. Wie groß die Leistung der Ingenieure ist wird deutlich, wenn man das Gewicht eines vollen und eines ausgelassenen Hühnereis vergleicht: Der Anteil der Eierschale beträgt immerhin 15 % des Gesamtgewichts, ist also dreimal so hoch wie bei der Rakete!

Das mehrfach verwendbare Haupttriebwerk des US-Space Shuttles, hier bei einem Testlauf, ist immer noch beispiellos. Es erreicht einen spezifischen Impuls von 455 s bei einem Brennkammerdruck von 200 bar. Mit einer Baulänge von 4,3 m, einem Gewicht von 2880 kg ist es sehr kompakt und leistet einen Schub von 2300 kN.

Eugen Sängers Modell eines Raumgleiters aus dem Jahr 1944.

### Sauerstoff aus der Luft

Der Sauerstoff macht mehr als 85 % der gesamten Treibstoffmasse einer Rakete aus. Der Raumfahrtpionier Eugen Sänger erkannte als erster, dass eine geflügelte Erststufe, die horizontal startet und luftatmende Triebwerke hat wie ein Düsenjet, eine große Gewichtsersparnis bringen kann. Durch die Flügel erhält die Rakete aerodynamischen Auftrieb. Der erforderliche Schub, der beim Senkrechtstart das Gesamtgewicht der Rakete übertreffen muss, wird so deutlich geringer. Die erste Stufe steigt bis in 30 km Höhe auf wie ein Flugzeug. Sie erreicht siebenfache Schallgeschwindigkeit durch Triebwerke, die den mitgeführten Wasserstoff mit dem Sauerstoff aus der Luft verbrennen. Für diesen Teil des Fluges muss er also nicht extra mitgeführt werden. Dann wird die Oberstufe abgetrennt, gezündet und auf eine Umlaufbahn um die Erde gebracht. In ihren Tanks befinden sich sowohl Wasserstoff als auch Sauerstoff. Der Aufstieg der Oberstufe benötigt nur noch ein Zehntel der Energie des Fluges der Erststufe, für den ja der Sauerstoff der Luft entnommen wurde. Die Entwicklung luftatmender Triebwerke und horizontal startender Trägersysteme ist also sehr vielversprechend bei der Senkung der Transportkosten. Leider wird diese Idee heute nicht mit Nachdruck vorangetrieben.

### Technologieentwicklungen und langfristige Zielsetzung

Statt eine Rakete nur einmal zu benutzen, wird eine vollständige oder zumindest teilweise Wiederverwendbarkeit immer wieder als der Königsweg zur Kostensenkung ins Spiel gebracht. Das ist nicht unumstritten, denn das Space Shuttle hat solche Erwartungen keineswegs erfüllt. Die NASA hatte einige Programme zur Entwicklung neuer, kostengünstiger Transportsysteme eingeleitet. Seit US-Präsident George W. Bush im Januar 2004 ein neues Mondprogramm ankündigte, wurden in den USA alle bis dahin laufenden Entwicklungen auf Eis gelegt und sämtliche Technologien auf die dafür benötigten Raketenträger ausgerichtet.

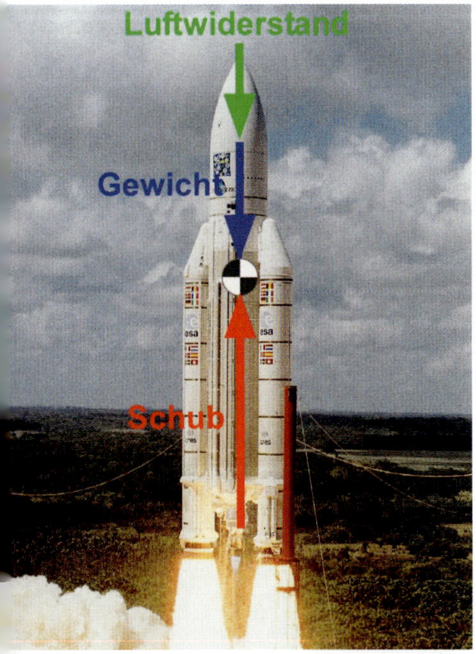


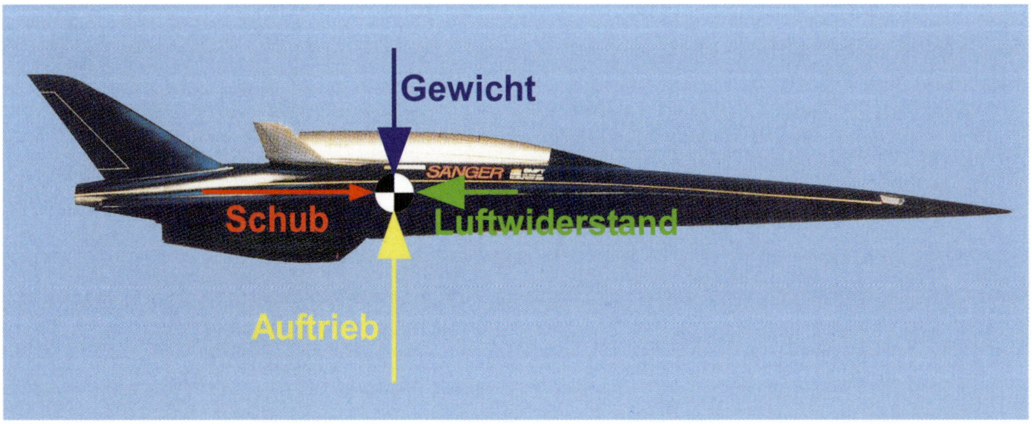


Der Schub der Erststufe einer Rakete (links) muss sofort nach Zündung etwas größer sein als das Gewicht plus dem Luftwiderstand des Fahrzeugs. Die geflügelte Erststufe (rechts) mit oben darauf gepackter Oberstufe wird wie von Eugen Sänger schon 1944 vorgeschlagen aerodynamisch wie ein Flugzeug »getragen«, bei deutlich geringerem Schub der Triebwerke. Diese nehmen mit der Luft den darin enthaltenen Sauerstoff zur Verbrennung des mitgeführten Wasserstoffs auf.

### Alternative Konzepte: Zukunft oder Sackgasse?

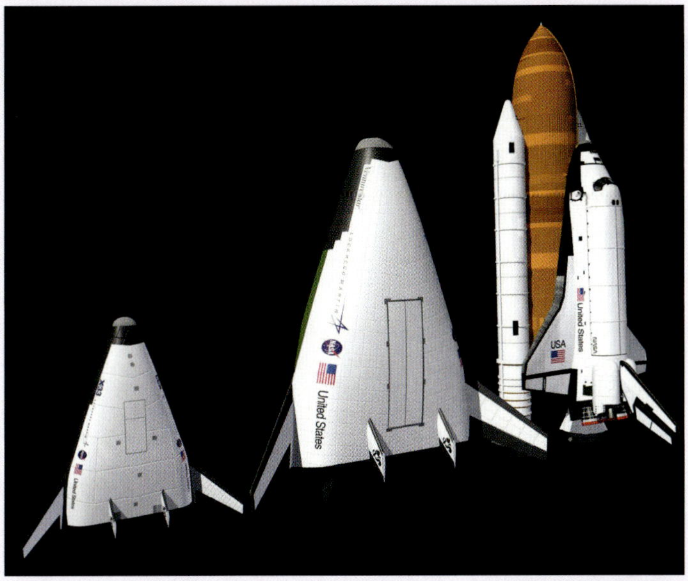

Schon viele Jahre vor der Columbia-Katastrophe wurde deutlich, dass das Space Shuttle ein hohes Unfallrisiko in sich trägt. Außerdem ist es sehr teuer (ca. 500 Millionen Dollar pro Start) und schwierig zu warten. Die NASA ließ deshalb Alternativen untersuchen und wählte für Technologiestudien das von der Firma Lockheed-Martin vorgeschlagene einstufige Konzept »Venture Star« (Mitte) aus. Vorher wurde ein kleineres Modell namens X-33 (links) gebaut. Um die Strukturmasse zu minimieren wurden die Tanks aus Kohlefaser hergestellt. Leider versagte der Kohlefasertank beim Belastungstest und das Programm wurde schließlich 2001 eingestellt.

Nach dem Ende des Venture Star-Programms im Jahr 2001 startete die NASA die mit 4,5 Milliarden Dollar ausgestattete »Space Launch Initiative«. Ziel dieses umfangreichen, 5-jährigen Programms war es, Technologien zu entwickeln, die für einen zukünftigen wiederverwendbaren Raumtransporter mit hoher Sicherheit, Verlässlichkeit und niedrigen Betriebskosten

benötigt werden. Geplant war die Entscheidung über den Bau eines Fahrzeuges in 2006 und die Aufnahme des Betriebs in 2010. Die Firmen Lockheed Martin, Boeing und Orbital Science (von links) brachten Konzepte mit unterschiedlichen Graden der Wiederverwendbarkeit ein.

In Europa wurden Konzeptstudien zu suborbitalen Transportsystemen unter dem Namen »Hopper« entwickelt (rechts). Das waren unbemannte, teilweise wiederverwendbare Träger, bestehend aus einer geflügelten Unterstufe und abtrennbarer Oberstufe, welche mit eigenem Antrieb vollends auf eine Umlaufbahn beschleunigt. Die Mission beginnt mit horizontaler Beschleunigung auf Schienen vom Weltraumbahnhof Kourou in Französisch Guyana. Die erste Stufe erreicht bis zum Abschalten der Triebwerke etwa 100 km Höhe und eine Geschwindigkeit von 5 km/s. Danach folgt ein antriebsloser Flug bis zur Gipfelhöhe. Vor dem Zurückfallen in die Atmosphäre wird die Oberstufe mit der Nutzlast freigesetzt. Die Unterstufe tritt in die Atmosphäre ein und gleitet etwa 4500 km bis zum Landeort Ascension Island, wo sie horizontal landet. Die Oberstufe beschleunigt weiter bis zur geostationären Transferbahn.

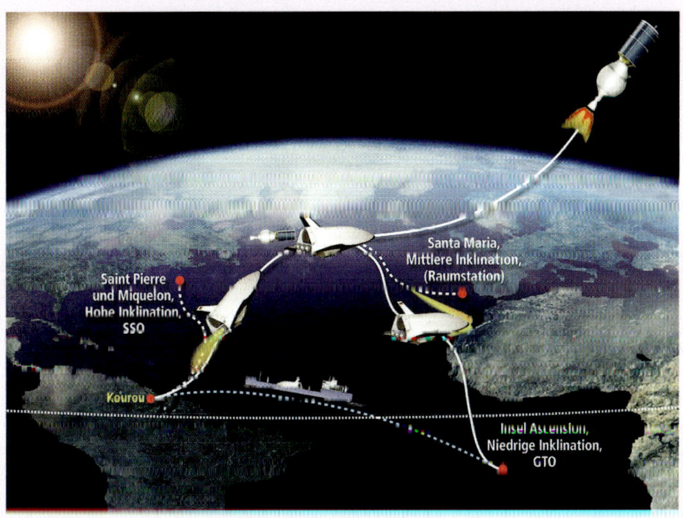

Die Wettbewerbsfähigkeit der europäischen Rakete Ariane 5 ist mit den heute vorgesehenen Verbesserungen etwa bis zum Jahr 2015 gewährleistet. Längerfristig, ab etwa 2015–2020, wird ein signifikanter Marktanteil nur erreichbar sein, wenn die Kosten erheblich gesenkt werden, verbunden mit verbesserter Flexibilität, Zuverlässigkeit und Umweltverträglichkeit. Eine deutliche Kostenreduktion würde mit großer Wahrscheinlichkeit eine Steigerung des Transportbedarfs zur Folge haben, was das Trägergeschäft im Wortsinne »beflügeln« könnte.

## Erkundung des Weltraums

Die Suche nach neuen Erkenntnissen und die Erforschung des Unbekannten sind seit Beginn wesentliche Impulse der Raumfahrt. Auch heute gibt es viele Pläne für herausfordernde bis abenteuerliche Missionen ins All. Im Rahmen internationaler Programme sind in den nächsten Jahrzehnten Flüge zu Mond, Mars, anderen Planeten und zu erdnahen Asteroiden geplant. Zunächst erreichen Sonden, später Menschen diese Ziele, die als Erweiterung der terrestrischen Infrastruktur für Forschung, Erkundung und vielleicht langfristig zum (Über-)Leben begriffen werden.

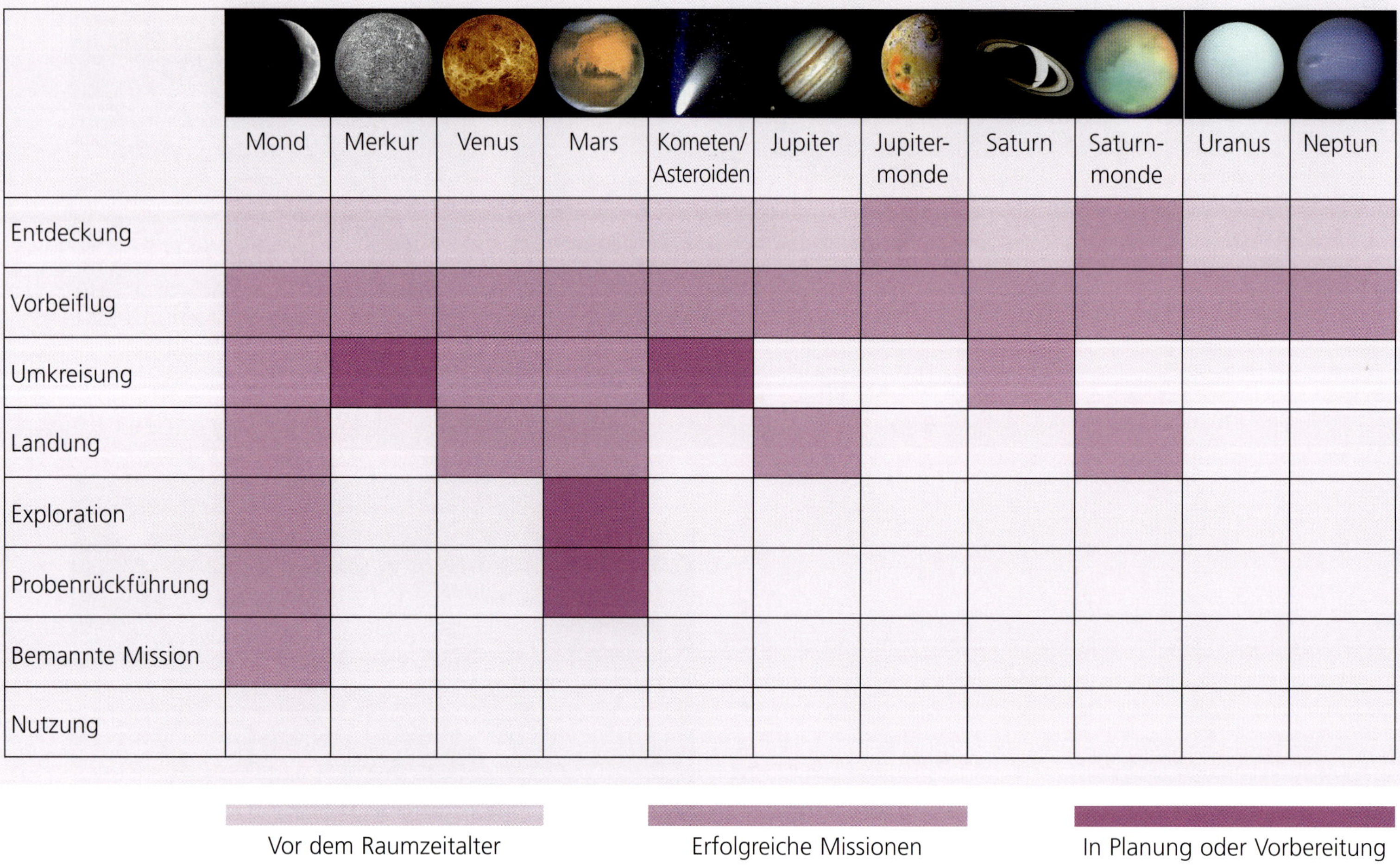


Fortschreitende Erkundung von Himmelskörpern in unserem Sonnensystem: von der Fernrohr-Astronomie vor dem Raumfahrt-Zeitalter, über Vorbeiflüge, Umkreisungen und Landungen von Sonden, bis zu Erkundung, Probenrückführung und Landung von Astronauten und schließlich zur umfassenden Nutzung.

Die Erkundung des Planetensystems geschieht stufenweise. Der erste Schritt ist ein Vorbeiflug mit einer Sonde, die Beobachtungen und Messungen aus der Nähe durchführt. Schwieriger ist dann schon das Einschwenken auf eine Umlaufbahn, es erlaubt aber längere und genauere Untersuchungen. Für eine Landung müssen zusätzliche Technologien eingesetzt werden, insbesondere wenn Materialproben zur Erde zurückgebracht werden sollen. Die Beherrschung all dieser Schritte ist Voraussetzung für bemannte Flüge zu Himmelskörpern, die andererseits den höchsten Erkenntnisgewinn versprechen.

### Zurück zum Mond?

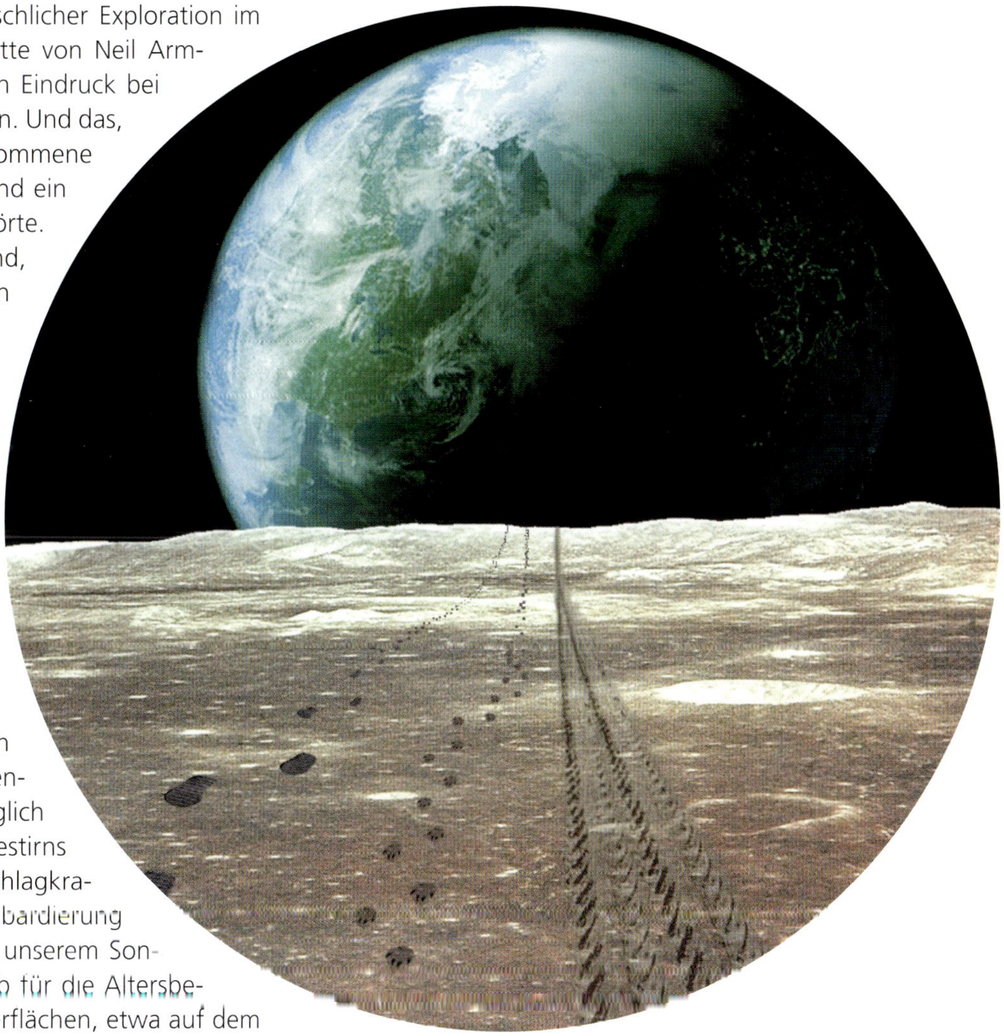

Der Mond war das erste Ziel menschlicher Exploration im Weltraum. Die unbeholfenen Schritte von Neil Armstrong haben einen unvergesslichen Eindruck bei Millionen von Menschen hinterlassen. Und das, obwohl man damals nur verschwommene schwarz-weiße Fernsehbilder sah und ein schwer verständliches Krächzen hörte. Zwölf Menschen betraten den Mond, über 400 kg Material wurde von den Apollo- und Luna-Missionen zur Erde zurückgebracht. Macht es Sinn, nochmals zum Mond zu reisen? Tatsächlich können wir auf dem Mond noch Vieles lernen. Der Mond ist ein aufgeschlagenes Geschichtsbuch unseres Planetensystems. Als Himmelskörper ohne Atmosphäre und ohne Plattentektonik hat er sein geologisches Gedächtnis über 3,5 Milliarden Jahre bewahrt. In dem sandartigen Oberflächenmaterial, Regolith genannt, sind Teilchen des Sonnenwindes eingelagert, so dass es möglich ist, die Geschichte unseres Zentralgestirns an Bohrkernen abzulesen. Die Einschlagkrater dokumentieren die frühere Bombardierung durch Meteoriten und Kometen in unserem Sonnensystem und werden als Maßstab für die Altersbestimmung auf anderen Planetenoberflächen, etwa auf dem Mars, verwendet.

Bei jedem Umlauf dreht sich der Mond einmal um seine Achse, so dass wir immer die gleiche Seite sehen. Die erdabgewandte Seite ist daher ein einzigartiger Ort für astronomische Observatorien, beispielsweise für großflächige, interferometrische Infrarot-Beobachtungen mit langen Integrationszeiten, die einen Blick in die Tiefen unseres Universums erlauben. Interessant ist auch die Nutzung als riesiges Radioteleskop – das nach modernen elektronischen Methoden betrieben, keine parabolische Schüssel zu sein braucht, sondern aus weit verteilten Einzelantennen bestehen kann. Die Abschattung des störenden Wellensalats der Erdoberfläche ist dabei von großem Vorteil.

Eine globale Explorationsstrategie, die 2006 mehr als 1000 Mitglieder von 14 Raumfahrtagenturen, nichtstaatlichen Organisationen und Industrie zusammenbrachte, identifizierte sechs Themen für die Exploration des Mondes, die weit über eine rein wissenschaftliche Diskussion hinausgehen: Die Verbreitung der menschlichen Zivilisation, neue wissenschaftliche Erkenntnisse, Vorbereitung für zukünftige Missionen jenseits des Mondes, globale Zusammenarbeit, weltweiter wirtschaftlicher Fortschritt und Einbindung der Öffentlichkeit in ein aufregendes Explorationsprogramm.

Jede Reise von Menschen in die Tiefen unseres Planetensystems, etwa zum Mars, sollte durch Erprobung der notwendigen Technologien auf dem Mond vorbereitet werden. Die Flugzeit zum Mond beträgt nur drei Tage. Wie wir seit Apollo 13 wissen, kann man im Notfall die Mission abbrechen und eine sichere Rückkehr zur Erde einleiten. Auf dem Weg zum Mars sind solche Manöver nicht mehr möglich.

Ein langfristiger Aufenthalt des Menschen auf dem Mond setzt voraus, dass Rohstoffe vor Ort genutzt werden. In jedem Fall ist es sinnvoll, Treibstoffe für den Rück- oder Weiterflug und Verbrauchsmaterial wie Wasser und Sauerstoff dort herzustellen. Gerade Baustoffe für eine lunare Basis kann man nur beschränkt heranschaffen. Eventuell lassen sich sogar Minerale oder Metalle vor Ort gewinnen. Ob eine Nutzung von Mondmaterial auf der Erde jemals kommerziell sinnvoll wird, ist fraglich. Dabei wird immer wieder die Gewinnung des Isotops Helium-3 ($^{3}He$) aufgeführt, das auf der Erde praktisch nicht verfügbar ist, jedoch ständig vom Sonnenwind im Mondmaterial deponiert wird. Es könnte eine wichtige Rolle bei der Erzeugung sauberer Fusionsenergie spielen.

Die japanische Mondsonde Kaguya (Selene-1) wird für den Start vorbereitet. Oben erkennt man einen der beiden Subsatelliten, die in der Mondumlaufbahn ausgesetzt werden und das Schwerefeld vermessen.

### Eine Flotte zum Mond

Nicht nur wissenschaftliches Interesse motiviert Nationen, in einen Flug zum Mond zu investieren. Die Apollo-Missionen haben gezeigt, dass viel öffentliche Aufmerksamkeit mit solchen Initiativen gewonnen werden kann. Nicht von ungefähr wird eine ganze Flotte von Raumfahrzeugen für Mondflüge gerüstet. Gerade aufstrebende Raumfahrtnationen wollen hiermit weithin sichtbare Zeichen setzen. Japan ist bereit, den Trabanten mit der Mission »Selene« wissenschaftlich zu untersuchen. Das ist ein großer, 3 t schwerer Satellit, der Kameras und hochempfindliche Messgeräte auf eine polare Mondumlaufbahn bringt, wo auch zwei Subsatelliten ausgesetzt werden. China hat das Raumfahrzeug »Chang'e« entwickelt, das 2,3 t auf die Reise um den Mond bringt und dreidimensionale Bilder der Oberfläche liefern wird. Auch Indien arbeitet an einer Mission namens Chandrayaan, ausgerüstet mit Kameras und Spektrometern.

### Exploration »made in Europe«

Bereits im Jahr 2001, lange vor Präsident Bushs Ankündigung einer »Vision für die Exploration des Weltraums«, wurde von der europäischen Raumfahrtagentur ESA das Langzeitprogramm »Aurora« definiert. Es handelt es sich dabei um eine langfristige Initiative zur unbemannten und bemannten Exploration des Sonnensystems. Das in Stufen aufgebaute Programm, das auch die Suche nach Leben außerhalb der Erde einschließt, kulminiert in einer bemannten Expedition zum Mars nach dem Jahr 2030.

Als erster Schritt des Aurora-Programms wird zurzeit die Mission ExoMars vorbereitet. Vorgesehen für einen Start im Jahr 2013 wird sie einen Rover und eine spezielle Nutzlast auf dem Mars absetzen. Ihr Ziel: Spuren von vergangenem, vielleicht auch heute noch existierendem Leben zu finden. Eine solche Suche verspricht nur dann Erfolg, wenn man in der Lage ist, Proben aus geschützten Regionen unter der Oberfläche zu analysieren, wo sie nicht der sterilisierenden Strahlung und Atmosphäre ausgesetzt sind. Deswegen ist ExoMars mit einem Bohrsystem ausgestattet, das es erlaubt, Bodenproben aus bis zu 2 m Tiefe zu entnehmen.

Die ExoMars-Mission soll nach Spuren von Leben auf dem Mars suchen. Ein Rover wird Proben aus bis zu 2 m Tiefe entnehmen und biologisch sowie chemisch untersuchen.

Nach ExoMars ist eine Mission vorgesehen, die etwa im Jahr 2018 Proben von Marsmaterial auf die Erde zurückbringt, wo sie in Labors mit modernsten Analysemethoden untersucht werden können. Die technologische Kompetenz von Landung, Wiederstart und Rückführung ist Grundlage und Voraussetzung für bemannte Expeditionen zum roten Planeten. Es ist sinnvoll, solche Technologiestufen an einem näheren Ziel, dem Mond, vorher zu praktizieren.

### NASAs Rückkehr zum Mond

Die von Präsident George W. Bush im Januar 2004 verkündete Explorations-Vision enthält eine Reihe von Direktiven an die NASA, welche die Grundlage für eine Festlegung des amerikanischen Raumfahrtprogramms sind:

- Den Aufbau der ISS gemäß den internationalen Vereinbarungen bis zum Jahr 2010 sicherzustellen,
- die Ausmusterung des Space Shuttle zum Ende 2010,
- den Aufbau eines neuen Transportsystems mit einem ersten bemannten Flug in 2014,
- die Rückkehr von Astronauten zum Mond bis spätestens 2020,
- bemannte Flüge zum Mars und darüber hinaus.

Die Ziele sind ehrgeizig und weitreichend. Bereits im Jahr 2008 ist der Start eines Satelliten zum Mond vorgesehen. Der »Lunar Reconnaissance Orbiter« soll günstige Landeplätze aufspüren, vorzugsweise an Stellen, wo Wasser vermutet wird, etwa in den Kratern am Südpol. Der zentrale Angelpunkt des Programms ist die Entwicklung eines neuen Transportsystems. Hier ging die Entscheidung erstaunlicherweise nicht in eine zukunftsweisende Richtung, wie horizontaler Start oder wiederverwendbare Komponenten. Das Konzept erinnert eher an die Zeiten Wernher von Brauns: Eine recht konventionell erscheinende Schwerlastrakete und eine Apollo-ähnliche Kapsel für den Transport von Astronauten.

Der NASA Lunar Reconnaissance Orbiter wird 2008 in einem polaren Orbit den Mond erkunden und bemannte Missionen vorbereiten.

Das Crew Exploration Vehicle Orion soll als neues Arbeitspferd der bemannten amerikanischen Raumfahrt zunächst Astronauten und Nutzlast zur ISS befördern (links), ausgelegt ist es jedoch für Missionen zum Mond (oben).
Das Fahrzeug orientiert sich in Form und Layout am Apollo-Vorbild, bietet jedoch bis zu sechs Astronauten Platz und ermöglicht längere Missionsdauern durch Solarkollektoren.

## Apollo kommt wieder

Das Kernstück des neuen amerikanischen Transportsystems ist das »Crew Exploration Vehicle«, Orion genannt. Es ist eine vergrößerte Version des Apollo Kommando- und Service-Moduls aus den 60er-Jahren. Wie bei Apollo ist die Kapsel für die Rückkehr in die Erdatmosphäre kegelförmig, allerdings mit einem Durchmesser von 5,5 m und dem dreifachen Volumen. Orion nimmt die doppelte Anzahl an Personen auf, nämlich bis zu 6. Ausgestattet mit Solargeneratoren kann sich das Raumfahrzeug viele Monate im Weltraum aufhalten. Ein Rettungssystem befindet sich – ähnlich wie bei Apollo – auf der Kapselspitze. Die verbesserte Fallschirm-Landetechnik verspricht eine präzise Rückkehr, diesmal nicht im Ozean, sondern auf einem Landeplatz wie zum Beispiel der Edwards Air Force Base in Kalifornien. Die Mannschafts-Kapsel ist nicht nur für Flüge auf den Mond geeignet, sondern kann später für Marsmissionen ausgebaut werden.

Der Transport von Menschen und Material wird in dem neuen System getrennt. Die Mannschaftsrakete namens Ares I wird wegen ihrer dünnen, langen Form auch »Stick« genannt. Ihren

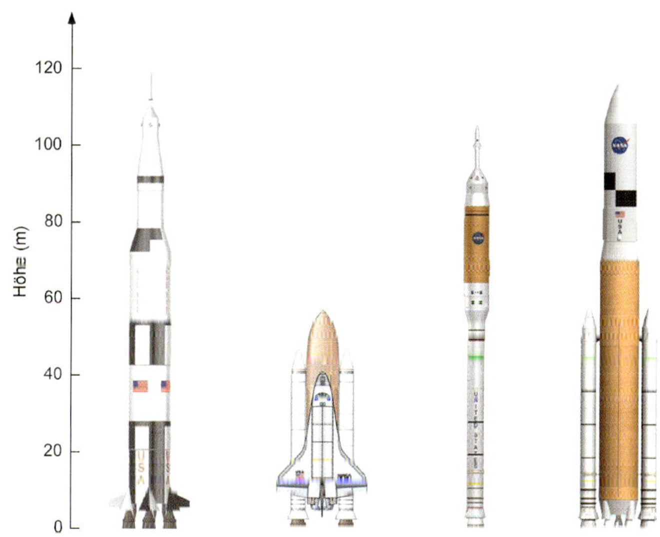


Vergleich der alten und neuen Trägersysteme: (von links) Saturn 5 Mondrakete (Nutzlast 110 t), Space Shuttle (20 t), Ares I-Mannschaftstransporter (ca. 30 t) und Ares V-Materialtransporter (125 t).

unteren Teil bildet eine modifizierte Feststoffrakete aus dem Shuttle-Programm, eine verlängerte Version der beiden Booster, die links und rechts am Shuttle angebracht sind. Darüber befindet sich eine Komponente aus dem Saturn-5-Programm, das modifizierte J-2X Oberstufentriebwerk. Diese Kombination kann 30 t Nutzlast in eine Erdumlaufbahn bringen.

Das Mannschaftsvehikel Orion mit der Landefähre auf einer Umlaufbahn um den Mond.

Die neue Landefähre kann bis zu vier Astronauten auf dem Mond absetzen.

Auch der Materialtransporter Ares V kann seine Herkunft aus der Technik des Space Shuttle nicht verleugnen. Er nutzt zwei der Feststoffraketen, dazwischen den großen Tank, beides in verlängerter Form. Die untere Stufe wird von fünf RS-68-Raketenmotoren angetrieben. Zwei der Saturn-Triebwerke J-2X befinden sich in der oberen Stufe. Diese Schwerlastrakete kann 125 t Nutzlast in die Erdumlaufbahn bringen und 55 t zum Mond transportieren. Damit ist die neue Rakete leistungsfähiger als die Saturn-5 aus den 60er-Jahren – es ist aber nur ein relativ geringer Zuwachs.

Die neue Mondlandefähre funktioniert nach dem gleichen Prinzip wie die Apollo-Landefähre. Sie ist jedoch deutlich größer und kann 2,7 t auf dem Mond absetzen. Die Mannschaft besteht aus bis zu 4 Astronauten, die darin eine Woche lang arbeiten können. Neu ist jedoch die Strategie des bemannten Fluges zum Mond. Während bei Apollo der gesamte Komplex von Kommandomodul und Landefähre von der Erde direkt auf eine niedrige Mondumlaufbahn gebracht wurde, von wo zwei Astronauten mit dem Landemodul ab- und mit einem Teil dessen wieder aufstiegen, wird die neue Landefähre auf der Schwerlastrakete Ares V zunächst unbemannt in die Erdumlaufbahn starten. Wenige Tage später folgt die Crew mit vier Astronauten. Noch in Erdnähe dockt das Mannschaftsvehikel Orion an die Landefähre an. Das kombinierte Gefährt fliegt sodann in Richtung Mond und schwenkt auf etwa 100 km Höhe in eine Umlaufbahn ein. Hier wechselt die Crew in die Landefähre und steigt auf die Mondoberfläche ab. Nach Beendigung des Aufenthalts erfolgt der Wiederaufstieg mit der Landefähre, worauf die Mannschaft in das das Orion-Fahrzeug wechselt und damit zur Erde zurück fliegt.

Einer erneuten Landung von Astronauten auf dem Mond wird eine unbemannte Mission der Landefähre vorausgehen. Bei diesem Flug wird ein Fahrzeug und ein solares Kraftwerk mit 6 kW Leistung abgesetzt. Im Durchschnitt sind zwei bemannte Flüge pro Jahr möglich. Die Verweilzeit der Astronauten auf dem Mond soll von anfänglich sieben Tagen im vierten Jahr bis auf 180 Tage ausgedehnt werden. Bis dahin sollen Wohnmodule und eine Infrastruktur für die Mondbasis entstehen. Nach Möglichkeit sollen Ressourcen vor Ort wie Mondmineralien, vielleicht sogar Wasser (so es denn dort gefunden wird) genutzt werden, um das Lebenserhaltungssystem zu betreiben und einen Strahlungsschutz für die Wohnmodule aufzubauen. Der kontinuierliche Betrieb einer Mondbasis wird entscheidend von der Frage abhängen, ob es gelingt, geeignete Techniken zur Nutzung lokaler Rohmaterialien zu entwickeln.

## Unkonventionelle Antriebe

Raketen arbeiten nach dem Rückstoßprinzip. Dabei kommt es darauf an, möglichst viel Masse möglichst schnell gegen die Flugrichtung wegzuschleudern. Die heute eingesetzten Antriebe sind sich weitgehend ähnlich: Sie nutzen die chemische Reaktionsenergie, um ein sehr heißes Gas zu erzeugen, das dann durch eine Düse in eine Richtung konzentriert wird. Dazu eignet sich die besonders energiereiche Knallgasreaktion zwischen Wasserstoff und Sauerstoff, oder ein schießpulverähnliches Gemisch in Feststoffraketen. Aber es geht auch anders.

### Raketen mal anders

Im erdnahen Weltraum, ja im ganzen Planetensystem, gibt es eine Energiequelle, die ständig zur Verfügung steht: Die Sonne. Praktisch alle Raumflugkörper sind mit Solarzellen ausgerüstet und nutzen die Sonnenenergie zur Erzeugung des an Bord benötigten Stroms. Es bietet sich an, dieses Potenzial auch für Antriebszwecke zu nutzen. Elektrische Energie alleine genügt aber nicht, wenn man nach dem Rückstoßprinzip beschleunigen will. Dazu benötigt man auch eine Masse, die ausgestoßen werden kann. Dieser Treibstoff muss also in jedem Fall mitgeführt werden.

Es gibt verschiedene Möglichkeiten, elektrische Triebwerke zu verwirklichen. Sie funktionieren alle nach einem ähnlichen Prinzip. Ein mitgeführtes Treibgas wird ionisiert, das heißt Elektronen werden von den Gasatomen abgetrennt. Dann sind die Atome geladen und können durch elektrische oder magnetische Felder beschleunigt werden. Im einfachsten Fall befindet sich am hinteren Ende des Triebwerks ein Gitter, an dem eine hohe negative Spannung anliegt. Die positiv geladenen Ionen werden dadurch beschleunigt und verlassen mit hoher Geschwindigkeit das Triebwerk. Allerdings müssen die Ionen dann noch durch zugeführte Elektronen neutralisiert werden. Sonst würde sich ein Dipolfeld bilden, das die Ionen wieder zum Raumschiff zurückführt und den Antriebseffekt zunichte macht.

Jules Verne ließ in seinem Roman »Von der Erde zum Mond« eine Mannschaft mit einer unterirdischen Kanone zum Mond schießen. Sind solche unkonventionellen Wege ins All wirklich gangbar?

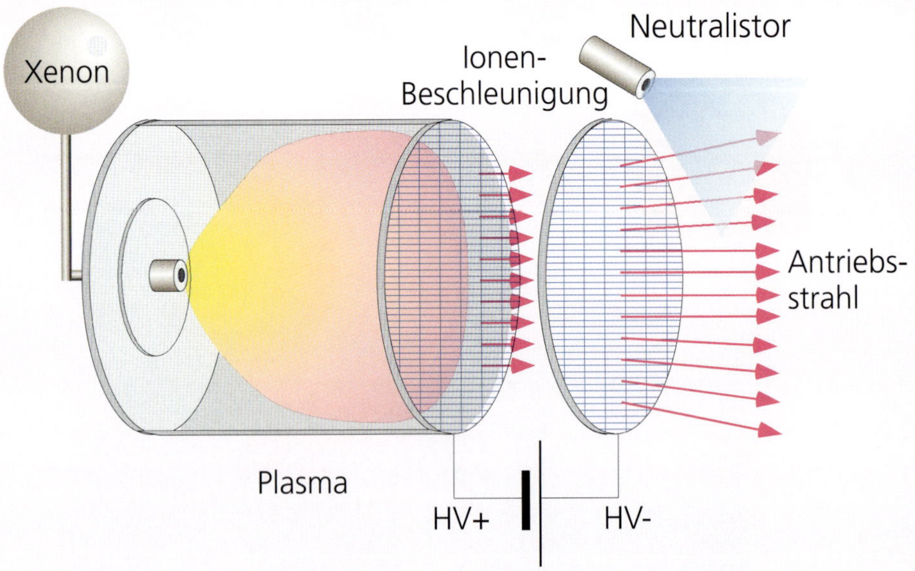


In einem Ionen-Antrieb wird ein Gas, z. B. Xenon, zu einem Plasma ionisiert. Ein elektrisches Feld führt die Ionen zu einer Beschleunigungsstrecke, bestehend aus zwei Gittern, an denen eine hohe Spannung anliegt, so dass sie mit hoher Geschwindigkeit das Aggregat verlassen. Um bremsende Raumladungen zu vermeiden werden die Ionen nach dem Beschleunigungsgitter durch dort versprühte Elektronen neutralisiert.

Elektrische Triebwerke haben, im Gegensatz zu konventionellen Raketen, einen kleinen Massestrom. Er besteht aus schweren Edelgasen wie Xenon oder Argon, auch Quecksilber wird eingesetzt. Die Ionen werden jedoch auf sehr hohe Geschwindigkeit gebracht. Bei hohem spezifischem Impuls ist der Schub klein, im Bereich von einigen Zehntel Newton – vergleichbar mit dem »Schub« eines schwach aufgedrehten Duschkopfes. Zum Abheben einer Nutzlast vom Boden sind solche Triebwerke nicht geeignet. Sie arbeiten im Vakuum des Weltraums und haben den Vorteil, dass sie kontinuierlich über lange Zeit zum Transport auf interplanetaren Bahnen eingesetzt werden können. Im äußeren Planetensystem ist die Intensität der Sonneneinstrahlung jedoch so gering, dass solarelektrische Triebwerke keine Alternative mehr darstellen.

### Segeln mit der Sonne

Es ist intuitiv keineswegs naheliegend, dass Licht eine Kraft ausüben kann. Schließlich werden wir auch im hellsten Sonnenlicht nicht umgeblasen. Bereits 1873 erkannte der Physiker James Clerk Maxwell, dass Licht, von einem Spiegel reflektiert, einen Druck auf diesen ausübt. Heute wissen wir, dass Lichtquanten, obwohl masselos, einen Impuls besitzen. Der Gedanke, den solaren Strahlungsdruck zur Bewegung eines großflächigen Segels im Weltraum zu nutzen, wurde bereits Anfang des Jahrhunderts von Konstantin Ziolkowski formuliert. Die Bezeichnung »Sonnensegel«, die sich allgemein eingebürgert hat, ist allerdings etwas irreführend, da sie ein Segeln im Sonnenwind suggeriert. Letzterer besteht aus Partikeln, vorwiegend Protonen, die von der Sonne emittiert werden. Ihr Energieinhalt ist zu klein, um damit Raumfahrzeuge anzutreiben. Das Sonnensegel nutzt jedoch den Photonenstrom, das Licht der Sonne. Deswegen benötigt man große reflektierende Flächen, die auch noch möglichst leicht sein sollen. Man verwendet Leichtbau-Rahmenkonstruktionen, die eine extrem dünne Folie aufspannen.

Natürlich lässt sich ein Sonnensegel nicht verwenden, um eine Nutzlast von der Erde abzuheben. Aber zwischen den Körpern unseres Planetensystems ist es eine sehr effiziente Antriebsart, die weder Treibstoff noch mitgebrachte Energie erfordert. Sie erlaubt auch, wie bei einem Segelschiff gegen den »Wind« in Richtung auf die Sonne zu »kreuzen«. Mit zunehmendem Abstand von der Sonne wird der Antrieb allerdings weniger attraktiv.

Sonnensegel benötigen sehr große Flächen. Um einen Eindruck von den Dimensionen zu vermitteln, sei das Beispiel für den Flug von der Erde zum Mars aufgeführt. Dabei gehen wir davon aus, dass der Start von der Erde und die Beschleunigung auf Fluchtgeschwindigkeit mit zusammengefaltetem Segel durch konventionelle Raketen erfolgte.

Mit einem quadratischen Segel von 2 km Kantenlänge und einem Flächengewicht von weniger als 10 g/m² könnte eine Nutzlast von 20 t in rund 545 Tagen zum Mars gebracht werden. Dabei wird das Segel in einem Winkel von 46° zur Sonne angestellt. Bei dieser Art des Antriebs bleibt die Masse des Raumschiffes konstant. Mit 65 t Gesamtgewicht wird ein sehr günstiges Nutzlastverhältnis von 28 % erreicht. Nach Erreichen der Marsbahn, die vom Segelschiff zunächst überschritten wird, leitet eine Änderung der Segelstellung ein tangentiales Anfliegen an die Umlaufbahn und ein Anpassen der Geschwindigkeit ein. Die Landung der Nutzlast am Mars erfolgt durch mitgeführte Triebwerke, genauso wie der Rückstart mit neuer Nutzlast, etwa Bodenproben des Mars. Der Rückflug per Segel zur Erdbahn dauert etwa 570 Tage, wo dann ein Wiedereintrittssystem die Ladung übernehmen müsste.
Das Prinzip des Sonnensegelns klingt so einleuchtend und wirtschaftlich, dass man sich fragt, warum es nicht schon ganze Flotten von Sonnenklippern gibt. Tatsache ist, dass die Herstellung der Folien immer noch eine technische Herausforderung hohen Grades darstellt. Sie müssen extrem geringe Flächenmassen, einschließlich der erforderlichen Stützstrukturen, ausweisen. Auch äußere Einflüsse wie die Beschädigung durch kosmische Teilchen und den Sonnenwind beherrscht man noch nicht. Die Transportkosten liegen im Vergleich zu den anderen Alternativen sehr günstig, was Sonnensegelschiffe für den reinen Lastentransport in Zukunft recht attraktiv machen könnte.

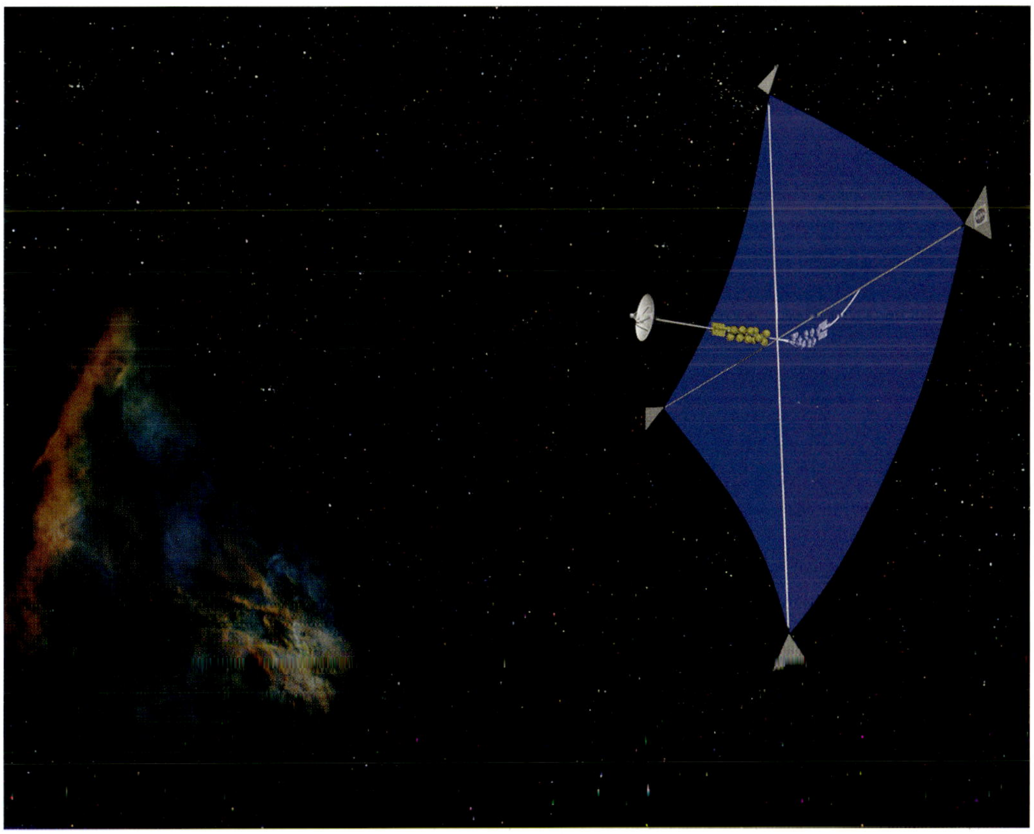

Ein Sonnensegel besteht aus einer sehr leichten Folie, hoch reflektierend durch eine aufgedampfte Metallschicht. Das Segel wird durch eine Seilkonstruktion aufgespannt und im »Photonenwind« angestellt um das Ziel zu erreichen. Die kleinen Hilfssegel an den vier Ecken dienen zur Steuerung.

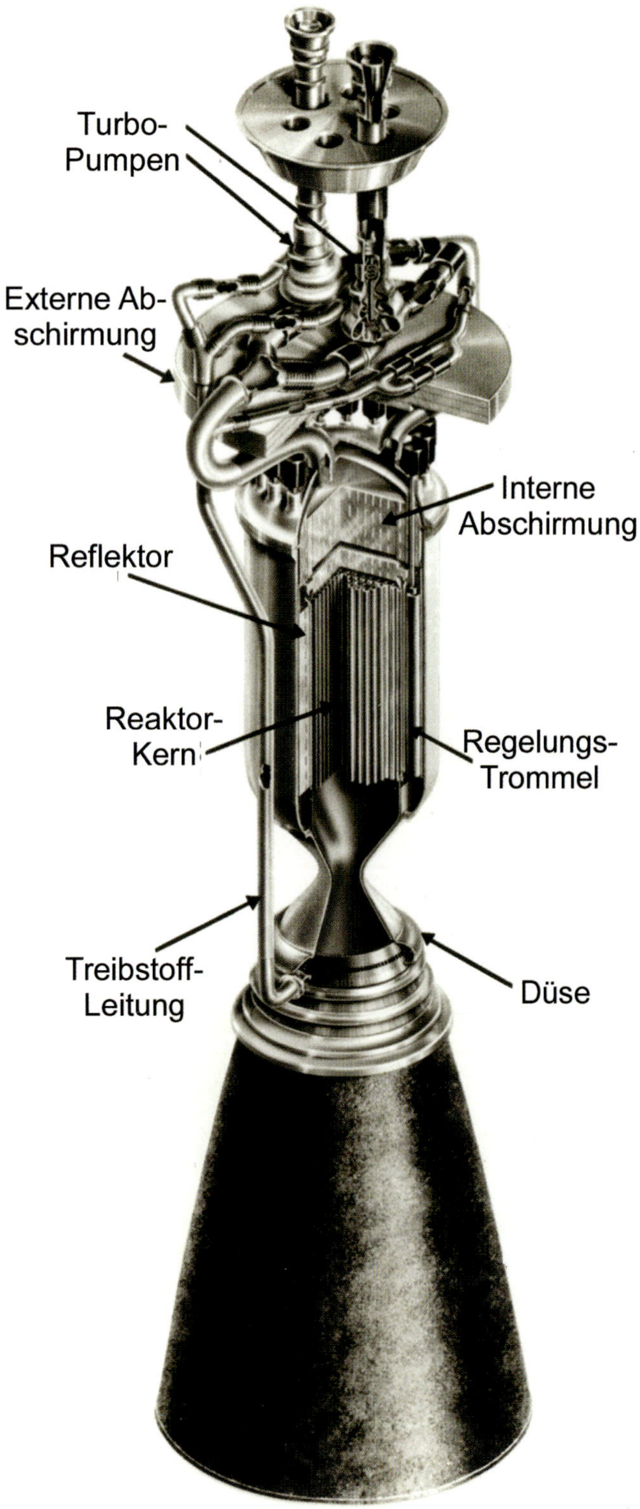


Das in den 60er-Jahren in der USA entwickelte nukleare NERVA-Triebwerk.

### Nuklearreaktoren als Antriebe

Nutzt man die Sonne als Energiequelle für den Raumtransport, dann wird man immer weniger Energie zur Verfügung haben, je weiter man sich vom Zentralstern entfernt. Schon für Reisen jenseits des Mars sind solche Antriebsaggregate nicht mehr wirkungsvoll. Als Wernher von Braun über Flüge zum Mars nachdachte, war ihm klar, dass es nicht sinnvoll sein würde, seine Saturn-Mondrakete für entferntere Ziele einfach zu vergrößern. Bemannte Flüge zum Mars und darüber hinaus erfordern andere Konzepte. Von Braun setzte damals auf Kernreaktoren als Energiequelle. Anfang der 60er-Jahre machten sich sowohl Russland als auch die USA daran, nukleare Antriebe zu entwickeln. Vereinfacht kann man sich das so vorstellen: Statt eines chemischen Triebwerks wird ein nuklearer Reaktor in die Brennkammer eingebaut. Das Treibgas wird dort stark erhitzt und expandiert durch eine Düse. Der Kernreaktor als Wärmequelle erzeugt eine große Hitze, die den durchströmenden Wasserstoff auf Temperaturen über 2000 °C bringt.

Reaktoren für nukleare Raumfahrtantriebe müssen wesentlich kompakter und kleiner sein als für Kernkraftwerke, gleichzeitig sind ihre Arbeitstemperaturen um vieles höher. Bedingt durch die geringe Molekülmasse des Wasserstoffs erreichen nukleare Triebwerke eine sehr hohe Ausströmgeschwindigkeit. Das damals realisierte Versuchstriebwerk »Nuclear Engine for Rocket Vehicle Application (NERVA)« erreichte bei einer Reaktorleistung von 1100 MW einen Schub von 245 kN. Es war mehrfach zündbar und für lange Betriebszeiten ausgelegt. Das NERVA-Triebwerk war als Oberstufe einer Saturn 5-Rakete für eine Mission zum Mars vorgesehen. Seit das Programm 1971 aus politischen Gründen eingestellt wurde, erfolgten keine weiteren Reaktorenentwicklungen für die Raumfahrt.

### Geschosse auf Schienen

In seinem Roman »Der Flug zum Mond« lässt Jules Verne seine Mannschaft von einer im Boden eingegrabenen Kanone zum Mond schießen. Tatsächlich ist es ein verlockender Gedanke, Nutzlasten direkt an der Erdoberfläche so zu beschleunigen, dass sie den Weltraum erreichen. Der Wirkungsgrad der eingesetzten Energie wäre weit höher weil, im Gegensatz zur Rakete, am Anfang keine große Masse an Treibstoff mit beschleunigt werden muss.

Schon seit einiger Zeit wird das Konzept einer elektromagnetischen Kanone unter der Bezeichnung »Railgun« diskutiert. Das ist ein elektromagnetischer Leitschienenbeschleuniger, der kleine Massen auf hohe Geschwindigkeiten bringen kann. Er besteht aus zwei parallel angeordneten Stromleitern, zwischen denen sich das Projektil auf einem leitenden »Anker« befindet. Über die beiden Leiter wird eine große Hochspannungs-Kondensatorbank sehr schnell entladen. Das entstehende Magnetfeld beschleunigt den Anker und damit das Geschoss.

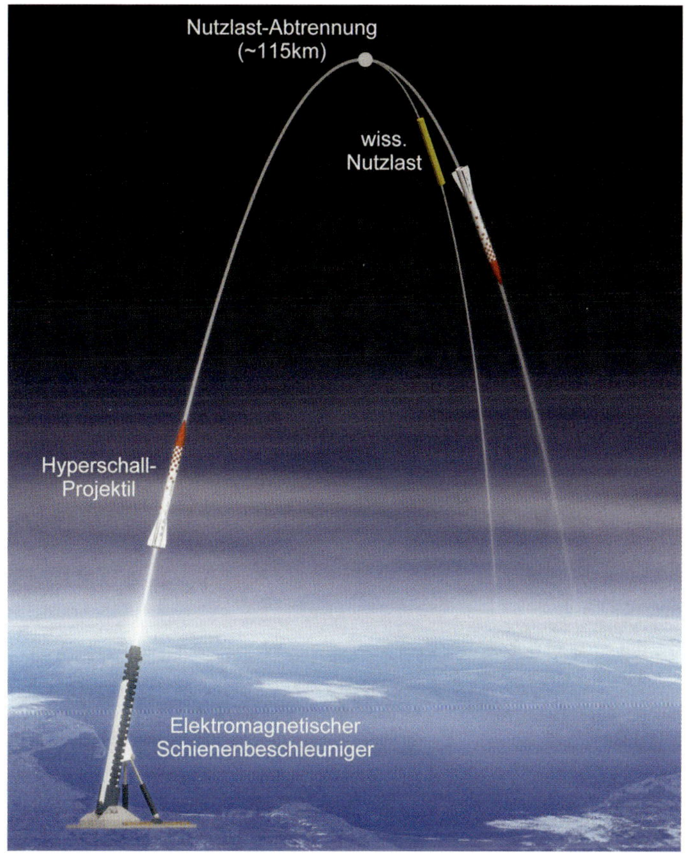


Railgun für Höhenforschung bis an den unteren Rand des Weltraums und eines Tages vielleicht sehr viel weiter. Dazu müsste die Abschussgeschwindigkeit von 2 km/s auf 10 km/s erhöht werden.

Mit der heute verfügbaren Technik ist die Beförderung selbst kleiner Satelliten aus einer stationären Railgun in die erdnahe Umlaufbahn noch nicht möglich. Solche Geräte könnten zum Beschleunigen eines Raumfahrzeuges von der Oberfläche eines Planeten oder Mondes, auf denen geringere Schwerkraft herrscht, eingesetzt werden. Auch ein Wegschleudern kleiner Massen von Bord eines Raumfahrzeuges ist denkbar. Der Vorteil ist, dass der gesamte Antrieb vor Ort bleibt und voll wieder verwendbar ist. Der Nachteil liegt in der enormen Beschleunigung von 13.000 g, was jede Nutzlast einem enormen Schock aussetzt. Es ist aber heute schon möglich, intelligente Nutzlasten, selbst mit optischen Komponenten zu bauen, die solche Beschleunigungen überstehen. Militärische Entwicklungen sind hier wegbereitend.

Für Forschung und Industrie könnte schon bald ein hypersonisches Projektil zur Verfügung stehen, das mit einer Geschwindigkeit von 2100 m/s in den suborbitalen Weltraum beschleunigt wird. Ein 22 m langer Beschleuniger ist geeignet, Sonden mit 50 cm Länge und 5 cm Durchmesser in 3 Minuten bis in 115 km Höhe zu schleudern, beispielsweise um meteorologische Messungen in der oberen Atmosphäre durchzuführen.

Die Pegasus-Railgun des deutsch-französischen Forschungsinstituts Saint-Louis mit 6 m Länge kann 1 kg schwere Projektile von 50 mm Durchmesser auf 2600 m/s beschleunigen. Im Hintergrund die Kondensatorbank, die elektrische Energie von 10 MJ in 200 Einheiten von je 50 kJ bei einer Ladespannung von 11 kV speichert.

Railguns funktionieren ähnlich wie Kanonen, indem sie das Projektil mit maximaler Kraft über die gesamte Strecke beschleunigen. Eine besser kontrollierte Vorgehensweise bietet das elektromagnetische Katapult, bei dem ein Linearmotor Nutzlasten auf hohe Geschwindigkeiten bringt. Energiespeicherung erfolgt hier nicht kapazitiv, sondern induktiv über große Magnetspulen. Im Prinzip bestehen diese Massenschleudern aus einer Reihe von Elektromagneten, die sukzessive geschaltet werden und so die Nutzlast beschleunigen.

Ein elektromagnetisches Katapult hat den Vorteil, dass die Beschleunigung so programmiert werden kann, dass die Kräfte auf die Nutzlast bei vorgegebener Endgeschwindigkeit minimiert werden können. Ein solches Gerät wurde in der Novelle »A Trip to Venus« von John Munro bereits im Jahr 1897 beschrieben. John Munro war ebenfalls Autor des Buches »The Wire and the Wave«, in dem er im Detail ausführt, wie durch viele hintereinander geschaltete Spulen, nacheinander in passenden Intervallen gefeuert, Passagiere ohne allzu hohe Kräfte beschleunigt werden können.

Katapult-Prototypen werden in den USA seit 1976 entwickelt. Aussichtsreiche Entwürfe basieren auf supraleitenden Spulen. Damit können Behälter mit Instrumenten oder Materialien auf zwei unterschiedliche Arten angetrieben werden: Entweder durch große Geräte direkt vom Erdboden oder auch an Bord von Raumfahrzeugen. Für jede Art von schienengebundenen Antrieben stellt der Geschwindigkeitsbedarf von $v=10$ km/s zum Erreichen einer erdnahen Umlaufbahn eine große Hürde dar. Es erscheint indes durchaus im Bereich des Möglichen, vom Mond mit seiner geringeren Schwerkraft ein elektromagnetisches Katapult zu betreiben.

Auf dem Mond mit seiner geringen Schwerkraft ist es möglich, eine Massenschleuder zu betreiben, um Mondgestein von der Oberfläche abzuschießen. Damit kann Baumaterial für Raumstationen ins All gebracht werden. Man könnte auch Wasser als Rohmaterial für Treibstoff in den Weltraum befördern, wo es von Raumschiffen aufgenommen und mit Solarenergie in Wasserstoff und Sauerstoff zerlegt wird.

Dort reicht eine Endgeschwindigkeit von v=2,7 km/s aus, um mit den weggeschleuderten Massen fast alle Positionen zwischen Mond, Sonne und Erde zu erreichen.
Eine interessante Möglichkeit des Einsatzes elektromagnetischer Katapulte wäre, ein Raumflugzeug bis auf eine Geschwindigkeit zu beschleunigen, ab der es selbstständig mit eigenem Antrieb, eventuell unterstützt durch Flügel, weiter fliegen kann. Das ist etwa so, als wenn man eine Rakete mit dem Transrapid vorbeschleunigen würde. Die magnetische Levitation und Beschleunigung mit Linearmotoren verspricht theoretisch Endgeschwindigkeiten von bis zu 30 km/s. Der energetische Wirkungsgrad kann dabei bis zu 50 % erreichen.

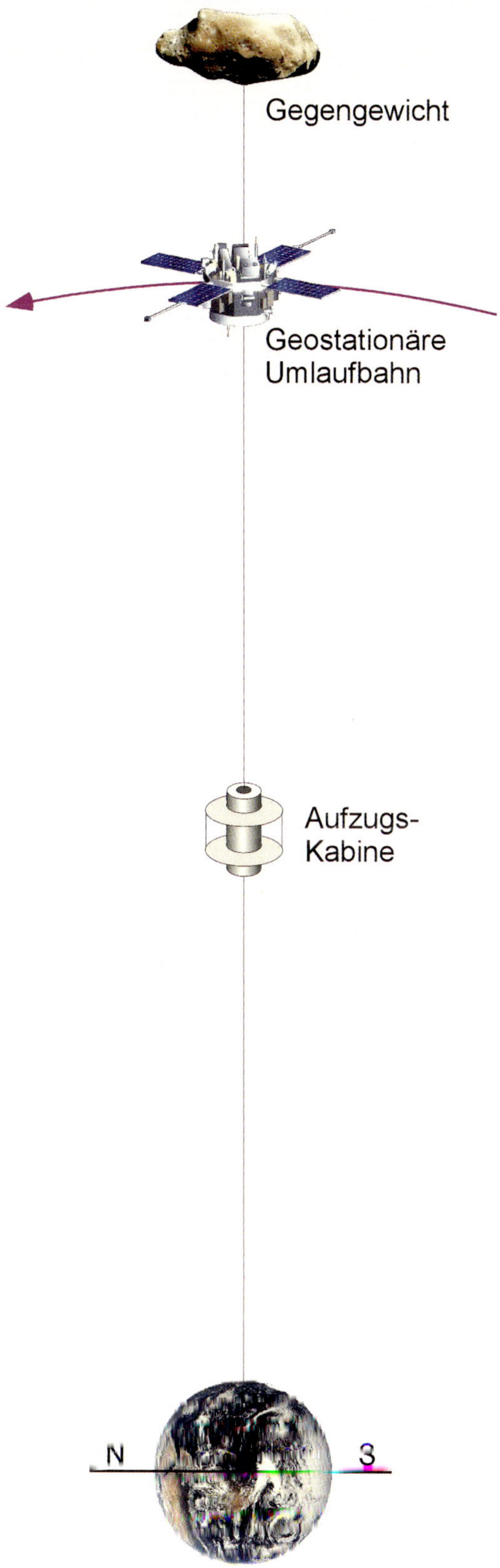


### Mit dem Fahrstuhl ins All?

Schon vor mehr als 100 Jahren hatten Wissenschaftler und Querdenker die Idee, per Lift, Turm oder über eine Art von Brücke in den Weltraum aufzusteigen. Der russische Raketenpionier Konstantin Ziolkowski, inspiriert vom Pariser Eiffelturm, dachte 1895 bereits über eine Art Turm ins All nach. Aber erst im Jahr 1960 schlug der russische Ingenieur Juri Artsutanow in der Zeitung »Prawda« ein Konzept vor, das funktionstüchtig war. Er ging aus von einem Satelliten in geostationärer Umlaufbahn, der in 36.000 km Höhe über der Äquatorebene in 24 Stunden einmal um die Erde kreist, in der gleichen Zeit, in der sich diese einmal um die eigene Achse dreht. Der Satellit steht also, von einem bestimmten Punkt am Äquator aus gesehen, unbeweglich im Zenit. Spannt man ein Seil zwischen diesem Punkt und dem Satelliten, so könnte man bequem per Aufzug ins All aufsteigen. Der Science-Fiction-Autor Arthur C. Clarke machte diese Idee 1979 in seinem Buch »Fahrstuhl zu den Sternen« populär.
Seit den 90er-Jahren arbeiten Forscher an der Realisierung eines solchen Konzeptes. Wesentliche Komponente eines jeden Weltraumlifts wäre ein sehr langes Kabel oder Band, das von seiner Verankerung auf der Erdoberfläche bis ins All reicht. Das Kabel müsste seinen Schwerpunkt im geostationären Orbit haben, also zwei Mal 36.000 km lang sein. Oberhalb des Schwerpunkts ist die Fliehkraft stärker als die Erdanziehungskraft, darunter ist es umgekehrt. Dadurch entstehen große Kräfte, denen ein solches Seil ausgesetzt wäre. Statt der doppelten Länge könnte auch ein schwerer Körper oberhalb des geostationären Orbits als Gegengewicht angebracht werden, etwa eine Raumstation oder ein eingefangener Asteroid. Das am Erdäquator verankerte Kabel würde sich so selbst gespannt halten. Gondeln könnten daran auf- und absteigen und Personen oder Nutzlasten in den Orbit befördern.

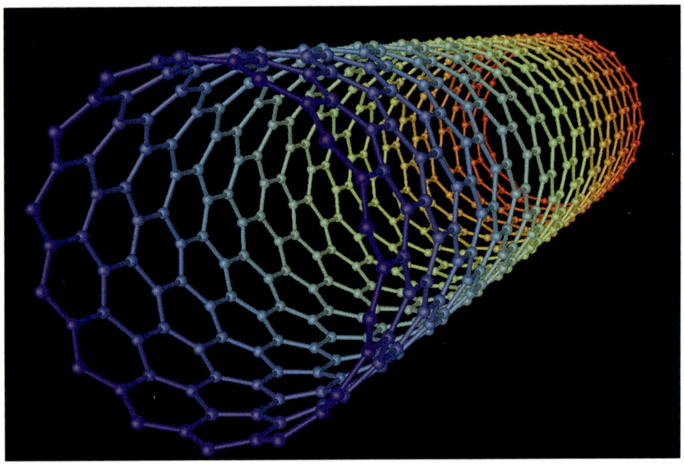

Kabel aus Kohlenstoff-Nanoröhrchen könnten eines Tages den Einsatz eines Weltraum-Fahrstuhls möglich machen.

Das Konzept des Weltraumaufzugs steht und fällt mit der Entwicklung eines superstarken Kabels aus extrem reißfestem Material. Das beste Stahlseil würde bereits bei einer Länge von 9 km durch sein Eigengewicht zerreißen. Dabei spielt die Dicke des Seils keine Rolle, da Masse und Festigkeit linear mit dem Querschnitt wachsen. Mit Kohlefasern verstärkte Kunststoffe bringen es auf Reißlängen von vielleicht einigen hundert Kilometern. Das liegt aber immer noch um Größenordnungen unter den Abständen, die für den Aufzug ins All benötigt werden. Wissenschaftler setzen auf einen neues, extrem widerstandsfähiges Material, basierend auf Kohlenstoff-Nanoröhrchen. Das sind Gebilde 10.000 Mal dünner als ein Haar, gerollt aus einer einatomigen Graphitschicht. Die Zugfestigkeit dieser neuartigen Kohlefasern übertreffen die von Stahl um ein Tausendfaches. Es bleibt aber fraglich, ob sich Nanoröhrchen je zu einem praktisch unzerstörbaren Kabelmaterial verarbeiten lassen. Der Weltraumaufzug wird wohl noch lange ein Traum bleiben.

## Reisen im Weltraum

Heute befinden wir uns in einer ähnlichen Situation wie die Menschheit im 16. Jahrhundert, in der Zeit der großen Entdecker Columbus, Cortes oder Magellan. Wir haben die großen unerforschten Weiten des Alls vor uns, und wie damals erfordert der Vorstoß ins Unbekannte wagemutige Mannschaften und mindestens ebenso kühne Investoren. Die Reisen werden Jahre dauern und sind äußerst risikoreich. Allerdings müssen wir dafür sorgen, dass wir die Gefahren besser unter Kontrolle haben. Viele der auf Entdeckung ausgesandten Schiffe kehrten damals nicht zurück. Selbst wenn sie heimkehrten, hatte meist der Skorbut die Hälfte der Mannschaft gefordert, weshalb man mit einem gehörigen Personalüberschuss absegelte.

Die Abstände scheinen zunächst nicht unüberwindbar. Zur Erdumlaufbahn sind es ein paar hundert Kilometer, eine Distanz, die wir auf der Erdoberfläche routinemäßig zurücklegen. Die Entfernung zur geostationären Umlaufbahn entspricht mit knapp 40.000 km einer Reise um die ganze Erde. Zum Mond ist es zehn Mal so weit, der minimale Abstand zum Mars beträgt schon 55 Millionen km. Für einen Hin- und Rückflug benötigen wir mit heutiger Technologie zwei Jahre. Alle Ziele, die darüber hinaus gehen, erfordern Reisezeiten, die für unser normales Verständnis von Expeditionen unvorstellbar sind – von Dekaden bis zu Jahrhunderten.

Die frühen Entdecker gingen mit den Völkern in fernen Ländern nicht gerade zimperlich um – aber auch ihre eigene Mannschaft musste große Verluste hinnehmen.

### Parkplatz zwischen Erde und Sonne

Die schwierigste und teuerste Phase einer Reise ins All ist die kurze Strecke zwischen Erdoberfläche und stabiler Umlaufbahn. Zu jedem Ziel außerhalb der Erde müssen wir die Schwerkraft unseres Heimatplaneten überwinden. Außerhalb der Anziehungskraft der Erde bewegen wir uns im Schwerefeld der Sonne. In der Umgebung der Erdumlaufbahn sind wir sehr weit weg von deren Schwerpunkt. Dort verändert sich das solare Gravitationsfeld nur noch sehr wenig mit dem Abstand, das heißt, das Schwerepotenzial verläuft relativ flach. Wir können uns also hier mit wenig Energieaufwand über große Strecken bewegen.

Man kann sich vorstellen, dass es zwischen Erde und Sonne einen Punkt gibt, an dem sich die Gravitationswirkung der beiden Himmelskörper gerade aufhebt. Da man im dynamischen System Erde-Sonne außer den Gravitationskräften auch die Zentrifugalkräfte berücksichtigen muss, findet man sogar fünf solcher Librationspunkte. Sie wurden nach dem italienischen Mathematiker und Astronomen Joseph-Luis Lagrange benannt. Man kann ein Raumfahrzeug an einem solchen Punkt »parken«. Von der Erde aus gesehen scheint es dann still zu stehen, obwohl es sich mit der Erde um die Sonne bewegt.

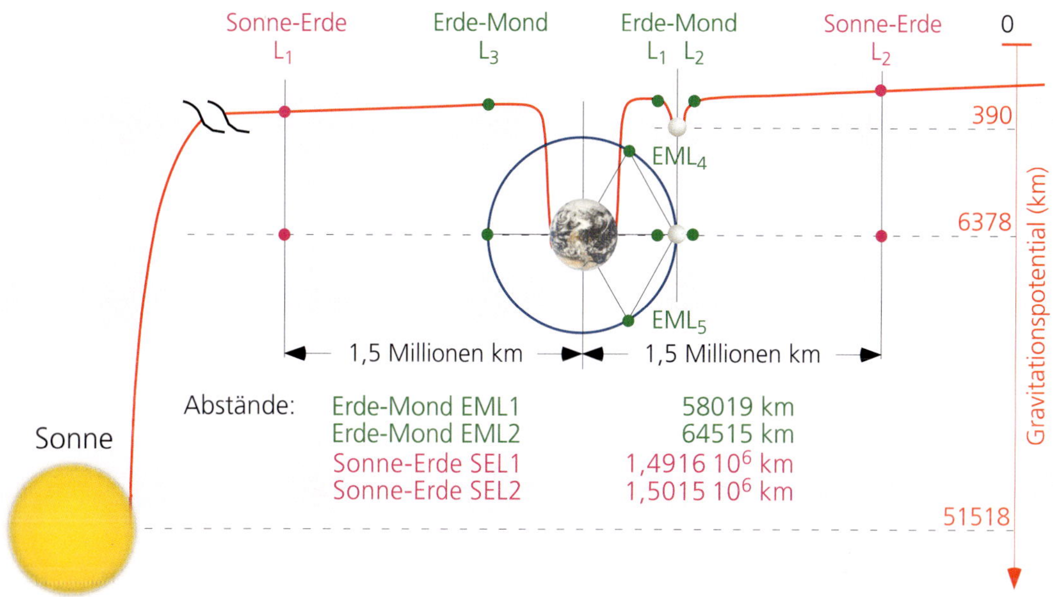


Die Librationspunkte sind herausragende Positionen für wissenschaftliche Sonden zur Untersuchung der Sonne (SEL1) oder der Tiefe des Weltraums (SEL2). Sie könnten aber auch eine wichtige Rolle in einem interplanetaren Transportszenario spielen, da von dort alle Himmelskörper unseres Planetensystems ohne Überwindung eines lokalen Gravitationstrichters erreichbar sind.

Für wissenschaftliche Sonden werden einige der Librationspunkte intensiv genutzt. SEL1 (Sonne-Erde Lagrange-Punkt 1) liegt zwischen Erde und Sonne und ist eine hervorragende Beobachtungsposition für Vorgänge auf der Sonne. SEL2 liegt auf der Verlängerung der Sonne-Erde-Achse und eignet sich für wissenschaftliche Messungen in der Tiefe des Weltraums, die weder durch die Sonne noch durch die Erde gestört werden dürfen. Diese Punkte sind aber auch als Verkehrsknotenpunkte für Flüge zu allen Himmelskörpern unseres Planetensystems geeignet. Sie liegen auf dem Plateau des solaren Gravitationspotenzials. Von dort kann ein Raumfahrzeug mit minimalem Energieaufwand, ohne Überwindung eines lokalen Gravitationsfeldes, zu allen Planeten und Monden reisen, insbesondere wenn man von der Möglichkeit der Swing by Manöver an nahen Planeten Gebrauch macht.

Mit Hilfe der Librationspunkte hat die Internationale Astronautische Akademie ein effizientes, nachhaltiges Raumtransportsystem der Zukunft vorgeschlagen. Sie geht davon aus, dass ein interplanetares Transportsystem Raumfahrzeuge und Material nicht notwendigerweise wieder auf die Erde zurück bringen muss – Menschen natürlich immer. Konsequenterweise wird daher die Beförderung von Mannschaft und Material getrennt durchgeführt. Die zugehörigen

Raumschiffe können dann für die jeweilige Aufgabe optimiert werden. Der Begriff Wiederverwendbarkeit bekommt in diesem Zusammenhang eine ganz neue Bedeutung. Jetzt geht es darum, dass Raumschiffe im Weltraum wieder einsetzbar sind, und zwar möglichst mit Treibstoff, der im Weltraum gewonnen wird, etwa auf einer Mondbasis oder auf einem Asteroiden.

**Zu den beiden erdnahen Sonne-Erde-Librationspunkten 1 und 2 (SEL1/2) flogen bisher folgende sechs Sonden:**

- International Sun-Earth-Explorer (NASA), 1978/1983, SEL1/2
- WIND (NASA), 1991/1995, SEL1
- Solar and Heliospheric Observatory (ESA, NASA), 1996, SEL1
- Advanced Composition Explorer (NASA), 1997, SEL1
- Wilkinson Microwave Anisotropy Project (NASA), 2001, SEL2
- Genesis (NASA), 2001, SEL1

**Geplante Sonden bzw. Observatorien sind:**

- Herschel (ESA), 2007, fernes IR, SEL2
- Planck (ESA), 2007, Mikrowellenstrahlung, SEL2
- James Webb Space Telescope (JWST, NASA), Nachfolge von Hubble, 2011, SEL2
- Constellation-X (NASA), 2012, Röntgenastronomie 2014, Detektion erdähnlicher Planeten, SEL2 (siehe Bild rechts)
- Terrestrial Planet Finder (NASA), 2015, Entdeckung ferner Planeten, SEL2

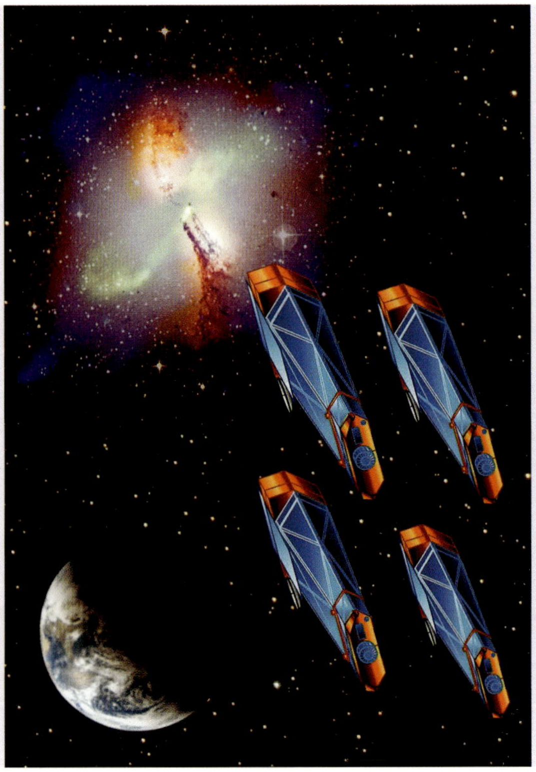

### Reisen zu anderen Sternen

Zur Zeit sind vier Raumsonden auf dem Weg, unser Planetensystem zu verlassen und zu anderen Sternen zu fliegen. Es handelt sich um die Planetensonden Pioneer 10 und 11 sowie Voyager 1 und 2. Keines dieser Raumschiffe wurde für eine interstellare Reise entworfen. Gestartet im Zeitraum 1972 bis 1977 wurden sie ausgesandt, um die äußeren Planeten zu untersuchen. Längst haben sie die Bahn des Zwergplaneten Pluto hinter sich gelassen und durchqueren den Grenzbereich zum interstellaren Raum. Voyager 1 ist das am weitesten ent-

Voyager 1 ist das am weitesten von der Erde entfernte Objekt, das je von Menschenhand erschaffen wurde. Es befindet sich am äußeren Rand unseres Sonnensystems und entfernt sich um 1,5 Millionen km pro Tag.

fernte Objekt, das je von Menschen gebaut wurde. Im August 2006 erreicht die Sonde den hundertfachen Abstand zwischen Erde und Sonne, das sind 100 Astronomische Einheiten oder 15 Milliarden km.
In zehn bis zwanzig Jahren werden die Voyager-Sonden unser Sonnensystem verlassen haben. Wir definieren dabei die Einflusssphäre der Sonne als die Grenze, wo der stellare Wind den Sonnenwind zu überwiegen beginnt. Es werden aber noch mehrere hunderttausend Jahre vergehen, bis die Raumschiffe in die Nähe anderer Sterne vordringen. Mit ihrer Geschwindigkeit von 17 km/s legen sie pro Tag die Strecke von 1,5 Millionen km zurück. Sie könnten die 4,4 Lichtjahre bis zum nächsten Stern, Alpha Centauri, in ungefähr 80.000 Jahren schaffen. Allerdings fliegen die beiden Sonden nicht in diese Richtung.

### Riesige Abstände

Selbst die nächsten Sterne sind so weit entfernt, dass interstellare Sonden zumindest einen nennenswerten Bruchteil der Lichtgeschwindigkeit erreichen müssten, um ihr Ziel in einer Zeit zu erreichen, die noch in Jahrzehnten oder Jahrhunderten gemessen wird. Die Relativitätstheorie besagt, dass bei Annäherung an die Lichtgeschwindigkeit die Masse eines Objekts größer wird, so dass höhere Kräfte zur Beschleunigung notwendig werden. Die Besatzung eines Raumschiffes würde allerdings davon profitieren, in relativistischer Geschwindigkeit zu reisen. Sie altert unter diesen Umständen langsamer. Die Zeit auf der Erde würde weiter in Jahrhunderten gemessen, nach der Rückkehr wäre für die Mannschaft aber ein kürzerer Zeitraum vergangen, vielleicht nur ein paar Jahre.

**Die nächsten Sterne**

| Name | Sternbild | Entfernung |
|---|---|---|
| Sonne | | 0,000016 Lj |
| Alpha Centauri | Kentaurus | 4,4 Lj |
| Barnards Stern | Schlangenträger | 6,0 Lj |
| Wolf 359 | Löwe | 7,6 Lj |
| Luyten 726-8 | Walfisch | 7,9 Lj |
| Lalande 21185 | Großer Bär | 8,2 Lj |
| Sirius | Großer Hund | 8,7 Lj |
| Ross 154 | Schütze | 9,3 Lj |
| Ross 248 | Andromeda | 10,3 Lj |
| ε Eridani | Eridanus | 10,8 Lj |

Warp-Antriebe und Wurmlöcher im All geistern durch die Science-Fiction-Literatur. Ob sich solche futuristischen Konzepte jemals mit den Gesetzen der Natur vereinigen lassen, ist ungewiss.

Die unermesslichen Entfernungen bringen aber noch andere Probleme mit sich. Eine Sonde im interstellaren Raum kann ihren Funkverkehr mit der Erde nicht einfach aufrecht erhalten. Man kann sie auch nicht vom Boden aus steuern. Signale von der Erde würden Jahre brauchen, bis sie das Raumschiff erreichen. Es müsste vollkommen autonom sein, um seine Ziele ohne Hilfe von der Erde ansteuern und dort Untersuchungen durchführen zu können. Die Datensignale, die es fortlaufend zur Erde sendet, würden ebenfalls viele Jahre benötigen, bis sie dort ankommen.

Bisher gibt es keine konkreten Projekte für interstellare Missionen. Die dafür notwendigen Technologien sind heute noch nicht vorhanden und werden auch in absehbarer Zukunft nicht zur Verfügung stehen. Immer wieder werden Ideen geäußert, die manchmal die physikalischen Grundlagen unserer Welt in Frage stellen. Warp-Antriebe und Wurmlöcher werden nicht nur in der Science-Fiction-Literatur zur Überwindung der riesigen Distanzen diskutiert. Fortschritte in unserem Verständnis der Natur sind natürlich nicht auszuschließen. Aber seit Einsteins allgemeiner Relativitätstheorie ist das übereinstimmende Verständnis der Wissenschaft, dass Raum und Zeit zur Raumzeit verschmolzen sind. Jede Abkürzung im Raum führt zu einer Verwerfung der Zeit und damit zur Verletzung der Kausalität. Mit anderen Worten, die Existenz eines Wurmlochs würde auch eine Zeitreise erlauben, so dass unsere Gegenwart aus der Vergangenheit heraus verändert werden könnte.

Wenn wir im Rahmen unseres heutigen Physikverständnisses den Raum außerhalb unseres Planetensystems erschließen wollen, dann erfordert dies technische Entwicklungen von enormer Reichweite. Solange wir auf den Rückstoß als Beschleunigungsmethode angewiesen sind, benötigt ein Raumschiff Treibmittel, dessen Masse ausgestoßen werden kann. Außerdem muss die Versorgung mit großen Energiemengen unabhängig vom Ort gewährleistet sein, um das Treibmittel auf hohe Ausströmgeschwindigkeit zu bringen. Ein interstellarer Antrieb braucht umso weniger Treibmittel, je höher der spezifische Impuls, also die Ausströmgeschwindigkeit wird. Konventionelle oder solare Antriebe sind im interstellaren Raum nicht geeignet. Wir müssen völlig neue Konzepte entwickeln. Denkbar, aber mit der bestehenden Technik nicht realisierbar sind Kernfusions- und Antimaterie-Triebwerke, interstellare Staustrahltriebwerke und andere, teilweise sehr exotische Überlegungen. Die kommenden Generationen einfallsreicher Konstrukteure werden viel zu tun haben, um solche Ideen zu verwirklichen.

Künstlerische Darstellung eines im Marshall Space Flight Center der NASA projektierten Raumfahrzeugs mit Kernfusionsreaktor. Das Raumschiff hat Dimensionen von Kilometern. Die flügelförmigen Radiatoren werden benötigt, um die Überschusswärme abzustrahlen.

### Antrieb durch Kernfusion

Die Kernfusion ist die Energiequelle unserer Sonne, die das Leben auf der Erde ermöglicht und erhält. Weltweit arbeiten Physiker seit Jahrzehnten an dem Problem, die Kernfusion auf der Erde zur Energieerzeugung zu nutzen – bis heute ohne durchschlagenden Erfolg. Gelänge es, eines Tages Raumschiffe per Kernfusion anzutreiben, so ließen sich die Reisezeiten zu den Planeten unseres Sonnensystems drastisch verkürzen. Die Fusion von Deuterium mit dem Helium-3-Isotop liefert Energie von mehreren hundert Millionen Megajoule pro Kilogramm Brennstoff. Je nach Effizienz des Antriebsaggregats könnten damit Ausströmgeschwindigkeiten von bis zu einigen Prozent der Lichtgeschwindigkeit erreicht werden. Unter der Voraussetzung, dass der Antrieb relativ leicht ist und das Verhältnis von Startgewicht zu Leergewicht des Raumschiffs günstig wird, könnte damit die enorme Endgeschwindigkeit von knapp 10 % der Lichtgeschwindigkeit erreicht werden.

Als Brennmaterial benötigt man das seltene Isotop Helium-3 (3He). Obwohl Helium nach Wasserstoff das zweithäufigste Element im Universum ist, kommt es auf der Erde nur im Bereich von 5 Teilen pro Million vor. Davon beträgt der Anteil des Isotops Helium-3 wiederum nur ein Zehntel Promille. Man findet das seltene Material aber beispielsweise auf dem Mond. Dort wird es vom Sonnenwind abgelagert und könnte vor Ort gewonnen werden.

Sogar Missionen zu nahegelegenen Sternen wären denkbar, wenn Wasserstoff zu Helium verbrannt würde, wie in der Sonne. Die erreichbare Ausströmgeschwindgkeit nähert sich dann dem Wert eines Zwölftels der Lichtgeschwindigkeit. Das würde zu einer Reisezeit führen, die für den Trip zum Nachbarsonnensystem Alpha Centauri mit je 20 Jahren hin und zurück innerhalb der Spanne eines Menschenlebens liegt. Die bereits erwähnten relativistischen Effekte lägen dann bei 2 %.

Wir beherrschen die Technik der kontrollierten Kernfusion auf der Erde noch nicht. Dagegen gibt es bereits ein Arsenal von Wasserstoffbomben, die auf der Fusion beruhen. Könnte man diese, durch militärische Forschung ausgereifte Technik, nicht auch für den Antrieb eines interstellaren Raumschiffes nutzen? Auch diese Möglichkeit wurde durchdacht. In den späten 50er-Jahren entwickelte die Firma General Dynamics im Auftrag des amerikanischen Verteidigungsministeriums das Projekt Orion, eine Rakete mit nuklearem Pulsantrieb. Kleine Atombomben sollten ausgestoßen und kurz hinter dem Flugkörper zur Explosion gebracht werden. Eine Schubplatte sollte dafür sorgen, dass die Explosionsenergie in Vortrieb umgesetzt wird. 1959 gab es sogar einen erfolgreichen Testflug mit einem Demonstrationsmodell namens »Put-Put«, das mit 6 Testladungen 100 m weit flog. Aus technischer Sicht bestehen bei diesem Antriebsprinzip keine grundsätzlichen Probleme. Dennoch wurden die Arbeiten 1965 wegen des internationalen Vertrags zum Verbot von Atomwaffentests im Weltraum eingestellt.

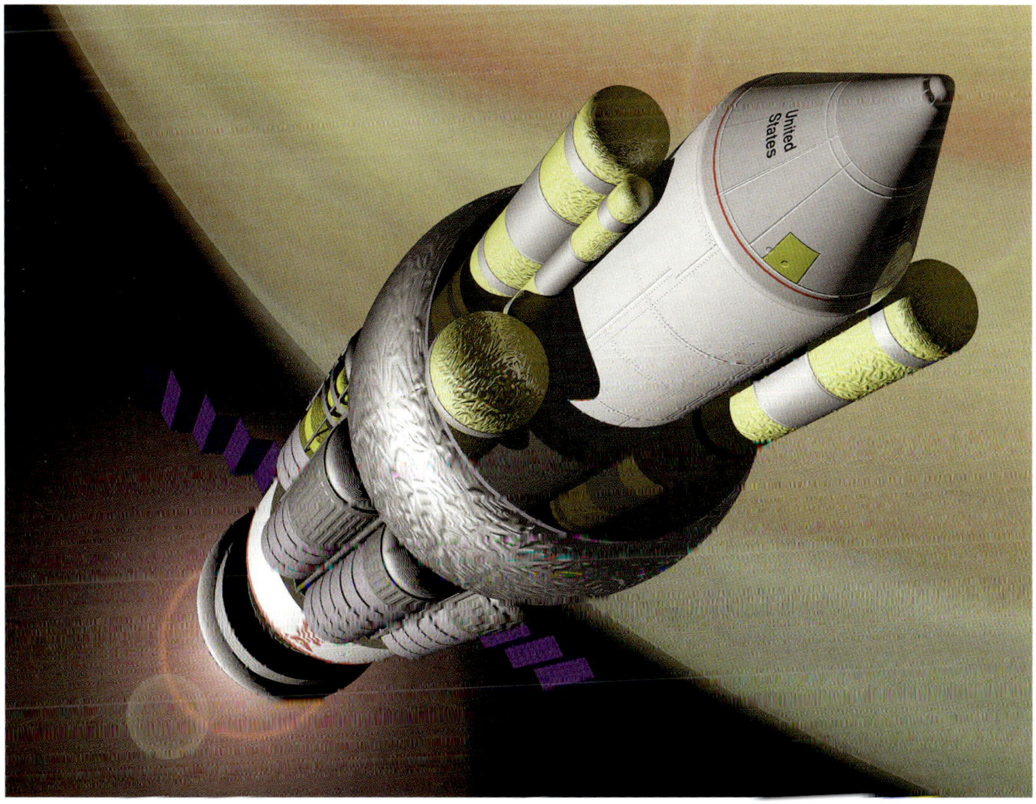


Das Projekt Orion sah bereits in den frühen 60er-Jahren ein Raumschiff mit Fusionsantrieb vor. Es sollte sich stoßweise durch kleine Atombomben beschleunigen.

### Bussards interstellares Staustrahltriebwerk

Jedes Raumfahrzeug mit Rückstoßantrieb muss Materie an Bord haben, die mit hoher Geschwindigkeit ausgestoßen, für den nötigen Schub sorgt. Der amerikanische Physiker Robert W. Bussard publizierte im Jahr 1960 die Idee, diesen Treibstoff im Weltraum selbst aufzusammeln, wie ein Jet, der in der Atmosphäre Sauerstoff zur Verbrennung ansaugt und ihn daher nicht mitzunehmen braucht. Der Raum zwischen den Sternen ist nicht völlig leer, in jedem Kubikzentimeter befinden sich zwischen 1 bis 100 Teilchen, vorwiegend Protonen, positiv geladene Wasserstoffkerne. Das von Bussard vorgeschlagene Konzept sammelt diese Materie über einen großen Trichter ein und verdichtet sie, ähnlich wie ein Staustrahltriebwerk (Ramjet) in der Atmosphäre. Der eingefangene Wasserstoff wird in einem Kernfusions-Reaktor zu Helium verschmolzen. Mit ausreichend langen Beschleunigungsphasen könnten einige Prozent der Lichtgeschwindigkeit erzielt werden.

Geht man etwas genauer ins Detail, so zeigen sich an dieser faszinierenden Idee einige Schwierigkeiten. Der Trichter, der wegen der positiven Ladung der Protonen auch aus einem magnetischen Feld bestehen kann, müsste eine Ausdehnung von mindestens 10.000 km haben. Die Wasserstoffkerne verschmelzen nur bei extrem hohen Temperaturen und enormem Druck. Alternativ könnten katalytische Fusionsreaktionen genutzt werden, bei denen Atomkerne anderer chemischer Elemente, wie zum Beispiel Kohlenstoff, die Fusion erleichtern, ohne selbst verbraucht zu werden. Möglich wäre auch, einen effizienteren Fusionsprozess, etwa Deuterium und Helium-3, zu nutzen, um den Wasserstoff auf hohe Ausströmgeschwindigkeit zu erhitzen. Die technologischen Probleme des Bussard-Ramjets sind gewaltig, doch das Konzept erscheint bestechend.

Ein interstellares Ramjet-Triebwerk, vorgeschlagen von dem Physiker Robert W. Bussard, sammelt interstellares Gas über einen magnetischen Trichter ein und erhitzt es in einem Fusionsreaktor. Bei diesem Prinzip muss keine Treibstoffmasse zur Erzeugung des Rückstoßes mitgeführt werden.

### Antimaterie-Triebwerke

Die effizienteste Art der Energieerzeugung ist die direkte Zerstrahlung von Materie und Antimaterie. Das ist aus physikalischer Sicht der Treibstoff mit dem höchsten Wirkungsgrad. Die Masse wandelt sich nach Einsteins Gleichung $E=mc^2$ vollständig in Energie um. Die Ausströmgeschwindigkeit käme in die Nähe der Lichtgeschwindigkeit. So könnte ein Raumschiff mit einer im Verhältnis zur Gesamtmasse signifikanten Treibstoffmenge auf einige Zehntel der Lichtgeschwindigkeit beschleunigt werden.

In riesigen Speicherringen wird Antimaterie mit hohem Energieaufwand in kleinsten Mengen hergestellt. Hier ein Bild der Anlagen des CERN bei Genf. Die unterirdischen Ringe erstrecken sich zwischen der Schweiz und Frankreich. Rechts der Flughafen, darüber der Genfer See.

Leider hat auch dieses einleuchtende Prinzip einen Haken, genau genommen sogar zwei. Zum Ersten ist die Herstellung von Antimaterie nicht einfach. Sie wird heute in kleinsten Mengen, gemessen in wenigen Teilchen, in den größten Beschleunigern der Erde mit ungeheurem Energieaufwand hergestellt. Zum Zweiten gibt es bisher noch keine Behälter, in denen man Antimaterie aufbewahren kann. Bei Kontakt mit auch nur einem einzigen Atom normaler Materie zerstrahlt dieses mit der Antimaterie – eine sehr explosive Angelegenheit. Sie kann nach heutiger Technik nur in luftleer gepumpten Ringsystemen mit Hilfe extrem starker, meist supraleitender Magnetspulen für wenige Monate aufbewahrt werden.

### Nächster Halt Alpha Centauri

Stellen wir uns vor, die Konstruktionsprobleme seien gelöst und wir verfügen über ein Raumschiff mit Antimaterie-Antrieb. Wie würde ein Flug zum nächsten Stern aussehen?
Der Antrieb wird auf eine Beschleunigung eingestellt, die der Erdanziehungskraft entspricht und konstant während des gesamten Fluges läuft. Das ist angenehm für die Passagiere und vermeidet medizinische Probleme. In der Mitte der Flugstrecke wird das Raumfahrzeug um 180° gedreht und bremst nun während des restlichen Fluges. Sehen wir in Flugrichtung durch ein Fenster, so scheinen die Sterne immer enger zusammenzurücken. Es werden Himmelskörper seitlich sichtbar, die in Wirklichkeit längst hinter dem Raumfahrzeug liegen. Dieser Effekt kommt zustande, weil das Fahrzeug in die Lichtstrahlen der hinter ihm liegenden Sterne hineinfliegt. Die Verzerrung wird bei der Annäherung an die Lichtgeschwindigkeit so stark, dass man

So stellt sich der Künstler Les Bossinas den Blick aus dem Cockpit eines Raumflugzeugs bei 80 % der Lichtgeschwindigkeit vor. Die Sterne erscheinen in Flugrichtung zusammenzurücken und unterliegen einer starken Blauverschiebung.

alle Sterne in einem schmalen Kegel vor sich sieht. Deren Farbe wird durch den Dopplereffekt ins Blaue verschoben. Sie wird mit höherer Geschwindigkeit violett und dann sogar ultraviolett, so dass man sie gar nicht mehr sehen kann. Zwar werden infrarote Sterne in den sichtbaren Bereich verschoben, diese haben aber entweder eine sehr niedrige Temperatur oder sind extrem weit entfernt, leuchten also schwach. Vor uns liegt dann ein dunkles Loch ohne Sterne. Nach hinten erhalten wir eine Rotverschiebung bis ins Infrarote. Beim Abbremsen werden diese Effekte wieder umgekehrt, so dass rechtzeitig zur Landung der Doppelstern Alpha-Centauri wieder in der Originalfarbe zu erkennen ist. Nach der Borduhr sind 3,5 Jahre vergangen. Fliegen die Astronauten (in diesem Fall in des Wortes wahrster Bedeutung, als »Reisende zu den Sternen«) nach einem kurzen Aufenthalt wieder zurück, werden sie bei ihrer Rückkehr um sieben Jahre älter sein. Auf der Erde sind seit ihrer Abreise 12 Jahre vergangen.
Eugen Sänger hatte schon vor dem Zeitalter der Raumfahrt berechnet, dass man auf diese Weise mit einem fast lichtschnellen Raumschiff in einem Menschenleben nahezu das ganze Universum durchqueren könnte, während auf der Erde derweil aber viele Milliarden Jahre vergingen. Es ist heute immer noch schwierig, eine Aussage darüber zu machen, ob interstellare Reisen technisch – und menschlich – möglich sind oder nicht. Wann jemals Astronauten zu anderen Sternen fliegen werden, ist ungewiss. Vieles erscheint uns heute noch recht utopisch. Vor gar nicht langer Zeit galt auch der Flug zum Mond als reine Utopie. Heute ist er Geschichte.

# Der Mensch im All

»Es gibt drei Arten von Schimpansen«, so sagt der Physiker und Schriftsteller Gregory Benson, »den gewöhnlichen Schimpansen, den Bonobo und uns. Wir sind der einzige Schimpanse, der Afrika verlassen hat.«
Die natürliche Selektion hat uns Menschen zu einer eindrucksvollen Weiterentwicklung ausgewählt. Wir wissen nicht, ob das die Folge der frühen Auswanderung ist, oder ob umgekehrt die Mobilität Ausdruck einer höheren Entwicklungsstufe ist. Es ist aber unzweifelhaft, dass geistige und physische Beweglichkeit eng miteinander verbunden sind. Der Drang des Menschen zur Expansion, zur Forschung und zur Exploration hat ihn so weit gebracht, dass er heute die Welt dominiert. Er hat die evolutionären Mechanismen außer Kraft gesetzt und durch geistige und technische Entwicklung ersetzt. So konnte die Menschheit die ganze Erde besiedeln, auch unwirtliche Regionen, in denen das Überleben nur durch Kleidung, Behausung, Heizung und Vorratshaltung möglich ist – keineswegs im Einklang mit der Natur, sondern in einem ständigen Kampf mit ihr. Diese Strategie hat sich bisher als erfolgreich erwiesen.

Der Bonobo ist die Schimpansenart, die dem Menschen in seiner Entwicklung am nächsten steht.

### Die Expansion geht weiter

Das Leben ist vor 500 Millionen Jahren dem Meer entstiegen, vor 2 Millionen Jahren ist Homo Erectus von Afrika aufgebrochen, seit knapp 50 Jahren ist der Mensch in der Lage, die Erde zu verlassen. Es ist nicht einzusehen, warum diese Expansion abgeschlossen sein sollte. Die Lufthülle der Erde ist genau so wenig eine natürliche Grenze, wie es die Ozeane sind. Langfristig wird die Menschheit Ziele außerhalb der Erde

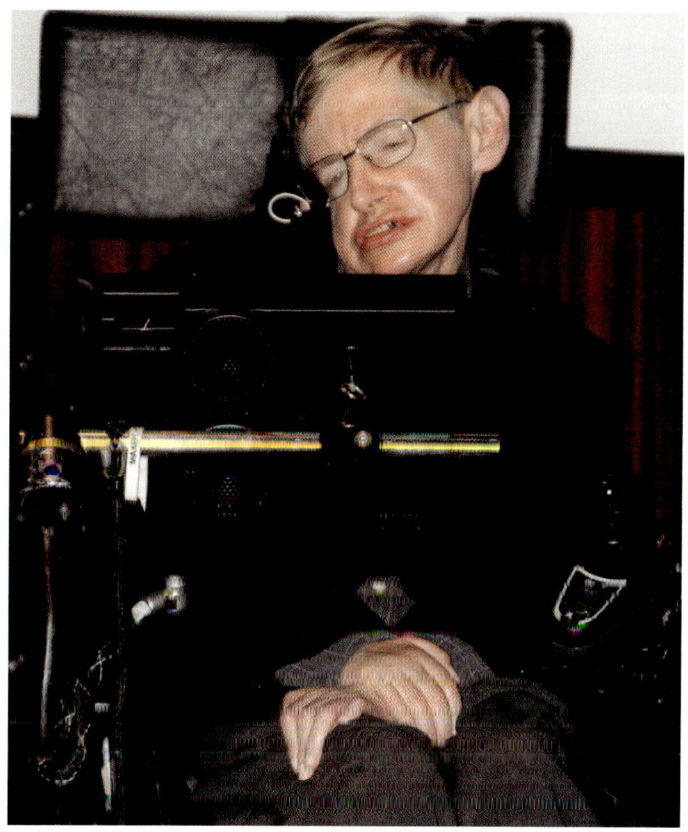

Bei der Verleihung des höchsten britischen Wissenschaftspreises, der Copley-Medaille der Royal Society in 2006, sagte der Physiker und Kosmologe Stephen Hawking: »Das Überleben der Menschheit über lange Zeit ist nicht gesichert, solange es auf einen einzigen Planeten beschränkt ist. Früher oder später werden wir alle durch eine Katastrophe wie eine Kollision mit einem Asteroiden oder einen atomaren Krieg ausgelöscht werden. Unsere Zukunft ist nur gesichert, wenn wir uns in den Weltraum ausdehnen und dort unabhängige Kolonien schaffen. Es gibt keine zweite Erde im Sonnensystem, also müssen wir uns zu einem anderen Stern aufmachen.«

anstreben, zunächst in unserem Planetensystem, später innerhalb der Milchstraße. Es gibt drei Gründe, warum der Mensch die Erde verlassen wird:

- Der menschliche Expansionsdrang – vorgegeben durch unsere genetische Geschichte.
- Die Sicherung der Existenz der menschlichen Rasse. Das Leben auf einem einzigen Planeten ist nicht stabil, nur eine Verteilung des Erbguts über mehrere Himmelskörper garantiert ein Bestehen über sehr lange Zeiträume.
- Das Überleben der Menschheit für den Fall, dass die Erde unbewohnbar wird, etwa durch Überpopulation, kosmische Ereignisse, oder eine durch den Menschen selbst verursachte Katastrophe.

### Bemannt oder unbemannt?

Die Diskussion darüber, ob sich die Raumfahrt auf unbemannte Missionen beschränken soll, flammt gerade in Deutschland immer wieder auf. Dabei handelt es sich um eine recht sinnfremde Kontroverse. Als Argumente gegen den Einsatz des Menschen im Raum werden vor allem die Kosten genannt. Schematische Kosten-Nutzen-Analysen sind hier jedoch nicht geeignet, da zu viele Gesichtspunkte berücksichtigt werden müssen.

Roboter müssen dort eingesetzt werden, wo die Risiken für den Menschen zu hoch sind. Auch für einfache Arbeiten, die stumpfsinnig wiederholt werden oder große Kräfte erfordern, sind robotische Geräte vorzuziehen. Die Grenzen des Einsatzes von Robotern liegen dort, wo komplexe Aufgaben die Erfassung einer unübersichtlichen, nicht vorhersagbaren Situation erfordern und Entscheidungen autonom vor Ort zu treffen sind.

In der Raumfahrt, wie in vielen anderen Bereichen, sind die Ziele entscheidend. Erst wenn diese festgelegt sind, kann man über den Weg diskutieren, wie sie am effizientesten zu erreichen sind. Die heute in der Raumfahrt anvisierten, relativ einfachen Ziele, sind tatsächlich in vielen Fällen mit robotischen Sonden kostengünstig erfüllbar. Nimmt man sich wirklich komplexe Aufgaben vor, wie etwa die Suche nach Spuren von Leben auf anderen Planeten, benötigt man vielschichtige Lösungswege. In kosmischen Abständen, wo eine schnelle Kommunikation wegen der langen Signallaufzeiten nicht mehr möglich ist, kann man nicht mehr auf menschliche Intelligenz am Boden zurückgreifen. Dann benötigt man vor Ort Eigenschaften wie Erfahrung, Lernfähigkeit, Anpassung und vor allem Entscheidungsfähigkeit.

Menschen sind in idealer Weise für intensive Feldstudien und solche Aufgaben vorbereitet, die komplexe physische Artikulation, Expertenwissen und Anpassung erfordern. Dort, wo iterative Beobachtung und Planänderungen in Echtzeit erforderlich sind, können die aufwändigen, mit erheblichen Verzögerungen anwendbaren Methoden der Fernsteuerung nicht wirkungsvoll eingesetzt werden. Die Menschen haben den großen Vorteil gegenüber Robotern, dass sie für unerwartete Entdeckungen parate Reaktionen und Antworten haben, vor allem nur deswegen, »weil sie dort sind«. (U.S. NRC 1994)

In den Anfängen der Forschung zur künstlichen Intelligenz führte eine positivistische Grundeinstellung zu dem Glauben, dass man das menschliche Gehirn weitgehend nachbauen kann. In dieser Hinsicht ist man heute skeptischer geworden. Inzwischen ist die Wissenschaft zu der Überzeugung gekommen, dass Entscheidungen nicht ausschließlich auf der Basis von Tatsachen getroffen werden können – eine Erfahrung, die wir alle irgendwann machen. Selten liegen die Fakten in so eindeutiger Weise vor, dass eine rein rationale Entscheidung möglich ist. Während man früher glaubte, Gefühle bei der Auswahl von Alternativen ausschalten zu müssen, ist die Gehirnforschung heute überzeugt, dass Emotionen hier eine ausschlaggebende Rolle spielen. Gerade das ist jedoch ein Gebiet, auf dem die Technik bisher noch keine Fortschritte erwarten lässt. Robotische Geräte, die emotionale Fähigkeiten aufweisen, sind noch nicht entwickelt.

Die chinesische Weltraumkapsel Shenzhou 5, hier nach der Rückkehr von ihren ersten bemannten Flug, erinnert nicht von ungefähr an russische Weltraumtechnik.

### Nationen im All

Bis vor wenigen Jahren gab es nur zwei Nationen, die in der Lage waren, Menschen in den Weltraum und sicher wieder zurück zu bringen. Das sind die Großmächte USA und Russland. Seit Oktober 2003 hat China zu diesem elitären Kreis der Raumfahrtnationen aufgeschlossen. Mit der erfolgreichen Mission Shenzhou 5 brachten sie den ersten »Taikonauten« Yang Liwei in die Umlaufbahn. Die Motivation, die hinter solchen Unternehmungen steht, kann keineswegs auf Kosten-Nutzen-Analysen oder wissenschaftliche Überlegungen zurückgeführt werden. Hier geht es um politische und militärische Interessen, vor allem aber um nationales Prestige.
Eine ganze Anzahl von Nationen unterhält ein eigenes Astronautenkorps, ohne selbst die Fähigkeit zu besitzen, Menschen in den Raum und zurück zu transportieren. Hierzu gehören alle an der ESA beteiligten Länder. Sie verzichten jedoch zugunsten einer europäischen Identität auf nationale Astronauten. Im Rahmen der Internationalen Raumstation ISS wurde zum ersten Mal das Modell einer Weltraumunternehmung verwirklicht, die von vielen Nationen der Erde gemeinsam getragen wird. Wirklich große und schwierige Missionen, wie der Flug von Menschen zum Mars oder zu jedem Ziel darüber hinaus, können nur als gemeinsame Initiative der gesamten Menschheit geplant und durchgeführt werden.

### Technische Hürden

Will der Mensch nicht nur Stippvisiten im Weltraum machen, sondern seine Präsenz im ganzen Planetensystem oder bei anderen Sternen sichern, so sind noch eine ganze Reihe von Problemen zu lösen.
Erste und wichtigste Voraussetzung ist ein energieeffizientes und umweltschonendes Transportsystem, denn es müssen häufig große Nutzlasten durch das irdische Gravitationsfeld ins All gebracht werden. Ein besonders hoher Grad an Flexibilität ist erforderlich, weil Menschen im Spiel sind, damit in Notfällen kurzfristig geholfen werden kann – zumindest solange sie noch in der Nähe der Erde sind. Auch die Errichtung einer Weltraum-Infrastruktur wird notwendig sein, mit Zwischenstationen in der Erdumlaufbahn (wie die ISS), auf dem Mond, auf

Asteroiden oder an einem der Librationspunkte des Erde-Sonne-Systems. Die Stationen werden zur Herstellung und Lagerung von Material und Treibstoff dienen, große Strukturen können dort zusammengebaut werden, ohne dass für jede Güterbeförderung hohe Gravitationsbarrieren überwunden werden müssen. Alternative Konzepte wie Teleportierung, bei denen nicht die Dinge selbst, sondern die darin enthaltene Information transportiert und am Ziel der Gegenstand rekonstruiert wird, werden heute auf atomarem Maßstab erforscht. Ob sie jemals für größere Gegenstände oder gar Menschen eingesetzt werden können (»Beam me up, Scotty«) ist noch völlig offen.

Eine zweite wichtige Voraussetzung ist die Entwicklung von Lebenserhaltungssystemen, die Menschen über lange Zeit mit Luft, Wasser und Nahrung versorgen und dabei eine lebensfreundliche Umgebung mit erträglicher Temperatur, möglichst auch mit der gewohnten Gravitation, zur Verfügung stellen. Der erste Versuch, ein solches selbsterhaltendes und autarkes System auf der Erde zu verwirklichen, das Projekt »Biosphere 2«, musste abgebrochen werden. Die Rückkopplungssysteme in einem geschlossenen Ökosystem sind offensichtlich entschieden komplexer als angenommen. Vor diesem Hintergrund sind futuristische Konzepte wie das »Terraforming«, die Umwandlung von Himmelsobjekten in lebensfreundliche Welten, noch dem Bereich der Utopie zuzuordnen. Man könnte sich schon eher vorstellen, dass der Mensch in der Lage wäre,

Die Infrastruktur zur Erforschung des Mondes und Nutzung seiner Ressourcen werden wir in 50 Jahren so wahrnehmen wie heute Forschungscamps in der Antarktis. Menschen werden dort über Monate leben und im Dienste der Wissenschaft arbeiten.

Biosphere 2 war ein Versuch, ein autarkes Lebenserhaltungssystem auf der Erde zu verwirklichen. Nahe Tucson, Arizona, wurde auf 1,6 Hektar ein gigantischer Glasbau errichtet, in dem Menschen unabhängig von der Außenwelt leben sollten. Obwohl das Experiment nur teilweise erfolgreich war, konnten wichtige Erkenntnisse gewonnen werden.

Ein terraformierter Mars mit Ozeanen und grünen Kontinenten?

sich durch Methoden der genetischen Manipulation über Generationen an ursprünglich eingeschränkt lebensfeindliche Umwelten anzupassen.

### Der Exodus beginnt

Nicht in diesem Jahrtausend, aber irgendwann in ferner Zukunft wird es geschehen, dass die Menschheit sich aufmacht, die Erde zu verlassen. Es geht dabei nicht um Erkundungsflüge einzelner Pioniere, sondern um einen massiven Auszug. Völkerwanderungen hat es auf der Erde bereits vielfach gegeben, fast immer ohne Aussicht auf eine Rückkehr. Das wird auch in diesem Fall zutreffen, da die Abstände außerhalb des Planetensystems so gigantisch sind, dass bereits die Kommunikation Jahrzehnte erfordert. Sind Techniken eines Transports mit einigen Zehntel der Lichtgeschwindigkeit erst einmal entwickelt, so führt die relativistische Zeitdilatation dazu, dass ein Kontakt im herkömmlichen Sinn zwischen Reisenden und Zu-

In den 70er-Jahren spielte die NASA mit Gedanken zu riesigen rotierenden Stationen im Weltraum, die Tausende von Menschen aufnehmen und ernähren sollten.

rückgebliebenen nicht mehr praktikabel sein wird. Der Effekt lässt die Reisezeiten für die Insassen des Raumschiffs schrumpfen, für die Zurückgebliebenen jedoch nicht, so dass Nachricht und Antwort verschiedene Generationen betreffen. Auch die interplanetaren Raumschiffe werden mit einer sich selbst erhaltenden Population auf lange Reisezeiten vorbereitet sein. In der Vorbereitungsphase wird es Aufenthalte von Pionieren auf Außenposten innerhalb des Planetensystems geben. Künstlich erzeugte Welten für tausende von Menschen in der näheren Umgebung der Erde sind ein eher unwahrscheinlicher Zwischenschritt. Mond und Mars, vielleicht auch Asteroiden und die Lagrange-Librationspunkte bieten sich im Vorlauf einer Auswanderung als geeignete Ziele an, um die erforderlichen Techniken zu verifizieren. Vor dem eigentlichen Auszug werden erdähnliche Planeten in unserer nächsten galaktischen Umgebung sorgfältig untersucht worden sein, um das am besten geeignete Ziel zu identifizieren. Mit etwas Glück und wenn die irdischen Analysen zutreffen, kann der Planet ohne Anpassungsmaßnahmen der Umgebung oder der ausgewanderten Menschen bewohnt werden.

Noch klingt es abenteuerlich und unwahrscheinlich, dass solche Reisen je in Angriff genommen werden. Es geht hier jedoch um Gedanken, die Zeiträume von 1000 Jahren und mehr umspannen. Als Karl der Große mit seiner Entourage in Pferdekarren von Pfalz zu Pfalz zog, konnte er sich auch nicht vorstellen, dass fliegende Fahrzeuge einmal ganz normale Verkehrsmittel für ganz normale Bürger sein würden.

Die Besiedelung eines Planeten im System eines der Erde nahegelegenen Sterns muss nicht das Ende der Ausbreitung der Menschheit sein. Mit ähnlichen Schritten wird es der Erdbevölkerung möglich sein, schließlich die ganze Milchstraße zu besiedeln. Nehmen wir an, dass die Siedler etwa 1000 Jahre benötigen, bevor sie sich in ihrer neuen Heimat gefestigt haben und zu einer Weiterreise bereit sind. Die Reise selbst kann weitere 1000 Jahre in Anspruch nehmen. In 2000 Jahren sind so Besiedelungsschritte über Distanzen von jeweils 10 Lichtjahren möglich. Innerhalb von 20 bis 50 Millionen Jahren könnte so die gesamte Milchstraße von der Menschheit besiedelt werden.

Eine solche Ausbreitung wird jedoch auf die Sternsysteme unserer Galaxie beschränkt bleiben. Die Abstände zwischen Galaxien bewegen sich in der Größenordnung des Durchmessers der Milchstraße, von etwa 100.000 Lichtjahren. Dazwischen ist das Weltall praktisch frei von Sternen, so dass eine schrittweise Ausbreitung nicht mehr möglich ist.

Unsere Milchstraße, gesehen von den Infrarotdetektoren des COBE-Satelliten. Denkbar ist, dass die ganze Galaxis mit einem Durchmesser von 100.000 Lichtjahren in ferner Zeit einmal von den Nachfahren der heutigen Menschheit besiedelt sein wird.

Doppelsterne sind eine häufige Erscheinung im Kosmos – vielleicht wird ein zukünftig durch die Menschheit bewohnter Planet zwei Sonnen am Himmel haben.

# Bildnachweis

8 und 9 ... NASA
10 oben ... NASA
10 unten ... Photo: Georg Slickers
11 oben ... DLR
11 unten ... SWB, Photo: Nikolai Wolff
12 ... NASA
13 oben ... DLR
13 unten ... NASA
14 oben ... Camille Flammarion: L'Atmosphère, Paris 1888
15 ... NASA-JPL
16 NASA Marshall Space Flight Cente
17 oben ... NASA/WMAP Science Team
17 unten ... NASA, ESA, HEIC
18 oben ... Photo: Berndt Feuerbacher
18 unten ... NASA
19 Satellite Imaging Corporation
20 unten ... ESA
21 ESA
22 oben ... Nasa
22 unten ... NASA TRACE
23 oben ... ESA/Universität Heidelberg
23 unten ... ESA/P. Carril
24 ... Deutsches Museum München/ Archiv Büdeler
25 oben ... Deutsches Museum München
25 unten ... National Army Museum London
26 ... Jules Vernes orig./NASA
27 ... Gagarin Cosmonaut Training Centre
28 oben ... NASA
28 unten ... Deutsches Museum München/ Archiv Büdeler
29 links ... Deutsches Museum München/ Archiv Büdeler
29 oben ... Hartmut Sänger
29 unten ... Deutsches Museum München/ Archiv Büdeler
30 ... NASA
31 oben ... Deutsches Museum München
31 unten ... Deutsches Museum München
32 rechts ... National Archives and Records Administration
32 links ... Photo: O. Przybilski
34 oben ... NASA
34 unten ... NASA
35 ... Gagarin Cosmonaut Training Centre
36 oben ... NASA
36 mitte ... NASA
36 unten ... NASA
37 links ... NASA
37 unten ... NASA
39 oben ... Universität Stuttgart, IRS, Michael Gräßlin
40 oben ... NASA
40 unten ... NASA
41 oben ... NASA
41 unten ... NASA
42 oben ... Gagarin Cosmonaut Training Centre
42 unten ... NASA
43 ... ESA
44 oben ... NASA
44 unten ... NASA MSFC
45 oben ... Gagarin Cosmonaut Training Centre
45 unten ... NASA
46 ... NASA
47 oben ... NASA Johnson Space Center
47 unten ... AP Photo: Jason Hutchinson
48 ... ESA
49 links ... Sea Launch
49 rechts ... ESA
50 ... Kalden
53 oben ... Scaled Composites
53 unten ... DLR
54 ... Deutsches Museum München
56 .NASA, ESA, The Hubble Heritage Team
59 ... NASA/JPL-Caltech/T. Bourke
60 ... MPE Garching
61 ... ESA-D. Ducros
62 ... Science Fair
63 ... ESA
64 und 65 ... DLR
66 oben ... ESA/NASA
67 ... DigitalGlobe
68 ... DLR
69 ... DLR MODIS
71 unten ... NASA
72 ... DLR DFD
73 ... DLR DFD
74 oben ... DLR
74 unten ... DLR
75 ... DLR
76 ... DLR DFD / NASA
77 ... DLR DFD
78 oben ... NASA
78 unten ... JAXA
79 ... ESA, DLR, Stephan Dech
80 oben ... DLR
83 unten ... ESA Envisat
84 ... ESA
85 oben ... DLR Alberto Moreira
86 ... ESA
87 ... ESA
88 oben ... Dr. Schorsch
88 mitte ... Tagishsimon
89 oben ... Univ. Hannover
90 links ... NASA/JPL/NIMA
90 rechts ... ESA
91 unten ... NASA, ESA, SRTM
92 ... DLR, NASA
93 oben ... SRTM Team NASA/JPL/NIMA
93 unten ... NASA-JPL
94 ... DLR
96 ... NASA
97 unten ... ESA
102 ... Photo: Berndt Feuerbacher
103 ... IPCC
104 ... IPCC
106 ... NASA
108 ... IPCC
110 ... Carlos M. Amante Soria/AMC
110 und 111 ... Steinberg/Block/ NOAO/AURA/NSF
112 oben ... American Institute of Physics
112 unten ... NASA
112 unten ... NASA, ESA, STScI
117 oben ... NASA
117 unten ... ESA
119 ...NASA, ESA, The Hubble Heritage Team
120 ... Robert Williams, STScI, NASA
120 unten ... NASA, ESA, STScI
122 .NASA, ESA, The Hubble Heritage Team
124 .NASA, ESA, The Hubble Heritage Team
125 ... Les Très Riches Heures du duc de Berry, Anatomical Man
127 unten ... NASA
128 oben ... Rijksmuseum Amsterdam
129 ... NASA
130 oben ... NASA-JPL
130 unten ... NASA
131 oben ... Soviet Planetary Exploration Program
131 unten ... Magellan-Project, NASA-JPL
132 oben ... Magellan-Project, NASA-JPL
132 unten ... ESA/VIRTIS/INAF-IASF/ Obs. de Paris-LESIA
133 oben ... NASA, ESA, STScI
133 unten ... NASA-JPL
134 oben ... NASA
134 unten ... JAXA
135 oben ... NASA/Johns Hopkins University
135 unten ... NASA-JPL
136 oben ... NASA, ESA, STScI
136 unten ... NASA-JPL
137 ... NASA-JPL
138 oben ... NASA-JPL
138 unten ... NASA-JPL
139 oben ... DLR
139 unten ... NASA/JPL/ University of Colorado, LASP
140 oben ... NASA-JPL
140 unten ... NASA-JPL
141 oben ... NASA-JPL
141 unten ... NASA-JPL
142 oben ... ESA, NASA
142 unten ... ESA, NASA
143 oben ... NASA-JPL
143 unten ... NASA, Photo: Loke Kun Tan
144 ... ESA
145 oben ... NASA, ESA, The Hubble Heritage Team
145 unten ... Christian Aschoff
146 oben ... NASA-JPL
146 unten ... NASA
147 oben ... NASA
148 ... NASA, Mola Science team
149 ... ESA/DLR/FU Berlin (G. Neukum)
150 ... ESA/DLR/FU Berlin (G. Neukum)
151 oben ... DLR
151 unten ... NASA-JPL
152 ... NASA-JPL
153 ... ESA/DLR/FU Berlin (G. Neukum)
154 oben ... NASA, ESA/DLR/ FU Berlin (G. Neukum)
154 mitte ... ESA/DLR/FU Berlin (G. Neukum)
154 unten ... ESA/DLR/FU Berlin (G. Neukum)
155 oben ... ESA/DLR/FU Berlin (G. Neukum)
155 unten ... ESA/DLR/FU Berlin (G. Neukum)
156 oben ... ESA/DLR/FU Berlin (G. Neukum)
156 unten ... ESA/DLR/FU Berlin (G. Neukum)
157 oben ... NASA-JPL
157 unten ... NASA-JPL
158 oben ... NASA-JPL, Cornell
158 unten ... NASA-JPL
159 ... ESA (Colin Pillinger)
160 oben ... NASA
160 unten/links ... NASA
160 unten/rechts ... ESA
162–163 ... ESA
164 oben ... Photo: Neil McAleer
165 oben ... NASA
165 unten ... DLR/ERNO
171 unten ... ESA
174 oben ... ESA
174 unten ... ESA
175 ... ESA
178 ... ESA
179 ... ESA
180 ... NASA
181 unten ... Photo: Falense
182 oben ... E. Messerschmid/ D. van Ravernswaay
186 ... E. Messerschmid/D. van Ravernswaay
187 ... CNES, Jean VOUILLON
192 ... NASA/ A. Kleusberg Universität Stuttgart
193 oben .. A. Kleusberg Universität Stuttgart
193 unten ... ESA
196 ... ESA
197 ... ESA
198 oben ... ESA
198 unten ... H. Stoewer DARA/DLR
199 ... Photo: Erik Christensen
200 ... ESA-P. Sebirot
201 ... ESA
203 ... Photo: Ansgar Walk
202 und 203 ... NASA
205 ... ESA-D. Ducros
206 ... NASA-MSFC
207 ... NASA
208 ... NASA
209 oben ... NASA
211 ... M. Gräßlin, Universität Stuttgart
213 ... NASA-MSFC
214 oben ... ESA/ D. Ducros
214 unten ... JAXA
215 ... NASA
216 ... ESA
217 ... ESA
218 ... IRS B. Ganzer
220 ... DLR, Photo: G. Kowalski
221 ... ESA
222 ... ESA
223 ... ESA
224 ... NASA
225 ... NASA
226 ... ESA/NASA
227 ... ESA/NASA
228 ... NASA
229 ... ESA/NASA
230 ... NASA
231 ... ESA/NASA
232 oben ... ESA/NASA
232 unten ... ESA/NASA
233 oben ... ESA/NASA
233 unten ... NASA
234 ... NASA
236 ... ESA
237 ... DLR
238 oben ... ESA
238 unten ... ESA
239 oben links ... ESA
239 oben rechts ... ESA
240 oben ... ESA
240 unten links ... ESA
240 unten rechts ... ESA
241 ... ESA
246 unten ... DLR
247 unten ... David A. Hardy/www.astroart.org
249 oben ... DLR
249 unten ... University Bonn
250 oben ... University Bonn
250 unten ... DLR
251 oben ... Lorenz Ratke, DLR
252 oben ... Lorenz Ratke, DLR
252 unten ... DLR
253 ... Ivan Egry, DLR
254 ... ESA
255 ... NASA
256 ... DLR
257 ... DLR
258 u. 259 ... NASA, ESA, The Hubble Heritage Team
260 ... NASA
261 ... NASA
262 ... NASA, ESA
263 ... ESA
264 ... NASA
266 ... Boeing
267 ... ESA
268 ... NASA
269 ... Space News
271 ... ESA
273 ... Robert Williams, STScI, NASA
274 ... ESA
275 ... NASA, ESA, STScI
277 oben ... ESA
277 unten ... NASA
278 oben ... Hartmut Sänger
279 oben ... NASA
279 mitte links ... NASA/Lockheed
279 mitte mitte ... NASA/Boeing
279 mitte rechts ... NASA/Orbital Science
279 unten ... Universität Stuttgart, O. Kalden
281 ... ESA
282 oben ... ESA
282 unten ... JAXA
283 ... ESA
284 ... NASA
285 oben links ... NASA
285 oben rechts ... NASA
286 oben ... NASA
286 unten ... NASA
289 ... NASA
290 ... NASA
291 oben links ... Jörg Behrens, EADS Astrium
291 oben rechts .. Jörg Behrens, EADS Astrium
291 unten ... Jörg Behrens, EADS Astrium
292 ... NASA
294 oben ... Michael Ströck
294 unten ... University of Michigan
296 oben ... NASA
296 unten ... NASA
297 ... NASA (Les Bossinas)
298 ... NASA MSFC
299 ... NASA
300 ... NASA
301 ... CERN
302 ... NASA (Les Bossinas)
303 oben ... Photo: Kabir Bakie
303 unten ... Wikimedia Commons
304 ... NASA/JPL/Cornell
305 ... NASA
306 ... Wikimedia Commons
307 oben ... ESA AOES Medialab
307 unten ... Photo: Colin Marquardt
308 oben ... Mathew Crisp
308 unten ... NASA
309 oben ... NASA (Ned Wright)
309 unten ... NASA/JPL-Caltech/R. Hurt (SSC)

Hier nicht aufgeführte Bilder stammen aus den Archiven der Autoren.

# Weiterführende Literatur

Es gibt eine ganze Reihe hervorragender Fach- und Lehrbücher über das Gesamtgebiet oder einzelne Bereiche der Raumfahrtsysteme und -nutzung, einige davon auch in deutscher Sprache. Im vorliegenden Buch wurde zur besseren Lesbarkeit darauf verzichtet, im Text Hinweise auf weiterführende Literatur einzubringen. Eine kleine Auswahl empfehlenswerter Bücher, die das breite Spektrum von der Geschichte der Raumfahrt bis zu den Grundlagen der Raumfahrttechnik und ihrer Anwendung abdeckt, wird hier vorgestellt.

Buedeler, Werner: Geschichte der Raumfahrt; Sigloch Edition, ISBN 3-8003-0132-6, 1982. Dieses Buch ist eine wahre Fundgrube zur frühen Raumfahrtgeschichte, bemerkenswerter Weise auch zur Geschichte des menschliches Geistes. Es schildert die Entstehung des Raumfahrtgedankens seit frühester Zeit. Sein klar gegliederter Text und die großzügigen Illustrationen machen dieses Buch zu einem Weltraumklassiker.

Messerschmid, Ernst und Fasoulas, Stefanos: Grundlagen der Raumfahrtsysteme – Eine Einführung mit Übungen und Lösungen; Springer Berlin-Heidelberg-New York, 2. Auflage 2005, ISBN 3-540-21037-7. Dieses Lehrbuch deckt inhaltlich und didaktisch die Grundlagen der Raumfahrtsysteme ab, gibt einen umfassenden Überblick und enthält rasch abrufbare Information.

Hallmann, Willi und Ley, Wilfried: Handbuch der Raumfahrttechnik – Grundlagen, Nutzung, Raumfahrtsysteme, Produktsicherung und Projektmanagement; 2. Auflage, Carl Hanser Verlag, München, Wien, ISBN 3-446-21035-0, 1999. Dieses Buch bzw. seine aktuelle Neuauflage ist von Experten aus Industrie, Forschungseinrichtungen und Hochschulen geschrieben worden. Es deckt die technischen Disziplinen der Raumfahrt bestens ab und eignet sich als Nachschlagewerk.

Messerschmid, Ernst und Bertrand, Reinhold: Space Stations – Systems and Utilization; ISBN 3-540-65464-X-Springer Verlag Berlin, Heidelberg, New York 1999. Dieses Buch eignet sich als Vertiefung zum Entwurf von Raumfahrtsystemen am Beispiel der Raumstationen. Es gibt einen Überblick über die historische Entwicklung, über Subsysteme zur Lebenserhaltung, Lage- und Bahnregelung, Energieversorgung usw. und beschreibt die Nutzung von Raumstationen.

Human Spaceflight: Mission Analysis and Design (Space Technology Series); by Wiley J. Larson and Linda K. Pranke (Editors). McGraw-Hill, 1st Edition 26 Oct. 1999; ISBN 007236811-X. Geschrieben von 67 der weltweit bekanntesten Experten auf dem Gebiet der bemannten Raumfahrt wird in diesem Buch die Erfahrung aus über 50 Jahren Raumfahrt auf über 1000 Seiten dargestellt. Exemplarisch auf zukünftige Mond- und Marsmissionen angewandt liegt hier ein Weltraumklassiker vor für Experten und solche, die es werden wollen.

Feuerbacher, Berndt und Stoewer, Heinz (Editors.): Utilization of Space – Today and Tomorrow, ISBN-10 3-540-25200-2, Springer Berlin, Heidelberg, New York. Dieses Buch wurde komplementär zum vorliegenden Buch in englischer Sprache für eine technisch vorgebildete oder fachlich interessierte Leserschaft geschrieben. Es vertieft die gesamte Breite der Raumfahrtnutzung in Kapiteln zu Wetter, Klima, Geodynamik, Astrophysik, Materialforschung, Raumfahrtmedizin und Biologie etc.

Seibert, Günther et al.: A World Without Gravity – Research in Space for Health and Industrial Processes. ESA SP-1251; ESA Publication Devision, ISBN 92-9092-604-X.
D. Moore, P. Bie, H. Oser (Ed.): Biological and Medical Research in Space ; ISBN 3-540-60636-X Springer-Verlag Berlin, Heidelberg, New York 1996. Diese beiden Bücher beschreiben die bisher erzielten Ergebnisse und abgeleiteten Erkenntnisse aus 30 Jahren Forschung unter Schwerelosigkeit und ihre Anwendung in der industriellen und klinischen Praxis.

Walter, Ulrich: Zivilisationen im All – Sind wir allein im Universum?; Spektrum Akademischer Verlag Heidelberg, Berlin; ISBN 3-8274-0486-X. Der deutsche Wissenschaftsastronaut Prof. U. Walter beantwortet die im Titel gestellte Frage in seinem anregenden und anschaulich illustrierten Buch. Er nimmt den Leser mit auf eine spannende Endeckungsreise in das Reich der Astronomie und Weltraumtechnik.

Sagan, Carl: Blauer Punkt – Unsere Zukunft im Kosmos; Droemersche Verlagsanstalt Th. Knaur Nachf. München 1996, ISBN 3-426-26906-6. Der weltbekannte Autor beschreibt enthusiastisch, beinahe spirituell das Universum. Voll gepackt mit besten Kollektionen von Weltraumaufnahmen und künstlerischen Darstellungen unternimmt er eine Reise durch das Sonnensystem, die Milchstraße und das Universum und wagt sich mit visionären Gedanken in die ferne Zukunft unserer Existenz.

# Index

## N



## O



## P



## Q



## R



## S